T0239331

Zuverlässigkeit im Fahrzeug- und Maschinenbau

Bernd Bertsche • Martin Dazer

Zuverlässigkeit im Fahrzeug- und Maschinenbau

Ermittlung von Bauteil- und System-Zuverlässigkeiten

4. Auflage

In Zusammenarbeit mit Kim Hintz

 Springer Vieweg

Bernd Bertsche
Institut für Maschinenelemente,
Universität Stuttgart
Stuttgart, Deutschland

Martin Dazer
Institut für Maschinenelemente,
Universität Stuttgart
Stuttgart, Deutschland

ISBN 978-3-662-65023-3   ISBN 978-3-662-65024-0 (eBook)
https://doi.org/10.1007/978-3-662-65024-0

Die Deutsche Nationalbibliothek verzeichnet diese Publikation in der Deutschen Nationalbibliografie; detaillierte bibliografische Daten sind im Internet über http://dnb.d-nb.de abrufbar.

Springer Vieweg
© Der/die Herausgeber bzw. der/die Autor(en), exklusiv lizenziert an Springer-Verlag GmbH, DE, ein Teil von Springer Nature 1990, 1999, 2004, 2022, korrigierte Publikation 2023
Das Werk einschließlich aller seiner Teile ist urheberrechtlich geschützt. Jede Verwertung, die nicht ausdrücklich vom Urheberrechtsgesetz zugelassen ist, bedarf der vorherigen Zustimmung des Verlags. Das gilt insbesondere für Vervielfältigungen, Bearbeitungen, Übersetzungen, Mikroverfilmungen und die Einspeicherung und Verarbeitung in elektronischen Systemen.
Die Wiedergabe von allgemein beschreibenden Bezeichnungen, Marken, Unternehmensnamen etc. in diesem Werk bedeutet nicht, dass diese frei durch jedermann benutzt werden dürfen. Die Berechtigung zur Benutzung unterliegt, auch ohne gesonderten Hinweis hierzu, den Regeln des Markenrechts. Die Rechte des jeweiligen Zeicheninhabers sind zu beachten.
Der Verlag, die Autoren und die Herausgeber gehen davon aus, dass die Angaben und Informationen in diesem Werk zum Zeitpunkt der Veröffentlichung vollständig und korrekt sind. Weder der Verlag, noch die Autoren oder die Herausgeber übernehmen, ausdrücklich oder implizit, Gewähr für den Inhalt des Werkes, etwaige Fehler oder Äußerungen. Der Verlag bleibt im Hinblick auf geografische Zuordnungen und Gebietsbezeichnungen in veröffentlichten Karten und Institutionsadressen neutral.

Planung/Lektorat: Alexander Grün
Springer Vieweg ist ein Imprint der eingetragenen Gesellschaft Springer-Verlag GmbH, DE und ist ein Teil von Springer Nature.
Die Anschrift der Gesellschaft ist: Heidelberger Platz 3, 14197 Berlin, Germany

Vorwort zur 4. Auflage

Seit dem Erscheinen der 3. Auflage (2004) sind inzwischen fast 20 Jahre vergangen, in denen die Methoden der Zuverlässigkeitstechnik stetig weiterentwickelt wurden. Durch neue Forschungsergebnisse änderte sich der Stand der Technik auch in vielen Bereichen der Zuverlässigkeitstechnik, weshalb eine Überarbeitung und Erweiterung dieses Buches notwendig war.

Leider setzt sich aus Zuverlässigkeitsperspektive ein unschöner Trend weiter fort. Einerseits steigt der Anspruch an Qualität der Kunden weiter – die Zuverlässigkeit und Sicherheit wird bei Kriterien die den Neuwagenkauf beeinflussen immer noch auf den obersten Rängen genannt. Weiterhin wird die Vermeidung von Fehlern aufgrund zunehmender Elektronik, Künstlicher Intelligenz und autonomer Funktionen im Fahrzeug immer wichtiger. Andererseits jedoch, nehmen die Rückrufaktionen im Kraftfahrzeugbereich weiter zu und steigen teils in ungekannte Höhen, wie z. B. am Rückruf der Takata-Airbags 2017 ersichtlich wurde. Es handelte sich um einen der größten Rückrufe aller Zeiten mit ca. 100 Millionen betroffenen Airbags.

Früher behalf man sich vor allem durch robuste und mechanische Konstruktionen, um frühe Ausfälle zu vermeiden. Heutzutage ist dieses Prinzip alleine durch die zahlreiche zusätzliche Elektronik gar nicht mehr möglich. Durch den Anspruch an Leichtbauprinzipien ist dieses Lösungsprinzip aber auch im mechanischen Bereich nicht mehr zeitgemäß. Entwicklungsprozesse benötigen ganzheitliche Lösungsansätze, bei denen allen Phasen des Entwicklungsprozesses die passenden Zuverlässigkeitsmethoden zugeordnet sind. Besonders jedoch bei der Lebensdauerdatenanalyse und der Zuverlässigkeitstestplanung für den Zuverlässigkeitsnachweis ist das größte Optimierungspotenzial vorhanden. Fehlerhafte Datenanalysen durch die Anwendung einer veralteten Schätzmethode führen zu fehlerhaften Zuverlässigkeitsprognosen, weshalb die Entwicklung in eine falsche Richtung gelenkt werden kann. Noch eklatanter sind die Auswirkungen von fehlerhaften Zuverlässigkeitsnachweisen durch Lebensdauertests, was die Zahlen der Rückrufe eindrucksvoll zeigen.

Der Fokus der Überarbeitungen und Ergänzungen lag deshalb auch auf den Kap. 6 und 8, in denen die Themen Lebensdauerdatenanalyse und Testplanung thematisiert werden. Bei der Lebensdauerdatenanalyse wurden die analytischen Schätzverfahren detaillierter beschrieben sowie deren jeweilige Vor- und Nachteile und eine Anwendungs-empfehlung ergänzt. Als Stand der Technik in der Lebensdauerdatenanalyse hat sich heute die Maximum-Likelihood-Methode durchgesetzt, da sie der weit verbreiteten Methode der kleinsten Fehlerquadrate aus statistischen Gesichtspunkten überlegen ist.

Das Kap. 8 wurde um die Planung von ausfallbasierten, beschleunigten und Degradationstests erweitert, sodass nun Leitlinien für die Planung von ausfallfreien als auch ausfallbasierten Teststrategien vorhanden sind. Diese können für das praktische Arbeiten genutzt werden. Der Success Run als stark verbreiteter Vertreter der ausfallfreien Testverfahren wird nun sehr detailliert ausgeführt. Ergänzt wurden auch die Herausforderungen und Probleme in der praktischen Anwendung, die leicht zu fehlerhaften Zuverlässigkeitsnachweisen führen können.

Gegenüber der 3. Auflage erfolgte zudem eine Überarbeitung und Erweiterung der bisherigen Kapitel sowie die Einführung von Prognostics & Health Management (PHM) in einem neuen Kapitel. Das PHM ist in den letzten Jahren zu einem der wichtigsten Forschungsbereiche der Zuverlässigkeitstechnik geworden. Immer mehr verfügbare Felddaten und Künstliche Intelligenz ermöglichen die Umsetzung von Condition Monitoring und Predictive Maintenance. Das neue Kap. 12 gibt eine Übersicht über die wichtigsten bestehenden Ansätze und Methoden.

Das Buch hatte stets den Anspruch, wissenschaftlich fundierte Methoden leicht verständlich aufzubereiten. Bei den Ergänzungen haben wir deshalb nach wie vor großen Wert darauf gelegt, den Stoff fundiert aber doch so einfach verständlich wie möglich zu gestalten, dass ein direktes Arbeiten mit dem Buch möglich ist. Es sind sowohl die Grundlagen der Zuverlässigkeitstheorie für Ingenieure des Fahrzeug- und Maschinenbaus enthalten als auch weiterführende Methoden für bereits praktisch tätige Zuverlässigkeitsspezialisten.

Die neue Auflage dieses Buches zu realisieren wäre nicht ohne die Mithilfe zahlreicher Personen möglich gewesen. Unser besonderer Dank gilt hier Herrn Kim Hintz, M.Sc. Er hat durch seine große organisatorische Unterstützung, wertvolle Kritik und durch redaktionelle Arbeit dieses Buch ermöglicht und mitgestaltet.

Auch bei der Überarbeitung zahlreicher Kapitel wurden wir tatkräftig unterstützt, wofür wir uns herzlich bedanken. Im Einzelnen waren das: Herr Dipl.-Ing. (FH) Peter Müller (Kap. 3), Herr Dr.-Ing. Andreas Ostertag (Kap. 4), Herr Dr.-Ing. Volker Schramm (Kap. 5), Herr Tamer Tevetoglu, M.Sc. (Kap. 6), Herr Alexander Grundler, M.Sc. (Kap. 6 und 8), Herr Dr.-Ing. Kevin Lucan (Kap. 9), Herr Dshamil Efinger, M.Sc. (Kap. 10) und Herr Martin Diesch, M.Sc. (Kap. 12). Bei Frau Dr.-Ing. Bettina Rzepka bedanken wir uns für das Korrekturlesen von zahlreichen Kapiteln. Außerdem bedanken wir uns bei Felix Unselt, B.Eng., Ermon Edhemi, B.Sc. und Mojtaba Banihashemi, B.Sc., die durch die Ausarbeitung von Grafiken und Diagrammen, bei der Erstellung des Textlayouts und bei der kritischen Durchsicht einzelner Artikel einen großen Beitrag zur Erstellung des Buches geleistet haben.

Dem Springer-Verlag ist für die gute Zusammenarbeit ebenso zu danken wie unseren Familien für das Verständnis und die Unterstützung.

Stuttgart, Deutschland
Juni 2022

Bernd Bertsche
Martin Dazer

Die Originalversion des Kapitels/Buchs wurde revidiert. Ein Erratum ist verfügbar unter: https://doi.org/10.1007/978-3-662-65024-0_13

Inhaltsverzeichnis

Einleitung

„Es ist unmöglich, alle Fehler zu vermeiden"
„Natürlich bleibt es unsere Aufgabe,
Fehler nach Möglichkeit zu vermeiden"

Sir Karl R. Popper

1.1 Motivation für die Zuverlässigkeitstechnik

Im allgemeinen Sprachgebrauch ist der Begriff Zuverlässigkeit sehr gebräuchlich. Er wird dabei mit der Funktionsfähigkeit eines Produkts in Zusammenhang gebracht. Erfüllt ein Produkt seine Funktionen jederzeit und unter allen Bedingungen, so spricht man von einem sehr zuverlässigen Produkt. Bekannte Definitionen unterscheiden sich hiervon recht wenig, es erfolgt nur eine Erweiterung um den Begriff der Wahrscheinlichkeit: Zuverlässigkeit ist die Wahrscheinlichkeit dafür, dass ein Produkt während einer definierten Zeitdauer unter gegebenen Funktions- und Umgebungsbedingungen nicht ausfällt. Der Wahrscheinlichkeitsbegriff berücksichtigt, dass das vielfältige Ausfallgeschehen von zufälligen, stochastisch verteilten Ursachen ausgeht und sich nur mit Wahrscheinlichkeiten quantitativ beschreiben lässt. Die Zuverlässigkeit erfasst somit das Ausfallverhalten eines Produkts und ist deshalb neben den Funktionseigenschaften ein wichtiges Kriterium zur Produktbeurteilung. Denn selbst die innovativsten und funktionellsten Produkte können ihre volle Leistungsfähigkeit nur entfalten, wenn ihre Funktion auch über die geforderte Nutzungszeit erhalten bleibt – wenn sie eine hohe Zuverlässigkeit aufweisen. Werden Kunden nach der Bedeutung von Produkteigenschaften befragt, die für die Anschaffung eines Neuwagens maßgeblich sind, so erscheinen Zuverlässigkeit und Sicherheit meist an

© Der/die Autor(en), exklusiv lizenziert an Springer-Verlag GmbH, DE, ein Teil von Springer Nature 2022
B. Bertsche, M. Dazer, *Zuverlässigkeit im Fahrzeug- und Maschinenbau*,
https://doi.org/10.1007/978-3-662-65024-0_1

oberster Stelle, sogar noch vor dem Anschaffungspreis, s. Abb. 1.1. Damit handelt es sich bei der Zuverlässigkeit um ein Top-Thema des Produkts und es verwundert sehr, dass es im Entwicklungsalltag nicht immer als das Thema mit der höchsten Priorität gesehen wird.

Kundenbefragungen spiegeln die Wunschvorstellungen wider. Wie sieht nun die Realität aus? Die Fahrzeug- und Maschinenhersteller halten sich verständlicherweise mit Aussagen zu ihrer Produktzuverlässigkeit sehr zurück. Niemand redet gerne über mangelnde Zuverlässigkeiten. Oft unterliegen derartige Aussagen einer strikten Geheimhaltung. Eine interessante amtliche Angabe findet sich beim Kraftfahrt-Bundesamt zur Anzahl der Rückrufaktionen wegen sicherheitskritischer Mängel in der Automobilindustrie: innerhalb der letzten zehn Jahre hat sich die Anzahl von 125 (2009) auf 390 (2019) mehr als verdreifacht, s. Abb. 1.2 [2]. Betrachtet man die letzten zwanzig Jahre, liegt der Faktor bei über

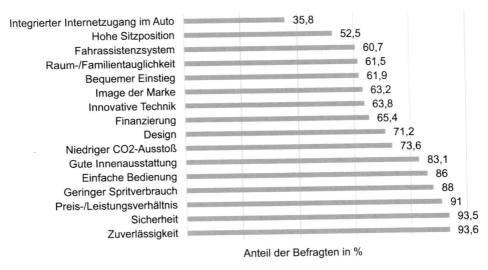

Abb. 1.1 Wichtigste Kriterien beim Autokauf in Deutschland im Jahr 2020 [1]. (© IMA 2022. All Rights Reserved)

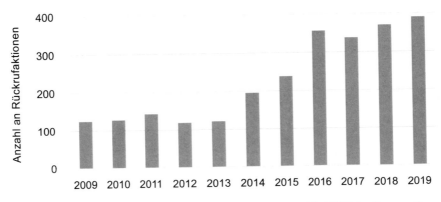

Abb. 1.2 Entwicklung der KfZ-Rückrufaktionen [2]. (© IMA 2022. All Rights Reserved)

10! Bekannt ist auch, dass die Garantie- und Kulanzkosten in der Größenordnung des Gewinns einer Firma liegen (bei manchen auch deutlich darüber) und somit etwa 8 bis 12 Prozent des Umsatzes erfordern. Das für die Produktentwicklung wichtige Dreieck aus Kosten, Zeit und Qualität gerät weiterhin deutlich aus dem Gleichgewicht. Die unbestritten erreichten Kostenreduzierungen im Entwicklungsprozess sowie die erzielten Entwicklungszeitverkürzungen gehen nach diesen Zahlen einher mit einer verringerten Zuverlässigkeit.

Insbesondere in jüngerer Vergangenheit ist ein besonderer Treiber die zunehmende Menge an Elektronik im Fahrzeug, was mit zusätzlichen und teilweise nicht verstandenen Ausfallmechanismen einhergeht. So betrug der Werkschöpfungsanteil der Elektronik im Jahr 1990 noch ca. 16 %, während es im Jahr 2011 bereits 30 % waren [3]. Noch erheblicher ist die Umverteilung der Kosten bei vollelektrischen Fahrzeugen, bei denen allein die Batterie Kosten von ca. 35–40 % ausmacht [4]. Die Statistik des ADAC über die Veränderung der Gründe für Liegenbleiber bestätigt die These der steigenden Anzahl von Ausfallmechanismen elektronischer Komponenten, s. Abb. 1.3 [5].

Die Entwicklung moderner Produkte ist heute konfrontiert mit steigenden Funktionsanforderungen, einer höheren Komplexität, der Vernetzung von Hardware, Software und Sensorik und mit verringerten Produkt- und Entwicklungskosten. Diese und einige wei-

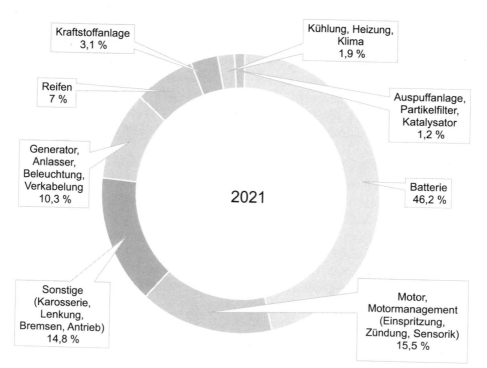

Abb. 1.3 Die häufigsten Pannenursachen für ADAC Straßenwachteinsätze [5]. (© IMA 2022. All Rights Reserved)

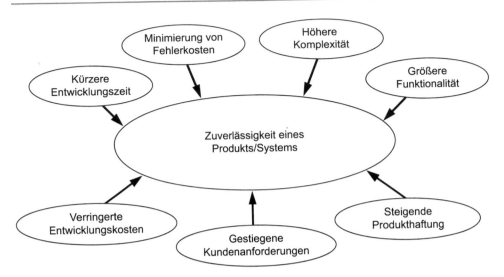

Abb. 1.4 Allgemeine Einflüsse auf die Zuverlässigkeit. (© IMA 2022. All Rights Reserved)

tere Einflüsse auf die Zuverlässigkeit zeigt Abb. 1.4. In diesem schwierigen Umfeld kann die Systemzuverlässigkeit nur durch zusätzliche Maßnahmen sichergestellt werden.

Zum Erreichen einer hohen Kundenzufriedenheit muss die Systemzuverlässigkeit während des gesamten Produktentstehungsprozesses aus Kundensicht betrachtet werden – als Top-Thema. Hierzu müssen geeignete organisatorische und inhaltliche Maßnahmen umgesetzt werden. Sehr wichtig ist, alle Bereiche entlang der Entwicklungskette mit einzubeziehen: Fehler entstehen in allen Phasen. Das methodische Handwerkszeug, seien es quantitative oder qualitative Ansätze, ist ausreichend vorhanden und bedarf nur punktuell einer Verbesserung. Es gilt, die Methoden situationsgerecht entlang des gesamten Produktlebenslaufes sehr sorgfältig auszuwählen, aufeinander abzustimmen und konsequent umzusetzen, s. Abb. 1.5.

Ausgangspunkt in der Entwicklung sollte aus Zuverlässigkeitsperspektive immer die Definition eines geeigneten Zuverlässigkeitsziels für das Gesamtsystem sein. Aus diesem können dann ggf. Ziele für Subsysteme und Komponenten abgeleitet werden. Wichtig ist dies insbesondere deshalb, weil durch das Zuverlässigkeitsziel der Handlungsrahmen festgelegt wird, in dem anschließend die Methoden der Zuverlässigkeitstechnik entlang des Entwicklungsprozesses angewandt werden.

In frühen Phasen der Konzeption und des Entwurfs werden hauptsächlich qualitative Methoden eingesetzt, um möglichst rechtzeitig Probleme zu erkennen und ggf. durch entsprechende Maßnahmen komplett abzustellen. Der Nutzen von qualitativen Zuverlässigkeitsanalysen ist umso höher, je früher ihr Einsatz erfolgt. Die bekannte „Rule of Ten" zeigt dies recht anschaulich, s. Abb. 1.6. Als Konsequenz ergibt sich daraus, dass von einem Reaktionszwang in späten Phasen (z. B. Rückrufaktionen) zu präventiven, frühzeitigen Maßnahmen übergegangen werden muss.

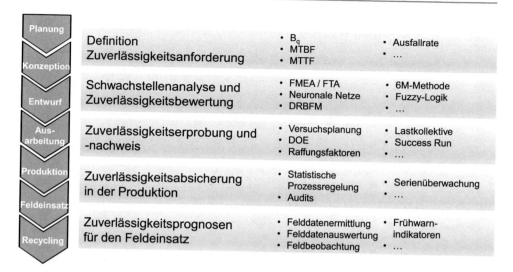

Abb. 1.5 Zuverlässigkeitsmethoden im Produktlebenszyklus [6]. (© IMA 2022. All Rights Reserved)

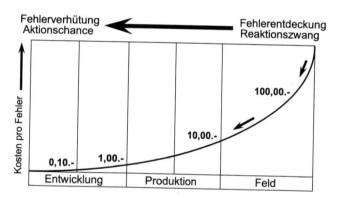

Abb. 1.6 Beziehung zwischen Fehlerkosten und Produktlebensphase. (© IMA 2022. All Rights Reserved)

Mit steigendem Reifegrad rücken die quantitativen Methoden in den Fokus, um die Zuverlässigkeit zu erfassen und zu beschreiben oder den Zuverlässigkeitsnachweis zu erbringen. Es folgt die Zuverlässigkeitsabsicherung des Produktionsverfahrens sowie Prognosen für den Feldbetrieb.

Am einfachsten lässt sich die Zuverlässigkeit eines Produkts im Nachhinein anhand der festgestellten Ausfälle bestimmen. Wie bereits vorstehend erwähnt, ist die weitaus bessere und zunehmend geforderte Möglichkeit jedoch, bereits in der Entwicklungsphase die erwartete Zuverlässigkeit zu ermitteln. Mit entsprechenden Zuverlässigkeitsanalysen können dabei die Produktzuverlässigkeit prognostiziert, vorhandene Schwachstellen erkannt und bei Bedarf eine Vergleichsstudie durchgeführt werden, s. Abb. 1.7.

Abb. 1.7 Sicherstellung von Systemzuverlässigkeiten. (© IMA 2022. All Rights Reserved)

1.2 Aufbau des Buches

Die Zuverlässigkeitstechnik verwendet aufgrund der stochastischen Lebensdauer viele Methoden aus dem Bereich der Statistik und der Wahrscheinlichkeitstheorie. In Kap. 2 werden deshalb die wichtigsten Grundbegriffe, Methoden und Vorgehensweisen aus der Statistik und Wahrscheinlichkeitstheorie behandelt, die für die praxisorientierte Anwendung der Zuverlässigkeitstechnik elementar sind. Zudem werden die bekanntesten Lebensdauerverteilungen vorgestellt und erläutert. Sehr ausführlich wird hier auf die im Maschinenbau häufig verwendete Weibullverteilung sowie auf die Berechnung der Systemzuverlässigkeit eingegangen.

Die in frühen Phasen relevanten qualitativen Methoden werden in Kap. 3 und 4 betrachtet. Die wohl bekannteste qualitative Zuverlässigkeitsmethode ist die FMEA (Failure Mode and Effects Analysis). In Kap. 3 werden die wesentlichen Inhalte nach dem aktuellen Standard der Automobilindustrie (VDA & AIAG) dargestellt. Sowohl qualitativ als auch quantitativ lässt sich die Fehlerbaumanalyse einsetzen, die in Kap. 4 beschrieben wird.

Das Kap. 5 zeigt anhand eines mechanischen und eines elektronischen Beispiels eine ganzheitliche Zuverlässigkeitsanalyse. Die beschriebene Vorgehensweise basiert auf den Grundlagen und Methoden, die in den vorstehenden Kapiteln beschrieben wurden.

Einen Schwerpunkt des Buches bilden die Auswertung von Lebensdauerversuchen und Schadensstatistiken, die in Kap. 6 behandelt werden. Mit diesen Auswertungen können allgemeingültige Aussagen über das Ausfallverhalten gewonnen werden. Als Lebensdauerverteilung wird dabei die Weibullverteilung verwendet. Neben der grafischen Auswertung von Ausfallzeiten werden die gängigen analytischen Auswertungen behandelt und die notwendigen theoretischen Grundlagen praxisorientiert dargelegt. Für die Beschreibung der Unsicherheit der Stichprobeninformation werden Berechnungsmethoden für den Vertrauensbereich erläutert.

Bisher gibt es nur sehr wenige gesammelte und aufbereitete Informationen über das Ausfallverhalten von mechanischen Bauelementen. Die Kenntnis des Bauteilausfallverhaltens ist jedoch notwendig, um bei ähnlichen Einsatzbedingungen die erwartete Zuverlässigkeit prognostizieren zu können. Auch das erwartete Ausfallverhalten für das System kann dann mit einer Systemtheorie berechnet werden. In Kap. 7 werden einige Ergebnisse aus einer Zuverlässigkeitsdatenbank für die Maschinenelemente Zahnräder, Wellen und Wälzlager aufgeführt. Die angegebenen Weibullparameter können in vielen Fällen als erste Orientierungshilfe dienen.

Um noch vor Serienbeginn Zuverlässigkeiten nachweisen zu können, bedarf es entsprechender Zuverlässigkeitstests. Hierbei sind besonders die Anzahl der Prüflinge, die erforderliche Prüfdauer und das erreichbare Vertrauensniveau von Interesse. Auf die Planung von Zuverlässigkeitstests wird in Kap. 8 eingegangen. Betrachtet werden dabei sowohl die ausfallfreien als auch die ausfallbasierten Testverfahren. Darüber hinaus werden die beschleunigten ausfallbasierten Testverfahren und Degradationstests beschrieben, die gerade bei Produkten mit sehr langen Lebensdauern von besonders hoher Bedeutung für die praktische Anwendung sind.

Jede quantitative Zuverlässigkeitsmethode stellt eine Art erweiterte Festigkeitsberechnung dar. Die wichtigsten Grundsätze bei der Lebensdauerberechnung von Maschinenelementen sind in Kap. 9 zusammengefasst. Der Fokus liegt vor allem auf der Lebensdauerberechnung unter Lastkollektivbeanspruchung.

Die Zuverlässigkeit und Verfügbarkeit von Systemen, die reparierbare Einheiten enthalten, können durch verschiedene Berechnungsmodelle ermittelt werden. Diese unterscheiden sich in ihrer Komplexität zum Teil erheblich. Die wichtigsten Methoden und ihre Bewertung sind in Kap. 10 enthalten.

Um eine hohe Systemzuverlässigkeit zu erreichen, bedarf es einer ganzheitlichen Prozessbetrachtung. Daraus lässt sich ein Zuverlässigkeitssicherungsprogramm ableiten, dessen wesentliche Elemente in Kap. 11 gezeigt werden. Abschließend bietet dieses Kapitel eine Gesamtsicht auf einen optimalen Zuverlässigkeitsprozess.

Die Betrachtung des einzelnen Produkts direkt im Feldbetrieb mit intelligenten Diagnosefunktionen wird durch die Menge der verfügbaren Daten immer wichtiger. Lässt sich der Zustand des individuellen Produkts über eine Diagnose bestimmen, kann diese Information auch zur Restlebensdauerprognose genutzt werden. Man spricht dabei vom sogenannten „Prognostics & Health Management". Die wichtigsten Begriffe, Methoden, Modelle und Ansätze finden sich in Kap. 12.

Literatur

1. IFAK, GfK Media and Communication Research, forsa marplan (2020) Wichtige Kriterien beim Autokauf. https://de.statista.com/statistik/daten/studie/171605/umfrage/wichtige-kriterien-beim-autokauf/. Zugegriffen am 08.05.2022
2. ADAC (2020) Kfz-Rückrufe – so viele wie nie zuvor. https://www.adac.de/news/top-5-rueckrufe-2019/. Zugegriffen am 08.05.2022
3. VDA – Verein der Automobilindustrie (2012) Vernetzung – Die digitale Revolution im Automobil. VDA, Berlin, Germany.
4. Leibniz-Institut für Wirtschaftsforschung (2019) Fahrzeugbau – wie verändert sich die Wertschöpfungskette. IFO-Studie im Auftrag der Industrie- und Handelskammern in Bayern
5. ADAC (2022) Die häufigsten Pannenursachen. https://www.adac.de/rund-ums-fahrzeug/unfall/adac-pannenstatistik/. Zugegriffen am 08.05.2022
6. Sandor V (2014) Integrated Design Engineering – Ein interdisziplinäres Modell für die ganzheitliche Produktentwicklung. Springer, Heidelberg. ISBN 9783642411045

Mit entsprechenden Zuverlässigkeitsanalysen kann die Produktzuverlässigkeit prognostiziert, vorhandene Schwachstellen erkannt und bei Bedarf Vergleichsstudien durchgeführt werden, Abb. 2.1 Es lassen sich dabei quantitative oder qualitative Methoden einsetzen. Die quantitativen Methoden verwenden Begriffe und Verfahren aus der Statistik und der Wahrscheinlichkeitstheorie.

Dies ist aufgrund der stochastischen Natur der Lebensdauer erforderlich. Ersichtlich wird dies durch die erheblichen Streuungen der Ausfallzeiten, die z. B. aus Lebensdauerversuchen oder Schadensstatistiken erhoben werden.

Die Ergebnisse des Wöhlerversuches für einen Zahnbruch eines Getriebezahnrads in Abb. 2.2 und 2.3 zeigen dies beispielhaft sehr deutlich. Trotz vermeintlich identischer Randbedingungen und Belastungen ergaben sich stark unterschiedliche Ausfallzeiten [1]. Einem Bauteil kann somit keine eindeutige ertragbare Lastwechselzahl zugeordnet werden. Die Lastwechselzahl n_{LW} bzw. die Lebensdauer t ist vielmehr als eine Zufallsvariable aufzufassen, die einer gewissen Streuung unterliegt [2–6]. Bei Zuverlässigkeitsbetrachtungen interessiert neben der Angabe des Streubereichs zwischen $n_{LW,\,min}$ und $n_{LW,\,max}$ vor allem auch, welche Ausfallzeiten bevorzugt, d. h. häufiger, auftreten. Man benötigt dazu eine Angabe über die Verteilung der Lebensdauerwerte.

Für die als zufällige Ereignisse anzusehenden Ausfallzeiten können die Begriffe und Verfahren der Statistik und Wahrscheinlichkeitstheorie verwendet werden. In Abschn. 2.1 werden deshalb die wichtigsten Grundbegriffe aus der Statistik und Wahrscheinlichkeitstheorie behandelt.

In Abschn. 2.2 werden die bekanntesten Lebensdauerverteilungen vorgestellt und erläutert. Sehr ausführlich wird hier auf die im Maschinenbau aber auch in der Elektrotechnik häufig verwendete Weibullverteilung eingegangen.

© Der/die Autor(en), exklusiv lizenziert an Springer-Verlag GmbH, DE, ein Teil von Springer Nature 2022, korrigierte Publikation 2023
B. Bertsche, M. Dazer, *Zuverlässigkeit im Fahrzeug- und Maschinenbau*, https://doi.org/10.1007/978-3-662-65024-0_2

Abb. 2.1 Möglichkeiten zur Analyse der Zuverlässigkeit. (© IMA 2022. All Rights Reserved)

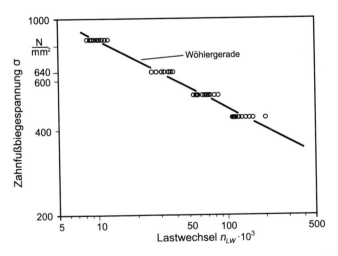

Abb. 2.2 Zahnradbruch-Wöhlerversuch [1] mit Streuung der Ausfallzeiten. (© IMA 2022. All Rights Reserved)

Abb. 2.3 Histogramm der Häufigkeit für das Lastniveau $\sigma = 640\ N/mm^2$ aus Abb. 2.2. (© IMA 2022. All Rights Reserved)

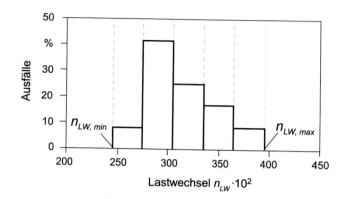

In Abschn. 2.3 erfolgt eine Verknüpfung von Bauteilzuverlässigkeiten zu einer Systemzuverlässigkeit. Die Boolesche Systemtheorie ist dabei als Grundlage für einfache praktische Anwendungen anzusehen. Für komplexere Anwendungsfälle wird eine Einführung in weiterführende Methoden wie das Monte-Carlo-Verfahren, die Momenten-Methode und die Mellintransformation gegeben. Weitere Systemtheorien finden sich außerdem in Kap. 10.

2.1 Grundbegriffe der Statistik und Wahrscheinlichkeitstheorie

Das Ausfallverhalten von Bauteilen und Systemen kann durch verschiedene statistische Verfahren und Funktionen grafisch anschaulich dargestellt werden. Man spricht deshalb auch von der deskriptiven, also der beschreibenden Statistik. Die Vorgehensweise hierzu wird in diesem Kapitel beschrieben. Des Weiteren werden „Maßzahlen" behandelt, mit denen das Ausfallverhalten auf einzelne Kennzahlen reduziert wird. Man erhält dadurch eine sehr komprimierte, aber auch eine vereinfachende Beschreibung des Ausfallverhaltens.

2.1.1 Statistische Beschreibung und Darstellung des Ausfallverhaltens

Im Folgenden werden vier unterschiedliche Funktionen zur Darstellung des Ausfallverhaltens vorgestellt. Die einzelnen Funktionen gehen von den beobachteten Ausfallzeiten aus und lassen sich ineinander überführen. Mit jeder Funktion können bestimmte Aussagen zum Ausfallverhalten verdeutlicht werden. Die Anwendung einer Funktion richtet sich deshalb nach der Fragestellung.

2.1.1.1 Histogramm und Dichtefunktion

Die einfachste Möglichkeit zur grafischen Darstellung des Ausfallverhaltens bietet das Histogramm der Ausfallhäufigkeiten, s. Abb. 2.4.

Die Ausfallzeiten in Abb. 2.4 Teilabschnitt a) treten in einem gewissen Zeitbereich rein zufällig auf. Ordnet man diese streuenden Ausfallzeiten, so erhält man die Darstellung in Abb. 2.4 Teilabschnitt b).

Je dichter die Punkte in Abb. 2.4 Teilabschnitt b) zusammen liegen, also je geringer sie streuen, umso häufiger liegen die Ausfallzeiten im selben Bereich. Um dies grafisch zu verdeutlichen, wird das Histogramm der Ausfallhäufigkeiten erstell, s. Abb. 2.4 Teilabschnitt c).

Dazu unterteilt man die Abszisse in Intervalle, die als Klassen bezeichnet werden. In jeder Klasse wird die Anzahl der Ausfälle ermittelt. Fällt dabei ein Ausfall direkt auf eine Klassengrenze, so wird er je zur Hälfte in den beiden angrenzenden Klassen mitgezählt. Durch geschickte Wahl der Klassen kann dies jedoch meist vermieden werden. Die Anzahl der Ausfälle in den verschiedenen Klassen wird durch unterschiedlich hohe Balken dargestellt. Als Höhe bzw. Ordinatenwert des Balkens kann die absolute Häufigkeit

$$h_{abs} = \text{Anzahl der Ausfälle in einer Klasse} = n_A \qquad (2.1)$$

Abb. 2.4 Ausfallzeiten und Histogramm der Ausfallhäufigkeiten für das Lastniveau $\sigma = 640\ N/mm^2$ aus Abb. 2.2: **a)** Ausfallzeiten der Versuche; **b)** geordnete Ausfallzeiten; **c)** Histogramm der Ausfallhäufigkeiten. (© IMA 2022. All Rights Reserved)

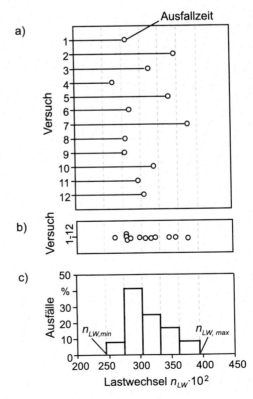

oder die üblicherweise eingesetzte relative Häufigkeit

$$h_{rel} = \frac{\text{Anzahl der Ausfälle in einer Klasse}}{\text{Gesamtanzahl der Ausfälle}} = \frac{n_A}{n} \qquad (2.2)$$

verwendet werden.

In der Zuverlässigkeitstechnik wird die relative Häufigkeit verwendet, da der Übergang zur Wahrscheinlichkeit nach dem Gesetz der großen Zahlen einfach realisiert werden kann, s. auch Abschn. 2.1.4. Die Form des Histogramms bei Verwendung relativer Häufigkeiten unterscheidet sich jedoch nicht von der bei Verwendung absoluter Häufigkeiten. In Abb. 2.4 Teilabschnitt c) sind die Balkenhöhen auch als relative Häufigkeit dargestellt, was an der Prozentskala der Ordinate erkennbar ist.

Die Einteilung der Zeitachse in Klassen und die entsprechende Zuordnung der Ausfallzeiten bezeichnet man als Klassierung. Bei diesem Vorgang geht Information verloren, da einer gewissen Anzahl an Ausfällen eine einzige Häufigkeit zugeordnet wird, unabhängig von der genauen Ausfallzeit im Intervall der betrachteten Klasse. Jedem Ausfall innerhalb einer Klasse wird damit durch die Klassierung der Wert der Klassenmitte zugeordnet. Dem Verlust an Information steht aber ein Gewinn an Anschaulichkeit der Lebensdauerdaten gegenüber.

Die Anzahl der Klassen lässt sich nicht immer einfach bestimmen. Wählt man die Klassen zu breit, so geht zu viel Information verloren. Im Extremfall ergibt sich dann nur ein einzelner Balken, der natürlich sehr wenig aussagekräftig ist. Werden die Klassen dagegen zu schmal gewählt, so können auf der Zeitachse einzelne Lücken auftreten. Diese Lücken unterbrechen das kontinuierliche Ausfallverhalten und sind deshalb für eine korrekte Beschreibung nicht geeignet.

Als grobe Näherung bzw. erster Schätzwert für die Anzahl der Klassen n_k kann die folgende Gl. (2.3) verwendet werden [7]:

$$\text{Anzahl der Klassen} \approx \sqrt{\text{Gesamtanzahl Ausfälle bzw. Versuchswerte}}$$

$$n_k \approx \sqrt{n}. \qquad (2.3)$$

Alternative Ansätze zur Berechnung der Klassenanzahl und teilweise der Klassenbreite sind in [7] angegeben:

$$n_k \approx 1 + 3{,}32 \cdot \log n, \qquad (2.4)$$

$$n_k \approx 2 \cdot \sqrt[3]{n}, \qquad (2.5)$$

$$n_k \approx 5 \cdot \log n. \qquad (2.6)$$

Bis zu einem Stichprobenumfang von $n = 50$ ergeben sich vergleichbare Ergebnisse. Diese differieren aber bei größeren Stichprobenumfängen stark.

Eine Faustregel zur Schätzung der Klassenbreite b einer Häufigkeitsverteilung basiert auf der Spannweite R und dem Stichprobenumfang n:

$$b \approx \frac{R}{1+3{,}32 \cdot log\, n}. \tag{2.7}$$

Dabei ist die Spannweite R die Differenz zwischen dem größten und dem kleinsten Wert innerhalb einer Stichprobe:

$$R = n_{LW,\,max} - n_{LW,\,min}. \tag{2.8}$$

Das Ausfallverhalten kann statt mit dem Histogramm auch mit der oft verwendeten empirischen Dichtefunktion $f^*(t)$ beschrieben werden, s. Abb. 2.5.

Dazu werden die Balkenmitten im Histogramm mit Geradenstücken verbunden und so die Funktion von Ausfallzeit und Ausfallhäufigkeit dargestellt. Der Zusatz „empirisch" bei der Dichtefunktion bedeutet, dass die Dichtefunktion auf Basis einer Stichprobe, d. h. mit einer beschränkten Anzahl von Ausfällen, ermittelt wurde. Nun will man in der Zuverlässigkeitstechnik meist nicht nur eine einzelne Stichprobe charakterisieren, sondern auch Informationen über die gesamte Population, der sogenannten Grundgesamtheit erhalten. Die eigentliche „ideale" Dichtefunktion dieser Grundgesamtheit ergibt sich, wenn die Anzahl der geprüften Bauteile, also die Stichprobengröße n zunehmend erhöht wird. Die Anzahl der Klassen kann dann nach der einfachen Gl. (2.3) ebenfalls gesteigert werden. Dies bedeutet, dass sich die Klassenbreite immer mehr verringert und gleichzeitig die sich als Ordinatenwerte ergebenden relativen Häufigkeiten verkleinern. Für den Grenzübergang $n \rightarrow \infty$ nähert sich der Umriss des Histogramms einer glatten, stetigen Kurve, s. Abb. 2.6.

Diese Kurve des Grenzübergangs stellt die eigentliche Dichtefunktion $f(t)$ dar. Die Abb. 2.6 hat im Vergleich zu Abb. 2.5 eine geänderte Ordinatenskalierung, da sich bei der verringerten Klassenbreite prozentual weniger Ausfälle je Klasse ergeben.

Abb. 2.5 Histogramm der Ausfallhäufigkeiten und empirische Dichtefunktion $f^*(t)$. (© IMA 2022. All Rights Reserved)

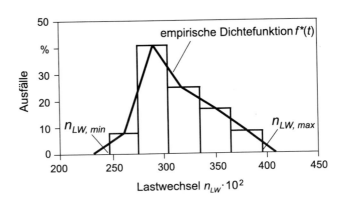

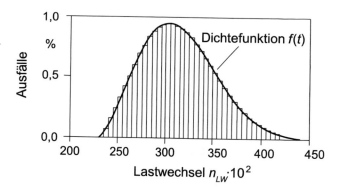

Abb. 2.6 Histogramm der Ausfallhäufigkeiten und Dichtefunktion $f(t)$ (Anzahl der Ausfälle $n \to \infty$). (© IMA 2022. All Rights Reserved)

Der Grenzübergang $n \to \infty$ bedeutet, dass man sämtliche Teile einer sehr großen Gesamtmenge geprüft und damit exakt das Ausfallverhalten ermittelt hat. Von den experimentell ermittelten Häufigkeiten kommt man damit zu den theoretischen Wahrscheinlichkeiten. Die Grundlage für diesen Übergang liefert das Bernoullische Gesetz der großen Zahlen. Diese theoretischen Zusammenhänge werden in Abschn. 2.1.4 ausführlich behandelt.

Auf der Grundlage von realen Versuchsumfängen lässt sich immer nur die empirische Dichtefunktion $f^*(t)$ ermitteln. Besonders bei einer kleinen Anzahl von Versuchswerten kann die empirische Dichtefunktion $f^*(t)$ erheblich von der idealen Dichtefunktion $f(t)$ abweichen. Dennoch kann man in der Regel nicht eine beliebig große Anzahl an Versuchen zur Bestimmung der idealen Dichtefunktion durchführen. Bei der Auswertung von Ausfällen versucht man deshalb, ausgehend von der empirischen Dichtefunktion $f^*(t)$, diejenige Dichtefunktion $f(t)$ zu finden, die dem realen Ausfallverhalten zugrunde liegt. In Kap. 6 wird die genaue Vorgehensweise hierzu gezeigt.

Die Fläche unterhalb der Dichtefunktion $f(t)$ wird gleich 1, falls man die relativen Häufigkeiten als Ordinatenwerte verwendet.

Das Histogramm der Häufigkeiten bzw. die Dichtefunktion beschreibt die Anzahl der Ausfälle als Funktion der Zeit und gibt damit über die Ausfälle zu einem bestimmten Zeitpunkt Aufschluss. Sie sind damit die einfachste und anschaulichste Möglichkeit, das Ausfallverhalten darzustellen. Neben dem Streubereich der Ausfallzeiten erkennt man dabei immer auch den Bereich, in dem die meisten Ausfälle auftreten.

Mit der Dichtefunktion $f(t)$ kann die Wöhlergerade aus Abb. 2.2 als dreidimensionales „Gebirge" gezeichnet werden, s. Abb. 2.7. Für jede Belastung wird dabei die entsprechende Ausfallhäufigkeit des Bauteils dargestellt.

Ein Beispiel für eine Dichtefunktion ist in Abb. 2.8 für ein NKW-Getriebe dargestellt. Dabei wurden 2115 Ausfallzeiten, aufgeteilt in 82 Klassen, berücksichtigt [8].

Man erkennt eine rechtsschiefe Verteilung, d. h. es treten sehr viele Ausfälle an frühen Zeitpunkten auf. Zudem erstreckt sich die Streuspanne über einen sehr großen Zeitbereich. Wenn man bei der normierten Abszisse davon ausgeht, dass T das Auslegungsziel darstellt,

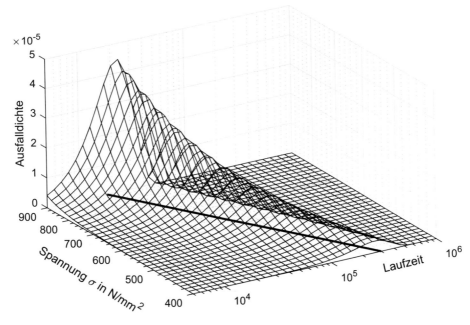

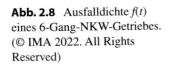

Abb. 2.7 Dreidimensionale Wöhlerkurve für die Versuche aus Abb. 2.2. (© IMA 2022. All Rights Reserved)

Abb. 2.8 Ausfalldichte $f(t)$ eines 6-Gang-NKW-Getriebes. (© IMA 2022. All Rights Reserved)

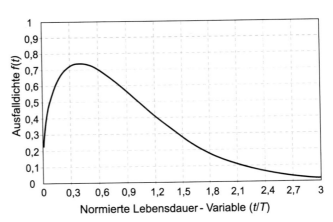

so lässt sich aus der Analyse der Ausfalldichte ableiten, dass der Zeitpunkt mit den meisten Ausfällen vor dem Auslegungsziel liegt. In diesem Fall wäre wohl eine Produktanpassung zur Verbesserung des Ausfallverhaltens notwendig.

Ein weiteres Beispiel für die Dichtefunktion zeigt Abb. 2.9. Aufgetragen sind hier die Anzahl der Todesfälle von Frauen und Männern über dem Sterbealter. Man erkennt den Bereich der Kindersterblichkeit zwischen 0 und 10 Jahren, einen weiteren Bereich mit

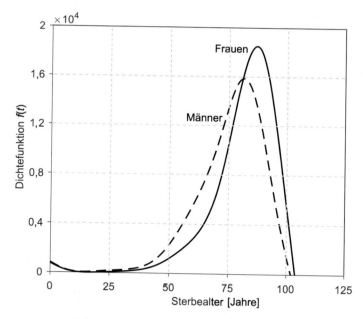

Abb. 2.9 Dichtefunktion $f(t)$ der menschlichen Sterbefälle [9]. (© IMA 2022. All Rights Reserved)

sehr wenigen Todesfällen zwischen 15 und 40 Jahren und eine stark ansteigende Zahl von Todesfällen mit zunehmendem Alter. Die häufigsten Todesfälle treten bei Männern in einem Alter von 80 Jahren auf, bei Frauen in einem etwas höheren Alter.

2.1.1.2 Verteilungsfunktion bzw. Ausfallwahrscheinlichkeit

Von besonderem Interesse ist meistens nicht die Anzahl der Ausfälle zu einem bestimmten Zeitpunkt bzw. in einem bestimmten Intervall, sondern man möchte vielmehr wissen, wie viele Teile bis zu einem Zeitpunkt bzw. Intervall insgesamt ausgefallen sind. Gerade für Unternehmen ist diese Information für die Planung der Garantie- und Kulanzzeiträume eine essenzielle Produktinformation. Diese Frage lässt sich mit dem Histogramm der Summenhäufigkeit beantworten. Die beobachteten Ausfälle, s. Abb. 2.10 Teilabschnitt a), werden mit fortlaufender Klassenzahl aufaddiert, wodurch sich das in Abb. 2.10 Teilabschnitt b) angegebene Histogramm der Summenhäufigkeit bildet.

Die Summenhäufigkeit $H(m)$ der m-ten Klasse ergibt sich somit zu:

$$H(m) = \sum_{i=1}^{m} h_{rel}(i), \; i: \text{Klassennummer.} \tag{2.9}$$

Wie bei der Dichtefunktion in Abschn. 2.1.1.1 kann auch die Summe der Ausfälle durch eine Funktion dargestellt werden. Diese Funktion wird als empirische Verteilungsfunktion $F^*(t)$ bezeichnet, s. Abb. 2.10 Teilabschnitt b).

Abb. 2.10 Summenhäufigkeit
und Verteilungsfunktion: **a**)
Histogramm der Häufigkeiten;
b) Histogramm der Summen-
häufigkeit und empirische
Verteilungsfunktion $F^*(t)$.
(© IMA 2022. All Rights
Reserved)

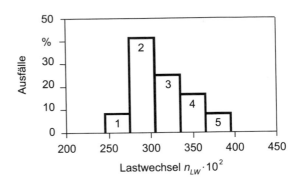

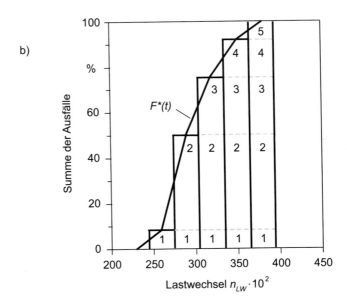

Die eigentliche „ideale" Verteilungsfunktion $F(t)$ ergibt sich wieder, wenn die Anzahl der Versuchswerte zunehmend erhöht wird. Die Klassenbreite kann dann immer kleiner gewählt werden und der Umriss des Histogramms nähert sich auch hier im Grenzfall $n \rightarrow \infty$ einer glatten Kurve an: der Verteilungsfunktion $F(t)$, s. Abb. 2.11.

Die Verteilungsfunktion beginnt stets bei $F(t = 0) = 0$ und wächst dann monoton, da zu jedem Zeitpunkt bzw. Intervall ein positiver Wert – die beobachtete Ausfallhäufigkeit – hinzukommt. Die Verteilungsfunktion endet stets bei $F(t \rightarrow \infty) = 1$, wenn alle Teile ausgefallen sind.

Ausgehend von Gl. (2.9) und unter Berücksichtigung des Grenzübergangs ergibt sich die Verteilungsfunktion als Integral über der Dichtefunktion:

$$F(t) = \int f(t)\, dt. \tag{2.10}$$

Abb. 2.11 Histogramm der Summenhäufigkeit und der Verteilungsfunktion $F(t)$ (Anzahl der Ausfälle $n \to \infty$). (© IMA 2022. All Rights Reserved)

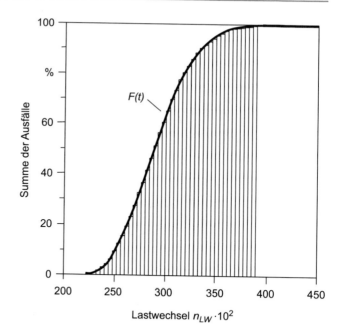

Die Dichtefunktion ergibt sich damit als Ableitung der Verteilungsfunktion:

$$f(t) = \frac{dF(t)}{dt}. \tag{2.11}$$

In der Zuverlässigkeitstheorie wird für die Verteilungsfunktion $F(t)$ der Begriff „Ausfallwahrscheinlichkeit $F(t)$" (F von *engl.* failure) verwendet. Dieser Begriff ist sehr zutreffend, da die Funktion $F(t)$ die Wahrscheinlichkeit beschreibt, wie viele Ausfälle insgesamt bis zu einem Zeitpunkt t auftreten.

Obwohl die Ausfallwahrscheinlichkeit weniger anschaulich ist als die Dichtefunktion, kann sie bei der Auswertung von Versuchen sehr vorteilhaft eingesetzt werden und ist daher eine der zentralen Kenngrößen in der Zuverlässigkeitstechnik.

Als Beispiel für eine in der Praxis auftretende Ausfallwahrscheinlichkeit dient dazu wieder das 6-Gang-NKW-Getriebe, Abb. 2.12. Aufgrund der normierten Lebensdauer lässt sich wieder nur eine qualitative Aussage treffen. Man erkennt, dass z. B. der B_{10}-Wert, der einer Ausfallwahrscheinlichkeit von $F = 10\,\%$ entspricht, 0,2 beträgt. Das heißt, 10 % der Getriebe sind ausgefallen, wenn die Lebensdauer $0,2 \cdot T$ erreicht wird. Geht man auch hier wieder davon aus, dass T das Auslegungsziel darstellt, so wären bei Erreichen des Auslegungsziels bereits ca. 63,2 % aller Getriebe ausgefallen.

Abb. 2.13 zeigt wieder am Beispiel des Menschen eine konkrete Ausfallwahrscheinlichkeit $F(t)$. Man erkennt mit dieser Funktion $F(t)$, dass z. B. mit 63 Jahren bereits 20 % der Männer verstorben sind. Bei Frauen liegt dieses Alter bei etwas unter 75 Jahren. Die

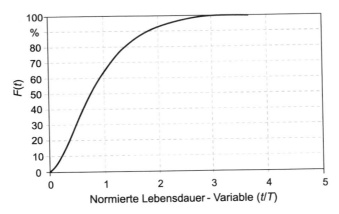

Abb. 2.12 Ausfallwahrscheinlichkeit $F(t)$ eines 6-Gang-NKW-Getriebes. (© IMA 2022. All Rights Reserved)

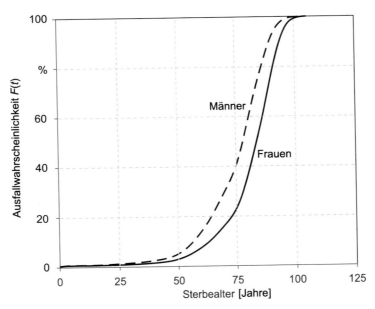

Abb. 2.13 Ausfallwahrscheinlichkeit $F(t)$ der menschlichen Sterbefälle [9]. (© IMA 2022. All Rights Reserved)

etwas makaber wirkenden Beispiele zu den menschlichen Sterbefällen bilden nichtsdestotrotz die statistische Berechnungsgrundlage jedes Versicherungsunternehmens. Im Gegensatz zur Technik-Branche profitieren die Versicherungen von einer sehr viel umfänglicheren Datengrundlage, was die Genauigkeit der Berechnungen stark erhöht und sich somit die passenden Versicherungsprämien bestimmen lassen.

2.1.1.3 Überlebenswahrscheinlichkeit bzw. Zuverlässigkeit

Die Ausfallwahrscheinlichkeit in Abschn. 2.1.1.2 beschreibt die Summe der Ausfälle als Funktion der Zeit. Bei vielen Problemstellungen interessiert aber auch die Summe der noch intakten Bauteile bzw. Maschinen.

Diese Summe der funktionsfähigen Einheiten kann mit dem Histogramm der Überlebenshäufigkeit dargestellt werden, s. Abb. 2.14. Dieses Histogramm ergibt sich, wenn von der Gesamtanzahl der Bauteile bzw. Maschinen die Summe der bereits ausgefallenen Einheiten abgezogen wird. In Abb. 2.14 ist auch die empirische Überlebenswahrscheinlichkeit $R^*(t)$ dargestellt, die man durch Verbinden der Balkenmitten mit Geradenstücken erhält.

Die Summe der Ausfälle und die Summe der noch intakten Einheiten ergeben zu jedem betrachteten Zeitpunkt t bzw. bei einer Klasse i zusammen stets die Gesamtzahl der Einheiten. Relativ betrachtet ergibt sich die Überlebenswahrscheinlichkeit $R(t)$ somit als Komplement zur Ausfallwahrscheinlichkeit $F(t)$:

$$R(t) = 1 - F(t). \tag{2.12}$$

Mit der Gl. (2.12) kann das Histogramm in Abb. 2.14 auch aus der Abb. 2.10 durch eine Spiegelung an der Achse bei einer Ausfallwahrscheinlichkeit von 50 % gewonnen werden. Die Überlebenswahrscheinlichkeit $R(t)$ beginnt stets bei $R(t = 0) = 100$ %, da bei $t = 0$, also

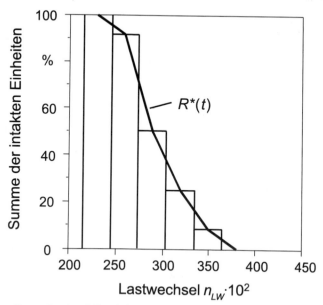

Abb. 2.14 Darstellung des Ausfallverhaltens von Abb. 2.10 mit dem Histogramm der Überlebenshäufigkeit bzw. mit der empirischen Überlebenswahrscheinlichkeit $R^*(t)$. (© IMA 2022. All Rights Reserved)

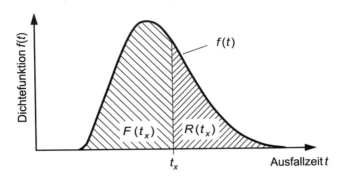

Abb. 2.15 Überlebenswahrscheinlichkeit $R(t)$ als Komplement zur Ausfallwahrscheinlichkeit $F(t)$. (© IMA 2022. All Rights Reserved)

vor Inbetriebnahme noch keine Ausfälle aufgetreten sind. Die Funktion $R(t)$ fällt dann monoton ab und endet bei $R(t \to \infty) = 0\,\%$, wenn alle Einheiten ausgefallen sind.

Eine anschauliche Darstellung der Gl. (2.12) für die Ausfallzeit t_x zeigt die Abb. 2.15 mit Hilfe der Dichtefunktion sowie unter Berücksichtigung der Gl. (2.10).

Die Überlebenswahrscheinlichkeit $R(t)$ wird in der Zuverlässigkeitstechnik auch als „Zuverlässigkeit $R(t)$" (R von *engl.* reliability) bezeichnet. Mit der Funktion $R(t)$ kann der oft nur qualitativ verwendete Begriff „Zuverlässigkeit" objektiv und quantitativ bestimmt werden. Die Funktion $R(t)$ entspricht damit dem in [3, 10–12] definierten Begriff der Zuverlässigkeit:

▶ **ZUVERLÄSSIGKEIT** ist die Wahrscheinlichkeit dafür, dass ein Produkt während einer definierten Zeitdauer unter gegebenen Funktions- und Umgebungsbedingungen nicht ausfällt.

Die Zuverlässigkeit entspricht somit der zeitabhängigen Wahrscheinlichkeit $R(t)$ für den Nicht-Ausfall bzw. für die Funktionsfähigkeit. Zu beachten ist, dass für eine Zuverlässigkeitsangabe neben der betrachteten Zeitdauer insbesondere auch die genauen Funktions- und Umgebungsbedingungen benötigt werden.

Für unser NKW-Getriebe, Abb. 2.16, erkennt man, dass sich bei der normierten Lebensdauer von 0,2 eine Überlebenswahrscheinlichkeit von $R = 90\,\%$ ergibt, was einer Ausfallwahrscheinlichkeit von $F = 10\,\%$, s. Abb. 2.12, entspricht. Also überleben 90 % der Getriebe die Lebensdauer $0{,}2 \cdot T$.

Für die Überlebenswahrscheinlichkeit des Menschen, s. Abb. 2.17, ergibt sich für ein Sterbealter von 60 Jahren der Wert $R = 80\,\%$. Dies entspricht einer Ausfallwahrscheinlichkeit $F = 20\,\%$, s. Abb. 2.13.

2.1.1.4 Ausfallrate

Bei der Beschreibung des Ausfallverhaltens mit der Ausfallrate $\lambda(t)$ werden die Ausfälle zu einer Zeit t bzw. in einer Klasse i nicht auf die Summe der Ausfälle bezogen, wie bei der

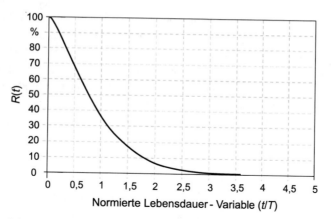

Abb. 2.16 Überlebenswahrscheinlichkeit $R(t)$ eines 6-Gang-NKW-Getriebes. (© IMA 2022. All Rights Reserved)

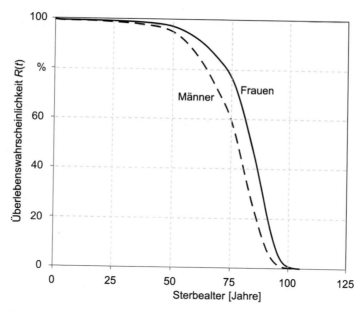

Abb. 2.17 Überlebenswahrscheinlichkeit $R(t)$ beim Menschen [9]. (© IMA 2022. All Rights Reserved)

relativen Häufigkeit in Abschn. 2.1.1.1, sondern auf die Summe der noch intakten Einheiten:

$$\lambda(t) = \frac{\text{Anzahl Ausfälle (zum Zeitpunkt } t \text{ bzw. in Klasse } i)}{\text{Summe noch intakter Einheiten (zum Zeitpunkt } t \text{ bzw. in Klasse } i)} \quad (2.13)$$

Für die Versuchsreihe aus Abb. 2.4 zeigt Abb. 2.18 das Histogramm der Ausfallrate und den Verlauf der empirischen Ausfallrate $\lambda^*(t)$. Zu beachten ist, dass die Ausfallrate in der letzten Klasse zwangsläufig gegen ∞ strebt, da keine intakten Einheiten mehr vorhanden sind und damit der Nenner in Gl. (2.13) zu Null wird.

Die Dichtefunktion $f(t)$ beschreibt die relative Anzahl der Ausfälle und die Überlebenswahrscheinlichkeit $R(t)$ die relative Summe der intakten Einheiten. Die Ausfallrate $\lambda(t)$ ist der Quotient dieser beiden Funktionen:

$$\lambda(t) = \frac{f(t)}{R(t)}. \tag{2.14}$$

Eine grafische Darstellung der Gl. (2.14) für die Ausfallzeit t_x zeigt Abb. 2.19.

Abb. 2.18 Histogramm der Ausfallrate und der empirischen Ausfallrate $\lambda^*(t)$ für die Versuche aus Abb. 2.4. (© IMA 2022. All Rights Reserved)

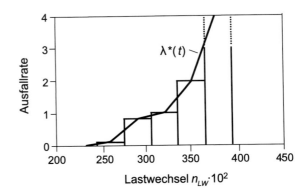

Abb. 2.19 Ermittlung der Ausfallrate aus Dichtefunktion und Überlebenswahrscheinlichkeit. (© IMA 2022. All Rights Reserved)

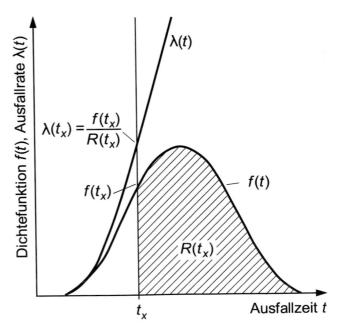

Die Ausfallrate zu einem Zeitpunkt t lässt sich interpretieren als ein Maß für das Risiko eines Teiles auszufallen, unter der Voraussetzung, dass es bereits bis zu diesem Zeitpunkt t überlebt hat. Betrachtet man einen bestimmten Zeitpunkt t, so gibt die Ausfallrate an, wie viele von den insgesamt noch vorhandenen Teilen in der nächsten Zeiteinheit ausfallen werden.

Die Ausfallrate $\lambda(t)$ wird sehr häufig dazu benutzt, nicht nur Ermüdungsausfälle wie in Abb. 2.18 zu beschreiben, sondern zusätzlich auch Früh- und Zufallsausfälle. Man versucht damit das gesamte Ausfallverhalten eines Teiles oder einer Maschine zu erfassen. Es ergibt sich dabei immer ein ähnlicher, typischer Verlauf der Kurve, s. Abb. 2.20.

Entsprechend ihrer Form wird sie als „Badewannenkurve" bezeichnet [13, 14]. Drei Bereiche lassen sich bei der Badewannenkurve deutlich unterscheiden: Bereich 1 der Frühausfälle, Bereich 2 der Zufallsausfälle und Bereich 3 der Verschleiß- und Ermüdungsausfälle.

Der Bereich 1 ist durch eine abnehmende Ausfallrate gekennzeichnet. Das Risiko eines Teiles auszufallen, nimmt hier mit zunehmender Zeit ständig ab. Verursacht werden diese frühen Ausfälle überwiegend durch Montagefehler, Fertigungsfehler, Werkstofffehler oder durch einen deutlichen Konstruktionsfehler.

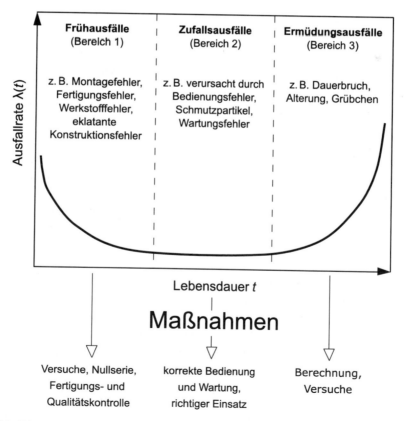

Abb. 2.20 Die „Badewannenkurve". (© IMA 2022. All Rights Reserved)

Im Bereich 2 der Zufallsausfälle ist die Ausfallrate nahezu konstant. Das Ausfallrisiko eines Teiles ist somit immer gleich hoch. Die Historie von bereits ausgefallenen und noch intakten Teilen im Betrieb spielen wegen des rein zufälligen Ausfallverhaltens keine Rolle. Dieser Ausfalltyp folgt also keiner bestimmten Systematik. Zumeist ist dieses Risiko relativ gering bzw. sollte durch geeignete Maßnahmen gering gehalten werden. Typische Auslöser für zufällige Ausfälle sind z. B. Bedienungs- oder Wartungsfehler oder eindringende Schmutzpartikel. Im Allgemeinen sind diese Ausfälle im Voraus schwer abzuschätzen und werden durch geeignete Methoden wie der Fehler-Möglichkeits- und Einfluss-Analyse (FMEA) oder der Fehlerbaumanalyse (FTA) im besten Fall schon während des Entwicklungsprozesses vermieden. Die FMEA und die FTA werden als effektive und bewährte Werkzeuge zur Vermeidung von Zufalls- und Frühausfällen ausführlich in Kap. 3 und 4 thematisiert.

Der Bereich 3 der Ermüdungsausfälle ist durch eine ansteigende Ausfallrate charakterisiert. Die Ermüdungsausfälle folgen im Gegensatz zu den Zufallsausfällen immer einer bestimmten Systematik, wie z. B. einer fortschreitenden Rissausbreitung bei einer schwingenden Belastung. Das Risiko auszufallen, wird deshalb für ein Teil mit zunehmender Zeit immer größer. Weitere typische Ermüdungsausfälle sind unter anderem der Schwingbruch, die Materialalterung oder beispielsweise Zahnradgrübchen.

Jedem der drei Bereiche liegen verschiedene Ausfallursachen zugrunde. Entsprechend den verschiedenen Ausfallursachen erfordert jeder Bereich andere Maßnahmen zur Erhöhung der Zuverlässigkeit, s. Abb. 2.20. Im Bereich 1 bieten sich insbesondere Versuche zur Identifikation der Ausfallmechanismen und eine umfangreiche Nullserie an. Auch sollten die Fertigung, Montage und die Qualität der Teile sorgfältig kontrolliert werden. Im Bereich 2 sollte auf eine korrekte Bedienung und Wartung geachtet werden. Zudem muss der richtige Einsatz des Produkts sichergestellt sein. Der Bereich 3 erfordert eine genaue Berechnung der Bauteile bzw. entsprechend praxisnahe Lebensdauerversuche.

Die Maßnahmen im Bereich 1 und 2 müssen durch entsprechende Schritte im Entwicklungs- und Produktionsablauf sichergestellt werden. Die Verbesserungen im Bereich 3 liegen dagegen vor allem bei der konstruktiven Auslegung. Diesen Bereich kann der Konstrukteur somit sehr stark beeinflussen. Der Bereich 3 ist zudem meist von ausschlaggebender Bedeutung für die Zuverlässigkeit, da er das „geplante" Lebensdauerende des Produkts definiert. Auch ist dieser Bereich der meist einzige, der rechnerisch, z. B. durch numerische FE-Simulationen, erfasst werden kann. Eine Prognose der zu erwartenden Systemzuverlässigkeit kann sich deshalb oft nur auf diesen Bereich beschränken.

Auch am Beispiel des Menschen, s. Abb. 2.21, lassen sich die drei Bereiche deutlich unterscheiden. Der Bereich 1 mit abnehmender Ausfallrate ist hier der Bereich der Kindersterblichkeit. Je älter ein Kind wird, umso geringer ist sein Risiko, an einer Kinderkrankheit zu sterben. Der Bereich 2 der Zufallsausfälle ist nicht sehr ausgeprägt. Hier treten vor allem Unfälle auf, die als zufällige Ereignisse anzusehen sind. Sehr deutlich erkennt man den Bereich 3 der altersbedingten Sterbefälle mit einer drastisch ansteigenden Ausfallrate.

Das Ausfallverhalten von komplexen Systemen muss nicht allein durch die Badewannenkurve charakterisiert werden. Vielmehr werden verschiedene Ausfallverläufe

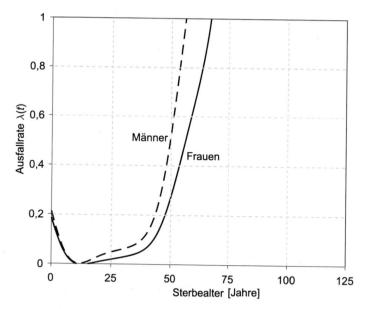

Abb. 2.21 Ausfallrate $\lambda(t)$ des Menschen [9]. (© IMA 2022. All Rights Reserved)

Ausfallverhalten eines Produktes oder Systems		allgemeine Charakteristik der Ausfallmechanismen
A	λ \ _____ / t	• Typische Badewannenkurve • Früh-, Zufalls- und Verschleißausfälle
B	λ _____ / t	• Keine Frühausfälle • Zufalls- und Verschleißausfälle
C	λ _____ t	• Keine Früh- und Verschleißausfälle • Zufallsausfälle
D	λ _____ t	• Keine Verschleißausfälle • Früh- und Zufallsausfälle

Abb. 2.22 Typisches Ausfallverhalten eines Produktes oder Systems in Anlehnung an [15]. (© IMA 2022. All Rights Reserved)

unterschieden, bei welchen das Verhalten der einzelnen Bereiche unterschiedlich ausgeprägt ist.

In Abb. 2.22 ist im Ausfallverhalten „A" die typische Badewannenkurve mit ihren drei Bereichen – Frühausfälle, Zufallsausfälle, Verschleiß- und Ermüdungsausfälle – zu erkennen. Bei „B" treten keine Frühausfälle auf, die Ausfallrate bleibt lange Zeit konstant bis schließlich im Bereich 3 Verschleiß- und Ermüdungsausfälle auftreten. Das Ausfall-

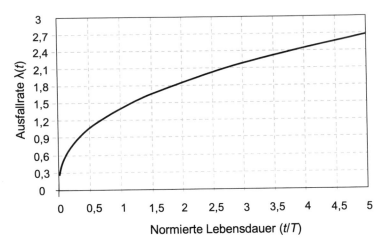

Abb. 2.23 Ausfallrate $\lambda(t)$ eines 6-Gang-NKW-Getriebes. (© IMA 2022. All Rights Reserved)

verhalten „C" ist gekennzeichnet durch eine über die gesamte Zeitdauer konstante Ausfallrate. Es treten also nur Zufallsausfälle auf (*engl.* random failure). Das Ausfallverhalten nach „D" ist charakterisiert durch eine hohe zustandsbedingte Ausfallrate im ersten Bereich der Frühausfälle (Burn-in), fällt dann aber auf einen konstanten Wert über die gesamte Lebensdauer ab.

Das Beispiel des 6-Gang-NKW-Getriebes, Abb. 2.23, zeigt, dass die Badewannenkurve nicht für alle technischen Systeme beispielhaft ist. Vielmehr können auch Verläufe auftreten, die nicht mit den einzelnen Bereichen der Badewannenkurve übereinstimmen. Prinzipiell muss beachtet werden, dass nicht der Verlauf allein als Kennzeichen für eine gute oder schlechte Konstruktion geeignet ist. Es muss auch immer das Niveau der Ausfallrate und der Kontext der Produktstrategie bewertet werden.

2.1.2   Statistische Maßzahlen

Das Ausfallverhalten kann mit den in Abschn. 2.1.1.1 bis 2.1.1.4 beschriebenen Funktionen vollständig in allen Einzelheiten beschrieben werden. Dies erfordert aber auch eine entsprechend aufwändige Ermittlung und Darstellung der gewünschten Funktion. In vielen Fällen genügt es jedoch zu wissen, wo ungefähr die „Mitte" der Ausfallfunktion liegt und wie weit die Ausfallzeiten um diesen Mittelwert „streuen". Dazu können „Lage- und Streuungsmaßzahlen" verwendet werden. Aus den Ausfallzeiten lassen sich diese Werte sehr einfach berechnen. Die Charakterisierung des Ausfallverhaltens mit Maßzahlen bedeutet allerdings eine Vereinfachung, bei der Information verloren geht.

Die bekanntesten Maßzahlen sind der Mittelwert und die Varianz bzw. Standardabweichung. Sie werden deshalb zuerst behandelt. Weitere wichtige Maßzahlen sind der Median und der Modalwert.

Arithmetischer Mittelwert

Der meist kurz als Mittelwert bezeichnete empirische arithmetische Mittelwert wird aus den Ausfallzeiten $t_1, t_2, \ldots, t_n$ folgendermaßen berechnet:

$$t_m = \frac{t_1 + t_2 + \ldots + t_n}{n} = \frac{1}{n} \sum_{i=1}^{n} t_i \tag{2.15}$$

Der Mittelwert gibt als Lageparameter an, wo die Mitte der Ausfallzeiten liegt. Stellt man sich die in Abb. 2.4 Teilabschnitt b) dargestellten Ausfallzeiten als Massenpunkte vor, so entspricht der Mittelwert t_m dem Schwerpunkt dieser Massenpunkte. Für das Beispiel in Abb. 2.4 beträgt der Mittelwert $t_m = 31.200$ Lastwechsel. Der arithmetische Mittelwert ist sehr empfindlich gegenüber „Ausreißern", d. h. eine extrem kurze oder lange Ausfallzeit beeinflusst die Größe des Mittelwertes sehr. Aus diesem Grund findet er in der Zuverlässigkeitstechnik selten Anwendung.

Varianz

Die empirische Varianz s^2 beschreibt die mittlere Abweichung vom arithmetischen Mittelwert und ist damit ein Maß für die Streuung der Ausfallzeiten um den Mittelwert t_m:

$$s^2 = \frac{1}{n-1} \sum_{i=1}^{n} \left(t_i - t_m \right)^2 \tag{2.16}$$

Bei der Berechnung der Varianz werden die Differenzen der Ausfallzeiten zum Mittelwert ermittelt und nach dem Quadrieren aufsummiert. Das Quadrieren ist erforderlich, da sich sonst die positiven und negativen Abweichungen aufheben würden.

Standardabweichung

Die empirische Standardabweichung s ergibt sich als Wurzel aus der Varianz:

$$s = \sqrt{s^2}. \tag{2.17}$$

Die Standardabweichung hat gegenüber der Varianz den Vorteil, dass sie die gleiche Dimension wie die Ausfallzeiten t_i besitzt.

Median

Der Median ist diejenige Ausfallzeit, unterhalb und oberhalb derer genau die Hälfte der Ausfälle liegen. Der Median lässt sich deshalb am einfachsten mit der Ausfallwahrscheinlichkeit $F(t)$ ermitteln:

$$F\left(t_{median} \right) = 0,5. \tag{2.18}$$

Wird das Ausfallverhalten mit der Dichtefunktion $f(t)$ dargestellt, so unterteilt der Median die Fläche unterhalb der Kurve $f(t)$ nach Gl. (2.10) in zwei gleich große Flächenstücke.

Abb. 2.24 Mittelwert, Median und Modalwert bei einer linkssymmetrischen Verteilung. (© IMA 2022. All Rights Reserved)

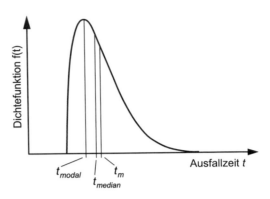

Ein großer Vorteil des Medians besteht im Vergleich zum arithmetischen Mittelwert t_m darin, dass er sehr unempfindlich gegenüber „Ausreißern" ist. Eine sehr kurze oder sehr lange Ausfallzeit kann den Median nicht verschieben. In der Zuverlässigkeitstechnik wird der Median deshalb dem arithmetischen Mittelwert vorgezogen.

Modalwert

Als Modalwert wird diejenige Ausfallzeit bezeichnet, die am häufigsten auftritt. Der Modalwert t_{modal} kann deshalb mit der Dichtefunktion $f(t)$ einfach als Ausfallzeit beim Maximum bestimmt werden:

$$f'\left(t_{modal}\right) = 0. \tag{2.19}$$

Der Modalwert besitzt in der Wahrscheinlichkeitstheorie eine große Bedeutung. Wird ein Versuch durchgeführt, so ist zu erwarten, dass die meisten Teile beim Modalwert ausfallen werden.

Die Lagemaßzahlen Mittelwert, Median und Modalwert stimmen bei den üblichen asymmetrischen Verteilungen nicht überein, s. Abb. 2.24.

Nur wenn die Dichtefunktion vollkommen symmetrisch verläuft, sind die drei Werte identisch. Dies ist z. B. bei der in Abschn. 2.2.1 beschriebenen Normalverteilung der Fall.

2.1.3 Zuverlässigkeitskenngrößen

Neben statistischen Maßzahlen wie sie in Abschn. 2.1.2 beschrieben sind, werden im Bereich der Zuverlässigkeitstechnik noch weitere Kennzahlen verwendet, um Zuverlässigkeitsdaten zu charakterisieren. Dabei werden

- *MTTF*,
- *MTTFF* und *MTBF*,
- Ausfallrate λ und Ausfallquote q,
- Prozent (%), Promille (‰), Parts per Million (PPM) sowie
- B_q-Lebensdauer

oftmals für die Beschreibung der Ausfall- bzw. Zuverlässigkeitseigenschaften herangezogen.

MTTF

Es gibt verschiedene Möglichkeiten, die Lebensdauer einer Komponente anzugeben. Die „mittlere" Zeit bis zum Ausfall einer Betrachtungseinheit, meist bezeichnet als *MTTF* (*engl.* mean time to failure), ist der Erwartungswert $E(\tau)$ der Lebensdauer t, den man aus dem Integral

$$MTTF = E(\tau) = \int_0^\infty t \cdot f(t)\,dt = \int_0^\infty R(t)\,dt \tag{2.20}$$

erhält, s. Abb. 2.25.

Was nach dem Ausfall mit der Komponente geschieht, ist für die *MTTF* nicht relevant.

Als Schätzung der *MTTF* kann $\widehat{MTTF} = (t_1 + \cdots + t_n)/n$ der arithmetische Mittelwert dienen, wobei t_1 bis t_n unabhängige Realisierungen (Beobachtungen) von Ausfallzeiten statistisch identischer Betrachtungseinheiten sind [10].

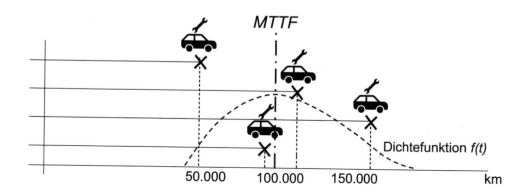

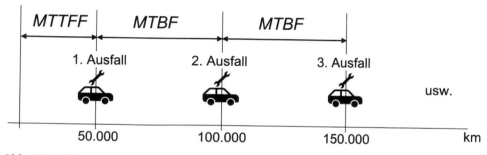

Abb. 2.25 Erläuterungen zu *MTTF, MTTFF* und *MTBF* anhand eines Beispiels. (© IMA 2022. All Rights Reserved)

MTTFF und MTBF

Zur Beschreibung der Lebensdauer einer reparierbaren Komponente kann hingegen die *MTTFF* (*engl.* mean time to first failure) dienen:

$$MTTFF = \text{mittlere Lebensdauer bis zum ersten Ausfall.} \qquad (2.21)$$

Diese beschreibt die mittlere Lebensdauer einer reparierbaren Komponente bis zu deren ersten Ausfall, s. Abb. 2.25. Damit entspricht sie der *MTTF* für nicht-reparierbare Komponenten.

Zur weiteren Definition der Lebensdauer nach dem ersten Ausfall dieser Komponente dient die *MTBF* (*engl.* mean time between failure):

$$MTBF = \text{mittlerer Ausfallabstand.} \qquad (2.22)$$

Diese bestimmt die mittlere Lebensdauer einer Komponente bis zu ihrem nächsten Ausfall und damit bis zur Reparatur.

Geht man davon aus, dass das Element nach der Reparatur wieder neuwertig ist, dann ist der Mittelwert der nächsten ausfallfreien Zeit ab Ende der Reparatur *MTBF* gleich dem der vorhergehenden mittleren Lebensdauer *MTTFF*.

Ausfallrate λ und Ausfallquote q

Die Ausfallrate λ beschreibt das Risiko eines Teiles auszufallen, wenn es bis zu diesem Zeitpunkt überlebt hat. Die Ausfallrate ergibt sich durch die Ausfälle pro Zeiteinheit bezogen auf die Summe der noch intakten Einheiten, s. Abb. 2.26.

Als Schätzwert für die Ausfallrate λ kann die Ausfallquote q dienen. Im Gegensatz zur Ausfallrate gibt die Ausfallquote

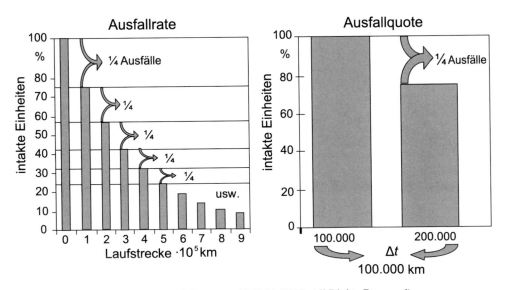

Abb. 2.26 Ausfallrate λ und Ausfallquote q. (© IMA 2022. All Rights Reserved)

$$q = \frac{\text{Anzahl Ausfälle im Zeitintervall}}{\text{Anfangsbestand} \cdot \text{Intervallgröße}} \qquad (2.23)$$

die relative Bestandsänderung im betrachteten Zeitintervall an.

Fallen beispielsweise 5 Einheiten von einem Anfangsbestand von 50 Einheiten innerhalb einer Stunde aus, so ergibt sich eine Ausfallquote von $q = 0{,}1\frac{1}{h}$ („10 % pro Stunde") [16].

Prozent, Promille und PPM

Im Bereich der Zuverlässigkeitstechnik werden Sachverhalte größtenteils anteilsmäßig dargestellt, wie z. B. die Ausfalldichte, die Ausfallwahrscheinlichkeit oder die Zuverlässigkeit. Zur Darstellung dieser Werte werden dabei am häufigsten Angaben in

• Prozent:	Anteil von Hundert,	d. h. 1 von 100 = 1 %,
• Promille:	Anteil von Tausend,	d. h. 1 von 1000 = 1 ‰ und
• PPM:	Anteil von Million,	d. h. 1 von 1.000.000 = 1 ppm

verwendet. Anteilige Kennwerte, wie z. B. ppm müssen stets mit einer Lebensdauer verknüpft werden, da die reine ppm-Angabe keine Lebensdauerinformation enthält.

B_q-Lebensdauer

Die B_q-Lebensdauer gibt den Zeitpunkt an, zu dem bereits ein Anteil von q % der gesamten Teile ausgefallen ist. Dies bedeutet speziell, dass eine B_{10}-Lebensdauer den Zeitpunkt bestimmt, an dem 10 % der Teile ausgefallen sind, s. Abb. 2.27.

In der Praxis dienen B_1-, B_{10}- bzw. B_{50}-Lebensdauerwerte als bewährtes Maß zur Beschreibung der Zuverlässigkeit eines Produktes, da sich sowohl eine beliebig wählbare Ausfallwahrscheinlichkeit und eine Lebensdauerinformation in einer Kennzahl vereinen lassen.

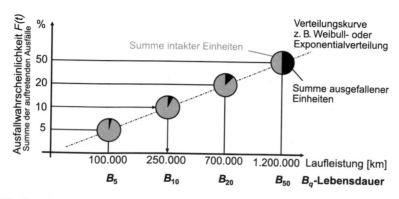

Abb. 2.27 B_q-Lebensdauer. (© IMA 2022. All Rights Reserved)

2.1.4 Definition der Wahrscheinlichkeit

Die Ausfallzeiten von Bauteilen und Systemen können, wie in den vorhergehenden Abschnitten beschrieben, als Zufallsvariablen angesehen werden. Für diese zufälligen Ereignisse lassen sich die Begriffe und Gesetze der mathematischen Wahrscheinlichkeitstheorie anwenden. Von besonderer Bedeutung ist dabei der Begriff der Wahrscheinlichkeit, der im Folgenden auf verschiedene Arten definiert wird.

Klassische Definition der Wahrscheinlichkeit (Laplace 1812)
Die ersten Betrachtungen zu Wahrscheinlichkeiten wurden bei Glücksspielen angestellt. Dabei interessierte man sich für die möglichen Wettchancen und die optimalen Einsätze. Auf die Fragestellung wie oft bzw. „wie wahrscheinlich" ein bestimmtes Ereignis A bei einem Glücksspiel eintritt, wurde von Laplace und Pascal folgende Definition festgelegt:

$$\text{Wahrscheinlichkeit } P(A) = \frac{\text{Anzahl der für A günstigen Fälle}}{\text{Anzahl aller möglichen Fälle}}. \tag{2.24}$$

Damit beträgt z. B. die Wahrscheinlichkeit mit einem Würfel eine 6 (Ereignis A) zu würfeln:

$$P(\text{Wurf einer 6}) = \frac{1}{6} = 0{,}167,$$

d. h. bei sehr vielen Würfen müssten 16,7 % der Würfe eine 6 zeigen. Die Definition von Gl. (2.24) ist jedoch nicht allgemeingültig. Sie eignet sich nur für Anwendungen, bei denen nicht unendlich viele Ereignisse auftreten können und bei denen jeder mögliche Ausgang gleich wahrscheinlich ist. Dies trifft bei Glücksspielen im Allgemeinen zu. In der technischen Wirklichkeit werden jedoch die Ausfallmöglichkeiten meist sehr unterschiedlich häufig auftreten.

Statistische Definition der Wahrscheinlichkeit (von Mises 1931)
Betrachtet wird eine Stichprobe vom Umfang n. Alle Elemente der Stichprobe werden in einem Versuch gleich belastet. Dabei wird der Ausfall von m Elementen registriert.
Die relative Ausfallhäufigkeit beträgt somit (vgl. Abschn. 2.1.1.1):

$$\text{relative Häufigkeit } h_{rel} = \frac{m}{n}. \tag{2.25}$$

Kann man unabhängig voneinander Versuche mit unterschiedlichen Stichproben durchführen, so werden sich auch verschiedene relative Häufigkeiten ergeben. Bei größer werdendem Stichprobenumfang n zeigt jedoch die Erfahrung, dass h_{rel} immer weniger um einen festen Wert h_x streut, Abb. 2.28.

Abb. 2.28 Relative Häufigkeit in Abhängigkeit vom
Stichprobenumfang. (© IMA
2022. All Rights Reserved)

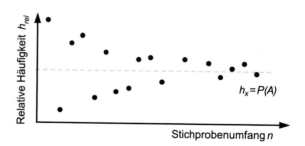

Es ist deshalb nahe liegend, den Grenzwert der relativen Häufigkeiten als Wahrscheinlichkeit für den Ausfall A zu definieren:

$$\lim_{n \to \infty} \frac{m}{n} = P(A). \tag{2.26}$$

Die genauen theoretischen Betrachtungen hierfür liefern das schwache und starke Gesetz
der großen Zahlen bzw. das Bernoullische Gesetz der großen Zahlen [17–19].

Die Definition der Wahrscheinlichkeit nach Gl. (2.26) ist jedoch ebenfalls nicht allgemeingültig. Es handelt sich dabei um keine Definition, sondern um eine Schätzung.
Zum Aufbau einer umfassenden Wahrscheinlichkeitstheorie auf der Grundlage der
Gl. (2.26) ergaben sich erkenntnistheoretische und mathematische Schwierigkeiten, die
nicht beseitigt werden konnten.

Für allgemeine Zuverlässigkeitsbetrachtungen und im Rahmen dieses Buches ist die
Definition von Gl. (2.26) allerdings ausreichend. Auch wegen ihrer Anschaulichkeit wird
sie im Folgenden verwendet.

Axiomatische Definition der Wahrscheinlichkeit (Kolmogoroff 1933)

Bei der axiomatischen Definition wird die „Wahrscheinlichkeit" im strengen Sinne nicht
definiert. In der modernen Theorie wird die „Wahrscheinlichkeit" vielmehr als ein Grund-
begriff betrachtet, der gewissen Axiomen genügt.

Die von Kolmogoroff aufgestellten Axiome der Wahrscheinlichkeiten lauten [20]:

1. Jedem zufälligen Ereignis A ist eine reelle Zahl $P(A)$ mit $0 \leq P(A) \leq 1$ zugeordnet,
   welche man die Wahrscheinlichkeit von A nennt. (Dieses Axiom lehnt sich an die
   Eigenschaften der relativen Häufigkeiten an, vgl. vorstehenden Abschnitt).
2. Die Wahrscheinlichkeit des sicheren Ereignisses ist: $P(E) = 1$ (Normierungs-Axiom).
3. Sind $A_1, A_2, A_3, \ldots$ zufällige Ereignisse, die paarweise unvereinbar sind, d. h. $A_i \cap A_j = 0$
   für $i \neq j$, so gilt: $P(A_1 \cup A_2 \cup A_3 \cup \ldots) = P(A_1) + P(A_2) + P(A_3) + \ldots$ (Additions-Axiom).

Die Axiome stützen sich auf einen Ereignisraum aus Elementarereignissen, der auch als
Boolescher Mengenkörper oder Boolescher σ-Körper bezeichnet wird.

Mit den Axiomen 1. bis 3. kann die Wahrscheinlichkeitstheorie entwickelt werden.

2.2   Lebensdauerverteilungen zur Zuverlässigkeitsbeschreibung

In Abschn. 2.1 wurde gezeigt, wie man das Ausfallverhalten durch verschiedene Funktionen grafisch anschaulich darstellen kann. Von besonderem Interesse ist aber, welchen genauen Verlauf diese Funktionen für einen ganz konkreten Fall besitzen und wie man den Verlauf der Kurven mathematisch beschreiben kann. Die hierfür verwendeten „Lebensdauerverteilungen" werden in diesem Kapitel behandelt. Die bekannteste davon ist die Normalverteilung, die jedoch in der Zuverlässigkeitstechnik nur sehr selten angewendet wird. Die Exponentialverteilung wird häufig in der Elektrotechnik eingesetzt, während im Maschinenbau die Weibullverteilung die am meisten verwendete Lebensdauerverteilung ist. Die Weibullverteilung wird deshalb sehr ausführlich behandelt. Die Lognormalverteilung wird vor allem in der Werkstofftechnik aber auch im Maschinenbau verwendet.

2.2.1   Normalverteilung

Die Normalverteilung, auch Gauß-Verteilung genannt, besitzt als Dichtefunktion $f(t)$ die bekannte Gaußsche Glockenkurve, die zum Erwartungswert $\mu = t_m$ vollkommen symmetrisch verläuft, s. Abb. 2.29. Durch die Symmetrie der Dichtefunktion fallen der Mittelwert t_m, der Median t_{median} und der Modalwert t_{modal} zusammen.

Die beiden Parameter der Normalverteilung sind der Erwartungswert μ (Lageparameter) und die Standardabweichung σ (Formparameter), s. Tab. 2.1. Die Standardabweichung σ ist ein Maß für die Streuung der Ausfallzeiten und für die Form der Ausfallfunktionen verantwortlich. Eine kleine Standardabweichung bedeutet dabei eine schmale, hohe Glockenkurve und eine große Standardabweichung einen entsprechend flachen und breiten Verlauf der Dichtefunktion, s. Abb. 2.29.

Durch die Standardabweichung kann jedoch der prinzipielle Verlauf der Ausfallfunktionen nicht geändert werden. Die meisten Ausfälle müssen immer am Erwartungswert bzw. am Mittelwert auftreten und dann vollkommen symmetrisch zu diesem abnehmen. Es kann somit im Wesentlichen nur eine Art von Ausfallverhalten beschrieben werden. Dies ist ein großer Nachteil der Normalverteilung.

Die Normalverteilung beginnt allgemein bei $t = -\infty$. Da Ausfallzeiten aber nur positive Werte annehmen, kann die Normalverteilung nur verwendet werden, wenn die Beschreibung von Ausfällen im negativen Zeitbereich vernachlässigbar ist.

Die Integrale der Gl. (2.28) und (2.29) lassen sich bei der Normalverteilung nicht analytisch lösen. Zur Bestimmung der Ausfallwahrscheinlichkeit $F(t)$ bzw. der Überlebenswahrscheinlichkeit $R(t)$ werden deshalb numerisch approximative Methoden verwendet.

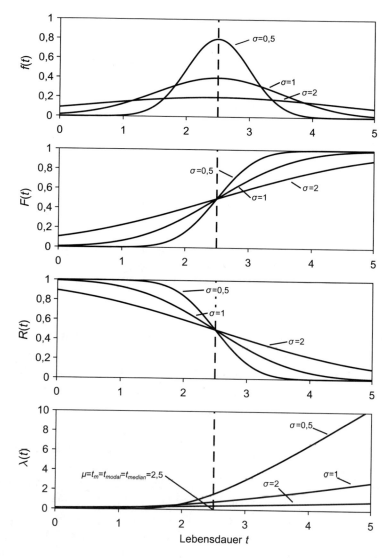

Abb. 2.29 Verlauf der Ausfallfunktionen bei der Normalverteilung. (© IMA 2022. All Rights Reserved)

2.2.2 Exponentialverteilung

Die Dichtefunktion der Exponentialverteilung nimmt entsprechend einer inversen Exponentialfunktion von einem Anfangswert monoton ab, s. Abb. 2.30. Es lässt sich somit ein Ausfallverhalten beschreiben, bei dem anfangs eine hohe Ausfallhäufigkeit beobachtet wurde, die dann exponentiell abnimmt.

Tab. 2.1 Formeln der Normalverteilung

Dichtefunktion	$$f(t) = \frac{1}{\sigma\sqrt{2\pi}} \cdot e^{-\frac{(t-\mu)^2}{2\sigma^2}}$$	(2.27)
Ausfallwahrscheinlichkeit	$$F(t) = \frac{1}{\sigma\sqrt{2\pi}} \cdot \int_{-\infty}^{t} e^{-\frac{(\tau-\mu)^2}{2\sigma^2}} \, d\tau$$	(2.28)
Überlebenswahrscheinlichkeit	$$R(t) = \frac{1}{\sigma\sqrt{2\pi}} \cdot \int_{t}^{\infty} e^{-\frac{(\tau-\mu)^2}{2\sigma^2}} \, d\tau$$	(2.29)
Ausfallrate	$$\lambda(t) = \frac{f(t)}{R(t)}$$	(2.30)

Parameter:	
t:	Statistische Variable (Beanspruchungszeit, Lastwechsel, Anzahl der Betätigungen, …)
μ:	Erwartungswert oder Lageparameter $\mu = t_m = t_{median} = t_{modal}$
σ:	Standardabweichung oder Formparameter

Die Gleichungen der Exponentialverteilung in Tab. 2.2 zeigen den mathematisch einfachen Aufbau dieser Verteilung. Die Exponentialverteilung besitzt nur einen einzigen Parameter: die Ausfallrate λ. Diese Ausfallrate λ ist der inverse Wert zum Mittelwert t_m:

$$\lambda = \frac{1}{t_m}. \tag{2.31}$$

Aus der Gl. (2.33) und (2.34) ergibt sich für den Mittelwert die Zuverlässigkeit $R(t_m) = 36,8\,\%$ und die Ausfallwahrscheinlichkeit $F(t_m) = 63,2\,\%$.

Neben der kontinuierlich abfallenden Dichtefunktion ist die konstante Ausfallrate λ ein wesentliches Kennzeichen der Exponentialverteilung. Eine konstante Ausfallrate λ bedeutet, dass sie unabhängig vom betrachteten Zeitpunkt immer gleich groß ist. Bezogen auf die noch vorhandenen Teile fällt zu einem Zeitpunkt immer ein gleich großer Prozentsatz der Teile aus. Die Exponentialverteilung kann deshalb zur Beschreibung von Zufallsausfällen und damit auch für den Bereich 2 der Badewannenkurve, s. Abschn. 2.1.1.4, verwendet werden [21].

Ebenso wie die Normalverteilung eignet sich die Exponentialverteilung im Wesentlichen nur zur Beschreibung einer ganz bestimmten Art von Ausfallverhalten. Dieses Ausfallverhalten muss mit einer großen Ausfallhäufigkeit beginnen und dann ständig geringer werden. Ein derartiges Ausfallverhalten kann im Maschinenbau jedoch nur sehr selten beobachtet werden.

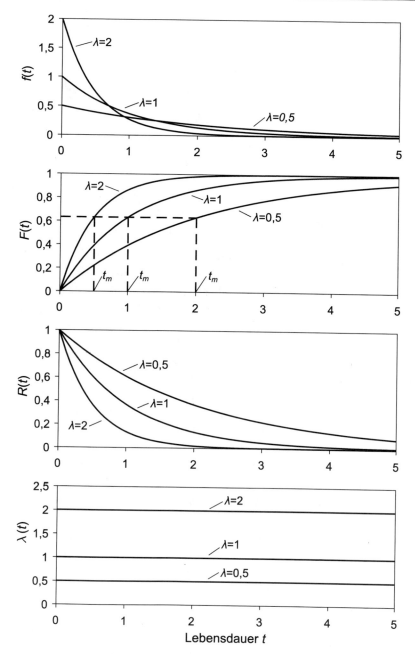

Abb. 2.30 Ausfallfunktionen der Exponentialverteilung. (© IMA 2022. All Rights Reserved)

Tab. 2.2 Formeln der Exponentialverteilung

Dichtefunktion	$f(t) = \lambda \cdot e^{-\lambda t}$	(2.32)
Ausfallwahrscheinlichkeit	$F(t) = 1 - e^{-\lambda t}$	(2.33)
Überlebenswahrscheinlichkeit	$R(t) = e^{-\lambda t}$	(2.34)
Ausfallrate	$\lambda(t) = $ konst.	(2.35)
Parameter:		
t:	Statistische Variable (Beanspruchungszeit, Lastwechsel, Anzahl der Betätigungen, …)	
λ:	Lage- und Formparameter $\lambda = \dfrac{1}{t_{\mathrm{m}}}$	

2.2.3 Weibullverteilung

2.2.3.1 Grundbegriffe und Gleichungen

Mit der Weibullverteilung kann unterschiedliches Ausfallverhalten sehr gut beschrieben werden. Sie wurde von Waloddi Weibull in den 1950er-Jahren als sehr flexible Verteilungs-funktion definiert. Am deutlichsten zeigen dies die mit der Weibullverteilung darstellbaren Dichtefunktionen, s. Abb. 2.31 Teilabschnitt a). In Abhängigkeit von einem Parameter der Verteilung – dem Formparameter b – ändert sich die Dichtefunktion deutlich. Für kleine b-Werte ($b < 1$) werden die Ausfälle ähnlich wie bei der Exponentialverteilung be-schrieben, d. h. man hat anfangs eine sehr hohe Ausfallhäufigkeit, die dann kontinuierlich abnimmt. Beim Formparameter $b = 1$ ergibt sich exakt die Exponentialverteilung. Für Formparameter $b > 1$ beginnt die Dichtefunktion stets bei $f(0) = 0$, erreicht dann mit zu-nehmender Lebensdauer ein Maximum und fällt schließlich flach ab. Das Maximum der Dichtefunktion verschiebt sich dabei immer mehr nach rechts für größer werdende b-Werte [21, 22]. Mit dem Formparameter $b = 3{,}5$ kann näherungsweise eine Normalverteilung dargestellt werden.

Die Weibullverteilung lässt sich in eine zweiparametrige und eine dreiparametrige Ver-teilung untergliedern, s. Tab. 2.3.

Die zweiparametrige Weibullverteilung besitzt als Parameter die charakteristische Lebensdauer T (Lageparameter) und den Formparameter b. Die charakteristische Lebens-dauer T ist eine Art Mittelwert und gibt damit an, wo ungefähr die Mitte der Verteilung liegt. Der Formparameter b ist ein Maß für die Streuung der Ausfallzeiten und, wie bereits erwähnt, für die Form der Ausfalldichte verantwortlich, s. Abb. 2.31 Teilabschnitt a). Die Ausfälle werden bei der zweiparametrigen Weibullverteilung stets ab dem Zeitpunkt $t = 0$ beschrieben.

Die dreiparametrige Weibullverteilung besitzt neben den Parametern T und b als zu-sätzlichen Parameter die ausfallfreie Zeit t_0. Mit diesem dritten Parameter können Ausfall-mechanismen beschrieben werden, die erst ab einem Zeitpunkt t_0 beginnen. Bis zum Zeit-punkt t_0 treten also überhaupt keine Ausfälle auf, d. h. die Ausfallwahrscheinlichkeit liegt bei 0 %. Die dreiparametrige Weibullverteilung lässt sich durch eine Zeittransformation

a

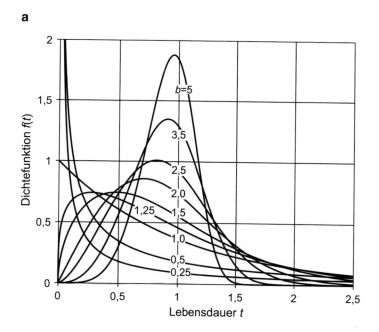

b

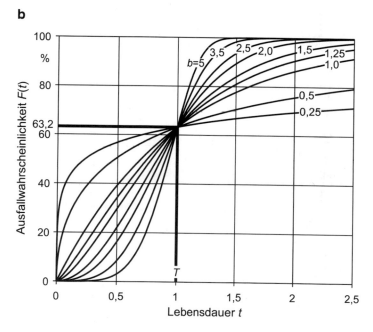

Abb. 2.31 **a**) Dichtefunktion $f(t)$ der Weibullverteilung für unterschiedliche Formparameter b (charakteristische Lebensdauer $T = 1$, ausfallfreie Zeit $t_0 = 0$), **b**) Ausfallwahrscheinlichkeit $F(t)$ der Weibullverteilung für unterschiedliche Formparameter b (charakteristische Lebensdauer $T = 1$, ausfallfreie Zeit $t_0 = 0$), **c**) Überlebenswahrscheinlichkeit $R(t)$ der Weibullverteilung für unterschiedliche Formparameter b (charakteristische Lebensdauer $T = 1$, ausfallfreie Zeit $t_0 = 0$), **d**) Ausfallrate $\lambda(t)$ der Weibullverteilung für unterschiedliche Formparameter b (charakteristische Lebensdauer $T = 1$, ausfallfreie Zeit $t_0 = 0$). (© IMA 2022. All Rights Reserved)

c

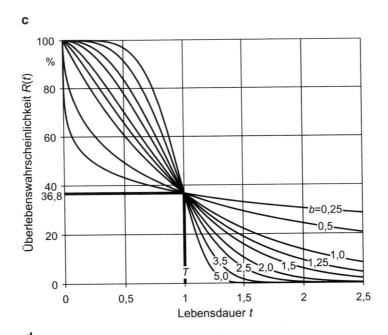

d

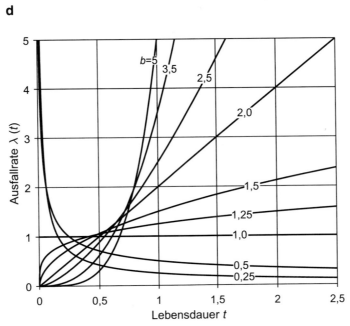

Abb. 2.31 (Fortsetzung)

Tab. 2.3 Formeln und Bezeichnungen der Weibullverteilung

Zweiparametrige Weibullverteilung:		
Überlebenswahrscheinlichkeit bzw. Zuverlässigkeit	$R(t) = e^{-\left(\frac{t}{T}\right)^b}$	(2.36)
Ausfallwahrscheinlichkeit	$F(t) = 1 - e^{-\left(\frac{t}{T}\right)^b}$	(2.37)
Dichtefunktion	$f(t) = \dfrac{dF(t)}{dt} = \dfrac{b}{T} \cdot \left(\dfrac{t}{T}\right)^{b-1} \cdot e^{-\left(\frac{t}{T}\right)^b}$	(2.38)
Ausfallrate	$\lambda(t) = \dfrac{f(t)}{R(t)} = \dfrac{b}{T} \cdot \left(\dfrac{t}{T}\right)^{b-1}$	(2.39)
Dreiparametrige Weibullverteilung:		
Überlebenswahrscheinlichkeit bzw. Zuverlässigkeit	$R(t) = e^{-\left(\frac{t-t_0}{T-t_0}\right)^b}$	(2.40)
Ausfallwahrscheinlichkeit	$F(t) = 1 - e^{-\left(\frac{t-t_0}{T-t_0}\right)^b}$	(2.41)
Dichtefunktion	$f(t) = \dfrac{dF(t)}{dt} = \dfrac{b}{T-t_0} \cdot \left(\dfrac{t-t_0}{T-t_0}\right)^{b-1} \cdot e^{-\left(\frac{t-t_0}{T-t_0}\right)^b}$	(2.42)
Ausfallrate	$\lambda(t) = \dfrac{f(t)}{R(t)} = \dfrac{b}{T-t_0} \cdot \left(\dfrac{t-t_0}{T-t_0}\right)^{b-1}$	(2.43)
Parameter:		
t:	Statistische Variable (Beanspruchungszeit, Lastwechsel, …)	
T:	Charakteristische Lebensdauer oder Lageparameter. Für $t = T$ gilt: $F(T) = 63{,}2\ \%$ bzw. $R(T) = 36{,}8\ \%$	
b:	Formparameter oder Ausfallsteilheit. Er legt die Kurvenform fest.	
t_0:	Ausfallfreie Zeit. Der Parameter t_0 legt den Zeitpunkt fest, ab dem die Ausfälle beginnen. Es handelt sich um eine Verschiebung längs der Zeitachse.	

aus der zweiparametrigen Weibullverteilung ableiten, wozu nur die Ausfallzeit t und die charakteristische Lebensdauer T durch $t - t_0$ und $T - t_0$ ersetzt werden muss ($t \to t - t_0$, $T \to T - t_0$). Die ausführlichen Gleichungen sind ebenfalls in der Tab. 2.3 angegeben.

Die Zuverlässigkeit $R(t)$ entspricht bei der Weibullverteilung einer inversen Exponentialfunktion. Der Exponent dieser Exponentialfunktion besteht bei der zweiparametrigen Weibullverteilung aus dem Quotienten (t/T), der selbst wieder durch den Exponenten b

variiert werden kann. Die Gleichungen der restlichen Ausfallfunktionen sind ebenfalls in der Tab. 2.3 dargestellt.

Die unterschiedlichen Ausfallraten der Weibullverteilung in Abb. 2.31 Teilabschnitt d) lassen sich in drei Bereiche einteilen, die mit den Bereichen der Badewannenkurve in Abschn. 2.1.1.4 identisch sind:

$b < 1$:   die Ausfallraten nehmen mit zunehmender Lebensdauer ab. Es lassen sich damit Frühausfälle beschreiben.

$b = 1$:   die Ausfallrate ist konstant. Der Formparameter $b = 1$ eignet sich somit zur Beschreibung von Zufallsausfällen im Bereich 2 der Badewannenkurve.

$b > 1$:   die Ausfallraten steigen mit zunehmender Lebensdauer deutlich an. Mit b-Werten größer 1 lassen sich deshalb Verschleiß- und Ermüdungsausfälle beschreiben.

Der Formparameter der Weibullverteilung eignet sich hervorragend zur Klassifikation von Ausfallmechanismen entsprechend der Badewannenkurve. Die Gleichungen der Weibullverteilung enthalten die statistische Variable t in bezogener Form t/T bzw. $(t - t_0)/(T - t_0)$. Für den Zeitpunkt $t = T$ wird deshalb der Quotient gleich 1 und die Ausfallwahrscheinlichkeit ergibt sich zu:

$$F(T) = 1 - e^{-1} = 0{,}632. \tag{2.44}$$

Damit ist der charakteristischen Lebensdauer T eine Ausfallwahrscheinlichkeit $F(t) = 63{,}2\,\%$ bzw. entsprechend eine Überlebenswahrscheinlichkeit $R(t) = 36{,}8\,\%$ zugeordnet. Ähnlich wie beim Median, bei dem $F(t_{median}) = 50\,\%$ beträgt, kann die charakteristische Lebensdauer T deshalb als ein besonderer Mittelwert aufgefasst werden, Abb. 2.32.

Der Mittelwert t_m der zwei- und dreiparametrigen Weibullverteilung lässt sich nur mit Hilfe der Gammafunktion ermitteln:

$$t_m = T \cdot \Gamma\left(1 + \frac{1}{b}\right) \tag{2.45}$$

Abb. 2.32 Charakteristische Lebensdauer T als „Mittelwert". (© IMA 2022. All Rights Reserved)

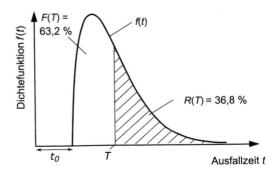

$$bzw. \, t_m = \left(T - t_0\right) \cdot \Gamma \left(1 + \frac{1}{b}\right) + t_0. \tag{2.46}$$

Die Funktionswerte der Gammafunktion sind z. B. in [23] tabelliert.

2.2.3.2 Weibullwahrscheinlichkeitspapier

Die Ausfallwahrscheinlichkeiten $F(t)$ in Abb. 2.31 Teilabschnitt b) weisen einen s-förmigen Kurvenverlauf auf. Mit einem speziellen „Weibullwahrscheinlichkeitspapier" ist es möglich, die Funktionen $F(t)$ der zweiparametrigen Weibullverteilung als Geraden zu zeichnen, s. Abb. 2.33. Dadurch kann das Ausfallverhalten auf eine einfache grafische Weise dargestellt werden. Vorteile ergeben sich auch bei der Auswertung von Lebensdauerversuchen, da durch die eingetragenen Versuchswerte recht einfach eine Gerade gelegt werden kann, s. Kap. 6.

Als Beispiel dazu ist in Abb. 2.34 die schon in Abschn. 2.1.1.2 verwendete Ausfallwahrscheinlichkeit eines NKW-Getriebes zu sehen, die hier im Weibullwahrscheinlichkeitspapier dargestellt ist. Man erkennt, dass die in linearer Skalierung durch eine s-förmige Kurve beschriebene Ausfallwahrscheinlichkeit hier zu einer Geraden wird.

Die Umwandlung der Kurven in Geraden wird durch eine bestimmte Skalierung der Abszisse und Ordinate erreicht. Die Abszisse ist logarithmisch skaliert, während die Ordinate einen doppeltlogarithmischen Maßstab besitzt:

$$x = \ln t, \tag{2.47}$$

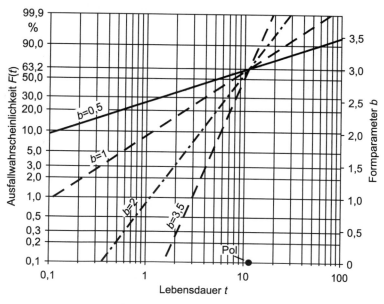

Abb. 2.33 Ausfallwahrscheinlichkeit $F(t)$ der Weibullverteilung für unterschiedliche Formparameter b im Weibullwahrscheinlichkeitspapier. (© IMA 2022. All Rights Reserved)

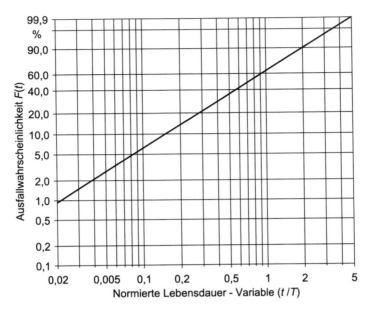

Abb. 2.34 Ausfallwahrscheinlichkeit eines 6-Gang-NKW-Getriebes im Weibullwahrscheinlichkeitspapier. (© IMA 2022. All Rights Reserved)

$$y = \ln\left(-\ln\left(1 - F(t)\right)\right) \text{ bzw. } y = \ln\left(-\ln\left(R(t)\right)\right). \tag{2.48}$$

Diese spezielle Achsenskalierung ergibt sich, ausgehend von der zweiparametrigen Weibullverteilung, folgendermaßen:

$$F(t) = 1 - e^{-\left(\frac{t}{T}\right)^b}, \tag{2.49}$$

$$1 - F(t) = e^{-\left(\frac{t}{T}\right)^b}, \tag{2.50}$$

$$\frac{1}{1 - F(t)} = e^{+\left(\frac{t}{T}\right)^b}. \tag{2.51}$$

Durch zweimaliges Logarithmieren erhält man:

$$\ln\left(\ln\frac{1}{1 - F(t)}\right) = b \cdot \ln\left(\frac{t}{T}\right), \tag{2.52}$$

$$\ln\left(-\ln\left(1 - F(t)\right)\right) = b \cdot \ln t - b \cdot \ln T. \tag{2.53}$$

Die Gl. (2.53) entspricht einer Geradengleichung in der Form

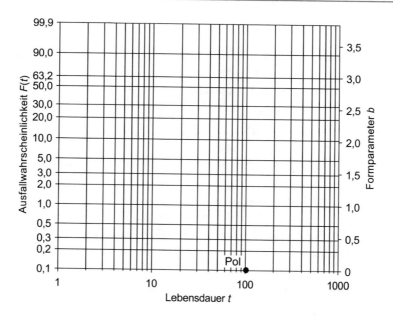

Abb. 2.35 Weibullwahrscheinlichkeitspapier. (© IMA 2022. All Rights Reserved)

$$y = a \cdot x + c \tag{2.54}$$

mit den Werten

$$a = b \qquad \text{(Steigung)}, \tag{2.55}$$

$$c = -b \cdot \ln T \qquad \text{(Achsabschnitt)}, \tag{2.56}$$

$$x = \ln t \qquad \text{(Abszissen Skalierung)}, \tag{2.57}$$

$$y = \ln\left(-\ln\left(1 - F(t)\right)\right) \qquad \text{(Ordinaten Skalierung)}. \tag{2.58}$$

Jede zweiparametrige Weibullverteilung lässt sich damit als eine Gerade im Weibullwahrscheinlichkeitspapier darstellen, s. Abb. 2.33. Die Steigung der Geraden im Wahrscheinlichkeitspapier ist dabei ein direktes Maß für den Formparameter b. Der Formparameter b kann auf der rechten Ordinate in Abb. 2.35 abgelesen werden, wenn die Gerade parallel durch den Pol P verschoben wird.

Die Lage des Pols und die Einteilung der linearen Ordinate für den Formparameter b kann mit der Gl. (2.55), (2.57) und (2.58) ermittelt werden:

$$b = \frac{\Delta y}{\Delta x} = \frac{\ln\left(-\ln\left(1 - F_2(t_2)\right)\right) - \ln\left(-\ln\left(1 - F_1(t_1)\right)\right)}{\ln t_2 - \ln t_1}. \tag{2.59}$$

Beispiel

Eine zweiparametrige Weibullverteilung mit dem Formparameter $b = 1{,}7$ und der charakteristischen Lebensdauer $T = 80.000$ Lastwechsel soll in ein Weibullwahrscheinlichkeitspapier gezeichnet werden. Die gesuchte Funktion lautet damit:

$$F(t) = 1 - e^{-\left(\frac{t}{80.000 \text{ LW}}\right)^{1{,}7}}.$$

Zuerst wird eine Hilfsgerade mit der Steigung $b = 1{,}7$ in das Wahrscheinlichkeitspapier gezeichnet, s. Abb. 2.36. Die Hilfsgerade geht dabei vom Pol P aus und endet an der rechten Ordinate bei $b = 1{,}7$. Die Steigung der gesuchten Weibullgerade ist damit bereits gefunden. Die Hilfsgerade muss nun noch parallel verschoben werden, bis sie bei $F(t) = 63{,}2\%$ die charakteristische Lebensdauer $T = 80.000$ Lastwechsel schneidet. Die so erzeugte Weibullgerade in Abb. 2.36 entspricht damit der gesuchten Ausfallwahrscheinlichkeit $F(t)$.

Eine dreiparametrige Weibullverteilung ergibt im Weibullwahrscheinlichkeitspapier keine Gerade, sondern eine nach oben konvex gekrümmte Kurve, s. Abb. 2.37. Allerdings kann auch eine dreiparametrige Weibullverteilung als Gerade gezeichnet werden, wenn auf der Abszisse die um t_0 korrigierten Ausfallzeiten $(t - t_0)$ abgetragen werden. Durch diese Zeittransformation wird die dreiparametrige Weibullverteilung auf eine zweiparametrige Weibullverteilung zurückgeführt, s. Abb. 2.38. Durch die

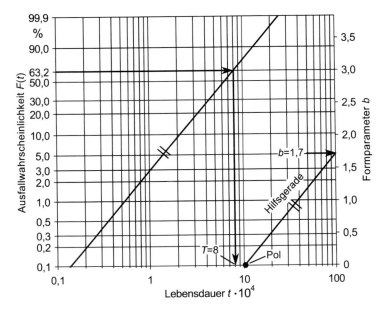

Abb. 2.36 Weibullwahrscheinlichkeitspapier mit der Weibullgeraden aus dem Beispiel (Formparameter $b = 1{,}7$ und charakteristische Lebensdauer $T = 80.000$). (© IMA 2022. All Rights Reserved)

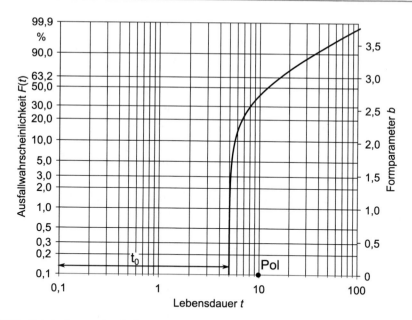

Abb. 2.37 Originalwerte der dreiparametrige Weibullverteilung im Weibullwahrscheinlichkeitspapier. (© IMA 2022. All Rights Reserved)

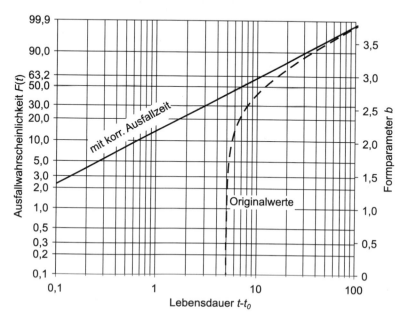

Abb. 2.38 Dreiparametrige Weibullverteilung mit um t_0 korrigierten Ausfallzeiten ($t - t_0$). (© IMA 2022. All Rights Reserved)

Transformation ist der Formparameter der dreiparametrigen Weibullverteilung immer kleiner als derjenige der zweiparametrigen Form unter der Voraussetzung einer identischen Datenbasis. Die Formparameter lassen sich dann auch nicht mehr ohne Weiteres miteinander vergleichen. ◄

Wie bereits in Abschn. 2.1.1.4 erwähnt, lässt sich das gesamte Ausfallverhalten von Bauteilen bzw. Systemen mit der Ausfallrate $\lambda(t)$ in Form der Badewannenkurve darstellen. Dieser Verlauf bezieht sich also nicht auf einen einzelnen Ausfallmechanismus, sondern beschreibt das komplette Ausfallverhalten eines Produktes oder Systems. Die drei Bereiche der Badewannenkurve sind dabei unabhängig voneinander und können auch in das Weibullwahrscheinlichkeitspapier übertragen werden, s. Abb. 2.39. Da jeder Bereich einer anderen Ausfallursache zu Grunde liegt, werden auch unterschiedliche Ausfall-

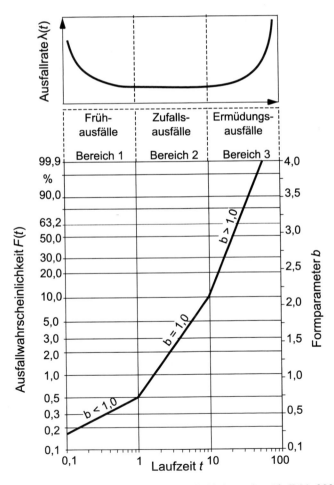

Abb. 2.39 Badewannenkurve im Weibullwahrscheinlichkeitspapier. (© IMA 2022. All Rights Reserved)

mechanismen beschrieben. Jeder Ausfallmechanismus tritt mit einer unterschiedlichen Ausfallwahrscheinlichkeit auf und wird durch eine eigene Weibullverteilung charakterisiert. Abb. 2.39 ist also nur als anschauliches Beispiel zu verstehen.

2.2.3.3 Historische Entstehung der Weibullverteilung

Zwischen den Jahren 1930 und 1950 führte *W. Weibull* verschiedene Ermüdungsversuche durch. Das dabei festgestellte Ausfallverhalten konnte er mit den bis dahin üblichen Verteilungen nicht korrekt beschreiben. Er versuchte deshalb selbst eine universelle Verteilung zu entwickeln, die er 1951 in [24] ausführlich beschrieb.

W. Weibull ging davon aus, dass sich jede Verteilungsfunktion in der Form

$$F(t) = 1 - e^{-\phi(t)} \qquad (2.60)$$

darstellen lässt. An die Funktion $\phi(t)$ stellte er die einsichtigen Minimal-Forderungen:

- $\phi(t)$ ist positiv und monoton steigend (damit wird die prinzipielle Forderung nach stetiger, monotoner Zunahme einer Verteilungsfunktion erfüllt),
- es existiert eine untere Grenze t_0, vor der $\phi(t) = 0$ ist (damit kann eine Mindestlebensdauer bzw. ausfallfreie Zeit berücksichtigt werden).

Eine mögliche Funktion, die diesen Bedingungen genügt, lautet:

$$\phi(t) = \left(\frac{t - t_0}{\tilde{T}}\right)^b. \qquad (2.61)$$

Vor der Zeit t_0 ist das Argument in Gl. (2.61) negativ und wird zu $\phi(t < t_0) = 0$ definiert. Ab der Zeit t_0 beginnt $\phi(t)$ monoton zu steigen.

Wird statt dem Bezugswert $\tilde{T}$ ein Wert $(T - t_0)$ eingesetzt, so ergibt sich für $t = T$ immer $F(t) = 63{,}2\ \%$. Dies bedeutet keine Einschränkung der Bedingungen, erleichtert aber den Umgang mit der Funktion.

Durch Einsetzen von Gl. (2.61) in (2.60) ergibt sich die bekannte Weibullverteilung in dreiparametriger Form:

$$F(t) = 1 - e^{-\left(\frac{t - t_0}{T - t_0}\right)^b}. \qquad (2.62)$$

Bei der Postulierung der Funktion durch *W. Weibull* gab es keine wahrscheinlichkeitstheoretische Begründung, warum sich gerade diese Funktion so gut zur Beschreibung von Lebensdauerversuchen eignet. *W. Weibull* entwickelte die Funktion auf rein empirischer Grundlage.

2.2.3.4 Wahrscheinlichkeitstheoretische Begründung
der Weibullverteilung

In der Wahrscheinlichkeitstheorie wird die Weibullverteilung den „asymptotischen Extremwertverteilungen" zugeordnet. Unter dieser Bezeichnung wurde die Verteilung bereits sehr früh sowohl durch *Fisher* und *Tippett* [25] als auch durch *Gnedenko* [26] grundlegend theoretisch untersucht. Nachdem *W. Weibull* die Verteilung empirisch entwickelt und vorgestellt hatte, wurde die Verteilung insbesondere von *Freudenthal* und *Gumbel* [27–29] und in neuerer Zeit durch *Galambos* [30] wahrscheinlichkeitstheoretisch begründet. Alle diese Quellen enthalten im Wesentlichen die folgende Definition:

▶ Die Weibullverteilung entspricht einer asymptotischen Extremwertverteilung der kleinsten (ersten) Ranggröße einer Stichprobe des Umfangs n, falls n sehr groß wird ($n \to \infty$).

Zum Verständnis dieser Definition muss bekannt sein, was die Begriffe Ranggröße und Ranggrößenverteilung bedeuten. Falls diese Begriffe noch nicht bekannt sind, sollte zuerst Abschn. 6.2 bearbeitet werden, wo auf Ranggrößen und ihre Verteilungen ausführlich eingegangen wird.

Gedanklich kann jedes System in n Bauteile zerlegt werden, s. Abb. 2.40:

Bezeichnet man mit $t_1, t_2, \ldots t_n$ die Lebensdauer der n Bauteile, so ist die Lebensdauer des gesamten Systems gleich der minimalen Lebensdauer der n Bauteile: $t_{System} = min(t_1, t_2, \ldots t_n)$. Das System versagt also durch den Ausfall des schwächsten Gliedes. Die Ausfallzeit t_{System} entspricht daher der geringsten Ausfallzeit der Stichprobe des Umfangs n. Diese geringste Ausfallzeit wird als 1. Ranggröße der Stichprobe bezeichnet. Für ein anderes, gleichartiges System mit der identischen Stichprobengröße n wird t_{System} bzw. die kleinste Ranggröße etwas unterschiedlich sein. Dieser Ranggröße kann somit eine Verteilung zugeordnet werden. Da die 1. Ranggröße (bzw. auch die n-te Ranggröße) eine extreme Ranggröße darstellt, wird sie als Extremwert und ihre Verteilung als Extremwertverteilung bezeichnet. Für den Grenzübergang $n \to \infty$ ergibt sich dann, dass die Lebensdauer des Systems weibullverteilt ist [17, 30].

Der Ausfall des Systems durch seinen schwächsten Bereich entspricht dem Prinzip des schwächsten Gliedes einer Kette. Nur für den Fall, dass den realen Ausfallursachen dieses Prinzip zugrunde liegt, kann die Weibullverteilung theoretisch genau das Ausfallgeschehen beschreiben. Wegen ihrer großen Universalität, s. Abb. 2.31, wird die Weibullverteilung in der Praxis jedoch meist aus rein pragmatischen Gründen angewendet.

Abb. 2.40 Zerlegung eines Systems in seine Bauteile. (© IMA 2022. All Rights Reserved)

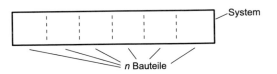

2.2.4 Logarithmische Normalverteilung

Die logarithmische Normalverteilung, die meist kurz als Lognormalverteilung bezeichnet wird, geht aus der Normalverteilung von Abschn. 2.2.1 hervor. Die Zufallsvariable t wird dazu in logarithmierter Form $\ln t$ in die Gl. (2.27) bis (2.30) eingesetzt. Dies bedeutet, dass die logarithmierten Ausfallzeiten einer Normalverteilung folgen. Die Gleichungen der Lognormalverteilung sind in der Tab. 2.4 zusammengefasst.

Im Gegensatz zur Normalverteilung können mit der Lognormalverteilung sehr unterschiedliche Dichtefunktionen erzeugt werden, s. Abb. 2.41. Mit der Lognormalverteilung kann deshalb, wie mit der Weibullverteilung, sehr unterschiedliches Ausfallverhalten gut beschrieben werden.

Die Anwendung der Lognormalverteilung wird erleichtert, da die Normalverteilung die wohl am besten untersuchte Verteilung darstellt und sich die Verfahren der Normalverteilung einfach auf die Lognormalverteilung übertragen lassen. Ein großer Nachteil der Lognormalverteilung besteht allerdings wie bei der Normalverteilung darin, dass sich nur die Dichtefunktion in geschlossener Form darstellen lässt und sich die anderen Ausfallfunktionen deshalb nur durch eine aufwändige Integralbildung bzw. numerisch approximativ ermitteln lassen.

Die Ausfallrate der Lognormalverteilung steigt mit zunehmender Lebensdauer zuerst an, um dann nach Erreichen eines Maximums abzufallen. Für sehr große Lebensdauern strebt die Ausfallrate schließlich gegen Null, s. Abb. 2.41. Die monoton ansteigende Ausfallrate bei Ermüdungs- und Verschleißausfällen kann deshalb mit der Lognormalverteilung nur bedingt beschrieben werden. Dagegen lässt sich sehr gut ein Ausfallverhalten

Tab. 2.4 Formeln der Lognormalverteilung

Dichtefunktion	$f(t) = \dfrac{1}{t \cdot \sigma \sqrt{2\pi}} \cdot e^{-\frac{(\ln t - \mu)^2}{2\sigma^2}}$	(2.63)
Ausfallwahrscheinlichkeit	$F(t) = \int_0^t \dfrac{1}{\tau \cdot \sigma \sqrt{2\pi}} \cdot e^{-\frac{(\ln \tau - \mu)^2}{2\sigma^2}} \, d\tau$	(2.64)
Überlebenswahrscheinlichkeit	$R(t) = 1 - F(t)$	(2.65)
Ausfallrate	$\lambda(t) = \dfrac{f(t)}{R(t)}$	(2.66)
Parameter:		
t:	Statistische Variable (Beanspruchungszeit, Lastwechsel, Anzahl der Betätigungen, …)	
μ:	Lageparameter. Der genaue Mittelwert der Lognormalverteilung beträgt $t_{median} = e^{\mu}$.	
σ:	Formparameter oder Streumaß	

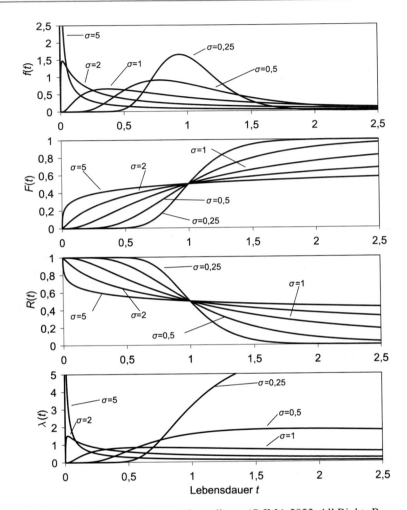

Abb. 2.41 Ausfallfunktionen der Lognormalverteilung. (© IMA 2022. All Rights Reserved)

beschreiben, bei dem anfänglich die Ausfallrate schnell zunimmt und dann sehr langsam wieder abfällt.

Während zum Entstehen einer Normalverteilung viele Zufallsfaktoren additiv zusammenwirken, sind bei der Lognormalverteilung die Zufallsfaktoren multiplikativ verknüpft. Die einzelnen Zufallsfaktoren sind somit proportional voneinander abhängig. Sehr gut lässt sich dies z. B. bei Ermüdungsbrüchen veranschaulichen. Es wird dabei vorausgesetzt, dass ein Bruch durch die aufgebrachte Belastung stufenweise entsteht und sich ausbreitet und dass die Anzahl der Rissverlängerungen bis zum Bruch sehr groß ist. Der Risszuwachs auf jeder Stufe kann als eine Zufallsvariable angesehen werden, die der erreichten Risslänge im Mittel proportional ist. Mit dem zentralen Grenzwertsatz [17–19] ergibt sich dann die Lognormalverteilung als Modell zur Beschreibung des Ermüdungsbruches [31].

Auch für die Lognormalverteilung gibt es ein Wahrscheinlichkeitspapier, in dem die Ausfallwahrscheinlichkeit $F(t)$ als Gerade abgebildet wird, wodurch es sich sehr gut zur Auswertung von Versuchen eignet, s. Abb. 2.42.

Das Wahrscheinlichkeitsnetz hat eine nach dem dekadischen Logarithmus geteilte Abszisse und eine der Normalverteilung gemäß geteilter Ordinate [17]. Der Medianwert $t_{median} = e^\mu$ entspricht dem Schnittpunkt mit der 50 %-Linie der Ausfallwahrscheinlichkeit.

Die Standardabweichung σ ergibt sich zu:

$$\sigma = \ln \frac{t_{84\%}}{t_{50\%}} \text{ bzw. } \sigma = \ln \frac{t_{50\%}}{t_{16\%}} \tag{2.67}$$

Einige Beispiele für Ausfallwahrscheinlichkeiten $F(t)$ zeigt Abb. 2.42.

Von der Lognormalverteilung gibt es wie bei der Weibullverteilung eine dreiparametrige Version mit einer ausfallfreien Zeit t_0 als dritten Parameter [17]. Die dreiparametrige Lognormalverteilung wird jedoch nur in sehr wenigen Fällen angewendet.

2.2.5 Weitere Verteilungen in der Zuverlässigkeitstechnik

Die nachfolgend dargestellten Verteilungen werden seltener und nicht immer nur als reine Lebensdauerverteilung eingesetzt. Sie bieten allerdings in einzelnen Bereichen der Zuverlässigkeitstechnik gewisse Vorteile und werden deshalb aufgeführt.

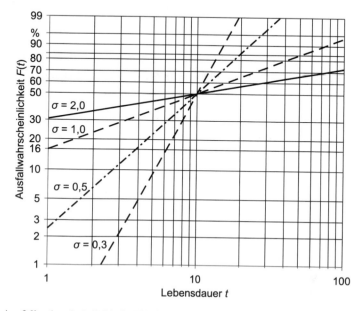

Abb. 2.42 Ausfallwahrscheinlichkeit $F(t)$ der Lognormalverteilung für unterschiedliche Standardabweichungen σ im Lognormalwahrscheinlichkeitspapier. (© IMA 2022. All Rights Reserved)

2.2.5.1 Gammaverteilung

Die Gammaverteilung existiert wie die Weibullverteilung in einer zwei- oder dreiparametrigen Form. Als verallgemeinerte Gammaverteilung kann sie sogar vier freie Parameter enthalten. Allerdings verursacht die statistische Analyse von Daten mit einem so flexiblen Modell einen sehr großen Aufwand, so dass diese Form hier nicht in Betracht gezogen wird [17].

Die Verteilungsdichte der Gammaverteilung lautet in der zweiparametrigen Form

$$f(t) = \frac{a^b t^{b-1} e^{-at}}{\Gamma(b)} \quad \text{für } t > 0, a > 0, b > 0 \tag{2.68}$$

und in der dreiparametrigen Form

$$f(t) = \frac{a^b}{\Gamma(b)} (t - t_0)^{b-1} e^{-a(t-t_0)}, \tag{2.69}$$

wobei a ein Maßstabsparameter, b ein Formparameter und t_0 ein Lageparameter ist. Weiterhin bedeuten

$$\Gamma(b) = \int_0^{+\infty} x^{b-1} e^{-x} dx \tag{2.70}$$

die vollständige, s. Tab. A.5, und

$$\Gamma(b, at) = \int_0^{at} x^{b-1} e^{-x} dx \tag{2.71}$$

die unvollständige Gammafunktion, die z. B. in Bronstein [23] tabelliert ist.

Die Wahrscheinlichkeitsverteilung einer zufälligen Veränderlichen mit zweiparametriger Gammaverteilung lässt sich nur als Integral beschreiben

$$F(t) = \frac{a^b}{\Gamma(b)} \int_0^t u^{b-1} e^{-au} du, \tag{2.72}$$

wobei daraus auch gleichzeitig die Überlebenswahrscheinlichkeit resultiert

$$R(t) = 1 - \frac{a^b}{\Gamma(b)} \int_0^t u^{b-1} e^{-au} du. \tag{2.73}$$

Die Ausfallrate der Gammaverteilung lässt sich nicht in geschlossener Form angeben, es gilt die allgemeine Beziehung

$$\lambda(t) = \frac{f(t)}{1 - F(t)}. \tag{2.74}$$

Der Erwartungswert und die Varianz einer zweiparametrigen Gammaverteilung ergeben sich zu

$$E(t) = \frac{b}{a} \tag{2.75}$$

und

$$Var(t) = \frac{b}{a^2}. \tag{2.76}$$

Die dreiparametrige Gammaverteilung besitzt neben den Parametern a und b wie bereits erwähnt den zusätzlichen Lageparameter t_0. Mit diesem Parameter können, analog wie bei der Exponential- und der Weibullverteilung, Ausfälle beschrieben werden, die erst ab einem Zeitpunkt t_0 beginnen, also eine ausfallfreie Zeit besitzen.

Bei der dreiparametrigen Gammaverteilung lautet der Erwartungswert

$$E(t) = t_0 + \frac{b}{a} \tag{2.77}$$

und die Varianz folgt nach Gl. (2.76), was bedeutet, dass die Varianz in der zweiparametrigen und dreiparametrigen Form die gleiche Größe besitzt, und somit unabhängig von t_0 ist.

Mit der Gammaverteilung kann, ähnlich wie mit der Weibullverteilung, sehr unterschiedliches Ausfallverhalten gut beschrieben werden. Dies wird vor allem in den Dichtefunktionen der Gammaverteilung, s. Abb. 2.43, deutlich. In Abhängigkeit von einem Parameter – dem Formparameter b – ändert sich die Dichtefunktion deutlich. Für $b = 1$ lässt sich die Gammaverteilung direkt in die Exponentialverteilung überführen, s. Abb. 2.30.

Wird der Formparameter b als eine positive ganze Zahl ($b = 1,2, \ldots$) angenommen, so entsteht aus der Gammaverteilung die Erlangverteilung.

Für Formparameter $b > 1$ beginnt die Dichtefunktion stets bei $f(t) = 0$, erreicht dann mit zunehmender Lebensdauer ein Maximum und fällt schließlich flach ab. Das Maximum der Dichtefunktion verschiebt sich mit größer werdendem Formparameter immer weiter nach rechts, s. Abb. 2.43.

In Abb. 2.43 werden auch die Ausfallwahrscheinlichkeit bzw. die Überlebenswahrscheinlichkeit der Gammaverteilung gezeigt.

Wie aus Abb. 2.43 ersichtlich, eignet sich die Ausfallrate der Gammaverteilung wie die der Weibullverteilung zur Beschreibung des Ausfallverhaltens mit zunehmender, abnehmender oder konstanter Ausfallrate. Mit wachsendem t konvergiert die Ausfallrate gegen den Maßstabsparameter a. Sie unterscheidet sich dadurch von der Weibullverteilung, deren Ausfallrate den Faktor $(b - 1)$ im Exponenten enthält und sich damit mit wachsendem t immer stärker ändert [17].

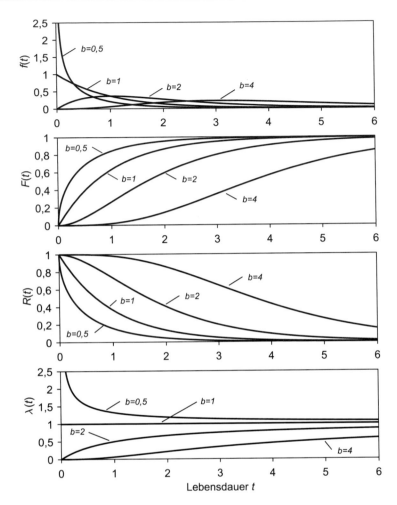

Abb. 2.43 Ausfallfunktionen der zweiparametrigen Gammaverteilung mit $a = 1$. (© IMA 2022. All Rights Reserved)

2.2.5.2 Erlangverteilung

Die Erlangverteilung ist ein Sonderfall der Gammaverteilung. Sie kann für ganzzahlige positive Zahlen für den Formparameter b direkt aus der Gammaverteilung abgeleitet werden. Somit treffen alle beschriebenen Eigenschaften der Gammaverteilung auch auf die Erlangverteilung zu. Insbesondere die Einfachheit und der Zusammenhang mit der Exponentialverteilung für den Parameter $b = 1$ sind ein Vorteil dieser Verteilung.

Der Zusammenhang mit der Exponentialverteilung ist die eigentliche wichtige Bedeutung der Erlangverteilung. So entspricht die Erlangverteilung der Summe von n statistisch unabhängigen Zufallsgrößen $t_1, \ldots, t_n$, welche ein und dieselbe Exponentialverteilung besitzen. In der Anwendung ist dies zum Beispiel sehr nützlich, um Ausfälle zu beschreiben, die sich in Stufen ereignen und der Ausfall am Ende der b-ten Stufe eintritt.

Die Dichtefunktion der Erlangverteilung lautet

$$f(t) = \frac{a(at)^{b-1} e^{-at}}{(b-1)!} \tag{2.78}$$

und die durch Integration der Dichtefunktion entstehende Ausfallwahrscheinlichkeit

$$F(t) = 1 - \sum_{r=0}^{b-1} \frac{e^{-at}(at)^r}{r!}. \tag{2.79}$$

Damit gilt für die Überlebenswahrscheinlichkeit

$$R(t) = \sum_{r=0}^{b-1} \frac{e^{-at}(at)^r}{r!} \tag{2.80}$$

und die Ausfallrate

$$\lambda(t) = \frac{a(at)^{b-1}}{(b-1)! \sum_{r=0}^{b-1} \frac{(at)^r}{r!}}. \tag{2.81}$$

Der Erwartungswert und die Varianz der Erlangverteilung lauten nach [32]:

$$E(t) = \frac{b}{a}, \tag{2.82}$$

$$Var(t) = \frac{b}{a^2}. \tag{2.83}$$

Die grafischen Darstellungen der Funktionen aus Gl. (2.78) bis (2.81) zeigt Abb. 2.44. Darin sieht man, dass sich unterschiedlichste Dichtefunktionen realisieren lassen (links-symmetrische, symmetrische, abfallende). Die Eigenschaften sind, wie bereits angedeutet, dieselben wie bei der Gammaverteilung.

Die Ausfallrate der Erlangverteilung ist stets wachsend und es gilt $\lambda(0) = 0$, sowie

$$\lim_{t \to \infty} \lambda(t) = \frac{a(at)^{b-1}}{(b-1)! \sum_{r=0}^{b-1} \frac{(at)^r}{r!}}. \tag{2.84}$$

Dies bedeutet, dass die Ausfallraten der Erlang- und Gammaverteilung für $t \to \infty$ gegen einen Grenzwert konvergieren. Im Gegensatz dazu konvergiert die Ausfallrate der Weibull-verteilung für b-Werte größer eins gegen unendlich.

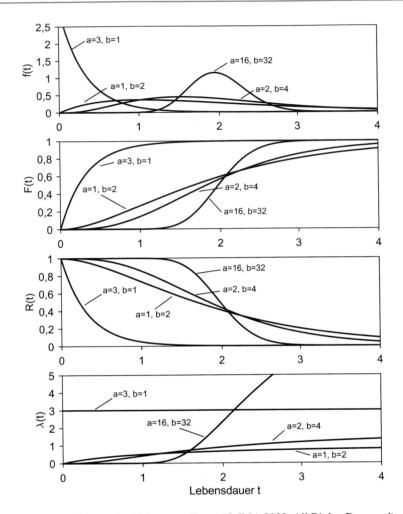

Abb. 2.44 Ausfallfunktionen der Erlangverteilung. (© IMA 2022. All Rights Reserved)

2.2.5.3 Hjorthverteilung

Aus einer Studie von *U. Hjorth* [33], die den Zusammenhang zwischen Fehlerabschätzung und Wahrscheinlichkeitsmodell untersuchte, ging die Hjorthverteilung hervor.

Mit der Hjorthverteilung kann, ähnlich wie mit der Gamma- und Weibullverteilung, unterschiedliches Ausfallverhalten sehr gut beschrieben werden. Es kann der komplette Bereich der Badewannenkurve mit dieser Verteilung beschrieben werden, d. h. es kann zunehmendes, abnehmendes, konstantes und badewannenförmiges Ausfallverhalten dargestellt werden. Die Hjorthverteilung besitzt einen Parameter mehr als die Weibullverteilung, einen Maßstabsparameter β und zwei Formparameter θ und δ. Somit lässt sich in manchen Situationen das Ausfallverhalten besser beschreiben, beispielsweise wenn das Ausfallverhalten sich ändert bzw. die gesamte Badewannenkurve mit nur einer Verteilung dargestellt werden soll [33].

Die Dichtefunktion der Hjorthverteilung lautet

$$f(t) = \frac{(1+\beta t)\delta t + \theta}{(1+\beta t)^{\frac{\theta}{\beta}+1}} e^{-\frac{\delta t^2}{2}}.$$

(2.85)

Daraus lässt sich leicht durch Integration ihre zugehörige Ausfallwahrscheinlichkeit mit

$$F(t) = 1 - \frac{e^{-\frac{\delta t^2}{2}}}{(1+\beta t)^{\frac{\theta}{\beta}}}$$

(2.86)

und die Überlebenswahrscheinlichkeit mit

$$R(t) = \frac{e^{-\frac{\delta t^2}{2}}}{(1+\beta t)^{\frac{\theta}{\beta}}}$$

(2.87)

berechnen.

Die Ausfallrate ergibt sich dann zu

$$\lambda(t) = \delta t + \frac{\theta}{1+\beta t}.$$

(2.88)

Der Erwartungswert und die Varianz lassen sich bei der Hjorthverteilung nur auf numerischem Weg berechnen. Dazu muss das Integral

$$I(a,b) = \int_0^\infty \frac{e^{-\frac{at^2}{2}}}{(1+t)^b}$$

(2.89)

definiert werden.

Mit Gl. (2.89) ergibt sich dann der Erwartungswert zu

$$E(t) = \frac{2}{\beta^2}\left(I\left(\frac{\delta}{\beta^2}, \frac{\theta}{\beta}-1\right) - I\left(\frac{\delta}{\beta^2}, \frac{\theta}{\beta}\right)\right)$$

(2.90)

und die Varianz

$$Var(t) = \frac{2}{\beta^2} I\left(\frac{\delta}{\beta^2}, \frac{\theta}{\beta}-1\right) - \frac{2}{\beta^2} I\left(\frac{\delta}{\beta^2}, \frac{\theta}{\beta}\right) - \frac{1}{\beta^2} I^2\left(\frac{\delta}{\beta^2}, \frac{\theta}{\beta}\right).$$

(2.91)

Die grafischen Verläufe der Hjorthverteilung sind in Abb. 2.45 dargestellt.

Ein weiterer Vorteil der Hjorthverteilung gegenüber der Weibullverteilung zeigt sich, wenn man die Ausfallrate der Hjorthverteilung mit der Ausfallrate der Weibullverteilung

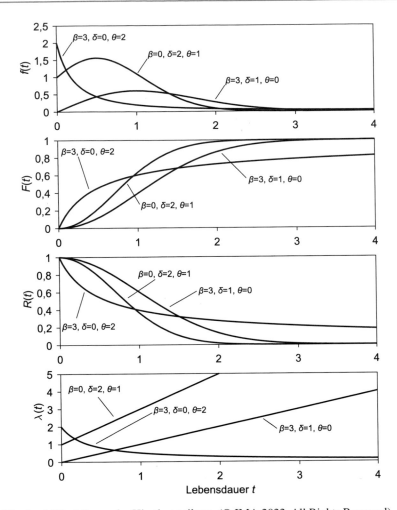

Abb. 2.45 Ausfallfunktionen der Hjorthverteilung. (© IMA 2022. All Rights Reserved)

vergleicht. Die Ausfallrate der Weibullverteilung strebt für $b < 1$ und kleine t-Werte gegen unendlich, wogegen die Ausfallrate der Hjorthverteilung für diese Eigenschaften gegen den Formparameter θ strebt, s. Abb. 2.45.

Die Gl. (2.88) kann auch als Summe aus einem steigenden und einem abfallenden Term interpretiert werden, wobei δt der steigende und $\dfrac{\theta}{1 + \beta t}$ der abfallende Anteil ist. Dies ist von Vorteil, weil sich damit z. B. zwei unterschiedliche Ausfallarten charakterisieren lassen.

2.2.5.4 Sinusverteilung

Die Sinusverteilung wurde aus der $arcsin \sqrt{P}$ -Transformation hergeleitet. Die $arcsin \sqrt{P}$ -Transformation ist ein einfaches Verfahren zur grafischen und rechnerischen Auswertung von Dauerschwingversuchen. Diese Methode, die auf R. A. Fisher zurückgeht, empfahl sich umfassenden Untersuchungen zufolge als einfache, robuste und zuverlässige Auswertemethode für Dauerschwingversuche, vor allem in denjenigen Fällen, in denen aus wirtschaftlichen Erwägungen das Versuchsaufkommen vergleichsweise niedrig gehalten werden musste [34].

Der besondere Vorteil dieser Transformation besteht darin, dass die Varianz der Transformationsgröße $z = arcsin \sqrt{P}$ mit steigendem z bzw. mit steigendem Stichprobenumfang n asymptotisch einem konstanten Wert zustrebt, somit also von n unabhängig wird.

Wie schon angedeutet wird sie hauptsächlich zur Abschätzung der Dauerfestigkeit im Übergangsgebiet und der Mindestlebensdauer im Zeitfestigkeitsgebiet angewendet. Dabei werden die Punkte (σ, z) nach den Rechenregeln der Regressionsrechnung durch eine Gerade ausgeglichen, wobei die Transformationsgröße $z = arcsin \sqrt{P}$ für die beobachteten Ausfälle pro Stichprobenumfang aus Tabellen abzulesen ist.

In den Ausgleichsgeraden $\hat{\sigma} = a + bz$ werden dann die Koeffizienten mittels Regressionsrechnung ermittelt.

Für die grafische Auswertung stehen $arcsin \sqrt{P}$ -Netze zur Verfügung. Näheres ist in [34–36] nachzulesen.

Die statistische Wahrscheinlichkeitsverteilung zu dieser Transformation lautet nach [20]:

$$F(P) = a + b\ arcsin \sqrt{P}, \qquad (2.92)$$

wobei P hier die Bruchwahrscheinlichkeit darstellt.

Diese Gleichung wurde nach P umgestellt und es ergab sich somit folgende Ausfallwahrscheinlichkeit:

$$F(t) = 1 - R(t) = sin\left(\frac{t-a}{b}\right)^2. \qquad (2.93)$$

Durch Ableitung nach der Zeit folgt die Dichtefunktion

$$f(t) = 2\frac{sin\left(\frac{t-a}{b}\right)cos\left(\frac{t-a}{b}\right)}{b} \qquad (2.94)$$

und die Ausfallrate

$$\lambda(t) = 2\frac{sin\left(\dfrac{t-a}{b}\right)cos\left(\dfrac{t-a}{b}\right)}{b\left(1-sin\left(\dfrac{t-a}{b}\right)^{2}\right)}.\tag{2.95}$$

In Abb. 2.46 befinden sich die grafischen Darstellungen der Sinusverteilung, woraus man erkennen kann, dass die Dichtefunktion, die Ausfallwahrscheinlichkeit, sowie die Überlebenswahrscheinlichkeit jeweils nur für bestimmte Zeitbereiche definiert sind, da sonst die nächste Periode des Sinus wieder beginnt. Außerdem lassen sich nur symmetrische Dichtefunktionen realisieren, so dass diese Verteilung im Allgemeinen für den Maschinenbau nicht sehr nützlich ist.

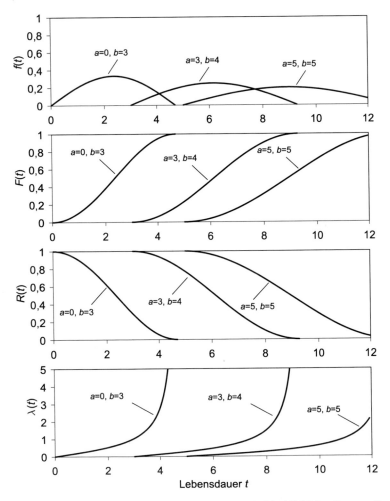

Abb. 2.46 Ausfallfunktionen der Sinusverteilung. (© IMA 2022. All Rights Reserved)

2.2.5.5 Logitverteilung

Die von J. Berkson in die Untersuchungsmethodik der Biologie eingeführte Logitfunktion wird nach [36] durch die Ausfallwahrscheinlichkeit

$$F(t) = 1 - R(t) = \frac{1}{1 + e^{-(\alpha + \beta t)}} \qquad (2.96)$$

beschrieben.

Somit lautet ihre zugehörige Dichtefunktion

$$f(t) = \frac{\beta e^{-(\alpha + \beta t)}}{\left(1 + e^{-(\alpha + \beta t)}\right)^2} \qquad (2.97)$$

und die Ausfallrate

$$\lambda(t) = \frac{\beta e^{-(\alpha + \beta t)}}{\left(1 + e^{-(\alpha + \beta t)}\right)^2 \left(1 - \frac{1}{1 + e^{-(\alpha + \beta t)}}\right)}. \qquad (2.98)$$

Die Logitfunktion wird ebenfalls zur Abschätzung der Dauerschwingfestigkeit angewendet und kann deshalb gut mit der $\arcsin \sqrt{P}$-Transformation verglichen werden. Dies wurde z. B. von *Dorff* in [36] durchgeführt.

Bei diesem Vergleich wird Gl. (2.96) ähnlich wie bei der $\arcsin \sqrt{P}$-Transformation in eine Geradengleichung transformiert. Diese Transformation lautet nach [36] bei der Logittransformation

$$\text{logit } F = \ln \frac{F}{R} = \alpha + \beta t, \qquad (2.99)$$

wobei sich die Parameter wieder durch Regression ergeben. Der Begriff logit F dient dabei nur als Erkennungsmerkmal der Logitverteilung.

Die grafischen Darstellungen der Logitverteilung sind in Abb. 2.47 aufgeführt. Die Dichtefunktionen der Logitverteilung zeigen ein ausgeprägtes symmetrisches Verhalten. Die Logitverteilung ist daher zur Beschreibung des Ausfallverhaltens von Maschinenbauprodukten weniger geeignet.

2.2.5.6 Verschobene Paretoverteilung

Die Paretoverteilung findet z. B. Anwendung in der Luftfahrt für die Abschätzung der Minimallebensdauer von Bauteilen oder im Rückversicherungsbereich bei der Modellierung von Großschäden.

Die Dichtefunktion der Paretoverteilung lautet nach [37, 38]:

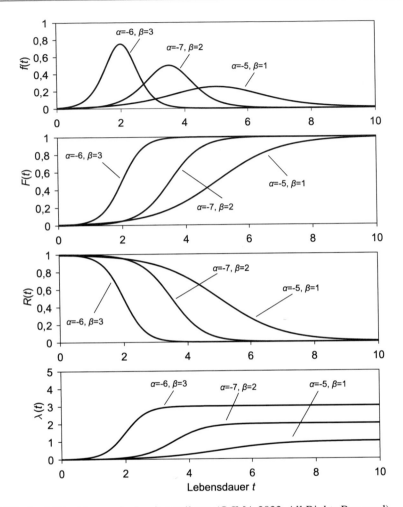

Abb. 2.47 Ausfallfunktionen der Logitverteilung. (© IMA 2022. All Rights Reserved)

$$f(t) = \frac{1}{\alpha}\left(1 + \frac{\xi t}{\alpha}\right)^{-\left(\frac{1}{\xi}+1\right)}, \tag{2.100}$$

wobei α ein Größenparameter ist, der den Anfangswert der Dichtefunktion für $t = 0$ fest-legt und ξ ein Formparameter, der die Ausfallsteilheit beschreibt. Dabei wird gefordert, dass $\alpha > 0$ und $\xi > 0$ gilt.

Durch Integration lässt sich die Ausfallwahrscheinlichkeit berechnen zu

$$F(t) = 1 - \left(1 + \frac{\xi t}{\alpha}\right)^{-\frac{1}{\xi}}, \tag{2.101}$$

die Überlebenswahrscheinlichkeit ist dann

$$R(t) = \left(1 + \frac{\xi t}{\alpha}\right)^{-\frac{1}{\xi}}$$

(2.102)

und die Ausfallrate resultiert daraus zu

$$\lambda(t) = \frac{1}{\alpha\left(1 + \frac{\xi t}{\alpha}\right)}.$$

(2.103)

Der Erwartungswert ergibt sich nach [37] zu

$$E(t) = \frac{\alpha}{1 - \xi}$$

(2.104)

und die Varianz zu

$$Var(t) = \frac{\alpha^2}{\xi^2}\left(\frac{1}{1 - 2\xi} - \frac{1}{(\xi - 1)^2}\right).$$

(2.105)

Die grafische Darstellung der verschobenen Paretoverteilung ist in Abb. 2.48 dargestellt.

2.2.5.7 S$_B$-Johnson-Verteilung

Die S$_B$-Johnson-Verteilung kann mit ihren 4 Parametern das Ausfallverhalten eines Bauteils bzw. Systems über die gesamte Lebensdauer mit Früh-, Zufalls- und Verschleißausfällen darstellen. Sie kann somit die vollständige „Badewannencharakteristik" der Ausfallrate nachbilden.

Die Dichtefunktion der S$_B$-Johnson-Verteilung ist nach [39] gegeben als

$$f(t) = \frac{\eta}{\sqrt{2\pi}} \cdot \frac{\delta}{(t - \varepsilon)(\delta - t + \varepsilon)} \cdot e^{\left(-\frac{1}{2}\left(\gamma + \eta \cdot \ln\left(\frac{t - \varepsilon}{\delta - t + \varepsilon}\right)\right)^2\right)}.$$

(2.106)

Darin ist ε der linke Grenzwert, δ der Größenparameter und somit $\varepsilon + \delta$ der rechte Grenzwert der Zufallsvariable. Die Parameter η und γ sind Formparameter. Beispielhaft sind in Abb. 2.49 Teilabschnitt a) einige Dichtefunktionen der Verteilung dargestellt, deren Parameter in Tab. 2.5 angegeben sind.

Die Parameter müssen dabei folgenden Bedingungen genügen:

$$\varepsilon < x < \varepsilon + \delta, \qquad \eta > 0, \qquad -\infty < \gamma < \infty, \qquad \delta > 0.$$

Die Ausfall- sowie Überlebenswahrscheinlichkeit, Ausfallrate, Erwartungswert und Varianz der S$_B$-Johnson-Verteilung lassen sich nur numerisch berechnen.

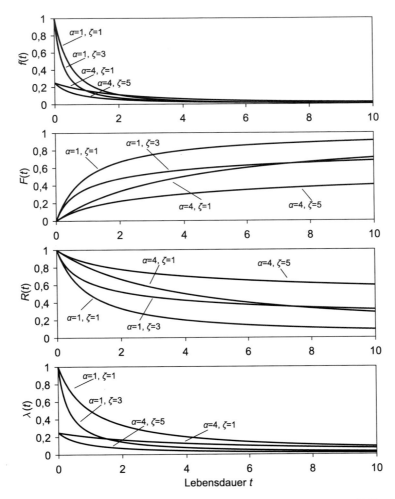

Abb. 2.48 Ausfallfunktionen der verschobenen Paretoverteilung. (© IMA 2022. All Rights Reserved)

Die aus den Dichtefunktionen in Teilabschnitt a) resultierenden Graphen der Ausfall- und Überlebenswahrscheinlichkeit und der Ausfallrate sind in Abb. 2.49 Teilabschnitt b) bis Abb. 2.49 Teilabschnitt d) dargestellt. Deutlich erkennt man die sehr unterschiedlichen Verläufe, die die S_B-Johnson-Verteilung für die gewählten Parameter annehmen kann.

Für die Parameterkombinationen 3, 5 und 9 aus Tab. 2.5 stellt sich der Verlauf der Ausfallrate als „Badewanne" dar. Diese „Badewannen"-Kurven sind in Abb. 2.49 Teilabschnitt d) deutlich erkennbar.

2.2.5.8 Betaverteilung

Die Betaverteilung gehört zu den stetigen Wahrscheinlichkeitsverteilungen und ist ähnlich wie die Weibullverteilung sehr formenreich und flexibel in der Anwendung. Die Betaver-

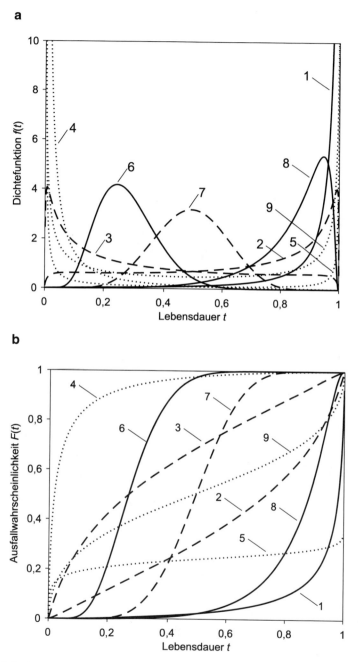

Abb. 2.49 **a**) S_B-Johnson-Verteilung, Ausfallwahrscheinlichkeitsdichte (Parameter s. Tab. 2.5), **b**) S_B-Johnson-Verteilung, Ausfallwahrscheinlichkeit (Parameter s. Tab. 2.5), **c**) S_B-Johnson-Verteilung, Überlebenswahrscheinlichkeit (Parameter s. Tab. 2.5), **d**) S_B-Johnson-Verteilung, Ausfallrate (Parameter s. Tab. 2.5). (© IMA 2022. All Rights Reserved)

c

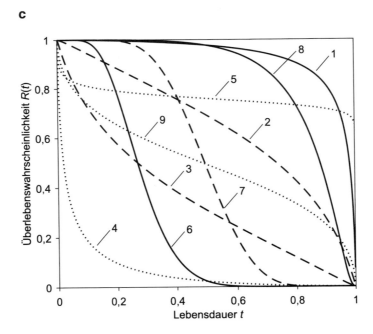

d

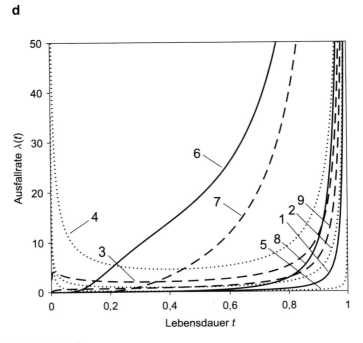

Abb. 2.49 (Fortsetzung)

Tab. 2.5 Parameter der dargestellten Graphen

Graph	1	2	3	4	5	6	7	8	9
η	0,5	0,5	0,5	0,5	0,09	2	2	1	0,3
γ	-2	$-0,5$	0,5	2	1	2	0,05	-2	0,02
$\varepsilon = 0, \delta = 1$									

teilung ist eng verwandt und komplementär zur Binomialverteilung. Eine Binomialverteilung kann durch einen Wechsel des Arguments in eine Betaverteilung überführt werden. Beide Verteilungen werden eher weniger als Lebensdauerverteilungen verwendet, spielen jedoch im Bereich der Lebensdauerdatenauswertung sowie der Bestimmung von Vertrauensbereichen eine erhebliche Rolle. Deshalb werden sie im Folgenden näher erläutert.

Die Betaverteilung wird durch die beiden Parameter p und q (manchmal auch α und β oder a und b) beschrieben und ist im festen Intervall $(0,1)$ definiert [40]. Wenn $p, q \geq 1$ gilt, lässt sich der Definitionsbereich auf $[0,1]$ erweitern. Aufgrund ihres Definitionsbereichs findet sie häufig Anwendung in der Analyse von begrenzten Zufallsvariablen und bei der Angabe von Relationen in Prozentwerten, wie z. B. bei der Verteilung des Anteils einer Bevölkerungsgruppe. In der Zuverlässigkeitstechnik wird ihr Definitionsintervall ebenso genutzt, um Zuverlässigkeitsverteilungen für die Bestimmung von Vertrauensbereichen zu berechnen, s. Kap. 6. Die Zuverlässigkeit kann sich ebenso nur im Intervall $[0,1]$ bewegen, was exakt zum Definitionsintervall der Betaverteilung passt. Nach einem sehr ähnlichen Prinzip wird auch eine Beta-Binomialverteilung in der Ordnungsstatistik für die Bestimmung der Ranggrößenverteilungen verwendet, s. Abschn. 6.1. Außerdem wird die Betaverteilung gerne als a-priori Dichtefunktion im Satz von Bayes eingesetzt, der zur Reduktion der Stichprobenanzahl bei der Lebensdauertestplanung verwendet wird, s. Kap. 8. Durch die Verwendung von Betaverteilungen resultiert mit Anwendung des Satz von Bayes auch wieder eine Betaverteilung als a-posteriori Dichtefunktion, wodurch sich die a-posteriori Verteilung mathematisch sehr einfach berechnen lässt.

Die Dichtefunktion der Betaverteilung lautet nach [40]:

$$f(u) = \frac{1}{B(p,q)} u^{p-1} (1-u)^{q-1} \text{ für } 0 \leq u \leq 1 \text{ und } p, q > 0. \tag{2.107}$$

Da die Betaverteilung außerhalb des Intervalls $(0,1)$ nicht definiert ist, wird sie durch $f(u) = 0$ fortgesetzt. Zur Sicherstellung der korrekten Normierung wird außerdem $p, q > 0$ gefordert. Umgesetzt wird die Normierung durch den Vorfaktor $1/B(p, q)$. Der Term $B(p, q)$ steht dabei für die Betafunktion (Eulersche Beta-Funktion oder Eulersches Integral 1. Art):

$$B(p, q) = \int_0^1 u^{p-1} (1-u)^{q-1} \, du. \tag{2.108}$$

Die Betafunktion kann ebenso durch die Gammafunktion ausgedrückt werden:

$$B(p,q) = \frac{\Gamma(p)\Gamma(q)}{\Gamma(p+q)}. \tag{2.109}$$

Die Verteilungsfunktion für die Betaverteilung lautet:

$$F(u) = \frac{1}{B(p,q)} \int_0^u u^{p-1}(1-u)^{q-1} \text{ für } 0 < u < 1 \text{ und } p,q > 0. \tag{2.110}$$

Dabei wird hier von einer Verteilungsfunktion und nicht von der Ausfallwahrscheinlich-keit gesprochen, da die Betaverteilung nicht für die Beschreibung von Lebensdauerdaten verwendet wird.

Der Erwartungswert und die Varianz berechnen sich zu:

$$E(t) = \frac{p}{p+q}, \tag{2.111}$$

$$Var(t) = \frac{pq}{(p+q)^2(p+q+1)}. \tag{2.112}$$

Nehmen beide Parameter p und q der Betaverteilung den Wert 1 an, so resultiert eine Gleichverteilung. Für den Wert 0,5 ergibt sich als zweiter Spezialfall eine Arkussinusver-teilung. Abb. 2.50 zeigt die Dichte- und die Verteilungsfunktion der Betaverteilung für unterschiedliche Parameterwerte.

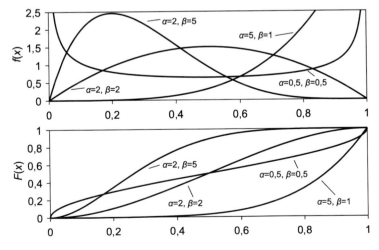

Abb. 2.50 Dichte- und die Verteilungsfunktion der Betaverteilung für unterschiedliche Parameter-werte. (© IMA 2022. All Rights Reserved)

2.2.5.9 Binomialverteilung

Die Binomialverteilung ist eine der wichtigsten diskreten Wahrscheinlichkeitsverteilungen. Sie beschreibt die Anzahl der Erfolge einer Versuchsreihe mit gleichen Randbedingungen und unabhängigen Einzelversuchen mit genau zwei möglichen Ausgängen – dem Erfolg oder Misserfolg. Eine derartige Versuchsreihe wird auch als Bernoulli-Prozess bezeichnet. Der Bernoulli-Versuch ist das einmalige Ausführen der Versuchsreihe und damit eine Sonderform der Binomialverteilung mit Stichprobengröße eins. Die Binomialverteilung kann genutzt werden, um herauszufinden wie hoch die Wahrscheinlichkeit auf k Erfolge im Bernoulli-Prozess des Stichprobenumfangs n ist. Geht man davon aus in einer beliebigen Reihenfolge genau k-mal einen Erfolg mit der Wahrscheinlichkeit p und genau $(n - k)$-mal einen Misserfolg mit der Wahrscheinlichkeit $(1 - p)$ zu erhalten, dann gilt aufgrund der stochastischen Unabhängigkeit nach dem Gesetz der totalen Wahrscheinlichkeit [40]:

$$P\left(k \text{ Erfolge in bestimmter Reihenfolge}\right) = p^k \left(1 - p\right)^{n-k}. \tag{2.113}$$

Nun muss zusätzlich noch beachtet werden, dass es mehrere mögliche Anordnungen gibt, genau k Erfolge in dem Versuch zu erzielen. Diese unterschiedlichen Anordnungen können durch den sogenannten Binomialkoeffizienten berücksichtigt werden. Da es sich bei Prüflingen in der Stichprobe n um positive ganze Zahlen handelt, gilt für $n \geq k$:

$$\binom{n}{k} = \frac{n!}{k! \cdot (n-k)!}. \tag{2.114}$$

Damit kann schlussendlich die Wahrscheinlichkeit $B(n, p, k)$ berechnet werden, die in n Versuchen genau k Erfolge aufweist.

$$P\left(X = k\right) = \begin{cases} \binom{n}{k} p^k \left(1 - p\right)^{(n-k)} & \text{für } k = 0,1,2,\ldots,n \\ 0 & \text{sonst} \end{cases} \tag{2.115}$$

Diese diskrete Dichteverteilung mit den Parametern n und p wird Binomialverteilung genannt.

Die Verteilungsfunktion ergibt sich durch Aufsummieren der Anzahl von Erfolgen bis zu einem bestimmten, gewünschten Wert k:

$$F_X\left(x\right) = P\left(X \leq x\right) = \sum_{k=0}^{\lfloor x \rfloor} \binom{n}{k} p^k \left(1 - p\right)^{n-k}. \tag{2.116}$$

Während die Dichtefunktion lediglich die Wahrscheinlichkeit angibt, mit der genau k Erfolge erzielt werden, gibt die Verteilungsfunktion die Wahrscheinlichkeit an, mit der bis zu k Erfolge erzielt werden. Abb. 2.51 zeigt die Dichte- und die Verteilungsfunktion der Binomialverteilung für unterschiedliche Parameterwerte.

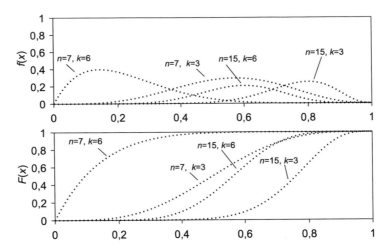

Abb. 2.51 Dichte- und die Verteilungsfunktion der Binomialverteilung für unterschiedliche Parameterwerte. (© IMA 2022. All Rights Reserved)

Abbildung Abb. 2.52 zeigt zudem den Vergleich und die Verwandtschaft zur Betaverteilung.

Eine Binomialverteilung mit betaverteiltem Parameter p resultiert in der Beta-Binomialverteilung. Dabei handelt es sich jedoch um eine Mischverteilung.

Die Binomialverteilung lässt sich sehr anschaulich über das sogenannte Urnenmodell illustrieren, das hier nur kurz für ein besseres Verständnis erläutert wird. Für eine genauere Beschreibung wird auf [40] verwiesen. Man stelle sich eine Urne vor in der sich beispielhaft 6 blaue und 4 rote Kugeln befinden. Ein Erfolg des Versuchs ist das Ziehen einer roten Kugel. Der Versuch wird n-mal durchgeführt. Es werden also n Kugeln mit Zurücklegen aus der Urne gezogen. Hierfür kann die Wahrscheinlichkeit für genau k oder bis zu k Erfolge mit der Gl. (2.115) und (2.116) berechnet werden. Die Wahrscheinlichkeit p für einen Erfolg, eine rote Kugel zu ziehen, lässt sich sehr einfach aus dem Verhältnis der Kugeln bestimmen. In unserem Fall ist die Wahrscheinlichkeit eine rote Kugel zu ziehen:

$$p_{rot} = \frac{4}{10} = \frac{2}{5}.$$ (2.117)

Somit kann für das Beispiel die Wahrscheinlichkeit berechnet werden, 5 rote Kugeln aus 10 Versuchsdurchführungen zu ziehen:

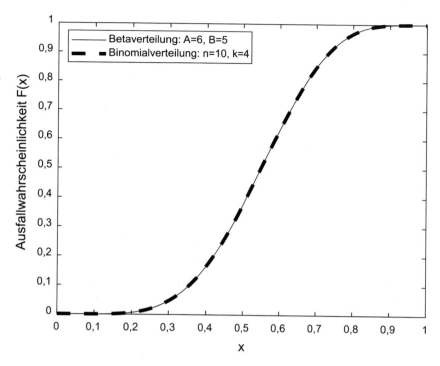

Abb. 2.52 Vergleich und Verwandtschaft der Binomialverteilung zur Betaverteilung. (© IMA 2022. All Rights Reserved)

$$
\begin{aligned}
P\left(k=5\right) &= \binom{n}{k} p^{k}\left(1-p\right)^{n-k} \\
&= \binom{10}{5}\left(\frac{2}{5}\right)^{5}\left(1-\frac{2}{5}\right)^{10-5} \\
&= \frac{10!}{5!\cdot(10-5)!}\left(\frac{2}{5}\right)^{5}\left(1-\frac{2}{5}\right)^{10-5} \approx 20\%.
\end{aligned}
\tag{2.118}
$$

In der Zuverlässigkeitstechnik wird der Bernoulli-Prozess und die Binomialverteilung vor allem in der Testplanung und Auswertung für ausfallfreie Lebensdauertests, die sogenannten Success-Run Tests, verwendet. Es werden unabhängige Stichproben unter konstanten Randbedingungen getestet, um auch ein valides Resultat für die Zuverlässigkeitsbewertung zu erhalten. Somit kann die Binomialverteilung auch hier als Werkzeug zur Berechnung der Test-Erfolgswahrscheinlichkeit verwendet werden. Die Betaverteilung hingegen beschreibt direkt die Ausfallwahrscheinlichkeit bzw. die Zuverlässigkeit, was somit das größte Unterscheidungskriterium der ansonsten sehr verwandten Verteilungen darstellt. Um die Binomialverteilung in eine Betaverteilung zu überführen, können die Parameter folgendermaßen berechnet werden: $A = n - x$ und $B = x + 1$. Außerdem ist der Parameter p der Binomialverteilung das Komplement zum Argument u der Betaverteilung, also $u = 1 - p$.

Für die Adaption in der Zuverlässigkeitstechnik wird eine zuverlässigkeitsorientierte Notation verwendet, da ein Erfolg nicht für den Ausfall, sondern das Überleben des Prüflings verbucht wird. Die Variable k beschreibt demnach die Anzahl der Durchläufer und x die Anzahl der Ausfälle. Die genaue Vorgehensweise wird ausführlich in Kap. 8 insbesondere in Abschn. 8.2.4.4 behandelt.

2.3 Berechnung der Systemzuverlässigkeit

2.3.1 Boolesche Systemtheorie

Die Systemzuverlässigkeit wird mit Hilfe der Booleschen Systemtheorie berechnet. Ausgehend vom Bauteilausfallverhalten lässt sich damit das Ausfallverhalten von Systemen berechnen [3, 10, 11, 41–43]. Das Ausfallverhalten der einzelnen Bauelemente kann dabei, wie in Abschn. 2.1 beschrieben, dargestellt werden (z. B. durch eine Weibullverteilung mit den Parametern b, T und t_0).

Für die Anwendung der Booleschen Theorie müssen einige wesentliche Voraussetzungen gegeben sein:

- das System ist „nicht reparierbar", d. h. der erste Systemausfall beendet die Systemlebensdauer. Bei reparierbaren Systemen kann deshalb nur bis zum ersten Systemausfall gerechnet werden;
- die Systemelemente können nur die beiden Zustände „funktionsfähig" oder „ausgefallen" annehmen;
- die Systemelemente sind „unabhängig", d. h. das Ausfallverhalten eines Bauelements wird durch das Ausfallverhalten anderer Bauelemente nicht beeinflusst.
- kann nur für den Erwartungswert der Zuverlässigkeiten verwendet werden. Vertrauensbereichsgrenzen der Zuverlässigkeiten können nicht direkt berücksichtigt werden.

Unter diesen Bedingungen können sehr viele Maschinenbauprodukte mit der Booleschen Theorie behandelt werden. Aus diesem Grund und wegen der einfachen Anwendung hat sich die Boolesche Theorie trotz der oben genannten Einschränkungen in der Praxis durchgesetzt. Können die Voraussetzungen nicht eingehalten werden oder sind Vertrauensbereiche zu berücksichtigen, können weiterführende Methoden angewendet werden. Hierfür wird in Abschn. 2.3.2 eine kurze Einführung gegeben.

Mit den Systemelementen lassen sich „Zuverlässigkeits-Blockschaltbilder" aufstellen, aus denen die Zuverlässigkeitsstruktur eines Systems erkennbar wird. Die Systemelemente repräsentieren die Ausfallmechanismen der Bauelemente (Komponenten), die im System enthalten sind. Das Zuverlässigkeits-Blockschaltbild zeigt dabei, wie sich der Ausfall einer Komponente auf das gesamte System auswirkt. Die Verbindungen zwischen Eingang *E* und Ausgang *A* des Schaltbildes aus Abb. 2.53 und 2.54, stellen die Möglichkeiten für die Funktionsfähigkeit des Systems dar.

Das System ist somit genau dann funktionsfähig, wenn im Schaltbild zwischen Ein- und Ausgang eine Verbindung besteht, auf der sämtliche eingezeichneten Komponenten intakt sind. Bei einer Serienstruktur, Abb. 2.53 Teilabschnitt a), führt der Ausfall einer beliebigen Komponente zwangsläufig zum Ausfall des gesamten Systems. Bei einer Parallelstruktur, Abb. 2.53 Teilabschnitt b), fällt das System erst aus, wenn sämtliche Komponenten ausgefallen sind. Sie wird deshalb auch als Redundanzstruktur bezeichnet. Ebenfalls möglich sind Kombinationen von Parallel- und Serienstrukturen, was bis hin zu sehr komplexen Systemen führen kann. Die Abb. 2.53 Teilabschnitt c) zeigt eine exemplarische Kombination von Serien- und Parallelstruktur.

Zu beachten ist, dass sich der Aufbau des Zuverlässigkeits-Blockschaltbildes nicht rein am mechanischen Aufbau einer Konstruktion oder am Schaltplan für elektronische Systeme orientiert. So kann eine Komponente durchaus an mehreren Stellen des Zuverlässigkeitsschaltbildes vorkommen.

Die Abb. 2.54 zeigt beispielhaft die Erstellung eines Zuverlässigkeits-Blockschaltbildes. Das Beispielsystem „Freilauf" besteht aus drei Wellen (W1, W2, W3), die mit zwei Freiläufen (F1, F2) verbunden sind, Abb. 2.54 Teilabschnitt a) und Abb. 2.54 Teilabschnitt b).

Der Systemeingang ist mit *E* und der Systemausgang mit *A* bezeichnet. Die Funktion des Systems besteht darin, in einer Drehrichtung das Drehmoment *T* zu übertragen und in der anderen Drehrichtung durch Ansprechen der Freiläufe die Verbindung zwischen *E* und *A* zu unterbrechen, sodass keine Momentübertragung mehr erfolgen kann.

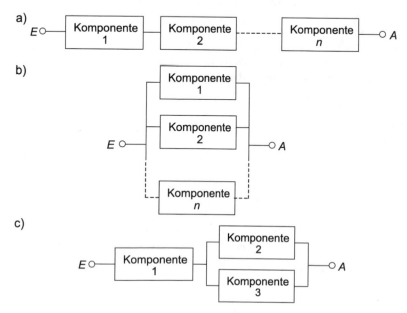

Abb. 2.53 Grundstrukturen von Zuverlässigkeits-Blockschaltbildern: **a)** Serienstruktur, **b)** Parallelstruktur, **c)** Kombination von Serien- und Parallelstruktur. (© IMA 2022. All Rights Reserved)

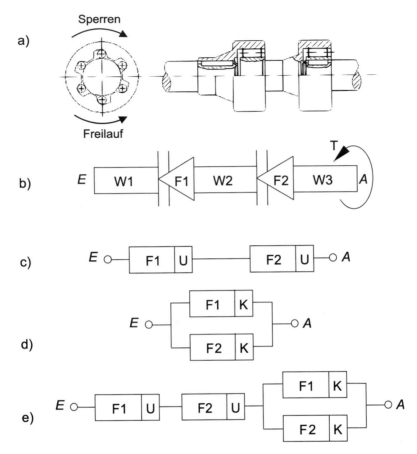

Abb. 2.54 Erstellung eines Zuverlässigkeitsschaltbildes: **a)** Konstruktionszeichnung des Beispiel-systems „Freilauf", **b)** Prinzipskizze des Freilaufsystems, **c)** Serienstruktur für die Ausfallursache „Unterbrechung", **d)** Parallelstruktur für die Ausfallursache „Klemmen", **e)** Gesamte Zuverlässig-keitsstruktur für das System Freilauf. (© IMA 2022. All Rights Reserved)

Als Ausfallursachen kommen für die Freiläufe entweder Unterbrechung oder Klemmen in Betracht. Während bei der Unterbrechung in keiner Drehrichtung ein Moment über-tragen wird, erfolgt im Fall Klemmen in beiden Drehrichtungen eine Mitnahme der Wel-len. Das Zuverlässigkeitsblockschaltbild für die Unterbrechung zeigt die Abb. 2.54 Teil-abschnitt c). Es handelt sich hier um eine Serienstruktur, da schon bei Unterbrechung eines Freilaufs das System seine Funktion nicht mehr erfüllen kann. Im Fall Klemmen, Abb. 2.54 Teilabschnitt d), besitzt das Zuverlässigkeitsschaltbild eine Parallelstruktur, da beim Klemmen eines Freilaufs der andere Freilauf noch die Funktionsfähigkeit des Sys-tems ermöglicht. Das gesamte Blockschaltbild, Abb. 2.54 Teilabschnitt e), ergibt sich als Serienschaltung der beiden Teilstrukturen von Abb. 2.54 Teilabschnitt c) und Abb. 2.54 Teilabschnitt d). Anhand dieses Beispiels wird also klar, dass für eine vollständige Zuver-lässigkeitsanalyse, eine reine Betrachtung der im System enthaltenen Komponenten nicht ausreichend ist. Stattdessen muss der Fokus stets auf die potenziell eintretenden Ausfallmechanismen gelegt werden. Hätte man sich im Beispiel des Freilaufs ausschließlich an der mechanischen Wirkstruktur orientiert, so hätte man die Zuverlässigkeitsanalyse mit hoher Wahrscheinlichkeit nach dem Erstellen der Serienstruktur abgeschlossen und somit den zweiten Ausfallmechanismus vernachlässigt.

Die meisten mechanischen Maschinenbauprodukte besitzen eine reine Serienstruktur, da der Einbau von Redundanzen sehr aufwändig und damit zu kostenintensiv ist. Dies gilt insbesondere für Serien- und Großserienprodukte. Die Berechnung der Zuverlässigkeit eines Seriensystems erfolgt nach dem Produktgesetz der Überlebenswahrscheinlichkeiten:

$$R_S(t) = R_{B1}(t) \cdot R_{B2}(t) \cdot \ldots \cdot R_{Bn}(t) \text{ bzw.}$$

$$R_S(t) = \prod_{i=1}^{n} R_{Bi}(t). \tag{2.119}$$

Bei einer endlichen Zuverlässigkeit jedes Bauteils ($R_B(t) < 1$) ergibt sich für die Systemzuverlässigkeit immer ein Wert, der kleiner ist als die Zuverlässigkeit des schlechtesten Bauelements. Durch jedes zusätzliche Bauteil wird die Systemzuverlässigkeit weiter verringert. Bei sehr vielen Bauteilen ergibt sich dabei, trotz hoher Bauteilzuverlässigkeiten, eine kleine Zuverlässigkeit des Systems, Abb. 2.55. Bei den kritischen Bauteilen wird statt einer Redundanz eine größere Dimensionierung mit entsprechend höheren Sicherheiten durchgeführt. Dadurch wird das Ausfallverhalten auf einfache Weise verbessert.

Wird das Bauteilausfallverhalten mit der dreiparametrigen Weibullverteilung beschrieben, so ergibt sich für die Bauteilzuverlässigkeit:

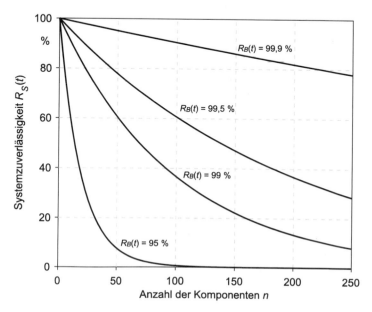

Abb. 2.55 Abnahme der Systemzuverlässigkeit mit zunehmender Anzahl der Bauteile bei unterschiedlichen Bauteilzuverlässigkeiten $R_B(t)$. (© IMA 2022. All Rights Reserved)

$$R_B\left(t\right)=e^{-\left(\frac{t-t_0}{T-t_0}\right)^b}.\tag{2.120}$$

Die Systemzuverlässigkeit aus einer Reihenschaltung von drei Bauteilen ergibt sich mit Gl. (2.119) zu:

$$R_S\left(t\right)=e^{-\left(\frac{t-t_{0,1}}{T_1-t_{0,1}}\right)^{b_1}}\cdot e^{-\left(\frac{t-t_{0,2}}{T_2-t_{0,2}}\right)^{b_2}}\cdot e^{-\left(\frac{t-t_{0,3}}{T_3-t_{0,3}}\right)^{b_3}}\text{ bzw.}$$

$$-\ln R_S\left(t\right)=\left(\frac{t-t_{0,1}}{T_1-t_{0,1}}\right)^{b_1}+\left(\frac{t-t_{0,2}}{T_2-t_{0,2}}\right)^{b_2}+\left(\frac{t-t_{0,3}}{T_3-t_{0,3}}\right)^{b_3}.\tag{2.121}$$

Für eine gewünschte Systemzuverlässigkeit $R_S(t)$ lässt sich die zugehörige Zeit t, abgesehen von Sonderfällen, nur iterativ mit einem Näherungsverfahren bestimmen. Für $R_S(t) = 0{,}9$ erhält man die oft verwendete B_{10S}-Lebensdauer des Systems.

Die sich aus den Bauteilzuverlässigkeiten ergebende Funktion $R_S(t)$ ist nur in Sonderfällen wieder exakt eine Weibullverteilung.

Bei besonders sicherheitskritischen Bauteilen, wie z. B. in der Luftfahrt, bei denen im Falle eines Versagens Menschenleben gefährdet sind, müssen Anforderungen erfüllt werden, die sich mit reinen Serienstrukturen meist nicht mehr erreichen lassen. Hier müssen also Redundanzen vorgesehen werden, wie es z. B. bei den Flugzeugtriebwerken der Fall ist. Bei Parallelsystemen erhält man die Systemausfallwahrscheinlichkeit durch die Multiplikation der Bauteilausfallwahrscheinlichkeiten:

$$F_S\left(t\right)=F_{B1}\left(t\right)\cdot F_{B2}\left(t\right)\cdot...\cdot F_{Bn}\left(t\right)\text{bzw.}$$

$$F_S\left(t\right)=\prod_{i=1}^{n}F_{Bi}\left(t\right).\tag{2.122}$$

Ausgedrückt durch die Zuverlässigkeiten ergibt sich:

$$R_S\left(t\right)=1-\left(1-R_{B1}\left(t\right)\right)\cdot\left(1-R_{B2}\left(t\right)\right)\cdot...\cdot\left(1-R_{Bn}\left(t\right)\right)\tag{2.123}$$

$$\text{bzw.}R_S\left(t\right)=1-\prod_{i=1}^{n}\left(1-R_{Bi}\left(t\right)\right).\tag{2.124}$$

Hierbei ist n der Redundanzgrad des Systems. Mit einer Parallelstruktur lassen sich stets Systemzuverlässigkeiten erreichen, die höher sind als jene des besten Bauteils. Beispielsweise werden bei hochautomatisierten Fahrzeugen zunehmend mehr elektrische Assistenzsysteme verwendet, bei denen gewährleistet sein muss, dass auch bei dessen Ausfällen das Fahrzeug noch sicher am Fahrbahnrand zum Stehen kommt. Um die Energieversorgung für die hohe Anzahl der Verbraucher auch bei Ausfällen noch sicherzustellen, etablieren sich zunehmend redundante Bordnetzsysteme [44].

2.3.2 Weiterführende Methoden zur Berechnung der Systemzuverlässigkeit

In komplexen technischen Systemen, in denen sich beispielsweise einige Komponenten gegenseitig beeinflussen, können die Voraussetzungen der Booleschen Systemtheorie nicht immer eingehalten werden. Sehr oft werden auch schon in frühen Entwicklungsphasen Zuverlässigkeitstests an Komponenten durchgeführt, die dann immer eine Vertrauensbereichsinformation beinhalten. Es ist sinnvoll, diese Information für die Berechnung der Systemzuverlässigkeit mit zu berücksichtigen. Mit den hier beschriebenen Methoden lassen sich jegliche Herausforderungen zur Berechnung der Systemzuverlässigkeit lösen. Der Einfachheit halber wird im Folgenden nur die Serienstruktur betrachtet.

Die reine Multiplikation der Zuverlässigkeiten nach der Booleschen Systemtheorie ist zwar eine sehr einfache Berechnung, dafür aber nur für den Erwartungswert der Zuverlässigkeiten gültig. Zur Verknüpfung zweier unabhängiger Zufallsvariablen (Einzelzuverlässigkeiten) zu einer gemeinsamen (Systemzuverlässigkeit) müssen diese gefaltet werden. Es ist das folgende Integral zu lösen [14]:

$$f_{12}\left(R_s\right) = \left(f_1 * f_2\right)\left(R_s\right) = \int_0^1 \frac{1}{x} f_1\left(\frac{R_s}{x}\right) f_2\left(x\right) dx. \tag{2.125}$$

Dabei beschreiben die beiden Verteilungen $f_1(R_{B1})$ und $f_2(R_{B2})$ die Zuverlässigkeitsverteilungen der beiden Einzelzuverlässigkeiten.

Für eine Verknüpfung von mehr als zwei Zufallsvariablen kann die Faltung sequenziell angewendet werden. Für die Lösung dieses Problems stehen drei Methoden zur Verfügung:

- Momenten-Methode,
- Monte-Carlo-Simulation (MCS) und
- Mellintransformation.

Bei der Momenten-Methode und der Monte-Carlo-Simulation handelt es sich um numerisch approximative Methoden, während mit der Mellintransformation unter bestimmten Randbedingungen eine analytisch exakte Lösung berechnet werden kann. Vor dem Hintergrund, eines deutlich komplexeren Lösungswegs der Mellintransformation und der sehr guten Resultate der approximativen Verfahren, besteht aus Anwendersicht keine Notwendigkeit die Mellintransformation zu nutzen. Aus diesem Grund und der sehr komplexen mathematischen Rechenschritte wird an dieser Stelle auf die Beschreibung der Mellintransformation verzichtet. Ein Vergleich der Verfahren und deren Ergebnisse findet sich in [45].

Den Ausgangspunkt für die Momenten-Methode bildet die Bestimmung einer sogenannten Zuverlässigkeitsdichtefunktion. Denn zur Berücksichtigung des Vertrauensbereichs können nicht nur einzelne Werte verwendet werden. Man muss sich also von der Lebensdauerebene lösen und die Verteilung der Zuverlässigkeit bestimmen. In der Zuver-

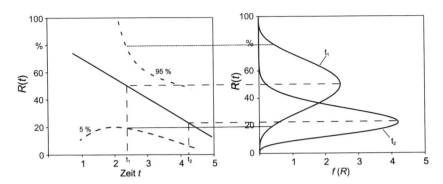

Abb. 2.56 Überführung von Vertrauensbereich in Verteilung der Zuverlässigkeit zum diskreten Zeitpunkt t. (© IMA 2022. All Rights Reserved)

lässigkeitstechnik wird dazu auch häufig die Betaverteilung verwendet, s. auch Abschn. 2.2.5.8. Im Gegensatz zum Vertrauensbereich, der nur die Grenzen der Zuverlässigkeit angibt, kann somit die komplette Verteilung der Zuverlässigkeit zu einem bestimmten Zeitpunkt beschrieben werden, s. Abb. 2.56.

Bei der Momenten-Methode werden die Momente der Zuverlässigkeitsverteilungen herangezogen, um die Systemzuverlässigkeitsverteilung zu erhalten. Entsprechend der Booleschen Logik gilt damit, analog zu den Zuverlässigkeiten (vgl. Gl. (2.119)), für die Momente:

$$M_{S,j} = \prod_{i=1}^{n} M_{i,j} \quad i = 1 : n; j = 1 : \infty. \tag{2.126}$$

Die Boolesche Systemtheorie gibt also lediglich die Logik vor, wie die Momente der Verteilung verknüpft werden. Da theoretisch unendlich viele, auch nicht ganzzahlige Momente existieren, die nicht alle berücksichtigt werden können, wird zudem klar, wieso es sich um eine approximative Methode handelt. Es werden nämlich nur die ersten beiden Momente – der Erwartungswert und die Varianz – herangezogen. Für ein gutes Ergebnis reicht dies aus, da die Betaverteilung durch die beiden ersten Momente bereits sehr gut beschrieben wird. Soll eine andere Verteilung verwendet werden, müssen unter Umständen weitere Momente berücksichtigt werden. Unter Verwendung der Betaverteilung ergeben sich die ersten beiden Momente zu:

$$M_{S,1}(R_S) = E_S(R_S) = \prod_{i=1}^{n} E_i(R_i) = \prod_{i=1}^{n} \frac{A_i}{A_i + B_i}, \tag{2.127}$$

$$M_{S,2}(R_S) = \prod_{i=1}^{n} M_{i,2} = \prod_{i=1}^{n} \frac{A_i \cdot (A_i + 1)}{(A_i + B_i) \cdot (A_i + B_i + 1)}. \tag{2.128}$$

Daraus ergibt sich für die Varianz:

$$Var_S\left(R_S\right) = \prod_{i=1}^{n}\frac{A_i\cdot\left(A_i+1\right)}{\left(A_i+B_i\right)\cdot\left(A_i+B_i+1\right)} - \left(\prod_{i=1}^{n}\frac{A_i}{A_i+B_i}\right)^2. \tag{2.129}$$

Die Lösung ist nun denkbar einfach, was auch den wesentlichen Grund für die Verwendung der Betaverteilung darstellt. Die beiden Parameter der Betaverteilung berechnen sich zu:

$$A_S = \frac{\left(1-E_S\left(R_S\right)\right)\cdot E_S^2\left(R_S\right)}{Var_S\left(R_S\right)} - E_S\left(R_S\right), \tag{2.130}$$

$$B_S = A_S\cdot\frac{1-E_S\left(R_S\right)}{E_S\left(R_S\right)}. \tag{2.131}$$

Somit sind die Parameter derjenigen Betaverteilung gefunden, die der Systemzuverlässigkeitsverteilung entspricht. Es ist nun möglich, neben dem Erwartungswert, auch alle Werte des Vertrauensbereichs anzugeben. Tab. 2.6 zeigt einen Vergleich der Ergebnisse der Systemzuverlässigkeit für eine Serienstruktur mit zehn Komponenten und unterschiedlichen Aussagesicherheiten. Einmal wurde die Systemzuverlässigkeit rein mit der Booleschen Systemtheorie berechnet und einmal mit der Momenten-Methode. Während die Ergebnisse für den Erwartungswert übereinstimmen, weichen sie für steigende Aussagesicherheiten voneinander ab. Was zudem zu beachten ist – bei niedrigen Aussagesicherheiten liefert Boole einen zu hohen Wert, während bei hohen Aussagesicherheiten das Ergebnis zu konservativ ausfällt. Deshalb kann die Lösung nach Boole auch nicht als eine stets konservative Annäherung verwendet werden.

Noch einfacher in der Umsetzung ist die Berechnung der Systemzuverlässigkeit mit der Monte-Carlo-Simulation, die sich häufig sehr gut eignet, um analytisch sehr komplexe Probleme zu approximieren. Auch hier ist der Ausgangspunkt die Betaverteilung zur Beschreibung der Zuverlässigkeitsdichtefunktionen. Das Vorgehen sieht dabei wie folgt aus:

1. Schritt: Man erzeugt jeweils M Zufallszahlen aus den n Zuverlässigkeitsdichtefunktionen $f_i(R_i)$ und erhält die Matrix

$$R_{i,j} \text{ mit } i = 1:n \text{ und } j = 1:M$$

Tab. 2.6 Systemzuverlässigkeit für eine Serienstruktur mit 10 Komponenten bei unterschiedlichen Aussagesicherheiten für Boole und Momenten-Methode [23]

	Komponentenzuverlässigkeit [%]				
	$E(R_i)$	$R_i(P_A = 50\ \%)$	$R_i(P_A = 80\ \%)$	$R_i(P_A = 90\ \%)$	$R_i(P_A = 95\ \%)$
	99,00	99,30	98,39	97,70	97,02
	Systemzuverlässigkeit [%]				
Methode	$E(R_S)$	$R_S(P_A = 50\ \%)$	$R_S(P_A = 80\ \%)$	$R_S(P_A = 90\ \%)$	$R_S(P_A = 95\ \%)$
$f_i(R_s)$	90,44	90,70	88,12	86,63	85,33
Boole	90,44	93,24	85,00	79,25	73,89

2. Schritt: Verknüpfung der *M* Zufallszahlen entsprechend der Booleschen Systemtheorie zu:

$$R_{S,j} = \prod_{i=1}^{n} R_{i,j} \qquad (2.132)$$

3. Schritt: Es muss mit Hilfe der Parameterschätzverfahren (z. B. Maximum-Likelihood-
Methode, s. auch Abschn. 6.4) nur noch eine passende Verteilungsfunktion für $R_{S,j}$ gefunden
werden. Konsistenter Weise wird hierfür ebenfalls wieder die Betaverteilung genutzt.

Zur Sicherstellung eines validen Ergebnisses sollten nicht weniger als 1000 Zufallszahlen
verwendet werden, besser sind aber 10.000 oder gar 100.000 Zufallszahlen. Je höher die
Zahl, desto geringer wird der approximative Fehler. An dieser Stelle sei zu erwähnen, dass
sich bei der Momenten-Methode immer ein bestimmter Fehler einstellt, während sich bei
der Monte-Carlo-Simulation der Fehler durch Erhöhung der Replikationszahl immer weiter absenken lässt. Bei einer unendlich hohen Anzahl an Replikationen würde der Fehler
somit ebenfalls unendlich klein werden. Schließlich erhält man auch mit der Monte-Carlo-
Simulation durch sehr häufige Wiederholung der Booleschen Rechenschritte eine Betaverteilung, welche die Systemzuverlässigkeitsverteilung beschreibt. Im Gegensatz zur
Momenten-Methode kann aber auch auf die Bestimmung der Betaverteilung verzichtet
werden und direkt ein Vertrauensbereichsquantil aus den $R_{s,j}$ Zuverlässigkeiten bestimmt
werden. Dies hätte den Vorteil, dass eventuelle Abweichungen, welche durch die Ver-
teilungsannahme der Betaverteilung entstünden, beseitigt werden würden.

2.4   Übungsaufgaben zu Lebensdauerverteilungen

Aufgabe 2.1
Maennig führte Schwingfestigkeitsversuche an leicht gekerbten Wellen durch, s. Abb. 2.57.
Die Wellen wurden dabei mit sinusförmigen, rein wechselnden Zug-Druck-Schwingun-
gen belastet [46].
   Bei einem Spannungsausschlag von 380 N/mm^2 ergaben sich für einen Versuch mit
n = 20 Wellen folgende Ausfallzeiten:

100.000 LW,	90.000 LW,	59.000 LW,	80.000 LW,	126.000 LW,
117.000 LW,	177.000 LW,	98.000 LW,	158.000 LW,	107.000 LW,
125.000 LW,	118.000 LW,	99.000 LW,	186.000 LW,	66.000 LW,
132.000 LW,	97.000 LW,	87.000 LW,	69.000 LW,	109.000 LW,

(LW: Lastwechsel).

Abb. 2.57 Gekerbte Welle für
Schwingversuche. (© IMA
2022. All Rights Reserved)

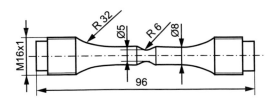

a) Klassieren Sie die Ergebnisse
   und ermitteln Sie die Histogramme und empirischen Funktionen
b) der Ausfalldichte,
c) der Ausfallwahrscheinlichkeit,
d) der Überlebenswahrscheinlichkeit und
e) der Ausfallrate.

Aufgabe 2.2
Berechnen Sie zur weiteren Auswertung der Versuchsergebnisse aus Aufgabe 2.1

a) deren Lagemaßzahlen (Mittelwert, Medianwert und Modalwert) sowie
b) deren Streuungsmaßzahlen (Varianz und Standardabweichung).

Aufgabe 2.3
Zeichnen Sie für die folgenden Parameter der Weibullverteilung die entsprechenden Diagramme (lineare Skalierung):

a) Weibulldichtefunktionen:

$b = 1{,}0$	$T = 2{,}0$	$t_0 = 1{,}0$
$b = 1{,}5$	$T = 2{,}0$	$t_0 = 1{,}0$
$b = 3{,}5$	$T = 2{,}0$	$t_0 = 1{,}0$

b) Weibullausfallwahrscheinlichkeiten:

$b = 1{,}0$	$T = 2{,}0$	$t_0 = 1{,}0$
$b = 1{,}5$	$T = 2{,}0$	$t_0 = 1{,}0$
$b = 3{,}5$	$T = 2{,}0$	$t_0 = 1{,}0$

Aufgabe 2.4
Gegeben sei die Dichte einer Rechteckverteilung (Gleichverteilung):

$$f(t) = \begin{cases} \dfrac{1}{b-a} & \text{für } a \leq t \leq b \\ 0 & \text{sonst} \end{cases}.$$

Berechnen Sie die Ausfallwahrscheinlichkeit $F(t)$, die Überlebenswahrscheinlichkeit $R(t)$ und die Ausfallrate $\lambda(t)$ und stellen Sie die Ergebnisse grafisch dar.

Aufgabe 2.5
Die Zuverlässigkeit eines technischen Bauteils sei durch die Gleichung

$$R(t) = \exp\left(-(\lambda \cdot t)^2\right) \text{ für } t \geq 0$$

gegeben. Berechnen Sie die Ausfalldichte, die Ausfallwahrscheinlichkeit und die Ausfallrate. Stellen Sie die Ergebnisse grafisch dar.

Aufgabe 2.6

Die Lebensdauer eines Bauteils lasse sich mit einer Normalverteilung mit $\mu = 5850$ h und
$\sigma = 715$ h beschreiben.

a) Zeichnen Sie die Verteilung in ein Normalverteilungsnetz ein.
b) Wie groß ist die Wahrscheinlichkeit dafür, dass ein Bauteil vor dem Zeitpunkt
   $t_1 = 4500$ h nicht ausfällt?
c) Wie groß ist die Wahrscheinlichkeit dafür, dass ein Bauteil vor dem Zeitpunkt
   $t_2 = 6200$ h ausfällt?
d) Wie groß ist die Wahrscheinlichkeit dafür, dass ein Bauteil zwischen den Zeitpunkten $\mu \pm \sigma$ ausfällt?
e) Welchen Zeitpunkt t_3 überlebt ein Bauteil mit genau 90 % Sicherheit?

Aufgabe 2.7

Das Ausfallverhalten einer Pumpe wird mit einer Lognormalverteilung, mit $\mu = 10{,}1$ h und
$\sigma = 0{,}8$ h, gut beschrieben.

a) Zeichnen Sie die Verteilung in ein Lognormalnetz ein.
b) Wie groß ist die Wahrscheinlichkeit dafür, dass eine Pumpe vor dem Zeitpunkt
   $t_1 = 10.000$ h nicht ausfällt?
c) Wie groß ist die Wahrscheinlichkeit dafür, dass eine Pumpe vor dem Zeitpunkt
   $t_2 = 35.000$ h ausfällt?
d) Wie groß ist die Wahrscheinlichkeit dafür, dass eine Pumpe zwischen den Zeitpunkten
   t_1 und t_2 ausfällt?
e) Welchen Zeitpunkt t_3 überlebt eine Pumpe mit genau 90 % Sicherheit?

Aufgabe 2.8

Die Lebensdauer (in h) elektrischer Bauteile lasse sich mit der Exponentialverteilung beschreiben $f(t) = \lambda \cdot \exp(-\lambda \cdot t)$ $t \geq 0$; $\lambda = 1/(500$ h$)$.

a) Wie groß ist die Wahrscheinlichkeit dafür, dass ein Bauteil vor dem Zeitpunkt $t_1 = 200$ h
   nicht ausfällt?
b) Wie groß ist die Wahrscheinlichkeit dafür, dass ein Bauteil vor dem Zeitpunkt $t_2 = 100$ h
   ausfällt?
c) Wie groß ist die Wahrscheinlichkeit dafür, dass ein Bauteil zwischen den Zeitpunkten
   $t_3 = 200$ h und $t_4 = 300$ h ausfällt?
d) Welchen Zeitpunkt t_5 überlebt ein Bauteil mit genau 90 % Sicherheit, welche Zeitpunkte überlebt ein Bauteil mit mindestens 90 % Sicherheit?

e) Für welchen Wert des Parameters λ ergibt sich eine Lebensdauerverteilung, bei der mit einer Wahrscheinlichkeit von 90 % die Lebensdauer eines Bauteiles mindestens 50 Stunden beträgt?

Aufgabe 2.9

Das Ausfallverhalten wird im Maschinenbau meist mit der Weibullverteilung beschrieben. Berechnen Sie allgemein den Erwartungswert (auch *MTTF*-Wert genannt) der zwei- und dreiparametrigen Weibullverteilung. Geben Sie Zahlenwerte für den Erwartungswert für folgende Parameterkombinationen an:

a) $b = 1$; $T = 1000$ h; $t_0 = 0$ h,
b) $b = 0{,}8$; $T = 1000$ h; $t_0 = 0$ h,
c) $b = 4{,}2$; $T = 1000$ h; $t_0 = 100$ h,
d) $b = 0{,}75$; $T = 1000$ h; $t_0 = 200$ h.

Hinweis Verwenden Sie die tabellierte Gammafunktion

$$\Gamma(x) = \int_0^\infty e^{-t} \cdot t^{x-1} \cdot dt.$$

Aufgabe 2.10

Das Ausfallverhalten von Rillenkugellagern wird durch eine Weibullverteilung recht gut beschrieben. Folgendes sei bekannt:

$$b = 1{,}11; \quad f_{tB} = t_0 \, / \, B_{10} = 0{,}25; \quad B_{50} = 6.000.000 \, LW$$

a) Wie groß ist die B_{10}-Lebensdauer?
b) Bestimmen Sie die Weibullparameter T und t_0 der Ausfallverteilung.
c) Wie groß ist die Wahrscheinlichkeit dafür, dass ein Bauteil zwischen den Zeitpunkten $t_1 = 2.000.000 \, LW$ und $t_2 = 9.000.000 \, LW$ ausfällt?
d) Welchen Zeitpunkt t_3 überlebt ein Bauteil mit genau 99 % Sicherheit?
e) Für welchen Wert der Ausfallsteilheit b (bei unverändertem T und t_0) ergibt sich eine Lebensdauerverteilung, bei der mit einer Wahrscheinlichkeit von 50 % die Lebensdauer eines Bauteiles mindestens 5.000.000 LW beträgt?

Aufgabe 2.11

Berechnen Sie den Modalwert t_m einer dreiparametrigen Weibullverteilung für $b > 1$. Überprüfen Sie das Ergebnis grafisch für folgende Parameter: $b = 1{,}8 \ h$; $T = 1000 \ h$; $t_0 = 500 \ h$

$$Tipp : df\left(t_m\right) / dt = 0$$

Aufgabe 2.12

Folgendes ist über das Ausfallverhalten eines Motors bekannt: Das Ausfallverhalten werde durch eine zweiparametrige Weibullverteilung beschrieben. Zum Zeitpunkt t_1 beträgt die Ausfallwahrscheinlichkeit x_1, zu einem zweiten Zeitpunkt t_2 beträgt die Ausfallwahrscheinlichkeit x_2. Bedingung: $t_1 < t_2$ und $x_1 < x_2$. Berechnen Sie b und T der Ausfallverteilung.

Übungsaufgaben zu Systemberechnungen

Aufgabe 2.13

Bestimmen Sie die jeweilige Systemzuverlässigkeitsfunktion $R_S(t)$ der abgebildeten Systeme, s. Abb. 2.58, als Funktion der jeweiligen Komponentenzuverlässigkeiten $R_i(t)$:

Aufgabe 2.14

Geben Sie die allgemeingültigen Beziehungen für die Ausfallwahrscheinlichkeit, Ausfalldichte und Ausfallrate eines Seriensystems an.

Aufgabe 2.15

Gegeben sei das Zuverlässigkeitsblockdiagramm eines ABS-Systems, s. Abb. 2.59:

Das Ausfallverhalten aller 11 Komponenten werde mit Exponentialverteilungen beschrieben. Die zeitlich konstanten Ausfallraten sind, jeweils auf ein Jahr bezogen, in der folgenden Tab. 2.7 zusammengestellt:

a) Geben Sie eine Beziehung für die Systemzuverlässigkeit $R_S(t)$ als Funktion der Komponentenzuverlässigkeiten $R_i(t)$ an.

Abb. 2.58 Blockschaltbilder zu Aufgabe 2.13. (© IMA 2022. All Rights Reserved)

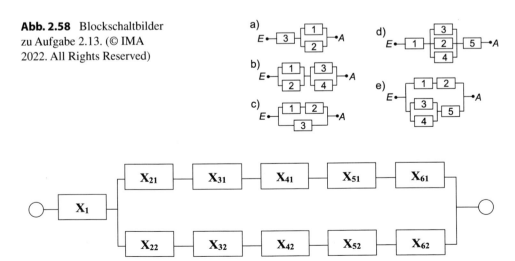

Abb. 2.59 Zuverlässigkeitsblockdiagramm zu Aufgabe 2.15. (© IMA 2022. All Rights Reserved)

Tab. 2.7 Ausfallraten der Systemkomponenten zu Aufgabe 2.15

Komponente:	Bauteil:	Ausfallrate:
X_1	Versorgung	$\lambda_1 = 4 \cdot 10^{-3} a^{-1}$
X_{21}, X_{22}	Verkabelung	$\lambda_{21} = \lambda_{22} = 7 \cdot 10^{-3} a^{-1}$
X_{31}, X_{32}	Relais	$\lambda_{31} = \lambda_{32} = 5 \cdot 10^{-3} a^{-1}$
X_{41}, X_{42}	Sensoren	$\lambda_{41} = \lambda_{42} = 0,2 \cdot 10^{-3} a^{-1}$
X_{51}, X_{52}	Elektronik	$\lambda_{51} = \lambda_{52} = 1,5 \cdot 10^{-3} a^{-1}$
X_{61}, X_{62}	Regelventile	$\lambda_{61} = \lambda_{62} = 0,3 \cdot 10^{-3} a^{-1}$

Abb. 2.60 Blockschaltbild zu Aufgabe 2.16. (© IMA 2022. All Rights Reserved)

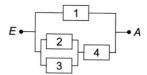

b) Wie groß ist die Überlebenswahrscheinlichkeit für eine Nutzungsdauer von zehn Jahren? Wie viele ABS-Systeme von 100 sind nach dieser Zeit ausgefallen?

c) Bestimmen Sie den *MTTF*-Wert (= Erwartungswert) des Systems.

d) Geben Sie die Gleichung zur iterativen Berechnung der B_{10}–Lebensdauer des Systems an. Schätzen Sie einen geeigneten Startwert.

e) Bis zum Zeitpunkt t_1= fünf Jahre sei kein Systemausfall aufgetreten. Wie groß ist unter Berücksichtigung dieser Information (Bedingung) die Überlebenswahrscheinlichkeit für eine Nutzungsdauer von zehn Jahren?

Aufgabe 2.16

Gegeben sei das folgende Zuverlässigkeitsblockschaltdiagramm eines Systems, s. Abb. 2.60. Das Ausfallverhalten aller Systemkomponenten wird mit Exponentialverteilungen beschrieben.

Die Ausfallraten sind ebenfalls angegeben:

- $\lambda_1 = 2,2 \cdot 10^{-3} h^{-1}$,
- $\lambda_2 = \lambda_3 = 4 \cdot 10^{-3} h^{-1}$ und
- $\lambda_4 = 3,6 \cdot 10^{-3} h^{-1}$.

a) Wie groß ist die Systemzuverlässigkeit nach 100 h Betrieb?

b) Wie viele Systeme von 250 sind im Zeitraum von 100 h ausgefallen?

c) Wie groß ist der *MTTF*-Wert des Systems?

d) Geben Sie die Gleichung zur iterativen Berechnung der B_{10}-Lebensdauer des Systems an und schätzen Sie einen geeigneten Startwert für die Berechnung.

Aufgabe 2.17

In einem Versuchsprüfstand werden Lebensdauerversuche an einem System, das aus $n = 9$ identischen Zahnrädern in Reihenschaltung besteht, durchgeführt. Das Ausfallverhalten eines einzelnen Zahnrades wird durch eine dreiparametrige Weibullverteilung beschrieben. Wie lautet die Zuverlässigkeitsfunktion des Systems? Die B_{10}-Lebensdauer des Systems sei $B_{10S} = 100.000\ LW$. Für ein einzelnes Zahnrad wird angenommen, dass es eine Ausfallsteilheit von $b = 1{,}8$ und einen Faktor $f_{tB} = 0{,}85$ hat (Ausfall durch Zahnbruch). Welche charakteristische Lebensdauer T hat ein einzelnes Zahnrad?

Literatur

1. Groß HRW (1975) Beitrag zur Lebensdauerabschätzung von Stirnrädern bei Zahnkraftkollektiven mit geringem Völligkeitsgrad. Dissertation
2. Anderson T Theorie der Lebensdauerprüfung. Kugellagerzeitschrift 217
3. Bitter P et al (1986) Technische Zuverlässigkeit. Herausgegeben von der Messerschmitt-Bölkow-Blohm GmbH, Springer, München
4. Buxbaum O (1986) Betriebsfestigkeit. Verlag Stahleisen, Düsseldorf
5. Joachim FJ (1982) Streuungen der Grübchentragfähigkeit. Antriebstechnik 21(4):156–159
6. Lieblein J, Zelen M (1956) Statistical investigations of the fatigue life of deep-groove ball bearings. J Res Natl Bur Stand 57(5):273–316. (Research Paper 2719)
7. Lienert G (1994) Testaufbau und Testanalyse, 5., völlig neubearb. u. erw. Aufl. Beltz, Psychologie-Verl.-Union, Weinheim
8. Lechner G, Hirschmann KH (1979) Fragen der Zuverlässigkeit von Fahrzeuggetrieben. Konstruktion 31(1):19–26
9. Statistisches Bundesamt, Destatis (2020) Sterbefälle in Deutschland 2018
10. Birolini A (2017) Reliability engineering: theory and practice. Springer, Berlin/Heidelberg
11. Rosemann H (1981) Zuverlässigkeit und Verfügbarkeit technischer Anlagen und Geräte. Springer, Berlin/Heidelberg/New York
12. Verein Deutscher Ingenieure (2006–07) VDI 4001 Blatt 2 Terminologie der Zuverlässigkeit. VDI, Düsseldorf. Zurückgezogen 2014–07
13. O'Connor PDT, Kleyner A (2012) Practical reliability engineering. Wiley, New York
14. Yang G (2007) Life cycle reliability engineering. Wiley, New York
15. Mercier W A (2001) Implementing RCM in a Mature Maintenance Program. Proceedings of the 2001 Annual Reliability and Maintainability Symposium (RAMS)
16. Deutsche Gesellschaft für Qualität (1979) Begriffe und Formelzeichen im Bereich der Qualitätssicherung. Beuth, Berlin
17. Härtler G (1983) Statistische Methoden für die Zuverlässigkeitsanalyse. Springer, Wien/New York
18. Kapur KC, Lamberson LR (1977) Reliability in engineering design. Wiley, New York
19. Kreyszig E (1982) Statistische Methoden und ihre Anwendungen. Vandenhoeck & Ruprecht, Göttingen
20. Klubberg F (1999) Ermüdungsversuche statistisch auswerten. Materialprüfung 4(9)

21. Meeker WQ, Escobar LA, Pascual FG (2021) Statistical methods for reliability data, 2. Aufl. Wiley, New York

22. Nelson WB (2004) Accelerated testing: statistical models, test plans and data analysis. Wiley, New York

23. Bronstein IN, Semendjajew KA (2020) Taschenbuch der Mathematik, 11., akt. Aufl. Verlag Europa-Lehrmittel, Haan-Gruiten.

24. Weibull W (1951) A statistical distribution function of wide applicability. J Appl Mech 18:293–297

25. Fisher RA, Tippett LHC (1928) Limiting forms of the frequency distribution of the largest or smallest members of a sample. Proc Camb Phil Soc 24:180

26. Gnedenko BV (1943) Sur la distribution limite du terme maximum d'une série aléatoire. Ann Math 44:423ff

27. Freudenthal AM, Gumbel EJ (1954) Minimum life in fatigue. J Am Stat Assoc 49:575–597

28. Gumbel EJ (1956) Statistische Theorie der Ermüdungserscheinungen bei Metallen. Mitteilungsblatt für mathematische Statistik, Jahrg 8, 13. Mittbl., S 97–129

29. Gumbel EJ (1958) Statistics of extremes. Columbia University Press, New York

30. Galambos J (1978) The asymptotic theory of extreme order statistic. Wiley, New York

31. Kao HK (1965) Statistical models in mechanical reliability. 11. Nat Symp Rel & QC. Florida, S 240–246

32. Gäde KW (1977) Zuverlässigkeit – Mathematische Modelle. Hanser-Verlag, München

33. Hjorth U (1980) A reliability distribution with increasing, decreasing, constant and bathtub-shaped failure rates. Technometrics 22:99–107

34. Dengel D (1975) Die $\arcsin \sqrt{P}$ -Transformation – ein einfaches Verfahren zur graphischen und rechnerischen Auswertung geplanter Wöhlerversuche. Z Werkstofftech 6(8):253–258

35. Dengel D (1989) Empfehlungen für die statistische Absicherung des Zeit- und Dauerfestigkeitsverhaltens von Stahl. Materialwiss Werkstofftech 20:73–81

36. Dorff D (1966) Vergleich verschiedener statistischer Transformationsverfahren auf ihre Anwendbarkeit zur Ermittlung der Dauerschwingfestigkeit. Dissertation, TU-Berlin

37. Hipp C (1999) Skriptum Risikotheorie 1. TH Karlsruhe, Karlsruhe

38. Jeannel D, Souris G (2001) Estimating extremely remote values of occurrence probability – application to turbojet rotating parts. In: Proceedings of ESREL, S 709–716. Turin, Italien

39. SAS Institute Inc (2020) SAS/QC® 15.2 user's guide. SAS Institute Inc., Cary

40. Hedderich J, Sachs L (2020) Angewandte Statistik. Methodensammlung mit R. Springer Spektrum, Berlin/Heidelberg

41. Nelson WB (2003) Applied life data analysis. Wiley, New York

42. Reinschke K (1973) Zuverlässigkeit von Systemen mit endlich vielen Zuständen. Bd 1: Systeme mit endlich vielen Zuständen, VEB. Verlag Technik, Berlin

43. Verein Deutscher Ingenieure (1998–05) VDI 4008 Blatt 2 Boolesches Model. VDI, Düsseldorf. Zurückgezogen 2015–07

44. Heidinger F, Hildebrandt T et al (2018) Simulation based powernet analysis regarding efficiency and reliability – truck battery analysis as an example. 8. Internationaler VDI-Kongress: MarketPlace 2018, 16.10–17.10.2018, Baden-Baden

45. Zeiler P, Bertsche B (2015) Zur Berechnung der Systemzuverlässigkeit mit Aussagewahrscheinlichkeit – Methodenvergleich und Anwendung zur Zuverlässigkeitsallokation und -testplanung. 27. Fachtagung Technische Zuverlässigkeit 2015, 20–21.05.2015, Leonberg. VDI-Berichte 2260. S 169–180

46. Maennig W-W (1967) Untersuchungen zur Planung und Auswertung von Dauerschwingversuchen an Stahl in den Bereichen der Zeit- und der Dauerfestigkeit. VDI-Fortschrittberichte, Nr 5, August

FMEA – Fehler-Möglichkeits- und Einfluss-Analyse

Die FMEA ist die bekannteste und auch am häufigsten eingesetzte qualitative Zuverlässigkeitsmethode.

Die FMEA wurde Mitte der sechziger Jahre in den USA von der NASA (National Aeronautics and Space Administration) für das Apollo-Projekt entwickelt. Danach erfolgte die allgemeine Anwendung der Methode in der Luft- und Raumfahrttechnik. Als wichtige Literatur ist der Militär-Standard MIL-STD-1629A [1] der USA anzusehen, auf den sich die meisten Referenzen stützen. Dieser Standard ist in der Luft- und Raumfahrttechnik ein Zulassungsstandard, der für alle Teile gefordert wird. Er ist sehr ausführlich ausgearbeitet und besitzt eine klare Vorgehensweise. Die weitere Nutzung der FMEA erfolgte in der Kerntechnik und der Automobilindustrie. Die amerikanische Firma Ford integrierte die Methode als erste Automobilfirma in ihr Qualitätssicherungskonzept, s. Abb. 3.1.

Heute ist die FMEA zum festen Bestandteil der Qualitätssicherung geworden. Dies ist bedingt durch:

- Die ständig steigenden Qualitätsforderungen seitens der Kunden,
- die gesetzlichen Auflagen (Produkthaftungsgesetz [2]) und Normen (DIN ISO 9000 ff [3]),
- die steigende Produktkomplexität,
- den ständig wachsenden Kostendruck,
- die immer kürzer werdenden Innovationszeiten und
- durch ein zunehmendes Umweltbewusstsein.

Als Standard für die methodische Durchführung einer FMEA hat sich in Deutschland die Vorgehensweise nach VDA (Verband der Automobileindustrie) [4] durchgesetzt.

© Der/die Autor(en), exklusiv lizenziert an Springer-Verlag GmbH, DE, ein Teil von Springer Nature 2022, korrigierte Publikation 2023
B. Bertsche, M. Dazer, *Zuverlässigkeit im Fahrzeug- und Maschinenbau*, https://doi.org/10.1007/978-3-662-65024-0_3

1949	Militärische Anweisung MIL-P-1629
1963	NASA: Apollo-Projekt
1965	Luft- und Raumfahrt
1975	Kerntechnik
1978	Automobilindustrie (Ford)
1980	Normung in Deutschland DIN 25 448: Ausfalleffektenanalyse
1986	Verstärkter Einsatz in der Autoindustrie VDA-Band 4
1990	Einsatz in Elektronik , Software etc.
1996	Weiterentwicklung zur System-FMEA VDA-Band 4.2
2006	Weiterentwicklung der FMEA VDA-Band 4
2019	Weiterentwicklung der FMEA AIAG/VDA FMEA Handbuch

Abb. 3.1 Entstehungsgeschichte der FMEA. (© IMA 2022. All Rights Reserved)

International agierende Unternehmen mussten bisher den unterschiedlichen FMEA Standards gerecht werden. Dies konnte zu Missverständnissen in Koordination, Analyse und Bewertung der FMEA Ergebnisse führen. Differenzen der Analyseabläufe, Bewertungsmaßstäbe und somit auch dem Risikomanagement mussten erst erkannt und oft aufwendig transferiert werden. Dies waren unnötige, zusätzliche und fehleranfällige Prozesse. Um diesen methodischen Mängeln entgegenzuwirken, haben die Automotive Industry Action Group (AIAG) und der Verband der Automobilindustrie (VDA) im Jahr 2019, für den nordamerikanischen und den europäischen Wirtschaftsraum, einen gemeinsamen länder- und branchenübergreifenden neuen Standard, den AIAG/VDA 2019 [5] publiziert. Dieser Standard ersetzt die bisherigen Standards nach VDA.

Seit dem im VDA 86 festgelegten Vorgehen wurden die zentralen Arbeitsschritte der FMEA, die zur technischen Erstellung einer FMEA notwendig sind, nahezu nicht geändert. Zur Einführung in den methodischen Ablauf der FMEA bietet sich dieser aufgrund der geringeren Komplexität und der Fokussierung auf die zentralen Arbeitsschritte an. Somit werden im Folgenden Grundlagen und allgemeine Bemerkungen zur FMEA-Methodik und die Vorgehensweise der Formblatt-FMEA nach VDA 86 vorgestellt. Den Schwerpunkt bildet der FMEA-Ablauf nach AIAG/VDA 2019 [5] dessen wesentlichste Inhalte in Abschn. 3.4 als Erweiterung zum bis 2019 gültigen Standard nach VDA 4.2 zusammengefasst sind.

3.1   Grundlagen und Allgemeines zur FMEA-Methodik

Die Abkürzung FMEA steht für „*F*ailure *M*ode and *E*ffects *A*nalysis". Weitere gängige Bezeichnungen sind:

- *F*ehler-*M*öglichkeits- und -*E*influss-*A*nalyse (Anwendung im deutschen Sprachgebrauch),
- Ausfalleffektanalyse (DIN 25 488),
- Verhaltensanalyse und
- Analyse von Ausfallarten, Ausfallfolgen und Ausfallursachen.

Da der Begriff „failure" jedoch einen Ausfall oder ein Versagen bezeichnet, kann eine FMEA am besten mit „Ausfallarten und Ausfallauswirkungsanalyse" oder kurz „Ausfallverhaltensanalyse" übersetzt werden. Unter der Bezeichnung „Ausfalleffektanalyse" ist die Methode seit 1980 in der DIN 25 448 [6] genormt.

Die FMEA ist eine systematische Methode. Ihr Grundgedanke ist, für beliebige Systeme, Teilsysteme oder Bauteile alle denkbaren Ausfallarten zu ermitteln. Gleichzeitig werden die möglichen Ausfallfolgen und Ausfallursachen aufgezeigt. Eine Bewertung des Risikos und die Festlegung von Optimierungsmaßnahmen schließen das Vorgehen ab. Das Ziel der Methode ist, die Risiken bzw. Schwachstellen eines Produkts so früh wie möglich zu erkennen, um rechtzeitig Verbesserungen durchführen zu können.

Zusammenfassend ist die FMEA eine Methode, um für Bau- oder Systemteile

- mögliche Ausfallarten,
- mögliche Ausfallfolgen und
- mögliche Ausfallursachen

aufzuzeigen. Das Risiko wird bewertet und Maßnahmen zur Optimierung festgelegt.

Bei der FMEA handelt es sich um eine Risikoanalyse, die in die Entwicklung und Prozessplanung neuer Produkte integriert ist. Sie ist ein wichtiger Teil der Qualitätssicherung vor Serienanlauf. Sie lässt sich den qualitativen Zuverlässigkeitsanalysen zuordnen und muss systematisch, lückenlos, präventiv und teamorientiert erfolgen.

Eine Variante der FMEA aus dem englischsprachigen Raum ist die FMECA (Failure Mode, Effects and Criticality Analysis), die eine Erweiterung der ursprünglichen FMEA um eine weitere separate Risikocharakterisierung ist.

Die FMEA gliedert sich je nach Art und Umfang des zu untersuchenden Systems bzw. der benötigten Ergebnisse in verschiedene Ausführungsarten und -tiefen. Eine Übersicht der am häufigsten verwendeten FMEA-Arten zeigt Abb. 3.2.

Die Produkt- und System-FMEA betrachtet die geforderten Funktionen von Produkten und Systemen bis auf die Auslegung der Eigenschaften und Merkmale der Bauteile. Die Prozess-FMEA betrachtet alle Abläufe zur Herstellung von Produkten und Systemen bis

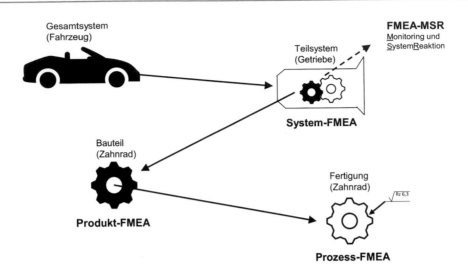

Abb. 3.2 FMEA-Arten. (© IMA 2022. All Rights Reserved)

zu den Anforderungen an die Prozesseinflussfaktoren. Die FMEA-MSR (Monitoring und Systemreaktion) betrachtet potenzielle Fehlfunktionen, die im Betrieb eines Systems auftreten können und ihre technischen Auswirkungen auf das System, Personen sowie gesetzliche und behördliche Vorgaben.

Die FMEA-Durchführung erfolgt in interdisziplinären Gruppen, den so genannten FMEA-Teams. Im Allgemeinen setzt sich das FMEA-Team aus dem Moderator, der die methodischen Kenntnisse besitzt, und dem FMEA-Team, welches das Fachwissen mitbringt, zusammen. Der Moderator, der auch geringe Sachkenntnisse besitzen kann, stellt sicher, dass die Teammitglieder Grundkenntnisse in der FMEA-Methodik haben. Eine Kurzschulung zu Beginn der FMEA-Aufgabe ist sinnvoll. Das Team bei einer Konstruktions-FMEA sollte sich aus Fachleuten verschiedener Bereiche zusammensetzen, s. Abb. 3.3, wobei in jedem Fall die beiden mit einem X gekennzeichneten Bereiche Konstruktion und Produktionsvorbereitung vertreten sein müssen.

Die Teilung zwischen Fachwissen der Fachbereiche und Methodik der FMEA-Erstellung bietet weiterhin den Vorteil, dass die Experten aus den jeweiligen Fachbereichen nur ihr Fachwissen, frei von methodischen Überlegungen, einbringen müssen. Beim Expertenteam sind also Grundkenntnisse der FMEA völlig ausreichend.

Die Teamgröße liegt idealerweise bei 4–6 Personen. Nehmen weniger als 3–4 Teammitglieder an der FMEA-Ausarbeitung teil, so besteht die Gefahr, dass wichtige Teilbereiche vergessen oder nicht ausreichend betrachtet werden. Bei einer Teamgröße von über 7–8 Personen hingegen schwächt sich der gruppendynamische Effekt stark ab, d. h. es fühlen sich oft nicht alle Teammitglieder angesprochen, wodurch eine gewisse Unruhe bei den FMEA-Sitzungen unvermeidbar wird.

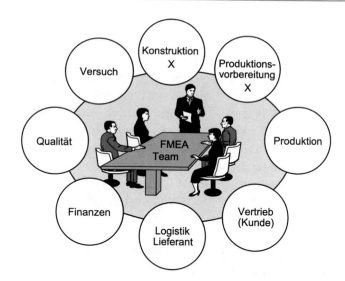

Abb. 3.3 Das FMEA-Team. (© IMA 2022. All Rights Reserved)

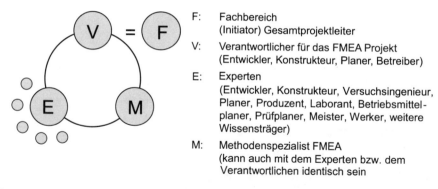

F:	Fachbereich (Initiator) Gesamtprojektleiter
V:	Verantwortlicher für das FMEA Projekt (Entwickler, Konstrukteur, Planer, Betreiber)
E:	Experten (Entwickler, Konstrukteur, Versuchsingenieur, Planer, Produzent, Laborant, Betriebsmittel-planer, Prüfplaner, Meister, Werker, weitere Wissensträger)
M:	Methodenspezialist FMEA (kann auch mit dem Experten bzw. dem Verantwortlichen identisch sein

Abb. 3.4 Das FMEA-Team. (© IMA 2022. All Rights Reserved)

Folgende Punkte sind entscheidend für den Erfolg einer FMEA:

- Vorgesetzte, die entschieden und erkennbar hinter den FMEA-Aktivitäten stehen,
- ein Moderator, der über sehr gute methodische und moderatorische Kenntnisse verfügt und
- eine kleine, erfolgsorientierte Arbeitsgruppe, die aus engagierten, produkt- bzw. prozessnah ausgerichteten Mitarbeitern besteht.

Einen weiteren Vorschlag für die Organisation einer FMEA zeigt Abb. 3.4.

3.2 FMEA nach VDA 86 (Formblatt-FMEA)

Die ursprüngliche Vorgehensweise einer FMEA erfolgte mit Hilfe eines Formblattes. Der Ablauf orientierte sich dabei an den vorgegebenen Spalten, die sukzessive von links nach rechts auszufüllen waren. Unterschieden wurde grundsätzlich zwischen den Arten Konstruktions-FMEA und Prozess-FMEA. Ein Bereich des Formblattes ist für die Beschreibung der Bauelemente und ihrer Funktion vorgesehen. Ein weiterer Bereich behandelt die Risikoanalyse, die als wesentlichster Bearbeitungsteil anzusehen ist. Es schließt sich eine Risikobewertung an, um zu einer Rangfolge der im Allgemeinen sehr zahlreichen Ausfallarten zu kommen. Den Abschluss bildet eine Konzeptoptimierung, die aus einer Analyse der Risikobewertung abgeleitet wird, s. Abb. 3.5.

Im Einzelnen ergibt sich dabei der Ablauf gemäß Abb. 3.6.

Den wesentlichen Schritt einer FMEA bildet die Suche nach allen denkbaren Ausfallarten. Hierbei sollte am meisten Sorgfalt verwendet werden. Jede nicht gefundene Ausfallart kann eine risikohafte Ausfallart sein und damit später zu drastischen Zuverlässigkeitsproblemen führen.

Zur Ermittlung der Ausfallarten gibt es folgende Möglichkeiten:

- Schadensstatistiken,
- Erfahrungen der FMEA-Teilnehmer,
- Checklisten (Ausfallartenlisten),
- Kreativitätstechniken (Brainstorming, 635, Delphi, …) und
- systematisch über Funktionen bzw. Fehlfunktionen (Fehlerbäume).

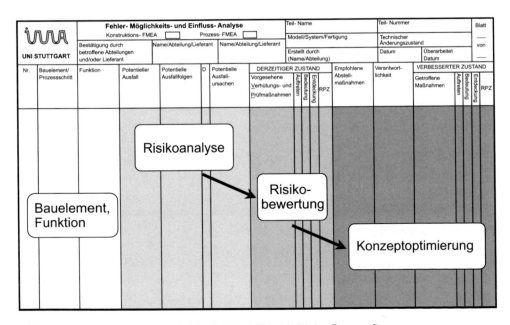

Abb. 3.5 FMEA-Formblatt VDA 86. (© IMA 2022. All Rights Reserved)

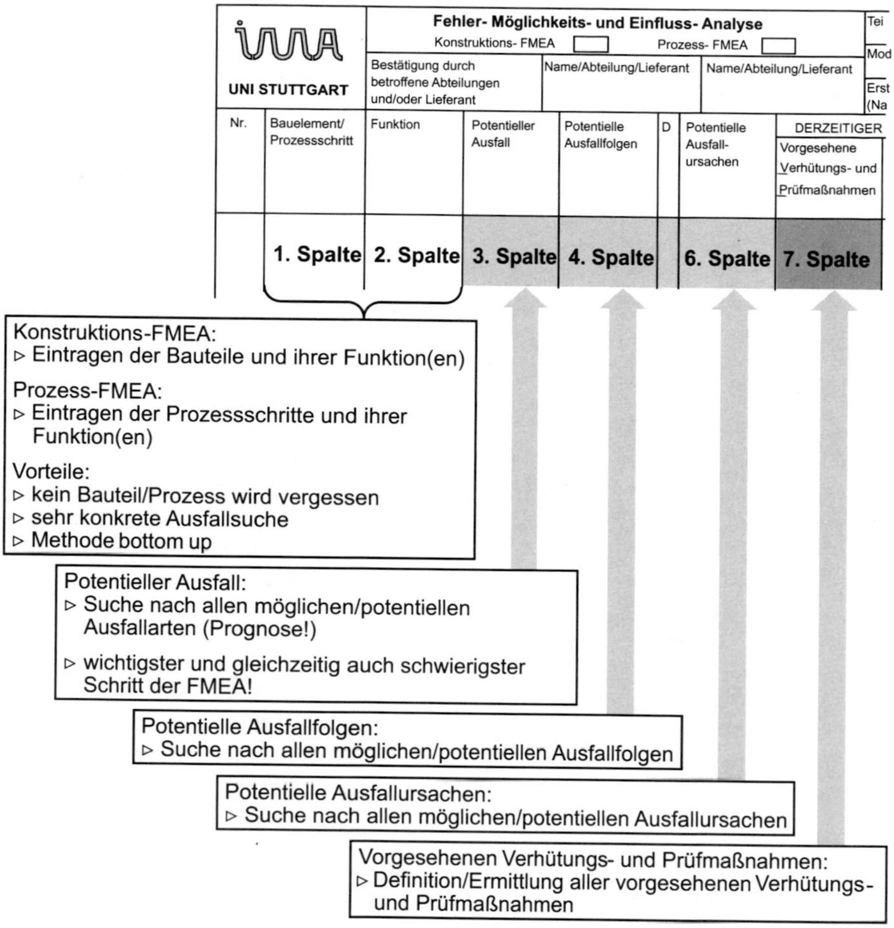

Abb. 3.6 Vorgehensweise im FMEA-Formblatt. (© IMA 2022. All Rights Reserved)

Als zwingende Grundlage kann die Betrachtung der bisher in ähnlichen Fällen aufgetretenen Schäden angesehen werden. Durch die Erfahrungen der FMEA-Teilnehmer werden weitere Ausfallarten ermittelt. Dies erfolgt in Teamsitzungen, die durch den FMEA-Moderator entsprechend angeleitet werden. Zu berücksichtigen sind hier positive Gruppendynamikeffekte. Sehr häufig lassen sich ergänzend Checklisten zur Suche nach Ausfallarten einsetzen. In besonders risikoreichen Fällen ist der Einsatz von Kreativitätstechniken sinnvoll. Ein sehr systematischer Ansatz ist über Funktionsbetrachtungen mit Fehlfunktionen und Fehlerbäumen denkbar.

Das ausgefüllte Formblatt ergibt eine „Baumstruktur", s. Abb. 3.7. Ein ausgewähltes Bauteil hat eine (oder mehrere) Funktionen und im Allgemeinen mehrere Ausfallarten. Jede Ausfallart besitzt wiederum verschiedene Ausfallfolgen und unterschiedliche Ausfallursachen.

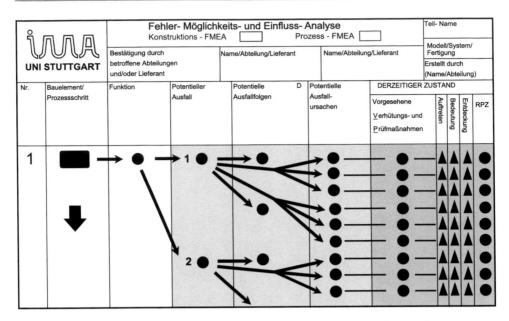

Abb. 3.7 „Baumstruktur" im FMEA-Formblatt. (© IMA 2022. All Rights Reserved)

An die Risikoanalyse schließt sich eine Risikobewertung an. Damit sollen aus der großen Menge der gefundenen Ausfallarten die wesentlichen Risiken durch Bildung einer Rangfolge ermittelt werden. Die Bewertung erfolgt nach drei Kriterien. Mit der Bewertungsnote *A* wird geschätzt, wie wahrscheinlich das Auftreten der Ausfallursache ist. Es wird damit die Frage behandelt, ob es sich um einen eher hypothetischen Fehler handelt oder ob er bereits häufiger in der Praxis vorkam. Die Bewertungsnote *B* beschreibt die Bedeutung der Ausfallfolge. Die Gefährdung von Personen führt zu einer hohen Bewertung, während z. B. geringe Komfortbeeinträchtigungen eine entsprechend geringere Note erhalten. Mit der Entdeckungsnote *E* wird festgelegt, wie sicher die Entdeckbarkeit der Ausfallursache vor der Auslieferung an den Kunden gelingt. Das letztendliche Maß ist auch hier der Kunde. Der Fehler hat zwar bereits Kosten verursacht, aber der Kunde erhält kein unzuverlässiges Produkt. Aus den drei Einzelbewertungen erhält man durch die Multiplikation von *A*, *B* und *E* eine Risikoprioritätszahl *RPZ*, s. Abb. 3.8.

Die Werteskala zur Bewertung umfasst üblicherweise die ganzzahligen Werte von 1 bis 10. Für Einschätzungen, die für ein zuverlässiges Produkt günstig bzw. positiv sind, wird eine 1 vergeben (sehr seltenes Auftreten, geringste Bedeutung, beste Entdeckbarkeit). Bei extrem negativen Bewertungen ist eine 10 zu verwenden. Die Abstufung der Skala erfolgt meist mit Hilfe von Tabellen (s. z. B. Abschn. 3.4.5). Für die Risikoprioritätszahl ergibt damit sich somit eine Spannweite von 1 (1*1*1) bis 1.000 (10*10*10). Als mittlerer Wert einer *RPZ* wird häufig 125 (5*5*5) angesehen, s. Abb. 3.9.

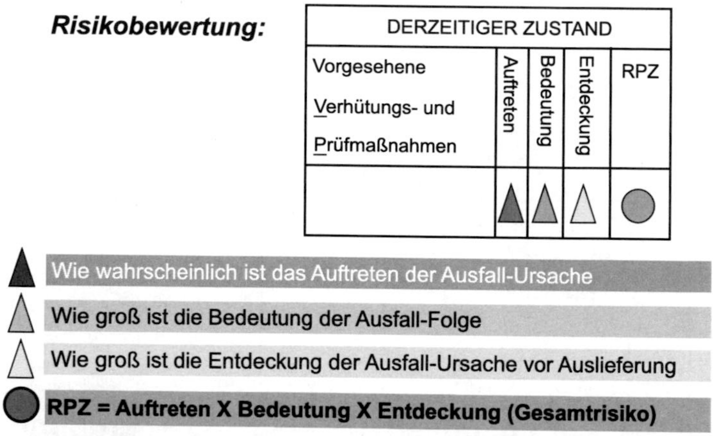

Abb. 3.8 Risikobewertung. (© IMA 2022. All Rights Reserved)

Risikobewertung - Werteskala

- Werteskala von 1 bis 10
  - positiv, günstig = 1
  - negatlv, schlecht = 10
- Abstufungen mithilfe von Tabellen (VDA etc.)
- Produkt aus Einzelbewertungen = Risikoprioritätszahl RPZ: Risiko der ermittelten Fehlerursache

Abb. 3.9 Werteskala einer Risikobewertung. (© IMA 2022. All Rights Reserved)

Die letzte Phase einer FMEA beinhaltet die Optimierungsphase. Sie erfolgt nach der Bewertung des Risikos. Zuerst werden die ermittelten Risikoprioritätszahlen nach ihrer Größe geordnet. Die Optimierung beginnt bei der Fehlerursache mit der größten *RPZ* und sollte je nach Umfang entweder bei einer gewissen Untergrenze (z. B. $RPZ = 125$) oder gemäß des Pareto-Prinzips nach 20–30 % der *RPZ*s beendet werden. Neben der *RPZ* müssen auch hohe Einzelbewertungen betrachtet werden. So bedeutet ein Wert $A > 8$, dass der Fehler meistens auftritt. Dies muss natürlich behoben werden. Ein Bedeutungswert $B > 8$ weist auf gravierende Funktionsbeeinträchtigungen bzw. auf Sicherheitsrisiken hin. Auch diese Fälle müssen genau betrachtet werden. Bei Werten $E > 8$ können die Fehler äußerst schwer entdeckt werden. Damit steigt die Gefahr, dass diese Fälle den Kunden erreichen.

Das Vorgehen bei einer Konzeptoptimierung sieht zusammengefasst wie folgt aus:

- Fehlerursachen nach Höhe der *RPZ* ordnen,
- Optimierung beginnend bei der Fehlerursache mit der größten *RPZ*,
  - bei festgelegter Grenz-*RPZ* (z. B. $RPZ = 125$) oder
  - bis festgelegte Anzahl von Ausfallarten (üblich: nach Pareto-Prinzip ca. 20–30 %),

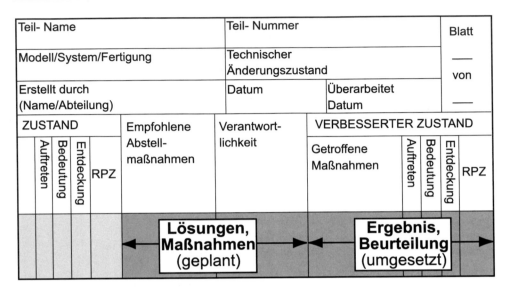

Abb. 3.10 Konzeptoptimierung im Formblatt. (© IMA 2022. All Rights Reserved)

- Fehlerursachen mit $A > 8$,
- $E > 8$ und
- Fehlerfolgen $B > 8$ gesondert betrachten,
- FMEA-Ergebnis gesondert betrachten.

Für die optimierten Fehlerursachen werden die neuen Maßnahmen im rechten Teil des Formblatts eingetragen und die Verantwortlichkeiten festgehalten. Der verbesserte Zustand wird einer neuen Bewertung unterzogen und die neue, verbesserte *RPZ* wird berechnet, s. Abb. 3.10.

3.3 Beispiel einer Konstruktions-FMEA nach VDA 86

Anhand eines kleinen Beispiels soll die Vorgehensweise der klassischen FMEA verdeutlicht werden. Ausgewählt wurde hierzu ein tatsächlich aufgetretener Schaden in einem Automatgetriebe. Nur diese eine Ausfallart soll betrachtet und damit die Wirksamkeit einer FMEA verdeutlicht werden. In Abb. 3.11 ist das Getriebeschema eines 5-Gang-Automatikgetriebes dargestellt.

Zur Betrachtung des Schadensfalles genügt es, nur einen kleinen Ausschnitt aus dem Getriebe zu behandeln: das vordere Axiallager, s. Abb. 3.12.

Dieses Lager stützt einen drehenden Außenlamellenträger gegenüber einer festen Statorwelle ab. Auf dieser Statorwelle hat das Axiallager eine Laufbahn. Die andere Laufbahn wird durch eine Laufscheibe realisiert. Zum Axiallager gehören noch Ausgleichsscheiben, um die auftretenden Axialspiele im Getriebe auszugleichen.

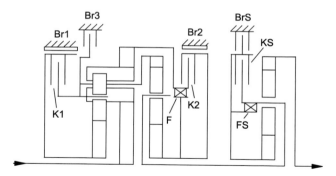

Abb. 3.11   FMEA-Beispiel – Automatikgetriebe [7]

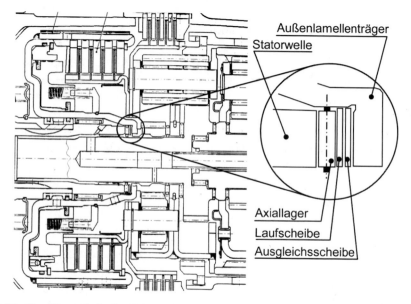

Abb. 3.12   Detaillausschnitt des 5-Gang-Automatik-Getriebes

Bei dem aufgetretenen Schadensfall bzw. der zu betrachtenden Ausfallart handelt es sich um das Vertauschen der Laufscheibe mit den Ausgleichsscheiben. Das „Vertauschen von Bauteilen" ist als Standardausfallart anzusehen, die in jeder einfachen Checkliste bereits enthalten ist. Beim Automatgetriebe führt das Vertauschen zur Zerstörung des Lagers und damit zum Getriebeausfall. Besonders unangenehm hierbei ist, dass ein Funktionstest im Werk ohne Beanstandung absolviert wird. Der Funktionstest erfolgt mit relativ niedriger Last, die von den bis zu 0,1 mm dünnen und ungehärteten Ausgleichsscheiben ertragen werden kann. Erst bei höheren Belastungen und entsprechender Laufzeit verformen sich die Ausgleichsscheiben sehr stark, führen zum Blockieren des Axiallagers und damit auch zum Blockieren des Getriebes. Eine relativ kleine Ursache erzeugt damit einen sehr großen Schaden.

		F M E A System						Nummer: Seite:		
Typ/Modell/Fertigung/Charge System Struktur			Sach-Nummer: Maßnahmenstand:		Verantwortlich: Firma:			Erstellt:		
FMEA/Systemelement Ausgleichscheibe			Sach-Nummer: Maßnahmenstand:		Verantwortlich: Firma:			Erstellt: Verändert:	01.01.2022 01.03.2022	
Mögliche Fehlerfolgen	B	Mögliche Fehler	Mögliche Fehlerursachen	Vermeidungs- maßnahmen	A	Entdeckungs- maßnahmen		E	RPZ	V/T
Systemelement: Ausgleichscheibe										
Funktion: Ausgleich von auftretendem Axialspiel										
Beschädigung des Lagers → Blockieren des Lagers → Blockieren des Getriebes	10	Vertauschen der Laufscheibe mit der Ausgleichscheibe	Montagefehler	Maßnahmenstand – 01.01.2022						
				Sichtprüfung	6	Funktionstest		10	600	Mustermann, Max 01.01.2022
				Maßnahmenstand – 01.03.2022						
				Montagevorschrift	3	Funktionstest mit angepasster Belastung		5	150	Mustermann, Max 01.03.2022

Abb. 3.13 FMEA–Formblatt für Automatgetriebe. (© IMA 2022. All Rights Reserved)

Bei einer FMEA wird der Fehler wie folgt bewertet: Die Auftretenswahrscheinlichkeit des Fehlers wird mit 3 bis 6 bewertet werden (manuelle Montage, denkbarer Fehler). Die Bedeutung der Fehlerfolge ist mit 9 bis 10 als sehr kritisch einzustufen, da das Fahrzeug liegen bleiben wird. Die Entdeckung der Fehlerursache ist sehr unwahrscheinlich und ist mit 10 zu bewerten. Als Risikoprioritätszahl ergeben sich aus dem Produkt der drei Einzelbewertungen Werte zwischen 300 und 600. Dies sind Größenordnungen, die eine Optimierung unbedingt erforderlich machen, s. Abb. 3.13.

3.4 FMEA nach VDA 4.2 und AIAG/VDA 2019

Im Folgenden wird die Vorgehensweise bei der FMEA-Erstellung nach der VDA-Richtlinie 4.2 [4] und den Änderungen aus AIAG/VDA 2019 [5] behandelt.

Die bisherige FMEA wurde wesentlich erweitert. Grund hierfür war der verstärkte Einsatz der FMEA und die Erkenntnis einiger Mängel in der Vorgehensweise. Als neuer, übergeordneter Begriff wurde die System-FMEA definiert.

Wesentliche Einflussfaktoren für den verstärkten Einsatz der FMEA sind:

- gestiegene Qualitätsansprüche der Kunden,
- Kostenoptimierung der Produkte und
- gesetzlich geforderte Produkthaftung der Hersteller.

Die mit der System-FMEA verfolgten Ziele lauten:

- Steigerung der Funktionssicherheit und Zuverlässigkeit von Produkten,
- Reduzierung von Garantie- und Kulanzkosten,
- kürzere Entwicklungsprozesse,

- störungsärmere Serienanläufe,
- bessere Termintreue,
- wirtschaftlichere Fertigung,
- bessere Dienstleistungen und
- bessere innerbetriebliche Kommunikation.

Da die System-FMEA eine präventive Zuverlässigkeitsmethode ist, sollte der Zeitpunkt des Einsatzes so früh wie möglich im Produktentstehungsprozess erfolgen. Falls eine Anwendung der FMEA-Methodik in der Lastenheftphase nicht erfolgen kann, sollte spätestens beim Entstehen erster Entwürfe oder danach eine System-FMEA durchgeführt werden. Die FMEA muss entwicklungsbegleitend durchgeführt werden, d. h. sie ist permanent anzupassen und darf nicht als statisches Dokument verstanden werden.

Für die Weiterentwicklung gab es verschiedene Gründe.

- Bei der Konstruktions-FMEA erfolgte eine Fehler- bzw. Ausfallbetrachtung überwiegend auf Bauteilebene, d. h. ein funktionaler Zusammenhang der betrachteten Bauteile wurde nicht systematisch erfasst.
- Bei der bisherigen Prozess-FMEA wurden lediglich Fehlerbetrachtungen in einzelnen Prozessschritten durchgeführt. Der gesamte Herstellungsprozess bis hin zur Auslegung von Werkzeugen und Maschinen wurde nicht analysiert.
- Sowohl für Konstruktions- und Prozess-FMEA erfolgte die Erstellung der FMEA über ein Formblatt, d. h. es wurde keine strukturierte Beschreibung von Funktions- und möglichen Fehlfunktionszusammenhängen in Systemen durchgeführt.

Der wesentliche neue Ansatz bestand nun darin, über die Struktur des zu betrachtenden Systems in eine System-FMEA einzusteigen. Dies bedeutete die Entwicklung einer System-FMEA Produkt und einer System-FMEA Prozess. Das alte Formblatt wurde überarbeitet und in ein neues Formblatt VDA 4.2 übergeführt, s. Abb. 3.14.

Für die neue Vorgehensweise sind zusätzlich System- und Funktionsbetrachtungen notwendig. Im Einzelnen bedeutet das:

- Strukturierung des zu untersuchenden Produkts als System mit Systemelementen und Aufzeigen von funktionalen Zusammenhängen dieser Elemente,
- Ableitung der denkbaren Fehlfunktionen (mögliche Fehler) eines Systemelements aus dessen zuvor beschriebenen Funktionen und
- die logische Verknüpfung der zusammengehörigen Fehlfunktionen unterschiedlicher Systemelemente, um die in der System-FMEA zu analysierenden möglichen Fehlerfolgen, Fehler und Fehlerursachen beschreiben zu können.

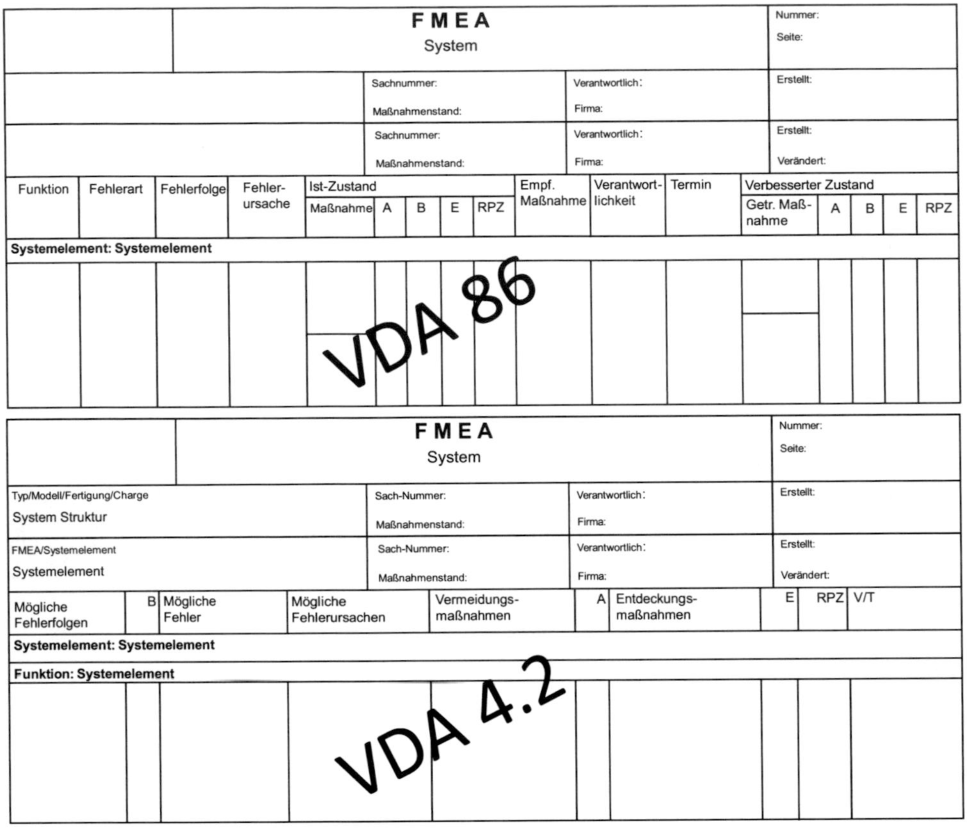

		F M E A System												Nummer: Seite:			
			Sachnummer: Maßnahmenstand:			Verantwortlich: Firma:				Erstellt:							
			Sachnummer: Maßnahmenstand:			Verantwortlich: Firma:				Erstellt: Verändert:							
Funktion	Fehlerart	Fehlerfolge	Fehler- ursache	Ist-Zustand					Empf. Maßnahme	Verantwort- lichkeit	Termin	Verbesserter Zustand					
				Maßnahme	A	B	E	RPZ				Getr. Maß- nahme	A	B	E	RPZ	
Systemelement: Systemelement																	

VDA 86

		F M E A System								Nummer: Seite:		
Typ/Modell/Fertigung/Charge System Struktur			Sach-Nummer: Maßnahmenstand:			Verantwortlich: Firma:			Erstellt:			
FMEA/Systemelement Systemelement			Sach-Nummer: Maßnahmenstand:			Verantwortlich: Firma:			Erstellt: Verändert:			
Mögliche Fehlerfolgen	B	Mögliche Fehler	Mögliche Fehlerursachen	Vermeidungs- maßnahmen		A	Entdeckungs- maßnahmen		E	RPZ	V/T	
Systemelement: Systemelement												
Funktion: Systemelement												

VDA 4.2

Abb. 3.14 Vergleich der FMEA-Formblätter VDA 86 und VDA 4.2. (© IMA 2022. All Rights Reserved)

An dieser Stelle ist eine genauere Definition des Begriffs „*System*" hilfreich. Jedes technische Gebilde (Anlage, Maschine, Gerät, Baugruppe, …) ist beschreibbar als System. Ein System

- besitzt eine Systemgrenze, wodurch es sich von der Umgebung abgrenzen lässt. Die Schnittstellen an den Systemgrenzen sind Ein- und Ausgangsgrößen.
- lässt sich in Teilsysteme bzw. Systemelemente untergliedern.
- kann auf verschiedenen Hierarchiestufen gebildet werden.
- kann je nach Zweck in unterschiedliche Systeme eingeteilt werden (z. B. in Baugruppen, in Funktionsgruppen, …).
- ist eine abstrakte Produktbeschreibung.

Eine Verdeutlichung des Systembegriffs erfolgt in Abb. 3.15. Hier wird eine Schnittdarstellung in eine Systemdarstellung und damit in eine andere Abstraktionsebene übergeführt, die für die FMEA-Methodik von Vorteil ist.

Der zweite wichtige Begriff im Zusammenhang mit der System-FMEA ist die „Funktion". Eine Funktion beschreibt den allgemeinen und eindeutigen Zusammenhang zwi-

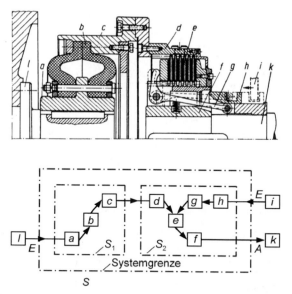

System „Kupplung", *a...h* Systemelemente (beispielsweise); *i...l*
Anschlusselemente; *S* Gesamtsystem; S_1 Teilsystem „Elastische
Kupplung"; S_2 Teilsystem „Schaltkupplung"; *E* Eingangsgrößen
(Inputs); *A* Ausgangsgrößen (Outputs).

Abb. 3.15   System „Kupplung" nach [8]

Abb. 3.16   Begriff Funktion.
(© IMA 2022. All Rights
Reserved)

schen Ein- und Ausgangsgrößen von technischen Gebilden, Systemen, etc. Die Vorstellung
als „Black-Box" dient zur Aufgabenbeschreibung auf abstrakter und lösungsneutraler
Ebene, s. Abb. 3.16.

Beispiele für Funktionen bei technischen Systemen:

• Getriebe	→	Drehmoment/Drehzahl wandeln,
• Elektromotor	→	el. in mech. Energie wandeln,
• Überdruckventil	→	Druck begrenzen,
• RAM	→	Signale speichern.

In Abb. 3.17 wird die Vorgehensweise anhand einer Prüfmaschine verdeutlicht. Das
Gesamtsystem wird dabei schrittweise untergliedert. Die Gesamtfunktion wird in einem
ersten Schritt in Haupt- und Nebenfunktionen unterteilt.

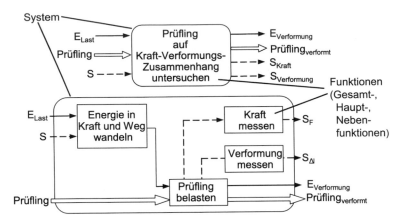

Abb. 3.17 Gesamtfunktion Prüfmaschine, Grobstruktur [8]

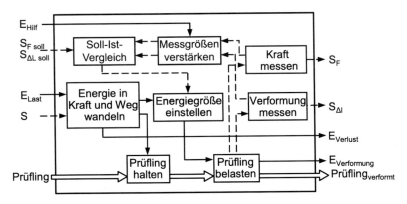

Abb. 3.18 Gesamtfunktion Prüfmaschine, Feinstruktur [8]

Eine Feinstruktur mit weiteren Haupt- und Nebenfunktionen wird in einem weiteren Schritt erstellt, s. Abb. 3.18.

System-FMEA Produkt (Übersicht)

Mit der System-FMEA Produkt werden Fehlfunktionen bzw. Ausfallarten von Produkten (Maschinen, Geräten, Apparaten, …) betrachtet. Die Analyse erfolgt über die verschiedenen Systemhierarchieebenen bis zu den Versagensarten auf der Bauteilebene. Die Fehlfunktionen der Bauteile sind hierbei physikalische Ausfallarten wie z. B. Bruch, Verschleiß, Klemmen, etc.

Der Begriff „Fehlfunktion" steht somit allgemein für eine Ausfallart, Versagensart oder einen Fehler. Die Inhalte der bisherigen FMEA nach VDA-Richtlinie 86 sind vollständig integrierbar s. Abb. 3.19. Ein erstes Beispiel für den Aufbau einer System-FMEA Produkt zeigt hingegen Abb. 3.20.

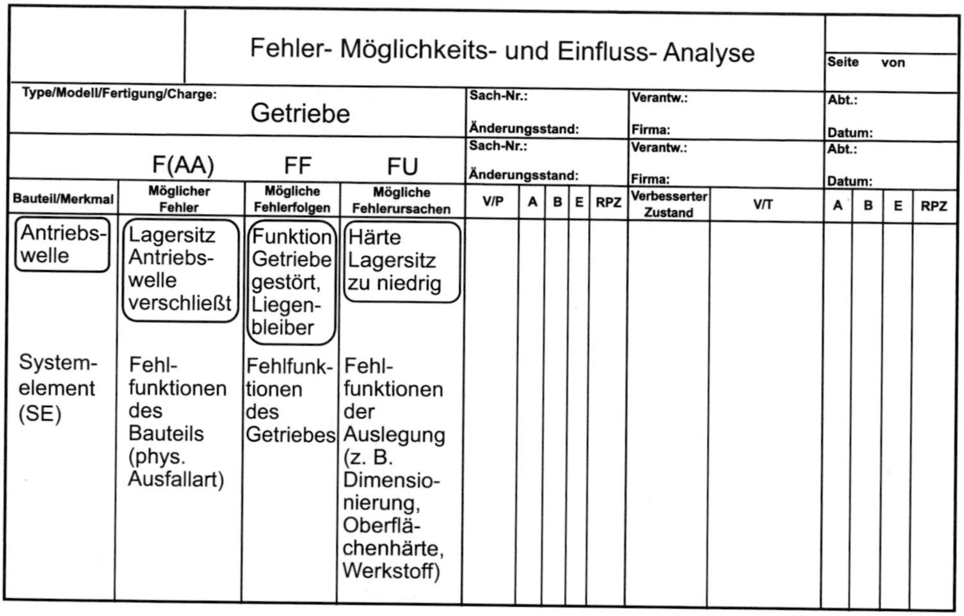

	Fehler- Möglichkeits- und Einfluss- Analyse									Seite von					
Type/Modell/Fertigung/Charge:	Getriebe			Sach-Nr.: Änderungsstand:					Verantw.: Firma:		Abt.: Datum:				
F(AA)		FF	FU	Sach-Nr.: Änderungsstand:					Verantw.: Firma:		Abt.: Datum:				
Bauteil/Merkmal	Möglicher Fehler	Mögliche Fehlerfolgen	Mögliche Fehlerursachen	V/P	A	B	E	RPZ	Verbesserter Zustand	V/T		A	B	E	RPZ
Antriebs-welle	Lagersitz Antriebs-welle verschließt	Funktion Getriebe gestört, Liegen-bleiber	Härte Lagersitz zu niedrig												
System-element (SE)	Fehl-funktionen des Bauteils (phys. Ausfallart)	Fehlfunk-tionen des Getriebes	Fehl-funktionen der Auslegung (z. B. Dimensio-nierung, Oberflä-chenhärte, Werkstoff)												

Abb. 3.19 Konstruktions-FMEA für ein Getriebe nach der bisherigen Vorgehensweise (VDA 86). (© IMA 2022. All Rights Reserved)

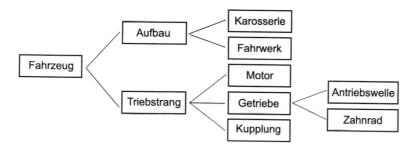

Abb. 3.20 System-Struktur „Gesamtsystem Fahrzeug" [4]

System-FMEA Prozess (Übersicht)

Bei der System-FMEA Prozess werden die möglichen Fehlfunktionen eines Produktions-prozesses (Fertigung, Montage, Logistik, Transport, etc.) betrachtet. Über eine System-beschreibung wird der Prozess strukturiert, wobei die letzte Struktur-Ebene durch die „5M's" (Mensch, Maschine, Material, Methode, Milieu/Mitwelt) gebildet wird, s. Abb. 3.21.

Im Vergleich zur FMEA nach VDA 4.2, in fünf Schritten, wurden durch das aktuelle AIAG/VDA 2019 FMEA Handbuch [5] folgende Erweiterungen bzw. Änderungen eingebracht:

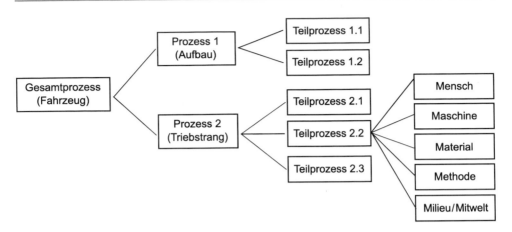

Abb. 3.21 Beispiel einer Systemstruktur eines Gesamtprozesses [4]

1. Neuer erster und zusätzlicher siebter Schritt:
   Dieser Schritt integriert zum großen Teil das der FMEA nach VDA 4 übergelagerte DAMUK-Prozessmodell, das den FMEA-Ablauf organisiert und eine effiziente und vergleichbare FMEA gewährleisten soll, direkt in den Ablauf der FMEA.
2. Aufgabenpriorität (*AP*) ersetzt Risikoprioritätszahl (*RPZ*):
   Die Aufgabenpriorität wurde zur Bestimmung von Fehlerursachen mit hoher, mittlerer und niederer Priorität für zusätzliche Maßnahmen definiert, sie gibt der Bedeutung die höchste Gewichtung, dann dem Auftreten und abschließend der Entdeckung und priorisiert somit das Ziel der Fehlervermeidung. Die *AP* soll zukünftig die mehrdeutige *RPZ* als Indikator zur Bestimmung von Handlungsbedarfen ablösen.
3. Neues FMEA-Formblatt Format:
   Das neue Formblatt Format besitzt außer der *AP* keine Änderungen im Vergleich zum Formblatt nach VDA 4.2, es handelt sich lediglich um eine andere Anordnung der im Formblatt nach VDA 4.2 enthaltenen Informationen, somit kann weiterhin das EDV-gerechtere Formblatt nach VDA 4.2 verwendet werden. Das neue AIAG/VDA Formblatt dient lediglich der Harmonisierung der Vorgehen nach AIAG und VDA.
4. Überarbeitete Bewertungskataloge:
   Ein Hauptschwerpunkt der Harmonisierung der FMEA Standards nach AIAG und VDA bestand in der Harmonisierung der eingesetzten Bewertungskataloge für *B*, *A* und *E*.

Die Vorgehensweise bei der Erstellung einer FMEA nach AIAG/VDA 2019 erfolgt, wie beschrieben grundsätzlich in 7 Schritten (s. Abb. 3.22). Diese 7 Schritte werden im Folgenden detailliert behandelt.

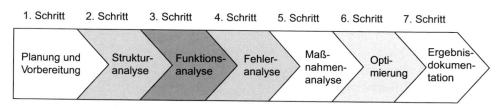

Abb. 3.22 Die 7 Schritte der System-FMEA [5]

3.4.1   Schritt 1: Planung und Vorbereitung

Der erste Schritt einer FMEA gliedert sich in die folgenden Hauptaufgaben und hat zum Ziel den FMEA Start und Ablauf besser zu strukturieren:

- Festlegung des Analyseumfangs,
- Projektplan (5Z): Zweck, Zeitplan, (Team-)Zusammensetzung, (Aufgaben-)Zuweisung, (Werk-)Zeuge,
- Analysegrenzen: Was soll in die Analyse aufgenommen werden und was nicht?
- Ermittlung möglicher Basis-FMEAs einschließlich Lessons Learned und
- Schaffung einer Ausgangsbasis für die Strukturanalyse.

Bei der Festlegung des Analyseumfanges können folgende Fragestellungen unterstützend angewandt werden:

- Was kauft der Kunde von uns?
- Gibt es neue Anforderungen?
- Benötigt der Kunde oder das Unternehmen eine System-/Design-/Produkt-FMEA?
- Wer hat die Entwicklungsverantwortung?
- Stellen wir das Produkt her und haben die Entwicklungsverantwortung?
- Kaufen wir das Produkt und haben trotzdem die Kontrolle über die Entwicklungsverantwortung?
- Kaufen wir das Produkt und haben keine Entwicklungsverantwortung?
- Wer ist verantwortlich für die Schnittstellen?
- Findet die Analyse auf System-, Teilsystem-, Komponenten- oder einer anderen Ebene statt?
- Liegen Vorgänger und/oder Basis-FMEA vor?
- Liegen Lessons Learned vor?

Bei der Festlegung der FMEA-Grenzen können unter anderem folgende Quellen hilfreich sein:

- Gesetzliche und behördliche Vorgaben,
- technische Anforderungen,

- Kundenwünsche, -bedürfnisse und -erwartungen (externe und interne Kunden),
- Lastenheft,
- Diagramme (Block-/Boundary-Diagramme),
- Schaltpläne, Zeichnungen und/oder 3-D-Modelle,
- Stückliste, Risikobewertung,
- Vorherige FMEA für vergleichbare Produkte,
- Fehlhandlungssicherheit, Design for Manufacture and Assembly (DFMA®) und
- Quality Function Deployment (QFD).

Bei der FMEA Festlegung und -planung können folgende Kriterien herangezogen werden:

- Neuheit der Technologie, Innovationsgrad,
- Historie der Qualität/Zuverlässigkeit (interne Beanstandungen, 0-km-Ausfälle, Feld-ausfälle, Gewährleistungs- und Schadensersatzansprüche für gleichartige Produkte),
- Komplexität der Konstruktion,
- Sicherheit von Personen und Systemen,
- cyber-physisches System (einschließlich Cyber-Security),
- Einhaltung gesetzlicher und behördlicher Vorgaben und
- Katalog- und Standardteile.

Des Weiteren werden die „fünf Z" Themenbereiche zur Gewährleistung der Termintreue, optimaler Ergebnisse und der Vermeidung von Nacharbeiten eingeführt:

1. FMEA-Zweck	→	Warum wird die FMEA durchgeführt?
2. FMEA-Zeitplanung	→	Bis wann ist sie fällig?
3. FMEA-(Team-)Zusammensetzung	→	Wer ist Teammitglied?
4. FMEA-(Aufgaben-)Zuweisung	→	Welche Aufgaben sind durchzuführen?
5. FMEA-(Werk-)Zeuge	→	Womit führen wir die Analyse durch?

3.4.2 Schritt 2: Strukturanalyse

Der zweite Schritt einer FMEA gliedert sich in folgende Teilschritte:

1. Das System aufteilen in einzelne Systemelemente (SE); diese Untergliederung kann erfolgen in:
   - Baugruppen (Subsysteme),
   - Funktionsgruppen (Subsysteme) und
   - Bauteile.
2. Die Systemelemente (SE) hierarchisch anordnen in einer Systemelementstruktur (Systembaum), s. Abb. 3.23.

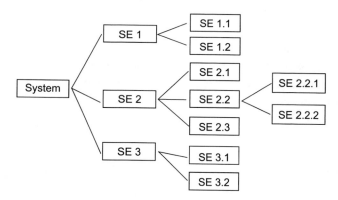

Abb. 3.23 System und Systemstruktur [4]. (© IMA 2022. All Rights Reserved)

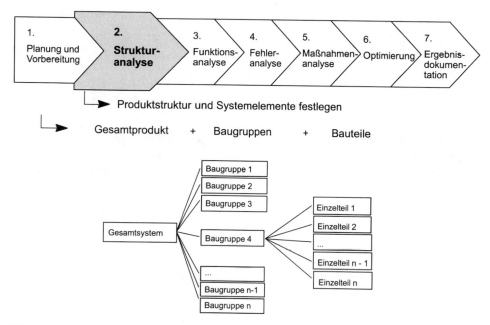

Abb. 3.24 Schritt 1 – Strukturerstellung. (© IMA 2022. All Rights Reserved)

Die Systemstruktur ordnet, vom Topelement (Wurzelelement) beginnend, einzelne Systemelemente auf unterschiedlichen hierarchischen Ebenen an. Unter jedem Systemelement können weitere Teilstrukturen (Subsysteme) mit unterschiedlicher Ebenenanzahl angeordnet werden. Der Aufbau der Systemstruktur ist frei wählbar. Häufig ist bei einer Produkt-FMEA eine Gliederung nach Baugruppen, wie sie in Abb. 3.24 beispielhaft zu sehen ist.

Bei der Bildung der Systemstruktur ist folgendes zu beachten:

- die Anzahl der Hierarchieebenen ist beliebig,
- jedes Systemelement darf nur einmal vorkommen (Eindeutigkeit) und
- zur besseren Übersichtlichkeit können einzelne Systemelemente nur zur Strukturierung eingesetzt werden (so genannte „Dummy-Systemelemente"). Sie werden in der weiteren Analyse nicht verwendet.

Die zur Erstellung der Systemstruktur benötigten Hilfsmittel sind auszugsweise in Abb. 3.25 dargestellt. Ein Beispiel dafür ist in Abschn. 3.5.2. zu finden.

3.4.3   Schritt 3: Funktionsanalyse

Die Einteilung in Systemelemente und der Aufbau der Systemstruktur (Strukturbaum) ist die Basis, um entsprechend genau Funktionen und Fehlfunktionen festzulegen.
  Zur Bestimmung der Funktionen bieten sich folgende Möglichkeiten an:

1. Ermittlung der Funktionen „top-down", d. h. ausgehend von Topfunktionen des Systems werden die Funktionen (Funktionsbeiträge der nachgeordneten Systemelemente) ermittelt, s. Abb. 3.26.
2. Ermittlung der Funktionen „einzeln je Systemelement". Hierzu sind genaue Kenntnisse über die Einsatzbedingungen erforderlich, z. B. durch Lastenheftangaben wie Belastung, Hitze, Kälte, Staub, Spritzwasser, Salz, Vereisung, Schwingungen, elektrische Störungen, etc.

In beiden Fällen sind geeignete Hilfsmittel:

- die „Black-Box"-Betrachtung, s. Abb. 3.27,
- die allgemeine „Leitlinie" aus der Konstruktionsmethodik, s. Abb. 3.28.

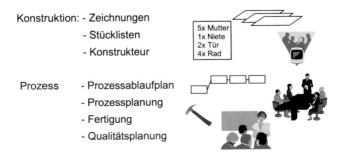

Abb. 3.25 Hilfsmittel zur Erstellung des Strukturbaums. (© IMA 2022. All Rights Reserved)

Die Erfüllung der Topfunktionen führt zu den Funktionen der verschiedenen Hierarchieebenen

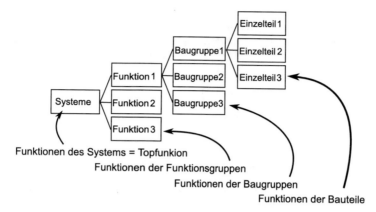

Abb. 3.26 Funktionsanalyse bei der FMEA. (© IMA 2022. All Rights Reserved)

Abb. 3.27 Black-Box als Hilfsmittel zur Funktionsermittlung. (© IMA 2022. All Rights Reserved)

Die Leitlinie ist als Such- oder Anregungsliste mit übergeordneten Begriffen anzusehen. Sie soll ermöglichen, nichts Wesentliches zu vergessen. Damit kann die Vollständigkeit der gefundenen Funktionen überprüft werden.

Das Zusammenwirken der Funktionen mehrerer Systemelemente für eine einzelne, ausgehende Funktion wird als Funktionsstruktur bezeichnet. Die Verknüpfung der Funktionen zu einem Funktionsnetz bzw. einer Funktionsstruktur ist möglich. Für die Gesamtsystemfunktion werden Topfunktionen festgelegt, die zur Erfüllung der Produktziele unerlässlich sind, wie z. B. Qualitätsmerkmale, Konstruktionsvorgaben oder Angaben aus der Vorgänger-FMEA. Die Topfunktionen werden weiter untergliedert in Teilsystemfunktionen und Subsystemfunktionen bis hin zu Bauteilfunktionen, s. Abb. 3.29. Ein Beispiel dafür ist in Abschn. 3.5.3. dargestellt.

	übergeordnete Begriffe
Geometrie	Größe, Höhe, Breite, Länge, Durchmesser, Raumbedarf, Anzahl, Anordnung, Anschluß,
Kinematik	Ausbau und Erweiterung
Kräfte	Bewegungsart, Bewegungsrichtung, Geschwindigkeit, Beschleunigung Kraftgröße, Kraftrichtung, Krafthäufigkeit, Gewicht, Last, Verformung, Steifigkeit, Federeigenschaften, Stabilität, Resonanzen
Energie	Leistung, Wirkungsgrad, Verlust, Reibung, Ventilation, Zustandsgrößen wie Druck, Temperatur, Feuchtigkeit, Erwärmung, Kühlung, Anschlußenergie, Speicherung, Arbeitsaufnahme, Energieumformung
Stoff	Physikalische und chemische Eigenschaften des Eingangs- und Ausgangsprodukts, Hilfsstoffe, vorgeschriebene Werkstoffe (Nahrungsmittelgesetz), Materialfluß und -transport
Signal	Eingangs- und Ausgangssignale, Anzeigeart, Betriebs- und Überwachungsgeräte, Signalform
Sicherheit	Unmittelbare Sicherheitstechnik, Schutzsysteme Betriebs-, Arbeits- und Umweltsicherheit
Ergonomie	Mensch-Maschine-Beziehung, Bedienung, Bedienungsart, Übersichtlichkeit, Beleuchtung, Formgestaltung
Fertigung	Einschränkung durch Produktionsstätte, größte herstellbare Abmessung, bevorzugtes Fertigungsverfahren, Fertigungsmittel, mögliche Qualität und Toleranzen
Kontrolle	Meß- und Prüfmöglichkeiten, besondere Vorschriften (TÜV, ASME, DIN, ISO, AD-Merkblätter)
Montage	Besondere Montagevorschriften, Zusammenbau, Einbau, Baustellenmontage, Fundamentierung
Transport	Begrenzung durch Hebezeug, Bahnprofil, Transportwege nach Größe und Gewicht, Versandart
Gebrauch	Geräuscharmut, Verschleißrate, Anwendung und Absatzgebiet, Einsatzort (Tropen, ..)
Instandhaltung	Wartungsfreiheit bzw. Anzahl und Zeitbedarf der Wartung, Inspektion, Austausch und Instandsetzung, Anstrich, Säuberung
Recycling	Wiederverwendung, Wiederverwertung, Entsorgung, Endlagerung, Beseitigung
Kosten	Max. zulässige Herstellkosten, Werkzeugkosten, Investition und Amortisierung
Termin	Ende der Entwicklung, Netzplan für Zwischenschritte, Lieferzeit

Abb. 3.28   Leitlinie für Anforderungsliste nach [8]

3.4.4   Schritt 4: Fehleranalyse

Für jedes Systemelement kann eine Fehleranalyse durchgeführt werden. Jedoch muss im Einzelfall entschieden werden, bei welchen Systemelementen eine Fehleranalyse sinnvoll ist. Fehleranalyse bedeutet Ermittlung aller potenziellen Fehlfunktionen. D. h. die mögliche Nichterfüllung bzw. die Einschränkung einer Funktion wird in Betracht gezogen.

Bei abstrakten Funktionen kann eine Funktionsfehlerliste mittels der in Abb. 3.30 gezeigten Möglichkeiten erstellt werden.

Auf der Bauteilebene sind die Fehlfunktionen per Definition physikalische Ausfallarten. Tab. 3.1 zeigt eine Auflistung klassischer Fehler- bzw. Ausfallarten der FMEA, wie sie auch zur Überprüfung der Vollständigkeit eingesetzt werden kann.

Die Darstellung der Fehlfunktionen im Strukturbaum zeigt Abb. 3.31.

Die Topsystemfehler bzw. die Topfehlfunktionen werden aus den Topfunktionen abgeleitet. Die Tiefe der Fehleranalyse wird durch die Tiefe der Strukturierungsebenen der

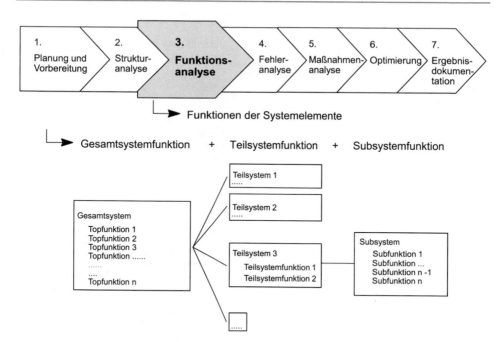

Abb. 3.29 Funktionen der Systemelemente. (© IMA 2022. All Rights Reserved)

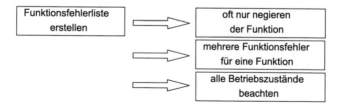

Abb. 3.30 Ermittlung der Fehlfunktionen. (© IMA 2022. All Rights Reserved)

Systemstruktur begrenzt. Wenn nötig muss zur Ermittlung aller Fehlerursachen die Strukturierungstiefe erweitert werden.

Die Ermittlung der Fehlerarten (FA) können durch folgende Methoden unterstützt werden:

- Schadensstatistiken,
- Erfahrung der FMEA-Teammitglieder,
- Checklisten (Ausfallarten wie z. B. Tab. 3.1),
- Kreativitätstechniken (Brainstorming, 635, Delphi, etc.),
- Systematisch über Funktionen bzw. Fehlfunktionen/Fehlerbäume.

Sehr hilfreich zur Fehlersuche hat sich die Checkliste erwiesen.

Tab. 3.1 Typische Fehlerarten

• Ermüdung (auch Setzen, Pittings, …),	• klemmt, schwergängig,
• Bruch, Anriss,	• verschleiß,
• korrodiert,	• gefressen,
• gelockert, lose, wackelt, löst sich,	• Schmierung (zu gering, zu hoch),
• verbrannt,	• fällt ab,
• Kurzschluss,	• eingefallen,
• Unterbrechung,	• Leistungsabfall,
• Drift,	• abgezogen,
• Funktionsfehler,	• hoher Widerstand,
• Blockierung,	• Farbunterschied,
• Vibration, Schwingung,	• Fluchtungsfehler, Ausrichtungsfehler, falsche Lage,
• verunreinigt,	• Aufnahme zum Gegenteil falsch,
• verstopft,	• Schmutz-, Wassereintritt,
• undicht,	• dejustiert, verdreht, verstellt,
• geplatzt,	• Verschmutzung,
• drucklos,	• vertauscht, falsches Teil,
• Druck falsch,	• fehlt, verloren,
• deformiert, verformt, verbeult, überdehnt, durchbiegen, durchhängen,	• Lunker,
• beschädigt,	• abweichende Maße,
• verschlissen (frühzeitig),	• Oberflächenhärte, Rauheit weicht ab
• Berührung mit Nachbarteilen,	• …

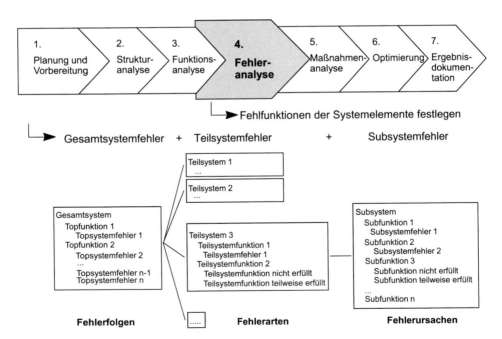

Abb. 3.31 Fehlfunktionen (Fehlerfolgen, Fehlerarten, Fehlerursachen). (© IMA 2022. All Rights Reserved)

Bei der im 3. Schritt durchzuführenden Fehleranalyse bestehen folgende Zusammenhänge:

- Mögliche Fehlerart (FA) des betrachteten SE sind seine aus den bekannten Funktionen abgeleiteten und beschriebenen Fehlfunktionen, z. B. Nichterfüllung der Funktion oder eingeschränkte Funktion.
- Die möglichen Fehlerursachen (FU) sind die denkbaren Fehlfunktionen der in der Systemstruktur untergeordneten SE und der über Schnittstellen zugeordneten SE.
- Die möglichen Fehlerfolgen (FF) sind die sich ergebenden Fehlfunktionen der in der Systemstruktur übergeordneten SE und der über Schnittstellen zugeordneten SE.

Den Zusammenhang zwischen den unterschiedlichen Fehlern soll folgendes Beispiel nochmals etwas vertiefen.

• Fehlerart:	Plötzlicher Druckverlust eines Autoreifens
• Mögliche Fehlerursache:	spitzer Gegenstand (z. B. Nagel) auf der Straße
• Mögliche Fehlerfolge:	Fahrzeug bricht aus → Unfall, Fahrzeug ist fahruntüchtig

Typische Fehlerursachen (FU) auf Bauteilebene zeigt Tab. 3.2. Oftmals ist es sinnvoll, derartige Listen unternehmensspezifisch zu erstellen, um sie bei zukünftigen FMEAs wieder verwenden zu können.

Die Durchführung der Fehleranalyse kann unterschiedlich erfolgen:

1. Definition der Funktionen bis auf Bauteilebene;
   aus Bauteilfunktionen: → Bauteilfehlfunktionen = Ausfallarten.
   Fragestellung: „Welche Ausfallarten sind bei der betrachteten Bauteilfunktion denkbar" (Beispiel Hülse, s. Abb. 3.50).

Tab. 3.2 Typische Fehlerursachen auf Bauteilebene

– Falsche Materialwahl,	– undicht,
– unvorhergesehene, unzulässige Belastung,	– Verschluss,
– Materialfehler,	– Ermüdung,
– Auslegungsfehler,	– falscher Einbau,
– falsche Oberflächenhärte,	– ungenügende Erprobung,
– zu hohe Betriebstemperatur,	– Personalfluktuation,
– Schmiermittelmangel,	– Missverständnis,
– Korrosion,	– fehlende Kontrolle,
– falsche Toleranzwahl,	...
– Beschädigung der Dichtfläche,	–

2. Definition der Funktionen nur bis Baugruppen- bzw. Funktionsgruppenebene (Bauteil-funktion = „Dummy"-Funktion).

　　aus Fehlfunktionen der Bau- bzw. Funktionsgruppen: → Bauteilfehlfunktionen = physikalische Ausfallarten.

　　Fragestellung: „Welche Ausfallarten sind notwendig, um die betrachtete Bau-gruppen- bzw. Funktionsgruppenfehlfunktion zu erzeugen?" (Beispiel Dichtungen, s. Abb. 3.50).

Die ermittelten Fehlfunktionen werden zu Fehlerbäumen/Fehlfunktionsbäumen bzw. Fehlernetzen verknüpft, s. Abb. 3.32.

　　Weitere Beispiele für Fehlernetze zeigt Abb. 3.33 für den Bruch der Hülse. Hier wird der Zusammenhang zwischen Fehlerursache (FU), Fehlerart (FA oder F) und Fehlerfolge (FF) deutlich.

　　Die Fehlfunktionsstruktur für ein Getriebe ist in Abb. 3.34 dargestellt. In diesem Bei-spiel sind auch die System-FMEA Produkt von Zulieferteilen eingebunden.

　　Die Inhalte der Fehlfunktionsstrukturen werden im FMEA-Formblatt nach VDA als

- „Fehlerfolge" FF,
- „Fehlerart" FA und
- „Fehlerursache" FU

je nach Wahl der Ebene übernommen. Die FMEAs, die auf verschiedenen Ebenen durch-geführt werden, überlappen sich. Die Fehlerart der oberen Ebene wird als Fehlerfolge der FMEA der nächstunteren Ebene übernommen. Die Fehlerursache der oberen Ebene kann als Fehlerart der nächstunteren Ebene übernommen werden. Die Überlappungen zeigen Abb. 3.35 und 3.36.

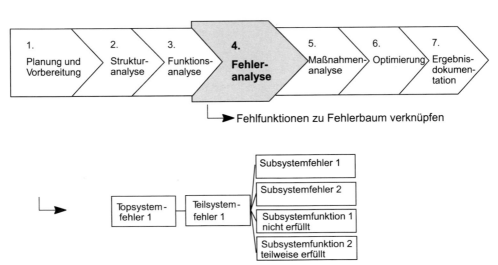

Abb. 3.32 Fehlerbaum bzw. Fehlernetz. (© IMA 2022. All Rights Reserved)

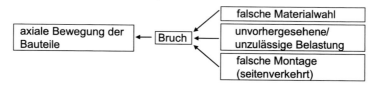

Abb. 3.33 Fehlernetz für Bruch der Hülse. (© IMA 2022. All Rights Reserved)

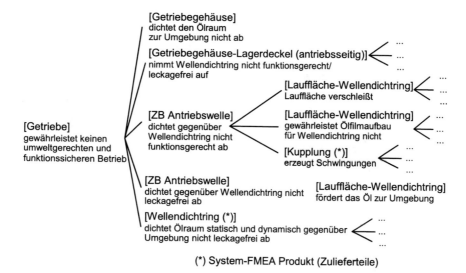

Abb. 3.34 Fehlfunktionsstruktur „Getriebe" [4]

3.4.5 Schritt 5: Maßnahmenanalyse

Die Risikobewertung der Maßnahmenanalyse erfolgt mit drei Bewertungskriterien. Diese sind:

- *B:* Bedeutung der Fehlerfolge,
- *A:* Auftretenswahrscheinlichkeit der Fehlerursache unter Berücksichtigung der Vermeidungsmaßnahmen,
- *E:* Entdeckungswahrscheinlichkeit der aufgetretenen Fehlerursache durch die Entdeckungsmaßnahmen.

Die Darstellung der Maßnahmenanalyse inklusive der Risikobewertung im Formblatt zeigt Abb. 3.37.

Die Bewertungsskala reicht jeweils von 1 bis 10 und es werden nur ganzzahlige Werte verwendet. Als Richtlinie für die Bewertung können die Tabellen nach VDA, s. Abb. 3.38 oder unternehmensspezifische Tabellen verwendet werden. Unternehmensspezifische Tabellen lassen sich eventuell aus Vorgänger-FMEAs zusammenstellen.

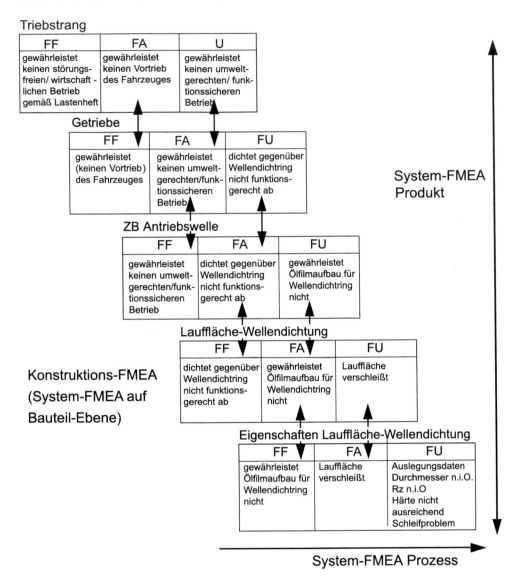

Abb. 3.35 Überlappung nach [4]

Bedeutung B

Die Bewertungszahl *B* wertet die Bedeutung der Fehlerfolgen für das Gesamtsystem. Die Bewertung erfolgt stets aus der Sicht des Endverbrauchers (externer Kunde). Der Wert 1 steht für eine äußerst geringe Bedeutung, entsprechend steht der Wert 10 für eine extrem hohe Bedeutung (z. B. bei Gefährdung von Personen). Gleiche Fehlerfolgen müssen grundsätzlich gleich bewertet werden, s. Abb. 3.38.

		SE			Überlappungsstellen Produkt/Prozess	
FF	FA	FU				System-FMEA Produkt, Ebene 1
	FF	FA	FU			System-FMEA Produkt, Ebene 2
		FF	FA	FU		System-FMEA Produkt, Ebene 3 (Konstruktions-FMEA)
			FF	FA	FU	System-FMEA Prozess, Ebene 1
				FF	FA	FU	System-FMEA Prozess, Ebene 2 (Prozess-FMEA)

FF: Fehlerfolge   FA: Fehler   FU: Fehlerursache

Abb. 3.36 Überlappung der System-FMEA Produkt und Prozess nach [4]

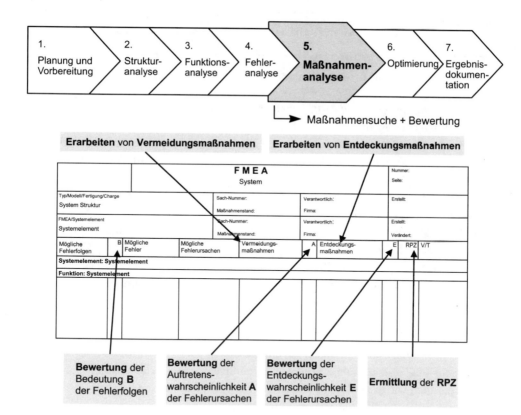

Abb. 3.37 Maßnahmenanalyse inklusive Risikobewertung. (© IMA 2022. All Rights Reserved)

Kriterien für Bewertungszahlen der System-FMEA Produkt				
Bewertung für die Bedeutung B	**Bewertungszahl für die Auftretenswahrscheinlichkeit A**	zugeordneter Fehleranteil in ppm	**Bewerungszahl für die Entdeckungswahrscheinlichkeit E**	Sicherheit der Prüfverfahren
Sehr hoch: 10 Sicherheitsrisiko, Nichterfüllung gesetz- 9 licher Vorschriften, Liegenbleiber.	**Sehr hoch:** 10 Sehr häufiges Auftreten der Fehlerursache, 9 unbrauchbares, ungeeignetes Konstruk- tionsprinzip.	100 000 50 000	**Sehr gering:** 10 Entdecken der aufgetretenen Fehlerursache ist 9 unwahrscheinlich, Zuverlässigkeit der Konstruk- tionsauslegung wurde nicht oder kann nicht nachgewiesen werden. Nachweisverfahren sind unsicher.	90 %
Hoch: 8 Funktionsfähigkeit des Fahrzeugs stark 7 eingeschränkt, sofortiger Werkstattaufent- halt zwingend erforderlich, Funktionsein- schränkung wichtiger Teilsysteme.	**Hoch:** 8 Fehlerursache tritt wiederholt auf, 7 problematische, unausgereifte Konstruktion.	50 000 10 000	**Gering:** 8 Entdecken der aufgetretenen Fehlerursache ist 7 weniger wahrscheinlich, wahrscheinlich nicht zu entdeckende Fehlerursache, unsichere Prüfungen.	98 %
Mäßig: 6 Funktionsfähigkeit des Fahrzeug einge- 5 schränkt, sofortiger Werkstattaufenthalt 4 nicht zwingend erforderlich, Funktionsein- schränkung von wichtigen Bedien- und Komfortsystemen.	**Mäßig:** 6 Gelegentlich auftretende Fehlerursache, 5 geeignete, im Reifegrad fortgeschrittene 4 Konstruktion.	5 000 1 000 500	**Mäßig:** 6 Entdecken der aufgetretenen Fehlerursache ist 5 wahrscheinlich, Prüfungen sind relativ sicher. 4	99,7 %
Gering: 3 Geringe Funktionsbeeinträchtigung des 2 Fahrzeugs, Beseitigung beim nächsten planmäßigen Werkstattaufenthalt, Funk- tionseinschränkung von Bedien- und Komfortsystemen.	**Gering:** 3 Auftreten der Fehlerursache ist gering, 2 bewährte konstruktive Auslegung.	100 50	**Hoch:** 3 Entdecken der aufgetretenen Fehlerursache ist 2 sehr wahrscheinlich, Prüfungen sind sicher, z. B. mehrere voneinander unabhängige Prüfungen.	99,9 %
Sehr gering: 1 Sehr geringe Funktionsbeeinträchtigung, nur vom Fachpersonal erkennbar.	**Sehr gering:** 1 Auftreten der Fehlerursache ist unwahr- scheinlich.	1	**Sehr hoch:** 1 Aufgetretene Fehlerursache wird sicher entdeckt.	99,99 %

Abb. 3.38 Kriterien für die Bewertungszahlen der System-FMEA Produkt nach [4]

Vermeidungsmaßnahmen und Auftretenswahrscheinlichkeit A

Die Bewertungen der Auftretenswahrscheinlichkeit A wird entsprechend der Wirksamkeit der Vermeidungsmaßnahmen der jeweiligen Fehlerursachen vergeben. Je detaillierter die Fehleranalyse der System-FMEA bei den Ursachen durchgeführt wird, desto differenzierter kann die Bewertung A vorgenommen werden. In der System-FMEA für übergeordnete Systeme wird bei der A-Bewertung von Ursachen auf Erfahrungswerte zurückgegriffen (z. B. Zuverlässigkeitsraten).

Werden bekannte Teilsysteme in ein anderes System integriert, so sind aufgrund veränderter Einsatzbedingungen die Bewertungen zu überprüfen.

Unter Vermeidungsmaßnahmen werden alle (meist präventiven) Maßnahmen verstanden, die ein Auftreten der Fehlerursache einschränken oder vermeiden. Eine solche Maßnahme können z. B. Berechnungen während der Entwicklungsphase sein, s. Abb. 3.39.

Die Bewertung der Auftretenswahrscheinlichkeit einer Fehlerursache erfolgt unter Berücksichtigung aller aufgelisteten Vermeidungsmaßnahmen, s. Abb. 3.39. Die Zahl 10 wird vergeben, wenn es nahezu sicher ist, dass eine Fehlerursache auftritt. Die Zahl 1 wird vergeben für eine sehr unwahrscheinliche Fehlerursache. Die A-Bewertung macht eine Aussage darüber, wie groß die fehlerbehaftete Restmenge in einem Gesamtlos eines Produktes ist.

Entdeckungsmaßnahmen und Entdeckungswahrscheinlichkeit E

Die Bewertungen der Entdeckungswahrscheinlichkeit E wird entsprechend der Wirksamkeit der Entdeckungsmaßnahmen der jeweiligen Fehlerursachen vergeben. Je detaillierter

FMEA System							Nummer: Seite:		
Typ/Modell/Fertigung/Charge System Struktur			Sach-Nummer: Maßnahmenstand:		Verantwortlich: Firma:		Erstellt:		
FMEA/Systemelement Systemelement			Sach-Nummer: Maßnahmenstand:		Verantwortlich: Firma:		Erstellt: Verändert:		
Mögliche Fehlerfolgen	B	Mögliche Fehler	Mögliche Fehlerursachen	Vermeidungs- maßnahmen	A	Entdeckungs- maßnahmen	E	RPZ	V/T
Systemelement: Systemelement									
Funktion: Systemelement									

Vermeidungsmaßnahmen

... sind Maßnahmen, die das Auftreten von Fehlerursachen einschränken bzw. vermeiden.

Beispiele:

systemspezifisch	Redundanzen (beeinflussen die Bedeutungsnote) Erfahrungen mit vergleichbaren Systemen
konstruktiv	Grundlagenuntersuchungen, Simulationen, Berechnungen, bewährte Konstruktion, qualif. Werkstoffauswahl, Anwendung auf Normen
fertigungsspezifisch	Prozessvorschriften

Abb. 3.39 Vermeidungsmaßnahmen. (© IMA 2022. All Rights Reserved)

die Fehleranalyse der System-FMEA bei den Ursachen durchgeführt wird, desto differenzierter kann die Bewertung E vorgenommen werden. In der System-FMEA für übergeordnete Systeme wird bei der E-Bewertung von Ursachen auf Erfahrungswerte zurückgegriffen (z. B. Zuverlässigkeitsraten).

Werden bekannte Teilsysteme in ein anderes System integriert, so sind aufgrund veränderter Einsatzbedingungen die Bewertungen zu überprüfen.

Bei den Entdeckungsmaßnahmen sind zwei Fälle zu unterscheiden:

1. Entdeckungsmaßnahmen in Entwicklung und Produktion:
   Entdeckungsmaßnahmen, die entwicklungs- bzw. produktionsbegleitend durchgeführt werden und an einem Konzept bzw. Produkt mögliche Fehlerursachen bereits während der Entwicklung oder Produktion aufzeigen.
2. Entdeckungsmaßnahmen im Betrieb/Feld:
   Entdeckungsmöglichkeiten, die das Produkt (System) im Betrieb aufweist oder die durch den Betreiber (Kunde) erkannt werden. Sie deuten auf die im Betrieb aufgetretenen möglichen Fehler bzw. mögliche Fehlerursachen hin und sollen weitere mögliche Fehlerfolgen vermeiden.

Die Bewertung der Entdeckungswahrscheinlichkeit erfolgt unter Berücksichtigung aller aufgelisteten Entdeckungsmaßnahmen. Auch Entdeckungsmaßnahmen, die zwar nicht direkt die Fehlerursachen, aber die zugehörigen Fehlerfolgen erkennen, werden mitberücksichtigt, s. Abb. 3.40. Die Bewertungszahl 10 wird vergeben, wenn keinerlei Entdeckungsmaßnahmen benannt werden. Die Zahl 1 wird vergeben, wenn ein Fehler mit sehr hoher Wahrscheinlichkeit vor der Auslieferung an den Kunden gefunden wird. Die E-Bewertung macht eine Aussage darüber, wie groß der nicht entdeckte, fehlerhafte Anteil in einem Gesamtlos eines Produktes ist.

Risikoprioritätszahl RPZ

Aus den Bewertungskriterien errechnet sich durch Multiplikation die Risikoprioritätszahl *RPZ*, s. Abb. 3.41. Die Risikoprioritätszahl stellt das Gesamtrisiko für den Systemanwender dar und dient als ein Entscheidungskriterium zur Einleitung von Optimierungsmaßnahmen.

Grundsätzlich gilt:

- Je größer die *RPZ* ist, um so vorrangiger muss durch konstruktive und qualitätssichernde Maßnahmen das Risiko gesenkt werden, s. Abb. 3.42.
- Einzelwerte von *B*, *A* und *E*, die über 8 liegen, sollten ebenfalls näher betrachtet werden.
- Die Aussage des Produktes $A \cdot E$ ist, dass mit dieser Restwahrscheinlichkeit fehlerhafte, nicht entdeckte Teile zum Kunden gelangen werden.

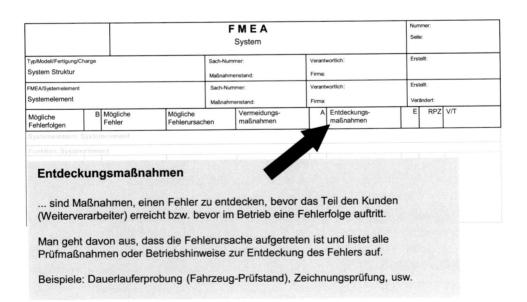

Abb. 3.40 Entdeckungsmaßnahmen. (© IMA 2022. All Rights Reserved)

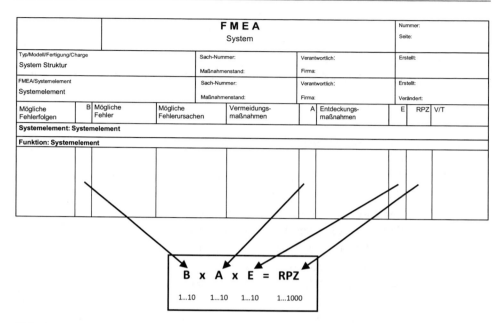

Abb. 3.41 Berechnung der Risikoprioritätszahl *RPZ*. (© IMA 2022. All Rights Reserved)

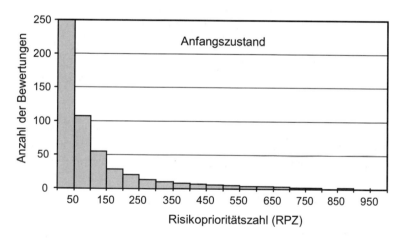

Abb. 3.42 Risikobewertung: *RPZ*-Verteilung. (© IMA 2022. All Rights Reserved)

Die Risikobewertung erfolgt für die bereits umgesetzten Maßnahmen. Um das Risiko weiter zu senken sind meist zusätzliche Maßnahmen notwendig.

Analyse von Risikoprioritätszahlen

Die Betrachtung des Absolutwertes einer Risikoprioritätszahl (das Produkt $B \cdot A \cdot E$) reicht in vielen Fällen nicht aus, um Ansatzpunkte für Optimierungsmaßnahmen zu finden. Ebenso ist es nicht sinnvoll, eine „starre *RPZ*" (z. B. Optimierung erfolgt bei

$RPZ \geq 250$) als Eingriffsgrenze unternehmensweit zu definieren, da unter Umständen die Bewertungsmaßstäbe für jede FMEA unterschiedlich sein können und die Betrachtung kleinerer Risikoprioritätszahlen unterlassen werden könnte. Die folgenden Beispiele, s. Tab. 3.3, sollen aufzeigen, dass die Betrachtung kleinerer RPZ durchaus sinnvoll sein kann.

Analysiert man die Faktoren im Einzelnen, so ergibt sich für:

Beispiel 1:   Eine vereinzelt auftretende Fehlerursache wird nach ihrem Auftreten keinesfalls entdeckt und führt beim Kunden zu einer äußerst schwerwiegenden Fehlerfolge. Hier besteht, unabhängig vom relativ niedrigen Absolutwert der Risikoprioritätszahl, Handlungsbedarf.

Beispiel 2:   Eine sehr häufig auftretende Fehlerursache führt zu einer relativ bedeuten den Fehlerfolge aus Kundensicht. Die aufgetretene Fehlerursache wird nicht in jedem Fall entdeckt, gelangt also von Zeit zu Zeit zum Kunden. Hier gilt es, geeignete Fehlervermeidungsmaßnahmen einzusetzen, gegebenenfalls können diese die aufgewendeten Entdeckungsmaßnahmen ersetzen.

Beispiel 3:   Eine sehr oft auftretende Fehlerursache wird häufig nicht entdeckt und führt beim Kunden zu einem relativ unbedeutenden Fehler. Dieser Zustand kann dennoch zu häufigen Kundenreklamationen führen und sollte durch geeignete Optimierungsmaßnahmen verbessert werden.

Beispiel 4:   Eine höchst unwahrscheinlich auftretende Fehlerursache würde zu einer unbedeutenden Fehlerfolge beim Kunden führen. Wirksame Entdeckungsmaßnahmen würden dies aber verhindern. Bei einer solchen Bewertung gilt es, die geplanten Entdeckungsmaßnahmen zu überprüfen, gegebenenfalls sind diese kostenintensiv und könnten reduziert werden.

Die vorgenannten (fiktiven) Beispiele zeigen, dass eine Analyse der RPZ „top-down" sinnvoll ist, unabhängig vom Absolutwert. Selbst sehr niedrige Risikoprioritätszahlen können bei einer näheren Betrachtung Ansatzpunkte zur Konzeptoptimierung bieten.

Einführung der Aufgabenpriorität nach AIAG/VDA 2019 [5]

Wie bereits beschrieben wurde eine Aufgabenpriorität zur Bestimmung von Fehlerursachen mit hoher, mittlerer und niederer Priorität für die Einführung von zusätzlichen Maßnahmen zur Reduzierung des Risikos eingeführt.

Tab. 3.3 Beispiele für Bewertungen

Beispiel	B-Note	A-Note	E-Note	RPZ
1	10	2	10	200
2	5	10	2	100
3	3	10	5	150
4	1	1	1	1

Ein Ziel ist es zukünftig die mehrdeutige *RPZ* als Indikator zur Bestimmung von Handlungsbedarfen durch die Aufgabenpriorität abzulösen. Hierbei ist festzuhalten, dass die Aufgabenpriorität nicht zur Priorisierung eines hohen, mittleren oder niedrigen Risikos, sondern zur Priorisierung der Notwendigkeit von Maßnahmen dient, um das Risiko zu reduzieren. In Abb. 3.43 kann die Bestimmung der Aufgabenpriorität unterschiedlicher Fehlerursachen aufgrund ihrer Einzelbewertungen entnommen werden.

Für die drei Klassen der Aufgabenpriorität ergeben sich hierbei folgende Notwendigkeiten:

Hoch – hohe Priorität für Maßnahmen
Das Team muss entweder eine angemessene Maßnahme identifizieren, um das Auftreten und/oder die Entdeckung zu verbessern oder rechtfertigen und dokumentieren, warum getroffenen Maßnahmen angemessen sind.

Bedeutung	Auftreten	Entdeckung			
		1	2-4	5-6	7-10
1	1-10	N	N	N	N
2-10	1	N	N	N	N
2-3	2-3	N	N	N	N
	4-5	N	N	N	N
	6-7	N	N	N	N
	8-10	N	N	M	M
4-6	2-3	N	N	N	N
	4-5	N	N	N	M
	6-7	N	M	M	M
	8-10	M	M	H	H
7-8	2-3	N	N	M	M
	4-5	M	M	M	H
	6-7	M	H	H	H
	8-10	H	H	H	H
9-10	2-3	N	N	M	H
	4-5	M	H	H	H
	6-7	H	H	H	H
	8-10	H	H	H	H

Abb. 3.43 Aufgabenpriorität entsprechend den Einzelbewertungen nach AIAG/VDA [5]

Mittel – mittlere Priorität für Maßnahmen

Das Team sollte angemessene Maßnahmen identifizieren, um das Auftreten und/oder die Entdeckung zu verbessern oder nach Ermessen des Unternehmens zu rechtfertigen und dokumentieren, warum getroffene Maßnahmen angemessen sind.

Niedrig – niedrige Priorität für Maßnahmen

Das Team kann Maßnahmen identifizieren, um Auftreten oder Entdeckung zu verbessern.

3.4.6   Schritt 6: Optimierung

Bei hohen *RPZ*s und hohen Einzelbewertungen bzw. zukünftig bei den entsprechenden Aufgabenprioritäten sind Optimierungsmaßnahmen durchzuführen. Zuerst werden die ermittelten Risikoprioritätszahlen nach ihrer Größe geordnet. Die Optimierung beginnt bei der Ausfallart mit der größten *RPZ* und sollte je nach Umfang entweder bei einer gewissen Untergrenze (z. B. *RPZ* = 125) oder gemäß des Pareto-Prinzips nach 20–30 % der *RPZ*s beendet werden. Neben der *RPZ* müssen auch hohe Einzelbewertungen betrachtet werden. So bedeutet ein Wert $A > 8$, dass der Fehler meistens auftritt. Dies muss natürlich behoben werden. Ein Bedeutungswert $B > 8$ weist auf gravierende Funktionsbeeinträchtigungen bzw. auf Sicherheitsrisiken hin. Auch diese Fälle müssen genau betrachtet werden. Bei Werten $E > 8$ können die Fehler äußerst schwer entdeckt werden. Damit steigt die Gefahr, dass diese Fälle den Kunden erreichen.

Optimierungsmaßnahmen sind Maßnahmen, die aufgrund der FMEA-Ergebnisse als zusätzliche oder neue Vermeidungs- und/oder Entdeckungsmaßnahmen eingeführt werden. Dies können sein:

- Maßnahmen, die Fehlerursachen verhindern oder das Auftreten von Fehlern reduzieren. Dies ist nur durch Konstruktions- oder Prozessänderungen möglich.
- Maßnahmen, die die Bedeutung eines Fehlers reduzieren. Dies ist erreichbar durch konzeptionelle Änderungen am Produkt (z. B. Redundanz, Fehleranzeigen, usw.).
- Maßnahmen, um die Entdeckungswahrscheinlichkeit zu erhöhen. Dies können Änderungen der Erprobung- oder Prüfmaßnahmen und/oder der Konstruktion, des Prozesses und/oder geänderte Prüfmaßnahmen sein.

Die Optimierungsmaßnahmen sollten nach folgender Priorität geordnet werden:

1. Konzeptänderungen,
   um die Fehlerursache auszuschließen bzw. die Bedeutung zu reduzieren.
2. Erhöhung der Konzeptzuverlässigkeit,
   um das Auftreten der Fehlerursache zu minimieren.
3. Wirksame Entdeckungsmaßnahmen.

Diese sollten das letzte Optimierungsmittel sein, da sie kostenintensiv sind und keine Qualitätsverbesserung bringen.

Die Maßnahmen werden inkl. erneuter Bewertung von *A* und *E* (sogenannte Prognose) mit Verantwortlichem (V) und Termin (T) unter einem Änderungsstand ins Formblatt eingetragen, s. Abb. 3.44 und 3.45. Nach der Optimierung müssen bei Konzeptänderungen eventuell alle 5 Schritte der FMEA neu durchlaufen werden, s. Abb. 3.45.

Nach Festlegung neuer Vermeidungs- und/oder Entdeckungsmaßnahmen erfolgt die Bewertung dieser neuen Maßnahmen. Die Bewertung stellt hierbei eine Prognose bzgl. des zu erwartenden Verbesserungspotenzials dar. Die endgültige Bewertung wird erst nach Umsetzung und Prüfung der festgelegten Maßnahmen vergeben.

Zum Vergleich des Anfangsstands mit dem Änderungsstand kann eine Darstellung entsprechend Abb. 3.46 gewählt werden, in dem beide Zustände dargestellt sind.

3.4.7 Schritt 7: Ergebnisdokumentation

Die abschließende Ergebnisdokumentation hat das Zusammenfassen der FMEA Ergebnisse, der ursprünglichen Planung und die Kommunikation dieser zum Ziel. Im Einzelnen können folgende Hauptziele abgeleitet werden:

- Kommunikation der Ergebnisse und Schlussfolgerungen der Analyse,
- Festlegung der Inhalte der Dokumentation,
- Dokumentation der getroffenen Maßnahmen einschließlich der Bestätigung der Wirksamkeit der getroffenen Maßnahmen und die Bewertung des Risikos nach Umsetzung der Maßnahmen,
- Maßnahmen zur Reduzierung des Risikos innerhalb der Organisation, hin zum Kunden und ggf. zum Lieferanten kommunizieren,
- Dokumentation der Risikoanalyse und der Reduzierung auf ein annehmbares Risiko.

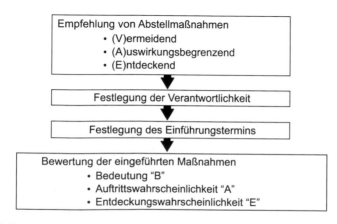

Abb. 3.44 Risikominimierung. (© IMA 2022. All Rights Reserved)

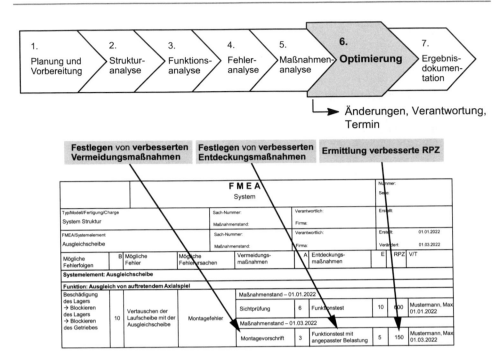

Abb. 3.45 Optimierung. (© IMA 2022. All Rights Reserved)

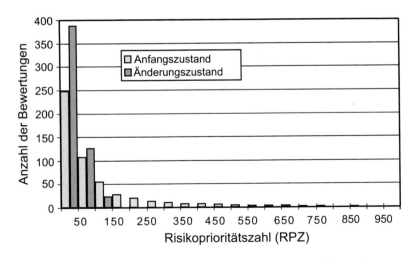

Abb. 3.46 Darstellung von Anfangs- und Änderungszustand. (© IMA 2022. All Rights Reserved)

Dies lässt sich als Bericht mit folgenden Kapiteln darstellen:

1. Finaler Status
   Im Vergleich zu den in Schritt 1 festgelegten ursprünglichen Zielen, Stichwort 5Z: Ziel der FMEA? Stichtag der FMEA? Teilnehmerliste? Umfang der FMEA? Umsetzung Analysemethode?
2. Betrachtungsumfang
   Eine Beschreibung des Betrachtungsumfangs und eine Hervorhebung von neuen Inhalten.
3. Systematische Funktions- und Fehleranalyse
   Eine Beschreibung, wie die Funktionen und Fehlfunktionen hergeleitet wurden.
4. Vorgehen bei der Risiko- und Maßnahmenpriorisierung
   Bei Verwendung der *RPZ* aufzeigen der Eingriffsgrenzen für Handlungsbedarfe bzw. entsprechend der Aufgabenpriorität aus AIAG/VDA 2019.
5. Toprisiken
   Eine Zusammenfassung der Fehler mit hohem Risiko bzw. hoher Aufgabenpriorität.
6. Maßnahmenstatus
   Zusammenfassung der beschlossenen und/oder geplanten Maßnahmen und dem aktuellen Status der Maßnahmen.
7. B-, A- und E-Bewertungstabellen
   Verweis auf die verwendeten Bewertungstabellen bzw. ergänzen der Bewertungstabellen bei nicht AIAG/VDA 2019 Standard.
8. Weiteres Vorgehen
   Eine Beschreibung des Weiteren zeitlichen Ablaufs für die fortlaufende Verbesserung.
9. Lessons Learned
   Zusammenfassen etwaiger organisatorischer und fachlicher Probleme und der technischen Risiken zur Überführung in Lessons Learned Prozesse

3.5 Beispiel einer System-FMEA Produkt

Als Beispiel wird im Folgenden das Produkt „Anpassungsgetriebe" betrachtet.

Auf der Eingangswelle (Bauteil 1.1) sitzt das Ritzel (Bauteil 1.2). Die Leistung wird über das Zahnrad (Bauteil 2.2) auf die Ausgangswelle (Bauteil 2.1) übertragen. Neben den Lagern für die Wellen, besteht das Getriebe aus einem Gehäuse mit einem Gehäusedeckel und verschiedenen kleinen Lagerdeckeln, die durch Flachdichtungen bzw. Radialwellendichtringe abgedichtet werden.

3.5.1 Schritt 1: Planung und Vorbereitung

Zur Planung und Vorbereitung des FMEA-Projektes für das Anpassungsgetriebe werden folgende Informationen zusammengetragen und dokumentiert:

1. Festlegung des Analyseumfangs:
   - Lieferumfang Anpassungsgetriebe.
2. Erstellung FMEA Projektplanung (5Z):
   - Zweck der Analyse: Absicherung des Entwicklungs- und Erprobungsumfanges des Anpassungsgetriebes,
   - Zeitplan,
   - Zusammensetzung des Teams,
   - Zuweisung der Aufgaben,
   - Werkzeuge: Funktionsblockdiagramme zur Analyse funktionaler Zusammenhänge, Ishikawa Diagramme zur vertieften Ursachenanalyse.
3. Analysegrenzen:
   - Analysegrenzen sind An- und Abtriebswelle, Getriebeflansche, sowie Wellen, Räder, Lager und Gehäuse.
4. Ermittlung möglicher Basis-FMEAs einschließlich Lessons Learned
   - Übernahme von Funktions-, Fehler- und Maßnahmeninformationen eines Vorgängergetriebes.
5. Schaffung einer Ausgangsbasis für die Strukturanalyse
   - Stückliste des Anpassungsgetriebes,
   - Zusammenbauinformationen und
   - Explosionsdarstellung.

3.5.2 Schritt 2: Strukturanalyse des Anpassungsgetriebes

Für den zweiten Schritt der Systemstrukturierung bietet es sich an, sofern schon vorhanden, technische Unterlagen wie Schnittzeichnungen, Stücklisten, usw. heranzuziehen. Dies können bei der Erstellung der Struktur sehr nützlich sein. Eine konventionelle Schnittzeichnung und das Getriebeschema zeigt Abb. 3.47.

Die dazugehörige Stückliste ist in drei verschiedene Baugruppen unterteilt, die sich aus der Funktionsweise des Anpassungsgetriebes ergeben, s. Tab. 3.4.

Die sich ergebende Systemstruktur des Anpassungsgetriebes zeigt Abb. 3.48.

3.5.3 Schritt 3: Funktionsanalyse des Anpassungsgetriebes

Für die Ermittlung der Funktionen und der Funktionsstruktur wurde die Black-Box-Betrachtung und die Leitlinien für Anforderungslisten nach [8] herangezogen. Ausgehend

Abb. 3.47 Schnittbild und
Getriebeschema des
Anpassungsgetriebes

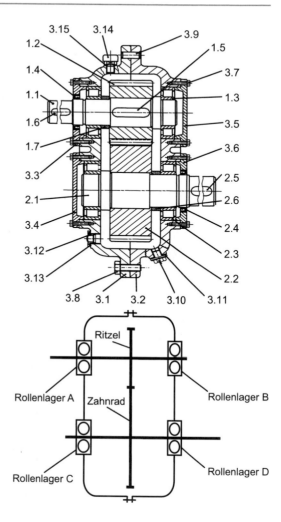

vom obersten Element, dem Wurzelelement, wurde die Funktionsbestimmung der einzelnen Baugruppen und Bauelemente durchgeführt. Die ermittelte Funktionsstruktur des
„Anpassungsgetriebe" ist auszugsweise in Abb. 3.49 dargestellt.

3.5.4   Schritt 4: Fehleranalyse des Anpassungsgetriebes

Für die Ermittlung der Fehlfunktionen und der Fehlfunktionsstruktur auf oberster Ebene,
unter Berücksichtigung aller Betriebszustände, wurde durch negieren der Funktion und
durch Ermittlung weiterer Funktionsfehler die Topfehlfunktionen (Fehlerfolgen) bestimmt. Für die Ermittlung der Fehlerarten wurde die Checkliste für physikalische Ausfallarten zu Rate gezogen. Die ermittelten Fehlfunktionen sind in Abb. 3.50 dargestellt.

Tab. 3.4 Baugruppen und Stückliste des Anpassungsgetriebes

Baugruppe	Bauteil-Nr.	Anzahl	Bauteil	Bezeichnungen
	1.1	1	Eingangswelle	EW
	1.2	1	Ritzel	ZR
1	1.3	2	Rollenlager	RL1
	1.4	1	Radialwellendichtring	RD1
Antrieb	1.5	1	Passfeder für Ritzel	PF1
	1.6	1	Passfeder für Kupplung	PF2
	1.7	1	Hülse	HS1
	2.1	1	Ausgangswelle	AW
2	2.2	1	Zahnrad	ZD
	2.3	2	Rollenlager	RL2
Abtrieb	2.4	1	Radialwellendichtring	RD2
	2.5	1	Passfeder	PF3
	2.6	1	Hülse	HS2
	3.1	1	Gehäuse links	GHL
	3.2	1	Gehäuse rechts	GHR
	3.3	1	Lagerdeckel 1	LD1
	3.4	1	Lagerdeckel 2	LD2
	3.5	1	Lagerdeckel 3	LD3
3	3.6	1	Lagerdeckel 4	LD4
	3.7	16	Schraube Lagerdeckel	SRL
Gehäuse	3.8	8	Schraube Gehäuse	SRG
	3.9	2	Passstift	PS
	3.10	1	Ölablassschraube	ÖAS
	3.11	1	Dichtung für 3.10	DT1
	3.12	1	Schauglas	SG
	3.13	1	Dichtung für 3.12	DT2
	3.14	1	Entlüfter	EL
	3.15	1	Dichtung für 3.14	DT3

3.5.5   Schritt 5: Maßnahmenanalyse des Anpassungsgetriebes

In Abb. 3.51 ist die Maßnahmenanalyse des Anpassungsgetriebes auszugsweise dargestellt.

Nach der Risikobewertung wurden die Ergebnisse der ermittelten *RPZ* analysiert. Hierfür wurden eine Häufigkeitsanalyse erstellt und die kritischsten 30 % der schlechtesten *RPZ* (nach dem Pareto-Prinzip) ermittelt. Zusätzlich wurden die Einzelbewertungen die größer 8 sind herausgezogen. Die Ergebnisse wurden in den „Highlights" zusammengefasst. Die „Highlights" bzgl. *RPZ* und sehr hoher Einzelbenotungen der gesamten FMEA können entsprechend Abb. 3.52 komprimiert dargestellt werden und dienen so als Managementinformation.

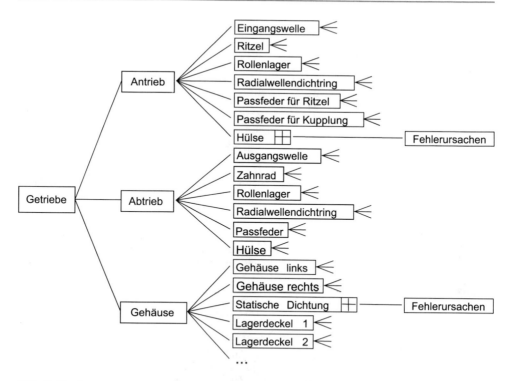

Abb. 3.48 Systemstruktur Anpassungsgetriebe. (© IMA 2022. All Rights Reserved)

3.5.6 Schritt 6: Optimierung des Anpassungsgetriebes

Für die als kritisch identifizierten Punkte werden in diesem Schritt weitere Vermeidungs-
und/oder Entdeckungsmaßnahmen definiert, um das Risiko der Fehlerursachen zu minimieren. Diese Maßnahmen werden im Formblatt dokumentiert und erneut einer Risikobewertung unterzogen, s. Abb. 3.53.

3.5.7 Schritt 7: Ergebnisdokumentation des Anpassungsgetriebes

Im letzen Schritt erfolgt die Ableitung eines Berichtes für das interne (Management) und
die externen Belange (Kunde, Lieferant) aus den gesammelten Informationen der FMEA-
Schritte 1 bis 6 mit folgenden Inhalten:

- Angaben zum finalen Status im Vergleich zu den in Schritt 1 festgelegten ursprünglichen Zielen, Stichwort 5Z: Ziel der FMEA? Stichtag der FMEA? Teilnehmerliste?
  Umfang der FMEA? Umsetzung Analysemethode?

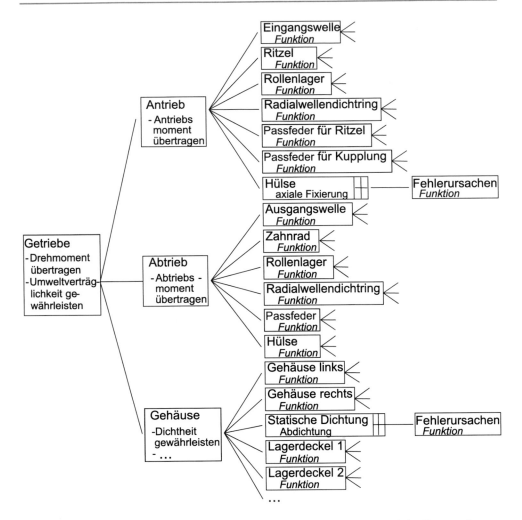

Abb. 3.49 Funktionsstruktur des Anpassungsgetriebes. (© IMA 2022. All Rights Reserved)

- Eine Beschreibung des Betrachtungsumfangs und eine Hervorhebung von neuen Inhalten,
- eine Beschreibung, wie die Funktionen hergeleitet wurden,
- eine Zusammenfassung der Fehler mit hohem Risiko,
- B-, A-, E-Bewertungstabellen,
- Vorgehensweise der Maßnahmenpriorisierung (z. B. Aufgabenpriorität),
- Zusammenfassung der beschlossenen und/oder geplanten Maßnahmen und Maßnahmenstatus und
- eine Beschreibung des zeitlichen Ablaufs für die fortlaufende Verbesserung inklusive Lessons Learned.

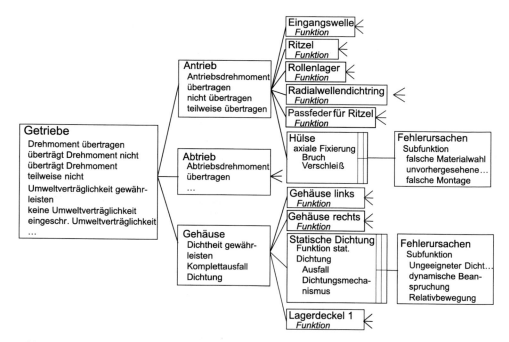

Abb. 3.50 Fehlfunktionen des Anpassungsgetriebes. (© IMA 2022. All Rights Reserved)

Struktur: Getriebe

Nummer:

Team: Fmea Team Getriebe

Sachnummer:

Erstellt: 20.08.22

Fehlerfolge	B	Fehlerart	Fehlerursache	Vermeidungs-maßnahme	A	Entdeckungs-maßnahme	E	RPZ	V/T
Strukturele-ment: Hülse		Funktion: axiale Fixierung							
axiale Be-wegung der Bauteile [Getriebe]	6	Bruch	falsche Material-wahl [Hülse]	Anfangsstand: 20.08.22 Berechung	2	Materialprüfung	4	48	
			unvorherge-sehene/unzuläs-sige Belastung [Hülse]	Anfangsstand:20.08.22 Berechung	2	Funktionsprüfung	6	72	
			falsche Montage (seitenverkehrt) [Hülse]	Anfangsstand:20.08.22 Konstruktionsrichtlinien	7	Keine	10	420	
erhöhtes axiales Spiel [Getriebe]	3	Verschleiß	falsche Material-wahl [Hülse]	Anfangsstand:20.08.22 Erfahrung Prüfstands-versuch	2	Materialprüfung	7	42	
			unvorherge-sehene/unzuläs-sige Belastung [Hülse]	Anfangsstand:20.08.22 Erfahrung Prüfstands-versuch	3	Funktionsprüfung	7	63	

Risikoanalyse

Risikobewertung

Abb. 3.51 Maßnahmenanalyse des Anpassungsgetriebes. (© IMA 2022. All Rights Reserved)

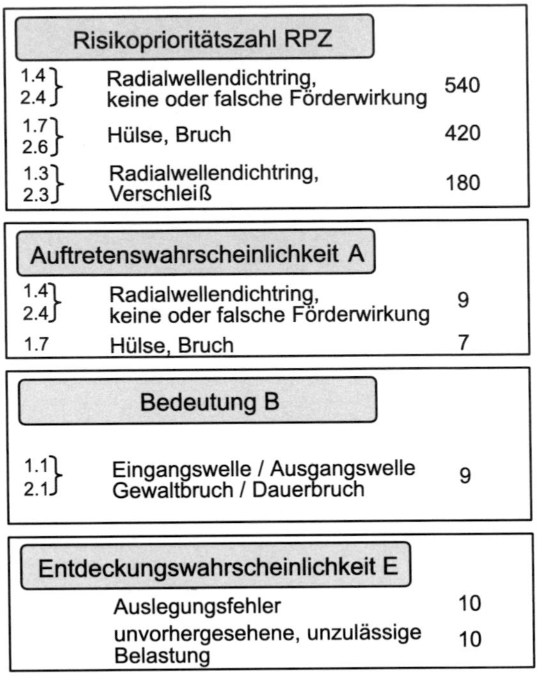

Abb. 3.52 Auszug der Highlights für das Anpassungsgetriebe. (© IMA 2022. All Rights Reserved)

Risikoprioritätszahl RPZ

1.4 } 2.4 }	Radialwellendichtring, keine oder falsche Förderwirkung	540
1.7 } 2.6 }	Hülse, Bruch	420
1.3 } 2.3 }	Radialwellendichtring, Verschleiß	180

Auftretenswahrscheinlichkeit A

1.4 } 2.4 }	Radialwellendichtring, keine oder falsche Förderwirkung	9
1.7	Hülse, Bruch	7

Bedeutung B

1.1 } 2.1 }	Eingangswelle / Ausgangswelle Gewaltbruch / Dauerbruch	9

Entdeckungswahrscheinlichkeit E

Auslegungsfehler	10
unvorhergesehene, unzulässige Belastung	10

Nummer: Sachnummer: Optimierung

Struktur: Getriebe   Team: Fmea Team Getriebe   Erstellt: 20.04.22

Verändert : 23.04.22

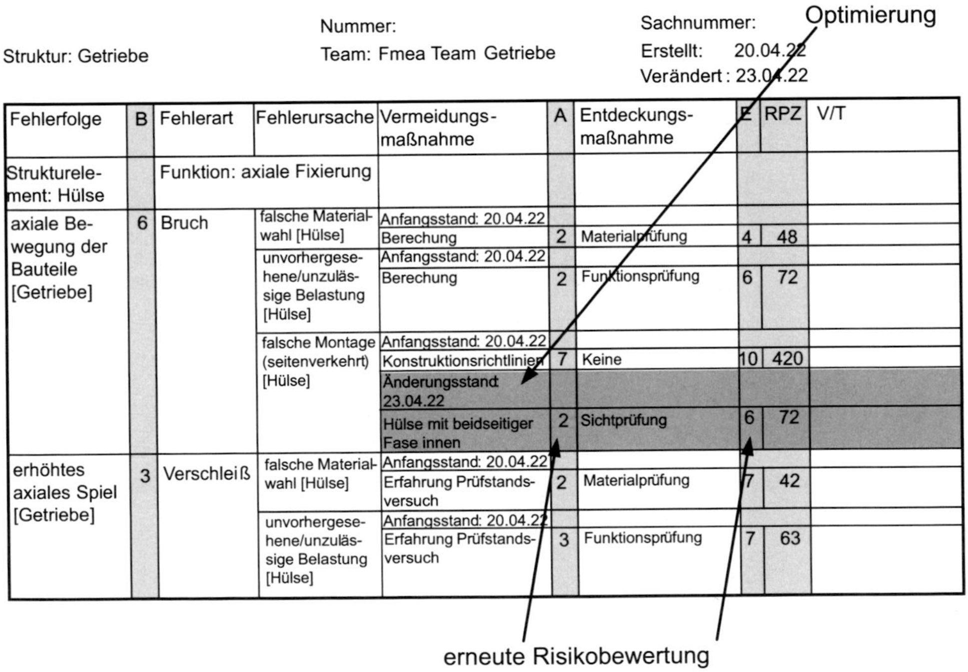

Fehlerfolge	B	Fehlerart	Fehlerursache	Vermeidungs-maßnahme	A	Entdeckungs-maßnahme	E	RPZ	V/T
Strukturele-ment: Hülse		Funktion: axiale Fixierung							
axiale Be-wegung der Bauteile [Getriebe]	6	Bruch	falsche Material-wahl [Hülse]	Anfangsstand: 20.04.22 Berechung	2	Materialprüfung	4	48	
			unvorhergese-hene/unzuläs-sige Belastung [Hülse]	Anfangsstand: 20.04.22 Berechung	2	Funktionsprüfung	6	72	
			falsche Montage (seitenverkehrt) [Hülse]	Anfangsstand: 20.04.22 Konstruktionsrichtlinien	7	Keine	10	420	
				Änderungsstand 23.04.22 Hülse mit beidseitiger Fase innen	2	Sichtprüfung	6	72	
erhöhtes axiales Spiel [Getriebe]	3	Verschleiß	falsche Material-wahl [Hülse]	Anfangsstand: 20.04.22 Erfahrung Prüfstands-versuch	2	Materialprüfung	7	42	
			unvorhergese-hene/unzuläs-sige Belastung [Hülse]	Anfangsstand: 20.04.22 Erfahrung Prüfstands-versuch	3	Funktionsprüfung	7	63	

erneute Risikobewertung

Abb. 3.53 Optimierung des Anpassungsgetriebes. (© IMA 2022. All Rights Reserved)

3.6   Beispiel einer System-FMEA Prozess nach VDA 4.2

Als Beispiel wird im Folgenden der Prozess der Fertigung der Abtriebswelle des Anpassungsgetriebes betrachtet, da dies als ein kritischer Prozess identifiziert wurde. Dabei werden folgende Schwerpunkte berücksichtigt:

- neuer Werkstoff,
- teilweise neue Bearbeitungsverfahren bzw. Prozesse,
- hohes zu übertragenden Drehmoment.

3.6.1   Schritt 1: Planung und Vorbereitung

Zur Planung und Vorbereitung des FMEA Projektes für Fertigung der Abtriebswelle werden folgende Informationen zusammengetragen und dokumentiert:

1. Festlegung des Analyseumfangs:
   - Fertigung der Abtriebswelle von der Weichbearbeitung der gesamten Kontur des Schmiederohlings über das Härten von Lager-, Dichtsitzen und der Verzahnungen bis zur Hartbearbeitung der Lager-, Dichtsitze und der Verzahnungen.
2. Erstellung FMEA Projektplanung (5Z):
   - Zweck der Analyse: Absicherung der Fertigungsprozesse der Abtriebswelle,
   - Zeitplan entsprechend Prozess(-vor)freigabeterminen, Serienprozessstart etc.,
   - Zusammensetzung des Teams aus Produktionsplanung, Teilprozessverantwortlichen, Instandhaltung, Prozessspezialisten und Entwicklungsverantwortlichen,
   - Aufgabenzuweisung entsprechend den Verantwortlichkeiten,
   - Werkzeuge: Prozessablaufpläne, Kontroll- bzw. Prozesslenkungspläne, Messpläne.
3. Analysegrenzen:
   - Weichbearbeitung des Schmiederohlinges, Härten und Hartbearbeitung,
   - Lagerung der Schmiederohlinge und Versand der Abtriebswelle sind nicht Analysegegenstand.
4. Ermittlung möglicher Basis-FMEAs einschließlich Lessons Learned
   - Übernahme von Funktions-, Fehler- und Maßnahmeninformationen einer Vorgängerabtriebswelle.
5. Schaffung einer Ausgangsbasis für die Strukturanalyse
   - Prozessablaufpläne der Weichbearbeitung des Härtens und der Hartbearbeitung.

3.6.2 Schritt 2: Strukturanalyse des Prozesses Fertigung der Abtriebswelle

Bei der Erstellung der Systemstruktur wurde neben der Bauteilzeichnung, s. Abb. 3.54, der Fertigungsablaufplan, s. Abb. 3.55, herangezogen. In dem Ablaufplan sind alle Arbeitsschritte in ihrer Abarbeitungsreihenfolge mit dazugehörigen Spezifikationen aufgelistet.

Mit diesen Hilfsmitteln und unter Berücksichtigung des Fachwissens der beteiligten FMEA-Teammitglieder wurde die Systemstruktur für die Fertigung der Getriebeabtriebswelle aufgebaut, s. Abb. 3.56.

Zwischen den wertschöpfenden, prüfenden und messenden Arbeitsschritten wurde die Systemstruktur um die jeweiligen Logistikschritte ergänzt.

3.6.3 Schritt 3: Funktionsanalyse des Prozesses Fertigung der Abtriebswelle

Die Ermittlung der Funktionen wurde mit Hilfe der Black-Box-Methodik, dem Wissen der beteiligten Teammitglieder und des in Abb. 3.55 dargestellten Fertigungsablaufplanes erstellt. Die Funktionsstruktur ist auszugsweise in Abb. 3.57 dargestellt.

3.6.4 Schritt 4: Fehleranalyse des Prozesses Fertigung der Abtriebswelle

Für die Ermittlung der Fehlfunktionen und der Fehlfunktionsstruktur, unter Berücksichtigung aller Fertigungszustände, wurde zum einen durch negieren der Funktion inkl. weiterer Spezifikationen und zum anderen durch Ermittlung weiterer Funktionsfehler die Topfehlfunktionen (Fehlerfolgen) und Fehlerarten der jeweiligen Prozessschritte bestimmt. Die Fehlfunktionsstruktur ist in Abb. 3.58 dargestellt.

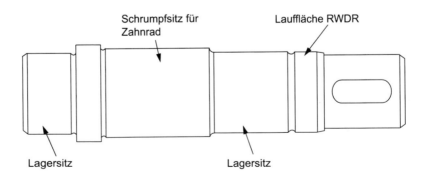

Abb. 3.54 Bauteilzeichnung der Abtriebswelle. (© IMA 2022. All Rights Reserved)

Anpassungsgetriebe				
Benennung: Abtriebswelle Anpassungsgetriebe			Teilenummer: A 130.246.1	
AVO	KST	Arbeitsvorgang	Produktionsmittel	Bemerkung
Weichbearbeitung				
10	XXX	Ablängen und Zentrieren	Abläng- und Zentriermaschine	
20	XXX	Drehen komplett und Fräsen (Passfedernut)	Drehmaschine	Außenkontur und Freistiche
30	XXX	Waschen + abblasen	Durchlaufwaschmaschine	
40	XXX	Abstapeln in Korb	Korbstapeleinheit	
Härten				
50	XXX	Formatierung	Durchstossofen	
60	XXX	Richten	Richtmaschine	
70	XXX	Entspannen	Anlassofen	
80	XXX	Waschen + abblasen	Durchlaufwaschmaschine	
90	XXX	Abstapeln in Korb	Korbstapeleinheit	
Hartbearbeitung				
90	XXX	Hartdrehen Abtriebswellenzapfen	Vertikaldrehmaschine einspindlig	unterbrochener Schnitt, Aufn. zwischen Spitzen und Mitnehm.
100	XXX	Schleifen Lagersitze, Dichtfläche (RWDR)	Außenschleifmaschine	Aufnahme zwischen Spitzen und Mitnehmer am Abtriebswellenz
110	XXX	Waschen + abblasen	Durchlaufwaschmaschine	
120	XXX	Endkontrolle	Kontrollarbeitsplatz	Messen der Formatierung (Stichprobenmessung)
130	XXX	Abstapeln in Korb	Korbstapeleinheit	

Abb. 3.55 Fertigungsablaufplan für die Fertigung der Abtriebswelle. (© IMA 2022. All Rights Reserved)

3.6.5 Schritt 5: Maßnahmenanalyse des Prozesses Fertigung der Abtriebswelle

Für den Fertigungsprozess der Abtriebswelle wurde der Ist-Stand der Fertigung mit den bereits in die Fertigung integrierten Vermeidungs- und Entdeckungsmaßnahmen dokumentiert. Die Bewertung der Auftretens- und Entdeckungswahrscheinlichkeit wurde mit Hilfe der Bewertungskriterien nach VDA 4.2, s. Abschn. 3.4.5, und dem Wissen um den aktuellen sowie vergleichbaren Vorgängerprozess durchgeführt. Die Risikobewertung ist auszugsweise zusammen mit dem entsprechenden Optimierungsstand in Abb. 3.59 zu sehen.

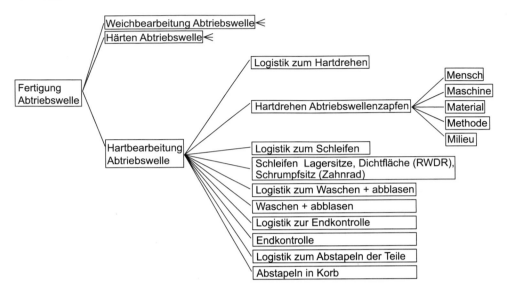

Abb. 3.56 Systemstruktur der Fertigung Abtriebswelle. (© IMA 2022. All Rights Reserved)

3.6.6   Schritt 6. Optimierung des Prozesses Fertigung der Abtriebswelle

Für die als kritisch identifizierten Punkte werden in diesem Schritt weitere Vermeidungs-und/oder Entdeckungsmaßnahmen definiert, um das Risiko der Fehlerursachen zu minimieren. Diese Maßnahmen werden im Formblatt dokumentiert und dann erneut einer Risikobewertung unterzogen, s. Abb. 3.59.

3.6.7   Schritt 7: Ergebnisdokumentation des Anpassungsgetriebes

Ableitung eines Berichtes für das interne (Management) und die externen Belange (Kunde, Lieferant) aus den gesammelten Informationen der FMEA Schritte 1 bis 6 mit folgenden Inhalten:

- Angaben zum finalen Status im Vergleich zu den in Schritt 1 festgelegten ursprünglichen Zielen, Stichwort 5Z: Ziel der FMEA? Stichtag der FMEA? Teilnehmerliste? Umfang der FMEA? Umsetzung Analysemethode?
- Eine Beschreibung des Betrachtungsumfangs und eine Hervorhebung von neuen Inhalten.
- Eine Beschreibung, wie die Funktionen hergeleitet wurden.
- Eine Zusammenfassung der Fehler mit hohem Risiko.
- *B*-, *A*-, *E*-Bewertungstabellen.
- Vorgehensweise der Maßnahmenpriorisierung (z. B. Aufgabenpriorität).

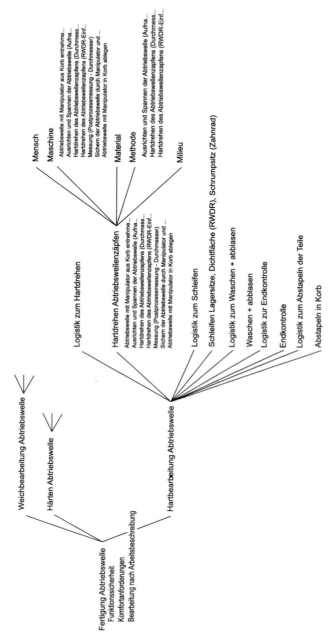

Abb. 3.57 Funktionsstruktur des Fertigungsprozesses (Auszug). (© IMA 2022. All Rights Reserved)

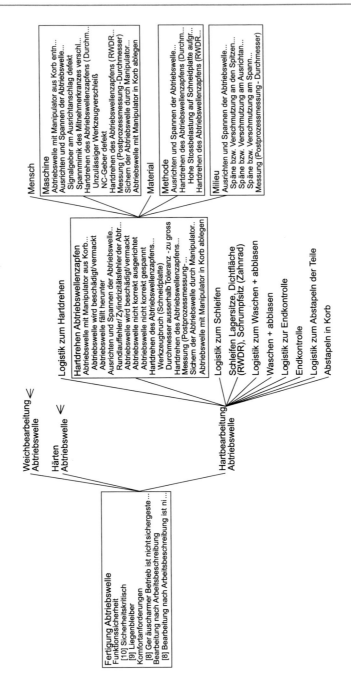

Abb. 3.58 Fehlfunktionsstruktur des Fertigungsprozesses (Auszug). (© IMA 2022. All Rights Reserved)

Mögliche Fehlerfolgen	B	Mögliche Fehler	Mögliche Fehlerursachen	Vermeidungsmaßnahmen	A	Entdeckungsmaßnahmen	E	RPZ	V/T
[Fertigung Abtriebswelle] [8] Bearbeitung nach Arbeitsbeschreibung ist nicht sichergestellt	8	Abtriebswelle nicht korrekt gespannt	[Milieu] Späne bzw. Verschmutzung am Spannelement des Mitnehmerkranzes	Maßnahmenstand: 01.01.2022 Spülen des Mitnehmerkranzes vor erneutem Spannen	2	Werkerselbstkontrolle Sichtkontrolle	6	96	
Folgefehler: Werkzeugbruch möglich			[Maschine] Spannmimik des Mitnehmerkranzes verschlissen	Maßnahmenstand: 01.01.2022 Abstimmung mit Lieferanten verschleißreduzierte Mimik	3		4	96	
Funktion: Hartdrehen des Abtriebswellenzapfens (Durchmesser, Fase)									
[Fertigung Abtriebswelle] [8] Bearbeitung nach Arbeitsbeschreibung ist nicht sichergestellt	8	Werkzeugbruch (Schneidplatte)	[Methode] Hohe Stoßbelastung auf Schneidplatte aufgrund unterbrochenem Schnitt bei gehärtetem Material	Maßnahmenstand: 01.01.2022 Ermittlung optimaler Prozessparameter Verwendung spezieller Schneidwerkzeuge	6	Prinzipversuche Schneidkraftermittlung	4	192	
Taktzeitproblem, Ersatzhalter bzw. Werkzeughalter wechseln				Maßnahmenstand: 03.01.2022 Schleifprozess statt Hartdrehen	2	Prinzipversuche Schneidkraftermittlung	4	64	
[Fertigung Abtriebswelle] [8] Bearbeitung nach Arbeitsbeschreibung ist nicht sichergestellt	8	Durchmesser außerhalb Toleranz – zu groß	[Maschine] Unzulässiger Werkzeugverschleiß	Maßnahmenstand: 01.01.2022 Ermittlung optimaler Prozessparameter	3	Postprozessmessung	2	48	
Nacharbeit, Werkstück muss erneut in Linienfertigung eingespeist werden			[Maschine] NC-Geber defekt	Maßnahmenstand: 01.01.2022 Gekapselte Einheit Verkabelung geschützt Optimierter Guss	2	Prinzipversuche Fehlermeldung Anlage steht	2	32	

Abb. 3.59 Risikobewertung und Optimierungsstand (Auszug). (© IMA 2022. All Rights Reserved)

- Zusammenfassung der beschlossenen und/oder geplanten Maßnahmen und Maßnahmenstatus.
- Eine Beschreibung des zeitlichen Ablaufs für die fortlaufende Verbesserung inklusive Lessons Learned.

Literatur

1. Department of Defence (1980) MIL-STD-1629 A, procedures for performing a failure mode, effects and critically analysis. Washington, DC
2. Gesetz über die Haftung für fehlerhafte Produkte (Produkthaftungsgesetz – ProdHaftG) 15.12.1989 (BGBl. I S 2198)
3. Deutsches Institut für Normung (1981) DIN 9000 ff Qualitätsmanagementsysteme. Beuth, Berlin
4. Verband der Automobilindustrie (1996) VDA 4.2 Sicherung der Qualität vor Serieneinsatz System FMEA. VDA, Frankfurt

5. Automotive Industry Action Group (2019) AIAG & VDA FMEA-Handbuch. AIAG, Southfield
6. Deutsches Institut für Normung (1981) DIN 25448 Ausfalleffektanalyse. Beuth, Berlin
7. Förster HJ (1991) Automatische Fahrzeuggetriebe Grundlagen, Bauformen, Eigenschaften, Besonderheiten. Springer, Berlin
8. Pahl G, Beitz W (2007) Konstruktionslehre: Grundlagen erfolgreicher Produktentwicklung; Methoden und Anwendung. Springer, Heidelberg/Berlin

Fehlerbaumanalyse (Fault Tree Analysis, FTA)

4

Die Fehlerbaumanalyse (*engl.* fault tree analysis, FTA) ist eine strukturierte Vorgehensweise zur Feststellung der internen oder externen Ursachen, die allein oder in Kombination zu einem definierten Zustand des Produkts (meist Fehlzustand) führen [1, 2]. Dabei soll die FTA eine abgesicherte Aussage über das Verhalten eines Systems bezüglich eines bestimmten Ereignisses (bzw. Fehlers) machen.

Die FTA wurde im Jahr 1961 von H. A. Watson (Bell Laboratories) im Auftrag der U.S. Air Force entwickelt. Boeing erkannte als erstes Unternehmen den Nutzen der Methode und begann 1966 die FTA bei der Entwicklung kommerzieller Flugzeuge anzuwenden. In den 70er-Jahren wurde die Methode speziell im Bereich der Kernkrafttechnik eingesetzt, worauf in den 80er-Jahren die weltweite Verbreitung der FTA folgte. Heutzutage findet die Methode weltweit in vielen Bereichen Anwendung, wie z. B. in der Automobilindustrie, bei Nachrichtensystemen und auch im Bereich der Robotertechnik [3, 4].

Die FTA dient zur Abbildung des System- bzw. Funktionsverhaltens und zur Quantifizierung der Systemzuverlässigkeit. Die Methode kann dabei als Diagnose- und Entwicklungswerkzeug eingesetzt werden, was besonders in frühen Entwicklungsphasen zur Identifikation von Fehlerursachen und -ketten sinnvoll ist. Auf diese Weise können potenzielle Ausfälle in einem System frühzeitig identifiziert und entsprechende Abstellmaßnahmen eingeführt oder Konstruktionsalternativen bewertet werden. Einer der größten Vorteile der FTA liegt darin, dass diese Methode sowohl qualitative als auch quantitative Ergebnisse liefert. Die sehr systematische Vorgehensweise zur Identifikation potenzieller Ausfallmechanismen bildet zudem eine gute Grundlage, um alle kritischen Fehler vor Markteintritt zu erfassen.

Die FTA kann für die Zuverlässigkeitsanalyse von Systemen aller Art einschließlich gemeinsam verursachter Ausfallarten (*engl.* common mode) und gemeinsamer Fehlerursachen (*engl.* common cause) sowie menschliche Fehler, herangezogen werden. Dort

© Der/die Autor(en), exklusiv lizenziert an Springer-Verlag GmbH, DE, ein Teil von Springer Nature 2022, korrigierte Publikation 2023
B. Bertsche, M. Dazer, *Zuverlässigkeit im Fahrzeug- und Maschinenbau*,
https://doi.org/10.1007/978-3-662-65024-0_4

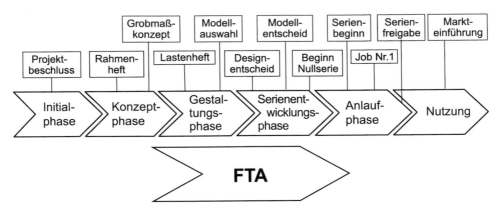

Abb. 4.1 Einordnung der FTA in den Produktentwicklungszyklus eines PKW. (© IMA 2022. All Rights Reserved.)

liefert die Fehlerbaumanalyse vollständige Ergebnisse, d. h. bei konsequenter Durchführung können alle Ausfallarten bzw. Ausfallursachen aufgrund der deduktiven Vorgehensweise aufgedeckt werden. Dabei wird die Methodik einerseits von den Systemkenntnissen der Anwender beschränkt, andererseits stellt die Bewertung des betriebswirtschaftlichen Nutzens eine Grenze dar, die vom Anwender festgelegt werden muss.

Die FTA basiert auf der Booleschen Algebra und der Wahrscheinlichkeitstheorie, sodass durch eine Reihe von einfachen Regeln und Symbolen selbst die Untersuchung komplexer Systeme und komplexer Abhängigkeiten z. B. zwischen Hardware, Software und Menschen möglich ist.

Durch den vorhandenen Wettbewerbsdruck spielt der Produktentstehungsprozess aufgrund seines hohen Kostenoptimierungspotenzials eine wichtige Rolle, da die Kosten nicht bemerkter Fehler mit der Entwicklungszeit ansteigen, sodass eine frühzeitige Fehlererkennung zu einer großen Kosteneinsparung führen kann.

In diesem Zusammenhang hat sich die Anwendung der FTA für präventive Qualitätssicherung in den früheren Entwicklungsphasen als vorteilhaft erwiesen. Bei der Durchführung einer FTA bereits in der Konzeptphase könnte z. B. das Systemkonzept bestätigt oder mögliche Fehler gefunden werden. Durch diese Analyse können dann dementsprechend bei der Erstellung des Lastenhefts neue Anforderungen bzw. Maßnahmen für die Fehlervermeidung eingefügt werden, s. Abb. 4.1.

4.1 Allgemeine Vorgehensweise bei der FTA

Der erfolgreiche Einsatz einer Fehlerbaumanalyse setzt eine Systemanalyse voraus. Dabei wird das System modellhaft in Baugruppen, Bauteile und Wirkzusammenhänge, wie z. B. Welle-Nabe-Verbindungen unterteilt.

Um das Ausfallverhalten des Systems bzw. der Baugruppen und Bauteile sowie ihrer Verknüpfungen zu ermitteln, werden zuerst die unerwünschten Systemereignisse, sprich die Systemausfälle festgelegt. Im nächsten Schritt wird untersucht, welche möglichen Ausfälle auf der nächsttieferen Systemebene, also der Subsystemebene zu erwarten sind und wie diese mit dem übergeordneten Ausfall verknüpft werden können. Dieser Schritt wird so oft wiederholt, bis die unterste Systemebene, d. h. der Ausfallmechanismus, erreicht ist. Durch Verknüpfung der einzelnen Fehlerketten zu einem Fehlerbaum oder Fehlernetz kann das komplette Ausfallverhalten des Systems beschrieben werden.

4.1.1 Ausfallarten

Es kann zwischen drei Ausfallarten unterschieden werden: Primär-, Sekundär- und Kommandoausfälle, s. Abb. 4.2. Ein Primärausfall ist der Ausfall einer Komponente unter zulässigen Bedingungen beispielsweise ein Ermüdungs- oder Alterungsschaden. Dagegen stellt ein Sekundärausfall einen Folgeausfall durch unzulässige Einsatzbedingungen einer Komponente dar. Ein Kommandoausfall entsteht trotz funktionsfähiger Komponente infolge einer falschen bzw. fehlenden Ansteuerung oder des Ausfalls einer Hilfsquelle [1].

4.1.2 Symbolik

Um ein System systematisch durch Fehlerketten in einem Fehlerbaum darzustellen, werden unterschiedliche Verknüpfungsarten herangezogen. Dabei finden zur Visualisierung dieser Verknüpfungen verschiedene Symbole Verwendung. Die gebräuchlichsten sind Ereignisse und Gatter. Diese werden nachfolgend kurz beschrieben und in Abb. 4.3 und 4.4 dargestellt. Weitere Symbole, die aber nur in Ausnahmen verwendet werden, sind in der DIN EN 61025 aufgelistet.

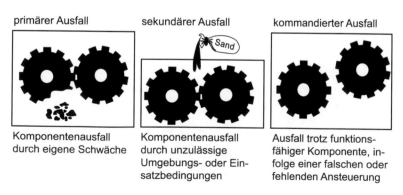

Abb. 4.2 Ausfallarten des Systems. (© IMA 2022. All Rights Reserved)

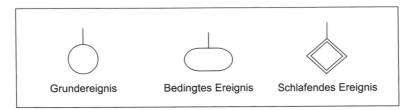

Abb. 4.3 Symbolik der Fehlerbaumanalyse nach DIN EN 61025 [1]

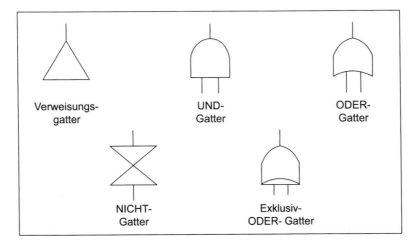

Abb. 4.4 Symbolik der Fehlerbaumanalyse nach DIN EN 61025 [1]

Ereignisse:

- Grundereignis: Dieses Symbol steht für ein Ereignis in der untersten Ebene, für das Angaben zur Eintrittswahrscheinlichkeit oder Zuverlässigkeit vorliegen (qualitativ oder quantitativ).
- Bedingtes Ereignis: Ereignis unter der Bedingung des Eintretens eines anderen Ereignisses und der Bedingung, dass beide eintreten müssen, damit das Ausgabeergebnis eintritt. Es handelt sich damit um eine bedingte Wahrscheinlichkeit, da das Ereignis nur dann eintritt, wenn auch ein anderes eintritt.
- Schlafendes Ereignis: Primärereignis, das einen „schlafenden" Ausfall darstellt. Es handelt sich um ein Ereignis, welches nicht sofort erkannt wird, aber durch zusätzliche Inspektion oder Analyse erkannt werden könnte.

Gatter:

- Verweisungsgatter: Mit diesem Symbol wird der Fehlerbaum abgebrochen bzw. an einer anderen Stelle fortgesetzt.

- Und-Gatter: Bei der *UND*-Verknüpfung tritt das Ereignis am Ausgang nur auf, wenn alle Ereignisse am Eingang auftreten.
- Oder-Gatter: Die *ODER*-Verknüpfung bedeutet, dass nur eines der Ereignisse am Eingang auftreten muss, damit das Ereignis am Ausgang geschieht.
- Exklusiv-Oder-Gatter: Das Ereignis am Ausgang tritt nur ein, wenn eines, aber nicht die anderen Eingangsereignisse eintreten.
- NICHT-Gatter: Die *NICHT*-Verknüpfung steht für den Fall der Negation. Das Ereignis am Ausgang tritt nur ein, wenn die Bedingung am Eingang nicht vorliegt.

4.2   Qualitative Fehlerbaumanalyse

4.2.1   Qualitative Ziele

Während das Hauptziel der quantitativen FTA die Berechnung der Systemzuverlässigkeit ist, steht bei der qualitativen FTA vor allem die Bewertung der Fehlerketten und einzelnen Ausfallmechanismen im Fokus.

Die Systemereignisse (auch *TOP*-Events genannt) sind unerwünschte Systemzustände, die bis auf ausgefallene einzelne Komponenten (*DOWN*-Ursache) zurückzuführen sind. Der Fehlerbaum ist ein Modell, welches alle Kombinationen von unerwünschten Systemzuständen grafisch darstellt und logisch miteinander verknüpft. Dabei sind die Ziele der qualitativen FTA:

- Systematische Identifikation aller möglichen Ausfälle sowie Ausfallkombinationen und deren Ursachen, die zu einem unerwünschten Ereignis (*TOP*-Event) führen.
- Darstellung besonders kritischer Ereignisse bzw. Ereigniskombinationen (z. B. Fehlfunktionen, die zu einem unerwünschten Ergebnis führen).
- Klare und übersichtliche Dokumentation der Ausfallmechanismen und deren funktionaler Zusammenhänge.

4.2.2   Prinzipieller Aufbau

Um das Ausfallverhalten (Fehlfunktionen, Versagensarten) des Systems bzw. der Systemteile (Baugruppen, Bauteile) und deren Verknüpfungen zu ermitteln, werden zuerst die unerwünschten Systemereignisse (*TOP*-Events) festgelegt. Da es sich um eine deduktive Vorgehensweise (*TOP-DOWN*-Methode) handelt, wird im nächsten Schritt untersucht, welche möglichen Ausfälle auf der nächsttieferen Systemebene zu erwarten sind und wie diese mit dem übergeordneten Ausfall verknüpft werden können. Dieser Schritt wird so oft wiederholt, bis die unterste Systemebene der Ausfallarten erreicht ist, sodass als Ergebnis die komplette Fehlerkette vorliegt, s. Abb. 4.5.

Abb. 4.5 Prinzipielle
Vorgehensweise beim Aufbau
eines Fehlerbaumes. (© IMA
2022. All Rights Reserved.)

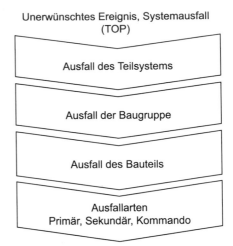

In der DIN EN 61025 ist für diese Aufstellung des Fehlerbaumes die nachfolgende systematische Vorgehensweise beschrieben [1]:

1. Das unerwünschte Ereignis (*TOP*-Event) wird festgelegt.
2. Ist dieses Ereignis bereits eine Ausfallart einer Komponente so wird die Vorgehensweise mit Schritt 4 fortgesetzt. Ansonsten folgt die Ermittlung aller Ausfälle, die zu dem unerwünschten Ereignis führen.
3. Diese Ausfälle werden in den Fehlerbaum eingetragen und entsprechend mit Hilfe der Fehlerbaumsymbolik logisch verknüpft. Stellen die Ausfälle eine Ausfallart dar, so wird die Bearbeitung mit Schritt 4 fortgesetzt, andernfalls wird wieder mit Schritt 2 begonnen.
4. Häufig sind die einzelnen Ausfälle durch eine *ODER*-Verknüpfung verbunden, da jedes Eingangsereignis das Ereignis am Ausgang hervorruft. Besonders bei mechanischen Wirkstrukturen finden sich typischerweise *ODER*-Verknüpfungen, wenn keine Redundanz vorliegt. Diese Eingänge sind dabei dann mit Primärausfall, Sekundärausfall und Kommandoausfall belegt.

   Primärausfälle können mit Hilfe der Fehlerbaumanalyse nicht weiter untersucht werden und stellen damit einen Standardeingang des Systems dar. Hingegen müssen Sekundärausfälle und Kommandoausfälle nicht unbedingt vorhanden sein. Liegen sie allerdings vor und ist der Ausfall kein Funktionselementausfall, so wird dieser Ausfall noch weiter untergliedert und die Bearbeitung beginnt wieder bei Schritt 2.

Die Ausarbeitung eines Fehlerbaums kann dann beendet werden, falls eine oder mehrere der folgenden Bedingungen erfüllt sind:

- Die Merkmale eines unabhängigen Ereignisses können auf eine andere Art als durch den Fehlerbaum beschrieben werden.
- Die Ereignisse müssen nach Meinung des Anwenders und des Bauteilexperten nicht mehr weiter untersucht werden.
- Die Ereignisse wurden bereits in einem anderen Fehlerbaum untersucht.

Ein Beispiel für einen solchen qualitativen Fehlerbaum ist in Abb. 4.6 dargestellt. Hier wird das *TOP*-Event, der Ausfall des Getriebes, zunächst in einzelne Baugruppen unterteilt. Da die Ausfälle der einzelnen Baugruppen jeweils zum Ausfall des gesamten Getriebes führen, sind sie durch eine *ODER*-Verknüpfung miteinander verbunden. Danach wird der Ausfall der Baugruppe „Abtrieb" weiter untersucht und dabei die Bauteile ermittelt, die zu einem Ausfall dieser übergeordneten Baugruppe führen können. Auf diese Art werden die einzelnen Bauteile – in diesem Beispiel speziell das Versagen des Zahnrades – weiter in die einzelnen Ausfallarten der Bauteile untergliedert, wozu unter anderem der Bruch des Zahnrades zählt. Dieser Zahnbruch kann unterschiedliche Ursachen haben, weshalb diese Ausfallart noch weiter unterteilt wird, bis hin zur Ebene der Bauteilmerkmale bzw. der Entwicklungsfehler. Hierbei können Überlast und falsche Berechnung zum Bruch des Zahnrades führen. Diese beiden Fehler stellen allerdings noch keine

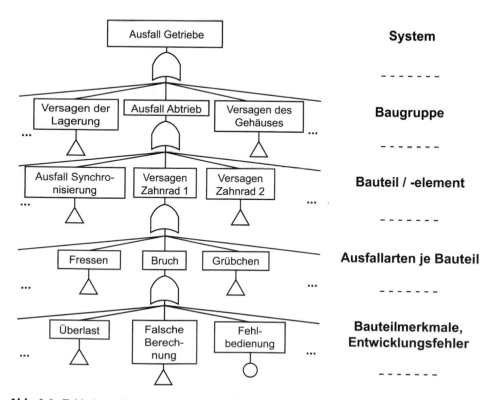

Abb. 4.6 Fehlerbaum Beispiel Getriebe. (© IMA 2022. All Rights Reserved)

Standardeingänge dar, sondern müssen noch weiter untersucht werden. Die Fehlbedienung allerdings repräsentiert einen Standardeingang und kann nicht mehr weiter untergliedert werden, sodass an dieser Stelle der Fehlerbaum abgeschlossen ist.

4.2.3 Vergleich zwischen FMEA und FTA

Im Gegensatz zur FTA sind die Ausfallkombinationen nicht Gegenstand der FMEA, deshalb eignet sich die FMEA nur eingeschränkt als Grundlage der Fehlerbaumanalyse. Die FMEA beschäftigt sich vielmehr mit der Bewertung der Ausfallarten eines Systems und deren Auswirkungen auf das System [1, 5]. Deswegen kann die FMEA als Quelle bzw. systematischer Katalog möglicher Ausfallarten für die Fehlerbaumanalyse dienen. Der wesentliche Unterschied zwischen den beiden Methoden besteht darin, dass die FMEA eine induktive und die FTA eine deduktive Methode ist, s. Abb. 4.7. Das bedeutet, dass die FMEA die Wirkung der Fehlerursache eines Bauteils auf die Einheit untersucht, wohingegen bei der FTA der Fehler der Einheit bis auf die Fehlerursache des Bauteils zurückgeführt wird.

Beim Vergleich der beiden Methoden lässt sich die FMEA speziell durch nachfolgende Merkmale charakterisieren:

- FMEA kombiniert beide Fragestellungen (Was sind Ursachen?, Was sind Folgen des Fehlers?).
- Nicht so systematisch wie FTA.
- Bewertet durch Kombination beider Fragestellungen die Risiken eines Fehlers und definiert je nach Risikopotenzial Verbesserungsmaßnahmen.

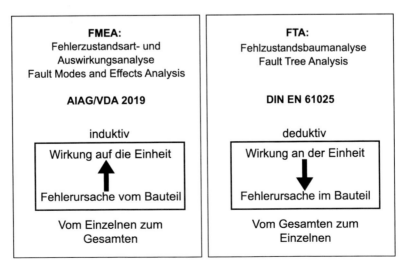

Abb. 4.7 Vergleich FMEA und FTA. (© IMA 2022. All Rights Reserved)

Hingegen zeichnet sich die FTA durch folgende Eigenschaften aus:

- Systematische Suche nach Ursachen eines Ereignisses bzw. Fehlers.
- ETA (Event Tree Analysis) Ereignisablaufanalyse sucht nach den Folgen des Fehlers.

Zusammenfassend lässt sich beim Vergleich der beiden Verfahren feststellen:

- FMEA und FTA sind verschiedene Methoden mit ähnlicher Thematik.
- Bestimmung der Ausfallarten bei der FTA leichter bei Vorkenntnissen aus FMEA.
- FMEA untersucht Einzelfehlerfolgen und überspringt Ebenen.
- FTA untersucht systematischer.
- FTA kennt Verknüpfungen *UND*, *ODER*, *NICHT*, Wartung/Reparatur.

4.3   Quantitative Fehlerbaumanalyse

4.3.1   Quantitative Ziele

Mit Hilfe der Fehlerbaumanalyse kann das System nicht nur qualitativ beschrieben werden, sondern es besteht die Möglichkeit, eine quantitative Aussage über das Ausfallverhalten des Systems zu machen. Die Zuverlässigkeitskenngrößen der *TOP*-Events (z. B. Eintrittswahrscheinlichkeit des unerwünschten Ereignisses oder Systemverfügbarkeit) können aus der Systemstruktur mit Hilfe des Booleschen Modells berechnet werden, wenn die Ausfallwahrscheinlichkeiten bzw. die Verfügbarkeiten aller Einzelkomponenten bekannt sind. Dabei können Faktoren, die den größten Einfluss auf die Systemzuverlässigkeit besitzen, untersucht sowie Änderungen zur Verbesserung dieser Zuverlässigkeitskenngröße abgeleitet werden.

4.3.2   Boolesche Modellbildung

4.3.2.1 Grundverknüpfungen der Booleschen Modellbildung

Zur Ermittlung der Systemzuverlässigkeit kann das Boolesche Modell (s. Kap. 2) eingesetzt werden [6]. Dabei wird die Symbolik des Fehlerbaums mit Hilfe einfacher Rechenregeln in Zahlenwerte umgesetzt, s. Abb. 4.8.

Negation

Hat eine Boolesche Variable den Wert 1, dann ist die negierte Variable 0 und umgekehrt:

$$y = \overline{x}. \tag{4.1}$$

Name	andere Bezeich-nung	Boolesche Gleichung	Operator	Funktions-tabelle			Symbol
				x_1	x_2	y	DIN EN 61025
Negation	*NICHT,* Negator, Inverter, Phasen-dreher	$y = \bar{x}$	$\bar{x}$	0	-	1	x ◁▷ y $\bar{y} = x$
				1	-	0	
Disjunktion	*ODER,* OR	$y = x_1 \vee x_2$ $= x_1 + x_2$	$\vee$ $+$	0	0	0	x_1 x_2 y
				0	1	1	
				1	0	1	
				1	1	1	
Konjunktion	*UND,* AND	$y = x_1 \wedge x_2$ $= x_1 \cdot x_2$ $= x_1 x_2$ $= x_1 \& x_2$	$\wedge$ $\cdot$ $\&$	0	0	0	x_1 x_2 y
				0	1	0	
				1	0	0	
				1	1	1	

Abb. 4.8 Übersicht über die Grundverknüpfungen. (© IMA 2022. All Rights Reserved)

Disjunktion

Die Disjunktion steht für die Boolesche Funktion *ODER* und findet Anwendung in Fällen, bei denen es ausreicht, wenn am Eingang mindestens ein Ereignis von zwei oder mehreren eintritt, um das Ereignis am Ausgang auszulösen [7]. Für zwei binäre Variablen bedeutet das, dass eine Disjunktion gegeben ist, wenn x_1 *oder* x_2 gleich 1 sowie x_1 *und* x_2 gleich 1 ist. In diesen Fällen ist dann der Ausgang $y = 1$. In diesem Fall spricht man von einem inklusiven *ODER* (lat. vel). Nur für den Fall, wenn x_1 *und* x_2 gleich 0 sind, ist $y = 0$, s. Abb. 4.8.

$$y = x_1 \vee x_2. \tag{4.2}$$

Aus dieser Gleichung folgt dann speziell, dass

$$x \vee 1 = 1; x \vee x = x,$$
$$x \vee 0 = x; x \vee \bar{x} = 1 \tag{4.3}$$

sowie

$$x_1 \vee x_2 = x_2 \vee x_1 \quad \left(\text{Kommutativgesetz}\right) \tag{4.4}$$

für eine Disjunktion von zwei Variablen gilt.

Für die Disjunktion n unabhängiger Variablen gilt demnach

$$y = \vee_{i=1}^{n} x_i \text{ mit } y = \begin{cases} 0 \text{ für alle } x_i = 0 \\ 1 \text{ sonst} \end{cases}. \tag{4.5}$$

Konjunktion

Die Konjunktion steht für die Boolesche Funktion *UND*. Alle Ereignisse am Eingang müssen vorliegen, damit das Ereignis am Ausgang eintritt. Eine Konjunktion für zwei binäre Variablen ist demnach gegeben, wenn x_1 *und* x_2 gleich 1 sind. Nur in genau diesem Fall ergibt sich dann $y = 1$, s. Abb. 4.8.

Mit Hilfe sogenannter Venn-Diagramme lassen sich die beschriebenen Booleschen Grundverknüpfungen grafisch veranschaulichen. Dabei werden alle Möglichkeiten durch das Rechteck und die tatsächlich eintretende Möglichkeit durch die schraffierte Fläche dargestellt, s. Abb. 4.9.

4.3.2.2 Axiome und Sätze der Booleschen Algebra

Durch die nachfolgend vorgestellten Axiome und Sätze der Booleschen Algebra besteht die Möglichkeit Boolesche Ausdrücke mathematisch zu verändern bzw. zu vereinfachen [9].

Das Kommutativgesetz (Vertauschungsgesetz)

$$x_1 \wedge x_2 = x_2 \wedge x_1, \tag{4.6}$$

$$x_1 \vee x_2 = x_2 \vee x_1. \tag{4.7}$$

Das Assoziativgesetz (Anreihungsregel)

$$x_1 \vee \left(x_2 \vee x_3 \right) = \left(x_1 \vee x_2 \right) \vee x_3, \tag{4.8}$$

$$x_1 \wedge \left(x_2 \wedge x_3 \right) = \left(x_1 \wedge x_2 \right) \wedge x_3. \tag{4.9}$$

Das Distributivgesetz (Mischungsregel)

$$x_1 \vee \left(x_2 \wedge x_3 \right) = \left(x_1 \vee x_2 \right) \wedge \left(x_1 \vee x_3 \right), \tag{4.10}$$

$$x_1 \wedge \left(x_2 \vee x_3 \right) = \left(x_1 \wedge x_2 \right) \vee \left(x_1 \wedge x_3 \right). \tag{4.11}$$

Diese drei Gesetze sind bereits aus der gewöhnlichen Algebra bekannt, sodass bei der Booleschen Algebra zur Vereinfachung der Terme ebenfalls Klammern ausmultipliziert werden können.

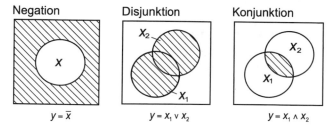

Abb. 4.9 Venn-Diagramme der Grundverknüpfungen [8]

Postulate

Existenz eines 0- und 1-Elements

$$x \vee 0 = x, \tag{4.12}$$

$$x \wedge 1 = x, \tag{4.13}$$

$$x \vee 1 = 1, \tag{4.14}$$

$$x \wedge 0 = 0. \tag{4.15}$$

Existenz eines Komplements

$$x \wedge \overline{x} = 0, \tag{4.16}$$

$$x \vee \overline{x} = 1. \tag{4.17}$$

Idempotenzgesetz

$$x \vee x = x, \tag{4.18}$$

$$x \wedge x = x. \tag{4.19}$$

Absorptionsgesetz

$$x_1 \vee \left(x_1 \wedge x_2 \right) = x_1, \tag{4.20}$$

$$x_1 \wedge \left(x_1 \vee x_2 \right) = x_1. \tag{4.21}$$

De Morgansches Gesetz

$$\overline{x_1 \vee x_2} = \overline{x_1} \wedge \overline{x_2}, \tag{4.22}$$

$$\overline{x_1 \wedge x_2} = \overline{x_1} \vee \overline{x_2}. \tag{4.23}$$

Weiter gilt

$$\overline{\overline{x}} = x. \tag{4.24}$$

In der Zuverlässigkeitstheorie sind bei der Umwandlung zwischen Fehler- und Funktionsbäumen speziell das De Morgansche Gesetz sowie zur weiteren Vereinfachung das Idempotenz- und Absorptionsgesetz von großer Bedeutung.

4.3.2.3 Fehlerbaum und Funktionsbaum

Der Funktionsbaum kann prinzipiell nach derselben Vorgehensweise analog zum Fehlerbaum erstellt werden. Anstatt als Hauptereignis eine Ausfallart zu definieren, wird für den Funktionsbaum allerdings ein wünschenswertes bzw. erstrebenswertes Ereignis festgelegt und alle dazwischenliegenden und primären Ereignisse, die das Auftreten des Hauptereignisses sichern, werden deduktiv aufgefunden. Wenn der logische Gegensatz vom *TOP*-Event eines Fehlerbaums als Hauptereignis von einem Funktionsbaum verwendet wird, ergibt sich deswegen auch die Boolesche Struktur, der Funktionsbaum, als logischer Gegensatz des Fehlerbaums. Ein Fehlerbaum kann daher mit Hilfe der Negation, also durch Anwendung des De Morganschen Gesetzes, in einen Funktionsbaum umgewandelt werden und umgekehrt. Im Unterschied zum Fehlerbaum liefert der Funktionsbaum statt der Ausfallwahrscheinlichkeit die Systemzuverlässigkeit als Ergebnis, s. Abb. 4.10.

Dasselbe kann erreicht werden, wenn der bestehende Zusammenhang

$$F_S(t) = 1 - R_S(t) \tag{4.25}$$

zwischen Ausfallwahrscheinlichkeit und Zuverlässigkeit angewandt wird. Da wir uns in der Zuverlässigkeitstechnik eher mit den Ausfällen der Produkte befassen, hat sich in der Praxis die Erarbeitung von Fehlerbäumen etabliert.

4.3.2.4 Übergang zu Wahrscheinlichkeiten

Das Ausfallverhalten jeder einzelnen Komponente lässt sich durch ihre Ausfall- bzw. Überlebenswahrscheinlichkeit beschreiben. Beim Übergang von Booleschen Ausdrücken zur Beschreibung mittels Wahrscheinlichkeiten lässt sich die Ausfall- bzw. Überlebenswahrscheinlichkeit des gesamten Systems durch Anwendung einfacher Transformationen ermitteln [7].

Dabei lässt sich die Boolesche Funktion zunächst in einen Ausdruck mit reellen Variablen x_i überführen, da nur die reellen Zahlen 0 und 1 verwendet werden und alle Variablen linear auftreten. Damit lässt sich das Systemverhalten nur durch eine diskrete Null-Eins-Verteilung beschreiben. Im zweiten Schritt kann dann von diesen diskreten Variablen auf die kontinuierlichen Wahrscheinlichkeitsfunktionen für Ausfall $F_K(t)$ bzw. Überleben $R_K(t)$ einer Komponente übergangen werden.

Für die wichtigsten Verknüpfungen erfolgt dieser Übergang von der logischen zur mathematischen Schreibweise gemäß Tab. 4.1.

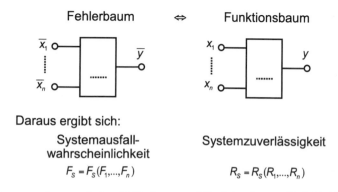

Abb. 4.10 Zusammenhang zwischen Fehlerbaum und Funktionsbaum. (© IMA 2022. All Rights Reserved)

Tab. 4.1 Übergang zu Wahrscheinlichkeiten

	logisch	mathematisch
Negation	$y = \bar{x}$	$R_S(t) = F_K(t) = 1 - R_K(t)$ zuverlässigkeitstechnisch unsinnig
Disjunktion	$y = \overset{n}{\underset{i=1}{\vee}} x_i$ $R_S\left(t\right) = R_1\left(t\right) \vee R_2\left(t\right) \vee \dots = \overset{n}{\underset{i=1}{\vee}} R_i\left(t\right)$	$R_S\left(t\right) = 1 - \prod_{i=1}^{n}\left(1 - R_i\left(t\right)\right)$
Konjunktion	$y = \overset{n}{\underset{i=1}{\wedge}} x_i$ $R_S\left(t\right) = R_1\left(t\right) \wedge R_2\left(t\right) \wedge \dots = \overset{n}{\underset{i=1}{\vee}} R_i\left(t\right)$	$R_S\left(t\right) = \prod_{i=1}^{n} R_i\left(t\right)$

4.3.3 Anwendung auf Systeme

4.3.3.1 Reihen- und Parallel-Anordnung

Ein technisches System lässt sich in Abhängigkeit von den Zuständen seiner Komponenten mit Hilfe der Booleschen Algebra beschreiben, wenn man dem System und den Komponenten lediglich die zwei Zustände funktionsfähig und ausgefallen zuordnet. Für die Definition der Systemfunktion (Funktionsbaum) liegt die Positivlogik zugrunde. Dabei wird die Systemzuverlässigkeit über die Zuverlässigkeiten der einzelnen Baugruppen und Bauteile ermittelt. Bei Anwendung im Bereich der FTA wird jedoch die Negativlogik zugrunde gelegt, um ein Fehlverhalten, also die Ausfallwahrscheinlichkeit, zu bestimmen. Abb. 4.11 und 4.12 zeigen einige typische Grundstrukturen und deren Entwicklung zu Systemfunktionen (Positivlogik und Negativlogik).

4.3.3.2 Komplexe Systeme

Bei komplexeren Systemen, wie z. B. der Brückenkonfiguration, s. Abb. 4.13, lässt sich die Zuverlässigkeit nicht mit den elementaren Gleichungen für Serien- und Parallelsysteme berechnen. Für Systeme mit einer geringen Anzahl an Elementen kann noch die disjunktive Normalenform angewendet werden [10]. Besitzt das System eine größere Anzahl n an Elementen, erhöht sich der Aufwand extrem, da die Systemgleichung jeweils 2^n Terme besitzt.

Um in diesem Fall die Zuverlässigkeit bzw. Ausfallwahrscheinlichkeit dieses Systems mit geringerem Aufwand ermitteln zu können, werden die Methoden

- der minimalen Ausfallschnitte,
- der minimalen Erfolgspfade,
- der relevanten Systemkomponente (Separation) und
- der Multilinearform

angewendet. Die aufgeführten Methoden haben Vor- und Nachteile, die im Folgenden erläutert werden.

Systemstruktur	Reihenanordnung	Parallelanordnung
Blockschaltbild	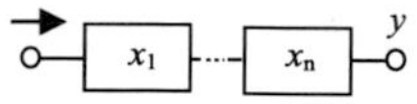	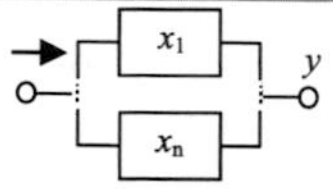
Funktionsbaum	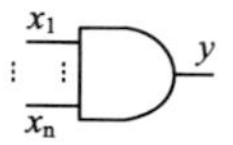	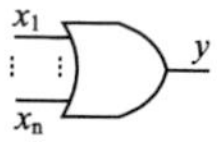
Boolesche Funktion	$y = x_1 \wedge x_2 \wedge \ldots \wedge x_n$ $= \bigwedge\limits_{i=1}^{n} x_i$	$y = x_1 \vee x_2 \vee \ldots \vee x_n$ $= \bigvee\limits_{i=1}^{n} x_i$
Systemzuverlässig-keit	$R_S(t) = \prod\limits_{i=1}^{n} R_i(t)$	$R_S(t) = 1 - \prod_{i=1}^{n}(1 - R_i(t))$

Abb. 4.11   Positivlogik – Fehlerbaum. (© IMA 2022. All Rights Reserved)

Systemstruktur	Reihenanordnung	Parallelanordnung
Blockschaltbild	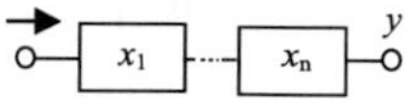	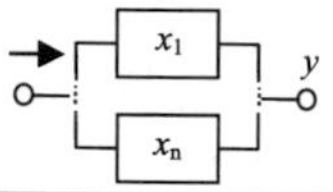
Funktionsbaum	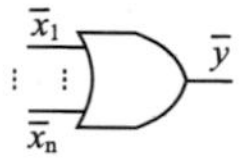	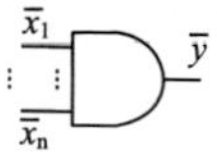
Boolesche Funktion	$\overline{y} = \overline{x_1} \vee \overline{x_2} \vee \ldots \vee \overline{x_n}$ $= \bigvee\limits_{i=1}^{n} \bar{x}_i$	$\overline{y} = \overline{x_1} \wedge \overline{x_2} \wedge \ldots \wedge \overline{x_n}$ $= \bigwedge\limits_{i=1}^{n} \bar{x}_i$
Systemausfall-wahrscheinlichkeit	$F_S(t) = 1 - \prod\limits_{i=1}^{n}(1 - F_i(t))$	$F_S(t) = \prod_{i=1}^{n} F_i(t)$

Abb. 4.12   Negativlogik – Fehlerbaum. (© IMA 2022. All Rights Reserved)

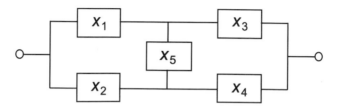

Abb. 4.13   Brückenkonfiguration. (© IMA 2022. All Rights Reserved)

Methode der minimalen Ausfallschnitte (Cut Sets)

Bei der Methode der minimalen Ausfallschnitte werden alle Kombinationen von Komponenten, die durch Ausfall zum Versagen des Systems führen, durch gedankliche Schnitte in der Struktur gesucht. Alle Komponenten werden *negiert* angesetzt und innerhalb der *Cut Sets* durch *UND* und außerhalb durch *ODER* verknüpft, wodurch sich der *negierte Ausgang*, die Ausfallwahrscheinlichkeit, ergibt, s. Abb. 4.14.

Das System ist ausgefallen, wenn alle Komponenten in einem der minimalen Ausfallschnitte ausgefallen sind. Damit ergibt sich die Boolesche Funktion für den Systemausfall zu:

$$C_1 = \left\{ \overline{x_1}, \overline{x_2} \right\}, C_2 = \left\{ \overline{x_3}, \overline{x_4} \right\},$$

$$C_3 = \left\{ \overline{x_1}, \overline{x_4}, \overline{x_5} \right\}, C_4 = \left\{ \overline{x_2}, \overline{x_3}, \overline{x_5} \right\}, \tag{4.26}$$

$$\bar{y} = \left(\overline{x_1} \wedge \overline{x_2} \right) \vee \left(\overline{x_3} \wedge \overline{x_4} \right) \vee \left(\overline{x_1} \wedge \overline{x_4} \wedge \overline{x_5} \right) \vee \left(\overline{x_2} \wedge \overline{x_3} \wedge \overline{x_5} \right). \tag{4.27}$$

Solange jede Komponente lediglich einmal für einen Cut-Set verwendet wird, ergibt sich mit dieser Methode ein genaues Ergebnis. Werden Komponenten wie hier bei der Brückenkonfiguration doppelt verwendet, so resultiert nur noch eine konservative Abschätzung der Systemzuverlässigkeit. Da mit den Cut-Sets nur die ausgefallenen Zustände berücksichtigt werden, ergibt sich mit mehrfacher Verwendung von Komponenten ein konservatives Ergebnis. Für komplexere Systeme, in denen eine Mehrfachverwendung von Komponenten sehr wahrscheinlich ist, kann die Cut-Set Methode also lediglich als konservative Abschätzung dienen. Der Aufwand ist hierfür auch bei größeren Systemen eher gering.

Abb. 4.14 Methode der minimalen Ausfallschnitte (Cut Sets). (© IMA 2022. All Rights Reserved)

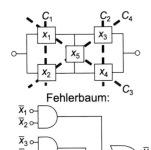

Cut Sets:

$C_1 = \{\overline{x}_1, \overline{x}_2\}$ $C_2 = \{\overline{x}_3, \overline{x}_4\}$

$C_3 = \{\overline{x}_1, \overline{x}_4, \overline{x}_5\}$ $C_4 = \{\overline{x}_2, \overline{x}_3, \overline{x}_5\}$

Systemfunktion:

$\bar{y} = (\overline{x}_1 \wedge \overline{x}_2) \vee (\overline{x}_3 \wedge \overline{x}_4) \vee$
$(\overline{x}_1 \wedge \overline{x}_4 \wedge \overline{x}_5) \vee (\overline{x}_2 \wedge \overline{x}_3 \wedge \overline{x}_5)$

Methode der minimalen Erfolgspfade (Path Sets)

Bei der Methode der minimalen Erfolgspfade werden alle Kombinationen von Komponenten, die durch Funktionsfähigkeit zur Funktion des Systems führen, durch gedankliche Pfade in der Struktur gesucht. Alle Komponenten werden *positiv* angesetzt und innerhalb der *Path Sets* werden die Komponenten durch *UND* und außerhalb durch *ODER* verknüpft, woraus sich der *positive* Ausgang, die Zuverlässigkeit, ergibt, s. Abb. 4.15.

Das System ist funktionsfähig, wenn mindestens ein Pfad funktionsfähig ist und die Boolesche Funktion für die Funktionsfähigkeit des Systems ergibt sich zu:

$$P_1 = \{x_1, x_3\}, P_2 = \{x_2, x_4\},$$
$$P_3 = \{x_1, x_4, x_5\}, P_4 = \{x_2, x_3, x_5\}, \tag{4.28}$$

$$y = (x_1 \wedge x_3) \vee (x_2 \wedge x_4) \vee$$
$$(x_1 \wedge x_4 \wedge x_5) \vee (x_2 \wedge x_3 \wedge x_5). \tag{4.29}$$

Auch bei der Path-Set Methode ergibt sich bei einmaliger Verwendung der Komponenten in einem Path-Set eine exakte Lösung. Sobald Komponenten mehrfach genutzt werden, weicht das Ergebnis von der exakten Lösung auch hier ab. Im Gegensatz zur Cut-Set Methode liegt der Fokus bei der Path-Set Methode auf den funktionsfähigen und nicht den ausgefallenen Systemzuständen. Deshalb resultiert bei Verwendung der Path-Set Methode bei Mehrfachverwendung von Komponenten ein optimistisches Ergebnis.

Das korrekte Ergebnis für die Systemzuverlässigkeit komplexer Systeme lässt sich durch die Cut- und Path-Set Methode mit wenig Aufwand eingrenzen, weil die Cut-Sets die konservative Untergrenze und die Path-Sets die optimistische Obergrenze liefern. Der Übergang zu Wahrscheinlichkeiten kann bei diesen beiden Methoden z. B. mit Hilfe des Poincaréschen Algorithmus (Inklusions-Exklusions-Methode) oder des Top-Down-Algorithmus durchgeführt werden, die in [7] näher beschrieben sind.

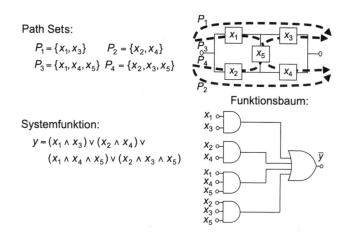

Abb. 4.15 Methode der minimalen Erfolgspfade (Path Sets). (© IMA 2022. All Rights Reserved)

Methode der relevanten Systemkomponente (Separation)

Da die Systemkomponente x_5 in der Brückenkonfiguration in beiden Richtungen arbeiten kann, nimmt sie eine Schlüsselposition ein und kann aus diesem Grund separiert werden, s. Abb. 4.16.

Für die Komponente x_5 werden dabei die zwei Zustände – also ständig funktionsfähig und ständig ausgefallen – getrennt betrachtet und anschließend wieder miteinander verknüpft.

Für den ersten Fall, x_5 ständig funktionsfähig, wird die positiv angesetzte Komponente x_5 mit den einzelnen erfolgreichen Pfaden durch eine *UND*-Verknüpfung verbunden:

$$y_I = x_5 \wedge \left[\left(x_1 \wedge x_3 \right) \vee \left(x_1 \wedge x_4 \right) \vee \left(x_2 \wedge x_3 \right) \vee \left(x_2 \wedge x_4 \right) \right]. \tag{4.30}$$

Durch Anwendung des Distributivgesetzes

$$y_I = x_5 \wedge \left[\left(x_1 \wedge \left(x_3 \vee x_4 \right) \right) \vee \left(x_2 \wedge \left(x_3 \vee x_4 \right) \right) \right] \tag{4.31}$$

und des Kommutativgesetzes

$$y_I = x_5 \wedge \left[\left(\left(x_3 \vee x_4 \right) \wedge x_1 \right) \vee \left(\left(x_3 \vee x_4 \right) \wedge x_2 \right) \right] \tag{4.32}$$

sowie durch Ersetzen von $(x_3 \vee x_4)$ durch x^*

$$y_I = x_5 \wedge \left[\left(x^* \wedge x_1 \right) \vee \left(x^* \wedge x_2 \right) \right] \tag{4.33}$$

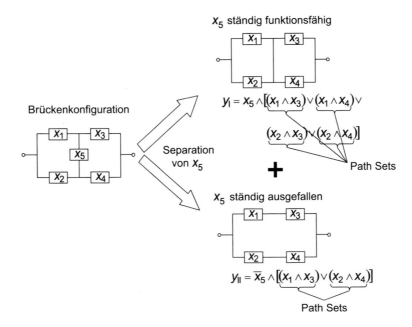

Abb. 4.16 Methode der relevanten Systemkomponente (Separation). (© IMA 2022. All Rights Reserved)

und erneuter Anwendung des Distributivgesetzes ergibt sich

$$y_I = x_5 \wedge \left[x^* \wedge (x_1 \vee x_2) \right] = x_5 \wedge \left[(x_3 \vee x_4) \wedge (x_1 \vee x_2) \right]. \qquad (4.34)$$

Durch den Übergang zu Wahrscheinlichkeiten erhält man damit als Zuverlässigkeit für den ersten Fall

$$R_I = R_5 \left[\left(1 - (1 - R_3)(1 - R_4)\right)\left(1 - (1 - R_1)(1 - R_2)\right) \right]. \qquad (4.35)$$

Dasselbe wird für den zweiten Fall, dass x_5 ständig ausgefallen ist, durchgeführt. Dabei ist es möglich direkt zur Überlebenswahrscheinlichkeit überzugehen:

$$y_{II} = \overline{x_5} \wedge \left[(x_1 \wedge x_3) \vee (x_2 \wedge x_4) \right], \qquad (4.36)$$

$$R_{II} = (1 - R_5) \left[\left(1 - (1 - R_1 R_3)(1 - R_2 R_4)\right) \right]. \qquad (4.37)$$

Die beiden Wahrscheinlichkeiten werden wegen der Unabhängigkeiten der Ereignisse nach dem Satz der totalen Wahrscheinlichkeiten durch eine Addition miteinander verknüpft [11], sodass sich die nachfolgende Systemzuverlässigkeit ergibt:

$$y = x_5 \wedge \left[(x_1 \wedge x_3) \vee (x_1 \wedge x_4) \vee (x_2 \wedge x_3) \vee (x_2 \wedge x_4) \right] \vee$$
$$\overline{x_5} \wedge \left[(x_1 \wedge x_3) \vee (x_2 \wedge x_4) \right], \qquad (4.38)$$

$$R = R_5 \left[\left(1 - (1 - R_3)(1 - R_4)\right)\left(1 - (1 - R_1)(1 - R_2)\right) \right]$$
$$+ (1 - R_5) \left[\left(1 - (1 - R_1 R_3)(1 - R_2 R_4)\right) \right]. \qquad (4.39)$$

Die Separationsmethode liefert durch die Berücksichtigung beider relevanten Systemzustände ein korrektes Ergebnis für die Systemzuverlässigkeit, kann aber nur eingeschränkt verwendet werden. Grundsätzlich muss die Systemstruktur die Separation einer zentralen Komponente zulassen, wie z. B. in der gezeigten Brückenkonfiguration. Werden mehrere Komponenten separiert wird der Aufwand für die Berechnung exponentiell größer.

Methode der Multilinearform

Mit Hilfe der Multilinearform kann das korrekte Ergebnis für die Systemzuverlässigkeit im Gegensatz zu den anderen Methoden für beliebig komplexe Systeme berechnet werden. Die Vorgehensweise wird anhand des einfachen Beispiels in Abb. 4.17 erklärt.

Im ersten Schritt werden in der sogenannten Wahrheitstabelle alle möglichen Systemzustände anhand des Zuverlässigkeitsblockdiagramms abgebildet. Für ein System mit drei Komponenten K gibt es entsprechend der Kombinatorik:

$$m = 2^K = 2^3 = 8 \qquad (4.40)$$

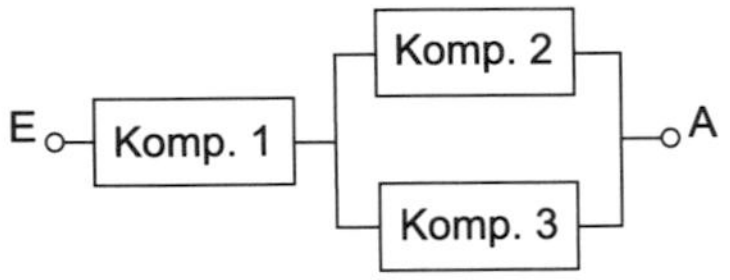

Abb. 4.17 Multilinearform. (© IMA 2022. All Rights Reserved)

Wahrheitstabelle:

X₁	X₂	X₃	System
1	1	1	1
1	1	0	1
1	0	1	1
1	0	0	0
0	1	1	0
0	1	0	0
0	0	1	0
0	0	0	0

mögliche Kombinationen. Zur Berechnung der Systemzuverlässigkeit werden diejenigen Kombinationen, bei denen das System funktionstüchtig ist, addiert (durchgezogene Umrandung in Abb. 4.17.). Für eine Komponentenzuverlässigkeit von 90 % ergibt sich:

$$R_{Sys} = R_1 R_2 R_3 + R_1 R_2 \left(1 - R_3\right) + R_1 \left(1 - R_2\right) R_3 = 0,891 \qquad (4.41)$$

Die Berechnung ist ebenso über die Ausfallwahrscheinlichkeit möglich, nur das in diesem Fall diejenigen Kombinationen addiert werden, bei denen das System ausgefallen ist (gestrichelte Umrandung in Abb. 4.17).

$$\begin{aligned}R_{Sys} = F_{Sys} &= R_1 \left(1 - R_2\right)\left(1 - R_3\right) + \left(1 - R_1\right) R_2 R_3 \\ &+ \left(1 - R_1\right) R_2 \left(1 - R_3\right) + \left(1 - R_1\right)\left(1 - R_2\right) R_3 \\ &+ \left(1 - R_1\right)\left(1 - R_2\right)\left(1 - R_3\right) = 0,109\end{aligned} \qquad (4.42)$$

Das besondere an der Multilinearform ist also, dass die Systemzustände aller Komponenten für die Berechnung der Systemzuverlässigkeit verwendet werden und nicht nur die ausgefallenen (Cut-Sets) oder die intakten (Path-Sets) Komponenten. Aus diesem Grund lässt sich auch stets die exakte Lösung berechnen.

Demgegenüber steht der hohe Aufwand zum Erlangen der Lösung. Insbesondere bei sehr großen Systemen mit vielen Komponenten steigt die Anzahl der Kombinationsmöglichkeiten der Systemzustände exponentiell an, weshalb eine händische Lösung schnell an Grenzen stößt. Softwarelösungen verwenden meistens die Multilinearform, da sich der Algorithmus softwaretechnisch einfach realisieren lässt. Für händische konservative Abschätzungen ist die Cut-Set Methode zu empfehlen.

4.4 Beispiele

4.4.1 Fehlerbaumanalyse eines Zahnflankenrisses

Das erste Beispiel zeigt den Fehlerbaum für einen Zahnflankenriss bei einem Werkstofffehler. Im Verlauf der Analyse wird schrittweise nach möglichen Ursachen für den aufgetretenen Zahnflankenriss gesucht. Zunächst muss in Betracht gezogen werden, dass das Zahnrad unzulässigen Betriebsbedingungen ausgesetzt war und der Riss zum Beispiel durch eine nicht zulässige, also zu hohe Betriebsbeanspruchung hervorgerufen wurde. Eine weitere Ursache für das Fehlverhalten kann jedoch eine fehlerhafte Zahnflanke sein, s. Abb. 4.18. Hierfür gibt es auf der nächstunteren Ebene drei mögliche Fehlerursachen: Ein Fertigungsfehler bei der Herstellung der Zahnflanke, ein Konstruktionsfehler oder ein fehlerhafter Werkstoff. Wird die Untersuchung für einen fehlerhaften Werkstoff fort-

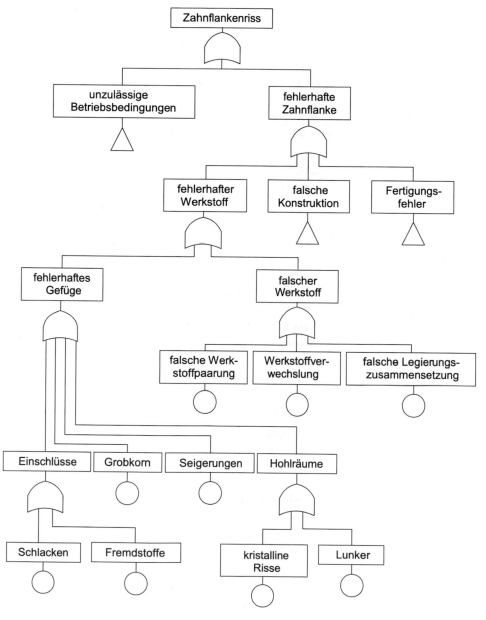

Abb. 4.18 Fehlerbaum für einen Zahnflankeneinriss bei einem Werkstofffehler. (© IMA 2022. All Rights Reserved)

gesetzt, so kann prinzipiell sowohl ein für diesen Anwendungsfall ungeeigneter Werkstoff, als auch ein fehlerhaftes Gefüge bei einem geeigneten Werkstoff als Fehler vorliegen.

Als Ursachen für die Verwendung des falschen Werkstoffs kommen neben einer falschen Legierungszusammensetzung auch eine Werkstoffverwechslung oder eine falsche Werkstoffpaarung in Frage. Diese drei Ursachen stellen jeweils Standardeingänge des Fehlerbaums dar. Ein fehlerhaftes Werkstoffgefüge kann hingegen durch Seigerungen, Grobkornbildung, Einschlüsse oder Hohlräume hervorgerufen werden. Bei Einschlüssen kann es sich dabei entweder um Schlacken oder um Fremdstoffe handeln. Hohlräume im Gefüge entstehen durch Lunker oder durch die Ausbildung von kristallinen Rissen. Da diese Punkte jeweils ebenfalls Standardeingänge des Fehlerbaums darstellen, ist damit der Ast des fehlerhaften Werkstoffes abgeschlossen und die Fehlerbaumanalyse kann mit den weiteren Ästen fortgesetzt werden.

Während im vorigen Beispiel als Fehlerursache für den Zahnflankenriss ein Werkstofffehler angenommen wurde, wird in Abb. 4.19 die Fehlerbaumanalyse für einen Konstruktionsfehler fortgesetzt.

Dabei wird ermittelt, dass der Zahnflankenriss durch einen Fehler in der Konstruktion hervorgerufen wird, dessen Ursachen wiederum in falscher Dimensionierung, falscher Zahngeometrie bzw. falschem Zahnspiel zu suchen sind. Die beiden letztgenannten Fehler stellen Standardeingänge des Fehlerbaumes dar und müssen nicht weiter untersucht werden, sodass die weitere Betrachtung allein für den Fall der falschen Dimensionierung erfolgt. Zu einer falschen Dimensionierung der Zähne kann es durch eine falsche Berechnung, aber auch durch Fehler in der technischen Zeichnung, die die Grundlage für die Fertigung der Zahnflanke darstellt, kommen. Fehler in der technischen Zeichnung können falsche Maßangaben oder eine falsche bzw. ungenaue zeichnerische Darstellung sein. Liegt die Ursache für die falsche Dimensionierung in einer falschen Berechnung des Zahnrades, ist entweder in der Berechnung ein Fehler unterlaufen oder es wurde das falsche Rechenmodell verwendet. Das dafür benutzte Rechenmodell ist möglicherweise zu ungenau oder für die durchgeführte Berechnung prinzipiell ungeeignet.

Da nun alle Eingänge dieses Fehlerbaumastes Standardeingänge darstellen, ist die Bearbeitung des Fehlerbaumes für einen Konstruktionsfehler abgeschlossen. Die Fehlerbaumanalyse für den Zahnflankenriss wird mit den Fertigungsfehlern, die zu einer fehlerhaften Zahnflanke führen und mit der Betrachtung unzulässiger Betriebsbedingungen fortgesetzt.

4.4.2   Fehlerbaumanalyse einer Wellendichtung

Dieses Beispiel [12] bezieht sich speziell auf die Entwurfsphase. Eine Wellendichtung in der Bauform einer Packungsstopfbüchse dient zur Sperrung von Luftleckagen aus der unter Überdruck stehenden Kühlluft eines Großgenerators, der mit einer Rohrturbine gekuppelt ist, s. Abb. 4.20. Die Druckdifferenz beträgt dabei 1,5 *bar*.

Die Stopfbüchsenpackung läuft gegen eine sog. „Wärmeschutzhülse". Die Baugruppe ist auf denkbares Fehlverhalten zu untersuchen.

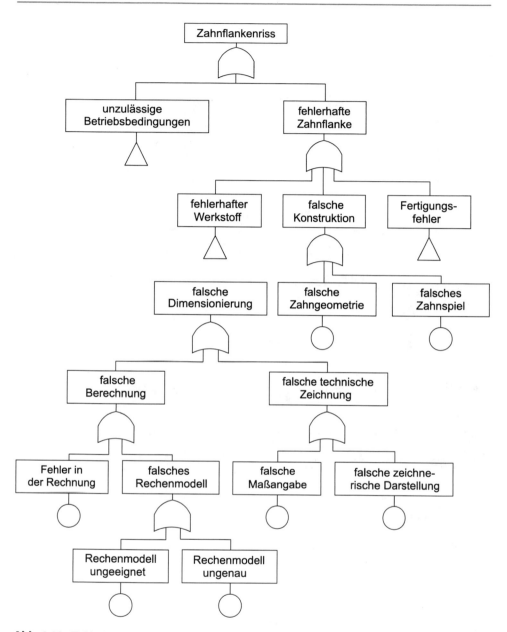

Abb. 4.19 Fehlerbaum für einen Zahnflankeneinriss bei einem Konstruktionsfehler. (© IMA 2022. All Rights Reserved)

Die Gesamtfunktion ist „Sperren der Kühlluft". Zu Beginn der Untersuchung ist es zweckmäßig, sich die Teilfunktionen klarzumachen, die von den einzelnen Bauteilen erfüllt werden müssen. Dies geschieht, wenn z. B. noch keine Funktionsstruktur vorliegt, am besten mit Hilfe einer Tabelle, s. Tab. 4.2.

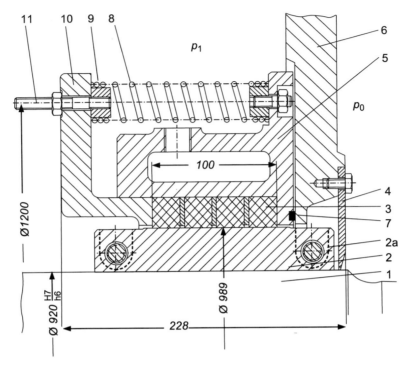

Abb. 4.20 Wellendichtung eines Großgenerators zum Sperren der Kühlluft [12]

Tab. 4.2 Analyse der Teile nach Abb. 4.20 zum Erkennen der von ihnen übernommenen Funktionen [12]

Nr.	Teil	Funktion
1	Welle	Drehmoment übertragen, Hülse aufnehmen, Reibungswärme ableiten
2, 2a	Hülse (2-teilig, verschraubt)	Lauf- und Dichtfläche bieten, Welle schützen, Reibungswärme leiten
3	Packungsringe	Medium gleitend abdichten, Anpresskraft aufnehmen und Dichtdruck ausüben
4	Abstreifring	Spritzöl abhalten
5	Stopfbüchsengehäuse	Packungsringe aufnehmen, Anpresskraft aufnehmen und übertragen
6	Gestell	Teile 4 und 5 aufnehmen
7	Runddichtung	Zwischen p_0 und p_1 abdichten
8	Druckfeder	Anpresskraft erzeugen
9	Federaufnahme	Federkraft leiten
10	Spannring	Anpresskraft übertragen, Druckfedern aufnehmen
11	Schraube	Federn einstellbar vorspannen

Für die Sperrfunktion sind folgende Teilfunktionen wesentlich:

- Anpresskraft aufbringen,
- gleitend abdichten und
- Reibungswärme abführen.

Im weiteren Verlauf der Analyse werden nun diese Teilfunktionen negiert und gleichzeitig nach möglichen Ursachen eines Fehlverhaltens gesucht, s. Abb. 4.21.

Das Ergebnis der Fehlerbaumanalyse deutet in erster Linie auf ein Fehlverhalten der Wärmeschutzhülse 2 infolge eines wärmeinstabilen Verhaltens hin: Die an der Gleitfläche entstehende Reibwärme kann praktisch nur über die Hülse in die Welle abfließen. Dabei erwärmt sich die Hülse und dehnt sich aus. Damit verstärkt sie aber den Reibungseffekt

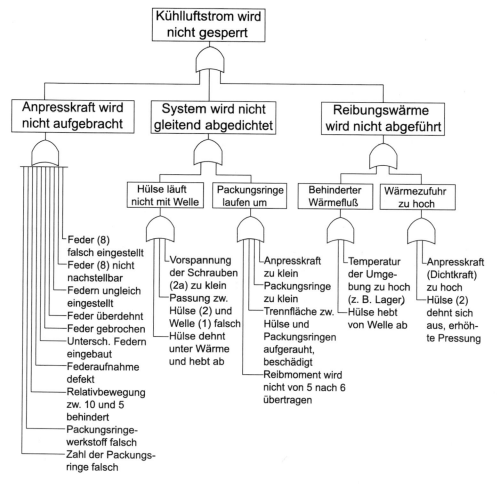

Abb. 4.21 Fehlerbaum der Wellendichtung [12]. (© IMA 2022. All Rights Reserved)

und hebt bei weiterer Erwärmung von der Welle ab, wodurch eine zusätzliche Leckage und eine Schädigung der Wellenoberfläche durch unzulässiges Gleiten der Hülse auf der Welle entstehen. Diese Anordnung ist untauglich und bedarf einer prinzipiellen konstruktiven Verbesserung: entweder Packungsstoffbüchse mit Welle verspannen und unter Wegfall der Wärmeschutzhülse mit der Welle umlaufen lassen (Wärmeabfuhr über Gehäuse 5) oder Verwendung einer Gleitringdichtung mit radialen Dichtflächen. Weitere konstruktive Abhilfemaßnahmen sind bei Beibehaltung der Bauart als Packungsstopfbüchse erforderlich:

- Die Abstützung des Gehäuses 5 gegen das Gestell 6 ist ungenügend, da das Gehäuse sich bei vorgespannter Packung mit der Welle mitdrehen kann. Die Anpresskraft aus der Druckdifferenz ist bei der innenliegenden Dichtung 7 zu gering, um das Reibmoment über einen Reibschluss aufnehmen zu können. Abhilfe: Dichtung 7 am äußeren Durchmesser von Gehäuse 5 anordnen. Besser wäre eine zusätzliche Formschlusssicherung zur Übertragung des Reibmoments.
- In der gezeichneten Lage lassen sich die Federn 8 nicht weiter nachspannen. Abhilfe: Ausreichenden Spannweg einplanen.

Grundsätzlich sind neben konstruktiven Maßnahmen auch solche im Bereich Fertigung, Montage und Betrieb (Gebrauch und Instandhaltung) vorzusehen, wenn trotz einer verbesserten konstruktiven Gestaltung dies noch erforderlich erscheint. Gegebenenfalls sind entsprechend Prüfprotokolle erforderlich.

4.4.3 Fehlerbaumanalyse eines Doppelkupplungsgetriebes

In diesem Beispiel soll die Vorgehensweise der Fehlerbaumanalyse anhand eines Doppelkupplungsgetriebes mit sieben Gängen vorgestellt werden. Dabei handelt es sich um ein automatisiertes Schaltgetriebe, bei welchem mittels zweier Teilgetriebe ein vollautomatischer Gangwechsel ohne Zugkraftunterbrechung vollzogen werden kann. Der schematische Aufbau ist in Abb. 4.22 dargestellt.

Das Doppelkupplungsgetriebe besteht aus zwei automatisierten Teilgetrieben mit jeweils einer Kupplung. Die Übertragung des Drehmoments erfolgt über eine der beiden Kupplungen 1 oder 2. Die äußere Kupplung 1 stellt dabei den Reibschluss zwischen Motor und Eingangsvollwelle her, die innere Kupplung 2 erzeugt dagegen den Reibschluss zwischen Motor und Eingangshohlwelle.

Die Zahnräder auf den beiden Eingangswellen (Hohl- und Vollwelle) sind wellenfest und greifen in die auf Nadellagern frei drehbaren Zahnräder auf den Vorgelegewellen 1 und 2 ein. Diese können wiederum mit Hilfe des Synchronrings und der Schaltmuffe mit den Vorgelegewellen fest verbunden werden, wodurch eine Drehmomentübertragung gewährleistet wird.

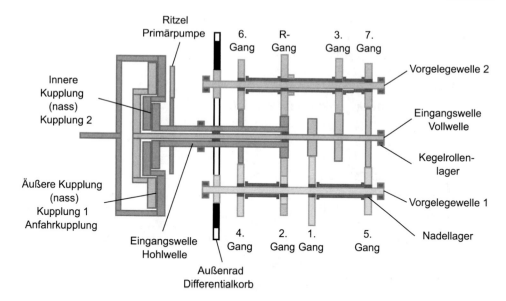

Abb. 4.22 Schematische Darstellung des Doppelkupplungsgetriebes [13]. (© IMA 2022. All Rights Reserved)

Die äußere Kupplung 1 ist dabei für die Gänge 1, 3, 5 und 7 verantwortlich. Die innere Kupplung 2 entsprechend für die zwischenliegenden Gänge 2, 4 und 6 sowie den Rückwärtsgang. Um die Drehrichtung beim Rückwärtsgang umzukehren, befindet sich zwischen der Hohlwelle und dem entsprechenden Zahnrad in der Vorgelegewelle 2 ein weiteres Zwischenzahnrad.

Beide Kupplungen, sowie die Synchronisierungselemente der frei drehbaren Zahnräder auf den Vorgelegewellen 1 und 2, können separat zugeschaltet werden, wodurch eine reibschlüssige Verbindung zwischen Motor und der jeweiligen Vorgelegewelle entsteht. Entsprechend des eingelegten Ganges wird dabei das vom Motor übertragene Moment gewandelt.

Der Vorteil beim Doppelkupplungsgetriebe liegt darin, dass vor dem Schaltvorgang bereits der nächste Gang auf der unbelasteten Vorgelegewelle vorbereitet wird. Dies geschieht, indem das Zahnrad für den einzulegenden Gang mittels Synchronring und Schaltmuffe vorgeschalten wird. Anschließend muss die anliegende Kupplung für den Schaltvorgang geöffnet und gleichzeitig die zweite Kupplung geschlossen werden. Dadurch wird das Drehmoment sofort über das schon vorgeschaltete Zahnrad auf die bisher unbelastete Vorgelegewelle übertragen. Auf diese Art ist es beim Doppelkupplungsgetriebe möglich, einen Gangwechsel ohne Zugkraftunterbrechung durchzuführen.

Das Doppelkupplungsgetriebe wird nun im Folgenden auf denkbares Fehlverhalten untersucht.

Die Gesamtfunktion des Doppelkupplungsgetriebes ist die Übertragung des Drehmoments vom Motor auf die Antriebsachsen. Zur Erfassung der Bauteile im Getriebe dient das in Abb. 4.23 dargestellte Blockdiagramm. Die einzelnen Elemente werden in Abb. 4.24 beschrieben.

Ausgehend vom Bauteilblockdiagramm ist zu erkennen, dass alle Systemelemente zur Erfüllung der Gesamtfunktion erforderlich sind. Daraus lässt sich eine Serienstruktur der Systemelemente ermitteln, die zu dem in Abb. 4.25 dargestellten Fehlerbaum führt.

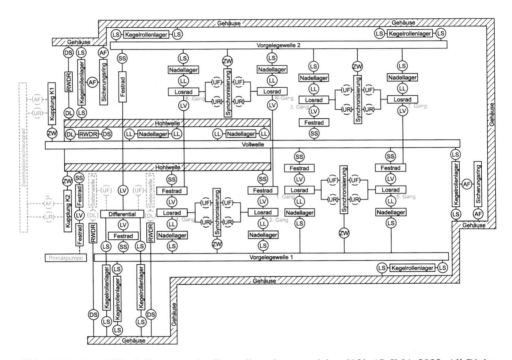

Abb. 4.23 Bauteilblockdiagramm des Doppelkupplungsgetriebes [13]. (© IMA 2022. All Rights Reserved)

Nomenklatur

SS	Stoffschluss
AF	Axial-Formschluss
UF	Umfang-Formschluss
UR	Umfang-Reibschluss
LL	Lager-Lauffläche
LS	Lagersitz
DS	Dichtsitz
DL	Dichtungsgegenlauffläche
LV	Laufverzahnung
ZW	Zahnwelle

Bauelemente

Bauteil

Bauteilschnittstelle

Temporäre Verbindung

Abb. 4.24 Elemente des Bauteilblockdiagramms [13]. (© IMA 2022. All Rights Reserved)

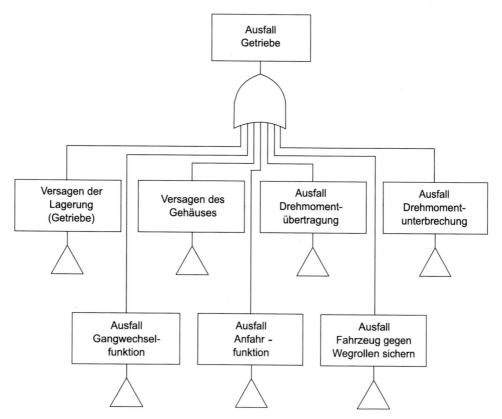

Abb. 4.25 Fehlerbaum des Doppelkupplungsgetriebes – Ausfall Getriebe. (© IMA 2022. All Rights Reserved)

Im nachfolgenden Teil werden aus dem Fehlerbaum „Ausfall Getriebe" die zwei Teilausfälle „Versagen des Gehäuses" (s. Abb. 4.26) und „Ausfall Drehmomentübertragung" (s. Abb. 4.27) näher untersucht und die Ausfallursachen in eigenen Fehlerbäumen dargestellt.

Zur Analyse des Gehäuseversagens werden mögliche Fehlerursachen untersucht. Dabei werden die Teilfunktionen, die zur Erfüllung der Gesamtfunktion notwendig sind, negiert und ebenfalls in einem weiterführenden Fehlerbaum auf mögliche Fehlerursachen geprüft. Mit der ODER-Verknüpfung wird dabei ausgedrückt, dass bei einem Ausfall einer der vier Teilfunktionen die Funktion des Gehäuses nicht mehr gegeben ist. Demnach kann ein Gehäuseversagen unter anderem auf ein Versagen der Isolierung zur Umgebung zurückgeführt werden. In Abb. 4.26 sind fünf weitere Fehlerursachen aufgeführt. Beispielhaft wird das Versagen der Dichtstelle am Gehäuse näher betrachtet.

Mögliche Ausfallursachen der Dichtstelle sind z. B. eine elastische bzw. plastische Verformung, Überlast oder ein alterungsbedingtes Versagen der Dichtung. Aber auch aufgrund von falscher Berechnung, falscher Materialpaarung, Fehlpositionierung des Dichtelements oder einer falsch gewählten Dichtungsart kann es zum Versagen der Dichtstelle kommen.

Der Ausfall der Drehmomentübertragung soll ebenfalls in einem eigenen Fehlerbaum untersucht werden. Auch hier werden ausgehend von einer ODER-Verknüpfung die

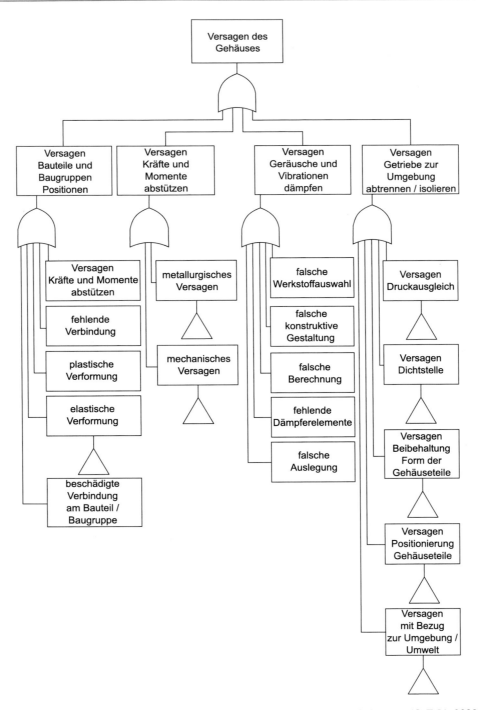

Abb. 4.26 Fehlerbaum des Doppelkupplungsgetriebes – Versagen des Gehäuses. (© IMA 2022. All Rights Reserved)

Fehlerursachen aufgelistet und analysiert. Verantwortlich für mögliche Ausfälle der Drehmomentübertragung sind sowohl die beiden Kupplungen 1 und 2, das Querdifferenzial, die Hohl- und Vollwelle sowie die beiden Vorgelegewellen 1 und 2, als auch die Schaltmechanismen aller sieben Gänge und des Rückwärtsgangs. Umgekehrt bedeutet das, dass bei einem Ausfall einer der Teilfunktionen die Voraussetzungen für die Funktion der Drehmomentübertragung nicht mehr erfüllt sind, was zu einem Ausfall der Gesamtfunktion führt.

Beispielhaft werden in Abb. 4.27 die Teilfehlerbäume für den Ausfall der Drehmomentübertragung dargestellt. Im Folgenden wird detaillierter auf die Ausfälle des 4. Gangs sowie der Kupplungen eingegangen.

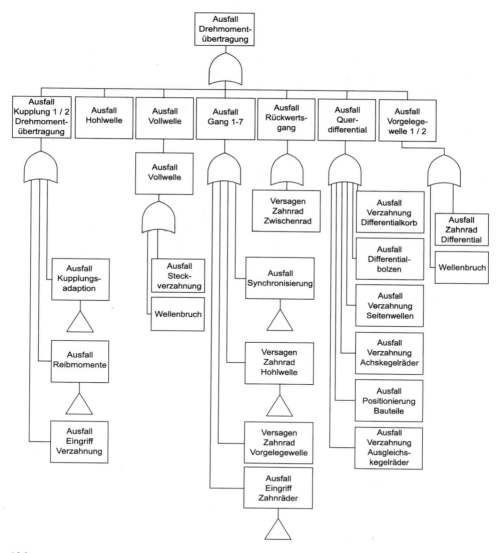

Abb. 4.27 Fehlerbaum des Doppelkupplungsgetriebes – Ausfall Drehmomentübertragung.
(© IMA 2022. All Rights Reserved)

Bei der Untersuchung des Ausfalls des 4. Gangs stellt man fest, dass der Fehler entweder im Bereich der Synchronisierung oder beim Zusammenspiel der Zahnräder auftritt. Dabei kann es sich entweder um ein Versagen eines der beiden Zahnräder auf der Hohl- oder der Vollwelle handeln, bei denen die Fehlerursachen identisch sind, oder der Ausfall lässt sich auf einen Fehler im Eingriff der beiden Zahnräder zurückführen.

Ein Versagen der Zahnräder lässt sich weiter auf zwei Fehlerursachen zurückführen: Schäden an den Zahnflanken oder ein Zahnbruch, wobei letzterer aufgrund eines Gewaltbruchs oder eines Ermüdungsbruchs entstehen kann. Der Fehlerbaum kann mit den Ursachen für Schäden an den Zahnflanken fortgeführt werden. Ursächlich hierfür sind Verschleiß, Korrosion und Ermüdungserscheinungen, sowie Deformationen, Kavitationen oder ein Riss an den Zahnflanken. Für die Analyse dieser Fehlerursachen kann der Fehlerbaum herangezogen und ausgewertet werden.

Eine weitere Fehlerursache für den Ausfall der Drehmomentübertragung ist ein Versagen einer der beiden Kupplungen. Hier sind auf der nächstunteren Ebene drei Fehlerursachen aufgeführt: ein Ausfall der Kupplungsadaption, ein Ausfall des Reibmoments, ein Versagen der Verzahnung für die Welle oder ein Versagen des Eingriffs der Verzahnung. Bei weiterer Betrachtung des Ausfalls des Reibmoments können sowohl spontane als auch kumulative Schädigungen der Kupplung ursächlich für das Fehlverhalten sein. Als spontane Schädigung lassen sich exemplarisch die Verbrennung des Reibbelags oder das Tellern der Stahllamellen als mögliche Fehlerursache nennen. Das Tellern, also eine plastische Verformung der Stahllamellen der Kupplung, kann aufgrund einer falschen Werkstoffwahl, einer falschen Kupplungsaktuation, eines metallurgischen Versagens oder eines Ausfalls der Beölung auftreten. Diese Ursachen stellen Standardeingänge der spontanen Schädigung im Fehlerbaum dar, welcher anschließend mit den kumulativen Schädigungen fortgesetzt werden kann. Als mögliche Fehlerursachen für kumulative Schädigungen lassen sich dagegen ein Materialverlust des Reibbelags, eine Abnahme des Reibniveaus bzw. der Reibperformance sowie ein Fremdkörpereintrag in die Lamellen ermitteln.

4.5   Übungsaufgaben zur Fehlerbaumanalyse

Aufgabe 4.1
Berechnen Sie die Überlebenswahrscheinlichkeit aus dem in Abb. 4.28 gegebenen Funktionsbaum. Ermitteln Sie den dazugehörigen Fehlerbaum.

Abb. 4.28 Funktionsbaum.
(© IMA 2022. All Rights Reserved)

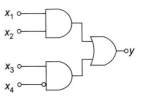

Aufgabe 4.2

Erstellen Sie aus den Blockschaltbildern in Abb. 4.29 jeweils die Fehler- und Funktions-bäume. Bestimmen Sie die jeweilige Ausfallwahrscheinlichkeit F_s der abgebildeten Systeme als Funktion der jeweiligen Komponentenzuverlässigkeiten R_i.

Aufgabe 4.3

Gegeben ist die Prinzipskizze eines Jumbo-Jets, s. Abb. 4.30. Das System „Fahrwerk" fällt dann aus, wenn das Fahrwerk vorne *ODER* das Fahrwerk hinten rechts *UND* hinten links *ODER* das Tragflächenfahrwerk rechts *ODER* links ausfällt. Die Fahrwerksgruppen fallen dann aus, wenn kein einziges Rad mehr zur Verfügung steht.

a) Zeichnen Sie den Fehlerbaum.
b) Geben Sie die Boolesche Systemfunktion für den Ausfall des Systems Fahrwerk an.
c) Ermitteln Sie die Systemgleichung für die Ausfallwahrscheinlichkeit F_s.
d) Geben Sie die Boolesche Systemfunktion für die Funktionsfähigkeit des Systems Fahrwerk an.
e) Ermitteln Sie die Systemgleichung für die Zuverlässigkeit R_s und stellen Sie das Blockschaltbild dar.

Aufgabe 4.4

Um die Zuverlässigkeit einer Sicherheitseinrichtung zu gewährleisten, wird diese redundant aufgebaut. Sie besteht aus drei Generatoren (im Blockschaltbild mit x_1, x_2, x_3 bezeichnet) und zwei Motoren (x_4, x_5), s. Abb. 4.31.

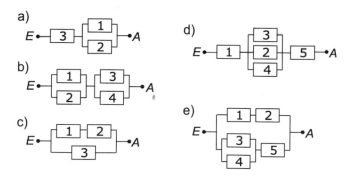

Abb. 4.29 Blockschaltbilder. (© IMA 2022. All Rights Reserved)

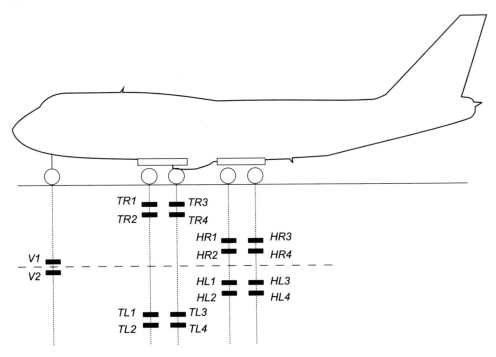

Abb. 4.30 Prinzipskizze Fahrwerk Jumbo-Jet. (© IMA 2022. All Rights Reserved)

Abb. 4.31 Blockschaltbild
einer Sicherheitseinrichtung.
(© IMA 2022. All Rights
Reserved)

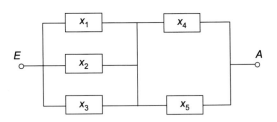

Ermitteln Sie durch Separation von x_2 die Überlebenswahrscheinlichkeit der Sicherheitseinrichtung.

Aufgabe 4.5
Gegeben sei der Teilfehlerbaum eines ABS-Steuergeräts s. Abb. 4.32.

a) Ermitteln Sie die Boolesche Systemfunktion für den Ausfall des Steuergeräts.
b) Berechnen Sie die Ausfallwahrscheinlichkeit des Systems.
c) Geben Sie die Systemfunktion für die Funktionsfähigkeit des Steuergeräts an.
d) Stellen Sie das Blockschaltbild dar.

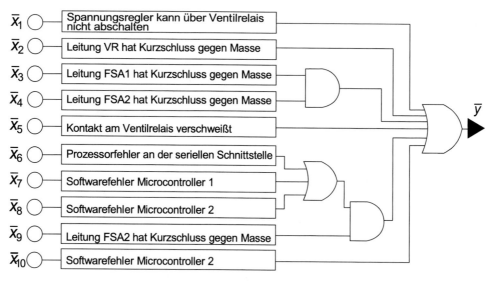

$\overline{x}_1$ ⃝ Spannungsregler kann über Ventilrelais nicht abschalten

$\overline{x}_2$ ⃝ Leitung VR hat Kurzschluss gegen Masse

$\overline{x}_3$ ⃝ Leitung FSA1 hat Kurzschluss gegen Masse

$\overline{x}_4$ ⃝ Leitung FSA2 hat Kurzschluss gegen Masse

$\overline{x}_5$ ⃝ Kontakt am Ventilrelais verschweißt

$\overline{x}_6$ ⃝ Prozessorfehler an der seriellen Schnittstelle

$\overline{x}_7$ ⃝ Softwarefehler Microcontroller 1

$\overline{x}_8$ ⃝ Softwarefehler Microcontroller 2

$\overline{x}_9$ ⃝ Leitung FSA2 hat Kurzschluss gegen Masse

$\overline{x}_{10}$ ⃝ Softwarefehler Microcontroller 2

$\overline{y}$

Abb. 4.32 Teilfehlerbaum eines ABS-Steuergeräts. (© IMA 2022. All Rights Reserved)

Literatur

1. Deutsches Institut für Normung (2007) DIN 61025 Fehlzustandsbaumanalyse – Deutsche Fassung. Beuth, Berlin
2. Masing W (1994) Deutsche Gesellschaft für Qualität DGQ-Schrift 11–19 Einführung in die Qualitätslehre. DGQ, Frankfurt am Main
3. Barlow R E, Fussel J B, Singpurwalla N D (1975) Reliability and Fault Tree Analysis. Society for Industrial and Applied Mathematics, Philadelphia
4. Ericson C (1999) Fault tree analysis – a history from the proceeding of the 17th international system safety conference. Orlando, Florida (USA)
5. Schlick G H (2001) Sicherheit, Zuverlässigkeit und Verfügbarkeit von Maschinen, Geräten und Anlagen mit Ventilen. Expert Verlag, Renningen
6. Verein Deutscher Ingenieure (1998) VDI 4008 Blatt 2 Boolesches Model. VDI, Düsseldorf. Zurückgezogen 2015–07.
7. Meyna A (1994) Zuverlässigkeitsbewertung zukunftsorientierter Technologien. Vieweg, Wiesbaden
8. Vesely W E, Goldberg F F, Roberts N H, Haasl D F (1981) Fault tree handbook. United States Nuclear Regulatory Commission, Washington DC
9. Grams T (2001) Grundlagen Qualitäts- und Risikomanagement. Vieweg, Wiesbaden
10. Gaede K W (1977) Zuverlässigkeit Mathematischer Modelle. Hanser, München/Wien
11. Bronstein I N, Semendjajew K A, Musiol G, Mühlig H (2020) Taschenbuch der Mathematik, 11., akt. Aufl. Haan-Gruiten. Europa-Lehrmittel
12. Pahl G, Beitz W, Feldhusen J, Grote KH (2007) Pahl/Beitz Konstruktionslehre: Grundlagen erfolgreicher Produktentwicklung – Methoden und Anwendung, 7. Aufl. Aufl. Springer, Heidelberg/Berlin
13. Efinger D (2019) Erweiterte Zuverlässigkeitsanalyse eines Doppelkupplungsgetriebes. Institut für Maschinenelemente, Universität Stuttgart, Masterarbeit

Zuverlässigkeitsanalysen anhand von Beispielen

5

Das wesentliche Ziel der Zuverlässigkeitstechnik ist neben der Beseitigung von Schwachstellen das erwartete Ausfallverhalten eines Produktes frühzeitig zu ermitteln bzw. zu prognostizieren. Um zeit- und kostenintensive Versuche zu reduzieren, werden Analyse- und Berechnungsmethoden angestrebt, die sich auf die vorstehend beschriebenen statistischen und wahrscheinlichkeitstheoretischen Grundlagen stützen. Eine treffsichere quantitative Lebensdauerprognose erhält man dabei nur, wenn das Ausfallverhalten der Komponenten bzw. der einzelnen Ausfallmechanismen genau bekannt ist.

Im Folgenden werden Zuverlässigkeitsanalysen anhand von zwei Beispielen durchgeführt. Dabei kommen die Methoden aus den vorangegangenen Kapiteln zum Einsatz, welche universell und produktunabhängig einsetzbar sind. Um dies zu verdeutlichen, wird in Abschn. 5.1 ein mechanisches und in Abschn. 5.2 ein elektrisches System analysiert.

5.1 Zuverlässigkeitsanalyse eines Getriebes

Als mechanisches Beispielsystem dient das in Abb. 5.1 dargestellte einstufige Zahnradgetriebe. Auf der Eingangswelle (EW) des Getriebes sitzt das kleine Getriebe-Eingangszahnrad. Die Leistung wird über das größere Zahnrad auf die Getriebe-Ausgangswelle (AW) übertragen. Neben den Lagern für die Wellen besteht das Getriebe aus einem Gehäuse mit einem Gehäusedeckel und verschiedenen kleinen Lagerdeckeln, die durch Flachdichtungen bzw. Radialwellendichtringe (RWDR) abgedichtet werden. Bei dem Beispielgetriebe handelt es sich also um ein überschaubares System.

© Der/die Autor(en), exklusiv lizenziert an Springer-Verlag GmbH, DE, ein Teil von Springer Nature 2022

B. Bertsche, M. Dazer, *Zuverlässigkeit im Fahrzeug- und Maschinenbau*, https://doi.org/10.1007/978-3-662-65024-0_5

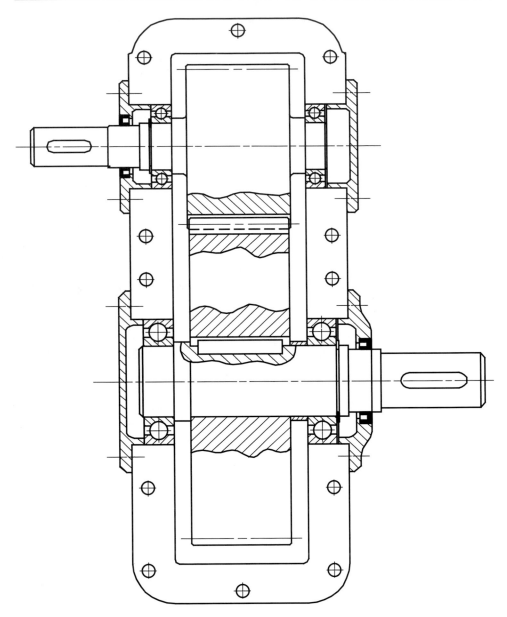

Abb 5.1 Beispielsystem „Einstufiges Zahnradgetriebe"

Zur Ermittlung der erwarteten Systemzuverlässigkeit geht man zweckmäßigerweise entsprechend folgendem Ablaufplan vor:

1. Systemanalyse
2. Bestimmung des Ausfallverhaltens
3. Berechnung der Systemzuverlässigkeit

Abb. 5.2 Ablaufschema zur Analyse des Systems. (© IMA 2022. All Rights Reserved)

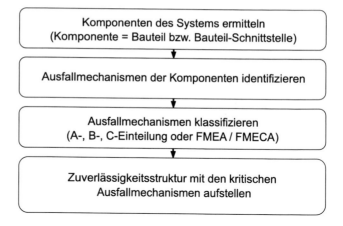

Gehäuse	Wälzlager 1	Lagerdeckel 3
Gehäusedeckel	Wälzlager 2	Lagerdeckel 4
Gehäuseschrauben	Wälzlager 3	Lagerdeckeldichtung 1
Gehäusedeckeldichtung	Wälzlager 4	Lagerdeckeldichtung 2
Eingangswelle	Sicherungsring 1	Lagerdeckeldichtung 3
Ausgangswelle	Sicherungsring 2	Lagerdeckeldichtung 4
Zahnrad 1	Distanzring	Radialwellendichtring 1
Zahnrad 2	Lagerdeckel 1	Radialwellendichtring 2
Passfederverbindung	Lagerdeckel 2	Sechskantschraube 1-12

Abb. 5.3 Komponenten des Beispielsystems „Zahnradgetriebe". (© IMA 2022. All Rights Reserved)

Bei der Systemanalyse werden im Wesentlichen die zuverlässigkeitsrelevanten kritischen Bauteile und die Zuverlässigkeitsstruktur des Systems ermittelt. Danach werden die Systemelemente eingehender betrachtet und deren Ausfallverhalten sowie die Zuverlässigkeit bestimmt. Abschließend wird die Zuverlässigkeit des gesamten Systems berechnet. Diese drei Ablaufschritte werden im Folgenden detailliert erläutert.

5.1.1 Systemanalyse des Getriebes

Das Ablaufschema zur Analyse des Systems ist in Abb. 5.2 dargestellt. Um zunächst einen Überblick über das System zu erhalten, sollten zu Beginn der Analyse sämtliche Komponenten des Systems ermittelt werden. Als Komponenten sind alle Bauteile bzw. Bauteilschnittstellen anzusehen.

In Abb. 5.3 sind alle Komponenten des Beispielsystems „Zahnradgetriebe" aufgelistet. Bereits dieses kleine, überschaubare System besteht aus 38 Komponenten. Schnittstellen können beispielsweise Schrumpfverbindungen oder Schweißverbindungen sein, die neben den Bauteilen zuverlässigkeitskritische Bestandteile eines Systems darstellen können.

Im Bauteilblockdiagramm in Abb. 5.4 sind die Komponenten des Systems vollständig dargestellt.

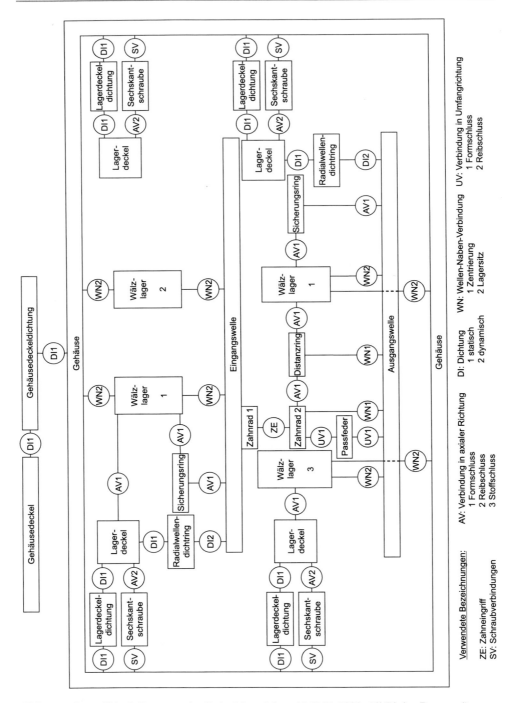

Abb. 5.4 Bauteilblockdiagramm des Beispielgetriebes. (© IMA 2022. All Rights Reserved)

Bruch des Gehäuses	Bruch der Passfederverbindung
Bruch des Gehäusedeckels	Grübchen an Wälzlagern 1–4
Bruch der Gehäuseschrauben	Bruch der Sicherungsringe 1/2
Leckage an Gehäusedeckeldichtung	Bruch des Distanzrings
Bruch der Eingangswelle	Bruch der Lagerdeckel 1–4
Bruch der Ausgangswelle	Leckage an Lagerdeckeldichtungen 1–4
Bruch der Zahnräder 1/2	Verschleiß der Radialwellendichtringe 1/2
Grübchen an Zahnrädern 1/2	Bruch der Sechskantschrauben 1–12

Abb. 5.5 Ausfallmechanismen des Beispielsystems „Zahnradgetriebe". (© IMA 2022. All Rights Reserved)

Einige der ermittelten Komponenten können durch mehrere Ursachen ausfallen. Ein Zahnrad z. B. kann durch Zahnbruch, Grübchen oder Fressen seine Funktionsfähigkeit verlieren. Für die spätere Berechnung empfiehlt es sich, alle Ausfallmechanismen getrennt zu betrachten. Abb. 5.5 zeigt eine Übersicht der Ausfallmechanismen für das Beispielsystem. Die beiden Komponenten Zahnrad 1 und Zahnrad 2 wurden in die Ausfallmechanismen Bruch und Grübchen unterteilt. Fressen kann in diesem Beispiel ausgeschlossen werden, da dieser Ausfallmechanismus nur unter unzulässigen Betriebsbedingungen (z. B. stark erhöhte Öltemperatur) auftritt. Es sei an dieser Stelle angemerkt, dass viele Bauteile bzw. Maschinenelemente mehrere unterschiedliche Ausfallmechanismen aufweisen können, deren Eintreten z. B. von unterschiedlichen Betriebsbedingungen abhängig ist. Die Radialwellendichtringe können neben dem Verschleiß z. B. auch durch eine temperatur- und alterungsbedingte abnehmende Radialkraft ausfallen. Im Rahmen dieses einfachen Beispiels werden diese zur Bewahrung der Übersichtlichkeit vernachlässigt.

Die verschiedenen Komponenten erfüllen unterschiedliche Funktionen und leisten damit auch einen unterschiedlich großen Beitrag zur Systemzuverlässigkeit. Es ist daher nicht sinnvoll bzw. zulässig, alle Komponenten als gleichwertig anzusehen. Eine Klassifizierung der Ausfallmechanismen hinsichtlich deren Kritikalität und Relevanz sollte deshalb durchgeführt werden. Eine unter diesen Gesichtspunkten entwickelte ABC-Analyse der Ausfallmechanismen zeigt Abb. 5.6.

Während das Ausfallverhalten von A-Ausfallmechanismen berechnet werden kann, ist man bei B-Ausfallmechanismen auf Erfahrungswerte oder Versuche angewiesen. Die zuverlässigkeitsneutralen C-Ausfallmechanismen werden bei der Berechnung nicht weiter berücksichtigt.

Die entwickelte ABC-Klassifizierung ist eine vereinfachte Form einer FMEA-Analyse und eignet sich für kleine und überschaubare Systeme. Bei sehr umfangreichen und neuen Systemen sollten die zuverlässigkeitskritischen Elemente mit einer vollständigen FMEA-Analyse ermittelt werden (s. Kap. 3). Für das Beispielsystem „Zahnradgetriebe" ergab sich durch Vorberechnungen und Erfahrungen mit ähnlichen Getrieben sowie durch Fachgespräche die in Abb. 5.7 angegebene Klassifizierung für die Ausfallmechanismen.

Das komplette System wurde durch die Klassifizierung auf 13 kritische Ausfallmechanismen reduziert. Es handelt sich hierbei, abgesehen von den Radialwellendichtringen, um

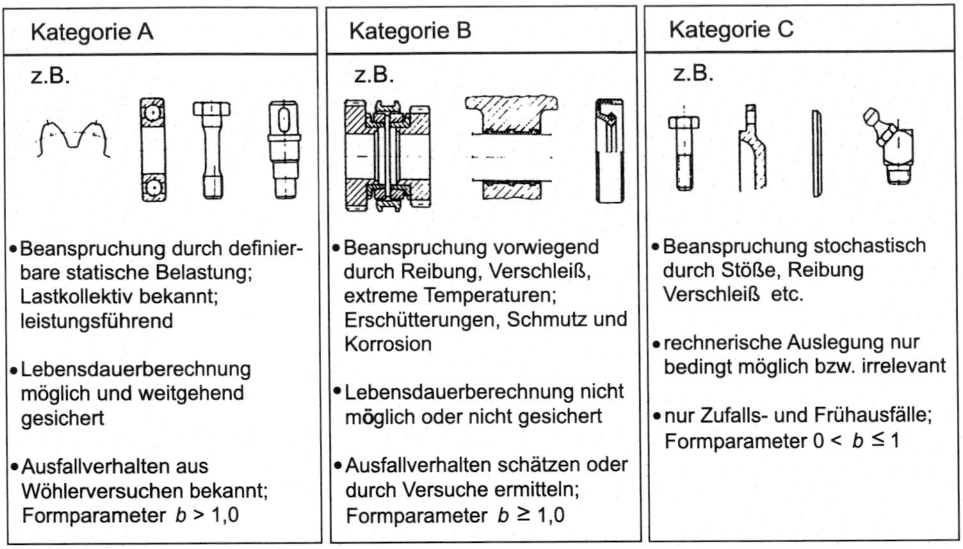

Kategorie A	Kategorie B	Kategorie C
z.B.	z.B.	z.B.
• Beanspruchung durch definierbare statische Belastung; Lastkollektiv bekannt; leistungsführend	• Beanspruchung vorwiegend durch Reibung, Verschleiß, extreme Temperaturen; Erschütterungen, Schmutz und Korrosion	• Beanspruchung stochastisch durch Stöße, Reibung Verschleiß etc.
• Lebensdauerberechnung möglich und weitgehend gesichert	• Lebensdauerberechnung nicht möglich oder nicht gesichert	• rechnerische Auslegung nur bedingt möglich bzw. irrelevant
• Ausfallverhalten aus Wöhlerversuchen bekannt; Formparameter $b > 1{,}0$	• Ausfallverhalten schätzen oder durch Versuche ermitteln; Formparameter $b \geq 1{,}0$	• nur Zufalls- und Frühausfälle; Formparameter $0 < b \leq 1$

Abb. 5.6 ABC-Klassifizierung von Ausfallmechanismen. (© IMA 2022. All Rights Reserved)

Kategorie A	Kategorie B	Kategorie C
Bruch der Eingangswelle	Verschleiß der Radial-	Bruch des Gehäuses
Bruch der Ausgangswelle	wellendichtringe 1/2	Bruch des Gehäusedeckels
Bruch der Zahnräder 1/2		Bruch der Gehäuseschrauben
Grübchen an Zahnräder 1/2		Leckage an Gehäusedeckeldichtung
Bruch der Passfederverbindung		Bruch der Sicherungsringe 1/2
Grübchen an Wälzlager 1–4		Bruch des Distanzrings
		Bruch der Lagerdeckel 1–4
		Leckage Lagerdeckeldichtung 1–4
		Bruch der Sechskantschrauben 1–12

Abb. 5.7 ABC-Klassifizierung der Ausfallmechanismen des Zahnradgetriebes. (© IMA 2022. All Rights Reserved)

die leistungsführenden Bauteile Eingangswelle, Ausgangswelle, Zahnräder, Passfederverbindung und die Wälzlager.

Nach der Klassifizierung wird im nächsten Schritt der Systemanalyse entsprechend des Ablaufschemas in Abb. 5.2 die Zuverlässigkeitsstruktur des Systems ermittelt. Zur Aufstellung des Zuverlässigkeitsblockschaltbildes geht man zweckmäßigerweise von dem Bauteil- bzw. dem Funktionsblockdiagramm oder von dem Schaltbild des Leistungsflusses aus. Beide Diagrammarten zeigen, welche Komponenten beansprucht werden und wie sich deren Ausfälle auf das Gesamtsystem auswirken. Ausgehend von einem dieser Diagramme lässt sich das Zuverlässigkeitsblockschaltbild recht einfach erstellen.

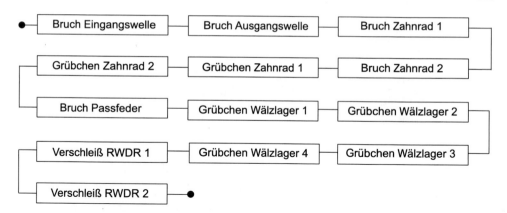

Abb. 5.8 Zuverlässigkeitsblockschaltbild des Zahnradgetriebes (Boolesche Serienstruktur). (© IMA 2022. All Rights Reserved)

Betrachtet man das Bauteilblockdiagramm des Zahnradgetriebes, Abb. 5.4, so erkennt man, dass alle Komponenten für eine korrekte Systemfunktion notwendig sind. Das Auftreten eines einzigen kritischen Ausfallmechanismus in einer dieser Komponenten beendet demnach die Systemlebensdauer. Als Zuverlässigkeitsblockschaltbild ergibt sich damit eine reine Serienstruktur, Abb. 5.8.

Die Systemzuverlässigkeit R_S ergibt sich bei einem Booleschen Seriensystem nach Abschn. 2.3 aus dem Produkt der Zuverlässigkeiten der einzelnen Ausfallmechanismen R_A und beträgt damit:

$$
\begin{aligned}
R_{System} = {} & R_{EW,Bruch} \cdot R_{AW,Bruch} \cdot R_{Zahnrad1,Bruch} \cdot R_{Zahnrad2,Bruch} \cdot R_{Zahnrad1,Grübchen} \\
& \cdot R_{Zahnrad2,Grübchen} \cdot R_{Passfeder,Bruch} \cdot R_{Wälzl.1,Grübchen} \cdot R_{Wälzl.2,Grübchen} \\
& \cdot R_{Wälzl.3,Grübchen} \cdot R_{Wälzl.4,Grübchen} \cdot R_{RWDR1,Verschleiß} \cdot R_{RWDR2,Verschleiß} \cdot
\end{aligned}
\tag{5.1}
$$

Die Systemgleichung Gl. (5.1) beschreibt die kritischen Ausfallmechanismen und ihren funktionalen Zusammenhang. Sie stellt damit das eigentliche Ergebnis der Systemanalyse dar.

5.1.2 Bestimmung des Ausfallverhaltens des Getriebes

Nach der Analyse des Systems muss das noch unbekannte Ausfallverhalten der zuverlässigkeitskritischen Ausfallmechanismen ermittelt werden, s. Abb. 5.9.

In der A-Kategorie existieren relativ genaue Belastungskollektive und Wöhlerlinien. Damit können durch eine Betriebsfestigkeitsberechnung die Lebensdauer und Zuverlässigkeit der Ausfallmechanismen ermittelt werden. Diese berechnete Lebensdauer entspricht meist einem bestimmten Quantil, wie z. B. der B_{10}- oder B_1-Lebensdauer, und ist dadurch einer bestimmten Ausfallwahrscheinlichkeit zugeordnet. Die Umrechnung der B_{10}- bzw. B_1-Le-

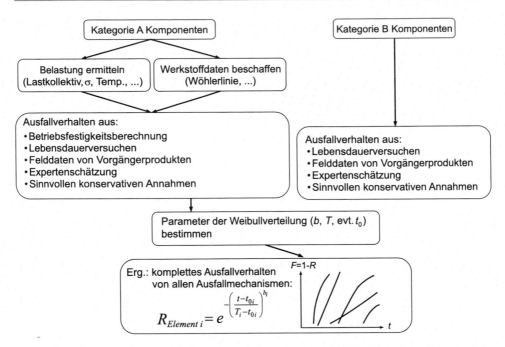

Abb. 5.9 Schema zur Bestimmung des Ausfallverhaltens. (© IMA 2022. All Rights Reserved)

bensdauer in die charakteristische Lebensdauer T ist in Gl. (7.1) und (7.2) angegeben. Im Wahrscheinlichkeitsnetz erhält man damit einen Punkt bzw. einen Parameter der Verteilung: den Skalenparameter. Mit Kenntnis der restlichen Parameter der Verteilung – Formparameter b und evtl. ausfallfreie Zeit t_0 – ergibt sich das gesamte Ausfallverhalten des betrachteten Ausfallmechanismus. Diese Parameter müssen entweder aus Vorinformationen bzw. Experteneinschätzungen abgeschätzt oder aus Feld-, bzw. Testdaten bestimmt werden. Werden Lebensdauertests durchgeführt, kann ohnehin das komplette Ausfallverhalten, also b, T und evtl. t_0 aus den Ergebnissen der Ausfalldaten bestimmt werden, s. Kap. 6.

In Kategorie B ist man bei der Ermittlung des Ausfallverhaltens auf Erfahrungswerte angewiesen. Sind diese Erfahrungen nicht vorhanden, so muss das Ausfallverhalten sinnvoll abgeschätzt werden. Natürlich besteht auch hier die Möglichkeit auf Versuche zurückzugreifen. Versuche sollten ohnehin immer dann durchgeführt werden, wenn eine besonders genaue Kenntnis der Zuverlässigkeit und Lebensdauer erforderlich ist, wie beispielsweise im Rahmen der Zuverlässigkeitsabsicherung oder -validierung, siehe auch Kap. 8.

Bei dem Beispielsystem „Zahnradgetriebe" sind außer den Radialwellendichtringen nur A-Ausfallmechanismen zu berücksichtigen, deren Ausfallverhalten berechnet werden kann. Für diese Ausfallmechanismen wurden für ein angenommenes Eingangsbelastungskollektiv die wichtigen Belastungsgrößen berechnet, z. B. Zahnfußspannungen, Hertzsche Pressungen, Lagerkräfte, usw.

Bruch der Eingangswelle	dauerfest
Bruch der Ausgangswelle	dauerfest
Bruch des Zahnrads 1	70.000 Umdr. EW (B_1)
Bruch des Zahnrads 2	120.000 Umdr. EW (B_1)
Grübchen an Zahnrad 1	500.000 Umdr. EW (B_1)
Grübchen an Zahnrad 2	500.000 Umdr. EW (B_1)
Bruch der Passfederverbindung	dauerfest
Grübchen an Wälzlager 1	1.500.000 Umdr. EW (B_{10})
Grübchen an Wälzlager 2	dauerfest
Grübchen an Wälzlager 3	dauerfest
Grübchen an Wälzlager 4	2.500.000 Umdr. EW (B_{10})

Abb. 5.10 Berechnete B_1- und B_{10}-Lebensdauern der Ausfallmechanismen. (© IMA 2022. All Rights Reserved)

Tab. 5.1 Weibullparameter der A-Ausfallmechanismen

	b	T	t_0
Zahnrad 1 Bruch	1,4	106.600	68.600
Zahnrad 2 Bruch	1,8	185.000	114.500
Zahnrad 1 Grübchen	1,3	2.147.300	450.700
Zahnrad 2 Grübchen	1,3	2.147.300	450.700
Wälzlager 1	1,11	9.400.000	300.000
Wälzlager 4	1,11	15.700.000	500.000

Die Belastungen führen mit Wöhlerlinien und den Lagerdaten zu den in Abb. 5.10 zusammengefassten Lebensdauern.

Diese B_1- und B_{10}-Lebensdauern sind definitionsgemäß einer Ausfallwahrscheinlichkeit von $F(t) = 1\%$ bzw. $F(t) = 10\%$ zugeordnet. Die B_1- und B_{10}-Lebensdauern können mit Gl. (7.1) und (7.2) in die charakteristische Lebensdauer T umgerechnet werden. Die beiden weiteren Parameter der Verteilung – Formparameter b und evtl. ausfallfreie Zeit t_0 – wurden entsprechend den Werten von Kap. 7 ausgewählt. Alle Weibullparameter der nicht dauerfesten Ausfallmechanismen zeigt Tab. 5.1.

Für die beiden Radialwellendichtringe 1 und 2 lässt sich das Ausfallverhalten nicht berechnen. Von diesen beiden Elementen ist jedoch aus Schadensstatistiken ähnlicher Getriebe bekannt, dass sie fast ausschließlich durch Zufallsausfälle versagen. Den Ausfallmechanismen der Radialwellendichtringe wird deshalb der Formparameter $b = 1$ zugeordnet. Für die charakteristischen Lebensdauern wurden ebenfalls die Werte aus den Schadensstatistiken ähnlicher Getriebe übernommen, s. Tab. 5.2.

Mit den Werten aus Tab. 5.1 und 5.2 lässt sich das gesamte Ausfallverhalten der Systemelemente aufzeichnen, s. Abb. 5.11.

Tab. 5.2 Weibullparameter der B-Ausfallmechanismen

	b	T	t_0
RWDR 1	1,0	66.000.000	0
RWDR 2	1,0	66.000.000	0

Abb. 5.11 Ausfallverhalten der Komponenten und des Systems (System: gestrichelt; $B_{10\text{-System}} = 76.000$ Umdrehungen der Eingangswelle). (© IMA 2022. All Rights Reserved)

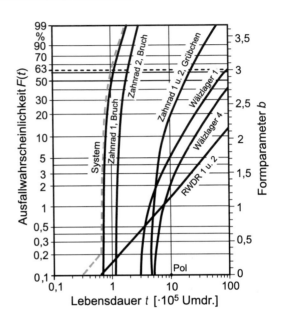

5.1.3 Berechnung der Systemzuverlässigkeit des Getriebes

Den letzten Schritt der Zuverlässigkeitsermittlung bildet die Berechnung der Systemzuverlässigkeit. Dazu wird das ermittelte Ausfallverhalten der Ausfallmechanismen in die Systemgleichung Gl. (5.1) eingesetzt, s. Abb. 5.12.

Das gesamte Systemausfallverhalten lässt sich grafisch darstellen, wenn durch mehrere Wertepaare $R_S(t_S)$ eine Kurve gelegt wird. Diese Systemausfallkurve verläuft links von allen anderen Ausfallkurven. Oft interessiert jedoch nicht das gesamte Systemausfallverhalten, sondern nur, welche Systemlebensdauer sich bei einer bestimmten Systemzuverlässigkeit ergibt oder welche Systemzuverlässigkeit sich bei einer festgelegten Systemlebensdauer einstellt. Diese Werte können aus der Systemgleichung durch eine iterative bzw. durch eine analytische Lösung ermittelt werden, s. Abb. 5.12.

Bei der Berechnung der Systemzuverlässigkeit muss unterschieden werden zwischen Ausfallmechanismen mit einer zweiparametrigen und einer dreiparametrigen Weibullverteilung. Ausfallmechanismen, die mit einer zweiparametrigen Weibullverteilung beschrieben werden, sind bei der Berechnung der Systemzuverlässigkeit immer zu berücksichtigen. Ihre Zuverlässigkeit wird schon ab der Laufzeit $t = 0$ kleiner als 1. Jeder zusätzliche Ausfallmechanismus mit einer zweiparametrigen Weibullverteilung verringert deshalb unmittelbar die Systemzuverlässigkeit. Die Aussage, dass weitere Bauteile die Zuverlässigkeit des Systems zwangsläufig verringern, wird damit für zweiparametrige Ausfallmechanismen bestätigt.

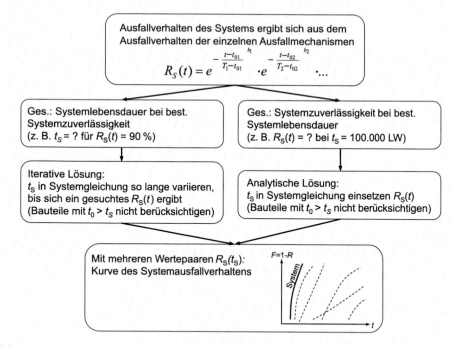

Abb. 5.12   Schema zur Berechnung der Systemzuverlässigkeit. (© IMA 2022. All Rights Reserved)

Ausfallmechanismen mit einer dreiparametrigen Weibullverteilung müssen dagegen bei der Berechnung der Systemzuverlässigkeit nicht immer berücksichtigt werden. Nur diejenigen dreiparametrigen Ausfallmechanismen können Ausfälle verursachen, deren ausfallfreie Zeit t_0 kleiner als die betrachtete Laufzeit t ist. Somit haben dreiparametrige Ausfallmechanismen X nur dann einen Einfluss auf die Systemlebensdauer $t_{x,S}$ (bzw. $B_{x,S}$) wenn gilt:

$$t_0 < t_{x,S}. \tag{5.2}$$

Wird ein System um zusätzliche dreiparametrige Ausfallmechanismen erweitert, deren ausfallfreie Zeit t_0 größer als z. B. die B_{10S}-Lebensdauer ist, so haben diese Ausfallmechanismen keinen Einfluss auf die $B_{10,S}$-Zuverlässigkeit des Systems. Ein direkter Zusammenhang zwischen Komponentenanzahl und Systemzuverlässigkeit besteht in diesen Fällen nicht.

Bei Systemen mit zweiparametrigen und dreiparametrigen Ausfallmechanismen ist zu beachten, dass das System eine zweiparametrige Verteilung besitzt. Dies bedeutet, dass schon ab $t = 0$ mit Ausfällen zu rechnen ist.

Das Beispielsystem „Zahnradgetriebe" besteht überwiegend aus dreiparametrigen Systemelementen. Nur die beiden Radialwellendichtringe RWDR 1 und RWDR 2 besitzen eine zweiparametrige Weibullverteilung, s. Abb. 5.11. Bei der Berechnung der Systemzuverlässigkeit für das Beispielgetriebe ergibt sich, dass das Ausfallverhalten ausschließlich durch die vier Ausfallmechanismen Zahnrad 1 Bruch, Zahnrad 2 Bruch und Verschleiß von RWDR 1 und RWDR 2 festgelegt wird. Die Systemgleichung lautet in diesem Fall:

$$R_{System} = R_{Zahnrad\,1,Bruch} \cdot R_{Zahnrad\,2,Bruch} \cdot R_{RWDR\,1,Verschleiß} \cdot R_{RWDR\,2,Verschleiß} \cdot \qquad (5.3)$$

Durch eine iterative Lösung ergibt sich eine B_{10S}-Systemlebensdauer von 76.000 Umdrehungen bezogen auf die Umdrehungen der Eingangswelle, s. Abb. 5.11.

Den überwiegenden Anteil der Ausfälle verursacht der Ausfallmechanismus *Zahnrad 1 Bruch*. Dieser stellt damit die eindeutige Schwachstelle des Systems dar. Zusammen mit den Ausfallmechanismen *Zahnrad 2 Bruch* und *RWDR 1 Verschleiß* und *RWDR 2 Verschleiß* bestimmt er die gesamte Zuverlässigkeit des Zahnradgetriebes. Die restlichen Bauteile sind so sicher ausgelegt, dass nicht mit Ausfällen zu rechnen ist. Die Ausfallverteilungen der restlichen Mechanismen beginnen nämlich erst, wenn die vier kritischen Mechanismen eine Systemausfallwahrscheinlichkeit von 99 % erreichen, s. Abb. 5.11. Hierfür könnten also im Zuge einer Optimierung „schwächere" Komponenten mit geringeren Kosten oder geringerer Masse verwendet werden, ohne die Systemlebensdauer signifikant zu beeinflussen.

Die ermittelten vier zuverlässigkeitsrelevanten Ausfallmechanismen sind typische Beispiele für Schwachstellen eines Systems, die das Ausfallverhalten überwiegend oder fast ausschließlich festlegen.

5.2   Zuverlässigkeitsanalyse eines Schaltkreises

Die Zuverlässigkeitsanalysen sind gleichermaßen in anderen technischen Disziplinen anwendbar. Dies soll im Folgenden am Beispiel eines elektronischen Schaltkreises gezeigt werden.

In diesem Beispiel liegt der Fokus auf der Systemanalyse und -optimierung auf Basis des Ausfallverhaltens. Gerade elektronische Systeme weisen in frühen Entwicklungsphasen oft noch Früh- und Zufallsausfälle auf, die ggf. durch Maßnahmen beseitigt werden müssen. Die Bestimmung einer quantitativen Systemzuverlässigkeit steht daher in diesem Beispiel nicht im Fokus. Die Berechnung würde analog zum Getriebebeispiel ablaufen.

Im Getriebebeispiel wurden die Ausfallmechanismen anhand des Bauteilblockschaltbildes hergeleitet und die Risikoanalyse mit der ABC-Klassifizierung vorgenommen. Zur Veranschaulichung von weiteren möglichen Methoden werden die Ausfallmechanismen in diesem Beispiel mit einem Funktionsbaum und die Risikoanalyse anhand einer FMEA durchgeführt.

Als Beispielsystem wird eine einfache und übersichtliche elektronische Schaltung als Teil eines größeren Systems betrachtet, s. Abb. 5.13. Die Schaltung dient der Ansteuerung einer Laserdiode und besteht aus fünf Komponenten sowie einem Steckverbinder. Diese sind auf einer Leiterplatte (*engl.* Printed Circuit Board, PCB) aufgebracht.

Durch das Anlegen einer Basis-Emitter-Spannung am Bipolartransistor (T1) fließen ein Basis- und ein Kollektorstrom. Durch den hierbei in Durchlassrichtung fließenden Strom wandelt die Laserdiode (D1) elektrische Energie in Licht um, was ein Lichtsignal im Lichtwellenleiter am betrachteten Systemausgang erzeugt. Dieser Strom, wie auch der Transistorbasisstrom, wird durch die Widerstände R1 und R2 begrenzt. Des Weiteren besteht das betrachtete System als Teil eines größeren Systems aus einer programmierbaren

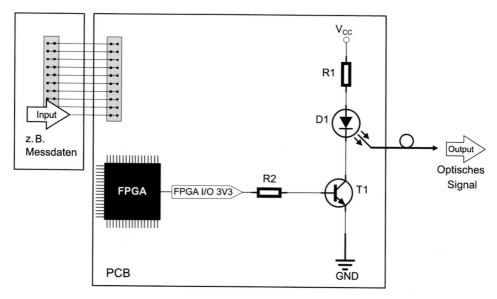

Abb. 5.13 Beispielsystem Laserdiodenansteuerung. (© IMA 2022. All Rights Reserved)

logischen Schaltung (*engl.* Field Programmable Gate Array, FPGA) zur Ansteuerung der Transistorbasis, der Leiterplatte, einem Steckverbinder zur Übertragung der Eingangssignale und der Spannungsversorgung sowie dem Lichtwellenleiter am Ausgang.

5.2.1 Systemanalyse des Schaltkreises

Das zu untersuchende System wird zunächst eingegrenzt und die Schnittstellen werden definiert, s. Abb. 5.14. Hierbei sind neben den rein technischen auch andere Schnittstellen zu beachten, wie solche mit der unmittelbaren Umwelt oder innerhalb der spezifischen Anwendung – z. B. potenzielle elektrische Überlast (*engl.* Electrical Overstress, EOS), elektrostatische Entladung (*engl.* Electrostatic Discharge, ESD) oder elektromagnetische (EM) Strahlung.

Des Weiteren ist diese Betrachtung auf den gesamten Lebenszyklus des Produktes unter Einbeziehung von z. B. Produktions-, Transport- oder Wartungsphasen auszuweiten. Abb. 5.14 stellt lediglich eine Sammlung einiger möglicher Umwelteinflüsse dar. Eine Übersicht verschiedener Umweltfaktoren findet sich in [1, 2]. Im Rahmen dieses Beispiels wird zudem nur auf die unmittelbaren elektrischen Funktionen bzw. Fehlfunktionen der jeweiligen Komponenten eingegangen und auf eine etwaige Beeinflussung dieser Funktionen durch spezifische Umwelteinflüsse verzichtet.

Das System wird, wie in Abb. 5.15 dargestellt, in seine einzelnen Subsysteme und Komponenten untergliedert, wodurch sich eine Systemstruktur auf drei Hierarchieebenen ergibt. Die unterste Systemebene bildet hierbei die Komponentenebene. Die oberste Ebene umfasst die Leiterplatte, auf der die jeweiligen Komponenten aufgebracht sind,

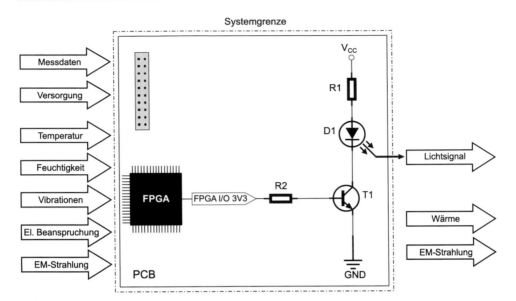

Abb. 5.14 Freischnitt und Schnittstellendefinition der Laserdiodenansteuerung. (© IMA 2022. All Rights Reserved)

während die mittlere eine Zuordnungsebene (Subsystemebene) für die einzelnen Komponenten bildet.

Zusätzlich zur Systemstruktur beinhaltet Abb. 5.15 auch gleichzeitig die Funktionsstruktur durch Zuordnung der jeweiligen Funktionen zu den einzelnen Systemelementen. Auf der Komponentenebene sind dies generell die physikalischen Grundfunktionen, aus denen im Folgenden die entsprechenden Fehlfunktionen abgeleitet werden können. So ist die Funktion eines Widerstands z. B. die Begrenzung eines Stroms bzw. das Einstellen einer bestimmten Spannung.

5.2.2 Fehleranalyse des Schaltkreises

Mithilfe der Funktionsstruktur können die Fehlfunktionen durch Negieren der einzelnen Funktionen ermittelt werden. Für die Ermittlung der kritischen Ausfallmechanismen elektronischer Komponenten kann auf entsprechende Literatur zurückgegriffen werden, s. [3, 4]. So kann beispielsweise ein elektrischer Widerstand auf drei verschiedene Arten ausfallen: entweder durch einen Kurzschluss, einen offenen Stromkreis oder durch die Änderung seines Widerstandswerts.

Ein Auszug der ermittelten Ausfallmechanismen des Systems ist in der dritten Spalte des FMEA-Formblatts in Abb. 5.16 für drei ausgewählte Komponenten aufgeführt. Die sich daraus erschließenden unmittelbaren Ausfallfolgen sowie die Topausfallfolgen auf der Systemebene sind in der ersten Spalte eingetragen.

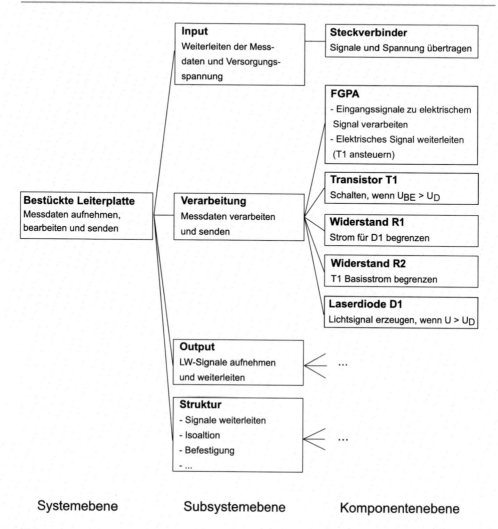

| Systemebene | Subsystemebene | Komponentenebene |

Abb. 5.15 System- und Funktionsstruktur des Beispielsystems Laserdiodenansteuerung. (© IMA 2022. All Rights Reserved)

5.2.3   Risikobewertung und Systemoptimierung des Schaltkreises

Auf Grundlage der ermittelten Ausfallfolgen erfolgt Risikobewertung auf der obersten Systemebene, s. Abb. 5.17, auf die innerhalb dieses Beispiels nicht genauer eingegangen wird.

Für die verbleibenden Bewertungskriterien der RPZ kann für die Auftretenswahrscheinlichkeit eine qualitative Bewertung erfolgen, es können aber auch quantitative Werte z. B. aus Zuverlässigkeitstestdaten der jeweiligen Komponentenhersteller oder aus Ausfallratenkatalogen für elektronische Komponenten entnommen werden, vgl. [5]. Vor allem letztere sollten jedoch nur zur Abschätzung der Auftretenswahrscheinlichkeit während der

			F M E A				Nummer:		
			System				Seite:		
Typ/Modell/Fertigung/Charge **Systemstruktur**			Sach-Nummer: Maßnahmenstand:		Verantwortlich: Firma:		Erstellt:		
FMEA/Systemelement **Schaltkreis**			Sach-Nummer: Maßnahmenstand:		Verantwortlich: Firma:		Erstellt: 01.01.2022 Verändert:		
Mögliche Fehlerfolgen	B	Mögliche Fehler	Mögliche Fehlerursachen	Vermeidungsmaßnahmen	A	Entdeckungsmaßnahmen	E	RPZ	V/T
Systemelement: Steckverbinder J1									
Funktion: Signale und Spannung übertragen									
Kein Messsignal/ Versorgung → Systemausfall		offen		Maßnahmenstand: 01.01.2022 Maßnahmenstand:					
Signal/Versorgung unterbrochen → Systemausfall		unterbrochener/ diskontinuierlicher Kontakt		Maßnahmenstand: 01.01.2022 Maßnahmenstand:					
Systemelement: Widerstand R2									
Funktion: T1 - Basisstrom begrenzen									
Keine Strombegrenzung für T1 → hohe Belastung		Kurzschluss		Maßnahmenstand: 01.01.2022 Maßnahmenstand:					
T1 schaltet nicht → Systemausfall		offen		Maßnahmenstand: 01.01.2022 Maßnahmenstand:					
Systemelement: Transistor T1									
Funktion: Schalten, wenn $U_{BE} > U_D$									
T1 schaltet nicht → Systemausfall		Kurzschluss		Maßnahmenstand: 01.01.2022 Maßnahmenstand:					
T1 schaltet nicht → Systemausfall		offen		Maßnahmenstand: 01.01.2022 Maßnahmenstand:					
undefiniertes Schalten → falsches Lichtsignal		„Floating" Basis		Maßnahmenstand: 01.01.2022 Maßnahmenstand:					

Abb. 5.16 Ausfallmechanismen und zugehörige Ausfallfolgen im FMEA-Formblatt für die Laserdiodenansteuerung. (© IMA 2022. All Rights Reserved)

Entwicklungsphase herangezogen werden, da z. B. die Möglichkeit einer unzureichenden oder veralteten Datenbasis besteht. Des Weiteren sind die gegebenen Ausfallraten oftmals nur für den zweiten Bereich der Badewannenkurve (Zufallsausfälle, λ = konst.) gültig und beziehen deshalb etwaige produktspezifische Früh- bzw. Ermüdungsausfälle nicht mit ein.

Zur Ermittlung der Wahrscheinlichkeit der frühzeitigen Entdeckung der jeweiligen Ausfallursache bzw. zur Vermeidung oder Abmilderung weiterer übergeordneter Ausfallfolgen wird die oberste Systemebene betrachtet. Hierbei können bei elektronischen Systemen Maßnahmen zur Erkennung der zugehörigen Ausfallfolgen, wie z. B. die Überwachung des Lichtsignals am Systemausgang und somit eventuell bereits bestehende Abmilderungsmaßnahmen der zugehörigen Topausfallfolge auf der obersten Systemebene bewertet werden. So kann beispielsweise einem entdeckten Ausfall des Lichtsignals auf Systemebene durch Versetzen des Systems in einen vordefinierten Sicherheitsmodus entgegengewirkt werden, was z. B. durch die Ausfallart „offen" des Widerstands R2 oder „Kurzschluss" des Bipolartransistors T1 hervorgerufen werden kann (E = 1). Auf der anderen Seite besteht im ver-

			F M E A System				Nummer: Seite:		
Typ/Modell/Fertigung/Charge **Systemstruktur**			Sach-Nummer: Maßnahmenstand:	Verantwortlich: Firma:			Erstellt:		
FMEA/Systemelement **Schaltkreis**			Sach-Nummer: Maßnahmenstand:	Verantwortlich: Firma:			Erstellt:　01.01.2022 Verändert:		
Mögliche Fehlerfolgen	B	Mögliche Fehler	Mögliche Fehlerursachen	Vermeidungs- maßnahmen	A	Entdeckungs- maßnahmen	E	RPZ	V/T
Systemelement: Steckverbinder J1									
Funktion: Signale und Spannung übertragen									
Kein Messsignal/ Versorgung → Systemausfall	8	offen		Maßnahmenstand: 01.01.2022 　5 Maßnahmenstand:			1	40	
Signal/Versorgung unterbrochen → Systemausfall	6	unterbrochener/ diskontinuierlicher Kontakt		Maßnahmenstand: 01.01.2022 　2 Maßnahmenstand:			5	60	
Systemelement: Widerstand R2									
Funktion: T1 - Basisstrom begrenzen									
Keine Strombe- grenzung für T1 → hohe Belastung	3	Kurzschluss		Maßnahmenstand: 01.01.2022 　1 Maßnahmenstand:			10	30	
T1 schaltet nicht → Systemausfall	8	offen		Maßnahmenstand: 01.01.2022 　1 Maßnahmenstand:			1	8	
Systemelement: Transistor T1									
Funktion: Schalten, wenn $U_{BE} > U_D$									
T1 schaltet nicht → Systemausfall	8	Kurzschluss		Maßnahmenstand: 01.01.2022 　5 Maßnahmenstand:			1	40	
T1 schaltet nicht → Systemausfall	8	offen		Maßnahmenstand: 01.01.2022 　5 Maßnahmenstand:			1	40	
undefiniertes Schalten → falsches Lichtsignal	10	„Floating" Basis		Maßnahmenstand: 01.01.2022 　10 Maßnahmenstand:			7	700	

Abb. 5.17 Risikobewertung im FMEA-Formblatt für die Laserdiodenansteuerung. (© IMA 2022. All Rights Reserved)

wendeten Beispiel auch die Möglichkeit einer „floating" Basis des Bipolartransistors, was zu einem willkürlichen Schalten führen kann und nicht zwingendermaßen auf der Systemebene erkannt werden muss (E = 7).

Die ermittelten RPZ der zugehörigen Ausfallarten sind in Abb. 5.18 grafisch in aufsteigender Reihenfolge dargestellt. Generell ist die Grenze des akzeptierten Risikos immer sehr individuell und vom jeweiligen Anwendungsfall abhängig. In diesem Fall wurde die Grenze auf einen RPZ-Wert von 300 festgelegt. Zusätzlich kann die Risikobewertung auch mit Hilfe einer Risikomatrix erfolgen, welche zur Beurteilung der Kritikalität elektronischer Systeme verwendet wird. Diese berücksichtigt jedoch auf ihren zwei Achsen lediglich die Kriterien der Ausfallwahrscheinlichkeit und Bedeutung der Ausfallfolge [6].

Optimiert werden diejenigen Ausfallarten und die damit verbundenen Ausfallfolgen, welche oberhalb der definierten Risikogrenze liegen. Aus beiden Bewertungsmethoden in Abb. 5.18 ist ersichtlich, dass die Ausfallart einer „floating" Basis des Bipolartransistors T1 mit dem höchsten Risiko bewertet ist und als einzige oberhalb des akzeptieren Risikos liegt.

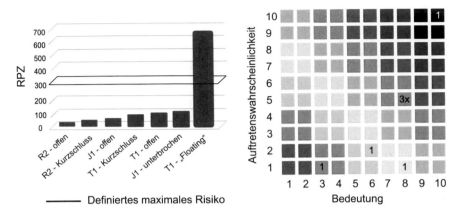

Abb. 5.18 Risikobewertung im FMEA-Formblatt für das Beispielsystem Laserdiodenansteuerung anhand der RPZ (links) und innerhalb einer Risikomatrix (rechts). (© IMA 2022. All Rights Reserved)

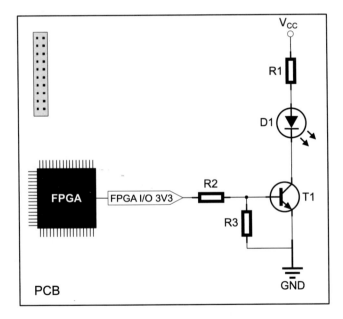

Abb. 5.19 Zusätzlicher Pull-Down-Widerstand R3 als Optimierungsmaßnahme für das Beispielsystem Laserdiodenansteuerung. (© IMA 2022. All Rights Reserved)

Diese Ausfallart kann konstruktiv entschärft werden, indem ein zusätzlicher Pull-Up-bzw. Pull-Down-Widerstand an der Basisleitung eingefügt wird, vgl. Abb. 5.19. Durch diese Vermeidungsmaßnahme kann die Wahrscheinlichkeit eines undefinierten Schaltzustands des Bipolartransistors deutlich reduziert werden. Diese konstruktive Änderung hat jedoch zur Folge, dass eine Neubewertung der Schaltung innerhalb des FMEA-Formblatts, insbesondere eine Bewertung des zusätzlichen Widerstands R3, erfolgen muss.

				FMEA					
				System			Nummer:		
							Seite:		
Typ/Modell/Fertigung/Charge				Sach-Nummer:		Verantwortlich:	Erstellt:		
Systemstruktur				Maßnahmenstand:		Firma:			
FMEA/Systemelement				Sach-Nummer:		Verantwortlich:	Erstellt:	01.01.2022	
Schaltkreis				Maßnahmenstand:		Firma:	Verändert:		
Mögliche Fehlerfolgen	B	Mögliche Fehler	Mögliche Fehlerursachen	Vermeidungsmaßnahmen	A	Entdeckungsmaßnahmen	E	RPZ	V/T
...									

Systemelement: Transistor T1

Funktion: Schalten, wenn $U_{BE} > U_D$

Mögliche Fehlerfolgen	B	Mögliche Fehler	Mögliche Fehlerursachen	Vermeidungsmaßnahmen	A	Entdeckungsmaßnahmen	E	RPZ	V/T
T1 schaltet nicht → Systemausfall	8	Kurzschluss		Maßnahmenstand: 01.01.2022	5		1	40	
				Maßnahmenstand: 01.03.2022 Höhere Komponentenqualität → MOSFET	2		1	16	Hintz
T1 schaltet nicht → Systemausfall	8	offen		Maßnahmenstand: 01.01.2022	5		1	40	
				Maßnahmenstand: 01.03.2022 Höhere Komponentenqualität → MOSFET	2		1	16	Dazer
Undefiniertes Schalten → Falsches Lichtsignal	10	„Floating" Basis		Maßnahmenstand: 01.01.2022	10		7	700	
				Maßnahmenstand: 01.03.2022 Zusätzlicher Pull-Up/Pull-Down Widerstand	1		7	70	Bertsche

Systemelement: Widerstand R3

Funktion: Leitung auf GND ziehen, wenn $U_{FPGA\,I/O} = 0V$

Mögliche Fehlerfolgen	B	Mögliche Fehler	Mögliche Fehlerursachen	Vermeidungsmaßnahmen	A	Entdeckungsmaßnahmen	E	RPZ	V/T
T1 schaltet nicht → Systemausfall	8	Kurzschluss		Maßnahmenstand: 01.03.2022	1		1	8	
				Maßnahmenstand:					
„Floating" Basis T1 → falsches Lichtsignal	10	offen		Maßnahmenstand: 01.03.2022 CRC für gesendete Pakete	1		7	70	Hintz
				Maßnahmenstand:					

Abb. 5.20 Optimierungsschritt mit zusätzlichem Widerstand R3 im FMEA-Formblatt für das Beispielsystem Laserdiodenansteuerung. (© IMA 2022. All Rights Reserved)

Wie in der zusätzlichen Zeile in Abb. 5.20 dargestellt, führt die Ausfallart „offen" nun für den Widerstand R3 zur Ausfallfolge einer „floating" Basis des Bipolartransistors und der daraus folgenden Topausfallfolge eines potenziell falschen Lichtsignals. Durch die konstruktive Änderung wurde jedoch die Wahrscheinlichkeit dieser Ausfallfolge auf der Systemebene deutlich reduziert, wodurch nun alle ermittelten Ausfallarten unterhalb des maximal definierten Risikos liegen.

Für den Fall, dass das verbleibende Risiko der Ausfallfolge „floating" Basis dennoch als zu hoch eingestuft wird, ist eine weitere Iterationsschleife erforderlich. In der entsprechenden Spalte in Abb. 5.20 ist hierfür eine potenzielle Vermeidungsmaßnahme für die Ausfallfolge beschrieben, welche auf der Systemebene eingeführt werden kann. So kann z. B. eine zyklische Redundanzprüfung (*engl.* Cyclic Redundancy Check, CRC) innerhalb der Kommunikation über den Lichtwellenleiter realisiert werden.

Literatur

1. US Department of Defense (2019) MIL-STD-810H: test method standard – environmental engineering considerations and laboratory tests.
2. US Department of Defense (2015) MIL-STD-202H: test method standard – electronic and electrical component parts
3. Reliability Analysis Center (1991) FMD-91: failure mode/mechanism distributions
4. US Department of Defense (1998) MIL-HDK-338B: electronic reliability design handbook
5. Bertsche B, Göhner P, Jensen U, Schinköthe W, Wunderlich H-J (2009) Zuverlässigkeit mechatronischer Systeme – Grundlagen und Bewertung in frühen Entwicklungsphasen, S 63–66, Springer-Verlag GmbH
6. Werdich M (2012) FMEA – Einführung und Moderation. Springer Vieweg, Wangen

Auswertung von Lebensdauerdaten und Ausfallstatistiken

Wie bereits in Kap. 2 ausführlich beschrieben, ist die Lebensdauer von Produkten oder Systemen als Zufallsvariable aufzufassen. Durch die Vielzahl an unterschiedlichen Einflussfaktoren, je nach Anwendung, unterliegt die Lebensdauer meist einer nicht unerheblichen Streuung. Deshalb sind für die Auswertung von Lebensdauerdaten statistische Methoden notwendig.

Den Schwerpunkt dieses Kapitels bildet die Auswertung von Ausfallzeiten, um damit das charakteristische Ausfallverhalten von Bauteilen und Systemen angeben zu können. Dabei werden die für die Praxis wichtigsten Vorgehensweisen für die Auswertung von Prüfstandsversuchen sowie Felddaten behandelt.

Aus Anwenderperspektive werden eigentlich zuerst die Methoden der Zuverlässigkeitstestplanung benötigt, um überhaupt Lebensdauerdaten zu erheben. Diese basieren aber im Wesentlichen auf denen in diesem Kapitel beschriebenen Auswerteverfahren, weshalb aus didaktischen Gründen zunächst die Lebensdauerdatenauswertung beschrieben wird.

Die Hauptaufgabe im Rahmen der Lebensdauerdatenauswertung liegt darin, aus den Lebensdauerdaten eine passende mathematische Verteilungsfunktion zu bestimmen. Mit dieser Verteilungsfunktion lässt sich dann einerseits das Ausfallverhalten erfassen, beschreiben und eine Lebensdauerprognose durchführen, beispielsweise im Rahmen einer Risikoeinschätzung. Andererseits werden auch Vergleiche von Produkten, z. B. Vorgänger- und Nachfolgerprodukt, hinsichtlich der Lebensdauer ermöglicht. Dazu werden die unbekannten Verteilungsparameter durch verschiedene grafische und analytische Methoden bestimmt. Als Lebensdauerverteilung wird im Wesentlichen die Weibullverteilung verwendet, da sie in ihrer Anwendung sehr flexibel und damit auch in der Industrie einer der am häufigsten angewendeten Verteilungen ist.

© Der/die Autor(en), exklusiv lizenziert an Springer-Verlag GmbH, DE, ein Teil von Springer Nature 2022
B. Bertsche, M. Dazer, *Zuverlässigkeit im Fahrzeug- und Maschinenbau*,
https://doi.org/10.1007/978-3-662-65024-0_6

Die für die Auswertung wichtigen Vertrauensbereiche werden ausführlich erläutert. Dies ist notwendig, da man üblicherweise nicht in der Lage ist, die Lebensdauern sämtlicher Teile (statistisch: der Grundgesamtheit) zu erfassen. Nur von einer kleinen Anzahl von Bauteilen kann man im Allgemeinen die Ausfallzeiten ermitteln. In der Statistik wird diese beschränkte Anzahl als Stichprobe aus der Grundgesamtheit bezeichnet, s. Abb. 6.1. Bei der Auswertung ohne die Berücksichtigung der Vertrauensbereiche erhält man deshalb nur eine Aussage über die Stichprobe. Von Interesse ist aber eine Aussage über die Grundgesamtheit! Besonders bei wenigen geprüften Teilen kann das Ergebnis der Stichprobe von dem tatsächlichen Verhalten der Grundgesamtheit stark abweichen. Hier hilft wieder die Statistik mit ihren Vertrauensbereichen weiter, mit denen die Vertrauenswürdigkeit der Stichprobenergebnisse angegeben werden kann. Auf diese Weise lässt sich das Ausfallverhalten der Grundgesamtheit abschätzen.

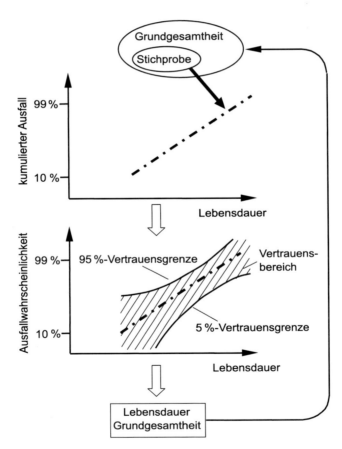

Abb. 6.1 Schluss von der Stichprobe auf die Grundgesamtheit. (© IMA 2022. All Rights Reserved)

6.1 Ranggrößen und ihre Verteilungen

Die Auswertung von Ausfallzeiten, die in den folgenden Abschnitten behandelt wird, beruht auf der Verteilung von Ranggrößen. Um die Vorgehensweise bei der Auswertung genau verstehen zu können, ist es deshalb sehr wichtig, die Entstehung und die Bedeutung von Ranggrößenverteilungen zu kennen. Allerdings ist die Herleitung der Ranggrößenverteilungen wahrscheinlichkeitstheoretisch etwas aufwendig. Dieser Abschnitt richtet sich deshalb an besonders Interessierte, die die genauen Zusammenhänge verstehen möchten. Ist man dagegen nur an der Auswertung der Ausfallzeiten interessiert, so kann dieser Abschnitt übersprungen werden.

6.1.1 Ermittlung von $F(t)$ der ausgefallenen Bauteile

Aus Lebensdauerversuchen oder Schadensstatistiken erhält man die Ausfallzeiten der Bauteile bzw. Systeme. Für eine Auswertung mit dem Wahrscheinlichkeitsnetz stehen mit diesen Ausfallzeiten aber lediglich die Abszissenwerte der einzelnen Ausfälle zur Verfügung, nicht aber die Ordinatenwerte. Jedem Ausfall muss also noch eine bestimmte Ausfallwahrscheinlichkeit $F(t)$ zugeordnet werden. Ein Beispiel soll die Zusammenhänge verdeutlichen:

Geprüft wurde eine Stichprobe vom Umfang $n = 30$ Bauteilen. Aus dem Versuch resultieren 30 unterschiedliche Lebensdauerwerte t_i, die entsprechend ihrer Größe geordnet wurden:

$$t_1, t_2, t_3, \ldots t_{29}, t_{30} \text{ mit } t_i < t_{i+1};$$

$$\text{z. B. } t_1 = 100.000 \text{ LW}, \ldots t_5 = 400.000 \text{ LW}, \ldots t_{30} = 3.000.000 \text{ LW}.$$

Diese geordneten Größen werden als Ranggrößen bezeichnet. Der Index i entspricht der Rangzahl.

Nach Ausfall der 1. Ranggröße ist 1/30 der Stichprobe ausgefallen. Mit der 2. Ranggröße sind es 2/30 usw. Man könnte nach dieser Betrachtungsweise der 1. Ranggröße entsprechend eine Ausfallwahrscheinlichkeit $F(t) = 1/30 = 3,3\%$ zuordnen, der 2. Ranggröße ein $F(t) = 6,7\%$ usw. Dadurch würde sich das Ausfallverhalten der geprüften Bauteile in Form einer Summenhäufigkeit bzw. einer empirischen Verteilungsfunktion, s. Abb. 2.10, darstellen lassen.

Zu beachten ist hier allerdings, dass mit dieser sehr einfachen Herangehensweise nur die Ausfallzeiten einer einzigen Stichprobe betrachtet werden. Denn bei Betrachtung einer anderen Stichprobe vom gleichen Umfang würden sich nicht genau die gleichen Lebensdauerkennwerte ergeben:

$$\text{z. B. } t_1 = 120.000 \text{ LW}, \ldots t_5 = 350.000 \text{ LW}, \ldots t_{30} = 2.500.000 \text{ LW}.$$

Für m Stichproben ergibt sich die Matrixstruktur in Abb. 6.2.

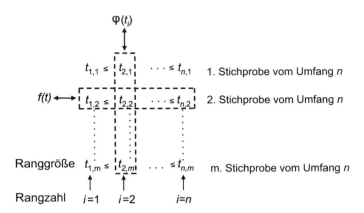

Abb. 6.2 Ranggrößen von m Stichproben mit Umfang n. (© IMA 2022. All Rights Reserved)

Die Ausfallzeit einer Ranggröße, d. h. einer Spalte in Abb. 6.2, unterliegt somit ebenfalls einer gewissen Streuung. Eine Ranggröße ist damit ebenfalls als eine Zufallsvariable aufzufassen, der eine Verteilung zugeordnet werden kann. Im Gegensatz zu den Lebensdauerverteilungen wird die Dichtefunktion von Ranggrößen mit $\varphi(t_i)$ bezeichnet.

Die mathematische Herleitung der Ranggrößenverteilung basiert auf einer Multinomialverteilung (Trinomialverteilung), die eine erweiterte Binomialverteilung darstellt [1–4]. Die Ranggrößenverteilung lässt sich deshalb ähnlich wie eine Binomialverteilung theoretisch entwickeln. Ausgangspunkt für die Herleitung ist eine Grundgesamtheit von Bauteilen mit den bekannten Ausfallfunktionen $f(t)$ bzw. $F(t)$. Von dieser Grundgesamtheit wird eine Stichprobe von n Bauteilen ausgewählt. Betrachtet wird nun die i-te Ranggröße, die in Abb. 6.3 bei der Zeit t_i im Bereich 2 liegt. Für einen Versuch mit einem Bauteil ist die Wahrscheinlichkeit, dass die Ausfallzeit in den Bereich 2 fällt gleich $f(t_i)dt$, für den Bereich 1 beträgt die Wahrscheinlichkeit gleich $F(t_i-0{,}5dt)$ und für den Bereich 3 gleich $(1-F(t_i+0{,}5dt))$. Nach Beendigung aller Stichproben-Versuche wird die i-te Ranggröße im Bereich 2 liegen, während sich im Bereich 1 $(i-1)$ und im Bereich 3 $(n-i)$ Ausfälle befinden. Für die gesamten Stichprobenversuche dieser einen Grundgesamtheit beträgt deshalb die Wahrscheinlichkeit, dass ein bestimmtes Bauteil im Bereich 2 von Abb. 6.3 ausfällt:

$$\varphi(t_i) = F(t_i)^{i-1} \cdot f(t_i) \cdot \left[1 - F(t_i)\right]^{n-i}. \tag{6.1}$$

In der Gl. (6.1) wurde dabei der Grenzübergang $dt \rightarrow 0$ vollzogen. Da jedes Bauteil in jedem der drei Bereiche ausfallen kann, müssen noch sämtliche Kombinationsmöglichkeiten berücksichtigt werden. Als Dichtefunktion der Ranggrößen ergibt sich schließlich:

$$\varphi(t_i) = \frac{n!}{(i-1)! \, 1! (n-1)!} F(t_i)^{i-1} \cdot f(t_i) \cdot \left[1 - F(t_i)\right]^{n-i}. \tag{6.2}$$

Abb. 6.3 Einteilung der Zeitachse in drei Bereiche zur Herleitung der Multinomialverteilung. (© IMA 2022. All Rights Reserved)

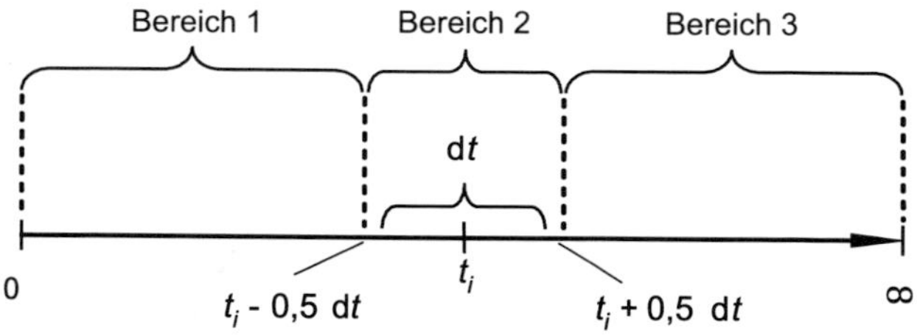

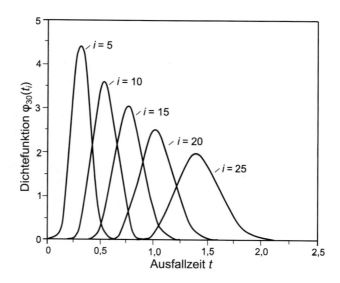

Abb. 6.4 Dichtefunktionen der i-ten Ranggrößen in einer Stichprobe vom Umfang $n = 30$ (Ausgangsverteilung: zweiparametrige Weibullverteilung mit $b = 1{,}5$ und $T = 1$). (© IMA 2022. All Rights Reserved)

Wie bereits erwähnt, bedeuten $f(t_i)$ und $F(t_i)$ die Dichtefunktion bzw. Ausfallwahrscheinlichkeit der Ausgangsverteilung an der Stelle t_i.

Die Abb. 6.4 zeigt die grafische Darstellung von Gl. (6.2) an einem Beispiel. Als Ausgangsverteilung wurde eine zweiparametrige Weibullverteilung mit den Parametern $b = 1{,}5$ und $T = 1$ verwendet. Man erkennt in Abb. 6.4 sehr deutlich, dass die Ausfallzeiten der Ranggrößen in einem gewissen Zeitbereich mit unterschiedlicher Wahrscheinlichkeit streuen. Die 5. Ranggröße streut z. B. zwischen ungefähr 0,1 und 0,7, wobei eine Ausfallzeit von 0,3 (= Modalwert) am häufigsten auftreten wird. Die Extremwerte 0,1 und 0,7 werden dagegen nur mit einer recht kleinen Wahrscheinlichkeit eintreten. Da die Ausfallwahrscheinlichkeit mit $b = 1{,}5$ degressiv ansteigt, werden mit zunehmender Rangzahl die Dichtefunktionen $\varphi(t_i)$ flacher.

Bei den bisherigen Überlegungen musste die Verteilung der Ausfallzeiten bekannt sein. Bei einer üblichen Auswertung ist dies jedoch nicht der Fall, stattdessen soll die Ausfallwahrscheinlichkeit der Ausfallzeiten ermittelt werden.

Die gesuchten Ausfallwahrscheinlichkeiten der Ausfallzeiten müssen Werte zwischen 0 und 1 annehmen. Keine der Ranggrößen sollte dabei bevorzugt werden, so dass die Ranggrößen etwa gleichmäßig den Ausfallwahrscheinlichkeiten von 0 bis 1 zuzuordnen sind. Es hat sich deshalb als zweckmäßig erwiesen, folgende Transformation durchzuführen:

$$F\left(t_{i}\right) = F\left(u\right) = u, \qquad 0 < u < 1, \tag{6.3}$$

$$f\left(u\right) = 1, \qquad 0 < u < 1. \tag{6.4}$$

Die Gln. (6.3) und (6.4) beschreiben eine Gleichverteilung, die die vorstehend genannten Voraussetzungen erfüllt: Die Verteilungsfunktion ist im Bereich [0, 1] definiert und durch die konstante Dichtefunktion sind die Ranggrößen als gleichwertig anzusehen. Die Ranggrößen sind deshalb im Intervall [0, 1] gleichmäßig verteilt.

Durch Einsetzen der Gln. (6.3) und (6.4) in Gl. (6.2) erhält man die gesuchte Dichtefunktion für die Ausfallwahrscheinlichkeiten der Ranggrößen:

$$\varphi_{n}\left(u\right) = \frac{n!}{\left(i-1\right)!\,1!\left(n-1\right)!} \cdot u^{i-1} \cdot \left(1-u\right)^{n-i} \tag{6.5}$$

Die Gl. (6.5) entspricht einer Betaverteilung mit der Betavariablen u und mit den Parametern a und b, wobei $a = i$ und $b = n-i+1$ zu setzen ist [2, 3]. Der Quotient entspricht dabei der inversen der Beta-Funktion.

Die Aussagen von Gl. (6.5) lassen sich durch die Abb. 6.5 grafisch veranschaulichen. Die Abb. 6.5 zeigt für den in Abb. 6.4 dargestellten Fall die Dichtefunktion der Beta-

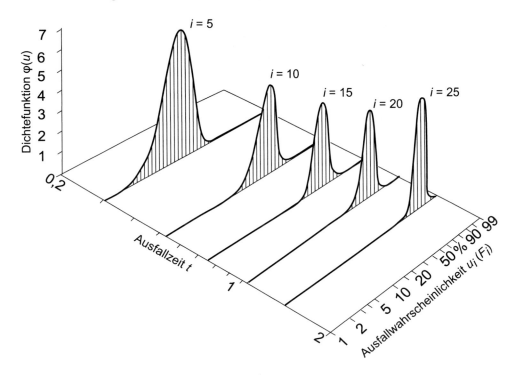

Abb. 6.5 Dichtefunktionen der Betavariablen u für den Fall von Abb. 6.4 (dargestellt für feste Werte t_i, die aus dem Medianwert der Weibullverteilung berechnet wurden). (© IMA 2022. All Rights Reserved)

variablen u über einem Weibullwahrscheinlichkeitspapier. Wegen der Gl. (6.3) kann die Betavariable u als Ausfallwahrscheinlichkeit $F(t_i)$ interpretiert werden. Die Abb. 6.5 zeigt somit sehr deutlich, dass die der i-ten Ranggröße zuzuordnende Ausfallwahrscheinlichkeit $F(t_i)$ in einem gewissen Bereich mit der dort angegebenen Dichte streut. Der 25. Ranggröße z. B. müsste eine Ausfallwahrscheinlichkeit von etwa 60 % bis 98 % zugeordnet werden. Der Modalwert mit 75 % wäre in den meisten Fällen die richtige Zuordnung, wogegen die Extremwerte nur in sehr seltenen Fällen für die 25. Ausfallzeit passend wären.

Bei der Auswertung von Ausfallzeiten versucht man jeder Ausfallzeit eine einzige Ausfallwahrscheinlichkeit zuzuordnen und dann durch die in das Weibullwahrscheinlichkeitsnetz eingetragenen Punkte eine Gerade zu legen. Aus dem Streubereich der Ausfallwahrscheinlichkeit muss deshalb ein am besten geeigneter Wert ausgewählt werden. Als guter Schätzwert eignet sich einer der drei Mittelwerte: arithmetischer Mittelwert, Median oder Modalwert. Die Größe dieser Mittelwerte lässt sich aus der Dichtefunktion $\varphi(u)$ bzw. der Betaverteilung aus Gl. (6.5) ermitteln:

$$\text{Mittelwert}: u_m = \frac{i}{n+1}; \tag{6.6}$$

$$\text{Median}: u_{median} \approx \frac{i-0{,}3}{n+0{,}4}; \tag{6.7}$$

$$\text{Modalwert}: u_{modal} = \frac{i-1}{n-1}. \tag{6.8}$$

Für den Median gibt es keine geschlossene Lösung. Die Gl. (6.7) ist deshalb nur eine Näherungslösung nach Benard [5]. Sehr genaue Werte für den Median sind in der Tab. A.2 im Anhang enthalten.

Es stellt sich nun die Frage, welcher der drei Mittelwerte als Schätzwert für die Ausfallwahrscheinlichkeit $F(t_i)$ zu nehmen ist. Bei genauer Betrachtung ergibt sich jedoch, dass keiner der drei Maßzahlen der Vorzug vor den anderen zu geben ist. Die Werte unterscheiden sich für große n und nicht zu nahe bei 1 oder n gelegene Ranggrößen i sowieso recht wenig.

In praktischen Zuverlässigkeitsanwendungen wird vor allem der Median u_{median} verwendet, aufgrund seiner Ausreißerunabhängigkeit bei kleineren Stichproben. Den Ausfallzeiten t_i wird damit die Ausfallwahrscheinlichkeit

$$F(t_i) \approx \frac{i-0{,}3}{n+0{,}4} \quad (\text{Median}) \tag{6.9}$$

zugeordnet. Für $i = 25$ ergibt sich z. B. als Median $F(t_{25}) = 81{,}3$ %, s. Abb. 6.6. In 50 % der Fälle ist also zu erwarten, dass die tatsächlich zuzuordnende Ausfallwahrscheinlichkeit größer als 81,3 % ist. In den restlichen 50 % der Fälle liegen die Werte unterhalb von 81,3 %.

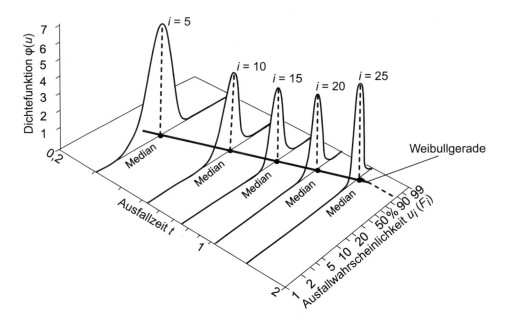

Abb. 6.6 Dichtefunktionen der Ranggrößenausfallwahrscheinlichkeiten mit den Medianwerten und der Weibullgerade. (© IMA 2022. All Rights Reserved)

Im Idealfall kann durch die Wertepaare $(t_i, F(t_i))$ eine Gerade – die Weibullgerade – gelegt werden, s. Abb. 6.6.

6.1.2 Vertrauensbereiche

Die Zuordnung der Ausfallzeiten zu einem bestimmten Mittelwert ist alleine nicht befriedigend, da die Ausfallwahrscheinlichkeiten der Ranggrößen in einem gewissen Bereich streuen können. Die Weibullgerade ist damit nur eine Möglichkeit das Versuchsgeschehen zu beschreiben. Wird der Median zur Ermittlung von $F(t_i)$ benutzt, so stellt die Weibullgerade diejenige Gerade dar, die im Mittel die wahrscheinlichste ist. In 50 % der Fälle liegen die Ausfallereignisse unterhalb, in 50 % der Fälle oberhalb der Weibullgeraden. Möchte man wissen, in welchem Bereich die tatsächliche Gerade der Grundgesamtheit zu erwarten ist bzw. wie stark man der Weibullgeraden vertrauen kann, so muss man den sogenannten Vertrauensbereich der Weibullgerade ermitteln. Ein Vertrauensbereich wird dabei durch die Wahrscheinlichkeit gekennzeichnet, mit der eine Zufallsvariable in diesem Bereich liegt. Er charakterisiert also maßgeblich den Fehler der zwangsläufig durch die aus der Grundgesamtheit entnommenen Stichprobe entsteht, den sogenannten Stichprobenfehler bzw. die epistemische Unsicherheit. Ein 90 %-iger Vertrauensbereich z. B. bedeutet, dass in 90 von 100 Fällen die geschätzten Parameter in diesem Bereich auftreten. Im Sinne des Ausfallverhaltens bedeutet dies, dass mit einer 90 %-igen Wahrscheinlichkeit die wahre Weibullverteilung (und damit das wahre Ausfallverhalten) innerhalb des Vertrauensbereichs liegt. Wir sprechen aufgrund dieser Vertrauensangabe auch von der Aussagesicherheit bzw. Aussagewahrscheinlichkeit P_A. Das Pendant zur Aussagewahrscheinlichkeit ist die Irrtumswahrscheinlichkeit. In Abb. 6.7 ist exemplarisch ein 90 %-Vertrauensbereich für die Ranggrößen eingezeichnet.

Die Grenzwerte der Vertrauensbereiche können mit dem Integral der Dichtefunktion von Gl. (6.5) berechnet werden. Überführt man Gl. (6.5) in eine Betaverteilung und interpretiert die Variable $1-u$ als Zuverlässigkeit R lässt sich schreiben:

$$f(R) = \frac{R^{a-1} \cdot (1-R)^{b-1}}{\beta(a, b)} \tag{6.10}$$

$\beta(a, b)$ ist dabei die Betafunktion die in der Betaverteilung als Normierung verwendet wird. Durch Integration von Gl. (6.10) lässt sich nun der Vertrauensbereich bestimmen.

Neben dem zweiseitigen Vertrauensbereich ist es ebenso möglich einseitige Vertrauensbereiche zu verwenden, siehe Abb. 6.8. Gerade bei einem Zuverlässigkeitsnachweis wird z. B. nur ein rechtsseitiger Vertrauensbereich verwendet, da eine Mindestzuverlässigkeit nachgewiesen werden soll. Der zweiseitige Vertrauensbereich wird verwendet, wenn die Lage der Weibullverteilung von Interesse ist. Ein linksseitiger Vertrauensbereich wird in

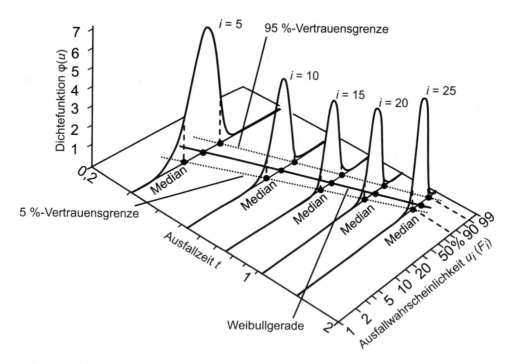

Abb. 6.7 Dichtefunktionen der Ranggrößenausfallwahrscheinlichkeiten und ihre 90 %-Vertrauensbereiche. (© IMA 2022. All Rights Reserved)

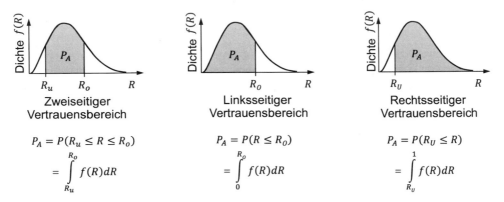

Abb. 6.8 Vertrauensbereich als Integration über der Dichtefunktion der Zuverlässigkeit. (© IMA 2022. All Rights Reserved)

der angewandten Zuverlässigkeitstechnik selten verwendet, da er die optimistischste Schätzung der Zuverlässigkeit wiedergibt.

Da die Berechnung auf Basis der Betaverteilung aufwendig ist werden meist Näherungsverfahren für die Berechnung der Vertrauensbereiche verwendet. Diese werden in Abschn. 6.4.5 näher erläutert. Außerdem können auch Tabellenwerte zur Bestimmung der Vertrauensgrenzen verwendet werden. In den Tab. A.1 und A.3 im Anhang sind die Werte für die 5 %- und 95 %-Vertrauensgrenze angegeben, die aus der Betaverteilung berechnet wurden. Der Bereich zwischen diesen Vertrauensgrenzen entspricht einem 90 %-Vertrauensbereich.

Für das Beispiel in Abb. 6.7 ergeben sich z. B. für $i = 25$ die Grenz-Ausfallwahrscheinlichkeiten $F(t_{25})_{5\%} = 68,1\%$ und $F(t_{25})_{95\%} = 90,9\%$. Durch Verbinden aller Grenzpunkte der verschiedenen Ranggrößen erhält man die Grenzlinie des Vertrauensbereichs über die gesamte Lebensdauer, s. Abb. 6.7.

Im üblichen Weibullwahrscheinlichkeitspapier ergibt sich die Darstellung von Abb. 6.9. Die Weibullgerade der Medianwerte und der Vertrauensbereich lassen sich somit folgendermaßen interpretieren: Die in Abb. 6.9 eingezeichnete Weibullgerade ist im Mittel – über viele Stichproben betrachtet – die wahrscheinlichste.

Bei einer bestimmten Stichprobe kann es jedoch sein, dass die Gerade eine beliebige Lage innerhalb des Vertrauensbereiches einnimmt, s. Abb. 6.10. Die Wahrscheinlichkeit, dass die Weibullgerade der Grundgesamtheit außerhalb des Vertrauensbereiches liegt, beträgt 10 %. Dies bedeutet, dass man nur in einem von zehn Fällen dem Vertrauensbereich nicht „vertrauen" darf.

Da der Vertrauensbereich den Stichprobenfehler charakterisiert, hängt er maßgeblich vom Umfang der getesteten Stichprobe ab. Bei sehr kleinen Stichproben und damit sehr geringem Informationsgehalt ist der Stichprobenfehler sehr groß, was zu einem sehr breiten Vertrauensbereich führt. Die Berücksichtigung des Vertrauensbereiches ist deshalb besonders bei einem kleinen Stichprobenumfang unerlässlich. Eine Erhöhung der Aus-

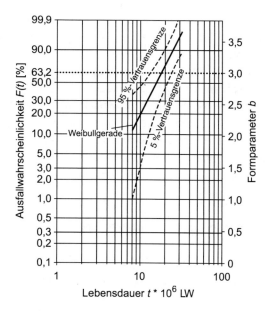

Abb. 6.9 Weibullwahrscheinlichkeitspapier zum Beispiel von Abb. 6.7. (© IMA 2022. All Rights Reserved)

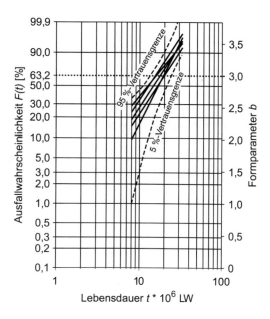

Abb. 6.10 Weibullwahrscheinlichkeitspapier mit Weibullgeraden von verschiedenen Stichproben innerhalb des 90 %-Vertrauensbereiches. (© IMA 2022. All Rights Reserved)

sagewahrscheinlichkeit führt bei identischer Stichprobengröße zu einem breiteren Vertrauensbereich. Umgekehrt führt eine niedrigere Aussagewahrscheinlichkeit zu einem schmaleren Vertrauensbereich.

Eine bewusste Reduktion der Aussagewahrscheinlichkeit, um den Vertrauensbereich in der Anwendung zu verkleinern, ist aber ein Trugschluss. Denn trotz des vermeintlich schmaleren Vertrauensbereichs ist die Aussagewahrscheinlichkeit kleiner und damit die Irrtumswahrscheinlichkeit höher. Das bedeutet, dass die wahre Ausfallverteilung mit höherer Wahrscheinlichkeit außerhalb des bestimmten schmalen Vertrauensbereichs liegt. Mit steigendem Stichprobenumfang n hingegen, wird der Vertrauensbereich immer enger und wird im Grenzübergang für $n \rightarrow \infty$ unendlich klein und fällt mit dem Median zusammen.

6.2 Klassifikation von Lebensdauerdaten

Vor der eigentlichen Datenauswertung bedarf es zur Bestimmung des Ausfallverhaltens einer Übersicht der Datengrundlage. Denn unterschiedliche Datenbasen erfordern unterschiedliche Auswertemethoden, um ein belastbares Ergebnis zu erhalten. So können den Lebensdauerdaten und Ausfallzeiten z. B. Feld- oder Versuchsdaten zu Grunde liegen, die jeweils wiederrum spezielle Eigenschaften, wie z. B. verschiedene Belastungshöhen oder Umgebungsbedingungen mit sich bringen. Darüber hinaus muss auch die grundsätzliche Information hinter den Daten bewertet werden. Handelt es sich um Ausfallzeiten oder lediglich um Laufzeiten bis zu einem bestimmten Zeitpunkt. Denn gerade diese Kenntnis ist von entscheidender Bedeutung für die Wahl der Auswertemethode als auch für die Güte der Ergebnisse. Aus diesem Grund soll im Folgenden der Fokus zunächst auf den möglichen Datengrundlagen und deren Eigenschaften liegen. Mit der hier eingeführten Klassifikation können die jeweiligen Datengrundlagen leicht den entsprechenden Auswertemethoden aus Abschn. 6.3 und 6.4 zugeordnet werden.

6.2.1 Unterschiedliche Zensierungsarten

6.2.1.1 Vollständige Daten

In der Zuverlässigkeitstechnik unterscheiden wir grundsätzlich zwischen vollständigen und zensierten Daten. Vollständige Daten liegen vor, wenn alle Prüflinge einer zugrundeliegenden Stichprobe ausgefallen sind. Es sind also ausschließlich Ausfallzeiten vorhanden, s. Abb. 6.11.

Eine vollständige Stichprobe liefert immer mehr Informationen als eine zensierte Stichprobe des gleichen Umfangs. Das Ausfallverhalten kann also am genausten durch Ausfallzeiten beschrieben werden. Demgegenüber steht der verhältnismäßig hohe Aufwand, um vollständige Stichproben zu erheben, besonders bei Produkten mit sehr langen Lebensdauern. Hat man es zudem mit hoher Streuung zu tun, müssen auch die Ausfälle der streuungsbedingten extremen „Langläufer" abgewartet werden. Der Aufwand kann durch Zensierung verringert werden, was aber immer mit dem beschriebenen Informationsverlust einhergeht.

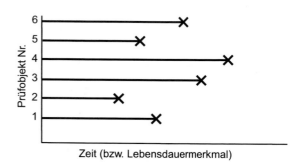

Abb. 6.11 Schema zur Veranschaulichung der vollständigen Daten. (© IMA 2022. All Rights Reserved)

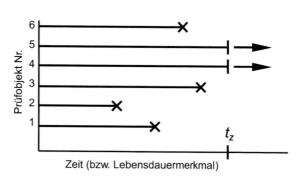

Abb. 6.12 Schema zur Veranschaulichung der Typ I-Zensierung. (© IMA 2022. All Rights Reserved)

6.2.1.2 Rechtszensierte Daten

Liegen in der betrachteten Datengrundlage nicht ausschließlich Ausfälle vor, dann spricht man in der Zuverlässigkeitstechnik von zensierten Daten. Manchmal wird auch von „unvollständigen Daten" gesprochen.

Rechtszensierte Daten liegen vor, wenn nicht alle Prüflinge einer zugrundeliegenden Stichprobe ausgefallen sind und die Durchläufer bis zu einem bestimmten Abbruchkriterium noch intakt sind. Wird beispielsweise ein Prüfstandsversuch abgebrochen, bevor alle n Prüflinge ausgefallen sind, so liegen einige Ausfallzeiten sowie Laufzeiten von noch intakten Prüflingen vor. Erfolgt der Abbruch (Versuchsstopp) nach einer vorgegebenen Zeit, so spricht man von Typ I-Zensierung, s. Abb. 6.12. Dabei markiert „x" einen ausgefallenen und der Pfeil „→" einen nicht ausgefallenen Prüfling. Objekte Nr. 4 und Nr. 5 erreichen das Versuchsende ohne Ausfall. Man kennt in diesem Fall also nur die Ausfallzeiten von $r < n$ Prüflingen. Von den übrigen $n - r$ „Durchläufern" ist lediglich bekannt, dass sie beim Abbruch des Versuches noch intakt waren. Die Anzahl r der Ausfälle ist eine Zufallsgröße, sie ist vor dem Versuch nicht bekannt und hängt stark von der festgelegten Zensierungszeit t_Z ab. Zuverlässigkeitstechnisch ist der Informationsgehalt bei zensierten Daten immer geringer, denn die exakte Ausfallzeit der Durchläufer ist nicht bekannt. Es liegt lediglich die Information vor welchen Zeitpunkt das Produkt überstanden hat. Die reale Ausfallzeit kann damit lediglich in einem Intervall eingegrenzt werden.

Wird der Versuch abgebrochen, nachdem eine vorgegebene Anzahl r von Prüflingen ausgefallen ist, so spricht man von Typ II-Zensierung, s. Abb. 6.13. Versuchsstopp ist hier

Abb. 6.13 Schema zur Veranschaulichung der Typ II-Zensierung. (© IMA 2022. All Rights Reserved)

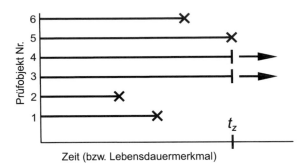

Abb. 6.14 Schema zur Veranschaulichung der multiplen Zensierung. (© IMA 2022. All Rights Reserved)

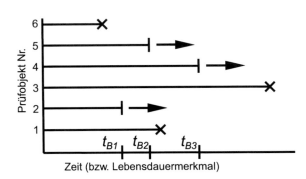

nach 4 Ausfällen. Die Objekte Nr. 3 und Nr. 4 erreichen das Versuchsende ohne Ausfall. In diesem Fall ist der Zeitpunkt des r-ten Ausfalls eine Zufallsgröße, die Gesamtversuchsdauer folglich bis zum Versuchsende offen.

Da bei der Typ-I und Typ-II Zensierung alle nicht ausgefallenen Prüflinge immer zeitlich später, oder bildlich gesprochen rechts von den Ausfallzeiten liegen, wird in diesen Fällen von „rechtszensierten Daten" gesprochen.

6.2.1.3 Multiple Zensierung

Bei Lebensdauertests kommt es häufig vor, dass Prüfobjekte vor dem Ausfall aus dem Versuch herausgenommen werden müssen. Anders als bei der Typ I-Zensierung, bei der die bis zum Teststopp überlebenden Durchläufer alle zum gleichen Zeitpunkt aus dem Versuch genommen werden, können sich dabei unterschiedliche (zufällige) Zeitpunkte der Herausnahme ergeben (multiple Zensierung, *engl. multiply censored data*), s. Abb. 6.14. Dabei markiert „x" einen Ausfall. Der Pfeil „→" bedeutet, dass das Objekt bis zum Zeitpunkt seiner Herausnahme aus dem Versuch bzgl. des betrachteten Ausfallmechanismus noch intakt war.

Dieser Fall tritt insbesondere dann auf, wenn Prüflinge bzgl. der Ausfallart A (z. B. Ausfall einer elektronischen Komponente) untersucht werden sollen, der Ausfall aber auch wegen Ausfallart B (z. B. mechanischer Defekt) erfolgt. Trotz der anderen Ausfallart bleibt die wichtige Information vorhanden, dass die Ausfallart A nicht vor den Zeitpunkten $t_{B1,2,3}$ aufgetreten ist und somit für die Auswertung der Ausfallverhaltens der Ausfallart A berücksichtigt werden muss.

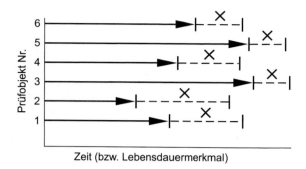

Abb. 6.15 Schema zur Veranschaulichung der Intervallzensierung. (© IMA 2022. All Rights Reserved)

6.2.1.4 Intervallzensierung

Bei der Intervallzensierung handelt es sich um eine Sonderform von Lebensdauerdaten, da sich die Zensierung hier nicht, wie bisher beschrieben, rein auf die noch intakten Einheiten bezieht. Vielmehr liegt sie immer dann vor, wenn die Ausfallzeitpunkte nicht exakt zeitdiskret bestimmt werden können, sondern sich nur ein Intervall angeben lässt, in dem der Ausfall aufgetreten ist, s. Abb. 6.15. Trotz dieser Sonderform tritt die Intervallzensierung recht häufig auf, da es auch bei Prüfstandsversuchen aus technologischen oder finanziellen Aspekten nicht immer möglich ist den Ausfallzeitpunkt exakt zu identifizieren. So wird gerade bei Tests in Klimakammern häufig mit Inspektionsintervallen geprüft, sodass nur die Anzahl der ausgefallenen Einheiten pro Inspektionsintervall festgestellt werden kann. Eine besonders hohe Bedeutung hat die Intervallzensierung auch in der Feld- bzw. Garantiedatenanalyse. Aufgrund des häufig auftretenden geringen Informationsgehalts, weil sich der Ausfall im Feld häufig nicht exakt bestimmen lässt, werden die Daten in Intervallen zusammengefasst.

6.2.1.5 Linkszensierung

Die Linkszensierung ist eine Sonderform der Intervallzensierung, wenn die Ausfälle im ersten Inspektionsintervall auftreten. Linkszensierte Daten sind also vergleichbar mit intervallzensierten Daten, wenn das Inspektionsintervall beim Zeitpunkt Null beginnt, s. Objekte Nr. 3 und Nr. 4 in Abb. 6.16. Auch hier ist der Ausfallzeitpunkt analog zur Intervallzensierung nicht genau bestimmbar.

6.2.2 Lebensdauerdaten aus Tests und aus dem Feld

Grundsätzlich können Lebensdauerdaten entweder in Tests bzw. Versuchen erhoben werden oder direkt aus der Feldanwendung stammen. Da sich für die unterschiedlichen Datenquellen auch unterschiedliche Eigenschaften vor allem hinsichtlich der Zensierung ergeben, sollen diese im Folgenden erläutert werden.

Abb. 6.16 Schema zur Veranschaulichung der Linkszensierung. (© IMA 2022. All Rights Reserved)

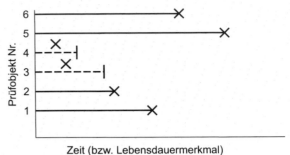

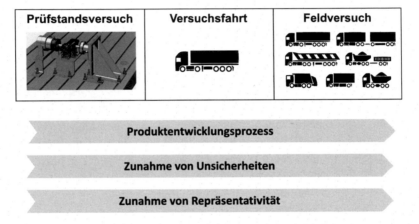

Abb. 6.17 Klassierung von Lebensdauerversuchen. (© IMA 2022. All Rights Reserved)

6.2.2.1 Lebensdauerversuche

Lebensdauerversuche lassen sich in drei Arten klassieren – Prüfstandsversuche, Versuchsfahrten und Feldversuche, s. Abb. 6.17. Prüfstandsversuche finden häufig bereits sehr früh im Entwicklungsprozess Anwendung, da sie fast beliebig gestaltet werden können. Damit werden auch Tests für einzelne Komponenten ermöglicht, obwohl das Gesamtsystem vielleicht noch gar nicht komplett entwickelt ist. In der Prüfstandumgebung wird versucht die Realität, d. h. die realen Einsatzbedingungen so exakt wie möglich abzubilden. Unsicherheiten durch Störeinflüsse können in der Prüfumgebung sehr gut kontrolliert werden. Häufig sind jedoch technologische und wirtschaftliche Grenzen gesetzt, was nur eine bedingte Repräsentativität der erhobenen Lebensdauerdaten zulässt. Schleichen sich ungeplante Störeinflüsse (z. B. schwankende Temperatur oder Luftfeuchtigkeit, schwankende Lastregelung, etc.) ein, so ist das Resultat meistens eine erhöhte Streuung der Lebensdauer, was sich in einem zu geringen Formparameter niederschlägt. Prüfstandsversuche dienen in erster Linie dem Erkenntnisgewinn, weshalb auf Rechtszensierung verzichtet werden sollte. Zur Aufwandsreduktion eignet sich eine beschleunigte Erprobung deutlich besser, da weniger Informationen verloren gehen, als bei Zensierung, s. Kap. 8. Die Lebensdauerdaten liegen also häufig als vollständige Stichprobe vor. Ausnahmen dieser Regel bilden

Versuche, die trotz Beschleunigung sehr lange Lebensdauern aufweisen. In derartigen Fällen können die nach Versuchsabbruch noch intakten Einheiten als Zensierung selbstverständlich trotzdem berücksichtigt werden.

Mit zunehmender Entwicklungszeit und Konkretisierung des Produkt- oder Systementwurfs werden die Lebensdauerversuche auch auf Versuchsfahrten oder Feldversuche ausgeweitet. Hierbei stellt sich meist eine Erhöhung der Unsicherheit aber gleichzeitig ein Repräsentativitätszuwachs ein, da der Versuch innerhalb der für das Produkt vorgesehenen Einsatzbedingungen stattfindet. Grund für die Zunahme an Unsicherheit ist vor allem die geringer werdende Möglichkeit Störeinflüsse zu kontrollieren. Beispielsweise spielen oft der Bediener, Benutzer bzw. ein Versuchsfahrer eine entscheidende Rolle. In der Regel wird ein Versuchsfahrer über die Versuchsfahrt und damit die Datenaufzeichnung und -überwachung in Kenntnis sein. Ob sich der Benutzungs- bzw. Fahrstil und damit auch die Belastung auf das Produkt oder Fahrzeug mit denen eines Benutzers im Realbetrieb deckt, muss schlussendlich fallabhängig entschieden werden. Im Vergleich zu Prüfstandsversuchen sind Zensierungen wahrscheinlicher, denn aufgrund der gesteigerten Unsicherheit, muss öfters mit einem Versuchsabbruch durch ein unvorhergesehenes Ereignis gerechnet werden.

6.2.2.2 Felddaten

Herstellern und Produzenten obliegt nach § 823 BGB eine Produktbeobachtungspflicht mit Markteintritt des Produkts. Durch diese Pflicht soll missbräuchlicher Produktgebrauch erfasst werden um ggf. Maßnahmen einleiten zu können. Durch diese Prävention wird das vom Produkt ausgehende Risiko durch die Nutzung reduziert und ein sicherer Produktbetrieb gewährleistet. Um dieser Pflicht nachzukommen, werden von Herstellern häufig Felddaten aus dem operativen Produktbetrieb erhoben. Des Weiteren liegen Lebensdauerdaten durch schadhafte Produkte vor, die durch Kundenreklamationen zurückgeführt werden. Derartig erhobene Lebensdauerdaten bilden die wertvollste Quelle zur Zuverlässigkeitsbestimmung, weil die Produkte ohne Störeinflüsse wie z. B. Versuchsfahrer in ihrer realen Umgebung betrieben werden. Es ist also die größtmögliche Repräsentativität gegeben.

Demgegenüber steht das Problem, dass meist nur sehr wenige Ausfälle zur Auswertung zur Verfügung stehen. Gerade bei Massenproduktion werden schnell Millionen Stück ausgeliefert, von denen nur sehr wenige Schäden aufweisen und reklamiert werden. Es handelt sich bei Felddaten also immer um zensierte Daten, da nie alle ausgelieferten Produkte ausfallen (zumindest, wenn man den Garantiezeitraum betrachtet). Darüber hinaus ist das Verhältnis aus intakten und ausgefallenen Produkten demnach sehr hoch. D. h. auf sehr viele noch intakte (zensierte) Produkte kommen nur ein paar wenige ausgefallene Rückläufer, was eine präzise Ermittlung des Ausfallverhaltens sehr erschwert. Dennoch müssen die intakten Einheiten immer für die Auswertung berücksichtigt werden. Würde man lediglich die Ausfälle in der Lebensdauerdatenauswertung berücksichtigen, würde sich eine deutlich zu konservative Ausfallverteilung ergeben. Denn die ersten auftretenden Rückläufer fallen nicht ohne Grund zuerst aus. Entweder es handelt sich um Produkte, die besonders stark belastet wurden, oder eine streuungsbedingte geringe Belastbarkeit aufweisen. Würde man diese Eigenschaften für die komplette Grundgesamtheit unterstellen – was der Fall wäre, wenn man nur die Ausfälle auswertet – so ergibt sich ein deutlich zu konservatives Ergebnis. Es sei an dieser Stelle erwähnt, dass eine solche Analyse auch nicht für eine Worst-Case Abschätzung genutzt werden sollte, da die Ergebnisse oft so konservativ sind, dass sie mit dem realen Ausfallverhalten nichts mehr gemein haben.

6.3   Grafische Auswertung von Lebensdauerdaten

Alle in Abschn. 6.2 beschriebenen Datengrundlagen können mit einfachen grafischen Verfahren ausgewertet werden, die im Folgenden beschrieben werden. Die Vorgehensweise wird jeweils anhand eines einfachen Beispiels erklärt. Die einzelnen Auswertungsschritte können dabei genau nachvollzogen und auch auf einen konkreten eigenen Fall übertragen werden. Die Auswertung beschränkt sich zunächst auf die Ermittlung der Weibullgerade. In Abschn. 6.3.4 wird anschließend die Bestimmung des Vertrauensbereichs betrachtet.

In Tab. 6.1 sind die in Abschn. 6.2 eingeführten Klassifikationen ihren charakteristischen Merkmalen zugeordnet.

6.3.1   Auswertung von vollständigen Stichproben

Als Beispiel wird ein Zahnradgrübchenversuch verwendet, der während eines Forschungsvorhabens durchgeführt wurde [6]. Insgesamt wurden dabei $n = 10$ Zahnräder auf

Tab. 6.1 Zusammenstellung zur Auswertung von Lebensdauerdaten

Datenart	Zensierungstyp	Merkmal	s. Abschn.
Vollständige Daten $r = n$	Keine Zensierung	Alle Einheiten sind ausgefallen	6.3.1
Zensierte/ Unvollständige Daten $r < n$	Rechtszensierung	Lebensdauermerkmale (z. B. Laufzeiten) aller nicht ausgefallenen Einheiten **sind größer** als das Lebensdauermerkmal der zuletzt ausgefallenen Einheit r	6.3.2
	Multiple Zensierung	Die Lebensdauermerkmale der nicht ausgefallenen Einheiten **sind nicht bekannt**	6.3.3.1
		Die Lebensdauermerkmale der nicht ausgefallenen Einheiten **sind bekannt**	6.3.3.2
	Intervallzensierung	Die Lebensdauerdaten sind nur in Intervallen bekannt. Informationen über die nichtausgefallenen Einheiten liegen z. B. in Form einer „**Laufleistungsverteilung**" vor	6.3.3.3

Tab. 6.2 Ausfallzeiten der Zahnräder

i	1	2	3	4	5	6	7	8	9	10
t_j [10^6 Zykl.]	15,1	12,2	17,3	14,3	7,9	18,2	24,6	13,5	10,0	30,5

Grübchenausfall untersucht. Die Belastung betrug σ_H = 1528 N/mm^2. Für die Zahnräder ergaben sich die Ausfallzeiten in der Reihenfolge ihres Auftretens entsprechend Tab. 6.2.

Die Kenntnis von Ranggrößen und ihren Verteilungen, s. Abschn. 6.1, ist für die grafische Auswertung sehr nützlich und für das genaue Verständnis der Auswertung unumgänglich. Die im Folgenden angegebenen Auswertungsschritte sind allerdings so aufgebaut und erläutert, dass eine Auswertung auch ohne genaue Kenntnis von Ranggrößen durchgeführt werden kann.

Schritt 1.1   Ausfallzeiten nach ihrer Größe ordnen

$$t_1 < t_2 \ldots < t_n \qquad \text{bzw.} \qquad t_i < t_{i+1}; \qquad i = 1 \ldots n. \tag{6.11}$$

Durch das Ordnen der Ausfallzeiten erhält man einen Überblick über den zeitlichen Verlauf der Ausfallzeiten. Zudem sind die geordneten Ausfallzeiten für die nachfolgenden Auswertungsschritte notwendig. Die geordneten Ausfallzeiten werden in der Statistik als Ranggrößen bezeichnet. Ihr Index entspricht der Rangzahl.

Für die Versuchsreihe ergeben sich folgende Ranggrößen (in Millionen Lastwechsel):

$t_1 = 7,9$;	$t_2 = 10,0$;	$t_3 = 12,2$;	$t_4 = 13,5$;	$t_5 = 14,3$;
$t_6 = 15,1$;	$t_7 = 17,3$;	$t_8 = 18,2$;	$t_9 = 24,6$;	$t_{10} = 30,5$.

Schritt 1.2   Ausfallwahrscheinlichkeiten $F(t_i)$ der einzelnen Ranggrößen ermitteln

$$F\left(t_i\right) \approx \frac{i - 0,3}{n + 0,4} \tag{6.12}$$

bzw. die etwas genaueren Werte aus Tab. A.2 (s. Anhang).

Den Ranggrößen t_i von Schritt 1.1 werden damit die Ausfallwahrscheinlichkeiten $F(t_i)$ zugeordnet. Da Ranggrößen als Zufallsvariablen aufzufassen sind, besitzen sie eine Verteilung. Die Gl. (6.12) entspricht dem Median dieser Verteilung, s. Abschn. 6.1.

Für das Beispiel ergeben sich die folgenden Ausfallwahrscheinlichkeiten:

$F(t_1) = 6,7$ %;	$F(t_2) = 16,3$ %;	$F(t_3) = 25,9$ %;	$F(t_4) = 35,6$ %;	$F(t_5) = 45,2$ %;
$F(t_6) = 54,8$ %;	$F(t_7) = 64,4$ %;	$F(t_8) = 74,1$ %;	$F(t_9) = 83,7$ %;	$F(t_{10}) = 93,3$ %.

Schritt 1.3   Wertepaare $(t_i, F(t_i))$ in das Weibullwahrscheinlichkeitspapier eintragen.

Die Ausfallzeit t_i entspricht dabei dem Abszissenwert und die zugehörige Ausfallwahrscheinlichkeit $F(t_i)$ dem Ordinatenwert der einzuzeichnenden Punkte. Die Abb. 6.18 zeigt die in das Weibullwahrscheinlichkeitspapier eingetragenen Wertepaare für das Beispiel.

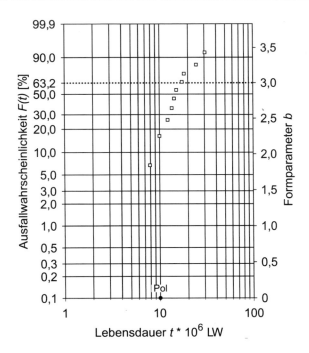

Abb. 6.18 Ausgefallene Zahnräder (Wertepaare t_i und $F(t_i)$) des Beispiels im Weibullwahrschein-lichkeitspapier. (© IMA 2022. All Rights Reserved.)

Schritt 1.4 Ausgleichsgerade näherungsweise durch die eingezeichneten Punkte legen und Weibullparameter T und b ermitteln.

Charakteristische Lebensdauer T:	Schnittpunkt der 63,2 %-Linie mit der Ausgleichsgeraden.
Formparameter b:	Ausgleichsgerade parallel in den Pol verschieben und Formparameter b auf der rechten Ordinate des Wahrscheinlichkeitspapieres ablesen.

Die Ausgleichsgerade und die Ermittlung der Parameter T und b sind in Abb. 6.19 eingezeichnet. Das Ausfallverhalten der Zahnräder lässt sich somit am besten durch folgende Weibullverteilung beschreiben:

$$F(t) = 1 - e^{-\left(\frac{t}{18 \cdot 10^6\,LW}\right)^{2,7}} \tag{6.13}$$

Der Formparameter ist mit 2,7 dem Bereich der Ermüdungsausfälle zuzuordnen, was auch zum Ausfallmechanismus Grübchen passt. Ein Abgleich zwischen statistischem und physikalischem Ausfallverhalten sollte stets erfolgen, denn dadurch können potenziell eingetretene Fehler im Versuch aufgedeckt werden. Neben der statistischen Datenauswertung ist deshalb eine Bauteilbegutachtung unerlässlich.

Abb. 6.19 Ausgleichsgerade und Ermittlung der Parameter T und b. (© IMA 2022. All Rights Reserved)

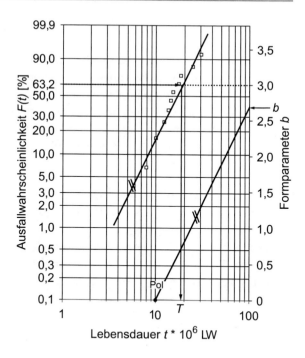

Mit Gl. (6.13) kann nun die Ausfallwahrscheinlichkeit für beliebige Zeitpunkte berechnet werden. Bei der Auswertung vollständiger Stichproben sind die Ausfallwahrscheinlichkeiten recht gleichmäßig um den Median verteilt. Mit größer werdender Stichprobe beginnen die Ausfallwahrscheinlichkeiten der ersten Ranggröße bei immer kleineren Werten während die des letzten Ranges immer größer wird. Es wird also ein immer größerer Bereich zwischen 0 und 100 % abgedeckt. Innerhalb dieses Bereichs können alle Ausfallwahrscheinlichkeiten somit durch Interpolation problemlos bestimmt werden (vorbehaltlich einer guten Anpassung der Weibullgerade an die Lebensdauerdaten). Vorsicht ist immer dann geboten, wenn Prognosen für Bereiche außerhalb der bestimmten Ausfallwahrscheinlichkeiten angegeben werden sollen, denn diese können nur durch Extrapolation bestimmt werden. Im Zahnradgrübchenversuch beträgt die Ausfallwahrscheinlichkeit des ersten Ranges 6,7 % und die des letzten Ranges 93,3 %. Innerhalb dieses Bereichs kann durch die gute Anpassung der Weibullgeraden an die erhobenen Lebensdauerdaten eine gute Prognose abgegeben werden. Sind jedoch Bereiche größer als 93,3 % oder kleiner als 6,7 % von Interesse, können zwar ebenfalls Prognosen gemacht werden, diese sind aber aufgrund der notwendigen Extrapolation mit größerer Unsicherheit behaftet. Besonders deutlich wird dies in Abschn. 6.3.4 durch den Verlauf des Vertrauensbereichs dargestellt.

Die größeren Ausfallwahrscheinlichkeiten sind in der Praxis meist weniger relevant, da zu diesen Zeitpunkten die meisten Produkte bereits ausgefallen sind. Die kleineren Ausfallwahrscheinlichkeiten sind dagegen sehr häufig interessant, um beispielsweise die Rückläufer im Garantiezeitraum genau vorhersagen zu können.

6.3.2   Auswertung von Rechtszensierten Daten

Sowohl für die Typ I- als auch die Typ II-Zensierung kann eine Auswertung, wie im vorangegangenen Abschn. 6.3.1 beschrieben, vorgenommen werden. Es gibt lediglich einige kleineren Unterschiede zu beachten, die im Folgenden erläutert werden.

Als Beispiel dient wiederum der Zahnradgrübchenversuch, allerdings betrachten wir den Versuch nicht mehr als vollständige Stichprobe. Wird der Versuch beispielsweise nach $t_Z = 15$ mio. Lastwechseln abgebrochen so erhält man folgende Datenbasis für den Typ-I zensierten Test:

$t_1 = 7,9;$	$t_2 = 10,0;$	$t_3 = 12,2;$	$t_4 = 13,5;$	$t_5 = 14,3;$
$t_{Z1} = 15;$	$t_{Z2} = 15;$	$t_{Z3} = 15;$	$t_{Z4} = 15;$	$t_{Z5} = 15;$

Neben den 5 Ausfällen liegen nun also noch 5 zensierte Daten t_Z bei 15 mio. Lastwechsel vor. Besteht die Möglichkeit zum parallelen Testen (mehrere nutzbare Prüfstände) und der Versuch soll nach 5 Ausfällen abgebrochen werden, dann erhält man folgende Datenbasis für den Typ-II zensierten Test:

$t_1 = 7,9;$	$t_2 = 10,0;$	$t_3 = 12,2;$	$t_4 = 13,5;$	$t_5 = 14,3;$
$t_{Z1} = 14,3;$	$t_{Z2} = 14,3;$	$t_{Z3} = 14,3;$	$t_{Z4} = 14,3;$	$t_{Z5} = 14,3;$

Die Ausfallwahrscheinlichkeit für die Eintragung im Weibullnetz wird nach der Näherungsformel

$$F\left(t_j\right) \approx \frac{i-0,3}{n+0,4} \quad \text{für } i = 1, 2, \ldots, \text{r} \tag{6.14}$$

berechnet. Die Tatsache, dass $n - r$ Prüflinge nicht ausgefallen sind, wird also dadurch berücksichtigt, dass in der Näherungsformel n und nicht r im Nenner auftritt. Damit ergibt sich:

Stichprobengröße	$n = 10$			
Anzahl der Ausfälle	$r = 5$ $\mid r \rightarrow n_f(t)$			
Ausfallwahrscheinlichkeit:	$F_i = F\left(t_i\right) \approx \dfrac{i-0,3}{n+0,4} \, \forall i = 1(1)r$			
$F(t_1) = 6,7 \%;$	$F(t_2) = 16,3 \%;$	$F(t_3) = 25,9 \%;$	$F(t_4) = 35,6 \%;$	$F(t_5) = 45,2 \%;$
$F(t_6) = ? \%;$	$F(t_7) = ? \%;$	$F(t_8) = ? \%;$	$F(t_9) = ? \%;$	$F(t_{10}) = ? \%.$

Die Ausgleichsgerade und die Ermittlung der Parameter T und b sind in Abb. 6.20 eingezeichnet. In diesem Fall resultiert die folgende Weibullverteilung:

$$F\left(t\right) = 1 - e^{-\left(\frac{t}{16,8 \, \cdot \, 10^6 \, \text{LW}}\right)^{3,5}} . \tag{6.15}$$

Abb. 6.20 Beispiel zur Extrapolation im Weibullnetz. (© IMA 2022. All Rights Reserved)

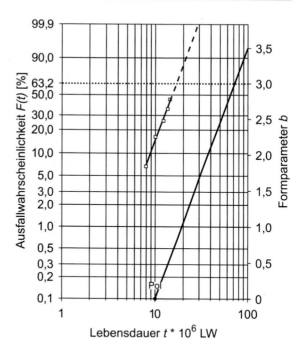

Für das Einzeichnen der Weibullverteilung im Weibullnetz stehen weniger Wertepaare zur Verfügung, da nur einem Ausfall eine Ranggröße zugeordnet werden kann. Es wurden weniger Ausfalldaten erzeugt und somit weniger Informationen für die Bestimmung der Ausfallverteilung generiert. Der Bereich der Extrapolation wird mit steigender Anzahl zensierter Daten immer größer, während sich die Ranggrößen immer weiter in den Bereich sehr kleiner Ausfallwahrscheinlichkeiten verschieben. Da die kleinen Ausfallwahrscheinlichkeiten häufig von größerem Interesse sind, muss dieser Effekt nicht zwangsläufig ein Nachteil sein.

Die fehlenden Wertepaare und die notwendige Extrapolation wirken sich auch auf die ermittelte Weibullverteilung im Zahnradgrübchenversuch aus. Zur Bestimmung der charakteristischen Lebensdauer muss die Weibullgerade zwangsläufigerweise extrapoliert werden. Während die charakteristische Lebensdauer jedoch nur geringfügig kleiner geschätzt wird als mit den vollständigen Daten, ist die Abweichung bei der Bestimmung des Formparameters größer.

Es ist ebenfalls ersichtlich, dass die Auswertung für Typ-I und Typ-II zensierte Daten vollkommen identisch abläuft, da nur das Verhältnis zwischen Ausfällen und noch intakten Einheiten relevant ist. Die Laufzeit der noch intakten Einheiten kann in der grafischen Auswertung nicht mitberücksichtigt werden.

6.3.3 Auswertung von multipler Zensierung

Während rechtszensierte Daten häufiger aus Lebensdauertests entstehen, liegen Felddaten aufgrund von mehreren Ausfallmechanismen oder fehlenden Informationen meist als multiple Zensierung vor. Vollständige Daten dagegen können ohnehin fast ausschließlich in Tests entstehen. Bei Felddaten kommt es häufig vor, dass z. B. durch andere Ausfallmechanismen sehr frühe Zensierungen entstehen. Anders als bei der Rechtszensierung, bei der die bis zum Zensierungskriterium überlebenden Durchläufer alle zum gleichen (geplanten) Zeitpunkt zensiert sind, können sich bei der multiplen Zensierung zufällige Zeitpunkte der Zensierung ergeben.

Nach Tab. 6.1 wird bei multipler Zensierung zwischen zwei weiteren Arten unterschieden, die auch mit unterschiedlichen Methoden ausgewertet werden müssen. Von entscheidender Bedeutung sind dabei die vorhandenen Informationen über die noch intakten Einheiten.

Sehr häufig sind ausschließlich die Ausfallzeiten von Rückläufern aus dem Feld bekannt. Informationen über die noch intakten Einheiten liegen nicht vor. So könnten diese schon einige gewisse Zeit in Betrieb sein oder als Ersatzteil in einer Lagerhalle liegen. Derartige Datensätze werden mit dem sogenannten Sudden-Death Verfahren ausgewertet.

Im zweiten Fall sind Informationen über alle ausgelieferten Einheiten bekannt, also sowohl die Ausfallzeiten der Rückläufer als auch die Laufzeiten der noch intakten Einheiten. Für die Auswertung kommt hierbei das Johnson-Verfahren zum Einsatz, welches als eine Erweiterung des Sudden-Death Verfahrens anzusehen ist. Liegen die Informationen über die intakten Einheiten nicht als diskreter Wert vor, so kann mit sogenannten Laufleistungsverteilungen Abhilfe geschaffen werden. Die Auswertung bleibt dabei unverändert.

6.3.3.1 Sudden-Death Verfahren

Liegen keine Informationen über die Laufleistungen der intakten Einheiten vor, steht man vor einer zuverlässigkeitstechnischen Herausforderung. Eine Vernachlässigung der noch intakten Einheiten würde zu einem viel zu konservativen Ergebnis führen. Andererseits kann man auch nicht einfach davon ausgehen, dass alle noch intakten Einheiten einen gewissen Zeitpunkt überstehen, sodass die Daten als Rechtszensierung ausgewertet werden können.

Beim Sudden-Death Verfahren wird die Datenbasis deshalb in eine Anzahl von gleich großen Prüflosen m aufgeteilt, s. Abb. 6.21. Jedes Prüflos besitzt dabei exakt einen Ausfall.

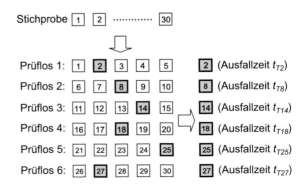

Abb. 6.21 Aufteilung der Stichprobe in Prüflose beim Sudden-Death Verfahren. (© IMA 2022. All Rights Reserved)

Bei einer Stichprobe mit $n = 30$ Teilen und 6 Ausfällen gibt es demnach $m = 6$ gleich große Prüflose mit einer Prüflosgröße von jeweils $k = 5$ Teilen:

Man ordnet jedem Ausfall also die gleiche Anzahl noch intakter Einheiten zu. Der Kern dieser Annahme ist die Gleichverteilung der noch intakten Einheiten „zwischen" den Ausfallzeitpunkten, s. Abb. 6.22. Jedes Prüflos besteht damit aus genau einem Ausfall und vier noch intakten Einheiten. Da man nicht davon ausgehen kann, dass der erste beobachtete Ausfall der Stichprobe auch dem ersten Ausfall der Grundgesamtheit darstellt, müssen auch vor dem ersten Ausfall potenziell intakte Einheiten berücksichtigt werden, s. Abb. 6.22.

Für die Auswertung des Sudden-Death Verfahrens wird das folgende Beispiel betrachtet:

Gegeben:

$n = 4800$ Teile eines Produktionsmonats, die an Kunden ausgeliefert wurden

$n_f(t) = 16$ ausgefallene Teile liegen mit ihren Fahrstrecken vor

Nämlich:

$t_{f1} = 1500$ km	$t_{f2} = 2300$ km	$t_{f3} = 2800$ km	$t_{f4} = 3400$ km
$t_{f5} = 3900$ km	$t_{f6} = 4200$ km	$t_{f7} = 4800$ km	$t_{f8} = 5000$ km
$t_{f9} = 5300$ km	$t_{f10} = 5500$ km	$t_{f11} = 6200$ km	$t_{f12} = 7000$ km
$t_{f13} = 7600$ km	$t_{f14} = 8000$ km	$t_{f15} = 9000$ km	$t_{f16} = 11.000$ km

Die Ausfälle wurden bereits in aufsteigender Reihenfolge geordnet. Im ersten Schritt teilen teilt man die Ausfälle in gleich große Prüflose ein. Da es 16 Ausfälle zu verzeichnen gibt, bildet man demnach auch 16 Prüflose. Die Prüflosgröße berechnet sich wie folgt:

$$k = \frac{n - n_f(t)}{n_f(t) + 1} + 1. \tag{6.16}$$

Dabei ist k die Prüflosgröße, n die Anzahl aller im betrachteten Zeitpunkt ausgelieferten Teile und $n_f(t)$ die Zahl der davon ausgefallenen Teile. Im Nenner des Quotienten wird die Anzahl der Ausfälle um einen erhöht, wodurch die potenziellen intakten Einheiten vor dem ersten Ausfall mitberücksichtigt werden. Es kann auch die folgende einfachere Formel verwendet werden, die annähernd zu einem gleichen Ergebnis führt:

$$k = \frac{n}{n_f(t) + 1} \tag{6.17}$$

Abb. 6.22 Lattenzaun-Analogie des Sudden-Death Verfahrens. (© IMA 2022. All Rights Reserved)

Prüflosgröße k = 5

Für das Beispiel ist

$$k = \frac{4800 - 16}{16 + 1} + 1 = \frac{4784}{17} + 1 = 281,4 + 1 \Rightarrow k \approx 282.$$

Es gibt also 281 nicht ausgefallene Teile zwischen den einzelnen Ausfällen, nämlich vor dem 1. Ausfall, zwischen dem 1. und 2., 2. und 3., ... und nach dem 16. Ausfall, s. Abb. 6.23.

Die weitere Auswertung kann auf zwei Arten erfolgen. Zum einen kann jeder ermittelten Ausfallzeit eine sogenannte hypothetische Rangzahl zugeordnet werden, welche die nicht schadhaften Teile mitberücksichtigt. Die hypothetische Rangzahl $j(t_j)$ ist gleich der vorherigen hypothetischen Rangzahl $j(t_{j-1})$ plus Zuwachs $N(t_j)$:

$$j\left(t_j\right) = j\left(t_{j-1}\right) + N\left(t_j\right); \; j\left(0\right) = 0. \tag{6.18}$$

Der Zuwachs $N(t_j)$ wird berechnet aus:

$$N\left(t_j\right) = \frac{n + 1 - j\left(t_{j-1}\right)}{1 + \left(n - \text{davorliegende Teile}\right)}. \tag{6.19}$$

Die Anzahl davor liegender Teile ist als Summe derjenigen Teile zu verstehen, die in der „Lattenzaun-Analogie" vor dem betrachteten Ausfall liegen.

Für unser Beispiel gilt somit:

$$j_1 = j_0 + N_1; \; j_0 = 0; \qquad N_1 = \frac{4800 + 1 - 0}{1 + 4800 - 281} = \frac{31}{31} = 1,06$$

$$j_1 = 0 + 1,06 = 1,06$$

$$j_2 = j_1 + N_2; \; j_1 = 1,06; \qquad N_2 = \frac{4800 + 1 - 1,06}{1 + 4800 - 563} = \frac{30}{26} = 1,13$$

$$j_2 = 1,06 + 1,13 = 2,19$$

$$j_3 = j_2 + N_3; \; j_2 = 2,19; \qquad N_3 = \frac{4800 + 1 - 2,19}{1 + 4800 - 845} = \frac{28,85}{21} = 1,21$$

$$j_3 = 2,19 + 1,21 = 3,40$$

usw..

Abb. 6.23 Lattenzaun des Sudden-Death Verfahrens für das Beispiel. (© IMA 2022. All Rights Reserved)

Die Berechnung der Ausfallwahrscheinlichkeiten erfolgt mit der bekannten Gl. (6.9) für den Median der Ranggrößen:

$$F\left(t_j\right) \approx \frac{j\left(t_j\right) - 0,3}{n + 0,4}.$$

(6.20)

Anstatt der Rangzahl wird lediglich die neu ermittelte hypothetische Rangzahl für die Berechnung verwendet, um den „dazwischenliegenden" noch intakten Einheiten Rechnung zu tragen. Die weitere Vorgehensweise entspricht einer normalen Auswertung im Weibullwahrscheinlichkeitsnetz.

Ein einfacheres Auswerteverfahren kann direkt mit Hilfe des Weibullnetzes durchgeführt werden. Die Lebensdauerwerte werden, wie im vorherigen Verfahren, in aufsteigender Reihenfolge geordnet und ins Weibullwahrscheinlichkeitspapier eingetragen. Jedem Ausfall wird dabei der Median der Ranggrößen

$$F\left(t_i\right) \approx \frac{i - 0,3}{m + 0,4}$$

(6.21)

zugeordnet, wobei m die Anzahl der Prüflose ist. Im Wahrscheinlichkeitspapier ergibt sich dadurch die sogenannte Gerade der ersten Ausfälle, da die intakten Einheiten noch nicht berücksichtigt wurden, siehe Abb. 6.24.

Die Theorie besagt nun, dass die Steigung der Geraden und damit der Formparameter b bei einer Weibullfunktion sowohl bei einer Teilmenge einer Stichprobe als auch bei der gesamten Stichprobe gleich ist, sofern auch der Ausfallmechanismus

Abb. 6.24 Gesamtausfallverhalten nach dem Sudden-Death Verfahren. (© IMA 2022. All Rights Reserved)

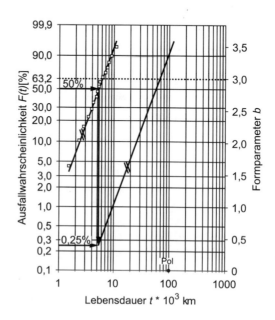

gleich ist. Dies bedeutet, dass die Steigung der ersten Ausfälle auch der Steigung der Geraden der Gesamtverteilung entspricht. Zur genauen Darstellung des Ausfallverhaltens muss die Gerade noch nach rechts verschoben werden. Die Größe dieser Verschiebung ergibt sich aus der Tatsache, dass dem ersten Ausfall eines Prüfloses eine Ausfallwahrscheinlichkeit von $F_1^* = 0,7 / (k + 0,4)$ zuzuordnen ist und dass als repräsentativer Wert für diesen ersten Ausfall der Median (50 %-Wert) der ermittelten ersten Ausfälle genommen wird. Durch den Schnittpunkt der 50 %-Linie mit der Geraden der ersten Ausfälle wird deshalb eine senkrechte Linie gezogen, deren Schnittpunkt mit der F_1^*-Linie der ersten Ausfälle einen Punkt der Geraden der Gesamtverteilung ergibt. Die Gerade der ersten Ausfälle muss nun nur noch parallel durch diesen Punkt verschoben werden. Im Beispiel wird der 1. Ausfall eines Prüfloses durch den Medianrang:

$$F_1^* = \frac{1-0,3}{k+0,4} \cdot 100\% = 0,25\,\% \quad \text{für } k = 282 \text{ in der Grundgesamtheit } n = 4800 \text{ Teile reprä-}$$
sentiert.

Die Gerade der Gesamtausfallverteilung der 4800 Teile findet man also, indem man vom Schnittpunkt der 50 %-Linie mit der „Geraden der ersten Ausfälle" eine Senkrechte zeichnet. Im Schnittpunkt der F_1^*-Linie bei 0,25 % mit der Senkrechten wird eine Parallele zur „Geraden der ersten Ausfälle" gezeichnet. Das ist die gesuchte Gerade der Gesamtausfallverteilung, s. Abb. 6.24.

6.3.3.2 Johnson Verfahren

Sind die Laufzeiten der noch intakten Einheiten bekannt, so kann auf die Annahme der Gleichverteilung mit gleich großen Prüflosen verzichtet werden. Durch die zusätzlichen Informationen können die Prüflose realitätsnäher gebildet werden, was zu einer genaueren Schätzung der Weibullverteilung führt. Die prinzipielle Vorgehensweise des Sudden-Death Verfahrens bleibt dabei erhalten.

Die untenstehende Auswertung zeigt die Berechnung der Ausfallverteilung für den Fall, dass die Laufzeiten der Ausfälle und der noch intakten Einheiten bekannt sind [7].

Gegeben sind folgende beispielhafte Daten:

$n = 50$ Stichprobenumfang mit
$n_f(t) = 12$ schadhaften und
$n_s(t) = 38$ nicht schadhaften Teilen.

Die zugehörigen Fahrstrecken [km · 10^3] der Ausfälle f und der noch intakten Einheiten s sind in aufsteigender Reihenfolge sortiert:

$t_{s_1} = 40;$	$t_{s_2} = 51;$	$t_{f_1} = 54;$	$t_{f_2} = 55;$	$t_{s_3} = 58;$	$t_{s_4} = 59;$	$t_{s_5} = 59;$
$t_{f_3} = 60;$	$t_{s_6} = 60;$	$t_{f_4} = 61;$	$t_{s_7} = 62;$	$t_{f_5} = 63;$	$t_{f_6} = 65;$	$t_{s_8} = 66;$
$t_{s_9} = 66;$	$t_{f_7} = 67;$	$t_{f_8} = 70;$	$t_{s_{10}} = 70;$	$t_{s_{11}} = 70;$	$t_{s_{12}} = 70;$	$t_{s_{13}} = 70;$
$t_{f_9} = 71;$	$t_{s_{14}} = 72;$	$t_{s_{15}} = 72;$	$t_{s_{16}} = 72;$	$t_{s_{17}} = 72;$	$t_{s_{18}} = 72;$	$t_{s_{19}} = 73;$
$t_{s_{20}} = 73;$	$t_{s_{21}} = 73;$	$t_{s_{22}} = 74;$	$t_{f_{10}} = 75;$	$t_{s_{23}} = 77;$	$t_{s_{24}} = 78;$	$t_{s_{25}} = 78;$
$t_{s_{26}} = 79;$	$t_{s_{27}} = 80;$	$t_{s_{28}} = 81;$	$t_{s_{29}} = 81;$	$t_{s_{30}} = 82;$	$t_{s_{31}} = 82;$	$t_{s_{32}} = 83;$
$t_{f_{11}} = 84;$	$t_{s_{33}} = 85;$	$t_{s_{34}} = 86;$	$t_{s_{35}} = 86;$	$t_{s_{36}} = 88;$	$t_{f_{12}} = 91;$	$t_{s_{37}} = 92;$
$t_{s_{38}} = 92.$						

Tab. 6.3 Zwischenschritt bei der Zuordnung (Gruppierung der Fahrstreckenwerte) [7]

Aufsteigende Reihenfolge des Merkmals t_j [km $\cdot$ 10^3]	schadhaft	nicht schadhaft	Anzahl der davor liegenden Teile
40		X	
51		X	
54	X		2
55	X		3
58		X	
59		X	
59		X	
60	X		7
60		X	
61	X		9
62		X	
63	X		11
.	.	.	.
.	.	.	.
usw.	usw.	usw.	usw.

Mit den vorsortierten Fahrstreckenwerten und der exakten Kenntnis der noch intakten Einheiten können zu jedem Ausfall die genaue Anzahl der davorliegenden Teile bestimmt werden, siehe Tab. 6.3.

Dadurch ergeben sich nicht mehr gleiche, sondern unterschiedlich große Prüflose, die aber der Realität besser entsprechen. Die Werte t_{s37} und t_{s38} können keinem Ausfall zugeordnet werden, weil keine nachfolgenden Ausfälle mehr vorliegen. Sie werden bei dieser Rechnung dadurch berücksichtigt, dass mit $n = 50$ und nicht mit $n = 48$ (= 12+36) gerechnet wird. Die nächsten Schritte erfolgen völlig analog zum Sudden-Death Verfahren und umfassen die Berechnung der hypothetischen Rangzahl und damit die des Median-ranges. Dabei wird der rechnerische Ablauf nur für die ersten Schritte erläutert. Die komplette Berechnung ist analog durchzuführen.

Die hypothetische Rangzahl $j(t_j)$ ist gleich der vorherigen Rangzahl $j(t_{j-1})$ plus dem Zuwachs $N(t_j)$. Der Zuwachs bedarf der Kenntnis der davorliegenden Teile, die aus Tab. 6.3 entnommen wird.

Daraus folgt:

$$j_0 = 0 \quad \text{mit} \qquad N_1 = \frac{50+1-0}{1+(50-2)} = \frac{51}{49} = 1,04$$

$$j_1 = 0 + 1,04 = 1,04$$

$$j_2 = j_1 + N_2 \quad \text{mit} \quad N_2 = \frac{50+1-1,04}{1+(50-3)} = \frac{49,95}{48} = 1,04$$

$$j_2 = 1,04 + 1,04 = 2,08$$

$$j_3 = j_2 + N_3 \quad \text{mit} \quad N_3 = \frac{50+1-2,08}{1+(50-7)} = \frac{48,92}{44} = 1,11$$

$$j_3 = 2,08 + 1,11 = 3,19$$

usw. $j_4 \ldots j_{12}$

Die Berechnung der Ausfallwahrscheinlichkeit erfolgt mit der Näherungsformel:

$$F_{Median}\left(t_j\right) \approx \frac{j\left(t_j\right)-0,3}{n+0,4} \cdot 100\%. \tag{6.22}$$

Auf die konkreten Zahlenwerte des Beispiels bezogen ergibt sich:

$$F_{Median}\left(t_1\right) \approx \frac{j_1-0,3}{n+0,4} \cdot 100\% = \frac{1,04-0,3}{50+0,4} \cdot 100\% = \underline{1,47\%}$$

$$F_{Median}\left(t_2\right) \approx \frac{j_2-0,3}{n+0,4} \cdot 100\% = \frac{2,08-0,3}{50+0,4} \cdot 100\% = \underline{3,53\%}$$

$$F_{Median}\left(t_3\right) \approx \frac{j_3-0,3}{n+0,4} \cdot 100\% = \frac{3,19-0,3}{50+0,4} \cdot 100\% = \underline{5,73\%}$$

usw. $F_{Median}\left(t_4\right) \ldots F_{Median}\left(t_{12}\right)$.

Die nachfolgende Tabelle enthält eine Übersicht aller errechneten Werte (Tab. 6.4).

Die errechneten Medianränge $F_{Median}(t_j)$ bilden zusammen mit den Lebensdauerwerten t_j die Wertepaare im Weibullnetz, Abb. 6.25. Die Parameter der Weibullverteilung sind:

• Formparameter	$b = 6,4$
• Charakteristische Lebensdauer	$T = 92 \cdot 10^3$ km

Tab. 6.4 Ergebnisse der Auswertung [7]

Aufsteigende Reihenfolge des Merkmals [km $\cdot 10^3$] t_j	Anzahl der Ausfälle $n_f(t_j)$	Anzahl der noch intakten Einheiten $n_s(t_j)$	Berechnung			
			Anzahl davor liegender Teile	Zuwachs $N(t_j)$	Hypothetische Rangzahl $j(t_j)$	Medianrang [%] $F_{Median}(t_j)$
54	1	2	2	1,04	1,04	1,47
55	1		3	1,04	2,08	3,53
60	1	3	7	1,11	3,19	5,73
61	1	1	9	1,14	4,33	7,99
63	1	1	11	1,16	5,49	10,31
65	1		12	1,17	6,66	12,62
67	1	2	15	1,23	7,89	15,07
70	1		16	1,23	9,12	17,51
71	1	4	21	1,4	10,52	20,28
75	1	9	31	2,02	12,54	24,30
84	1	10	42	4,28	16,82	32,77
91	1	4	47	8,54	25,36	49,73
>91		2				
	$n_f(t) = 12$	$n_s(t) = 38$				
	$n = 50$					

Abb. 6.25 Weibulldiagramm mit bekannten Einzeldaten der Ausfälle und noch intakten Einheiten. (© IMA 2022. All Rights Reserved)

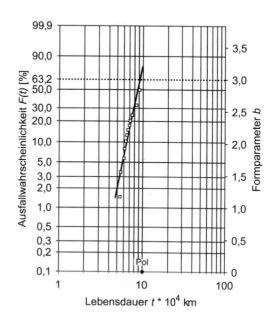

6.3.3.3 Auswertung intervallzensierter Daten

Häufig liegen weder die Ausfallzeitpunkte noch die Laufzeiten der noch intakten Einheiten als exakte Werte vor, weil die Erfassung dieser Informationen sehr aufwendig sein kann. Garantiedaten werden oft nur in Intervallen z. B. monatsweise aufgenommen. Es liegt dann lediglich die Information vor wie viele Einheiten in einem Intervall ausgefallen sind.

Zudem spielen die Laufzeiten der noch intakten Einheiten eine zentrale Rolle für eine realitätsnahe Schätzung der Ausfallverteilung, wie anhand der Bildung der Prüflose im vorherigen Beispiel zu sehen war. Aus diesem Grund kann man sich mit sogenannten „Laufleistungsverteilungen" behelfen, um Informationen über die noch intakten Einheiten zu gewinnen. Eine Laufleistungsverteilung beschreibt die statistische Verteilung von Laufzeiten, genau wie die Ausfallverteilung die statistische Verteilung der Ausfälle beschreibt. Bei Kraftfahrzeugen z. B. kann man sich die Kenntnis über die Laufzeit der noch intakten Fahrzeuge/Bauteile auch aus der Fahrstreckenverteilung der Fahrzeuge errechnen. Die Verteilung der Fahrstrecken in Deutschland wird z. B. vom Deutschen Automobil Treuhand (DAT), vom Kraftfahrt-Bundesamt (KBA) und vom statistischen Bundesamt publiziert. Im nachfolgenden Beispiel wird die Auswertung anhand von Fahrzeugen erläutert, wenn die Ausfälle nur in Intervallen vorliegen. Die Vorgehensweise wird mit Daten aus der Praxis für ein Nutzfahrzeugbauteil gezeigt.

Aus $n_{Fzg} = 3780$ zugelassenen Fahrzeugen werden die Schadensfälle aus dem Gewährleistungszeitraum in aufsteigender Fahrstreckenreihenfolge nach Klassen geordnet (Tab. 6.5, erste Spalte).

Aus der als bekannt vorausgesetzten Fahrstreckenverteilung im logarithmischen Wahrscheinlichkeitspapier nach Gauß (Abb. 6.26) wird nun der Anteil, der noch intakten Einheiten in den einzelnen Fahrstreckenklassen errechnet. Die Bezugsmenge für die spätere Berechnung der Anzahl noch intakter Einheiten in den einzelnen Klassen ist die Anzahl gefertigter Fahrzeuge in einem bestimmten Fertigungszeitraum bzw. die Anzahl zugelassener Fahrzeuge im Markt in einem entsprechenden Zeitraum.

Tab. 6.5 Ermittlung der $n_s(t_j)$-Werte [7]

Fahrstreckenklasse [km] t_j	Summenhäufigkeit [%] $L(t_j)$	Einzelhäufigkeit [%] $l(t_j) = L(t_j) - L(t_{j-1})$	Anzahl der noch intakten Fahrzeuge $n_S(t_j)$
… 12.000	0,23	0,23	9
… 16.000	4,66	4,43	167
… 20.000	21,59	16,93	637
… 24.000	47,74	26,14	983
… 28.000	71,22	23,48	883
… 32.000	86,30	15,08	567
… 36.000	94,12	7,82	294
… 40.000	97,65	3,53	133

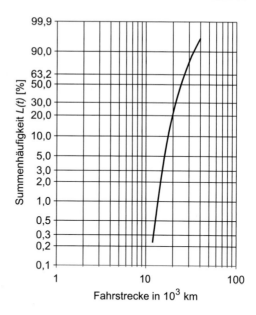

Abb. 6.26 Fahrstreckenverteilung (Laufstreckenverteilung). (© IMA 2022. All Rights Reserved)

Für die Obergrenze dieser Fahrstreckenklassen berechnet man aus der Fahrstreckenverteilung den zugehörigen Ordinatenprozentwert aus der kumulativen Verteilungsfunktion. Das ist die Summe der Fahrzeuge, die eine beliebige Fahrstrecke bis zur Klassenobergrenze erreicht hat. So erreichen 86,3 % der Fahrzeuge eine Fahrstrecke bis 32.000 km, d. h. 13,7 % der Fahrzeuge erreichen Fahrstrecken, die größer sind als 32.000 km.

Im vorliegenden Fall geht man bei der Berechnung von den n_{Fzg} = 3780 gefertigten und zugelassenen Fahrzeugen aus, von denen $n_f(t)$ = 22 Fahrzeuge einen Ausfall aufweisen. Entsprechend sind $n_s(t)$ = 3758 Fahrzeuge noch intakt.

Die erste Fahrstreckenklasse (Tab. 6.5) hat eine Obergrenze von 12.000 km. Aus der Fahrstreckenverteilung in Abb. 6.26 berechnet sich dafür eine Summenhäufigkeitswert von ca. 0,23 %.

Der Anteil noch intakter Fahrzeuge in der Klasse bis 12.000 km beträgt demnach 0,23 % von 3758 Fahrzeugen ohne Ausfall, also ca. 9 Fahrzeuge ($n_s(t_1)$). Hier tritt durch Idealisierung der Fahrstreckenverteilung im unteren Bereich eine gewisse Ungenauigkeit auf, die sich jedoch auf das spätere Gesamtergebnis wenig auswirkt.

Die nächste Klassenobergrenze ist 16.000 km. Der zugehörige Summenhäufigkeitswert aus der Fahrstreckenverteilung ist 4,66 % für die noch intakten Fahrzeuge. Da es sich bei der Fahrstreckenverteilung um eine Summenhäufigkeitsfunktion handelt und für das hier vorzustellende Verfahren jedoch der prozentuale Anteil der betrachteten Klasse von Interesse ist, muss vom abgelesenen Wert jeweils die Summenhäufigkeit der Vorgängerklasse abgezogen werden. Damit ergibt sich für die Klasse von 12.000 bis 16.000 km ein prozentualer Anteil von 4,66 % − 0,23 % = 4,43 % ($n_s(t_2)$).

Analog zu der beschriebenen Vorgehensweise lassen sich auch die übrigen $n_s(t_j)$-Werte berechnen, siehe Tab. 6.5.

Tab. 6.6 Berechnung des Ausfallverhaltens mit Medianrangverfahren [7]

Fahrstreckenklasse [km] $_{tj}$	Anzahl der Ausfälle $n_f(t_j)$	Anzahl der noch intakten Fahrzeuge $n_s(t_j)$	Berechnung				
			Anzahl der davor liegenden Teile	Zuwachs $N(t_j)$	Hypothetische Rangzahl $j(t_j)$	Medianrang [%] $F_{Median}(t_j)$
... 12.000	4	9	9	1,00	4,00	0,10
... 16.000	2	167	176	1,05	6,10	0,15
... 20.000	3	637	813	1,27	9,92	0,25
... 24000	4	983	1796	1,90	17,52	0,46
... 28.000	3	883	2679	3,42	27,77	0,73
... 32.000	2	567	3246	7,02	41,80	1,10
... 36.000	3	294	3540	15,52	88,34	2,33
... 40.000	1	133	3673	34,19	122,53	3,23
> 40.000		85				
Summe	22	3758				
	$n_{Fzg}(t) = 3780$					

Mit den so errechneten $n_s(t_j)$-Werten erfolgt die Berechnung des Ausfallverhaltens nach dem Medianrangverfahren, s. Tab. 6.6.

Liegen mehrere Ausfälle pro Fahrstreckenklasse vor, werden diese aufgrund der fehlenden Kenntnis über die exakten Ausfallzeiten zusammengefasst. Die hypothetische Rangzahl berechnet sich dann wie folgt:

$$j\left(t_j\right) = j\left(t_{j-1}\right) + \left[n_{f\left(t_j\right)} \cdot N\left(t_j\right)\right] \tag{6.23}$$

Der Zuwachs berechnet sich genau wie in Abschn. 6.3.3.1 bzw. 6.3.3.2.

Die berechneten Wertepaare lassen sich in gewohnter Weise in das Weibullnetz eintragen, siehe Abb. 6.27. Es hat sich als zweckmäßig erwiesen die Klassenobergrenzen auf der Abszisse abzutragen.

Bemerkungen zur Anwendung des beschriebenen Verfahrens

Bei der Aufbereitung der Gewährleistungsdaten muss sichergestellt sein, dass es sich bei den schadhaften Teilen jeweils um den ersten Schadensfall der jeweils betrachteten Komponente im betreffenden Fahrzeug (Erstausstattung) handelt. Nur in diesem Fall sind die Fahrzeugfahrstrecke und der entsprechende Wert für das Schadensteil gleich groß. Ist die Schadenshäufigkeit schon im Gewährleistungsbereich so groß, dass mehr als ein Schadensfall pro Fahrzeug eintritt, also das Ersatzteil auch schadhaft geworden ist, muss sichergestellt sein, dass nur die Erstausfälle berücksichtigt werden. Außerdem sollte für sämtliche Fahrzeuge eine etwa gleich große Einsatzdauer vorliegen. Damit wird erreicht, dass die Streuung der vorliegenden Fahrzeugfahrstrecken geringer ist, als wenn zusätzlich noch der Einfluss von unterschiedlichen Einsatzdauern auf die Fahrstrecke hinzukommt. D. h.

Abb. 6.27 Weibulldiagramm bei Intervallzensierung. (© IMA 2022. All Rights Reserved)

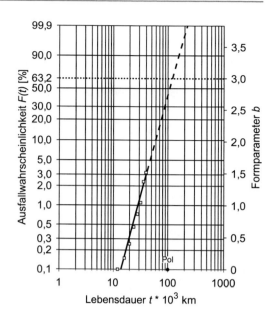

die Wahrscheinlichkeit für den Schadenseintritt ist entsprechend der Fahrstrecke für sämtliche Fahrzeuge gleich.

6.3.4 Grafische Berücksichtigung der Vertrauensbereiche

Ist man in der Lage, von einer Bauteilserie mehrere Stichproben vom gleichen Umfang zu prüfen, so wird die i-te Ranggröße immer etwas unterschiedlich sein. Die Ranggrößen müssen deshalb als Zufallsvariable angesehen werden, die eine Verteilung besitzt, s. Abschn. 6.1. In der Regel werden aber nicht mehrere, sondern immer nur eine einzige Stichprobe erhoben, mit der Aussagen über die Grundgesamtheit ermöglicht werden sollen.

Die bisher ermittelten Weibullgeraden repräsentieren jedoch lediglich das wahrscheinlichste Ausfallverhalten auf Basis der Stichprobeninformation. Durch die streuenden Ranggrößen kann sich aber die Lage der Weibullgerade für unterschiedlichen Stichproben in einem gewissen Bereich verändern. Dieses Streuungsverhalten lässt sich durch die so genannten „Vertrauensbereiche" berücksichtigen, s. Abschn. 6.1. Mit den Vertrauensbereichen kann von der Stichprobe auf die Grundgesamtheit geschlossen werden, s. Abb. 6.1.

Die grafische Ermittlung der Vertrauensgrenzen und des Vertrauensbereiches zeigt der folgende Abschnitt.

6.3.4.1 Tabellarische Ermittlung

Die Streuung der Ranggrößen wird durch die bereits eingeführte Betaverteilung aus Gl. (6.5) beschrieben. Sie ordnet damit jeder Ausfallwahrscheinlichkeit in Abhängigkeit der Rangzahl und der Stichprobengröße eine bestimmte Wahrscheinlichkeit zu. Man könnte daher auch von einer Verteilungsfunktion der Ausfallwahrscheinlichkeit sprechen. In den bisherigen Auswertungen wurde ausschließlich der Median dieser Verteilungsfunktion verwendet, welcher sich durch die Benard-Approximation nach Gl. (6.7) sehr leicht berechnen lässt. Zur Ermittlung der Vertrauensgrenzen müssen weitere Quantile von Interesse (für einen 90 %-Vertrauensbereich die 5 %- und 95 %-Quantile) der Betaverteilung berechnet werden. Da die Berechnung sehr aufwendig ist, nutzt man zur Bestimmung der Vertrauensgrenzen (5 % und 95 %-Quantile) Tabellenwerte. Diese sind auch in Tab. A1 und A3 im Anhang angegeben.

Für die Veranschaulichung wird der Zahnradgrübchenversuch aus Abschn. 6.3.1 genutzt. Neben den Median-Ausfallwahrscheinlichkeiten $F(t_i)_{50\,\%}$ werden die 5 % und die 95 % Ausfallwahrscheinlichkeit $F(t_i)_{5\,\%}$ und $F(t_i)_{95\,\%}$ aus den Tab. A1. und A3 ermittelt, s. Tab. 6.7.

Für jeden Zeitpunkt liegen nun zusätzliche Wertepaare vor, die in das Weibullwahrscheinlichkeitspapier eintragen werden. Die eingezeichneten Punkte lassen sich nicht durch eine Gerade verbinden, sondern müssen durch eine Ausgleichskurve verbunden werden. Diese Kurven entsprechen nun der 5 %- und der 95 %-Vertrauensgrenze. Der Bereich zwischen diesen Vertrauensgrenzen entspricht dem 90 %-Vertrauensbereich, s. Abb. 6.28.

Die Weibullgerade der Medianwerte und der Vertrauensbereich lassen sich folgendermaßen interpretieren: Die in Abb. 6.28 eingezeichnete Weibullgerade ist im Mittel – über viele Stichproben betrachtet – die wahrscheinlichste. Bei einer bestimmten Stichprobe kann es jedoch sein, dass die Gerade eine beliebige Lage innerhalb des Vertrauensbereiches einnimmt. Die Wahrscheinlichkeit, dass die Weibullgerade außerhalb des Vertrauensbereiches liegt beträgt nur 10 %. Dies bedeutet, dass man nur in einem von zehn Fällen dem Vertrauensbereich nicht „vertrauen" darf. Die Minimal- und Maximalwerte der Parameter T und b für einen 90 %-Vertrauensbereich zeigt Abb. 6.29. Die grafische Auswertung der Versuchswerte liefert somit folgende Parameter für die zweiparametrige Weibullverteilung:

Tab. 6.7 Medianwerte und Vertrauensbereiche

i	t_i	$F(t_i)_{5\,\%}$	$F(t_i)_{50\,\%}$ (Median)	$F(t_i)_{95\,\%}$
1	7,9	0,5 %	6,7 %	25,9 %
2	10,0	3,7 %	16,3 %	39,4 %
3	12,2	8,7 %	25,9 %	50,7 %
4	13,5	15,0 %	35,6 %	60,8 %
5	14,3	22,2 %	45,2 %	69,7 %
6	15,1	30,4 %	54,8 %	77,8 %
7	17,3	39,3 %	64,4 %	85,0 %
8	18,2	49,3 %	74,1 %	91,3 %
9	24,6	60,6 %	83,7 %	96,3 %
10	30,5	74,1 %	93,3 %	99,5 %

Abb. 6.28 Weibullgerade und
90 %-Vertrauensbereich.
(© IMA 2022. All Rights
Reserved)

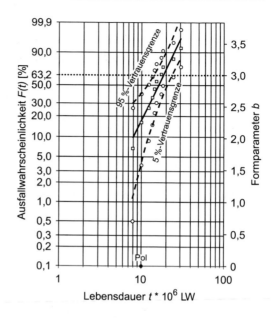

Abb. 6.29 Vertrauensbereich
mit Minimal- und Maximal-
werten von T und b. (© IMA
2022. All Rights Reserved)

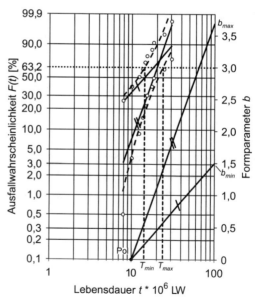

$T_{min} = 15 \cdot 10^6$ LW;	$T_{median} = 18 \cdot 10^6$ LW;	$T_{max} = 23 \cdot 10^6$ LW;
$b_{min} = 1,5$;	$= 2,7$;	$b_{max} = 3,7$;
Vertrauensbereich: 90 %		

T_{median} und b_{median} entsprechen dabei den in Abb. 6.28 ermittelten Werten für die charakteristische Lebensdauer T bzw. für den Formparameter b.

Der Streubereich der charakteristischen Lebensdauer und des Formparameters kann auch durch einfache Näherungsgleichungen berechnet werden [8]. Für die charakteristischen Lebensdauern T_{min} und T_{max} lauten die Näherungsgleichungen:

$$T_{min} = T_{5\%} = T_{median} \cdot \left(1 - \frac{1}{9n} + 1{,}645 \sqrt{\frac{1}{9n}} \right)^{-3/b_{median}}, \qquad (6.24)$$

$$T_{max} = T_{95\%} = T_{median} \cdot \left(1 - \frac{1}{9n} - 1{,}645 \sqrt{\frac{1}{9n}} \right)^{-3/b_{median}}. \qquad (6.25)$$

Der Streubereich des Formparameters lässt sich näherungsweise ermitteln durch:

$$b_{min} = b_{5\%} = \frac{b_{median}}{1 + \sqrt{\dfrac{1{,}4}{n}}}, \qquad (6.26)$$

$$b_{max} = b_{95\%} = b_{median} \cdot \left(1 + \sqrt{\frac{1{,}4}{n}} \right). \qquad (6.27)$$

Die Berücksichtigung des Vertrauensbereiches ist besonders bei kleinem Stichprobenumfang unerlässlich, da er hierbei einen sehr großen Bereich umfassen kann.

Einschränkungen der tabellarischen Bestimmung
- Die tabellarische Bestimmung der Vertrauensgrenzen hat einige Einschränkungen. So sind die meisten Tabellenwerke auf die 5 % und 95 % Grenzen beschränkt. Sind andere Werte relevant, muss die Betaverteilung neu berechnet oder das V_q-Verfahren im Abschn. 6.3.4.2 verwendet werden.
- Die Bestimmung der Vertrauensgrenzen basiert auf den Rangzahlen und damit auf Ausfallzeiten. Liegen rechtszensierte Daten vor, muss die Weibullgerade zur Bestimmung der charakteristischen Lebensdauer häufig extrapoliert werden. Da Vertrauensgrenzen nicht durch eine Gerade beschrieben werden, ist die Extrapolation nicht möglich. Für derartige Szenarien müssen analytische Methoden (Abschn. 6.4) verwendet werden.
- Auch für multiple und intervallzensierte Daten kann die tabellarische Lösung nicht verwendet werden. Die hypothetischen Rangzahlen sind in der Regel nicht mehr ganzzahlig, weshalb die Ausfallwahrscheinlichkeiten der Vertrauensgrenzen nicht mehr aus den Tabellen abgelesen werden können. Die Vertrauensgrenzen könnten zwar mit Hilfe der Betaverteilung bestimmt werden, es empfiehlt sich aber auch hier auf analytische Methoden zurückzugreifen.

6.3.4.2 Vertrauensbereiche bei niedrigen Summenhäufigkeiten
Bei der Betrachtung von kurzen Einsatzdauern/Fahrstrecken, z. B. ein Jahr oder 15.000 km, oder bei Elektronik- bzw. Elektrikbauteilen bewegt man sich im Bereich kleiner Summenhäufigkeitswerte, nämlich bis etwa 10 %.

Für diesen Bereich empfiehlt sich ein anderes Verfahren zur Ermittlung des Vertrauensbereiches, nämlich über die Ermittlung von Faktoren [9]. Hierbei legt man, abhängig vom Stichprobenumfang n einzelne t_q-Werte fest. Aus Abb. A1 bis Abb. A8 im Anhang können für $P_A = 90$ % (zweiseitig) Vertrauensbereichsfaktoren V_q entnommen werden. Diese sind abhängig vom Stichprobenumfang n und vom Weibullformparameter b. Für Zwischenwerte von b muss interpoliert werden.

Der untere Lebensdauergrenzwert bei q-prozentiger Ausfallwahrscheinlichkeit ergibt sich zu

$$t_{qu} = t_q \cdot \frac{1}{V_q}. \tag{6.28}$$

Der obere Lebensdauergrenzwert bei q-prozentiger Ausfallwahrscheinlichkeit ergibt sich zu

$$t_{qo} = t_q \cdot V_q. \tag{6.29}$$

Durch Verbinden der einzelnen Punkte wird mit der oberen und unteren Grenze der gesamte Vertrauensbereich ermittelt.

Wir betrachten folgendes Beispiel:

Stichprobenumfang $n = 100$; Versuchsdurchführung bis Rangzahl $j = 10$. Die Zuordnung von t_j und F_j ergibt sich gemäß Tab. 6.8 mit

$$F_j \approx \frac{j - 0{,}3}{n + 0{,}4} \cdot 100\,\%. \tag{6.30}$$

Die Einzelwerte werden in das Weibullnetz eingetragen, Abb. 6.30. Anschließend wird die Ausgleichsgerade durch diese Punkte gelegt.

Aus den Abbildungen im Anhang werden nun für t_1, t_3, t_5 und t_{10} die Vertrauensbereichsfaktoren V_q für jeweils $b = 1$ und $n = 100$ entnommen s. Tab. 6.9. Im Anschluss daran können t_{qu} und t_{qo} entsprechend Gl. (6.28) bzw. Gl. (6.29) berechnet und in das Weibulldiagramm eingetragen werden.

6.3.5 Grafische Berücksichtigung der ausfallfreien Zeit t_0 (dreiparametrige Weibullverteilung)

Beim Vorhandensein einer ausfallfreien Zeit t_0 liegen die Punkte im Weibullwahrscheinlichkeitspapier nicht mehr auf einer Geraden, sondern auf einer konkaven Kurve. Lassen

Tab. 6.8 Zuordnung von t und F_j [9]

j	1	2	3	4	5	6	7	8	9	10
t_j [Zykl.]	62	190	288	332	426	560	615	780	842	1000
F_j [%]	0,70	1,69	2,69	3,68	4,68	5,68	6,67	7,67	8,66	9,66

Abb. 6.30 Vertrauensbereich bei niedrigen Summenhäufigkeiten. (© IMA 2022. All Rights Reserved)

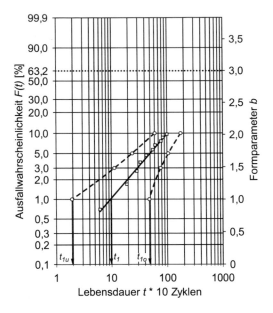

Tab. 6.9 V_q-Faktoren

q [%]	t_q	V_q	$t_{qo} = t_q \cdot V_q$	$t_{qu} = t_q / V_q$
1	96	5,0	480	19,2
3	295	2,6	767	113,5
5	500	2,1	1050	238,1
10	1030	1,7	1751	606,0

sich also die ermittelten Wertepaare besser durch eine Kurve verbinden, kann das ein Indiz (Achtung, noch kein Beweis) für eine ausallfreie Zeit sein. Die ausfallfreie Zeit t_0 kann näherungsweise mit den im Folgenden beschriebenen grafischen Verfahren oder genauer mit den analytischen Methoden von Abschn. 6.4 bestimmt werden.

Abb. 6.31 zeigt, dass nur mit Hilfe einer Ausgleichskurve eine gute Annäherung an die Wertepaare möglich ist. Es sollte deshalb die dazugehörige dreiparametrige Weibullverteilung ermittelt werden.

Eine ausfallfreie Zeit t_0 kann aufgrund unterschiedlicher Ursachen auftreten [10]. Bei manchen Ausfallmechanismen kann physikalisch bedingt nicht direkt zu Beginn der Nutzungszeit ein Ausfall auftreten. So ist es z. B. nicht möglich, dass ein Bremsbelag direkt nach Beginn der Nutzung verschlissen ist. Weiterhin kann es zu systembedingten ausfallfreien Zeiten kommen. Eine Bremsscheibe kann z. B. erst verschleißen, wenn die zugehörigen Bremsbeläge vollständig verschlissen sind. Das bezieht sich aber lediglich auf den Ausfallmechanismus Verschleiß. Eine Bremsscheibe kann unter Umständen noch weiteren Ausfallmechanismen unterliegen, die durch andere Effekte zustande kommen und keine ausfallfreie Zeit aufweisen.

Abb. 6.31 Ausgleichskurve
bzw. dreiparametrige Weibullverteilung durch die Versuchspunkte. (© IMA 2022. All
Rights Reserved)

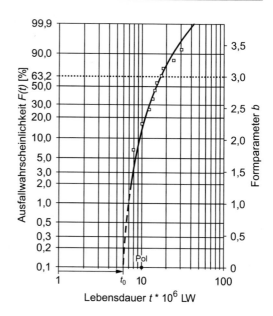

Die Ermittlung der ausfallfreien Zeit t_0 kann grafisch nur näherungsweise erfolgen. Eine sehr einfache Schätzung von t_0 erhält man durch Verlängern der Ausgleichskurve bis zur Abszisse in Abb. 6.31. In einem gewissen Bereich vor dem Schnittpunkt der Ausgleichskurve mit der Abszisse kann die ausfallfreie Zeit t_0 angenommen werden.

Die am besten geeignete ausfallfreie Zeit t_0 lässt sich nur iterativ bestimmen. Dazu müssen verschiedene Werte für t_0 ausprobiert werden. Für den Zahnradversuch ergab sich dabei als günstigster Wert $t_0 = 6$ Mill. LW, s. Abb. 6.31.

Die beste Schätzung für den Parameter t_0 erhält man, wenn die korrigierten Ausfallzeiten $t_i' = t_i - t_0$ eine Gerade im Weibullwahrscheinlichkeitspapier ergeben, siehe Abb. 6.32. Die Parameter der Weibullgeraden lassen sich wie bei der zweiparametrigen Weibullverteilung ermitteln. Für die charakteristische Lebensdauer ergibt sich $T = 18$ Mill. LW und als Formparameter erhält man $b = 1{,}6$, s. Abb. 6.32. Der Formparameter b unterscheidet sich bei einer zwei- und dreiparametrigen Auswertung. Bei der Auswertung des gleichen Datensatzes erhält man für die dreiparametrige Weibullverteilung immer einen kleineren Formparameter als bei einer zweiparametrigen Auswertung. Die charakteristische Lebensdauer T bleibt hingegen gleich.

Das Ausfallverhalten der Zahnräder kann somit durch folgende dreiparametrige Weibullverteilung gut beschrieben werden:

$$F(t) = 1 - e^{-\left(\frac{t - 6 \cdot 10^6\, LW}{(18-6) \cdot 10^6\, LW}\right)^{1,6}}.$$

(6.31)

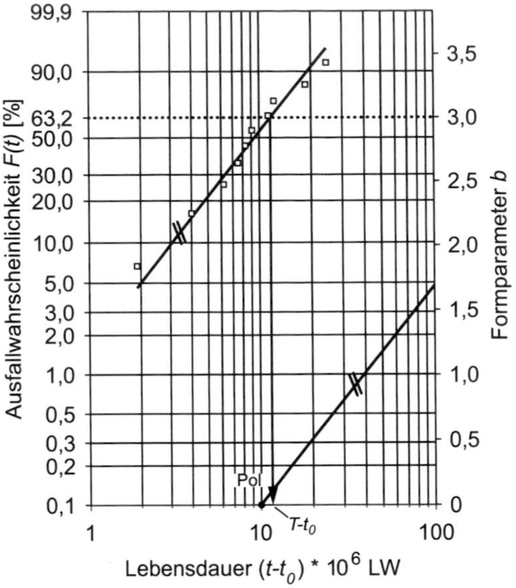

Abb. 6.32 „Weibullgerade"
für die um t_0 korrigierten
Ausfallzeiten. (© IMA 2022.
All Rights Reserved)

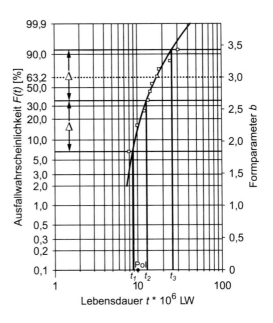

Abb. 6.33 Ermittlung der
ausfallfreien Zeit nach Dubey
[11]. (© IMA 2022. All Rights
Reserved)

Die ausfallfreie Zeit t_0 kann auch mit einem Verfahren von Dubey [11] näherungsweise berechnet werden. Dieses Verfahren ist recht einfach und schnell anzuwenden. Es wird dabei folgendermaßen vorgegangen:

- Durch die Versuchswerte im Weibullwahrscheinlichkeitspapier wird eine Ausgleichskurve gezeichnet, s. Abb. 6.33.

- Die Ordinate wird in zwei gleichgroße Abschnitte Δ zerlegt und die zugehörigen Lebensdauern t_1, t_2 und t_3 bestimmt.
- Mit den in Abb. 6.33 ermittelten Ausfallzeiten t_1, t_2 und t_3 ergibt sich die ausfallfreie Zeit t_0 zu:

$$t_0 = t_2 - \frac{(t_3 - t_2) \cdot (t_2 - t_1)}{(t_3 - t_2) - (t_2 - t_1)}. \tag{6.32}$$

Den 90 %-Vertrauensbereich für das Beispiel zeigt Abb. 6.34. Es ergeben sich somit insgesamt folgende Werte für die Parameter der dreiparametrigen Weibullverteilung:

$T_{min} = 13 \cdot 10^6$ LW;	$T_{median} = 18 \cdot 10^6$ LW;	$T_{max} = 25 \cdot 10^6$ LW;
$b_{min} = 0{,}8$;	$b_{median} = 1{,}6$;	$b_{max} = 2{,}5$;
$t_0 = 6 \cdot 10^6$ LW;		
Vertrauensbereich: 90 %		

Ein Vertrauensbereich für die ausfallfreie Zeit t_0 lässt sich nur mit den analytischen Methoden von Abschn. 6.4 berechnen.

Bei dem als Beispiel ausgewählten Versuch kann wegen des geringen Versuchsumfanges von $n = 10$ keine eindeutige Entscheidung für eine zwei- oder eine dreiparametrige Weibullverteilung getroffen werden. Beide Verteilungsarten sind nach der durchgeführten Auswertung möglich. Nur falls bekannt ist oder angenommen werden kann, dass es eine ausfallfreie Zeit gibt, sollte die dreiparametrige Weibullverteilung verwendet werden. In allen anderen Fällen sollte man sich auf eine zweiparametrige Weibullverteilung beschränken, da sie im Anfangsausfallbereich eine konservativere Beschreibung liefert.

Abb. 6.34 Vertrauensbereich für die „Weibullgerade" und die Verteilungsparameter. (© IMA 2022. All Rights Reserved)

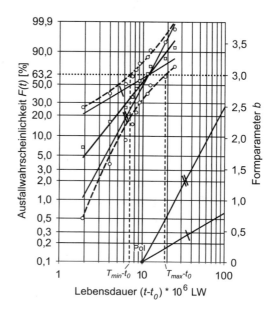

6.4   Analytische Methoden zur Auswertung von Lebensdauerdaten

6.4.1   Parameterschätzverfahren zur Bestimmung des Ausfallverhaltens

Neben der grafischen Auswertung haben mittlerweile die analytischen Verfahren zunehmend an Bedeutung gewonnen, da die heutige Computerhardware die Lösung von komplexen Berechnungen über numerische Verfahren in kurzer Rechenzeit ermöglicht. Die Auswertung von Ausfalldaten kann mit verschiedenen analytischen Methoden erfolgen, die alle gewisse Vor- und Nachteile aufweisen. Die bekanntesten Methoden in der Lebensdauerdatenanalyse sind

- die Momentenmethode,
- die Methode der kleinsten Fehlerquadrate nach *Gauß* und
- die Maximum-Likelihood Methode nach Fisher.

Diese Methoden werden im Folgenden vorgestellt und ihre Anwendung am Beispiel der Weibullverteilung aufgezeigt. Weiterhin wird auf die Leistungsfähigkeit sowie auf die jeweiligen Vor- und Nachteile der Methoden eingegangen. Es sei schon zu Beginn erwähnt, dass aufgrund der völlig unterschiedlichen mathematischen Herangehensweise für exakt die gleichen Datensätze auch unterschiedliche Lösungen für das geschätzte Ausfallverhalten resultieren. Aus diesem Grund ist es gerade bei der Anwendung wichtig, die mathematischen Ansätze nachzuvollziehen.

6.4.2   Momentenmethode

Bei der Momentenmethode wird die beste Verteilung durch Vergleichen der Stichprobenmomente mit den theoretischen Verteilungsmomenten ermittelt. Als Momente sind hierbei gewisse Maßzahlen einer Verteilung zu verstehen. Die ersten drei Momente einer Verteilung sind die folgenden:

- Mittelwert,
- Varianz,
- Schiefe.

Eine Maßzahl allein gibt sehr wenig Auskunft über eine Verteilung. So sagt der Mittelwert nur aus, wo ungefähr die Mitte der Verteilung liegt. Mehrere Momente zusammen können aber ein sehr genaues Bild der gesuchten Verteilung liefern.

Empirische Stichprobenmomente sind Maßzahlen der Stichprobe. Liegen n Beobachtungswerte t_i, $i = 1(1)n$, vor, ergibt sich als erstes empirisches Moment der Stichprobe der arithmetische Mittelwert $\bar{t}$:

$$\bar{t} = \frac{1}{n} \cdot \Sigma_{i=1}^{n} t_i \;. \tag{6.33}$$

Für das zweite empirische Stichprobenmoment, die Varianz s^2, gilt

$$s^2 = \frac{1}{n-1} \cdot \sum_{i=1}^{n} \left(t_i - \bar{t} \right)^2 \tag{6.34}$$

Das dritte empirische Moment heißt Schiefe γ und ist ein Maß für die Asymmetrie der Verteilungsdichte:

$$\gamma = \frac{n}{(n-1)\cdot(n-2)} \cdot \frac{1}{s^3} \Sigma_{i=1}^{n} \left(t_i - \bar{t} \right)^3 \;. \tag{6.35}$$

Theoretische Verteilungsmomente kennzeichnen Wahrscheinlichkeitsverteilungen stetiger Zufallsgrößen. Das erste theoretische Verteilungsmoment, meist als Erwartungswert $E(t)$ bezeichnet, erhält man aus dem uneigentlichen Integral über die mit der statistischen Variablen t multiplizierten Dichtefunktion $f(t)$:

$$E(t) = m_1 = \int_{-\infty}^{\infty} t \cdot f(t) \cdot dt. \tag{6.36}$$

Die allgemeine Definition für ein auf den Ursprung bezogenes Moment k-ter Ordnung m_k lautet:

$$m_k = \int_{-\infty}^{\infty} t^k \cdot f(t) \cdot dt \quad k = 1, 2, \ldots . \tag{6.37}$$

Neben den Ursprungsmomenten gibt es noch die zentralen Momente m_{kz}, welche durch folgenden Ausdruck definiert sind:

$$m_{kz} = \int_{-\infty}^{\infty} \left(t - m_1 \right)^k \cdot f(t) \cdot dt \quad k = 1, 2, \ldots . \tag{6.38}$$

Das zweite zentrale Moment heißt Varianz $Var(t)$

$$Var(t) = m_{2z} = m_2 - m_1^2. \tag{6.39}$$

Die Schiefe $S_3(t)$ ist das dritte theoretische Verteilungsmoment, welches durch den Ausdruck

$$S_3(t) = \frac{m_{3z}}{\sqrt{m_{2z}^2}} \qquad (6.40)$$

definiert ist. Durch Gleichsetzen der empirischen und theoretischen Momente erhält man ein Gleichungssystem, aus welchem die zu bestimmenden Verteilungsparameter ermittelt werden können:

$$\begin{aligned} E(t) &= \overline{t}, \\ Var(t) &= s^2 \quad \text{und} \\ S_3(t) &= \gamma. \end{aligned} \qquad (6.41)$$

Aus diesen drei Gleichungen können drei Parameter berechnet werden. Bei ein- oder zweiparametrigen Verteilungen benötigt man lediglich die erste bzw. die ersten beiden Gleichungen zur Ermittlung der gesuchten Parameter. In seltenen Fällen mit mehr als drei Parametern, können auch noch weitere Momente nach Gleichung 6.37 bzw. 6.38 verwendet werden.

Beispiel: Dreiparametrige Weibullverteilung

Die Anwendung der Momentenmethode bei der Weibullverteilung ist mathematisch etwas aufwendig. Die theoretischen Momente lassen sich nur mit Hilfe der Gammafunktion $\Gamma(x)$ ausdrücken. Für den Erwartungswert $E(t)$, die Varianz $Var(t)$ und die Schiefe $S_3(t)$ einer dreiparametrigen Weibullverteilung gelten die folgenden Beziehungen:

$$E(t) = (T - t_0) \cdot \Gamma\left(1 + \frac{1}{b}\right) + t_0, \qquad (6.42)$$

$$Var(t) = (T - t_0)^2 \cdot \left[\Gamma\left(1 + \frac{2}{b}\right) - \Gamma^2\left(1 + \frac{1}{b}\right)\right] \text{und} \qquad (6.43)$$

$$S_3(t) = \frac{\Gamma\left(1 + \frac{2}{b}\right) - \Gamma^2\left(1 + \frac{1}{b}\right)}{\sqrt[3]{\Gamma\left(1 + \frac{3}{b}\right) - 3 \cdot \Gamma\left(1 + \frac{2}{b}\right) \cdot \Gamma\left(1 + \frac{1}{b}\right) + 2 \cdot \Gamma^3\left(1 + \frac{1}{b}\right)}}. \qquad (6.44)$$

Im Fall einer zweiparametrigen Verteilung ist in obigen Gleichungen $t_0 = 0$. Die Schiefe ist nach Gl. (6.44) nur vom Formparameter b abhängig. Da die empirische Schiefe γ aus Gl. (6.35) bekannt ist, kann aus $\gamma = S_3(t)$ b iterativ, z. B. über das Newtonverfahren, bestimmt werden. Ist b bekannt, kann t_0 aus Gl. (6.42) und Gl. (6.43), in Verbindung mit dem arithmetischen Mittelwert $\overline{t}$, Gl. (6.33), und der Streuung s, Gl. (6.34), bestimmt werden:

$$t_0 = \overline{t} - \frac{\Gamma\left(1+\dfrac{1}{b}\right)}{\sqrt{\Gamma\left(1+\dfrac{2}{b}\right) - \Gamma^2\left(1+\dfrac{1}{b}\right)}} \cdot s. \tag{6.45}$$

Als letzter Parameter wird die charakteristische Lebensdauer T aus Umstellung von Gl. (6.42) berechnet:

$$T = \frac{\overline{t} - t_0}{\Gamma\left(1+\dfrac{1}{b}\right)} + t_0. \tag{6.46}$$

◀

6.4.2.1 Vor- und Nachteile der Momentenmethode

Mit der Momentenmethode können generell nur vollständige Stichproben ausgewertet werden. Aus diesem Grund wird die Momentenmethode in der angewendeten Lebensdauerdatenanalyse selten verwendet, da man häufig zensierte Daten vorliegen hat. Im vorangegangenen Beispiel werden die ersten drei Momente zur Schätzung des Ausfallverhaltens verwendet, da sich eine Verteilungsfunktion durch den Erwartungswert, die Varianz und die Schiefe schon recht gut beschreiben lässt. Theoretisch existieren jedoch unendlich viele Verteilungsmomente, die man aber aufwandstechnisch nicht alle beschreiben kann. Dieses Problem verdeutlicht eine weitere Einschränkung der Momentenmethode für die Anwendung, da die Güte der Schätzung von vornerein von der Anzahl der berücksichtigten Momente abhängt. Bei manchen Verteilungen wie der Betaverteilung, genügen auch bereits zwei Momente für eine sehr hohe Approximationsgüte, siehe auch Kap. 2, man kann diesen Sachverhalt jedoch nicht verallgemeinern. Genügen zwei Momente für die Beschreibung der Verteilung, profitiert man jedoch von der vergleichsweisen einfachen mathematischen Vorgehensweise.

6.4.3   Methode der kleinsten Fehlerquadrate

Die Methode der kleinsten Fehlerquadrate (MRR, *engl. Median Rank Regression*) ist ein Schätzverfahren, das eine Ausgleichsgerade an die Daten anpasst. Die Ermittlung der gesuchten Verteilung erfolgt bei dieser Methode über eine Ausgleichsgerade, so dass die Summe der Abstandsquadrate zwischen den Wertepaaren (t_i, $F(t_i)$) und der Ausgleichsgeraden zu einem Minimum wird. Nachdem die Abstände zu einer in allgemeiner Form angenommenen Geraden berechnet und aufsummiert sind, lassen sich durch Differenzieren die bekannten Normalengleichungen ableiten.

Im Gegensatz zur Momentenmethode können mit der MRR auch zensierte Stichproben ausgewertet werden. So liegen bei einer zensierten Stichprobe r Versuchswerte t_i, $i = 1(1)r$, aus einer Stichprobe der Größe n vor. Die Versuchswerte werden der Größe nach geordnet, so dass $t_1 \leq t_2 \leq \ldots \leq t_i \leq \ldots \leq t_r$ gilt. Die einzelnen Zeiten werden Ranggrößen genannt, der zur jeweiligen Ranggröße gehörende Index i heißt Rangzahl. Diesen Ranggrößen wird nun eine Ausfallwahrscheinlichkeit F_i über das Medianrangverfahren entsprechend Abschn. 6.3 oder nachfolgender Gleichung zugeordnet:

$$\text{Median}: \quad F_i \approx \frac{i-0,3}{n+0,4} \quad i = 1(1)r. \tag{6.47}$$

Die Wertepaare $(t_i, F(t_i))$ also Ausfallzeiten und Ausfallwahrscheinlichkeiten sollen nun an eine Geradengleichung der Form

$$y(x) = m \cdot x + c \tag{6.48}$$

angepasst werden. Die Wahrscheinlichkeitsverteilungen in der Zuverlässigkeitsanalyse können durch entsprechende Umformungen in die Form einer Geradengleichung transformiert werden. Nach einer solchen Transformation wird die Variable x zur Funktion der Lebensdauer t:

$$x = x(t). \tag{6.49}$$

Die Geradensteigung m und der Achsabschnittsfaktor c werden zu Funktionen der k Verteilungsparameter

$$\psi_\ell, \quad \ell = 1(1)k, \tag{6.50}$$

welche zu einem Parametervektor zusammengefasst werden:

$$\vec{\psi} = (\psi_1, \ldots, \psi_\ell, \ldots, \psi_k). \tag{6.51}$$

Da die Gerade durch die Steigung und den Achsabschnitt eindeutig festgelegt ist, können nach dieser Anpassung maximal zwei Parameter bestimmt werden. Aus Gl. (6.48) wird

$$y(x(t)) = m(\vec{\psi}) \cdot x(t) + c(\vec{\psi}), \tag{6.52}$$

dabei gilt unter Verwendung der Ranggrößen

$$x_i = x(t_i) \text{ und } y(x(t_i)) = y(x_i). \tag{6.53}$$

Durch diese Transformation müssen auch die Ausfallwahrscheinlichkeiten der Ranggrößen entsprechend transformiert werden:

$$y_i = y(F_i). \tag{6.54}$$

Abb. 6.35 Regressions-
gerade. (© IMA 2022. All
Rights Reserved)

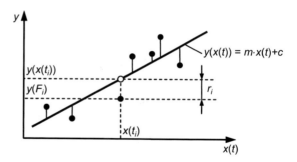

Zur Anpassung subtrahiert man nun von den transformierten Ausfallwahrscheinlichkeiten $y(F_i)$ den Funktionswert $y(x(t_i))$. Die Ergebnisse dieser Subtraktionen werden als Fehler r_i interpretiert, Abb. 6.35. Man erhält n Gleichungen der Form

$$y\big(F_i\big) - y\big(x\big(t_i\big)\big) = y_i - m \cdot x_i - c = r_i. \tag{6.55}$$

Eine gute Schätzung für die beiden gesuchten Größen m und c der Geraden erhält man nach *Gauß*, wenn man die Fehlerquadratsumme ρ^2 minimiert:

$$\rho^2 = \sum_{i=1}^{n} r_i^2 = \sum_{i=1}^{n}\big(y_i - m \cdot x_i - c\big)^2 \to Min. \tag{6.56}$$

Zur Minimierung bildet man die ersten partiellen Ableitungen von ρ^2 nach m und c und setzt sie gleich Null:

$$\frac{\partial \rho^2}{\partial c} = -\sum_{i=1}^{n} 2 \cdot \big(y_i - m \cdot x_i - c\big) \quad \Rightarrow \textstyle\sum_{i=1}^{n}\big(y_i - m \cdot x_i - c\big) = 0,$$
$$\frac{\partial \rho^2}{\partial m} = -\sum_{i=1}^{n} 2 \cdot x_i \cdot \big(y_i - m \cdot x_i - c\big) \quad \Rightarrow \textstyle\sum_{i=1}^{n} x_i \cdot \big(y_i - m \cdot x_i - c\big) = 0. \tag{6.57}$$

Daraus ergibt sich ein lineares Gleichungssystem (Normalengleichungen) für die beiden Unbekannten m und c:

$$n \cdot c + (\textstyle\sum_{i=1}^{n} x_i) \cdot m = \sum_{i=1}^{n} y_i,$$
$$(\textstyle\sum_{i=1}^{n} x_i) \cdot c + (\sum_{i=1}^{n} x_i^2) \cdot m = \sum_{i=1}^{n} x_i \cdot y_i, \tag{6.58}$$

woraus man mit Hilfe des arithmetischen Mittelwerts Gl. (6.33) die folgenden Lösungen erhält:

$$m = \frac{\sum_{i=1}^{n}(x_i - \overline{x}) \cdot (y_i - \overline{y})}{\sum_{i=1}^{n} x_i^2 - n \cdot \overline{x}} = \frac{\sum_{i=1}^{n}(x_i - \overline{x}) \cdot (y_i - \overline{y})}{\sum_{i=1}^{n}(x_i^2 - \overline{x})} \qquad (6.59)$$

$$c = \overline{y} - m \cdot \overline{x}. \qquad (6.60)$$

Da m und c Funktionen der Verteilungsparameter sind, können aus obigen Gleichungen maximal zwei Parameter durch Rücktransformation berechnet werden. Wie gut die Annäherung durch die Gerade ist, lässt sich durch den Korrelationskoeffizenten K ermitteln:

$$K = \frac{\sum_{i=1}^{n}(x_i - \overline{x}) \cdot (y_i - \overline{y})}{\sqrt{\sum_{i=1}^{n}(x_i - \overline{x})^2 \cdot \sum_{i=1}^{n}(y_i - \overline{y})^2}}. \qquad (6.61)$$

Der Korrelationskoeffizient ist eine Maßzahl für die Stärke und Richtung eines Zusammenhanges zwischen Wertepaaren. Im Fall einer vollständigen linearen Abhängigkeit ist der Korrelationskoeffizient $K = -1$ oder $K = 1$, je nachdem, ob sich die Wertepaare gegensinnig oder gleichsinnig ändern. Man spricht dann von einem funktionalen Zusammenhang. Liegt kein Zusammenhang zwischen den Wertepaaren vor, ist $K = 0$. Liegt der Betrag des Korrelationskoeffizienten zwischen 0 und 1 ($0 < |K| < 1$) spricht man von stochastischer Abhängigkeit. Abb. 6.36 zeigt die verschiedenen Möglichkeiten.

Die Güte der Anpassung einer linear transformierten Verteilungsfunktion an die Wertepaare kann anhand des Korrelationskoeffizienten abgeschätzt werden. Die Anpassung ist umso besser, je näher der Betrag von K bei 1,0 liegt. Bei der Anpassung einer Verteilung an Ausfalldaten besteht stets eine positiv stochastische Abhängigkeit.

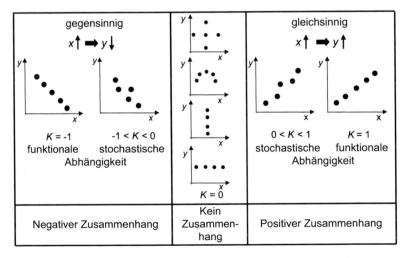

Abb. 6.36 Formen des Zusammenhangs zwischen Wertepaaren (x, y) und dem Korrelationskoeffizienten K. (© IMA 2022. All Rights Reserved)

Ausgangspunkt bildet das Weibullnetz. Mathematisch entspricht dies der Geradengleichung

$$\underbrace{\ln\left(-\ln(1-F(t))\right)}_{y(x(t))} = \underbrace{b}_{m(b)} \cdot \underbrace{\ln(t)}_{x(t)} - \underbrace{b\cdot\ln(T)}_{c(b,T)},\tag{6.62}$$

wobei hier zuerst von der zweiparametrigen Verteilung ausgegangen wird. Die transformierten Ausfallwahrscheinlichkeiten ergeben sich, z. B. unter Verwendung des Medianwertes, zu

$$y_i = ln\left(-ln\left(1-\frac{i-0,3}{n+0,4}\right)\right).\tag{6.63}$$

Durch Anwendung der MRR findet man folgende Bestimmungsgleichungen für die beiden Weibullparameter b und T:

$$b = \frac{\sum_{i=1}^{n}(x_i-\overline{x})\cdot(y_i-\overline{y})}{\sum_{i=1}^{n}(x_i-\overline{x})^2}\tag{6.64}$$

$$\text{mit } y_i = ln\left(-ln\left(1-F_i\right)\right) \;;\; \overline{y} = \frac{1}{n}\sum_{i=1}^{n}ln\left(-ln\left(1-F_i\right)\right)$$

$$\text{und } x_i = ln\left(t_i\right) \;;\; \overline{x} = \frac{1}{n}\sum_{i=1}^{n}ln\left(t_i\right)\tag{6.65}$$

$$\text{sowie }\quad T = \exp\left(-\frac{\overline{y}-b\cdot\overline{x}}{b}\right)$$

Den Korrelationskoeffizienten erhält man aus Gl. (6.61). Falls die Verteilung jedoch als dritten Parameter eine ausfallfreie Zeit t_0 besitzt, gestaltet sich die Berechnung mit der MRR aufwendiger, da sie iterativ erfolgen muss. Man kann die Berechnung wie im zweiparametrigen Fall durchführen, jedoch werden die Messwerte zu $x_i = ln(t_i - t_0)$. Im Weibullpapier stellt dies wiederum eine Gerade dar, falls der Wert von t_0 der gesuchte ist. Wie gut diese Annäherung ist, ergibt sich aus dem Wert des Korrelationskoeffizienten, Gl. (6.61). Es muss also durch gezielte Variation des Parameters t_0 das Maximum des Korrelationskoeffizienten ermittelt werden. Die Iteration erfolgt mit geeigneten Optimierungsalgorithmen [12] ◄

6.4.3.1 Vor- und Nachteile der MRR-Methode

Die Methode der kleinsten Fehlerquadrate ist ein weit verbreitetes und daher sehr bekanntes Verfahren zur Verteilungsschätzung. Auch ist die mathematische Lösung vergleichsweise einfach und kommt für eine zweiparametrige Weibullverteilung ohne numerische Iteration aus.

Es handelt sich um ein erwartungstreues Schätzverfahren dessen Varianz mit steigendem Stichprobenumfang gegen 0 konvergiert, was gute und gewollte statistische Eigenschaften eines Schätzverfahrens sind. Prinzipiell lassen sich vollständige und zensierte Datensätze mit der MRR auswerten, allerdings mit einer Einschränkung die wohl den größten Nachteil der Methode darstellt. Dieser Nachteil geht zurück auf das Medianrangverfahren. Denn die Medianränge werden benötigt, um überhaupt Wertepaare für die Ausgleichsgerade zu bilden. Man braucht also einen unweigerlich notwendigen Zwischenschritt, um die MRR überhaupt anwenden zu können. Strenggenommen wertet man also nicht nur die erhobenen Lebensdauerdaten aus, welche die eigentliche Datengrundlage bilden, sondern auch die jeweils gebildeten Medianränge. Hiervon rührt auch die englische Bezeichnung MRR.

Weiterhin können Medianränge nur Ausfällen zugeordnet werden, die Laufzeiten von zensierten Einheiten bleiben außen vor. Berücksichtigt werden zensierte Daten in der MRR dennoch, aber nur über den Einfluss der Stichprobengröße im Medianrangverfahren. Die Überlebenswahrscheinlichkeiten bzw. erreichten Laufzeiten der noch intakten Einheiten, sofern diese bekannt sind, bleiben vollkommen unberücksichtigt. Liegt also eine Stichprobe von beispielsweise $n = 75$ Einheiten mit lediglich $n_f = 4$ Ausfällen vor, ergeben sich für die Ausfälle sehr geringe Ausfallwahrscheinlichkeiten über das Medianrangverfahren. Dadurch verschiebt sich der Interpolationsbereich ebenfalls zu geringen Ausfallwahrscheinlichkeiten, siehe Abb. 6.37. Da meistens ohnehin die kleinen Ausfallwahrscheinlichkeiten von Relevanz sind erscheint auch der größere Extrapolationsbereich in einem solchen Szenario von nicht allzu hoher Bedeutung. Betrachtet man hingegen die Qualität der Schätzung für die gesamte Weibullgerade fällt der große Extrapolationsbereich stark ins Gewicht. Im genannten Beispiel stehen eben nur Wertepaare im Bereich von ca. 0,8 % bis ca. 5 % Ausfallwahrscheinlichkeit für die Schätzung der Stei-

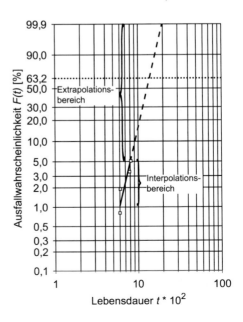

Abb. 6.37 Inter- und Extrapolationsbereich bei Anwendung der MRR. (© IMA 2022. All Rights Reserved)

gung und damit des Formparameters zur Verfügung. Gerade bei sehr großen Stichproben mit wenigen Ausfällen kann das zu einer unpräzisen Schätzung des Formparameters führen. Gleiches gilt für die Schätzung der charakteristischen Lebensdauer, denn es muss sehr weit zu einer Ausfallwahrscheinlichkeit von 63,2 % extrapoliert werden. Wird die Steigung nicht sehr präzise geschätzt, wirkt sich das folglich auch auf die Schätzung der charakteristischen Lebensdauer aus, wie auch Gl. (6.65) zu entnehmen ist.

6.4.4 Maximum-Likelihood Methode

Eine weitere statistische Methode zur Bestimmung von unbekannten Parametern einer Verteilung ist die Maximum-Likelihood Methode (MLE, *engl. Maximum Likelihood Estimation*) von *R. A. Fisher*. Das Verfahren geht von folgender Überlegung aus: Das Histogramm der Ausfallhäufigkeit zeigt die Anzahl der Ausfälle je Intervall, Abb. 6.38.

Bei sehr großem Stichprobenumfang n kann man vom Histogramm zur Dichtefunktion und damit von Häufigkeiten zu Wahrscheinlichkeiten übergehen (Gesetz der großen Zahlen). Man kann damit angeben, dass z. B. in Abb. 6.38 im 1. Intervall wahrscheinlich 3 % der Ausfälle auftreten werden. Im 2. Intervall wird es wahrscheinlich sein, dass 45 % der Ausfälle auftreten usw. Die Wahrscheinlichkeit L (aus dem englischen Likelihood), dass genau die in Abb. 6.38 angegebene Stichprobe auftreten wird, ergibt sich nach der Theorie als Produkt der Wahrscheinlichkeiten der einzelnen Intervalle:

$$L = f\left(t_1\right) \cdot f\left(t_2\right) \cdot \ldots \cdot f\left(t_n\right). \tag{6.66}$$

Diese Funktion wird Likelihoodfunktion genannt. Das Prinzip des Verfahrens besteht nun darin, eine Funktion f zu finden, bei der das Produkt L maximal wird. Dazu muss die Funktion f in Bereichen mit vielen Ausfallzeiten t_i entsprechend hohe Werte der Dichtefunktion besitzen, während sie in Bereichen mit wenigen Ausfällen nur geringe Werte von f aufweisen darf. Dadurch wird das tatsächliche Ausfallverhalten sehr gut wiedergegeben. Die so bestimmte Funktion f besitzt damit die größte Wahrscheinlichkeit, die Stichprobe am besten zu beschreiben. Im Gegensatz zur Methode der kleinsten Fehlerquadrate ist somit

Abb. 6.38 Histogramm der Ausfallhäufigkeit und Dichtefunktion. (© IMA 2022. All Rights Reserved)

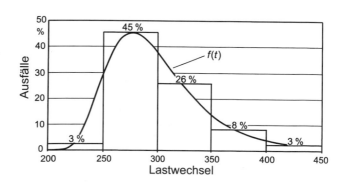

auch kein Zwischenschritt notwendig, denn es werden nur die zugrundliegenden Lebensdauerdaten ausgewertet. Das Medianrangverfahren wird in einer Maximum-Likelihood-Schätzung nicht benötigt.

Liegt eine Stichprobe mit n Beobachtungswerten t_i, $i = 1(1)n$ vor, deren Dichtefunktion $f(t)$ k unbekannte Parameter ψ_ℓ, $\lambda = 1(1)k$ enthält, die oft zu einem Parametervektor $\vec{\psi} = (\psi_1, \ldots, \psi_\ell, \ldots, \psi_k)$ zusammengefasst werden, lautet die Likelihoodfunktion:

$$L(t_1, \ldots, t_i, \ldots, t_n; \psi_1, \ldots, \psi_\ell, \ldots, \psi_k) =$$
$$\prod_{i=1}^{n} f(t_i; \psi_1, \ldots, \psi_\ell, \ldots, \psi_k). \tag{6.67}$$

Als Schätzung der k Parameter ψ_λ werden nach den obigen Überlegungen diejenigen Parameter verwendet, für welche die Likelihoodfunktion ihr Maximum erreicht. Man findet diese Parameter indem man die k partiellen Ableitungen der Likelihoodfunktion nach den k Parametern gleich Null setzt. Üblicherweise wird die Likelihoodfunktion logarithmiert. Aus der Produktformel wird dadurch eine Summenformel, was die durchzuführende partielle Differentiation erheblich erleichtert. Da der natürliche Logarithmus eine monotone Funktion ist, ist dieser Schritt mathematisch zulässig. Es bleibt

$$ln(L) = ln(L(t_1, \ldots, t_i, \ldots, t_n; \vec{\psi})) = \sum_{i=1}^{n} ln(f(t_i; \vec{\psi})). \tag{6.68}$$

Das Maximum der logarithmierten Likelihoodfunktion und damit die im statistischen Sinne optimalen Parameter ψ_ℓ erhält man aus den Gleichungen:

$$\frac{\partial ln(L)}{\partial \psi_\ell} = \sum_{i=1}^{n} \frac{1}{f(t_i; \vec{\psi})} \cdot \frac{\partial f(t_i; \vec{\psi})}{\partial \psi_\ell} = 0, \; \ell = 1(1)k. \tag{6.69}$$

Diese Gleichungen können nichtlinear in den Parametern sein, deshalb wird man oft auf die Anwendung geeigneter numerischer Verfahren angewiesen sein. Abb. 6.39 zeigt schematisch diese Verhältnisse für die zweiparametrige Weibullverteilung.

Abb. 6.39 Schematische Darstellung der logarithmierten Likelihoodfunktion. (© IMA 2022. All Rights Reserved)

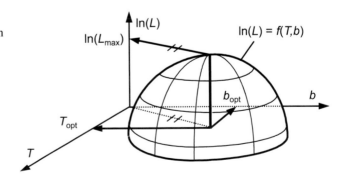

Daraus ergibt sich die Möglichkeit, die Güte der Anpassung einer Verteilungsfunktion an die Ausfalldaten, auch wenn die Berechnung nicht mittels der Maximum-Likelihood Methode erfolgte, durch den Likelihood-Funktionswert abzuschätzen. Je größer der Likelihood-Funktionswert ist, desto besser beschreibt die ermittelte Verteilungsfunktion das reale Ausfallverhalten. Verwirrend erscheint oft, dass sich durch die logarithmische Transformation negative Werte für ln(L) ergeben. Die bessere Anpassung erkennt man dann am kleineren Betrag von ln(L).

Liegen zensierte Daten vor, bei denen die Laufzeiten bekannt sind, können diese Informationen in der Maximum-Likelihood Schätzung berücksichtigt werden. Die Likehoodfunktion wird in diesem Fall um die Überlebenswahrscheinlichkeiten der noch intakten Einheiten zum jeweiligen Zeitpunkt $R(t_i)$ erweitert. Überleben die intakten Einheiten also einen Zeitpunkt t_i, wird diesem Aspekt mathematisch durch die Überlebenswahrscheinlichkeit Rechnung getragen. Bei r aufgetretenen Ausfällen in der Stichprobe n lässt sich dann schreiben:

$$ln\left(L\right) = \sum_{i=1}^{r} ln\left(f\left(t_i;\bar{\psi}\right)\right) + \sum_{i=r+1}^{n} ln\left(R\left(t_i;\bar{\psi}\right)\right). \tag{6.70}$$

Auch wenn intervallzensierte Lebensdauerdaten vorliegen, lässt sich das entsprechend in der Maximum-Likelihood Schätzung berücksichtigen. Es muss auch dafür nur die Likelihoodfunktion angepasst werden. Bei der Intervallzensierung sind die genauen Ausfallzeiten unbekannt. Es besteht lediglich die Kenntnis, dass sie in den Inspektionsintervallen t_i ($i = 1, 2, \dots m$) liegen, wobei m die Anzahl der gesamten Inspektionen darstellt. Eine solche Datengrundlage entsteht z. B. bei Tests in Klimakammern, wenn die Ausfallzeit der Einheiten nicht exakt feststellbar ist. Es liegt also lediglich die Information über die r_i Ausfälle im Inspektionsintervall t_i vor, wobei gilt $0 \leq r_i \leq n$. Man weiß also, dass ein Ausfall mit der Wahrscheinlichkeit:

$$F\left(t_i;\bar{\psi}\right) - F\left(t_{i-1};\bar{\psi}\right) \tag{6.71}$$

innerhalb des Inspektionsintervalls mit den Grenzen (t_{i-1}, t_i] auftritt. Die Likelihoodfunktion lässt sich also für vollständig intervallzensierte Daten wie folgt schreiben:

$$\ln\left(L\right) = \sum_{i=1}^{m} r_i \cdot \ln\left(F\left(t_i;\bar{\psi}\right) - F\left(t_{i-1};\bar{\psi}\right)\right), \tag{6.72}$$

mit

$$n = \sum_{1}^{m} \cdot r_i$$

Werden bei der Inspektion zusätzlich intakte Einheiten herausgenommen oder überleben einige Einheiten das Testende, liegen intervall- und rechtszensierte Daten vor. Auch dieses

Szenario lässt sich durch die Anpassung der Likelihoodfunktion berücksichtigen, die dann wie folgt lautet:

$$\ln(L) = \sum_{i=1}^{m} r_i \ln\left[F(t_i; \vec{\psi}) - F(t_{i-1}; \vec{\psi}) \right] + \sum_{i=1}^{m} d_i \ln\left[1 - F(t_i; \vec{\psi}) \right], \qquad (6.73)$$

mit:

$$\sum_{1}^{m} d_i = n - \sum_{1}^{m} r_i.$$

d_i beschreibt dabei die Anzahl der zensierten Einheiten zum Zensierungszeitpunkt t_i.

Beispiel: Weibullverteilung

Zur Durchführung der Maximum-Likelihood Methode wird die Ausfalldichte in einer anderen Form, mit dem Parameter $\eta = T - t_0$ verwendet. Sie lautet dann

$$f(t) = \frac{b}{\eta} \cdot \left(\frac{t - t_0}{\eta} \right)^{b-1} \cdot e^{-\left(\frac{t - t_0}{\eta} \right)^b}. \qquad (6.74)$$

Die logarithmierte Likelihoodfunktion lautet damit:

$$ln\left(L(t_1, \ldots, t_i, \ldots, t_n; b, \eta, t_0) \right)$$
$$= n \cdot ln\left(\frac{b}{\eta^b} \right) + \sum_{i=1}^{n} \left[(b-1) \cdot ln(t_i - t_0) - \left(\frac{t_t - t_0}{\eta} \right)^b \right]. \qquad (6.75)$$

Die partiellen Ableitungen nach den Parametern ergeben sich zu

$$\frac{\partial \ln(L)}{\partial b} = \frac{n}{b} + \sum_{i=1}^{n} \left[\ln\left(\frac{t_i - t_0}{\eta} \right) \cdot \left\{ 1 - \left(\frac{t_i - t_0}{\eta} \right)^b \right\} \right] = 0, \qquad (6.76)$$

$$\frac{\partial \ln(L)}{\partial \eta} = -n + \frac{1}{\eta^b} \cdot \sum_{i=1}^{n} (t_i - t_0)^b = 0, \qquad (6.77)$$

$$\frac{\partial \ln(L)}{\partial t_0} = \sum_{i=1}^{n} \left[\frac{1-b}{t_i - t_0} + \frac{b}{\eta^b} \cdot (t_i - t_0)^{b-1} \right] = 0. \qquad (6.78)$$

Dieses Gleichungssystem ist nichtlinear, deshalb muss auch hier iterativ vorgegangen werden. Zuerst werden jedoch einige Umformungen vorgenommen. Für den neu eingeführten Parameter η erhält man aus Gl. (6.77):

$$\eta = \sqrt[b]{\frac{1}{n} \cdot \sum_{i=1}^{n} (t_i - t_0)^b}. \qquad (6.79)$$

Das Einsetzen dieser Gleichung in Gl. (6.78) führt zu:

$$\sum_{j=1}^{n} \left[\frac{1-b}{t_i - t_0} + n \cdot b \cdot \frac{\left(t_i - t_0 \right)^{b-1}}{\sum_{j=1}^{n} \left(t_j - t_0 \right)^b} \right] = 0. \tag{6.80}$$

Es hat sich folgende Vorgehensweise bewährt:

1. Wähle ein t_0 aus dem Bereich $0 < t_0 < t_1$.
2. Bestimme zu diesem t0 mit Gl. (6.80) iterativ den Formparameter b.
3. Berechne mit diesen beiden Werten η aus Gl. (6.79).
4. Berechne mit diesen Werten den Wert der Likelihood-Funktion über Gl. (6.75).
5. Variiere t_0 solange und wiederhole ab Schritt 2, bis das Maximum gefunden ist.

Zur Bestimmung des Maximums werden für die numerische Lösung geeignete Optimierungsalgorithmen verwendet [12] ◄

6.4.4.1 Vor- und Nachteile der MLE-Methode

Wie aus dem vorangegangenen Kapitel ersichtlich wurde, können mit der Maximum-Likelihood Schätzung die unterschiedlichsten Datensätze ohne Informationsverlust ausgewertet werden. Sie ist damit deutlich universeller einsetzbar und prinzipiell der Methode der kleinsten Fehlerquadrate überlegen. Auch rein mathematisch enthält ein Maximum-Likelihood Schätzer immer die kleinere Varianz, was auch einen quantitativen Vorteil darstellt [13].

Als Nachteil könnte man die aufwendigere numerische Lösungssuche bewerten, denn gerade bei der dreiparametrigen Weibullverteilung können viele lokale Maxima in der Likelihoodfunktion existieren. Es wird dann ein Algorithmus benötigt, der dennoch in der Lage ist, das globale Maximum zu finden. Aufgrund der leistungsfähigen Algorithmen ist dieser Nachteil jedoch von geringer Bedeutung.

Ein wesentlich größerer Nachteil betrifft die Erwartungstreue des Maximum-Likelihood Schätzers für die Schätzung des Formparameters b. Während er sich für große Stichproben erwartungstreu verhält (die asymptotische Erwartungstreue ist gegeben) ist er bei kleinen Stichproben verzerrt. Es liegt also ein systematischer Fehler des Schätzers vor, der auch Verzerrung oder Bias genannt wird. Bei der Schätzung einer Weibullverteilung äußert sich das durch die Überschätzung des Formparameters b, weshalb auch von einem positiven Bias gesprochen wird. Die Überschätzung des Formparameters bedeutet eine Unterschätzung der Varianz der Lebensdauerdaten. Zusätzlich verschieben sich gerade die relevanten niedrigen Ausfallwahrscheinlichkeitsquantile zu höheren Zeiten, was zu einer Zuverlässigkeitsüberschätzung führt. Es ergibt sich also in Summe eine zu optimistische Lösung, was in der Anwendung zu vermeiden ist.

Die Schätzung des Lageparameters und damit der charakteristischen Lebensdauer T ist davon nicht betroffen. Bei kleinen und zudem vollständigen Stichproben bis ca. $n = 20$ sollte ein geschätzter Formparameter mit MLE also kritisch betrachtet und ggf. die Methode der kleinsten Fehlerquadrate verwendet werden. Um diesem Problem zu begegnen wurden für die Maximum-Likelihood Methode auch Bias-Korrekturen entwickelt, die in den folgenden Abschnitten beleuchtet werden.

6.4.4.2 Maximum-Likelihood Methode mit Bias-Korrektur

Kleine Stichproben kommen in der Anwendung häufig vor, gerade wenn es sich z. B. um kostenintensive Prüflinge in der Prototypenerprobung handelt. Aus diesem Grund wurden Methoden für eine Korrektur des Bias der MLE Schätzung entwickelt, um dem Problem der verzerrten Schätzung des Formparameters zu begegnen.

Die verbreitetsten Bias-Korrektur Methoden für die Maximum-Likelihood Schätzung sind der „reduced bias adjustment" (RBA) und das Verfahren nach Hirose und Ross [14–16]. Beide Methoden korrigieren den Bias der initialen MLE Schätzung durch Multiplizieren eines Korrekturfaktors mit den geschätzten Verteilungsparametern. Die Formeln der jeweiligen Korrekturfaktoren wurden durch empirische Monte-Carlo-Simulationen ermittelt. Die Bias-Korrektur kann in folgende Schritte unterteilt werden:

1. Initiale Parameterschätzung: Die Parameter der Weibullverteilung werden auf Basis der MLE geschätzt.
2. Bias-Korrektur des Weibull Formparameters: Es wird ein Korrekturfaktor berechnet, der mit dem initial geschätzten Formparameter multipliziert wird.
3. Bias-Korrektur der charakteristischen Lebensdauer (optional): Die charakteristische Lebensdauer ist im MLE eine Funktion des Formparameters, siehe Gl. (6.79). Die RBA Methode sieht keine Korrektur der charakteristischen Lebensdauer vor [14]. Das Verfahren nach Hirose und Ross erlaubt eine Ermittlung der korrigierten charakteristischen Lebensdauer durch einfaches Einsetzen des korrigierten Formparameters aus Schritt zwei in die MLE Gleichung. Die hierdurch ermittelte, neue charakteristische Lebensdauer basiert nun auf einem Bias-korrigierten Formparameter.

Der Korrekturfaktor C nach der RBA Methode wird wie folgt berechnet:

$$C = \left(\sqrt{\frac{2}{n_f - 1}} \cdot \frac{\left(\frac{n_f - 2}{2}\right)!}{\left(\frac{n_f - 3}{2}\right)!} \right)^{3.52} . \tag{6.81}$$

Der korrigierte Formparameter b_{RBA} nach der RBA Methode wird durch Multiplizieren der initialen Schätzung b_{MLE} mit dem Korrekturfaktor C wie folgt berechnet:

$$b_{RBA} = b_{MLE} \cdot \left(\sqrt{\frac{2}{n_f - 1}} \cdot \frac{\left(\frac{n_f - 2}{2}\right)!}{\left(\frac{n_f - 3}{2}\right)!} \right)^{3.52} . \tag{6.82}$$

Somit wird nur der Bias des Weibull-Formparameters korrigiert und es findet auch keine Unterscheidung zwischen unzensierten und zensierten Ausfalldaten statt. Die Entwickler der RBA Methode erwähnen, dass, obwohl keine Zensierungen explizit in Gl. (6.81) berücksichtigt werden, der Korrekturfaktor für kleine Zensierungsanteile in den Ausfalldaten gute Ergebnisse liefert [14]. Die charakteristische Lebensdauer entspricht dem Wert der initialen Schätzung.

Im Gegensatz dazu ermittelt die Methode nach Hirose und Ross explizit eine aktualisierte charakteristische Lebensdauer auf Basis des Bias-korrigierten Formparameters und erlaubt die Berücksichtigung von Zensierungen. Die erneute Berechnung der charakteristischen Lebensdauer entspricht einer Bias-Korrektur, da nun ein plausiblerer Formparameter als Grundlage genutzt wird. Der korrigierte Formparameter b_{HR} der Hirose and Ross Methode berechnet sich über eine Abschätzung des Bias mittles der Taylor Approximation. Für unzensierte Daten berechnet sich der korrigierte Formparameter über:

$$b_{HR} = \frac{b_{MLE}}{1,0115 + \dfrac{1,278}{n_f} + \dfrac{2,001}{n_f^2} + \dfrac{20,35}{n_f^3} - \dfrac{46,98}{n_f^4}} \cdot \qquad (6.83)$$

Für rechtszensierte Daten berechnet sich der korrigierte Formparameter b_{HR} wie folgt:

$$b_{HR} = \frac{b_{MLE}}{1 + \dfrac{1,37}{n_f - 1,92} \cdot \sqrt{\dfrac{n}{n_f}}} \cdot \qquad (6.84)$$

Die korrigierte charakteristische Lebensdauer wird durch Einsetzen des korrigierten Formparameters in Gl. (6.79) berechnet. Ein Vergleich beider Methoden durch empirische Simulationen zeigt, dass sowohl die RBA Methode als auch die Methode nach Hirose und Ross tendenziell zu genaueren Schätzungen des Formparameters führen. Letztere Methode wird aufgrund der Berücksichtigung von Zensierungen empfohlen. In Abb. 6.40 ist der Verlauf des Bias für unzensierte Ausfalldaten über der Stichprobengröße dargestellt.

Es ist anzumerken, dass jeweils der Median aus 10.000 Replikationen pro Stichprobengröße als Vergleichswert zur Bias-Berechnung in Abb. 6.40 dient. Da der RBA-Korrekturfaktor auf Basis des Median-Formparameters vieler Monte-Carlo-Simulationen ermittelt wurde, alterniert sein Bias-Kurvenverlauf in Abb. 6.40 um Null. Die Entwickler des Korrekturfaktors der Methode nach Hirose und Ross nutzten den Mittelwert als Basis, wodurch die Bias-Kurve in den negativen Ordinatenbereich fällt, da der Formparameter zu stark korrigiert wird. Wäre als Vergleichswert für den Bias der Median genutzt worden, würde der Bias-Kurvenverlauf des Korrekturfaktors nach Hirose und Ross um Null alternieren und die RBA-Kurve in den Bereich über Null verschoben werden. Beide Bias-Korrekturen liefern im Mittel akkuratere Parameterschätzungen als die initiale, unkorrigierte MLE-Schätzung, vor allem im Bereich $n < 20$.

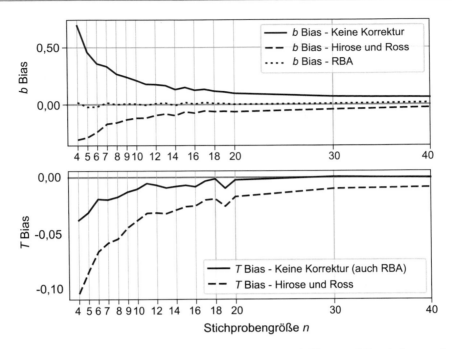

Abb. 6.40 Bias-Vergleich der RBA Methode und Methode nach Hirose und Ross bei unzensierten Ausfalldaten. (© IMA 2022. All Rights Reserved)

Bei Anwendungen einer Bias-Korrektur muss beachtet werden, dass korrigierte Parameterschätzungen nicht zu akkurateren Vertrauensbereichen führen müssen [13, 17] Für einen konkreten Anwendungsfall bedeutet das, dass die Differenz zwischen korrigierten Schätzungen der Weibullparameter und der Grundgesamtheit zwar tendenziell kleiner ausfällt als bei unkorrigierten Schätzungen, dennoch können die Vertrauensbereiche bedingt durch die Bias-Korrektur inakkurater geschätzt sein. Für aussagekräftige Weibullanalysen müssen daher sowohl die Parameterschätzung als auch der Vertrauensbereich betrachtet werden, da Bias-Korrekturen gegensätzliche Auswirkungen auf diese haben können.

Als Fazit kann festgehalten werden, dass die Auswahl der Schätzverfahren, Bias-Korrekturen und Vertrauensbereiche in der Weibullanalyse nicht beliebig sein darf, da ansonsten die Güte der Ergebnisse, z. B. für konkrete Nachweispunkte, sinkt (vgl. 6.4.6.2).

6.4.4.3 Weibayes-Methode
Die Weibayes-Methode wurde von Abernethy und weiteren Ingenieuren der Pratt & Whitney Aircraft Gesellschaft entwickelt und geht zurück auf die Problematik der ungenauen Weibullschätzung, wenn nur sehr wenige Prüflinge und damit wenige Ausfalldaten zur Verfügung stehen. Diese wenigen Daten müssen dann verwendet werden, um sowohl den Formparameter als auch die charakteristische Lebensdauer zu schätzen. Der pragmatische

Ansatz der Weibayes-Methode ist es, den Formparameter einfach als Vorinformation für die Schätzung zu verwenden und nur die charakteristische Lebensdauer aus den Daten zu schätzen. Es handelt sich bei der Weibayes-Methode deshalb um eine Weibullanalyse mit gegebenem Formparameter. Hintergrund ist, dass der Formparameter das Ausfallverhalten beschreibt und deshalb – laut Autoren – „von erfahrenen Ingenieuren auf Basis zugrunde liegender Ausfallmechanismen geschätzt werden kann". Der Name Weibayes geht zurück auf das Bayes-Theorem, mit dem Vorinformationen als bedingte Wahrscheinlichkeit mit aktuellen Informationen verknüpft werden können.

Kann der Formparameter also aus einer Expertenschätzung oder aus Vorgängerdaten o. Ä. angegeben werden, lässt sich das in der Likelihoodfunktion berücksichtigen. Für die Schätzung der charakteristischen Lebensdauer ergibt sich:

$$T = \left(\sum_{i=1}^{n} \frac{t_i^b}{x} \right)^{\frac{1}{b}}.$$ (6.85)

Dabei beschreibt die Variable x die Anzahl der Ausfälle. Liegen keine Ausfälle vor, muss wiederum auf eine Annahme zurückgegriffen werden, da sonst der Nenner zu 0 werden würde. Es wird also angenommen, dass der erste Ausfall kurz bevorsteht und somit wird $x = 1$ gesetzt. Es handelt sich dabei also um eine konservative Annahme, wenn keine Ausfälle auftreten. Gl. (6.85) wird also zu:

$$T = \left(\sum_{i=1}^{n} t_i^b \right)^{\frac{1}{b}}.$$ (6.86)

Aus statistischer Sicht ergibt diese Schätzung eine untere Vertrauensgrenze für die Schätzung der charakteristischen Lebensdauer, der eine Aussagewahrscheinlichkeit von 63,2 % zugeordnet ist. Es kann also davon ausgegangen werden, dass in 63,2 % aller Fälle die wahre Weibullgerade bei höheren Lebensdauern liegt, sofern der geschätzte Formparameter korrekt ist, siehe Abb. 6.41.

Sind in einem Test ohne Ausfälle andere Aussagewahrscheinlichkeiten gewünscht, kann der Zusammenhang der Binomialverteilung verwendet werden:

$$P_A = 1 - R\left(t\right)^n.$$ (6.87)

Für die Schätzung der charakteristischen Lebensdauer mit beliebiger Aussagewahrscheinlichkeit P_A ergibt sich nach Einsetzen in den Weibayes Ansatz damit:

$$T = \left(\frac{\sum_{i=1}^{n} t_i^b}{-\ln\left(1 - P_A\right)} \right)^{\frac{1}{b}}.$$ (6.88)

Abb. 6.41 Weibayes
Schätzung im Weibullnetz.
(© IMA 2022. All Rights
Reserved)

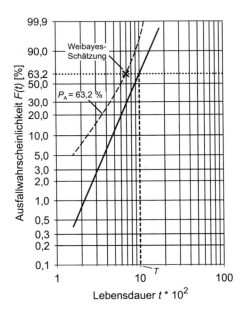

Setzt man für $P_A = 50\,\%$ ein, ergibt sich der Nenner zu $x = 0{,}693$. Dieser Ansatz wird in der Literatur auch als „Weibest" bezeichnet. Diese Bezeichnung führt häufig zu Missverständnissen da sie die „beste Weibullschätzung" suggeriert, wohingegen sich das „best" lediglich auf die mittlere Aussagewahrscheinlichkeit von 50 % bezieht.

Treten Ausfälle während des Tests auf, kann auf die Chi-Quadrat-Verteilung zur Berücksichtigung der Aussagewahrscheinlichkeit zurückgegriffen werden. T lässt sich dann bestimmen zu:

$$T = \left(\frac{2\sum_{i=1}^{n} t_i^b}{\chi^2_{2(x+1);P_A}} \right)^{\frac{1}{b}}.$$

(6.89)

Dabei ist χ^2 das Quantil der Chi-Quadrat-Verteilung mit den Parametern x und P_A. Wird ein zweiseitiger Vertrauensbereich erforderlich, lassen sich die minimale und die maximale charakteristische Lebensdauer wie folgt bestimmen:

$$T_{min} = \left(\frac{2\sum_{i=1}^{n} t_i^b}{\chi^2_{2(x+1);1-\frac{\alpha}{2}}} \right)^{\frac{1}{b}},$$

(6.90)

$$T_{max} = \left(\frac{2\sum_{i=1}^{n} t_i^b}{\chi^2_{2x;\frac{\alpha}{2}}} \right)^{\frac{1}{b}}.$$

(6.91)

Mit Hilfe der Weibullverteilung lässt sich die Schätzung der charakteristischen Lebensdauer auch in eine beliebige B_q-Lebensdauer überführen:

$$B_q = T \cdot \sqrt[b]{-\ln\left(R\left(B_q\right)\right)} = T \cdot \sqrt[b]{-\ln\left(1 - \frac{q}{100}\right)} = \left(\ln\left(\frac{100}{100-q}\right)\frac{2\sum_{i=1}^{n} t_i^{b}}{\chi_{2(x+1);P_A}^{2}}\right)^{\frac{1}{b}} . \quad (6.92)$$

6.4.5 Verfahren zur Bestimmung des Vertrauensbereichs

Der Vertrauensbereich ist ein entscheidendes Hilfsmittel in der Lebensdauerdatenanalyse, um den Übertrag der Stichprobeninformation auf die Grundgesamtheit zu gewährleisten. Er charakterisiert und quantifiziert den Stichprobenfehler, der die Unsicherheit der getesteten Stichprobe kennzeichnet. Über den quantifizierten Stichprobenfehler werden dann Aussagen über die Grundgesamtheit getroffen.

Der Median der geschätzten Ausfallverteilung ($P_A = 50$ %) ist zwar diejenige Verteilung, die die Grundgesamtheit am wahrscheinlichsten repräsentiert, jedoch nicht mit absoluter Bestimmtheit eintritt. Es sind auch Abweichungen möglich, denn die wahre Ausfallverteilung kann immerhin mit 50 % Wahrscheinlichkeit darüber oder darunter liegen. Gerade für einen Zuverlässigkeitsnachweis ist es also von entscheidender Bedeutung die untere Vertrauensgrenze zu betrachten, da diese die minimal mögliche Lebensdauer der Grundgesamtheit repräsentiert, bei entsprechend gewählter Aussagewahrscheinlichkeit. Aufgrund des Stichprobenfehlers können die wahren Parameter der Ausfallverteilung der Grundgesamt nicht als exakte Werte geschätzt werden, sondern nur ein Intervall in welchem sich die wahren Werte mit einer definierten Wahrscheinlichkeit befinden können, was sich auch im Begriff Vertrauensbereich widerspiegelt. Die Aussagewahrscheinlichkeit ist stets vor der Schätzung festzulegen, da sie als Input für die Schätzverfahren benötigt wird. Man spricht in der Statistik von einer sogenannten Intervallschätzung, während die Schätzung der Maximum-Likelihood Methode oder der Methode der kleinsten Fehlerquadrate auch als Punktschätzer bezeichnet werden. Das Ergebnis ist also ein Intervall (Vertrauensbereich) das die wahren Parameter der Grundgesamtheit mit der Aussagewahrscheinlichkeit P_A enthält und durch eine untere und obere Intervallgrenze (Vertrauensbereichsgrenzen) eingeschlossen wird.

Es existieren verschiedene Möglichkeiten den Vertrauensbereich zu berechnen. Prinzipiell können Vertrauensbereiche analytisch, approximativ oder mit Hilfe von numerischen Simulationsmethoden ermittelt werden. Abb. 6.42 zeigt eine Übersicht der gängigsten Verfahren, die in der Lebensdauerdatenanalyse verwendet werden.

Bei der Schätzung von Lebensdauerverteilungen aus empirischen Daten existieren keine analytischen Ansätze zur Bestimmung der Vertrauensbereiche. Es muss daher auf approximierende oder simulative Methoden zurückgegriffen werden. In der Anwendung erhalten häufig die approximativen Methoden den Vorzug, da der Rechenaufwand deutlich

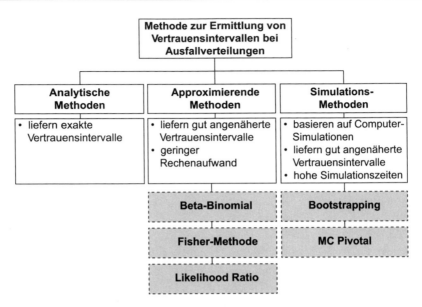

Abb. 6.42 Übersicht der Methoden zur Ermittlung von Vertrauensintervallen bei Ausfallverteilungen. (© IMA 2022. All Rights Reserved)

geringer ist als bei Simulationsmethoden. Der Hintergrund dazu ist, dass die simulativen Methoden auf Monte-Carlo-Simulationen, also auf einer sehr großen Anzahl an Zufallsexperimenten basieren, was den Rechenaufwand erhöht.

Im Folgenden werden die gängigsten Verfahren im Detail betrachtet. Die Beta-Binomial Methode ist eng mit den Ranggrößenverteilungen verknüpft und wurde bereits in Abschn. 6.3.4.1 eingeführt. Sie wird daher in diesem Kapitel nicht erneut betrachtet.

6.4.5.1 Fisher Vertrauensbereich

Bei Anwendung der Maximum-Likelihood Schätzung werden für die Weibullparameter zumeist Fisher und Likelihood Ratio Vertrauensbereiche verwendet. Als Grundlage beider Methoden dient die Schätzung der Streuung der Weibullparameter. Die Fisher Vertrauensbereiche können analytisch und ohne großen Rechenaufwand über die sog. Inverse der Fisher Informationsmatrix F berechnet werden [18]. Als erster Schritt werden die zweiten Ableitungen der Log-Likelihood-Gleichung ermittelt und als Matrix aufgestellt. Diese Matrix entspricht der Fisher Informationsmatrix F. Anschließend wird die Inverse F^{-1} dieser Matrix ermittelt.

$$F^{-1} = \begin{bmatrix} \mathrm{var}(b) & \mathrm{cov}(b,T) \\ \mathrm{cov}(b,T) & \mathrm{var}(T) \end{bmatrix} \tag{6.93}$$

Die Inverse der Fisher Informationsmatrix beinhaltet Schätzungen der Varianzen und Kovarianzen der einzelnen Weibullparameter und wird deshalb auch als Varianz-Kovarianzmatrix bezeichnet. Auf Basis der Punktschätzungen aus der MLE (b, T)

sowie den Schätzungen der Varianzen und Kovarianzen können nun die Vertrauensgrenzen für die charakteristische Lebensdauer oder den Formparameter berechnet werden. Für einen zweiseitigen Vertrauensbereich lassen sich die Vertrauensgrenzen wie folgt berechnen:

$$[T_L, T_U] = T \cdot e^{\left(\pm \frac{z_{1-\alpha/2} \sqrt{\mathrm{var}(T)}}{T} \right)}, \tag{6.94}$$

$$[b_L, b_U] = b \cdot e^{\left(\pm \frac{z_{1-\alpha/2} \sqrt{\mathrm{var}(b)}}{b} \right)}. \tag{6.95}$$

T und b entsprechen dabei den Punktschätzungen der MLE Methode. z entspricht dem $100(1-\alpha/2)$-Quantil der Standardnormalverteilung. Man geht also bei der Berechnung des Vertrauensbereichs davon aus, dass T und b normalverteilt sind mit dem Mittelwert T bzw. b und der Standardabweichung

$$\sqrt{\mathrm{var}(T)} \text{ bzw.} \tag{6.96}$$

$$\sqrt{\mathrm{var}(b)}. \tag{6.97}$$

Für einen einseitigen Vertrauensbereich wird statt dem $100(1-\alpha/2)$-Quantil einfach das $100(1-\alpha)$-Quantil der Standardnormalverteilung verwendet. Häufig interessiert man sich statt der Vertrauensbereiche der Parameter eher für die Vertrauensgrenzen F_U und F_O von Ausfallwahrscheinlichkeiten zu einem bestimmten Zeitpunkt. Eine gute Schätzung ergibt sich mit Hilfe der Verteilung der kleinsten Extremwerte. Es gilt:

$$[F_L, F_U] = [G(w_U), G(w_O)], \tag{6.98}$$

wobei $G(w)$ die kumulierte Verteilungsfunktion der standardisierten kleinsten Extremwertverteilung ist. Es gilt:

$$G_{(w)} = 1 - e^{-e^w} \tag{6.99}$$

w_U und w_O berechnen sich zu:

$$[w_U, w_O] = w \pm z_{1-\alpha/2} \sqrt{\mathrm{var}(w)}, \qquad w = b \cdot \ln\left(\frac{t}{T} \right), \tag{6.100}$$

mit:

$$\mathrm{var}(w) = \left(\frac{b}{T} \right)^2 \mathrm{var}(T) + \left(\frac{w}{b} \right)^2 \mathrm{var}(b) - \frac{2w}{T} \mathrm{var}(T, b). \tag{6.101}$$

Die Vertrauensgrenzen einer Lebensdauer t_q bei Ausfallwahrscheinlichkeit q berechnet sich zu:

$$\left[t_{q,L}, t_{q,U}\right] = t_q \cdot e^{\left(\pm \frac{z_{1-\alpha/2}\sqrt{\text{var}(t_q)}}{t_q}\right)}, \qquad (6.102)$$

mit:

$$var\left(t_q\right) = e^{\left(\frac{2u_q}{b}\right)\text{var}(T)} + \left(\frac{Tu_q}{b^2}\right)^2 exp^{\left(\frac{2u_q}{b}\right)\text{var}(b)} - \left(\frac{2Tu_q}{b^2}\right)exp^{\left(\frac{2u_q}{b}\right)\text{cov}(T,b)} \qquad (6.103)$$

und

$$u_q = \ln\left[-\ln\left(1-q\right)\right]. \qquad (6.104)$$

6.4.5.2 Likelihood Ratio Vertrauensbereich

Die Likelihood Ratio Vertrauensbereiche bestimmen die Vertrauensgrenzen durch numerisches Ermitteln aller Lösungspaare des Likelihood Ratio Tests:

$$L\left(\tilde{b},\tilde{T}\right) - L\left(b,T\right) \cdot e^{\frac{-\chi^2_{\alpha;1}}{2}} = 0 \qquad (6.105)$$

Dabei entspricht $\chi^2_{\alpha;dof}$ der Chi-Quadrat-Verteilung mit einem Signifikanzniveau α und einem Freiheitsgrad dof, $L(b, T)$ der Likelihood-Funktion der Punktschätzungen und $L\left(\tilde{b},\tilde{T}\right)$ der Likelihood-Funktion des gesuchten Lösungspaars ($\tilde{b},\tilde{T}$). Diese Lösungspaare bilden die sog. Likelihood-Kontur, welche die Lösungen aus Gl. (6.105) enthält. Akkurate Vertrauensgrenzen benötigen relativ viele ($\tilde{b},\tilde{T}$)-Lösungspaare, wodurch aber die benötigte Rechenleistung zunimmt. Zudem wird ein robuster numerischer Algorithmus benötigt, der für unterschiedlichsten Daten zuverlässig Lösungen findet. In der Literatur werden Likelihood Ratio Vertrauensbereiche bei kleinen Stichproben (n < 10) verwendet, da Fisher Vertrauensbereiche zu optimistisch sind und dadurch die Produktzuverlässig überschätzt wird [14]. Die sog. „Coverage Probability" (dt. Überdeckungswahrscheinlichkeit) wird als Kriterium für die Güte von Vertrauensbereichen verwendet. Dieses Kriterium gibt die tatsächliche frequentistische Aussagewahrscheinlichkeit aus Monte-Carlo-Simulationen der Vertrauensbereiche wieder. Im Idealfall entspricht die frequentistische Aussagewahrscheinlichkeit der vom Anwender gewählten, theoretischen Aussagewahrscheinlichkeit. Untersuchungen zeigen, dass Likelihood Ratio Vertrauensbereiche durch den Einsatz von Bias-Korrekturen genauer geschätzt werden [17].

6.4.5.3 MC Pivotal und Bootstrap-Vertrauensbereiche

Beide Methoden zur Bestimmung des Vertrauensbereiches basieren auf Resampling und sind daher rechenintensiver als bspw. Beta-Binomial-Vertrauensbereiche oder Fisher Vertrauensbereiche.

Bootstrap Vertrauensbereiche gründen auf den Veröffentlichungen von Efron [19, 20]. Das Bootstrap-Verfahren kann in ein parametrisches und nicht-parametrisches Bootstrap-

ping unterteilt werden. Ersteres zieht mehrfach Zufallszahlen (Replikationen) aus einer Verteilung, die über vorhandene Ausfalldaten geschätzt wird. Letzteres hingegen zieht die Zufallszahlen aus der vorhandenen Stichprobe. Beide Verfahren können als „Ziehen mit Zurücklegen" aus dem Urnenmodell klassifiziert werden. Somit können mehrfach die gleichen Zufallszahlen gezogen werden. Folgende Schritte sind zur Ermittlung der Vertrauensbereiche für eine vorhandene Stichprobe mit der Größe n $(x_1, x_2, \ldots, x_n)$ nötig:
Parametrisches Bootstrap:

1. Schätzen der empirischen Weibullverteilung auf Basis der Stichprobe.
2. Ziehen der Bootstrap-Stichproben (jeweils n Zufallszahlen aus der empirischen Verteilung).
3. Schätzen der Weibullparameter T und b für jede Replikation. Aus den Replikationen erhält man eine Kurvenschar, dessen Perzentil-Bereiche für feste Punkte der Ausfallwahrscheinlichkeit die Vertrauensgrenzen bilden.

Nicht-parametrisches Bootstrap:

1. Ziehen der Bootstrap-Stichproben (jeweils n Zufallszahlen) aus der vorhandenen Stichprobe $(x_1, x_2, \ldots, x_n)$.
2. Schätzen der Weibullparameter T und b für jede Replikation.
3. Aus den Replikationen erhält man eine Kurvenschar, dessen Perzentil-Bereiche für feste Punkte der Ausfallwahrscheinlichkeit die Vertrauensgrenzen bilden.

Pivotal (MC) Vertrauensbereiche werden in der Literatur [14, 21, 22] vor allem bei Anwendung des Median-Rang-Verfahrens für kleinen Stichprobengrößen empfohlen. Jedoch kann diese Methode auch für den MLE genutzt werden. Sie nutzt die Invarianzeigenschaft der Pivotstatistik, d. h. die Schätzung des Vertrauensbereichs ist nicht von den Parametern der Grundwahrheit (b, T) abhängig. Demnach können die Weibullparameter, aus denen die Zufallszahlen gezogen werden, beliebig gewählt werden und basieren nicht auf empirischen Daten. Die restlichen Schritte sind mit den Bootstrap-Vertrauensbereichen identisch. Eine ausführliche, mathematische Herleitung der genutzten Pivotstatistik ist in [23] beschrieben. Nach Fulton ist die untere (zeitliche) Vertrauensgrenze der Pivotal Vertrauensbereiche konservativer als bei anderen Methoden, insbesondere im Vergleich zu Bootstrap-Vertrauensgrenzen. Dadurch wird die Gefahr einer Überschätzung der Zuverlässigkeit gemindert.

Die Abb. 6.43 verdeutlicht den grundlegenden Ansatz des Resamplings zur Bestimmung des Vertrauensbereichs. Aus der Kurvenschar können die Vertrauensgrenzen für jeden Perzentil-Bereich bestimmt werden. Dabei kann man sowohl die Perzentil-Bereiche der Ausfallwahrscheinlichkeit als auch der Zeitachse verwenden. In der Praxis werden die Perzentil-Bereiche der Ausfallwahrscheinlichkeit ermittelt, da diese programmiertechnisch leichter umzusetzen sind. Die Anzahl der Replikationen sollte für beide Methoden 2000 nicht unterschreiten [14], da ansonsten die Vertrauensbereiche nicht hinreichend genau sind.

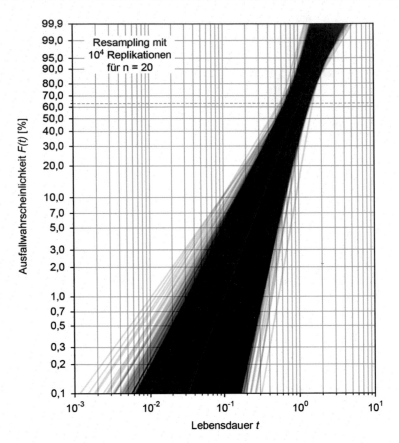

Abb. 6.43 Bootstrap-Vertrauensbereich durch Resampling der vorhandenen Stichprobe (rote Gerade). (© IMA 2022. All Rights Reserved)

6.4.6   Herausforderungen in der Anwendung von analytischen Methoden

Neben den bereits beschriebenen Unterschieden der verfügbaren Parameterschätzmethoden und Ansätzen zur Vertrauensbereichsbestimmung existieren noch einige weitere Herausforderungen bei der Auswertung von Lebensdauerdaten. Nach einem Vergleich von MLE und MRR anhand eines Beispieldatensatzes werden in diesem Abschnitt auch noch die Analyse mehrerer bzw. konkurrierender Ausfallmechanismen und der statistische Nachweis einer ausfallfreien Zeit thematisiert. Diese Punkte stellen Anwender immer wieder vor Herausforderungen bei der Lösungsfindung.

6.4.6.1 Vergleich der Parameterschätzverfahren

Um die Unterschiede der Parameterschätzverfahren zu veranschaulichen, werden die MLE Methode mit und ohne Bias-Korrektur sowie die MRR Methode am selben Beispieldatensatz angewendet. Grundlage bilden Ausfallzeiten eines Schaltrelais die in einer Klimakammer bis zum Ausfall getestet wurden. Die Ausfallzeiten lauten (Tab. 6.10):

Die Weibullgerade zeigt eindeutig die Überschätzung des Formparameters durch die MLE Methode, siehe Abb. 6.44. Die charakteristische Lebensdauer hingegen weist lediglich eine Differenz von ca. 300 Zyklen auf. Das bedeutet jedoch, dass sich der Effekt des überschätzten Formparameters bei den relevanten kleinen Ausfallwahrscheinlichkeiten noch stärker zeigt. So liegt die geschätzte B_{10}-Lebensdauer der MRR Methode bei ca. 13.000 Zyklen, während sich bei der MLE eine B_{10}-Lebensdauer von ca. 15.000 Zyklen ergibt. Bei der Anwendung der Bias-Korrektur wird dieser Effekt deutlich reduziert. Die RBA Methode korrigiert den Formparameter ungefähr auf das Niveau

Tab. 6.10 Übersicht der Ausfallzeiten des Schaltrelais

i	1	2	3	4	5
t_i [Zykl.]	84326	21183	21238	112217	36804

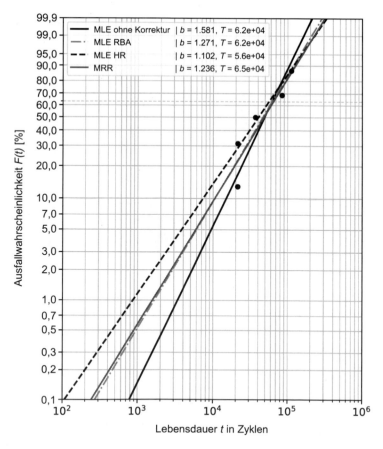

Abb. 6.44 Weibullauswertung der Ausfallzeiten des Schaltrelais mit Hilfe der MLE (mit und ohne Bias-Korrektur) sowie der MRR Methode. (© IMA 2022. All Rights Reserved)

der MRR Methode, während die Methode nach Hirose und Ross den Formparameter sogar leicht unterschätzt.

Im zweiten Beispiel wurden Kugellager getestet. Drei Kugellager wiesen innerhalb der Versuchszeit Pittings am Innenring auf. Neun Lager waren nach der Abbruchzeit noch intakt. Es handelt sich in diesem Fall also um einen rechtszensierten Datensatz (Tab. 6.11).

Bei diesem Beispiel werden die Vorteile der MLE Methode sehr gut sichtbar, wenn zensierte Daten auszuwerten sind. In diesem Fall wird nämlich der Formparameter von der MRR Methode stark überschätzt, da die Zensierungszeiten der neun Durchläufer nicht berücksichtigt werden können, siehe Abb. 6.45. In der MLE Schätzung werden die Durch-

Tab. 6.11 Übersicht der Ausfallzeiten eines Kugellagers

i	1	2	3	4-12
Anzahl	1	1	1	9
Zustand	Ausfall	Ausfall	Ausfall	Intakt
t_j [Zykl.]	290000	350000	400000	1100000

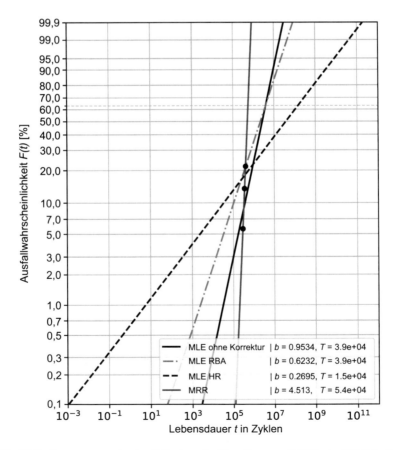

Abb. 6.45 Weibullauswertung der Ausfallzeiten des Kugellagers mit Hilfe der MLE (mit und ohne Bias-Korrektur) sowie der MRR Methode. (© IMA 2022. All Rights Reserved)

läufer durch ihre Überlebenswahrscheinlichkeiten ergänzt, weshalb die Weibullgerade deutlich flacher geschätzt wird. Durch diesen Effekt fällt auch die Schätzung der charakteristischen Lebensdauer größer aus. Dieses Szenario zeigt sehr deutlich, dass bei Auswertung von zensierten Daten stets die MLE Methode verwendet werden sollte.

Anhand dieser beiden Beispiele wird deutlich, dass nicht pauschal eine „optimale" Parameterschätzmethode existiert. Vielmehr sollte man sich seines individuellen Anwendungsfalls bewusst sein und die passende Methode anhand ihrer Eigenschaften auswählen.

6.4.6.2 Vergleich der Ansätze zur Bestimmung des Vertrauensbereichs

Analog zu den unterschiedlichen Ergebnissen der Punktschätzverfahren, liefern auch die Methoden zur Bestimmung der Vertrauensbereiche unterschiedliche Ergebnisse. Abb. 6.46 zeigt die Vertrauensbereiche für die Ausfallzeiten der Schaltrelais aus Abschn. 6.4.6.1. Betrachtet man die untere Vertrauensgrenze ist ersichtlich, dass die Likelihood-Ratio Vertrauensbereiche (LRB) die konservativsten Ergebnisse liefern, während sowohl die parametrischen (PBB) als auch die nicht parametrischen (NPBB) Bootstrap Vertrauensbereiche eher zu einer optimistischeren Schätzung neigen. Die Vertrauensgrenze, die mit der Fisher Methode bestimmt wird, liegt genau zwischen den anderen Verfahren.

Eine pauschale Aussage, welche der beschriebenen Vertrauensbereiche die besten Ergebnisse liefert, ist nach jetzigem Stand der Technik nicht möglich. Die besten Anwendungsbereiche der jeweiligen Methode zu identifizieren ist aktuell Gegenstand der Zuverlässigkeitsforschung. In der Praxis haben sich die Fisher Vertrauensbereiche etabliert, da sie verhältnismäßig einfach zu berechnen sind und gute Ergebnisse liefern, die weder zu stark konservativ noch zu optimistisch sind [17].

6.4.6.3 Auswertung von konkurrierenden Ausfallmechanismen

Bisher lag der Fokus ausschließlich auf der Auswertung eines einzigen Ausfallmechanismus. Ist dieser der dominanteste, bzw. kritischste, d. h. er tritt zeitlich gesehen deutlich früher auf als weitere Ausfallmechanismen, so ist diese Betrachtung auch ausreichend, da das System ausschließlich aufgrund des kritischsten Ausfallmechanismus ausfallen wird, siehe Abb. 6.47. Dies ist auch bei vielen Produkten oder Systemen der Fall, zumindest im Bereich der Ermüdungsausfälle.

Bei komplexeren Systemen können sich jedoch auch zwei oder mehrere Ausfallmechanismen überlagern, siehe Abb. 6.48. Man spricht in diesem Fall von konkurrierenden Ausfallmechanismen. Wird ein solches System einem Lebensdauertest unterzogen ist es sehr wahrscheinlich, dass unterschiedliche Ausfallmechanismen auftreten.

Für eine valide Lebensdauerdatenanalyse müssen die verschiedenen Ausfallmechanismen sortiert und getrennt voneinander ausgewertet werden. Ist eine Ausfallverteilung pro Ausfallmechanismus geschätzt, können diese mit Methoden zur Berechnung der Systemzuverlässigkeit verknüpft werden. Nur durch die Trennung der Ausfallmechanismen erhält man prognosefähige Modelle, insbesondere in Bereichen in denen extrapoliert werden muss. Wertet man alle Ausfälle unabhängig vom jeweiligen Ausfallmechanismus aus, so

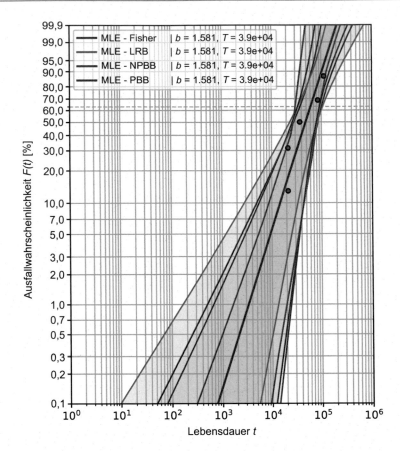

Abb. 6.46 Auswertung der Vertrauensbereiche des Schaltrelais mit Hilfe von Fisher, Likelihood Ratio (LRB) sowie parametrischem (PBB) und nicht-parametrischem (NPBB) Bootstrapping. (© IMA 2022. All Rights Reserved)

ergibt sich zwar ebenfalls eine Ausfallverteilung, die aber nicht prognosefähig ist. Für eine Momentaufnahme kann ein derartiges Vorgehen noch eine akzeptable Güte aufweisen, je nachdem wie stark sich die Ausfallmechanismen unterscheiden. Ist jedoch eine Prognose der Zuverlässigkeit für zukünftige Zeitpunkte und damit eine Extrapolation nötig, so liefert die gemeinsame Auswertung unzureichende Ergebnisse.

Um diesen Sachverhalt zu verdeutlichen, wird der in Tab. 6.12 abgebildete Datensatz ausgewertet.

Gelistet sind Laufzeiten und Ausfälle des Zapfluftsystems von US-Kampfflugzeugen. Insgesamt lagen 2256 Felddateneinträge von sechs verschiedenen Stützpunkten vor. In Summe traten dabei 19 Ausfälle des Zapfluftsystems auf. Am Stützpunkt „D" traten vermehrt Ausfälle auf, weshalb diese separat ausgeführt sind. Abb. 6.49 zeigt das Ergebnis der Ausfallverteilung für alle aufgetretenen Ausfälle.

Abb. 6.47 Weibullauswertung mit einem kritischen Ausfallmechanismus. (© IMA 2022. All Rights Reserved)

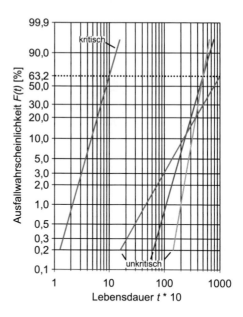

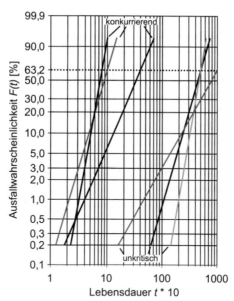

Abb. 6.48 Weibullauswertung mit konkurrierenden Ausfallmechanismen. (© IMA 2022. All Rights Reserved)

Die grafische Darstellung lässt bereits vermuten, dass die Anpassung der Weibullverteilung ungenügend ist, denn die Wertepaare von Ausfallwahrscheinlichkeit und Lebensdauer werden nur unzureichend durch die Weibullgerade beschrieben. Zudem sind zwei

Tab. 6.12 Laufzeiten und Ausfälle eines Zapfluftsystems von US-Kampfflugzeugen [24]

Zeit [h]	Status	Basis D	Weitere Basen
12	Zensiert	0	39
20	Zensiert	0	52
30	Zensiert	0	46
32	Ausgefallen	0	1
50	Zensiert	0	31
64	Ausgefallen	1	1
85	Zensiert	0	48
150	Zensiert	0	102
153	Ausgefallen	0	1
212	Ausgefallen	0	1
250	Zensiert	2	158
400	Zensiert	0	312
550	Zensiert	2	101
650	Zensiert	2	101
708	Ausgefallen	1	0
750	Zensiert	9	100
808	Ausgefallen	0	1
828	Ausgefallen	1	0
850	Zensiert	23	100
872	Ausgefallen	0	1
884	Ausgefallen	2	0
950	Zensiert	27	56
1013	Ausgefallen	1	0
1050	Zensiert	20	55
1082	Ausgefallen	1	0
1105	Ausgefallen	1	0
1150	Zensiert	22	56
1198	Ausgefallen	1	0
1249	Ausgefallen	1	0
1250	Zensiert	22	55
1251	Ausgefallen	1	0
1350	Zensiert	11	56
1405	Ausgefallen	0	1
1428	Ausgefallen	0	1
1450	Zensiert	11	53
1550	Zensiert	20	55
1568	Ausgefallen	0	1
1650	Zensiert	8	55
1750	Zensiert	4	55
1850	Zensiert	2	55
1950	Zensiert	3	152
2050	Zensiert	3	152
2150	Zensiert	1	0

Abb. 6.49 Weibullauswertung aller 19 Ausfälle des Zapfluftsystems. (© IMA 2022. All Rights Reserved)

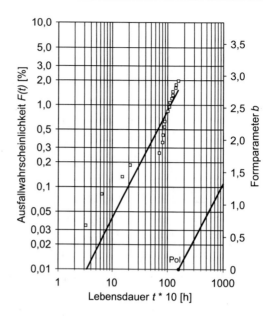

eindeutige Cluster zu erkennen. Zu Beginn liegen die ersten vier Ausfälle relativ weit auseinander, während die restlichen sehr schnell hintereinander auftreten. Es entsteht eine Art „Knick" zwischen den Datenpunkten. Ein derartiges Ergebnis kann ein Indiz für die Vermengung mehrerer Ausfallmechanismen sein. Im gezeigten Beispiel trat am Stützpunkt D Korrosion am Zapfluftsystem auf, also ein typischer systematischer Ermüdungsausfall, während die restlichen Ausfälle auf mangelnde Wartung zurückzuführen waren.

Trennt man die beiden Ausfallmechanismen und schätzt jeweils eine Weibullverteilung erhält man eine deutlich bessere Anpassung und daher auch bessere Ergebnisse. Der Formparameter bei Stützpunkt D fällt aufgrund der Korrosion und deren Zuordnung zu den Ermüdungsausfällen mit $b = 2{,}2$ deutlich höher aus, während man bei allen anderen Stützpunkten einen fast typischen Zufallsausfall aufgrund der Wartungsfehler mit einem Formparameter b nahe eins erkennt, siehe Abb. 6.50. Auch in der Lage unterscheiden sich die beiden Ausfallmechanismen deutlich, was an der kleineren charakteristischen Lebensdauer der Korrosion zu erkennen ist.

Ist man an einer Prognose der Zuverlässigkeit z. B. zum Zeitpunkt 10.000 h interessiert, ergibt sich für die vermengte Auswertung eine Zuverlässigkeit von $R(10.000\,\text{h}) = 84\,\%$ bei $P_A = 50\,\%$. Für die Korrosion ergibt sich die Zuverlässigkeit $R_D(10.000\,\text{h}) = 60\,\%$ während der Wartungsfehler eine Zuverlässigkeit von $R_W(10.000\,\text{h}) = 96{,}7\,\%$ ergibt. Nach Boole berechnet sich die Systemzuverlässigkeit zu:

$$R_{sys}\left(10.000\,\text{h}\right) = R_D\left(10.000\,\text{h}\right) \cdot R_W\left(10.000\,\text{h}\right) = 0{,}6 \cdot 0{,}967 = 0{,}58 = 58\,\%$$

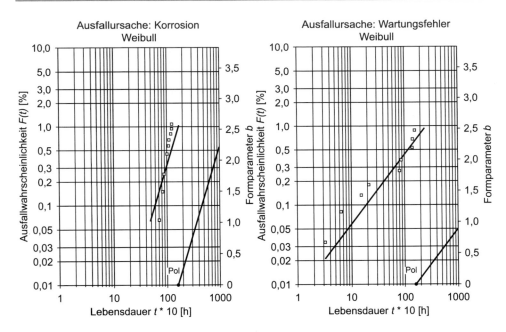

Abb. 6.50 Weibullauswertung der 19 Ausfälle des Zapfluftsystems bei getrennter Betrachtung der Ausfallmechanismen durch Korrosion (links) und Wartungsfehler (rechts). (© IMA 2022. All Rights Reserved)

Die vermengte Auswertung führt also zu einer massiven Überschätzung der Zuverlässigkeit. Vergrößert sich der Extrapolationszeitraum, wird die Differenz entsprechend noch höher ausfallen. Die mittels Boole oder anderen Methoden (siehe Abschn. 2.3.2) berechnete Systemzuverlässigkeit lässt sich aufgrund der potenziellen Unstetigkeiten nicht mehr gut durch eine einzige Weibullverteilung beschreiben, es entsteht eine Mischverteilung [25]. Dennoch kann die Systemzuverlässigkeit für beliebige Zeitpunkte berechnet werden.

6.4.6.4 Herausforderungen beim statistischen Nachweis einer ausfallfreien Zeit

Gerade bei sicherheitskritischen Ausfällen ist man häufig mit dem Nachweis einer ausfallfreien Zeit konfrontiert. Aus zuverlässigkeitstechnischer Sicht muss also ein statistischer Nachweis erbracht werden, dass eine dreiparametrige Weibullverteilung die Daten besser wiedergibt als die konservativere zweiparametrige Form der Weibullverteilung. Dafür können in der statistischen Datenanalyse sogenannte Anpassungstests wie z. B. der Anderson-Darling oder der Kolmogorov-Smirnov Test verwendet werden [9]. Jedoch ist dieser Nachweis in der praktischen Anwendung ebenfalls mit einigen Herausforderungen verbunden, wie anhand des folgenden Beispiels hervorgeht. Für eine PKW-Bremsanlage soll aus Sicherheitsgründen eine ausfallfreie Zeit nachgewiesen werden. Dazu wurden 30 Prüflinge bis zum Ausfall in km getestet:

$t_1 = 61327$	$t_2 = 28527$	$t_3 = 46618$	$t_4 = 49761$	$t_5 = 54880$
$t_6 = 46496$	$t_7 = 51657$	$t_8 = 57099$	$t_9 = 56581$	$t_{10} = 64425$
$t_{11} = 75575$	$t_{12} = 37512$	$t_{13} = 60502$	$t_{14} = 79859$	$t_{15} = 84818$
$t_{16} = 44565$	$t_{17} = 30422$	$t_{18} = 57621$	$t_{19} = 53526$	$t_{20} = 9367$
$t_{21} = 47144$	$t_{22} = 63668$	$t_{23} = 67180$	$t_{24} = 63849$	$t_{25} = 69275$
$t_{26} = 21431$	$t_{27} = 34576$	$t_{28} = 92092$	$t_{29} = 35966$	$t_{30} = 36969$

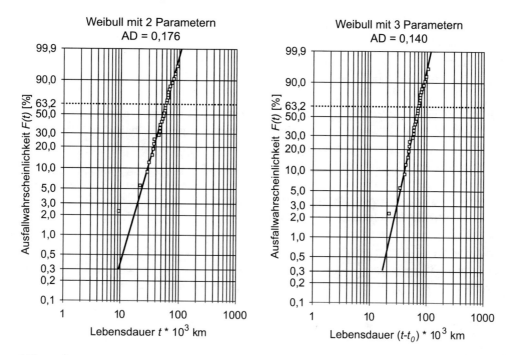

Abb. 6.51 Weibullauswertung der Ausfallzeiten der PKW-Bremsanlage mit Hilfe einer zweiparametrigen (links) und dreiparametrigen (rechts) Weibullverteilung. (© IMA 2022. All Rights Reserved)

Mit einem statistischen Anpassungstest (meist wird der Anderson-Darling Test genutzt) wird nun überprüft welche Verteilung besser an die Ausfalldaten angepasst werden kann [9]. Der Anderson-Darling Test liefert eine minimal bessere Anpassung [9] durch die dreiparametrige Weibullverteilung, was sich durch einen leicht geringeren Anderson-Darling (AD) Wert äußert. Jedoch ist der Wert lediglich marginal geringer, sodass der rein quantitative Nachweis kritisch hinterfragt werden muss. Betrachtet man die Weibullverteilungen im Wahrscheinlichkeitspapier, so ist ersichtlich, dass die Daten auch sehr gut durch die zweiparametrige Weibullverteilung abgebildet werden können, siehe Abb. 6.51. Eine Krümmung der Datenpunkte ist nicht zu erkennen. Berücksichtigt man, dass die zweiparametrige Weibullverteilung stets die konservativeren Ergebnisse liefert, kann hier also kein belastbarer Nachweis einer ausfallfreien Zeit erfolgen, auch wenn der AD-Wert etwas geringer bei der dreiparametrigen Form ausfällt.

Dieses Beispiel zeigt, dass selbst mit 30 Prüflingen nicht unbedingt ein belastbarer Nachweis einer ausfallfreien Zeit möglich ist. Zudem sollte man sich bei der Nachweisführung nie ausschließlich auf die AD-Werte verlassen. Es sollte zudem möglich sein die ausfallfreie Zeit aus einer technologisch/physikalischen Betrachtung zu erklären. Für einen belastbaren Nachweis einer ausfallfreien Zeit sollten deshalb die folgenden Bedingungen erfüllt sein:

1. Bessere statistische Korrelation
2. Physikalische Erklärbarkeit der ausfallfreien Zeit
3. Konkaver Verlauf der zweiparametrigen Weibullanpassung
4. Hoher Stichprobenumfang

Besteht an einer der Bedingungen eine Unsicherheit, so ist es ratsam, die Lebensdauerdatenanalyse mit Hilfe der konservativen zweiparametrigen Weibullverteilung durchzuführen.

6.5   Übungsaufgaben zur Auswertung von Lebensdauerversuchen

Aufgabe 6.1
Bei einem Vorserienversuch wurden Bauteile auf ihre Lebensdauer geprüft. Alle Baugruppen sind ausgefallen. Die entsprechenden Ausfallzeiten sind bekannt:

69.000 km,	29.000 km,	24.000 km,	52.500 km,
128.000 km,	60.000 km,	12.800 km	98.000 km.

• Berechnen Sie den arithmetischen Mittelwert, die Standardabweichung und die Spannweite der Ausfalldaten.
• Bestimmen Sie die Ranggrößen und ordnen Sie diesen eine Ausfallwahrscheinlichkeit zu.
• Ermitteln Sie mit Hilfe des Formblatts (Weibullnetz) die Parameter der das Ausfallverhalten beschreibenden Weibullverteilung.
• Ermitteln Sie die B_{10}-Lebensdauer und den Median.
• Mit welcher Wahrscheinlichkeit überlebt ein Bauteil den Zeitpunkt $t_1 = 70.000$ km?
• Zeichnen Sie den 90 %-Vertrauensbereich der Weibullgeraden ein.
• Berechnen Sie die 90 %-Vertrauensbereiche der Parameter b und T. Ermitteln Sie diese Vertrauensbereiche auch grafisch.

Aufgabe 6.2
Gegeben sind die vollständigen Ausfalldaten eines mechanischen Schalters:
470, 550, 600, 800, 1.080, 1.150, 1.450, 1.800, 2.520, 3.030 Betätigungen.

- Ermitteln Sie grafisch die Parameter der Weibullverteilung.
- Ermitteln Sie die B_{10}-Lebensdauer und den Median.
- Zeichnen Sie den 90 %-Vertrauensbereich der Weibullgeraden ein.

Aufgabe 6.3

Gegeben sind die Lebensdauerwerte aus Torsionsschwingversuchen einer unzensierten Stichprobe gekerbter Antriebswellen aus 41 Cr 4 bei einer Spannungsamplitude von 200 MPa.

Lebensdauerwerte (in 10^3 LW): 264, 208, 222, 434, 382, 198, 380, 166, 435, 242.

Werten Sie die Lebensdauerdaten mit Hilfe eines Weibullnetzes aus und bestimmen Sie den 90 %-Vertrauensbereich.

Aufgabe 6.4

Bei einem Versuch wurden 8 gleiche Bauteile zeitlich parallel auf Prüfständen getestet. Der Versuch wurde nach dem Ausfall des 5-ten Bauteils abgebrochen. Bestimmen Sie die das Ausfallverhalten der Bauteile beschreibende Weibullverteilung, deren 90 %-Vertrauensbereich und die Vertrauensgrenzen der Parameter.

Ausfalldaten (in h): 192, 135, 102, 214, 167.

Aufgabe 6.5

Gegeben ist eine zensierte geprüfte Stichprobe, in der die Lebensdauer von Planetenträger-Kopfschrauben von Ackerschleppern aufgenommen wurde. Insgesamt waren 1075 Schlepper an dem Feldversuch beteiligt. Nach Auftreten von 10 Ausfällen infolge gebrochener Kopfschrauben soll eine Auswertung der Daten durchgeführt werden. Die Laufstunden bis zum Bruch der Planetenträger-Kopfschraube sind gegeben:

99, 200, 260, 300, 340, 430, 499, 512, 654, 760.

Die Laufstunden der zum Zeitpunkt der Auswertung noch intakten Einheiten sind unbekannt.

- Werten Sie die Stichprobe nach dem grafischen Sudden-Death Verfahren aus (bestimmen Sie die Gerade der 1. Ausfälle und extrapolieren Sie die Lebensdauerverteilung für die gesamte Stichprobe).
- Werten Sie die Stichprobe nach dem rechnerischen Sudden-Death Verfahren aus (Bestimmung der hypothetischen Rangzahlen). Vergleichen Sie das Ergebnis mit dem aus Teilaufgabe a).

Aufgabe 6.6

Es wurde ein Feldversuch zur Zuverlässigkeitsanalyse einer Kfz-Kupplung durchgeführt. Es standen 20 Kupplungen zur Verfügung. Bis zum Auswertezeitpunkt sind $n_f = 8$ Kupplungen ausgefallen, d. h. $n_s = 12$ Kupplungen waren noch funktionsfähig. Folgende Fahrstrecken (in 10^3 km) von ausgefallenen und nicht ausgefallenen Kupplungen liegen vor:

Ausgefallen	7, 24, 29, 53, 60, 69, 100, 148,
Nicht ausgefallen:	5, 6, 19, 32, 39, 40, 65, 70, 76, 85, 157, 160.

- Bestimmen Sie die Lebensdauerverteilung unter Berücksichtigung der nicht ausgefallenen Kupplungen.
- Bestimmen Sie den 90 %-Vertrauensbereich und die dazugehörigen Vertrauensgrenzen der Parameter.

Aufgabe 6.7

Die Garantie- und Kulanzdaten eines Omnibusgetriebes sollen nach einem Jahr ausgewertet werden. Insgesamt sind $n = 178$ Getriebe ausgeliefert worden, $r = 7$ Getrieben sind davon ausgefallen.

Ausfalldaten (in km):

18.290, 160.770, 51.450, 89.780, 130.580, 35.200, 51.450.

Die Fahrstreckenverteilung für die Omnibusse ist durch eine Normalverteilung mit $\mu = 80.000$ km und $\sigma = 45.000$ km gegeben. Bestimmen Sie die das Ausfallverhalten beschreibende Weibullverteilung.

Aufgabe 6.8

Gegeben sind die Ausfalldaten einer unzensierten Stichprobe: 42, 66, 87 und 99 h.

- Berechnen Sie die Parameter b und T der das Ausfallverhalten beschreibenden zweiparametrigen Weibullverteilung mit Hilfe der Regressionsanalyse.
- Wie groß ist der Korrelationskoeffizient?
- Bestimmen Sie den logarithmierten Likelihoodfunktionswert.

Aufgabe 6.9

Geben Sie allgemeingültige Beziehungen zur Schätzung der Ausfallrate λ und der ausfallfreien Zeit t_0 der zweiparametrigen Form der Exponentialverteilung mit der Dichte

$$f(t) = \lambda \cdot exp\left(-\lambda\left(t - t_0\right)\right)$$

aus bekannten Ausfalldaten t_i, $i = 1(1)n$

- nach der Momentenmethode,
- mit Hilfe der Maximum-Likelihood Methode und
- unter Verwendung der Regressionsanalyse an.

Literatur

1. Bonin L, Ganz W (1990) Wahrscheinlichkeitsverteilungen für die Festigkeitsanalyse. DFVLR – Mitt. 86–17
2. Härtler G (1983) Statistische Methoden für die Zuverlässigkeitsanalyse. Springer, Wien/New York
3. Kapur KC, Lamberson LR (1977) Reliability in engineering design. Wiley, New York
4. Klein H (1954-6) Über die Streugrenzen statistischer Verteilungskurven. Mitteilungsblatt für mathematische Statistik, Würzburg, S 140–169
5. Benard A, Bos-Levenbach EJ (1955) The plotting of observations on probability-paper. Stichting Mathematisch Centrum
6. Forschungsvereinigung Antriebstechnik (1981) Einfluss moderner Schmierstoffe auf die Pitting-bildung bei Wälz- und Gleitbeanspruchung. Arbeitsgruppe „Pitting-Ringversuch", FVA-Forschungsreport, Wiesbaden
7. Verband der Automobilindustrie (2000) VDA 3.2 Zuverlässigkeitssicherung bei Automobil-herstellern und Lieferanten. VDA, Frankfurt
8. Reichelt C (1978) Rechnerische Ermittlung der Kenngrößen der Weibull-Verteilung. Fortschr.-Ber. VDI-Z, Reihe 1 Nr. 56
9. Hedderich J, Sachs L (2016) Angewandte Statistik – Methodensammlung mit R. Springer, Heidelberg
10. Bertsche B (1989) Zur Berechnung der System Zuverlässigkeit von Maschinenbau-Produkten. Diss Universität Stuttgart, Institut für Maschinenelemente und Gestaltungslehre, Inst. Ber. Nr. 28
11. Dubey SD (1967) On some permissible estimators of the location parameter of the Weibull and certain other distributions. Technometrics 9(2):293–307
12. Press WH, Flannery BP, Teukolsky SA, Vetterling WT (1988) Numerical recipes in C – the art of scientific computing. Cambridge University Press, Cambridge
13. Genschel U, Meeker W (2010) A comparison of maximum likelihood and median-rank regres-sion for Weibull estimation. Qual Eng 22(4):236–255
14. Abernethy R (2006) The new Weibull handbook – reliability and statistical analysis for predic-ting life, safety, supportability, risk, cost and warranty claims, 5. Aufl. R.B. Abernethy, North Palm Beach
15. Hirose H (1999) Bias correction for the maximum likelihood estimates in the two-parameter Weibull distribution. IEEE Trans Dielectr Electr Insul 6(1):66–68. https://doi.org/10.1109/94.752011
16. Ross R (1996) Bias and standard deviation due to Weibull parameter estimation for small data sets. IEEE Trans Dielectr Electr Insul 3(1):28–42. https://doi.org/10.1109/94.485512
17. Tevetoglu T, Bertsche B (2020) On the coverage probability of bias-corrected confidence bounds. 2020 Asia-Pacific International Symposium on Advanced Reliability and Maintenance Modeling (APARM), 2020, S 1–6. https://doi.org/10.1109/APARM49247.2020.9209464
18. Dodson B, Schwab H (2006) Accelerated testing: a practitioner's guide to accelerated and relia-bility testing. SAE International. Warrendale (Pennsylvania), USA
19. Efron B (1987) Better bootstrap confidence intervals. J Am Stat Assoc 82(397):171–185. https://doi.org/10.2307/2289144
20. Efron B (1979) Bootstrap methods: another look at the Jackknife. Ann Stat 7(1):1–26. http://www.jstor.org/stable/2958830
21. Lawless JF (2002) Statistical models and methods for lifetime data, 2. Aufl. Wiley, New York. https://doi.org/10.1002/9781118033005
22. McCool J (2012) Using the Weibull distribution: reliability, modeling, and inference, 2012, ISBN: 978-1-118-21798-6. Wiley, New Jersey

23. Symynck J, De Bal F (2011) Monte Carlo Pivotal confidence bounds for Weibull analysis, with implementations in R; TEHNOMUS – New Technologies and Products in Machine Manufacturing Technologies. Department of Mechanics and Technologies Faculty of Mechanical Engineering, Automotive and Robotics, Suceava, Rumänien

24. Abernethy R (1983) Datenauszug basiert auf einem Histogramm und der Beschreibung von Abernethy, Breneman, Medlin und Reinman, S 29–51. Pratt & Whitney Aircraft, West Palm Beach, USA

25. Klein B (2013) Numerische Analyse von gemischten Ausfallverteilungen in der Zuverlässigkeitstechnik. Dissertation, 2013, Universität Stuttgart, Berichte aus dem Institut für Maschinenelemente Nr. 148

Das Ausfallverhalten von Bauelementen lässt sich durch entsprechend umfangreiche statistische Auswertungen recht genau ermitteln. Die Auswertungen können dabei mit den Ergebnissen eigener Versuche, mit den Daten von Schadensstatistiken oder mit Angaben aus der Literatur erfolgen. Die Kenntnis des Ausfallverhaltens ermöglicht es, bei ähnlichen Einsatzbedingungen das erwartete Ausfallverhalten des Bauelementes zu prognostizieren. Man sollte an dieser Stelle erwähnen, dass die Einsatz- und sonstigen Randbedingungen einen erheblichen Einfluss auf das Ausfallverhalten haben können, weshalb von einer universellen Anwendung von Literaturdaten abzuraten ist.

Auch das erwartete Ausfallverhalten von Systemen kann dann mit einer Systemtheorie berechnet werden, siehe Abschn 2.3. Bisher gibt es allerdings nur sehr wenige gesammelte und aufbereitete Informationen über das Ausfallverhalten von mechanischen Bauelementen. Es wurde deshalb am Institut für Maschinenelemente (IMA) der Universität Stuttgart mit dem Aufbau einer Zuverlässigkeitsdatenbank begonnen [1]. Im Folgenden werden einige Ergebnisse aus dieser Datenbank für die Maschinenelemente – Zahnräder, Wellen und Wälzlager – aufgeführt, über die umfangreiche Informationen vorlagen.

Beim Aufbau der Zuverlässigkeitsdatenbank zeigte es sich, dass für eine Auswertung in den meisten Fällen nur sehr wenige Ausfallzeiten vorhanden waren ($n = 5, \ldots, 10, \ldots, 20$). Die Aussagekraft der statistischen Auswertung steigt jedoch, wie bei jedem statistischen Verfahren, sehr deutlich mit der Anzahl der ausgefallenen Bauelemente. Die Größe der gesuchten Parameter lässt sich aber auch aus den vielen Ergebnissen mit großem Vertrauensbereich zumindest abschätzen.

Ein weiteres Problem beim Aufbau einer Zuverlässigkeitsdatenbank besteht darin, dass die statistischen Parameter b, T, t_0 von verschiedenen Einflussgrößen abhängen:

$$(b, T, t_0) = f(\text{Form, Werkstoff, Bearbeitung, Belastung}).$$

© Der/die Autor(en), exklusiv lizenziert an Springer-Verlag GmbH, DE, ein Teil von Springer Nature 2022, korrigierte Publikation 2023
B. Bertsche, M. Dazer, *Zuverlässigkeit im Fahrzeug- und Maschinenbau*, https://doi.org/10.1007/978-3-662-65024-0_7

Dies bedeutet, dass möglicherweise jedes Bauelement für jeden Einsatzfall spezielle Parameter erfordert. Die ausgewerteten Versuche und Schadensstatistiken haben jedoch gezeigt, dass für ein Bauelement bei einer bestimmten Belastung der Formparameter b für die auftretende Schadensart weitgehend konstant ist. Die vorliegenden Ergebnisse deuten deshalb darauf hin, dass die Parameter nur durch die Beanspruchungsart, den Ausfallmechanismus und teilweise durch die Belastung bestimmt werden. Es genügt somit, den Formparameter einmal mit einem sehr umfangreichen Versuch zu bestimmen oder aus den Ergebnissen vieler Versuche abzuschätzen. Die im Folgenden wiedergegebenen Parameter können deshalb in den meisten Fällen als erste Orientierungshilfe dienen.

Für die untersuchten Ermüdungs- und Verschleißausfälle wurde immer eine dreiparametrige Weibullverteilung angesetzt. Diese Annahme stützt sich auf neuere Untersuchungen in [1–3]. Als Auswertungsmethode wurde die Methode der kleinsten Fehlerquadrate verwendet.

7.1 Formparameter *b*

Die Zusammenfassung der ermittelten Formparameter zeigt Abb. 7.1. Die Streubereiche der Formparameter berücksichtigen die Vertrauensbereiche bei der statistischen Auswertung und eine Abhängigkeit zur Höhe der Belastung. Bei Zahnrädern und Wellen muss der Formparameter b entsprechend der Belastung gewählt werden. Eine hohe Belastung erfordert deshalb bei ihnen einen großen Formparameter.

Für die Ermittlung des Formparameters b bei Wellen (Schadensart Bruch) existieren zwei sehr interessante Versuche: einer nach Maennig [4] und einer nach Kitschke [3]. Maennig führte auf sehr vielen Lastniveaus Versuche mit jeweils $n = 20$ Versuchswerten durch. Dadurch lässt sich eine Abhängigkeit zwischen Formparameter und Belastung deutlich zeigen. Maennig begann seine Versuche im Zeitfestigkeitsbereich nahe an der Dauerfestigkeit und steigerte die Belastung dann stufenweise bis nahe der statischen Festigkeit. Der Formparameter b vergrößerte sich dabei von $b = 1{,}1$ bis $b = 1{,}9$. Kitschke führte nur einige Versuche durch, allerdings mit sehr vielen Versuchswerten ($n = 99 \ldots 112$).

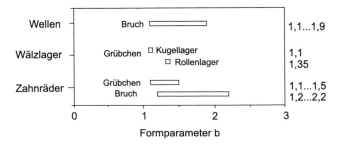

Abb. 7.1 Ermittelte Formparameter b der dreiparametrigen Weibullverteilung für einige Maschinenelemente (bei Zahnrädern und Wellen: hohe Belastung → großer Formparameter; geringe Belastung → kleiner Formparameter). (© IMA 2022. All Rights Reserved)

Die sich dadurch ergebende statistische Sicherheit ist recht groß. Zudem ist Kitschke der einzige, der eine umfassende statistische Auswertung vorgenommen hat. Er gibt damit ein exzellentes Beispiel für die Ermittlung von Zuverlässigkeitsparametern. Die von ihm ermittelten Formparameter liegen bei einer mittleren Belastung zwischen $b = 1{,}5$ und $b = 1{,}9$.

Bei Wälzlagern existieren sehr umfangreiche Versuche bis $n = 500$, die eine ausgesprochen gute statistische Sicherheit besitzen. Wälzlager sind zudem das einzige Maschinenelement, dessen Ausfallverhalten in Normen dokumentiert ist: DIN 622 und ISO DIN 281. Die Formparameter wurden zwar mit einer zweiparametrigen Weibullverteilung ermittelt, da aber die ausfallfreie Zeit bei Wälzlagern relativ gering ist (s. Abschn. 7.2), ergibt sich bei Anwendung der dreiparametrigen Weibullverteilung nur eine geringfügige Änderung. Nach Bergling [5] ist der Formparameter unabhängig von der Größe, Art und Belastung des Lagers. Dies vereinfacht die Anwendung beträchtlich.

Die ermittelten und ausgewerteten Zahnradversuche wurden mit relativ wenigen Versuchswerten je Versuch durchgeführt ($n = 5 \ldots 20$). Eine Abhängigkeit zwischen Formparameter und Belastung ist aber auch hier zu erkennen. Mit größer werdender Belastung steigt auch hier der Formparameter *b* an. Bei der Schadensart Bruch ergeben sich ähnliche Formparameter *b* wie bei Wellen (Schadensart Bruch). Bei Grübchen ist der Streubereich der Zahnräder nicht so groß wie bei Bruch und die *b*-Werte liegen ungefähr im Bereich der Wälzlagergrübchen.

Die ermittelten Formparameter liegen alle in einem Bereich von $b \approx 1 \ldots 2$. Betrachtet man Abb. 7.2, so erkennt man, dass das Ausfallverhalten aller Elemente eine linkssymmetrische Verteilung aufweist. Eine derartige rechtsschiefe Verteilung scheint charakteristisch für das Ausfallverhalten der klassischen Maschinenelemente zu sein.

Durch die Anwendung der dreiparametrigen Weibullverteilung ergaben sich für den Formparameter *b* immer kleinere Werte als bei der zweiparametrigen Auswertung. Die Ursache dieser Diskrepanz lässt sich mit Abb. 7.3 erklären.

Das Histogramm der Dichtefunktion weist bei den meisten Versuchen eine linkssymmetrische Form auf und besitzt als geringste Ausfallzeit die Zeit t_0. Die zweiparametrige Weibullverteilung muss, entsprechend ihrer Definition, bei $t = 0$ beginnen und versucht

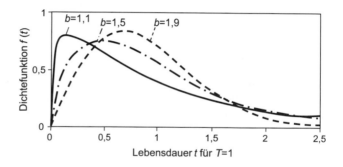

Abb 7.2 Dichtefunktionen der Weibullverteilung für $b = 1{,}1 \ldots 1{,}9$. (© IMA 2022. All Rights Reserved)

Abb. 7.3 Histogramm eines Versuches und Dichteverläufe der zwei- und dreiparametrigen Weibullverteilung. (© IMA 2022. All Rights Reserved)

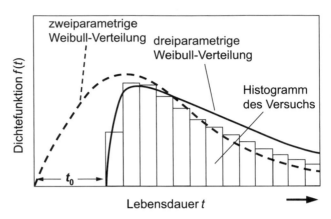

mit dieser Randbedingung das Histogramm zu beschreiben. Es ergibt sich damit ein Kurvenverlauf der ungefähr symmetrisch ist ($b \approx 2 \ldots 3$).

Die dreiparametrige Weibullverteilung kann bei t_0 beginnen und damit das Histogramm wesentlich besser approximieren. Dadurch erhält man eine linkssymmetrische Verteilung ($b \approx 1 \ldots 2$), deren Formparameter b definitionsgemäß kleiner als bei der symmetrischen ist.

7.2   Charakteristische Lebensdauer *T*

Die charakteristische Lebensdauer T ist der Lageparameter der Weibullverteilung und kann damit als eine Art Mittelwert der Verteilung angesehen werden. Ein Vergrößern der charakteristischen Lebensdauer T bedeutet deshalb, dass das Ausfallverhalten insgesamt zu längeren Ausfallzeiten verschoben wird.

Während der Formparameter b im Wesentlichen nur vom Bauelement und der Schadensart abhängt, s. Abschn. 7.1, ist die charakteristische Lebensdauer T als Funktion der Belastung anzusehen. Eine geringe Belastung wird bei allen Bauelementen zu längeren Ausfallzeiten führen und damit die charakteristische Lebensdauer T vergrößern.

Für eine Prognose des Ausfallverhaltens wird die charakteristische Lebensdauer T im Allgemeinen mit einer Lebensdauer- bzw. Betriebsfestigkeitsberechnung ermittelt. Ein bestimmtes Berechnungsverfahren führt dabei zu einer Lebensdauer, die mit einer erwarteten Ausfallwahrscheinlichkeit $F(t)$ verknüpft ist. Zum Beispiel ergibt sich bei der Wälzlagerberechnung definitionsgemäß die B_{10}-Lebensdauer ($F(t) = 10\,\%$) und bei der Zahnradberechnung die B_1-Lebensdauer ($F(t) = 1\,\%$). Mit diesen Lebensdauern erhält man jeweils einen Punkt im Wahrscheinlichkeitsnetz, Abb. 7.4. Das gesamte statistische Ausfallverhalten ergibt sich durch die zusätzliche Kenntnis des Formparameters b und evtl. der ausfallfreien Zeit t_0. Bei Bauelementen, für die es keine abgesicherte Lebensdauerberechnung gibt, ist man auf Erfahrungswerte (z. B. aus Schadens- und Kulanzstatistiken), Schätzungen oder Versuche angewiesen. Aus der B_1- bzw. der B_{10}-Lebensdauer kann dementsprechend die charakteristische Lebensdauer T ($F(t) = 63{,}2\,\%$) mit Gln. (7.1) und (7.2) berechnet werden.

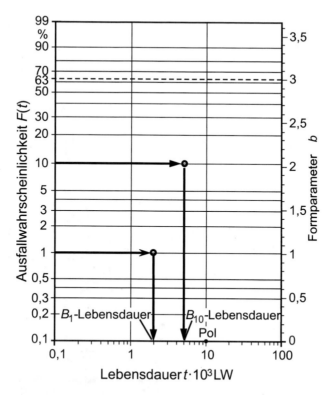

Abb. 7.4 Berechnete B_1- bzw. B_{10}- Lebensdauer im Weibullwahrscheinlichkeitspapier (Beispiel). (© IMA 2022. All Rights Reserved.)

Charakteristische Lebensdauer T bei ermittelter B_1-Lebensdauer:

$$T = \frac{B_1 - t_0}{\sqrt[b]{-\ln 0{,}99}} + t_0, \tag{7.1}$$

charakteristische Lebensdauer T bei ermittelter B_{10}-Lebensdauer:

$$T = \frac{B_{10} - t_0}{\sqrt[b]{-\ln 0{,}9}} + t_0. \tag{7.2}$$

Für den allgemeinen Fall einer B_x-Lebensdauer erhält man entsprechend die charakteristische Lebensdauer T als:

$$T = \frac{B_x - t_0}{\sqrt[b]{-\ln(1 - x)}} + t_0 \tag{7.3}$$

(Gln. (7.1) bis (7.3) wurden aus der allgemeinen Gleichung der Weibullverteilung abgeleitet).

Abb. 7.5 Abhängigkeit der Grübchentragfähigkeit und des Getriebepreises von der Dimensionierung. (© IMA 2022. All Rights Reserved)

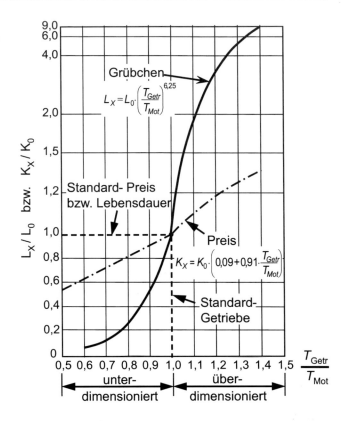

Die Bedeutung bzw. Empfindlichkeit einer genauen Ermittlung der charakteristischen Lebensdauer T zeigt am Beispiel der Grübchentragfähigkeit eines Zahnrades die Abb. 7.5. Die geringe Neigung der Wöhlerlinie, ausgedrückt durch den Exponenten $k = 6{,}25$, führt bei einer Überdimensionierung von nur 10 % zu einer beinahe doppelt so großen Lebensdauer. Bei dem gefährlicheren Fall einer Unterdimensionierung von 10 % fällt das Zahnrad schon nach der halben Standardlebensdauer aus. Die Kosten für das Zahnrad ändern sich dagegen nur geringfügig. In [1] wird ebenfalls gezeigt, dass eine Änderung der charakteristischen Lebensdauer T den größten Einfluss auf die berechnete Systemzuverlässigkeit besitzt. Eine entsprechend genaue Prognose der Systemlebensdauer lässt sich deshalb nur mit einer gesicherten Betriebsfestigkeitsberechnung durchführen.

7.3   Ausfallfreie Zeit t_0

Bei Ermüdungs- und Verschleißausfällen kann, wie bereits erwähnt, das Ausfallverhalten der Bauelemente in den meisten Fällen nur durch eine dreiparametrige Weibullverteilung genau beschrieben werden. Besonders bei der Berechnung von Systemlebensdauern muss der Anfangsbereich des Ausfallverhaltens genauestens erfasst werden. Dies macht die Berücksichtigung der dreiparametrigen Weibullverteilung mit ihrem dritten, zusätzlichen Parameter – der ausfallfreien Zeit t_0 – unbedingt notwendig s. [1–3, 6].

Der ausfallfreien Zeit t_0 liegt bei Verschleiß- und Ermüdungsausfällen zugrunde, dass eine gewisse Zeit für die Schadensentstehung und Ausbreitung benötigt wird. Ohne diese Annahme müssten Ausfälle durch Verschleiß, Ermüdung, Alterung etc. schon nach kürzester Betriebszeit auftreten können. Dies widerspricht aber der allgemeinen Erfahrung und Vorstellung.

Bei der durchgeführten Auswertung der Datenbank hat es sich als zweckmäßig erwiesen, die ausfallfreie Zeit t_0 nicht absolut, sondern als Faktor $f_{tB} = t_0/B_{10}$ anzugeben. Dadurch lassen sich die Werte wesentlich besser vergleichen. Die Lebensdauer B_{10} wurde als Bezug gewählt, da sie sich bei einer zwei- oder dreiparametrigen Auswertung nicht wesentlich unterscheidet und weil sie im Anfangsbereich des Ausfallgeschehens liegt. Die Zusammenfassung der ermittelten Faktoren f_{tB} zeigt Abb. 7.6.

Eine Abhängigkeit der Faktoren zur Höhe der Belastung konnte bisher nicht ermittelt werden. Für eine konservative Abschätzung sollte deshalb ein kleiner Faktor f_{tB} gewählt werden, während bei einer optimistischen Einschätzung ein hoher Faktor verwendet werden kann.

Die ausfallfreie Zeit t_0 wurde mit dem Test von Mann, Scheuer und Fertig [7] ermittelt. Dabei wurde immer das Signifikanzniveau α für den Zeitbereich $0 < t_0 < t_1$ berechnet. Da sowohl t_0 als auch die Lebensdauer B_{10} statistische Variablen darstellen, wurde der Faktor f_{tB} jeweils mit den Medianwerten der beiden Größen ermittelt.

Bei Wellen (Schadensart Bruch) konnte mit den umfangreichen Versuchen von Kitschke [3] der nahezu zwingende statistische Nachweis erbracht werden, dass eine ausfallfreie Zeit t_0 vorhanden sein muss. Bei Wälzlagern ergaben sich interessanterweise recht geringe Faktoren f_{tB}. Für Zahnräder mit der Schadensart Grübchen konnte nur ein recht großer Bereich für die ausfallfreie Zeit ermittelt werden. Durch die Auswertung weiterer Versuche lässt sich dieser Bereich jedoch sicher noch eingrenzen. Für Zahnräder mit der Schadensart Bruch ergaben sich ähnliche Werte wie für Wellen mit der gleichen Schadensart.

Abb. 7.6 Faktoren $f_{tB} = t_0/B_{10}$ für einige Bauelemente. (© IMA 2022. All Rights Reserved)

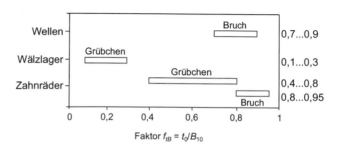

Literatur

1. Bertsche B (1989) Zur Berechnung der System-Zuverlässigkeit von Maschinenbau-Produkten. Dissertation Universität Stuttgart, Institut für Maschinenelemente und Gestaltungslehre, Inst. Ber. Nr 28
2. Bertsche B, Lechner G (1986) Verbesserte Berechnung der Systemlebensdauer von Produkten des Maschinenbaus. Konstruktion 38(8):315–320
3. Kitschke E (1983) Wahrscheinlichkeitstheoretische Methoden zur Ermittlung der Zuverlässigkeitskenngrößen mechanischer Systeme auf der Grundlage der statistischen Beschreibung des Ausfallverhaltens von Komponenten. Dissertation Ruhr-Universität Bochum, Lehrstuhl für Maschinenelemente und Fördertechnik, Heft 83
4. Maennig WW (1967) Untersuchungen zur Planung und Auswertung von Dauerschwingversuchen an Stahl in den Bereichen der Zeit- und der Dauerfestigkeit. VDI-Fortschrittberichte, Nr 5, August
5. Bergling G (1976) Betriebszuverlässigkeit von Wälzlagern. SKF Kugellager/Zeitschrift 51:188
6. Bertsche B, Lechner G (1987) Einfluß der Teileanzahl auf die System-Zuverlässigkeit. Antriebstechnik 26(7):40–43
7. Mann NR, Fertig KW (1975) A Goodness of Fit Test for the Two Parameter vs. Three Parameter Weibull; Confidence Bounds for Threshold. Technometrics 17

Methoden der Zuverlässigkeitstestplanung

8

In diesem Kapitel wird auf die Planung von Lebensdauerversuchen eingegangen und die wichtigsten Grundsätze und Vorgehensweisen behandelt. Die Planung von Lebensdauerversuchen lässt sich zum einen in eine statistische Testplanung und zum anderen in eine versuchstechnisch-messtechnische Planung aufteilen. In diesem Kapitel steht allerdings die statistische Testplanung im Vordergrund, weshalb bei der versuchstechnisch-messtechnischen Planung lediglich die wichtigsten Grundsätze thematisiert werden.

Weiterhin unterscheidet man Planungsansätze nach dem übergeordneten Ziel. Häufig werden Tests für den Zuverlässigkeitsnachweis verwendet, um vor Serienfreigabe sicherzustellen, dass die Ziele eingehalten werden. In früheren Phasen der Produktentwicklung steht dagegen meistens die Bestimmung der produktspezifischen Ausfallverteilung durch Tests im Vordergrund. Schließlich können Tests auch verwendet werden, um im Sinne einer Ursachenanalyse die Schwachstellen oder Ausfallmechanismen bei Produkten oder Systemen zu identifizieren. Alle drei genannten Ziele der Tests benötigen eine unterschiedliche Herangehensweise von Seiten der Testplanung. In diesem Kapitel werden die gängigsten Methoden für diese Ziele näher beleuchtet.

8.1 Grundsätze der Zuverlässigkeitstestplanung

Neben der statistischen Testplanung gilt es selbstverständlich auch eine valide versuchs- und messtechnische Planung zu realisieren. In diesem Fachbuch liegt der Fokus auf der statistischen Testplanung. Dennoch werden die wichtigsten Aspekte der versuchs- und messtechnischen Planung zusammengefasst.

© Der/die Autor(en), exklusiv lizenziert an Springer-Verlag GmbH, DE, ein Teil von Springer Nature 2022, korrigierte Publikation 2023
B. Bertsche, M. Dazer, *Zuverlässigkeit im Fahrzeug- und Maschinenbau*,
https://doi.org/10.1007/978-3-662-65024-0_8

8.1.1 Versuchstechnisch-messtechnische Planung

Es gelten hier die Grundsätze für eine korrekte Versuchsdurchführung. Die wichtigsten dieser Grundsätze sind:

- Die Randbedingungen und Grenzwerte müssen genau definiert und eingehalten werden. Das gilt bei Lebensdauerversuchen insbesondere für das Lastkollektiv. Belastung muss sich dabei nicht notwendigerweise nur auf mechanische Last beschränken. Ähnlich genau sollte man bei elektrischer, korrosiver oder einer Temperaturbelastung vorgehen.
- Die Messverfahren zur Registrierung und Kontrolle der Randbedingungen müssen einschließlich ihrer Genauigkeit festgelegt werden. Hier gilt, dass nach Möglichkeit mehr Messinformation am Prüfstand gewonnen wird, als man schließlich benötigt. Die Messmittel sollten kalibriert sein. Ebenfalls ist es ratsam die Streuung des Messmittelts in einer Messmittelanalyse zu erfassen und ggf. zu reduzieren sowie systematische Messabweichungen zu erkennen und zu eliminieren [1, 2].
- Werden lange Prüfzeiten erwartet, so sind automatisierte bzw. prozessrechnergesteuerte Messwerterfassungs- und Regeleinrichtungen anzustreben.
- Für eine Bestimmung der Lebensdauer ist die genaue Festlegung eines Grenzwertes, bei dem die Sollfunktion nicht mehr erfüllt ist, notwendig. Dies gilt insbesondere dann, wenn der Schaden eine sich stetig ändernde Größe ist, wie z. B. die Leckagemenge bei einer Dichtung. Man spricht hierbei von der Festlegung des sogenannten End-of-Life-(EoL-)Kriteriums.
- Die Überwachungseinrichtungen müssen so aufgebaut werden, dass die primäre Ausfallursache auch nach Folgeausfällen ermittelt werden kann. Das ist deshalb wichtig, da jeder Ausfallursache eigene charakteristische Zuverlässigkeitsparameter zuzuweisen sind.

Zusammenfassend lässt sich sagen, dass die Versuchsrandbedingungen möglichst gut kontrolliert und konstant gehalten werden müssen, um ein belastbares Ergebnis zu erzielen. Lebensdauerdaten weisen in vielen Fällen bereits eine inhärent hohe Streuung auf, aufgrund von Einflüssen die nicht kontrolliert werden können, wie z. B. Materialstreuungen und Toleranzen. Wenn zusätzliche Streuungen aus Störeinflüssen entstehen ist das Ergebnis schnell nicht mehr aussagekräftig, weil der Formparameter aufgrund der hohen Streuung zu klein geschätzt wird.

8.1.2 Statistische Testplanung

Bei der statistischen Testplanung ist die größte Herausforderung die Stichprobengröße festzulegen. Sie steht in engem Zusammenhang mit dem Vertrauensbereich und der Streuung der Messwerte, s. Abschn. 6.3. Je weniger Teile geprüft werden, umso größer ist der

Vertrauensbereich und umso unsicherer ist damit das Ergebnis der statistischen Auswertung. Für ein genaues Ergebnis müssen deshalb entsprechend viele Bauteile geprüft werden. Dies kann aber den Prüfaufwand deutlich erhöhen. Es muss also immer ein Kompromiss zwischen Aufwand und angestrebtem Ergebnis gefunden werden.

Die Frage nach der Bestimmung der zu prüfenden Bauteile – also wie die Stichprobenentnahme zu erfolgen hat – ist dagegen recht einfach zu beantworten. Aus rein statistischen Gesichtspunkten muss die Stichprobe eine einfache Zufallsstichprobe sein, d. h. die zu prüfenden Bauteile müssen rein zufällig ermittelt werden. Konkret werden zwei Anforderungen an die Stichprobe gestellt:

- Jeder Prüfling hat die gleiche Wahrscheinlichkeit in die Stichprobe zu gelangen.
- Die Ziehungen aus der Grundgesamtheit erfolgen unabhängig.

Nur wenn die Stichprobe die Grundgesamtheit repräsentiert, kann ein belastbares Ergebnis entstehen. In diesem Fall ist die Grundbedingung einer repräsentativen Stichprobe gegeben. Hier ist gerade in der Anwendung Vorsicht geboten, denn Auswerten lassen sich erhobene Daten immer, nur führt eine verzerrte Stichprobe auch zu einem verzerrten Ergebnis. Wie sich eine verzerrte Stichprobe im Ergebnis niederschlägt zeigt das „Literary-Digest-Desaster" von 1936 eindrucksvoll [3]. Bei der Prognose der Präsidentenwahl in den USA wurde trotz korrekt angewandter Schätzmethoden ein völlig falsches Ergebnis aufgrund einer nicht repräsentativen Stichprobe ermittelt.

Nun ist es in der praktischen Anwendung nicht immer ganz einfach eine einfache Zufallsstichprobe zu erheben und teilweise auch mit erheblichem Aufwand verbunden. Dennoch ist es nicht zielführend z. B. alle Prüflinge auf einmal aus der Produktion zu entnehmen. Auch hier ist häufig ein Kompromiss nötig.

Des Weiteren ist es bei der statistischen Testplanung wichtig, eine geeignete Teststrategie festzulegen. Man unterscheidet hierbei grundsätzlich zwischen

- ausfallfreien bzw. laufzeitbasierten Testverfahren
- ausfallbasierten Testverfahren, auch End-of-Life-(EoL-)Testverfahren.

Beide Möglichkeiten können mit Hilfe weiterer Maßnahmen wie z. B. Testzeitverkürzung durch Beschleunigung optimiert werden. Die beiden genannten Möglichkeiten haben einige Gemeinsamkeiten, aber auch beträchtliche Unterschiede, die im weiteren Verlauf beleuchtet werden. Grundsätzlich bieten die ausfallbasierten vollständigen Tests, bei denen also alle Prüflinge der Stichprobe bis zum Ausfall getestet werden, den größtmöglichen Informationsgehalt, sind aber zugleich aufwendig. Ausfallfreie Teststrategien dagegen bieten in einigen Szenarien Effizienzvorteile, eignen sich aber ausschließlich für Zuverlässigkeitsnachweise. Der in der Zuverlässigkeitstechnik bekannteste und am häufigsten angewendete ausfallfreie Test ist der Success-Run-Test (*engl.* auch häufig „zero-failure test").

Die wesentliche Aufgabe der Testplanung besteht darin, aus vorgegebenen Zuverlässig-keitsanforderungen

- die Anzahl der Prüflinge ($n = ?$),
- die erforderliche Prüfdauer ($t_{Prüfung} = ?$) und
- die erforderlichen Kosten ($k_{Prüfung} = ?$)

für die entsprechende Zielstellung, z. B. für den Nachweis der geforderten Zuverlässigkeit, zu ermitteln. Übliche Vorgaben in der Praxis sind z. B. eine Mindestzuverlässigkeit bei einer bestimmten Lebensdauer nachzuweisen, z. B. $R(200.000 \text{ km}) = 90 \%$, was einer ge-forderten B_{10}-Lebensdauer von 200.000 km entspricht. Zusätzlich wird ein Vertrauens-niveau bzw. eine Aussagewahrscheinlichkeit P_A festgelegt (z. B. 95 %, 90 % oder 80 %), mit der die Zuverlässigkeitsanforderung nachgewiesen werden soll.

8.2 Success-Run-Test

Im Folgenden werden die grundlegende Idee hinter dem Success-Run-Test, die mathema-tische Planungsbasis für unterschiedliche Versuchsrandbedingungen, die Nutzung von Vorwissen sowie die Bewertung des Tests mit der Erfolgswahrscheinlichkeit erläutert und diskutiert.

8.2.1 Grundlegende Idee des Success-Run-Test

Der Success-Run-Test ist der bekannteste Vertreter der ausfallfreien Testverfahren und wird in der Praxis sehr häufig angewendet. Es handelt sich um einen Test mit vordefinierten Laufzeiten, um den Zuverlässigkeitsnachweis zu erbringen, d. h. dem Produkt oder System eine bestimmte Mindestzuverlässigkeit nachzuweisen. Es ist üblich, dass *kein* Ausfall bei einem Testlauf erwartet wird, daher spricht man auch von Erfolgslauf oder „Success Run". Man könnte den Success-Run-Test daher auch als Spezialfall eines rechtszensierten Tests sehen, bei dem alle Prüflinge zensiert, d. h. bei Prüfzeit noch intakt sind, siehe Abb. 8.1.

Abb. 8.1 Success-Run-Testverfahren. (© IMA 2022. All Rights Reserved)

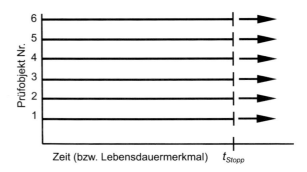

Zusätzlich können Kosten- und Zeitbedingungen vorgegeben werden. Die Möglichkeiten zur Festlegung der Prüflingsanzahl und der Prüfdauer werden im folgenden Abschnitt gezeigt.

Im Gegensatz zu EoL-Testverfahren kann der Success-Run-Test nicht verwendet werden, um Aussagen zum Ausfallverhalten zu machen. Da im Test möglichst keine oder wenig Ausfälle auftreten sollen, kann keine Weibullauswertung durchgeführt und damit auch keine Weibull-Gerade ermittelt werden. Aus diesem Grund ist der Success-Run-Test auch auf den Zuverlässigkeitsnachweis beschränkt, da mit ihm ausschließlich eine **Mindestzuverlässigkeit** nachgewiesen wird und somit lediglich gestellte Zuverlässigkeitsanforderungen bestätigt werden können. Das mag sich nach einer geringen Einschränkung anhören, hat aber tatsächlich recht weitreichende Limitationen, denn über die tatsächliche Lage der Lebensdauer kann mit dem Success Run keine Aussage getroffen werden.

8.2.2 Beispielhafte Planung eines Success-Run-Test

Als Vorgabe soll hier $R(t) = 90\,\%$ bei einem einseitigen Vertrauensniveau von $P_A = 95\,\%$ dienen. Das Szenario und die Anforderung ist in Abb. 8.2 im Weibullnetz dargestellt.

Abb. 8.2 Testplanung mit der Weibullverteilung. (© IMA 2022. All Rights Reserved)

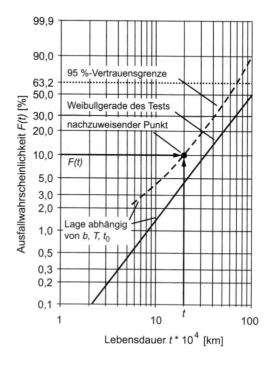

Beispiel

Gefordert wird die Zuverlässigkeit $R(200.000$ km$) = 90$ % bei einer Aussagewahrscheinlichkeit von $P_A = 95$ %. Aus der 95 %-Vertrauensbereichtabelle sucht man jene Spalte, die für $i = 1$ eine geringere Ausfallwahrscheinlichkeit als die zuvor geforderte Ausfallwahrscheinlichkeit von $F(200.000$ km$) = 10$ % liefert. Dies ist hier für $n = 29$ der Fall. In Abb. 8.3 ist die Situation im Weibullnetz dargestellt.

Damit ergibt sich folgende Aussage: Falls $n = 29$ Prüflinge die Prüfzeit $t = 200.000$ km ohne Ausfall erreichen, gilt mindestens: $R(t) = 90$ % mit 95 %-iger Sicherheit/Wahrscheinlichkeit. Ein allgemeines mathematisches Verfahren zur Planung des Success-Run-Test erfolgt auf Basis der Binomialverteilung und wird im Folgenden vorgestellt. ◄

8.2.3 Planung eines Success-Run-Test mit der Binomialverteilung

Den Ausgangspunkt bildet hier die Betrachtung von n Prüflingen. Sind die Prüflinge identisch, werden sie alle die Zuverlässigkeit $R(t)$ aufweisen.

Zum Zeitpunkt t gilt dann für die einzelnen Prüflinge $R_1(t)$, $R_2(t)$, $R_3(t)$, …, $R_n(t)$ mit $R_i(t) = R(t)$. Für die Wahrscheinlichkeit, dass alle n Prüflinge bis zum Zeitpunkt t überleben, gilt dann nach dem Produktgesetz der Wahrscheinlichkeiten $R(t)^n$.

Abb. 8.3 Beispiel für eine Testplanung mit der Weibullverteilung. (© IMA 2022. All Rights Reserved)

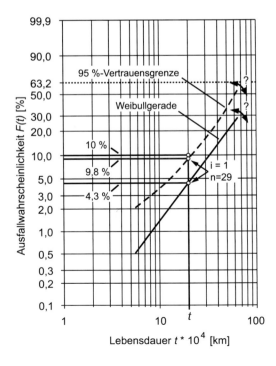

Wird also bei der Prüfung einer Stichprobe vom Umfang n bis zum Zeitpunkt t, welche die geforderte Lebensdauer darstellt, kein Ausfall beobachtet und ist $R(t)$ die Überlebenswahrscheinlichkeit des Prüfobjekts, dann ist die Wahrscheinlichkeit, dass alle n untersuchten Teile bis zum Zeitpunkt t „überleben", gleich $R(t)^n$. Anders formuliert kann man sagen, dass die Wahrscheinlichkeit, bis zum Zeitpunkt t mindestens einen Ausfall zu beobachten, $P_A = 1 - R(t)^n$ ist.

Aus der Umkehrung dieser Überlegung kann man sagen: wenn sich beim Test einer Stichprobe vom Umfang n bis zum Zeitpunkt t kein Ausfall ereignet, ist die Mindestzuverlässigkeit eines Prüflings gleich $R(t)$ mit einer Aussagewahrscheinlichkeit von P_A. Daher gilt:

$$P_A = 1 - R(t)^n \text{ oder } R(t) = \left(1 - P_A\right)^{\frac{1}{n}}. \tag{8.1}$$

Gl. (8.1) wird in der Literatur und Praxis meist als „Success Run" bezeichnet.

Grundsätzlich steckt hinter dieser Idee und der Berechnung die Binomialverteilung, siehe Abschn. 2.2.5.9. Die „Urnenanalogie" mit zwei möglichen Ergebnissen – also rote oder blaue Kugeln, die aus der Urne gezogen werden – wird hier auf die Zuverlässigkeit übertragen – nämlich intakte oder ausgefallene Prüflinge bzw. Produkte. Besonders interessierte Leser finden weitere Hintergründe zu dieser Übertragung in Abschn. 2.2.5.9. Aufgrund des sehr einfachen Berechnungsansatzes, in den die Anforderungen direkt eingesetzt werden können und die notwendige Stichprobengröße resultiert, erfreut sich der Success-Run-Test hoher Beliebtheit in der Anwendung.

Beispiel

Folgende Zuverlässigkeitsvorgabe sei gegeben: $R(200.000 \text{ km}) = 90 \%$. Der Nachweis soll mit einer Aussagewahrscheinlichkeit von $P_A = 95 \%$ erfolgen. Mit Hilfe von obiger Gleichung ergibt sich nach Umstellung ein erforderlicher Stichprobenumfang von:

$$R(t) = \left(1 - P_A\right)^{\frac{1}{n}} \Leftrightarrow n = \frac{ln\left(1 - P_A\right)}{ln\left(R(t)\right)} \Rightarrow n = \frac{ln\left(0,05\right)}{ln\left(0,9\right)} = 28,4. \tag{8.2}$$

Üblich ist hier auch der Einsatz von Diagrammen. So ist beispielhaft in Abb. 8.4 die Mindestzuverlässigkeit $R(t)$ in Abhängigkeit vom Stichprobenumfang n für verschiedene Aussagewahrscheinlichkeiten P_A aufgetragen, falls bis zum Zeitpunkt t kein Ausfall eingetreten ist (Success Run). ◄

8.2.3.1 Berücksichtigung unterschiedlicher Prüfzeiten

Es soll nun betrachtet werden, wie sich die Erhöhung bzw. die Verringerung der Testzeit auf den erforderlichen Stichprobenumfang auswirkt. Denn oft entspricht die Testzeit nicht der geforderten bzw. nachzuweisenden Lebensdauer.

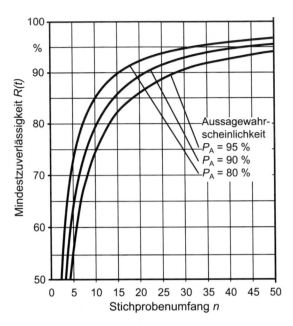

Abb. 8.4 Mindestzuverlässigkeit $R(t)$ in Abhängigkeit vom Stichprobenumfang n und der Aussage-wahrscheinlichkeit P_A, wenn bis zum Zeitpunkt t kein Ausfall eingetreten ist (Success Run). (© IMA 2022. All Rights Reserved)

Nach Weibull ist $R(t) = e^{\left(-(t/T)^b\right)}$. Prüft man bis zu der Zeit $t_p \neq t$, so ist entsprechend

$R(t_p) = e^{\left(-(t_p/T)^b\right)}$. Daraus folgt:

$$\frac{\ln\left(R(t_p)\right)}{\ln\left(R(t)\right)} = \left(\frac{t_p}{t}\right)^b = L_V{}^b \Rightarrow R(t)^{L_V^b} = R(t_p). \tag{8.3}$$

und folglich ist $R(t)^{L_V^b} = R(t_p)$

Das Verhältnis von Prüfdauer t_P zu geforderter Lebensdauer t

$$L_V = \frac{t_p}{t} \tag{8.4}$$

wird als Lebensdauerverhältnis L_V bezeichnet. Im Fall des Vorhandenseins einer ausfall-freien Zeit wird

$$L_V = \frac{t_p - t_0}{t - t_0} \text{ und damit } t_p = L_V\left(t - t_0\right) + t_0. \tag{8.5}$$

Das Einsetzen des Lebensdauerverhältnisses in Gl. (8.1) liefert schließlich

$$R(t) = (1 - P_A)^{\frac{1}{L_V^b \cdot n}} \tag{8.6}$$

Eine Erhöhung der Prüfdauer t_P führt also bei konstanter Zuverlässigkeit $R(t)$ und Aussagewahrscheinlichkeit P_A zu einer Verringerung des erforderlichen Stichprobenumfangs n und umgekehrt, s. Abb. 8.5 und 8.6.

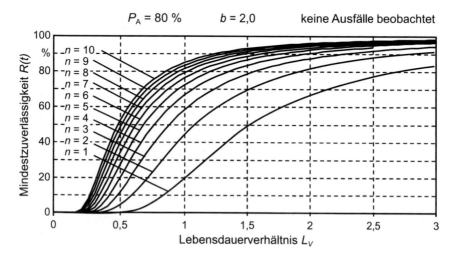

Abb. 8.5 Zuverlässigkeit in Abhängigkeit vom Lebensdauerverhältnis und Stichprobenumfang [5]. (© IMA 2022. All Rights Reserved)

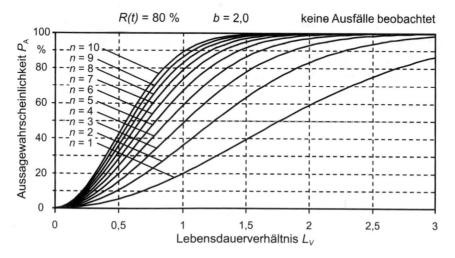

Abb. 8.6 Aussagewahrscheinlichkeit in Abhängigkeit vom Lebensdauerverhältnis und Stichprobenumfang [5]. (© IMA 2022. All Rights Reserved)

Abb. 8.7 Einfluss einer geringeren Prüfzeit auf die abgesicherte Zuverlässigkeit [6]. (© IMA 2022. All Rights Reserved)

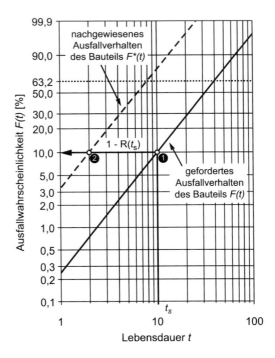

Die Hintergründe dafür sind in Abb. 8.7 und im Folgenden verdeutlicht. Die Gesamtausfallwahrscheinlichkeit ist durch den geprüften Stichprobenumfang und die Einzelzuverlässigkeiten der Prüflinge festgelegt. Die Prüflingsanzahl ist so festgelegt, dass sie nach der Binomialverteilung dem geforderten Ausfallverhalten entspricht, siehe Punkt 1 in Abb. 8.7.

Ist die Prüfzeit nun kleiner als die geforderte Lebensdauer so ist die Einzelausfallwahrscheinlichkeit jedes Prüflings geringer. Bei konstanter Stichprobengröße ist das nachgewiesene Ausfallverhalten damit geringer als das geforderte, siehe Punkt 2 in Abb. 8.7. Das muss durch eine Erhöhung der Stichprobenanzahl kompensiert werden, um die gleiche Gesamtausfallwahrscheinlichkeit nachzuweisen. Ist die Prüfzeit größer als die geforderte Lebensdauer, kehrt sich der Effekt um und es müssen weniger Prüflinge getestet werden.

Da die Ausfallwahrscheinlichkeiten entlang des Formparameters „verschoben" werden, muss dieser bekannt sein. Da beim Success Run in der Regel keine Ausfälle gewünscht sind und damit keine Weibullverteilung geschätzt werden kann, ist die Kenntnis jedoch oft nicht vorhanden.

Beispiel 1: Nachweis der Zuverlässigkeit – Bestimmung der Testlänge und der Probenzahl [4]

Gegeben:

Budget für Lebensdauertest von 40.000 km ohne Ausfall für ein Produkt; angenommener Formparameter $b = 2{,}0$.

Gesucht:

Anzahl der Proben für die zweckmäßigste und wirtschaftlichste Art der Testdurchführung, um eine Zuverlässigkeit von $R = 80\%$ bei einer Aussagewahrscheinlichkeit von $P_A = 80\%$ zu gewährleisten.

Lösung:

Es gibt zwei Lösungsansätze: Durch die Vorgabe $b = 2,0$ und $R = 80\%$ ist das Diagramm in Abb. 8.5 zu verwenden oder durch die Vorgabe $P_A = 80\%$ das Diagramm in Abb. 8.6. Beide Möglichkeiten führen zum gleichen Ergebnis.

Bestimmung von L_V:

Auf der Ordinate geht man von der R- bzw. P_A - Marke = 80% nach rechts bis man den n-Wert schneidet. Das Lot von den Schnittpunkten auf die Abszisse ergibt in beiden Diagrammen die zugehörigen Lebensdauerverhältnisse L_V.

Ergebnis:

Der kostengünstigste Test sei der mit einer Testeinheit (1 Probe, 1 Versuch, 1 Person), also $n = 1$. Das Lot des 80 %-Schnittpunktes mit der (n=1)-Kurve ergibt auf der Abszisse das zugehörige Lebensdauerverhältnis $L_V = 2,7$. Für diesen einen Test ($n = 1$) beträgt die Testlänge $2,7 \cdot 40.000$ km $= 108.000$ km. Der kostengünstigste Test zur Erreichung der vorgegebenen Zuverlässigkeitsziele (R und $P_A \geq 80\%$) wird mit einem Versuch ($n = 1$) über eine Testlänge von 108.000 km realisiert.

Hinweis:

In diesem Beispiel wurde der Formparameter mit 2 angenommen. Das stellt aber keineswegs eine pauschal anwendbare Lösung dar und muss produktindividuell erfolgen. ◄

Beispiel 2: Zuverlässigkeitstest [4]

Die Entscheidung für einen kostengünstigen Zuverlässigkeitstest soll begründet werden.

Gegeben:

- Drei Proben
- Budget für einen Testabschluss von 120.000 km
- Geforderte Mindestlebensdauer: 40.000 km
- Geschätzter Formparameter $b = 2,0$
- Erforderliche Aussagewahrscheinlichkeit $P_A = 80\%$.

Gesucht:

Art der Testdurchführung, d. h.

a) eine Probe insgesamt 120.000 km testen oder

b) drei Proben je 40.000 km (insgesamt 120.000 km) testen.

Lösung:

Diagramm, Abb. 8.5 (mit $b = 2{,}0$ und $P_A = 80\,\%$)

a) Test mit einer Probe ($n = 1$) über 120.000 km; Lebensdauerverhältnis $L_V = 120.000/40.000 = 3$. Für $L_V = 3$ und $n = 1$ ist nach Diagramm in Abb. 8.5 die Zuverlässigkeit $R = 83{,}6\,\%$.

b) Test mit drei Proben über 40.000 km. $L_V = 1$; $n = 3$; $R = 58{,}5\,\%$.

Ergebnis:

Da der Aufwand bzgl. der zu erreichenden Fahrstrecken in beiden Tests gleich ist, ist dem Verfahren mit der höheren Mindestzuverlässigkeit der Vorzug zu geben, d. h. Durchführung des Tests mit einer Probe ($n = 1$) über 120.000 km. Die erhaltene Zuverlässigkeit beträgt damit $R = 83{,}6\,\%$. Anzumerken ist hierbei, dass die Stichprobengröße von $n = 1$ aus statistischen Gesichtspunkten zu vermeiden ist. Das Ergebnis soll dennoch auf extreme Weise die Unterschiede in der notwendigen Prüflingsanzahl demonstrieren.

Hinweis:

Man kann auch einen festen Wert für die Zuverlässigkeit einführen und dann die Aussagewahrscheinlichkeit über Abb. 8.6 bestimmen. Hier wäre die höhere Aussagewahrscheinlichkeit für das Erreichen des Ziels zum Ausdruck gekommen.

In beiden Beispielen wurde zudem mit Stichprobengröße $n = 1$ gearbeitet. Dies ist mathematisch möglich und soll aufzeigen in welche Extreme man den Success Run planen kann. Versuchstechnisch muss eine Stichprobengröße von 1 eindeutig äußerst kritisch betrachtet werden. ◄

Beispiel 3: Bestimmung der Zuverlässigkeit [4]

Bestimmung der Zuverlässigkeit, wenn ein Teil vor Erreichen der gewünschten Lebensdauer aus dem Test genommen wird.

Gegeben:

Ein Test mit dem Ziel, eine Zuverlässigkeit $R = 80\,\%$ und eine Aussagewahrscheinlichkeit $P_A = 80\,\%$ nachzuweisen. Der Test erfordert, dass ein Teil ohne Ausfall bis zum 2,7-fachen der Soll-Lebensdauer getestet wird. Das Teil wurde aber nach dem 1,1-fachen der Soll-Lebensdauer aus dem Test genommen. Angenommener Weibullformparameter $b = 2{,}0$.

Gesucht:

Wie lange muss ein zweites Teil ohne Ausfall getestet werden, um die ursprüngliche Zuverlässigkeitsforderung $R \geq 80\,\%$ zu bestätigen?

Lösung:

Aus Abb. 8.5 ($b = 2{,}0$ und $P_A = 80\,\%$) ergibt sich die Anzahl erforderlicher Tests, um eine Zuverlässigkeit von $R = 80\,\%$ bei einem Lebensdauerverhältnis $L_V = 1{,}1$ zu erhalten mit $n = 6$. Da bereits ein Teil mit $L_V = 1,1$ getestet wurde, sind noch 5 weitere Tests mit $L_V \geq 1,1$ durchzuführen. Fünf Tests mit $L_V = 1,1$ entsprechen in ihrer Zuverlässigkeitsaussage einem Test mit $L_V = 2,45$.

Die Zuverlässigkeitsforderung für $R \geq 80\ \%$ wird erfüllt, wenn nach der Entnahme des ersten Teils bei $L_V = 1,1$ aus dem Test ein weiteres Teil erfolgreich bis zum 2,45-fachen der geforderten Lebensdauer getestet wird. ◄

8.2.3.2 Verschärfte Versuchsbedingungen

Neben der Lebensdauer selbst sind in Tests auch die Versuchsbedingungen häufig nicht exakt die gleichen wie in der Feldanwendung. Gerade bei Produkten mit sehr langen geplanten Einsatzzeiten werden die Versuchsbedingungen gezielt verschärft, um in kürzerer Testzeit ein ganzes Produktleben abzubilden. Nähere Details zu diesem Vorgehen finden sich in Abschn. 8.3.2.

Durch die höhere Belastung im Versuch ergeben sich höhere Bauteilschädigungen und folglich auch kürzere Lebensdauern. Die Relation aus Feldlebensdauer und Versuchslebensdauer $r = t_{Feld}/t_{Versuch}$ wird als Raffungsfaktor bezeichnet und quantifiziert damit den Unterschied der Versuchsbedingungen. Abb. 8.8 zeigt den Zusammenhang im Weibullnetz.

Verwendet man auch hier die zweiparametrige Weibullverteilung für die Beschreibung von Feld- und Versuchslebensdauer und nutzt den Raffungsfaktor, ergibt sich nach Einsetzen und Umformen:

Abb. 8.8 Ausfallverhalten unter Feld- und verschärften Versuchsbedingungen [6]. (© IMA 2022. All Rights Reserved)

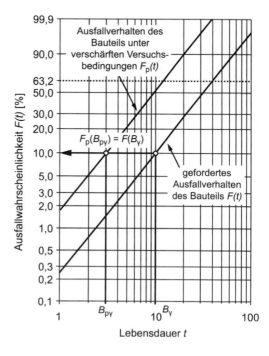

$$R_p(t) = R(t)^{r^b}.$$
(8.7)

Soll zusätzlich ein Lebensdauerverhältnis berücksichtigt werden, so lässt sich schreiben:

$$R_p(t_p) = R(t_s)^{(rL_V)^b}.$$
(8.8)

Für einen Success-Run-Test erweitert sich die Binomialgleichung zu:

$$P_A = 1 - R(t_s)^{(rL_V)^b n}.$$
(8.9)

Ein Bauteil weist bei verschärften Versuchsbedingungen eine niedrigere Zuverlässigkeit bei gleicher Lebensdauer auf als unter Feldbedingungen. Im Umkehrschluss bedeutet das – geht man vom gleichen Stichprobenumfang und gleicher Prüfzeit aus, liefert eine Prüfung unter verschärften Bedingungen eine höhere Aussagewahrscheinlichkeit gegenüber normalen Feldbedingungen.

Es sei anzumerken, dass in einem derartigen verschärften Testszenario mit Lebensdauerverhältnis sowohl der Formparameter als auch der Raffungsfaktor bekannt sein müssen. Weiterhin beziehen sich die Ausführungen auf einen Ausfallmechanismus, der sich nicht ändern darf.

8.2.3.3 Berücksichtigung von Ausfällen während des Tests

Geht man von keinen Ausfällen während des Tests aus, genügt die vereinfachte Form der Binomialverteilung, die in den vorherigen Kapiteln verwendet wurde. Treten Ausfälle auf, kann der Test dennoch erfolgreich sein. Logischerweise müssen die Ausfälle durch zusätzliche Prüflinge kompensiert werden, wenn das ursprünglich definierte Zuverlässigkeitsziel nachgewiesen werden soll. Für die Berücksichtigung von Ausfällen im Success Run wird die vollständige Binomialverteilung verwendet. Diese lautet:

$$P_A = 1 - \sum_{i=0}^{x} \binom{n}{i} \cdot (1 - R(t))^i \cdot R(t)^{n-i}.$$
(8.10)

Dabei bezeichnet x die maximale Anzahl der Ausfälle im Zeitraum t und n den Stichprobenumfang. Ereignet sich während des Versuchs bis zum Zeitpunkt t ein Ausfall, so ist

$$P_A = 1 - R(t)^n - n \cdot (1 - R(t)) \cdot R(t)^{n-1}.$$
(8.11)

Üblich ist auch hier der Einsatz von Diagrammen. Abb. 8.9 zeigt beispielhaft ein Larson-Nomogram (siehe z. B. [5]). Eingezeichnet ist eine Stichprobe mit $n = 20$ Elementen, wobei $x = 2$ Prüflinge während der Testzeit t ausgefallen sind. Um die erreichte Mindestzuverlässigkeit bei einer Aussagewahrscheinlichkeit von $P_A = 90~\%$ zu ermitteln, zeichnet man eine Gerade von $P_A = 0{,}9$ durch den Punkt ($n = 20$; $x = 2$) und liest am Schnittpunkt mit der R-Geraden die Mindestzuverlässigkeit ab. Die Mindestzuverlässigkeit $R(t)$ zur Testzeit t beträgt über 75 % mit einer Aussagewahrscheinlichkeit von 90 %. Aus praktischen Gesichtspunkten ist das Testen einer zusätzlichen Stichprobe nach auf-

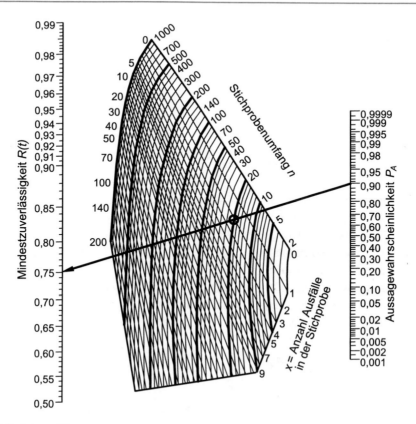

Abb. 8.9 Larson-Nomogramm

getretenen Ausfällen nicht zu empfehlen. Grund dafür ist, dass in Fällen in denen in der ersten Stichprobe bereits Ausfälle auftreten, die Wahrscheinlichkeit, dass in der zweiten zusätzlichen Stichprobe wieder Ausfälle beobachtet werden, immer recht hoch ausfallen wird. Da das larson-Nomogram die Beziehung der Binomialverteilung vollständig abbildet, kann grundsätzlich jeder Wert ausgerechnet werden, sofern die übrigen Größen festgelegt sind.

Durch die Verwandtschaft von Binomial- und Betaverteilung [16], lässt sich der Success Run auch über eine Betaverteilung formulieren:

$$P_A = \int_{R=R(t)}^{1} \frac{1}{\beta(n-x, x+1)} R^{n-x-1}(1-R)^x \, dR \tag{8.12}$$

Diese Formulierung ist besonders bei der Berücksichtigung von Vorwissen mit dem Satz von Bayes nützlich, siehe Abschn. 8.2.4. Success Run, der ohne Lebensdauerverhältnis und ohne Raffungsfaktor auf Basis der Binomialverteilung geplant wurde, lässt sich sehr einfach in eine Betaverteilung überführen. Die Betaparameter A und B ergeben sich zu:

$$A = n_{SR} - x$$
$$B = x + 1$$
$$(8.13)$$

n_{SR} stellt dabei die Anzahl der Prüflinge dar und x die Anzahl der aufgetretenen Ausfälle.

8.2.4   Berücksichtigung von Vorkenntnissen (Bayes-Methode)

Abb. 8.10 zeigt die notwendige Stichprobenanzahl für den Success-Run-Test. Dabei fällt gerade für hohe Zuverlässigkeitsanforderungen auf, dass der Success-Run-Test sehr hoher Prüflingszahlen bedarf. Aus diesem Grund wurden Verfahren entwickelt, um den Aufwand des Success-Run-Test zu senken.

Zur Reduktion des erforderlichen Stichprobenumfangs n kann der Satz von Bayes zur Berücksichtigung von Vorkenntnissen angewendet werden. Die Vorkenntnisse gehen in Form der a-priori-Verteilungsdichte mit der Dichte $f(\vartheta)$ ein. Für ein konkretes Ereignis A gilt die Wahrscheinlichkeit $P(A|\vartheta)$ mit dem unbekannten Parameter ϑ. Weiß man nun, dass ϑ entsprechend der Dichte $f(\vartheta)$ verteilt ist, so ergibt sich die a-posteriori-Verteilungsdichte unter Berücksichtigung dieses Vorwissens durch den Satz von Bayes:

$$f(\vartheta|A) = \frac{P(A|\vartheta) \cdot f(\vartheta)}{\int_{-\infty}^{\infty} P(A|\vartheta) \cdot f(\vartheta) \cdot d\vartheta}.$$
$$(8.14)$$

Mit Hilfe dieser Dichte können Vertrauensbereiche durch Integration berechnet werden:

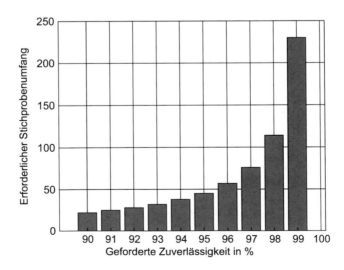

Abb. 8.10 Notwendige Stichprobenanzahl beim Success-Run-Test. (© IMA 2022. All Rights Reserved)

$$P\left(a \leq \vartheta \leq b\right) = \int_a^b f\left(\vartheta | A\right) \cdot d\vartheta. \tag{8.15}$$

Berücksichtigt man beim Success Run als Vorkenntnis, dass R eine Wahrscheinlichkeitsgröße ist (durch die Gleichverteilung $0 \leq R \leq 1$), ergibt sich durch Anwendung des Satzes von Bayes eine Reduzierung des Stichprobenumfangs um ein Erprobungsteil ($n + 1$ statt n im Exponenten):

$$P_A = P\left(R_0 < R < 1\right) = \frac{\int_{R_0}^1 R^n \cdot dR}{\int_0^1 R^n \cdot dR} = 1 - R^{n+1}. \tag{8.16}$$

Weiterführende Literatur zu diesem Thema findet sich in [8, 6].

Die Herausforderung bei weiterer Anwendung der Bayes-Methode liegt in der Aufstellung der a-priori-Verteilung.

Anmerkung: Strenggenommen handelt es sich bei den Intervallen aus dem Satz von Bayes um Kredibiliätsintervalle statt Vertrauensbereiche (oder Konfidenzintervalle). Sie unterscheiden sich lediglich in der Interpretation. Im Rahmen der Zuverlässigkeitstechnik können sie deswegen gleichermaßen verwendet werden. Für weitere Informationen zu Kredibilitäts-, Prognose- und Konfidenzintervallen sei auf die entsprechende statistische Fachliteratur verwiesen, z.B. [7, 10–12]

8.2.4.1 Anwendung mit der Betaverteilung

Sehr einfach lässt sich der Satz von Bayes beim Success-Run-Test mit Hilfe der Betaverteilung anwenden, da die Betaverteilung in der Bayesschen Statistik die konjugierte Verteilung der Binomialverteilung ist. Konkret bedeutet das, dass man den Satz von Bayes sehr einfach berechnen kann.

Möchte man mit einem Success-Run-Test die Zuverlässigkeitsanforderungen von $R = 90\,\%$ und $P_A = 90\,\%$ erfüllen, dann ergibt sich nach der Binomialverteilung:

$$R(t) = \left(1 - P_A\right)^{\frac{1}{n}} \rightarrow n = \frac{\ln\left(1 - P_A\right)}{\ln\left(R\right)} = \frac{\ln\left(1 - 0{,}9\right)}{\ln\left(0{,}9\right)} = 21{,}85 \tag{8.17}$$

wähle: $n = 22$.

Sind alle Tests erfolgreich, also 22 Durchläufer und kein Ausfall, lässt sich das Ergebnis auch als Betaverteilung beschreiben. Die Parameter lauten in diesem Fall:

$A = 22$
$B = 1$

Wäre ein Ausfall im Test aufgetreten, würde gelten:

$A = 21$
$B = 2$

Allgemein gilt für die Betaverteilung als Resultat des Success Run:

$$A = n - x$$
$$B = x + 1$$

Der Vorteil hierbei ist, dass die Betaverteilung die Streuung der Zuverlässigkeit beschreibt, also Wahrscheinlichkeiten für die Zuverlässigkeit angeben kann. Es handelt sich um eine sogenannte Zuverlässigkeitsverteilung (auch *confidence distribution* genannt [13]), aus der sich einfach Vertrauensbereiche bilden lassen, siehe Gleichung 8.15.

   Wenn als Vorkenntnis zusätzlich eine Betaverteilung als a-priori-Verteilung vorliegt, kann der Satz von Bayes folgendermaßen angewendet werden um die a-priori Betaverteilung zu erhalten:

$$f_{post}\left(R\right) = \frac{f\left(x_i | R\right) \cdot f_{prior}\left(R\right)}{\int_0^1 f\left(x_i | R\right) \cdot f_{prior}\left(R\right) dR}. \tag{8.18}$$

Dabei stellt f_{prior} die ermittelte a-priori Verteilung und $f(x_i|R)$ die aktuelle Zuverlässigkeitsinformation dar. Häufig wird die a-priori Betaverteilung mit einem aktuellen Success-Run-Test verknüpft. Die Zuverlässigkeitsverteilungen lauten demnach wie folgt:

$$f_{prior}\left(R\right) = \frac{R^{A_0 - 1} \cdot \left(1 - R\right)^{B_0 - 1}}{\beta\left(A_0, B_0\right)}, \tag{8.19}$$

$$f\left(x_i | R\right) = R^{n_{SR}}. \tag{8.20}$$

Der Index 0 kennzeichnet die Vorinformation in der a-priori Verteilung. Die aktuelle Information stellt einen Success-Run-Test ohne Ausfälle mit Stichprobengröße n_{SR} dar. Da die a-priori Verteilung als Betaverteilung formuliert ist und diese mit einer Binomialverteilung aus dem Success Run verküpft wird, resultiert nach der Anwendung des Satz von Bayes ebenfalls eine Betaverteilung:

$$f_{post}\left(R\right) = \frac{R^{A_0 + n_{SR} - 1} \cdot \left(1 - R\right)^{B_0 - 1}}{\beta\left(A_0 + n_{SR}, B_0\right)} = \frac{R^{A_{post} - 1} \cdot \left(1 - R\right)^{B_{post} - 1}}{\beta\left(A_{post}, B_{post}\right)}. \tag{8.21}$$

Die Parameter der beiden Verteilungen müssen lediglich addiert werden, um diejenigen Parameter der a-posteriori Verteilung zu bestimmen:

$$A_{post} = A_{prior} + n, \tag{8.22}$$

$$B_{post} = B_{prior}. \tag{8.23}$$

Treten im Success Run Ausfälle auf, lässt sich schreiben:

$$f_{post}(R) = \frac{R^{A_0+(n-x)-1} \cdot (1-R)^{B_0+x-1}}{\beta(A_0+(n-x), B_0+x)}. \qquad (8.24)$$

Die Parameter bestimmen sich zu:

$$A_{post} = A_{prior} + n - x \qquad (8.25)$$

$$B_{post} = B_{prior} + x \qquad (8.26)$$

Aus den vorstehenden Gleichungen muss man nun nur noch die passende Stichprobengröße berechnen, um das Zuverlässigkeitsziel zu erfüllen. Denn es gilt:

$$P_A(R) = \int_R^1 \frac{R^{A-1} \cdot (1-R)^{B-1}}{\beta(A, B)} dR \qquad (8.27)$$

Liegt z. B. als Vorkenntnis eine Betaverteilung mit den Parametern $A_{prior} = 5$ und $B_{prior} = 1$ vor, dann ergibt sich aus der a-posteriori Verteilung eine notwendige Stichprobengröße von $n = 17$ um das oben genannte Zuverlässigkeitsziel von $R = 90\%$ und $P_A = 90\%$ zu erfüllen, siehe Abb. 8.11. D. h. es ist möglich die Stichprobenanzahl gegenüber dem Success Run ohne Vorinformation um 5 zu reduzieren.

8.2.4.2 Verfahren nach Beyer/Lauster

Ein einfacher praktischer Ansatz zur Verwendung von Vorwissen stammt von *Beyer/Lauster* [4]. Die Vorkenntnisse über die Zuverlässigkeit zu der Zeit t werden durch einen Wert R_0 berücksichtigt, der selbst eine Aussagewahrscheinlichkeit von 63,2 % besitzt.

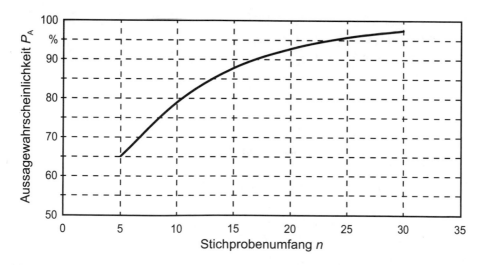

Abb. 8.11 Notwendige Stichprobengröße mit Vorwissen. (© IMA 2022. All Rights Reserved)

Nach [4] ergibt sich unter Berücksichtigung dieser Vorkenntnisse folgende Beziehung für die Aussagewahrscheinlichkeit bei weibullverteiltem Ausfallverhalten:

$$P_A = 1 - R^{n \cdot L_V^b + \frac{1}{\ln\left(\frac{1}{R_0}\right)}} \cdot \sum_{i=0}^{x} \left(n + \frac{1}{\left(L_V^b \cdot \ln\left(\frac{1}{R_0}\right) \right)} \atop i \right) \left(\frac{1 - R^{L_V^b}}{R^{L_V^b}} \right)^i . \qquad (8.28)$$

Hierin steht b für den Weibullformparameter und x für die Anzahl der Ausfälle bis zu der Zeit t. Werden keine Ausfälle zugelassen (Success Run), d. h. $x = 0$, erhält man

$$P_A = 1 - R^{n \cdot L_V^b + \frac{1}{\ln(1/R_0)}}. \qquad (8.29)$$

Umgestellt nach dem erforderlichen Stichprobenumfang ergibt sich:

$$n = \frac{1}{L_v^b} \cdot \left[\frac{\ln(1 - P_A)}{\ln(R)} - \frac{1}{\ln(1/R_0)} \right]. \qquad (8.30)$$

D. h. der erforderliche Stichprobenumfang reduziert sich bei Berücksichtigung der Vorkenntnis R_0 um

$$n^* = \frac{1}{L_v^b \cdot \ln(1/R_0)}. \qquad (8.31)$$

Üblich ist auch hier der Einsatz von Nomogrammen, Abb. 8.12.

Beispiel

Für die Freigabe eines Aggregats soll eine Lebensdauerprüfung durchgeführt werden. Gefordert ist eine Lebensdauer $B_{10} = 20.000$ h, also $R(20.000\ \text{h}) = 0,9$.

Von vergleichbaren Vorgängermodellen sind folgende Vorkenntnisse bekannt:

- $R_0 = 0,9$ (mit 63,2 % Aussagewahrscheinlichkeit) und
- Formparameter $b = 2$.

Der Nachweis soll mit $P_A = 85\ \%$ und $n = 5$ Prüflingen erfolgen. Damit ergibt sich nach Abb. 8.12 ein Lebensdauerverhältnis von $L_v = 1,25$ und damit eine Prüfdauer von $t_p = 25.000$ h (Linie ❶).

Aus dem Nomogramm in Abb. 8.12 ergeben sich noch folgende Aussagen:

- Für den Fall, dass Vorkenntnisse nicht berücksichtigt werden, sind $n = 10$ Prüflinge (ebenfalls mit $L_v = 1,25$) zu testen (Linie ❷).
- Fällt ein Aggregat aus, so erhöht sich der zu prüfende Stichprobenumfang auf $n = 14$ (ebenfalls mit $L_v = 1,25$, Linie ❸). ◄

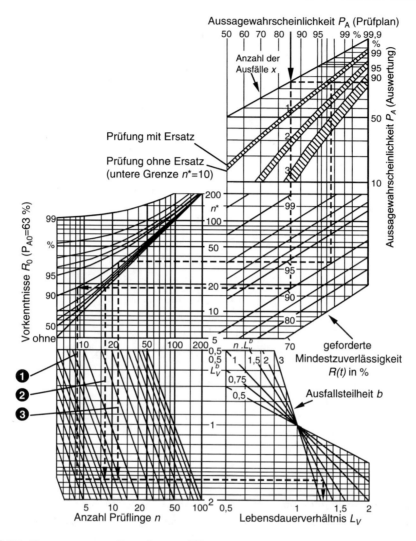

Abb. 8.12 Nomogramm von Beyer/Lauster [4]

8.2.4.3 Verfahren nach Kleyner et al.

Von *Kleyner et al.* [14] wird ein weiterführendes Verfahren zur Berücksichtigung von Vorkenntnissen vorgeschlagen. Als a-priori-Verteilung wird eine Mischung aus einer Gleichverteilung und einer Betaverteilung verwendet. Die Anteile beider Verteilungen werden über den so genannten „Knowledge Faktor" ρ gewichtet. Weiß man über R praktisch nichts, so sind viele Teile zu prüfen, um zu einer Zuverlässigkeitsaussage zu kommen. In [14] werden Felddaten eines älteren Produkts benutzt, um die Vorverteilung zu schätzen. Dies ist eine objektive Vorgehensweise. Eine Subjektivität kommt dadurch zum Tragen, dass man den Ähnlichkeitsgrad zwischen neuem und altem Produkt schätzen muss, indem man den „Knowledge Faktor" ρ angibt. Keine Ähnlichkeit, also keine Übertragbarkeit der

Zuverlässigkeitsinformation von dem alten auf das neue Produkt, wird durch $\rho = 0$ gekennzeichnet. Je größer ρ wird, umso ähnlicher werden altes und neues Produkt eingeschätzt. Im Fall $\rho = 1$ entspricht die a-priori-Verteilung praktisch der reinen Betaverteilung ohne Gleichverteilungsanteil. D. h. das Vorwissen kann in voller Höhe verwendet werden. Die subjektive Schätzung von ρ ist der Hauptkritikpunkt an der Kleyner-Methode.

In [14] ist angegeben, wie man die Berechnung durchzuführen hat. Unter der Voraussetzung, dass bei den Tests keine Ausfälle auftreten, erhält man nach Anwendung des Satzes von Bayes die a-posteriori-Dichte nach [14]

$$f(R) = \frac{(1-\rho) \cdot R^n + \rho \cdot \dfrac{R^{A+n-1} \cdot (1-R)^{B-1}}{\beta(A,B)}}{\dfrac{1-\rho}{n+1} + \rho \cdot \dfrac{\beta(A+n,B)}{\beta(A,B)}}. \tag{8.32}$$

und durch Integration die Aussagewahrscheinlichkeit

$$P_A = \int_R^1 f(R) \cdot dR. \tag{8.33}$$

Der „Knowledge Faktor" ρ muss im Intervall $0 \le \rho \le 1$ geschätzt werden. A und B sind die Parameter der Betaverteilung, die aus Ausfalldaten des Vorgängerprodukts zu ermitteln sind.

Die Dichtefunktion der Betaverteilung lautet allgemein:

$$f(x) = \begin{cases} \dfrac{\Gamma(A+B)}{\Gamma(A) \cdot \Gamma(B)} x^{A-1} (1-x)^{B-1} & 0 < x < 1; \ A > 0; \ B > 0 \\ 0 & \text{sonst} \end{cases} \tag{8.34}$$

Dabei steht $\Gamma(\ldots)$ für die Eulersche Gammafunktion. Mit dem „Knowledge Faktor" ergibt sich aus der Betaverteilung und der Gleichverteilung die a-priori-Verteilung. Nach Anwendung des Satzes von Bayes erhält man die a-posteriori-Verteilung nach Gl. (8.32).

Die Zuverlässigkeit $R(t)$ und die Aussagewahrscheinlichkeit P_A werden im Allgemeinen vorgegeben. Sind nun A und B bekannt, ist die einzige Unbekannte der Stichprobenumfang n. Dieser kann numerisch aus dem Integral berechnet werden.

Abb. 8.13 zeigt beispielhaft eine Betadichtefunktion mit den Parametern $A = 25$ und $B = 3$ und die entsprechende Betaverteilungsfunktion von R. Der Mittelwert (Median) dieser Betaverteilung liegt bei einer Zuverlässigkeit von $R_{\text{median}} = 90{,}22\ \%$.

Beispiel

In Abb. 8.14 ist die Aussagewahrscheinlichkeit P_A in Abhängigkeit vom erforderlichen Stichprobenumfang n für verschiedene „Knowledge Faktoren" ($\rho = 0$; $\rho = 0{,}1$; $\rho = 0{,}2$; $\rho = 0{,}4$; $\rho = 0{,}6$; $\rho = 0{,}8$; $\rho = 1$) und für den Success Run nach Gl. (8.1) dargestellt. Die

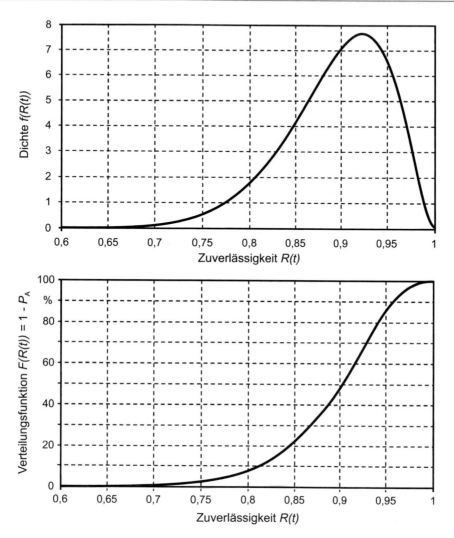

Abb. 8.13 Betadichte- und -verteilungsfunktion von $R(t)$ mit $A = 25$, $B = 3$. (© IMA 2022. All Rights Reserved)

geforderte Zuverlässigkeit beträgt $R(t_p) = 0{,}9$. Die dazugehörige Betaverteilung der a-priori-Dichte besitzt die Parameter $A = 25$, $B = 3$, s. Abb. 8.13. Die Parameter wurden aus einem vorangegangenen Versuch ermittelt. Aus Abb. 8.14 erkennt man die deutliche Reduktion von n bei steigendem ρ.

In Abb. 8.15 ist die erforderliche Anzahl an Prüflingen lediglich in Abhängigkeit des „Knowledge Faktors" ρ aufgezeigt. Sowohl Aussagewahrscheinlichkeit als auch Zuverlässigkeit wurden mit 90 % festgelegt. Dies entspricht Werten, wie sie in der Praxis häufig vorgeschrieben werden. Sind bei einem Sucess Run Test noch 22 Probanden nötig, so lässt sich der Stichprobenumfang auf bis zu sieben Teile reduzieren, falls die

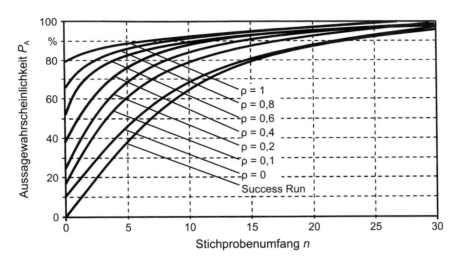

Abb. 8.14 Aussagewahrscheinlichkeit P_A über dem erforderlichen Stichprobenumfang n für verschiedene Werte des „Knowledge Faktors" ρ bei der Zuverlässigkeit $R = 90\,\%$. (© IMA 2022. All Rights Reserved)

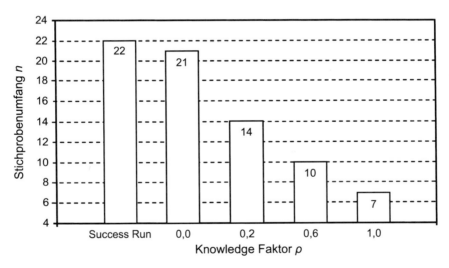

Abb. 8.15 Notwendiger Stichprobenumfang n in Abhängigkeit des „Knowledge Faktors" ρ bei einer Aussagewahrscheinlichkeit P_A von 90 % und einer Zuverlässigkeit R von 90 %. (© IMA 2022. All Rights Reserved)

Vorinformationen vollständig übernommen werden können. Für $\rho = 0$ geht der Ansatz von *Kleyner et al.* in eine reine Gleichverteilung über und es kann genau ein Prüfling eingespart werden.

Eine ausführliche Beschreibung der Mathematik zu diesem Thema findet man im Buch von *Martz* und *Waller* „Bayesian Reliability Analysis" [15].

Ein weiteres Verfahren wurde in [8] vorgestellt. Die Methode beschreibt Zuverlässigkeitsinformationen mittels Betaverteilungen und ist daher bezüglich des Rechenaufwands einfacher gestaltet als das Verfahren nach *Kleyner et al.* Vorinformationen werden durch den so genannten Transformationsfaktor übertragen. Durch die Einbindung eines Raffungsfaktors ist es möglich, Informationen, die in einem Raffungstest ermittelt wurden, zur Reduktion der Probandenanzahl zu nutzen. Des Weiteren können über das Lebensdauerverhältnis auch Tests mit von der nachzuweisenden Lebensdauer abweichender Prüfzeit berücksichtigt werden. ◄

8.2.4.4 Verfahren nach Grundler et al.

Grundler nutzt für die Formulierung der a-priori-Verteilung ebenfalls eine Betaverteilung, berechnet diese aber mit Hilfe eines Bootstrap-Ansatzes. Ziel dabei ist es, die ursprünglich vorliegende Information so gut es geht zu erhalten und nicht zu verfälschen. Durch Nutzung einer Betaverteilung ergibt sich zusätzlich der Vorteil, dass sich der Satz von Bayes sehr einfach anwenden lässt, da als Posterior wieder eine Betaverteilung resultiert. Das grundsätzliche Verfahren wurde in [37] publiziert. Darüber hinaus wurde die Übertragbarkeit durch die Anwendung auf eine HV-Fahrzeugbatterie in [17] bestätigt.

Als Datenquelle werden in diesem Verfahren Simulationsergebnisse verwendet, die aus Zuverlässigkeitsperspektive häufig ungenutzt bleiben. Prinzipiell sind aber auch andere Datengrundlagen verwendbar. Lebensdauermodelle sind zwar prinzipiell einer bestimmten Ausfallwahrscheinlichkeit zugeordnet, es fehlt jedoch die Zuordnung der Aussagewahrscheinlichkeit. Die Wöhlerlinie soll im Folgenden als Beispiel dienen, da sie für die Auslegung strukturmechanisch beanspruchter Bauteile verwendet wird und daher sehr bekannt ist. Das Verfahren lässt sich aber auch auf andere Lebensdauermodelle übertragen.

Die Vorgehensweise wird übersichtlich in Abb. 8.16 dargestellt.

Die Wöhlerlinie, die als Grundlage einer Lebensdauerberechnung dient, wird mit Hilfe des Horizonten- oder Perlenschnurverfahrens mit Bauteilen oder Werkstoffproben bestimmt. Aus den erhobenen Versuchsdaten (Schritt 1) werden mit einem Parameterschätzverfahren die Wöhlerparameter bestimmt (Schritt 2). Anschließend werden die relativen Schädigungen der Versuchspunkte zum Wöhlermodell z. B. mit der elementaren Miner-Regel berechnet (Schritt 4):

$$D_i = \frac{N_i}{N_{ber}} = \frac{N_i}{N_D}\left(\frac{S_i}{S_D}\right)^k . \tag{8.35}$$

In Gl. (8.35) ist S_i die Lasthöhe und N_i die Schwingspielzahl jedes Versuchspunkts. Mit den relativen Schädigungen ist man in der Lage, die Streuung der Versuchspunkte um die Wöhlerlinie zu beschreiben. Da aus einer Lebensdauerberechnung ebenfalls eine Schädigung berechnet wird, muss der Zusammenhang zwischen Zuverlässigkeit und Schädigung hergestellt werden. Hierfür wird die Weibullverteilung verwendet:

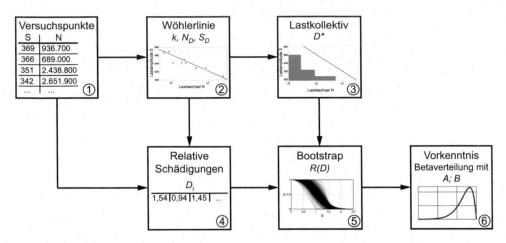

Abb. 8.16 Verfahren nach Grundler et al. [37]. (© IMA 2022. All Rights Reserved)

$$R\left(D^{*}\right)=e^{-\left(\frac{D^{*}}{T}\right)^{b}} \tag{8.36}$$

Dieser Zusammenhang löst das Berechnungsergebnis von einer modellinhärenten Zuverlässigkeit, in dem die relativen Schädigungen als Weibullverteilung beschrieben werden. Zur Bestimmung der Aussagewahrscheinlichkeit werden in einem nicht parametrischen Bootstrapverfahren künstliche Stichproben aus den ermittelten relativen Schädigungen erzeugt (Schritt 5). Dabei handelt es sich um ein „Ziehen mit Zurücklegen" aus den zugrundeliegenden relativen Schädigungen D_i mit derselben Stichprobengröße. Um den numerischen Fehler gering zu halten, nutzt man mindestens 10.000 Wiederholungen. Für jede dieser Durchläufe lässt sich eine weitere Weibullverteilung bestimmen. Es ergeben sich also für jede Schädigung D 10.000 Zuverlässigkeiten.

Mit Hilfe des Auslegungs- bzw. Feldlastkollektivs wird die für das Produkt erwartete Schädigung D^* berechnet (Schritt 3). Da für den Satz von Bayes eine Zuverlässigkeitsverteilung als Prior vorliegen muss, wird aus den 10.000 Zuverlässigkeiten für diesen ermittelten Schädigungswert D^* mit der MLE-Methode eine Betaverteilung geschätzt.

$$P_A\left(R\right)=\int_R^1 \frac{R^{A-1}\cdot\left(1-R\right)^{B-1}}{\beta\left(A,B\right)}\,dR \tag{8.37}$$

Analog zu den Überlegungen aus Abschn. 8.2.4.1 lässt sich dann mit der geschätzten a-priori Betaverteilung die a-posteriori Betaverteilung bestimmen. Die Vorinformation kann auch bereits in der Planung des Success-Run-Test verwendet werden, um die notwendige Prüflingsanzahl zu reduzieren. Die notwendige Stichprobenanzahl lässt sich z. B. numerisch aus dem angewendeten Satz von Bayes berechnen, indem folgende Funktion minimiert wird:

$$g\left(n_{SR,mVK}\right) = \left|\int_{R}^{1} \frac{R^{A_0 + n_{mVK} - 1} \cdot \left(1 - R\right)^{B_0 - 1}}{\beta\left(A_0 + n_{mVK}, B_0\right)} dR - P_A\right|. \qquad (8.38)$$

8.2.4.5 Vor- und Nachteile bei der Anwendung des Satz von Bayes

Als wesentlicher Vorteil entsteht durch die Anwendung des Satz von Bayes die Möglichkeit zu einer beträchtlichen Stichprobenreduktion für den Zuverlässigkeitsnachweistest. Je positiver die Vorinformation ausfällt, desto stärker fällt dabei die Stichprobenreduktion aus. Dabei ist zu berücksichtigen, dass bei einer eher schlechten Zuverlässigkeitsinformation (die niedriger ist als die Anforderung) der notwendige Stichprobenumfang theoretisch steigt.

Kritik wird bei Baye'schen Ansätzen weniger an der Anwendung des Satz von Bayes selbst geübt, sondern eher an der Gültigkeit des verwendeten Vorwissens. Theoretisch muss das Vorwissen aus derselben Grundgesamtheit stammen wie die aktuelle Information, was in der praktischen Anwendung jedoch in den seltensten Fällen gegeben ist. Häufig werden Zuverlässigkeitsinformationen von Vorgänger- oder ähnlichen Produkten gewonnen oder Informationen von Prototypentests vorheriger Musterstände herangezogen. Die mathematische Bedingung, dass die Datengrundlagen derselben Grundgesamtheit entstammen müssen, ist strenggenommen also verletzt. Vor der Verwendung von Datengrundlagen sollte also sehr genau geprüft werden, ob es überhaupt zulässig ist die Vorinformation zu verwenden. Ist z. B. der Unterschied von Vorgänger- und Nachfolgeprodukt sehr groß, so muss auch mit hoher Wahrscheinlichkeit davon ausgegangen werden, dass sich das Ausfallverhalten stark verändert hat. Ein Zuverlässigkeitsnachweis mit angewandter Vorkenntnis wäre dann fehlerhaft und unter Umständen zu optimistisch.

Motiviert durch diese Problematik wurden Forschungsarbeiten durchgeführt, die eine Anwendung von Vorkenntnis auch bei Unterschieden der Produkte erlauben. Kleyner und Krolo führten dazu einen „Knowledge Faktor" bzw. einen „Transformationsfaktor" ein [6, 14]. Je nach „Ähnlichkeitsgrad" der Produkte wird mit diesem Faktor die Vorinformation abgeschwächt. Mathematisch wird die Zuverlässigkeitsverteilung schlichtweg verbreitert, was einer unschärferen Information entspricht, siehe Abb. 8.17.

Kleyner gewichtet die a-priori Betaverteilung dazu anteilig mit einer Gleichverteilung. Krolo transformiert direkt die Parameter der a-priori Betaverteilung. Mit diesen „Übertragungsfaktoren" existieren mathematische Möglichkeiten, Vorwissen entsprechend abzuschwächen. Alle Forschungsansätze scheitern jedoch an einer objektiven Bestimmung eines Übertragungsfaktors, was für einen belastbaren Zuverlässigkeitsnachweis unabdingbar ist. Krolo und Hitziger geben zwar Ansätze für die Bestimmung des Übertragungsfaktors [8, 18], eine ganzheitlich anwendbare Vorgehensweise fehlt aber bislang. Zudem kann der dort definierte Transformationsfaktor für die Anwendung Nachteile haben, da er nicht erwartungstreu ist.

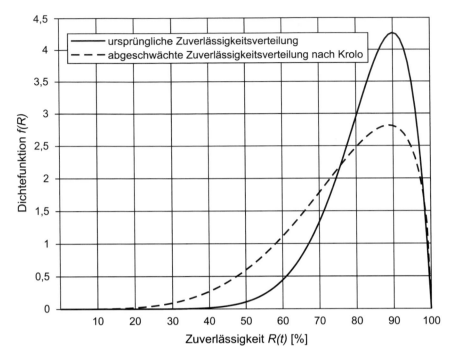

Abb. 8.17 Nicht gewichtete und gewichtete Zuverlässigkeitsverteilung. (© IMA 2022. All Rights Reserved)

8.2.5 Erfolgswahrscheinlichkeit des Success-Run-Test

Wie in den vorherigen Abschnitten gezeigt, ist die Binomialverteilung eine sehr einfache mathematische Grundlage, um den Aufwand aus vorliegenden Anforderungen zu berechnen. In der Regel ist man nun zusätzlich daran interessiert, mit welcher Wahrscheinlichkeit die gewählte Testkonfiguration ein erfolgreiches Ergebnis zeigt. Dazer führte zu diesem Zweck die Erfolgswahrscheinlichkeit P_{ts} (*engl.* Probability of Test Success) ein [19]. Jeder Test für einen Zuverlässigkeitsnachweis sollte i. d. R. eine hohe Erfolgswahrscheinlichkeit besitzen, um sicherzustellen, dass die Testplanung auch zu einem erfolgreichen Test führt.

Für die Berechnung der Erfolgswahrscheinlichkeit kann ebenfalls die Binomialverteilung verwendet werden. Statt die Anforderungen einzusetzen wird jedoch die reale Ausfallwahrscheinlichkeit bzw. Zuverlässigkeit zur Prüfzeit der zu testenden Produkte eingesetzt. Man berechnet also die Gesamtwahrscheinlichkeit dafür, dass alle Prüflinge entsprechend ihrer Überlebensdauerwahrscheinlichkeit zu Prüfzeit $R(t_p)$ den Test überstehen. Die Erfolgswahrscheinlichkeit P_{ts} ergibt sich zu:

$$P_{ts,SR} = \sum_{i=0}^{f} \binom{n_{SR}}{i} \cdot \left(R(t_p) \right)^{n_{SR}-i} \cdot \left(1 - R(t_p) \right)^{i} \tag{8.39}$$

Erfolgt die Planung ohne Ausfälle, ergibt sich:

$$P_{ts,SR} = \left(R\left(t_{prior} \right) \right)^{n_{SR}} \tag{8.40}$$

Nun ist in der Regel die Überlebenswahrscheinlichkeit der Prüflinge nicht bekannt, da genau deshalb der Zuverlässigkeitsnachweis durchgeführt werden soll. Man kann sich aber dennoch für die Planung und Berechnung der Erfolgswahrscheinlichkeit mit Abschätzungen des Ausfallverhaltens aus Vorwissen behelfen. Ist es also möglich, z. B. aus Feld- oder Vorgängerdaten, bzw. mit Expertenwissen das Ausfallverhalten mit einer Weibullverteilung abzuschätzen, so ergibt sich die Überlebenswahrscheinlichkeit je Prüfling in Anlehnung an Abb. 8.18 zu:

$$R\left(t_{prior} \right) \triangleq 1 - F\left(t_{prior} \right) \approx R\left(t_p \right) = e^{-\left(t_p / T_{prior} \right)^{b_{prior}}} \tag{8.41}$$

Mit Hilfe der Erfolgswahrscheinlichkeit lässt sich der Test selbst bewerten, wie gut er mit den gewählten Randbedingungen geeignet ist, den Zuverlässigkeitsnachweis zu erbringen. Dazer definiert die Erfolgswahrscheinlichkeit als „diejenige Wahrscheinlichkeit, mit der ein Lebensdauertest mit definierten Randbedingungen in der Lage ist, eine gestellte Zuverlässigkeitsanforderung mit Aussagesicherheit nachzuweisen" [20]. Bei Tests mit einer Erfolgswahrscheinlichkeit von ≥ 80 % kann mit hoher Wahrscheinlichkeit von einem erfolgreichen Test ausgegangen werden, was dem Wesenskern einer guten Zuverlässigkeitstestplanung entspricht. Dagegen sollten Teststrategien mit Erfolgswahrschein-

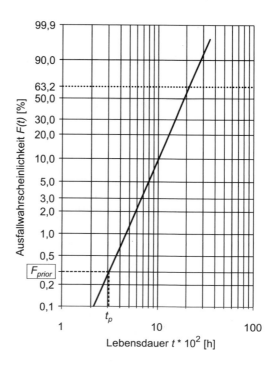

Abb. 8.18 Bestimmung des notwendigen Vorwissens im Weibullnetz. (© IMA 2022. All Rights Reserved)

lichkeiten < 50 % kritisch betrachtet werden. Entweder muss eine andere Teststrategie, z. B. ein End-of-Life-Test, verwendet werden oder das Produkt muss mit einer höheren Auslegungssicherheit bemessen werden. Durch Erhöhung der Auslegungssicherheit steigt die inhärente Bauteilzuverlässigkeit und demnach auch die Erfolgswahrscheinlichkeit des Success-Run-Tests.

Beispiel: Abschätzen der Testgüte mit der Erfolgswahrscheinlichkeit

Es soll ein Zuverlässigkeitsnachweis für ein Schaltrelais mit einem Success-Run-Tests erbracht werden. Die Anforderungen lauten wie folgt:

t_{req} = 30.000 Zyklen
$R(t_{req})$ = 90 %
P_A = 90 %

Mit Hilfe der Binomialverteilung ergibt sich die notwendige Stichprobenanzahl zu $n = 22$. Da es sich nur um ein kleines Produktupdate handelt, kann die Ausfallverteilung anhand der Felddaten des Vorgängerprodukts abgeschätzt werden:

$b_{prior} \approx 3$
$T_{prior} \approx 96.000$ Zyklen

Nach Gl. (8.41) ergibt sich die Überlebenswahrscheinlichkeit pro Prüfling zu

$$R\left(t_{prior}\right) \approx R\left(t_p\right) = e^{-\left(t_p / T_{prior}\right)^{b_{prior}}} = 0,97 \approx 97\,\%. \tag{8.42}$$

Mit Gl. (8.40) kann nun die Erfolgswahrscheinlichkeit des Tests berechnet werden:

$$P_{ts,SR} = \left(R\left(t_{prior}\right)\right)^{n_{SR}} = \left(0,97^{22}\right) = 0,51 \approx 51\,\%. \tag{8.43}$$

◀

8.2.6   Vor- und Nachteile des Success-Run-Tests

Der Success-Run-Test erscheint aufgrund seiner guten und einfachen Planbarkeit recht vorteilhaft für den Zuverlässigkeitsnachweis zu sein. Die Anforderungen können mit Hilfe der Binomialverteilung direkt in eine notwendige Stichprobengröße überführt werden und die Testzeit ist durch die geforderte Lebensdauer von vornherein festgelegt. In einer genaueren Analyse stellt man jedoch fest, dass diese beiden Vorteile einer Reihe von teilweise schwerwiegenden Nachteilen gegenüberstehen, auf die besonders geachtet werden sollte. Die kritischen Herausforderungen bei der Planung eines Success Runs werden inklusive der jeweiligen Vor- und Nachteile im Folgenden diskutiert.

8.2.6.1 Informationsgehalt

Im Grunde handelt es sich beim Success-Run-Test um einen Worst-Case-Ansatz. Dem Produkt wird eine gewisse Mindestzuverlässigkeit (die aus der Anforderung resultiert) unterstellt, die dann mit einer bestimmten Anzahl an „Gutteilen" (also Durchläufern) bestätigt werden soll. Es wird lediglich eine binäre Klassifikation durchgeführt, mit den beiden Klassen Durchläufer bei Prüfzeit (Erfolg) und Ausfall vor der Prüfzeit (Misserfolg). Aufgrund dieses begrenzten Informationsgehalts der binären Klassifikation ist auch nur die Bestätigung oder die Widerlegung der geforderten Mindestzuverlässigkeit möglich. Aussagen über die korrekte Lage der Produktlebensdauer können nicht getroffen werden, da in der Regel keine oder nur wenige Ausfälle vorliegen, mit denen eine Ausfallverteilung geschätzt werden könnte. Ohne die Information über die tatsächliche Lage der Ausfallverteilung führt die Absicherung der Zuverlässigkeit mit Success-Run-Tests daher leicht zu unerkannter Überdimensionierung. Denn um wenige Ausfälle im Test zu beobachten sind (sehr) kleine Ausfallwahrscheinlichkeiten notwendig, die genau dann erreicht sind, wenn das Produkt große Zuverlässigkeiten aufweist und damit potenziell überdimensioniert ist.

Das Ergebnis des Success-Run-Tests gilt vorerst nur für die festgelegte Prüfzeit, die zumeist der geforderten Lebensdauer entspricht. Soll kürzer oder länger getestet werden, muss die nachgewiesene Mindestzuverlässigkeit entlang der Ausfallverteilung verschoben werden, was aber nur mit Hilfe des Formparameters (bzw. mit einer unterstellten Ausfallverteilung) möglich ist. Soll der Success Run also mit Lebensdauerverhältnis geplant werden wird der Formparameter benötigt, den der Success-Run-Tests selbst aber nie liefern kann. Dieser muss dann aus einer anderen Quelle ermittelt werden. Häufig wird er aufgrund mangelnder Information abgeschätzt. Ist die Information über den Formparameter jedoch fehlerhaft, ist der Zuverlässigkeitsnachweis trotz erfolgreichem Test wenig belastbar. Ist eine Abschätzung unvermeidbar, empfiehlt es sich mit eher kleinen Werten zu arbeiten, die sehr nahe bei eins liegen, z. B. 1,1. So wird ein sehr konservatives ermüdungsbasiertes Ausfallverhalten unterstellt und als Grundlage für die Testplanung verwendet. Eine Überschätzung des Formparameters ist grundsätzlich zu vermeiden, weil dadurch die Lebensdauern im Bereich kleiner (und damit vor allem praxisrelevanter) Ausfallwahrscheinlichkeiten überschätzt werden. Diesen Effekt verdeutlicht Abb. 8.19. Mit dem abgeschätzten Ausfallverhalten ($b = 4$) wird eine Lebensdauer von $t_2 \approx 585$ h bei $F(t_2) = 10\,\%$ erreicht. Unterliegt das reale Ausfallverhalten einer deutlich größeren Streuung von $b = 1{,}5$, wird lediglich eine Lebensdauer von $t_1 \approx 153$ h erreicht, was eine Überschätzung der Lebensdauer um Faktor 3,8 bedeutet. Einzige Alternative zur Vermeidung der beschriebenen Problematik ist die Verwendung einer ausfallbasierten Teststrategie, mit der die Ausfallverteilung bestimmt werden kann. Eine analoge Problematik besteht bei einem beschleunigten Success-Run-Test mit unbekanntem Raffungsfaktor.

8.2.6.2 Testgüte und -aufwand des Success-Run-Test

In der Zuverlässigkeitstechnik und vor allem als Zuverlässigkeitsingenieur ist man vorrangig an Teststrategien interessiert, die erfolgsversprechend sind. Mit der eingeführten

Abb. 8.19 Auswirkungen
einer fehlerhaften Annahme
des Formparameters. (© IMA
2022. All Rights Reserved)

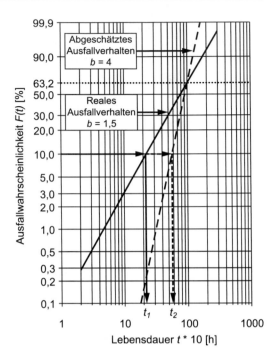

Erfolgswahrscheinlichkeit lässt sich die Testgüte objektiv bewerten. Es lassen sich somit die besten Anwendungsbereiche der Success-Run-Teststrategie identifizieren – nämlich die mit einer hohen Erfolgswahrscheinlichkeit. Neben den Zuverlässigkeitsanforderungen beeinflusst das Produkt selbst maßgeblich die Erfolgswahrscheinlichkeit der Teststrategie, siehe Abb. 8.20. Soll ein Zuverlässigkeitsnachweis für Produkte erbracht werden, deren reale Zuverlässigkeit nah an der gestellten Anforderung (X in Abb. 8.20) liegen (gestrichelte Ausfallverteilung), bedarf es eines sehr schmalen Vertrauensbereichs um erfolgreich zu sein. Umgekehrt genügt bei Produkten mit sehr großem Abstand von realer und geforderter Zuverlässigkeit (durchgezogene Ausfallverteilung) bereits ein sehr breiter Vertrauensbereich für einen erfolgreichen Nachweis, weil die zeitliche Differenz zur Anforderung deutlich größer ist.

Es hat sich für Vergleiche der Testgüte deshalb als zweckmäßig erwiesen, die Auslegungssicherheit von Produkten mit zu berücksichtigen. Dazer führt die Auslegungssicherheit S als relative Differenz zwischen geforderter t_{req} und realer Produktlebensdauer t_{real} ein:

$$S = 1 - \frac{t_{req}}{t_{real}} \in [0,1] \tag{8.44}$$

Abb. 8.21 zeigt die Erfolgswahrscheinlichkeit P_{ts} des Success-Run-Tests über verschiedene Auslegungssicherheiten. Außerdem wird unterschieden zwischen moderaten und hohen Zuverlässigkeitsanforderungen. Es zeigt sich deutlich, dass die Auslegungssicherheit einen weit größeren Einfluss auf die Erfolgswahrscheinlichkeit hat als die Zuverlässig-

Abb. 8.20 Unterschiedliche Auslegungen in Bezug zum Zuverlässigkeitsnachweis. (© IMA 2022. All Rights Reserved)

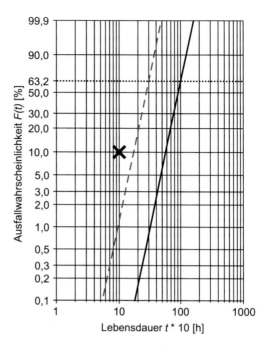

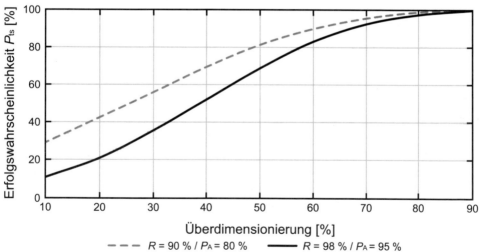

Abb. 8.21 Erfolgswahrscheinlichkeit des Success-Run-Tests für unterschiedliche Randbedingungen. (© IMA 2022. All Rights Reserved)

keitsanforderungen bezüglich Zuverlässigkeit und Aussagewahrscheinlichkeit. Berücksichtigt werden sollte zusätzlich aber, dass für den Nachweis der moderaten Anforderungen lediglich 16 Prüflinge notwendig sind, dafür aber für den Nachweis der hohen Anforderungen bereits 149 Prüflinge getestet werden müssten.

Die Ergebnisse aus Abb. 8.21 machen deutlich, dass hohe Erfolgswahrscheinlichkeiten bei einem Success-Run-Tests nur bei entsprechend hohen Auslegungssicherheiten erreicht werden können. Für Produkte mit geringer Auslegungssicherheit kann der Success-Run-Tests folglich nicht zielführend eingesetzt werden. Hier schaffen ausfallbasierte Teststrategien Abhilfe.

Ein weiterer Nachteil zeigt sich, wenn der Aufwand ins Verhältnis zur erreichbaren Erfolgswahrscheinlichkeit gesetzt wird. So zeigt sich in Abb. 8.21 für die hohen Zuverlässigkeitsanforderungen, dass trotz enormem Aufwand die Erfolgswahrscheinlichkeit sehr niedrig ausfallen kann. Zudem bleibt der Aufwand konstant und verändert sich nicht mit steigender Auslegungssicherheit. Begründen lässt sich das mit den grundlegenden Testprinzipien des Success Run. Der Aufwand wird nämlich ausschließlich durch die Zuverlässigkeitsanforderung selbst definiert. Dadurch ergibt sich für die Testplanung ein Paradoxon. Man würde als Testplaner erwarten, dass durch mehr Aufwand bzw. Prüflinge der Test qualitativ besser wird, d. h. die Erfolgswahrscheinlichkeit ansteigt, was beim Success Run jedoch nicht der Fall ist. Steigt aufgrund von hohen Zuverlässigkeitsanforderungen der Aufwand durch eine große notwenige Prüflingsanzahl, dann sinkt gleichzeitig die Erfolgswahrscheinlichkeit. Denn es müssen dann mehr Prüflinge ohne Ausfall bis zur Prüfzeit getestet werden, was aufgrund des Produktgesetztes der Wahrscheinlichkeiten (Überlebenswahrscheinlichkeiten der einzelnen Prüflinge müssen multipliziert werden) zu kleineren Erfolgswahrscheinlichkeiten führt. So kann es bei hohen Anforderungen zu hohem Aufwand durch eine große notwendige Stichprobe kommen; mit dennoch geringer Erfolgswahrscheinlichkeit. Bei ausfallbasierten Tests ist dies nicht der Fall – größerer Aufwand sorgt hier stets für eine größere Erfolgswahrscheinlichkeit, siehe Abschn. 8.3.

8.2.6.3 System- und Komponententest

Seine Stärke spielt der Success Run bei Zuverlässigkeitsnachweisen von Systemen aus, was anhand des folgenden einfachen Beispiels klar wird. Man stelle sich ein System mit 5 Komponenten vor, die alle je einen Ausfallmechanismus aufweisen. Aus den statistischen Betrachtungen in Kap. 2 und 6 weiß man, dass Ausfallmechanismen getrennt auszuwerten sind, um eine korrekte Prognose für die Systemzuverlässigkeit zu erhalten. Das würde in einem System mit 5 Ausfallmechanismen zu hohem Aufwand führen, denn man müsste sehr viele Systeme testen, um alle Ausfallmechanismen gut abzudecken. Sind genug Ausfälle für jeden Mechanismus vorhanden, könnte man über die Kombination der einzelnen Ausfallverteilungen die Systemverteilung inklusive Vertrauensbereich berechnen, vgl. Abschn. 2.3.2 und so den Zuverlässigkeitsnachweis führen.

Beim Success-Run-Test ist die Trennung der Ausfallmechanismen aufgrund der binären Klassifikation nicht nötig, da die grundsätzliche Testplanung den Nachweis auf die Durchläufer stützt. Man müsste also lediglich die aus der Binomialverteilung vorgegebene Anzahl der Systeme ohne Ausfall testen – selbst, wenn mehrere unterschiedliche Ausfallmechanismen während des Tests auftreten. Die beschriebenen Nachteile bzgl. der Erfolgswahrscheinlichkeit und des geringen Informationsgehalts sind jedoch nach wie vor zu berücksichtigen. Zusätzlich verstärkt wird die Problematik des unbekannten Formparameters. Dieser müsste bei einem System-Success-Run-Test mit Lebensdauerverhältnis nämlich auch für das System gültig und bekannt sein. Gerade letzteres dürfte in Fällen in denen sich mehrere Ausfallmechanismen überlagern schwierig sein, bedenkt man, dass sich eine Systemverteilung gar nicht mehr durch eine einzige Weibullverteilung beschreiben lässt (es sei denn die Ausfallmechanismen sind exakt identisch).

Die Erfolgswahrscheinlichkeit für einen Success-Run-Test auf Systemebene lässt sich ebenfalls mit Gl. (8.40) berechnen. Liegen Vorinformationen über mehrere kritische Ausfallmechanismen im System vor, so kann diese zusätzliche Information ebenfalls berücksichtigt werden. Es gilt dann für Seriensysteme mit m Ausfallmechanismen:

$$P_{ts,SR,ser,sys} = \left(\prod_{i=1}^{m} \left(R_{prior,i} \left(t_{req} \right) \right) \right)^{n_{sys}} . \tag{8.45}$$

Die Erfolgswahrscheinlichkeit für reine Parallelsysteme ergibt sich zu:

$$P_{ts,SR,par,sys} = \left(1 - \prod_{i=1}^{m} \left(1 - R_{prior,i} \left(t_{req} \right) \right) \right)^{n_{sys}} . \tag{8.46}$$

Die notwendige Stichprobengröße an Systemen n_{sys} bleibt bei einer unterschiedlichen Anzahl an Ausfallmechanismen konstant, da sie sich ausschließlich aus den Anforderungen mit der Binomialverteilung berechnen lässt.

Komponententests sind oft einfacher zu realisieren und die Testbeschleunigung kann stark erhöht werden. Deshalb werden Komponententests häufig in früheren Entwicklungsphasen verwendet, um schnell und mit weniger Aufwand an Informationen über das Ausfallverhalten bestimmter Komponenten oder Subsysteme zu gelangen. Da sich mit dem Success Run keine Aussage über die Ausfallverteilung treffen lässt, ist er für eine Testplanung auf Komponenten- oder Subsystemebene nicht zu empfehlen. Das lässt sich auch an einigen statistischen Hintergründen nachvollziehen, die im Folgenden erläutert werden.

Mit einer Zuverlässigkeitsinformation auf Komponenten- oder Subsystemebene will man neben dem eigentlichen Informationsgewinn vor allem die übergeordnete Systemzuverlässigkeit bestimmen. Da der Success Run nur eine Mindestzuverlässigkeit zum Ergebnis hat, potenziert sich der Worst-Case-Ansatz auf die Systemebene. D. h. gerade bei Seriensystemen steigt der Aufwand für einen Success Run auf Komponentenebene (mit steigender Komponentenzahl) exponentiell an.

Beispiel

Es soll ein Success-Run-Test auf Komponentenebene durchgeführt werden um die Zuverlässigkeitsanforderung von $R_{req} = 95\ \%$ und $P_A = 90\ \%$ des Systems nachzuweisen. Betrachtet werden die Systemstrukturen in Abb. 8.22.

Für die Serienstruktur mit zwei Komponenten ist eine Gesamtprüflingsanzahl von 152 notwendig. Dagegen benötigt man für die Parallelstruktur lediglich 13 Prüflinge.

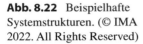

Abb. 8.22 Beispielhafte Systemstrukturen. (© IMA 2022. All Rights Reserved)

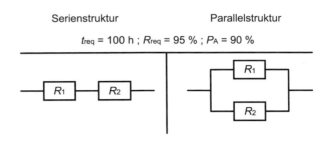

Serienstruktur   Parallelstruktur

$t_{req} = 100$ h ; $R_{req} = 95$ % ; $P_A = 90$ %

Die Berechnung der notwendigen Prüflingsanzahl muss iterativ aus der resultierenden Zuverlässigkeitsverteilung und unter Berücksichtigung der Bool'schen Systemstruktur erfolgen [21].

Die Erfolgswahrscheinlichkeit lässt sich für einen Success-Run-Test auf Komponentenebene ebenfalls sehr einfach mit der Binomialverteilung bestimmen. Das Ergebnis ist jedoch sowohl für die serielle als auch für die parallele Struktur das gleiche, d. h. die Erfolgswahrscheinlichkeit ist unabhängig von der Systemstruktur. Das ist darauf zurückzuführen, dass die Ausfallmechanismen für das Serien- und das Parallelsystem auf Komponentenebene für den Erfolg der Success Runs seriell verknüpft sind, da der Success Run gesamtheitlich betrachtet immer nur dann erfolgreich ist, wenn alle Bauteile den Test überleben. Berechnet wird die Erfolgswahrscheinlichkeit mit der Anzahl der Ausfallmechanismen m zu:

$$P_{ts,SR,ser,par,komp} = \prod_{i=1}^{m} \left(R_{prior,i}\left(t_{req} \right) \right)^{n_{SR,i}}. \tag{8.47}$$

Für das Beispiel in Abb. 8.22 ergeben sich mit dem Vorwissen

$T_1 = 600$ h,
$T_2 = 1000$ h und
$b_1 = b_2 = 3$

die folgenden Erfolgswahrscheinlichkeiten:

$P_{ts,\,ser} \approx 27$ %,
$P_{ts,\,par} \approx 90$ %.

Für die Serienstruktur zeigt das Ergebnis, dass in diesem Anwendungsfall eine Success-Run-Testplanung auf Komponentenebene nicht zielführend ist. Trotz des hohen Aufwands von 152 Prüflingen hat der Test nur eine Erfolgswahrscheinlichkeit von 27 %. Die P_{ts} für die Parallelstruktur ist dagegen deutlich höher. Mit 13 Prüflingen und einer Erfolgswahrscheinlichkeit von 90 % wäre das im Gegensatz zur Serienstruktur eine vielversprechendere Testplanung. Man muss jedoch bedenken, dass trotz der gleichen Anforderungen die beiden Systeme nicht direkt miteinander verglichen werden können, denn die Parallelstruktur erreicht immer deutlich höhere Zuverlässigkeiten. Bei gleichen Anforderungen weist die Parallelstruktur deshalb eine deutlich größere Auslegungssicherheit auf. ◄

Realitätsnahes Anwendungsbeispiel

Für das in Abb. 8.23 dargestellte System soll ein Zuverlässigkeitsnachweis auf Basis des Success Run durchgeführt werden. Das System besteht aus zwei Subsystemen, die wiederrum aus 2 bzw. 3 Komponenten bestehen. Komponente 1 weißt darüber hinaus zwei verschiedene Ausfallmechanismen (AM) auf. Die Weibullparameter der Ausfallmechanismen sind in Tab. 8.1 aufgelistet. Diese Informationen dienen gleichzeitig als Vorwissen für die Testplanung.

Die Zuverlässigkeitsanforderungen auf Systemebene lauten:

$R_{req} = 95\,\%$,
$P_A = 90\,\%$,
$t_{req} = 100$ h.

Der Nachweis kann über unterschiedliche Tests erfolgen:

Systemtest,
Test der beiden Subsysteme,
Test der fünf Komponenten.

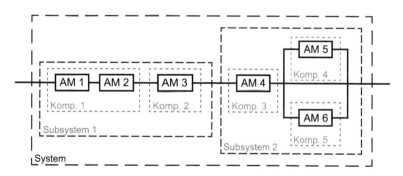

Abb. 8.23 Beispielhafte realitätsnahe Systemstruktur [22]. (© IMA 2022. All Rights Reserved)

Tab. 8.1 Verwendetes Vorwissen für den Zuverlässigkeitsnachweis [22]

AM	T	b	Komponente	Subsystem
1	1000	3,1	1	1
2	1200	2,7		
3	1100	2,5	2	
4	900	2	3	2
5	1100	1,6	4	
6	850	1,8	5	

Um den bestmöglichen Test zu identifizieren, werden alle Möglichkeiten anhand ihrer erreichbaren Erfolgswahrscheinlichkeit und des Stichprobenaufwands miteinander verglichen. Da die Testzeit und die benötigte Prüflingsanzahl beim Success Run ebenfalls durch die Binomialverteilung bestimmt sind, können auch die Kosten für einen Vergleich ermittelt werden. Die angenommenen Kosten für dieses Beispiel zeigt Tab. 8.2.

Die Ergebnisse für die P_{ts} und die Gesamtkosten für die zur Verfügung stehenden Testmöglichkeiten sind in Abb. 8.24 dargestellt.

Für den Systemtest wird eine Prüflingszahl von $n = 45$ für den Nachweis benötigt. Der Subsystemtest erfordert bereits $n = 152$ Prüflinge, während der reine Komponententest $n = 520$ Prüflinge erfordert. Wie man allerdings im Kostenvergleich sieht, kann sich dieser Effekt durch deutlich günstigere Testzeit wieder kompensieren. Im reinen Kostenvergleich würde der Subsystemtest am besten abschneiden. Berücksichtigt man aber zusätzlich die Erfolgswahrscheinlichkeit, zeigt sich, dass keiner der Tests eine gute Testplanungsbasis darstellt. Alle Testmöglichkeiten weisen eine Erfolgswahrscheinlichkeit auf, die unter 50 % liegt. In solchen Fällen ist von einem Success-Run-Test abzuraten und der Wechsel der Teststrategie zu empfehlen. Ein Vergleich mit der EoL-Teststrategie findet sich in Abschn. 8.3.1. Im Speziellen die Ergebnisse des komponentenbasierten Success-Run-Test verdeutlichen nochmal die Kernproblematik des Success Run. Es kann Teststrategien geben, die trotz enormer notwendiger Prüflingszahlen eine sehr kleine und unzureichende Erfolgswahrscheinlichkeit aufweisen. ◄

Tab. 8.2 Kostenvorgaben [22]

Systemebene	Kosten Stichprobe [€]	Kosten Prüfstand [€/Testzeit]
Komponente 1	150	10
Komponente 2	40	45
Komponente 3	80	5
Komponente 4	60	15
Komponente 5	35	8
Subsystem 1	210	80
Subsystem 2	200	60
Gesamtsystem	800	250

Abb. 8.24 Ergebnisse der Success-Run-Testplanung [22]. (© IMA 2022. All Rights Reserved)

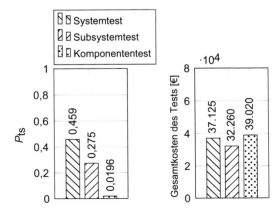

8.3   Ausfallbasierte Testverfahren

Im Folgenden werden die Grundlagen zur Planung und Auswertung von ausfall-basierten Tests beschrieben. Die Tests können auf verschiedene Weise – beschleunigt oder unbeschleunigt – durchgeführt werden. Zur Bewertung und Planung der Tests im Zuge des Zuverlässigkeitsnachweises kann die Erfolgswahrscheinlichkeit ver-wendet werden.

8.3.1   End-of-Life-Tests auf Feldlastniveau

Im Gegensatz zu den Success-Run-Tests sind ausfallbasierte EoL-Tests deutlich komplexer in der Planung. Dies liegt an den streuenden Ausfallzeiten, wodurch die Testzeit ebenfalls streut und dadurch die entstehenden Kosten in der Planung statistisch erfasst werden müs-sen. Da niemals exakt dieselben Ausfallzeiten auftreten, erhält man immer ein leicht ande-res Testergebnis – auch wenn der Test mit genau denselben Bedingungen und Stichproben-größe durchgeführt werden würde. Da zu jeder Stichprobe mit anderen Ausfallzeiten ein eigener Vertrauensbereich gebildet werden würde, streut also auch die Vertrauensbereichs-grenze. Deswegen kann kein eindeutiger Stichprobenumfang bestimmt werden, für den die Zuverlässigkeitsanforderung sicher nachgewiesen werden kann. Aus diesem Grund wird für die Planung Vorwissen über das Ausfallverhalten benötigt. Die Erfüllung der An-forderung kann also lediglich mit einer Wahrscheinlichkeit belegt werden. Diese Wahr-scheinlichkeit ist bei den EoL-Tests das zentrale Planungsinstrument, nämlich die Erfolgs-wahrscheinlichkeit P_{ts} nach Dazer [20].

Um diese für eine gewisse Testkonfiguration eines EoL-Tests zu berechnen, wird der Test mittels einer Monte-Carlo-Simulation mehrfach simuliert. Dies ist notwendig, da im Gegensatz zum Binomialansatz des Success-Run-Tests keine allgemeine geschlossene Gleichung mehr möglich ist. Pro Simulationsdurchlauf wird die Erfüllung der Zuver-lässigkeitsanforderung überprüft, um anschließend durch Zählen der erfolgreichen Tests aus der Simulation mit Hilfe dem Gesetz der großen Zahlen die Erfolgswahrscheinlichkeit zu berechnen [19, 20, 23, 24]:

$$P_{ts} = \frac{\text{Anzahl erfolgreicher Tests der Simulation}}{\text{Gesamtzahl der durchgeführten Tests}} \tag{8.48}$$

In Abb. 8.25 ist zudem die Grobstruktur des Algorithmus für solch eine Berechnung dar-gestellt.

Auch wenn die Monte-Carlo-Simulation einen größeren Rechenaufwand bedeutet, so hat sie den Vorteil, dass theoretisch alle Testkonfigurationen simuliert werden können und quasi keine Einschränkungen diesbezüglich bestehen. Zensierte Tests vom Typ I, II oder multiple Zensierungen lassen sich einfach und in analoger Weise zum vollständigen EoL-Tests darstellen. Auch besondere Prüfstandsgegebenheiten oder sonstige infrastrukturelle Einschränkungen lassen sich mit der Monte-Carlo-Simulation des Tests abbilden [25, 26].

In einer Untersuchung ist meist zuallererst der notwendige Stichprobenumfang gefragt, mit dem es möglich ist das Zuverlässigkeitsziel mit ausreichender Wahrscheinlichkeit nachzuweisen [22, 27–29].

Anwendungsbeispiel

Für ein Zahnrad soll ein Zuverlässigkeitsnachweis geführt werden. Die Zuverlässigkeitsanforderung für Zahnfußbruch ist $R = 90\,\%$ bei $P_A = 90\,\%$ mit $t_{req} = 2$ Mio. Überrollungen. Um den Nachweis zu führen, soll ein EoL-Tests durchgeführt werden. Die Ausfallverteilung wurde durch Prototypentests als Weibullverteilung mit $b = 3$ und $T = 6.060.606$ Überrollungen bestimmt und dient somit als Vorwissen für die Planung. Da der Prototyp nicht den finalen Serienstand repräsentiert und die Produktion angepasst wurde, können die Prototypentests nicht zum Nachweis der Zuverlässigkeit verwendet werden. Diese Vorkenntnis eignet sich jedoch sehr gut für die Planung des Nachweistests.

Für einen vollständigen und unbeschleunigten EoL-Tests erhält man über die Monte-Carlo-Simulation aus Abb. 8.25 den in Abb. 8.26 dargestellten Verlauf der Erfolgswahrscheinlichkeit in Abhängigkeit des Stichprobenumfangs. Der Vertrauensbereich wurde dabei als Fisher-Vertrauensbereich berechnet.

Abb. 8.25 Vorgehensweise zur Berechnung der Erfolgswahrscheinlichkeit beim End-of-Life-Test (© IMA 2022. All Rights Reserved)

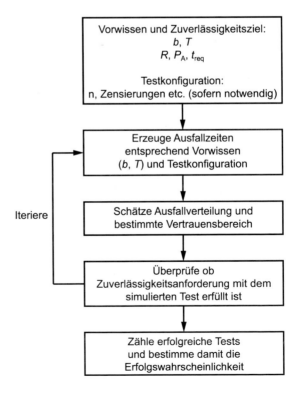

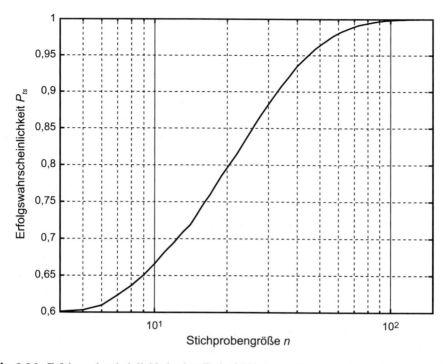

Abb. 8.26 Erfolgswahrscheinlichkeit des End-of-Life-Tests für unterschiedliche Stichprobengrößen. (© IMA 2022. All Rights Reserved)

Es ist zu erkennen, dass für eine ausreichende Erfolgswahrscheinlichkeit von mindestens 80 % mindestens $n = 21$ Prüflinge benötigt werden. Zum Vergleich: Würde ein Success-Run-Test geplant werden, so benötigte man nach Gl. (8.1) $n = 22$ Prüflinge für den Nachweis, jedoch würde die Erfolgswahrscheinlichkeit lediglich 45,4 % betragen. Die Erkenntnis, dass der Success Run hier ungeeignet ist, ermöglicht die Erfolgswahrscheinlichkeit. Es bleibt jedoch noch zu überprüfen, ob die $n = 21$ Prüflinge des EoL-Tests durch das zur Verfügung stehende Budget bis zum Ausfall betrieben werden können. Dazu können die simulierten Ausfallzeiten zur Abschätzung verwendet werden. Kommt man beispielsweise zu dem Schluss, dass das Testbudget in mehr als 50 % der Fälle ausgereizt werden würde, könnte man gegebenenfalls eine Zensierungszeit einführen, um die Laufzeiten der Prüflinge zu begrenzen und damit die Laufzeitkosten zu reduzieren. Es könnte sich dadurch jedoch die benötigte Anzahl der Prüflinge für eine gleichbleibend hohe Erfolgswahrscheinlichkeit ändern. Alternativ könnte man gegebenenfalls einen beschleunigten Test in Betracht ziehen. Diese werden im folgenden Kapitel behandelt. ◄

8.3.2 Beschleunigte Lebensdauerprüfung

In diesem Kapitel geht es um Verfahren, bei denen aus Ergebnissen von Versuchen auf hohen Belastungsniveaus unter Anwendung eines physikalisch begründbaren Modells auf die Lebensdauer bei „normaler" Belastung geschlossen wird, sogenannte Lebensdauermodelle. Diese bilden im Wesentlichen den Zusammenhang von Einflussfaktoren und der Lebensdauer ab. Ein sehr bekanntes Beispiel ist die Wöhlerlinie, die den Zusammenhang von strukturmechanischer Spannung und der Lebensdauer abbildet [30, 31]. Ein solcher Schluss ist selbstverständlich nur unter der Annahme gerechtfertigt, dass durch die Laststeigerung keine Änderung des Ausfallmechanismus verursacht wird.

Ein Spezialfall hiervon sind Versuche, bei denen in vorher festgelegten Schritten die Last erhöht wird (Step-Stress-Test). Einen weiteren Spezialfall bilden die Versuche zur Ermüdungslebensdauer, bei denen die Grenze der Dauerfestigkeit bestimmt werden soll (Wöhlerlinie). Beide Spezialfälle werden hier nicht thematisiert.

8.3.2.1 Raffung

Ein sehr praxisnahes Verfahren besteht darin, während einer Versuchsfahrt oder im Versuchsbetrieb unter realistischen Betriebsbedingungen Lastkollektive aufzuzeichnen, daraus Zeit- oder Streckenanteile oder Betätigungs- oder Einsatzhäufigkeiten zu bestimmen (Histogramme) und diese auf die nachzuweisende Lebensdauer zu extrapolieren. Durch Erhöhung der Last des Kollektivs im Prüfstandsversuch ergibt sich eine Raffung [5].

Durch die erhöhte Belastung ergeben sich im Versuch höhere Schädigungen als im realen Betrieb und dadurch auch niedrigere Lebensdauern. Das Verhältnis zwischen der Lebensdauer unter normalen Betriebsbedingungen t_{Feld} und der Lebensdauer im Versuch $t_{Versuch}$ ergibt den Raffungsfaktor r:

$$r = \frac{t_{Feld}}{t_{Versuch}}. \tag{8.49}$$

Bei Gl. (8.49) ist zu beachten, dass die Ausfallwahrscheinlichkeit für beide Lebensdauern identisch sein muss. Um dies sicherzustellen, muss das entsprechende Lebensdauermodell bekannt sein.

Mit zeitraffenden Versuchen ist es möglich, die Versuchsdauer um den Raffungsfaktor zu reduzieren. Dies soll an folgendem Beispiel gezeigt werden.

Beispiel („Understanding Accelerated Life-Testing Analysis" von Pantelis Vassiliou, aus RAMS 2001 – Tutorial Notes)

Bei diesem Beispiel soll untersucht werden, welches Ausfallverhalten sich für eine Büroklammer ergibt, die abwechselnd mit einem bestimmten Biegewinkel auf- und zugebogen wird., s. Abb. 8.27.

Bei dem Versuch wurden jeweils 6 Büroklammern unter verschiedenen Biegewinkeln belastet: 45°, 90° und 180°. Die Ausfallzeiten sind in Tab. 8.3 in Lastwechseln

Abb. 8.27 Büroklammer und Biegewinkel. (© IMA 2022. All Rights Reserved)

Vorderansicht   Seitenansicht   Aufbiegung

Tab. 8.3 Versuchsergebnisse Büroklammerversuch

Nr.	$\alpha = 45°$	$\alpha = 90°$	$\alpha = 180°$
1	58	16	4
2	63	17	5
3	65	18	5
4	72	21	5,5
5	78	22	6
6	86	23	6,5

gegeben (1 Lastwechsel = Büroklammer um α auf- und wieder in Ausgangslage zurückbiegen).

In Abb. 8.28 sind die Weibullgeraden für die verschiedenen Biegewinkel dargestellt. Die Weibullverteilungen besitzen etwa gleiche Formparameter, d. h. der Ausfallmechanismus der Büroklammer ändert sich bei diesen Biegewinkeln nicht. Anhand der charakteristischen Lebensdauer erhält man für den Raffungsfaktor beim Biegewinkel von 180° (bezogen auf den Biegewinkel von 45°):

$$r_{180°} = \frac{t_{45°}}{t_{180°}} = \frac{74,85}{5,72} = 13. \tag{8.50}$$

Bei einer Prüfung der Büroklammer mit einem Biegewinkel von 180° ergibt sich gegenüber einer Prüfung mit einem Biegewinkel von 45° eine Reduktion der Prüfzeit um den Raffungsfaktor 13. Für den Raffungsfaktor beim Biegewinkel von 90° (bezogen auf den Biegewinkel von 45°) ergibt sich:

$$r_{90°} = \frac{t_{45°}}{t_{90°}} = \frac{74,85}{20,78} = 3,6. \tag{8.51}$$

Die Prüfung der Büroklammer mit einem Biegewinkel von 90° ergibt eine Prüfzeitreduktion um den Raffungsfaktor 3,6.

Die Beschleunigung über die Belastung sorgt für eine erhebliche Aufwandreduktion im Versuch. Trotz dieser Einsparungen kann über das Lebensdauermodell dennoch eine Aussage für das Feldlastniveau getroffen werden (durch Extrapolation). Wichtig ist dabei jedoch auch, dass zuvor bewertet wird, ob diese Extrapolation zulässig ist. Neben der Belastungsbeschleunigung gibt es weitere Möglichkeiten den Test zu beschleunigen. So ist z. B. stets eine zeitliche Raffung möglich, indem z. B. die Last mit höherer Fre-

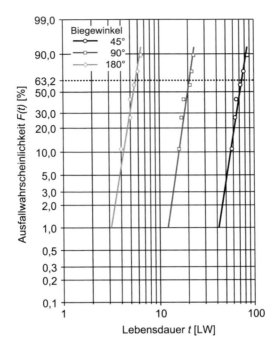

Abb. 8.28 Ausfallverteilungen für verschiedene Biegewinkel im Weibullnetz. (© IMA 2022. All Rights Reserved)

quenz aufgebracht wird. Eine Frequenzerhöhung ist jedoch nur dann zulässig, wenn es den betrachteten Ausfallmechanismen nicht verändert. Weiterhin kann Zensierung oder ein Degradationstest zur Testzeitverkürzung verwendet werden. Die Vor- und Nachteile dieser Methoden werden detailliert in Abschn. 8.3.2.3 und 8.3.3 erläutert. ◄

8.3.2.2 Auswertung von beschleunigten Lebensdauertests

Mit den Ergebnissen von beschleunigten Lebensdauertests lässt sich ein Lebensdauermodell bestimmen, um die Last-Lebensdauerkorrelation zu bestimmen. Dazu kann eine MLE- oder eine MLS-Schätzung, siehe Kap. 6. verwendet werden, wobei auch hier aus statistischer Sicht der MLE-Methode der Vorzug gegeben werden sollte.

Für die MLE-Schätzung wird die Likelihoodfunktion um das zu schätzende Lebensdauermodell erweitert. Die charakteristische Lebensdauer repräsentiert die Lage der Lebensdauer, die aber nun durch das Lebensdauermodell als Funktion der Belastung abgebildet wird. Sie wird daher in der Likehoodfunktion durch das Lebensdauermodell ersetzt. Prinzipiell kann jedes Lebensdauermodell der Likelihoodschätzung zu Grunde gelegt werden. Eine Übersicht bereits bekannter Modelle findet sich in [30]. Die bekanntesten und am häufigsten angewendeten sind das Wöhlermodell für strukturmechanische Belastung, das Arrheniusmodel für thermische Belastung sowie das sehr flexibel einsetzbare Inverse Power-Law. Die Auswertung mit der Likehoodfunktion wird im Folgenden exemplarisch anhand des Wöhlermodells beschrieben.

Bei logarithmischer Achstransformation lässt sich für das Wöhlermodell im Zeitfestigkeitsbereich schreiben:

$$\ln(T) = \ln(C) - k \cdot \ln(\sigma).$$ (8.52)

Gl. (8.52) entspricht der Basquingleichung [31]. σ repräsentiert hier die Beschleunigungsvariable, also in diesem Fall die strukturmechanische Belastung. C entspricht dem Ordinatenabschnitt und k repräsentiert die Steigung des Lebensdauermodells. Die Likelihoodfunktion muss nun lediglich für alle Lastniveaus erweitert werden. Für den einfachsten Fall mit nur zwei Lastniveaus lautet sie dann:

$$
\begin{aligned}
\ln L = &\sum_{i=1}^{n_1} \ln \left(\frac{b}{C \cdot \sigma_1^{-k}} \cdot \left(\frac{t_i}{C \cdot \sigma_1^{-k}} \right)^{b-1} \cdot e^{-\left(\frac{t_i}{C \cdot \sigma_1^{-k}} \right)^b} \right) \\
&+ \sum_{i=1}^{n_2} \ln \left(\frac{b}{C \cdot \sigma_2^{-k}} \cdot \left(\frac{t_i}{C \cdot \sigma_2^{-k}} \right)^{b-1} \cdot e^{-\left(\frac{t_i}{C \cdot \sigma_2^{-k}} \right)^b} \right).
\end{aligned}
$$ (8.53)

Die Indizes 1 und 2 in Gl. (8.53) beziehen sich auf die beiden Lastniveaus. Werden mehr als zwei Lastniveaus oder für jeden Prüfling ein eigenes Lastniveau verwendet, wie z. B. im Perlenschnurverfahren, lässt sich allgemein schreiben [32]:

$$
\ln L = \sum_{i=1}^{n} \ln \left(\frac{b}{C \cdot \sigma_i^{-k}} \cdot \left(\frac{t_i}{C \cdot \sigma_i^{-k}} \right)^{b-1} \cdot e^{-\left(\frac{t_i}{C \cdot \sigma_i^{-k}} \right)^b} \right)
$$ (8.54)

Durch die MLE-Schätzung lassen sich dann die Parameter des Lebensdauermodells k und C sowie die des Ausfallverhaltens b und $T = f(k, C)$ bestimmen. Für rechtszensierte Tests erweitert sich die Likehoodfunktion analog zu den Überlegungen in Abschn. 6.4.4 zu:

$$
\ln L = \sum_{i=1}^{n} \ln \left(\frac{b}{C \cdot \sigma_i^{-k}} \cdot \left(\frac{t_i}{C \cdot \sigma_i^{-k}} \right)^{b-1} \cdot e^{-\left(\frac{t_i}{C \cdot \sigma_i^{-k}} \right)^b} \right) + \sum_{j=1}^{n_{zens}} \ln \left(\frac{t_{zens,j}}{C \cdot \sigma_{zens,j}^{-k}} \right)^b
$$ (8.55)

Die Likelihoodfunktion für alle weiteren Zensierungsarten ergibt sich analog zu den Ausführungen in Abschn. 6.4.4.

Abb. 8.29 zeigt das Ergebnis für den Büroklammerversuch.

Auch der Vertrauensbereich lässt sich für das Lebensdauermodell mit den bereits beschriebenen Verfahren in Abschn. 6.4.5.1 bestimmen. Die Fisher-Matrix erweitert sich dann ebenfalls um die Parameter des Lebensdauermodells. In diesem Fall ergibt sich:

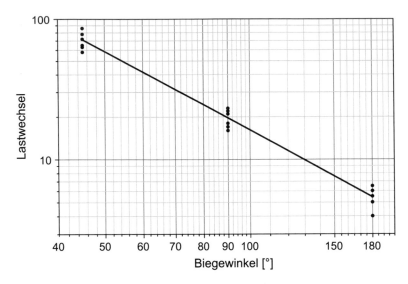

Abb. 8.29 Median-Lebensdauermodell des Büroklammerversuchs. (© IMA 2022. All Rights Reserved)

$$F = \begin{bmatrix} -\dfrac{\partial^2 \log L}{\partial b^2} & -\dfrac{\partial^2 \log L}{\partial b \partial C} & -\dfrac{\partial^2 \log L}{\partial b \partial k} \\[2mm] -\dfrac{\partial^2 \log L}{\partial C \partial b} & -\dfrac{\partial^2 \log L}{\partial C^2} & -\dfrac{\partial^2 \log L}{\partial C \partial k} \\[2mm] -\dfrac{\partial^2 \log L}{\partial k \partial b} & -\dfrac{\partial^2 \log L}{\partial k \partial C} & -\dfrac{\partial^2 \log L}{\partial k^2} \end{bmatrix} \tag{8.56}$$

Durch Invertierung resultiert die Varianz-Kovarianz-Matrix:

$$F^{-1} = \begin{bmatrix} \mathrm{var}(b) & \mathrm{cov}(b,C) & \mathrm{cov}(b,k) \\ \mathrm{cov}(C,b) & \mathrm{var}(C) & \mathrm{cov}(C,k) \\ \mathrm{cov}(k,b) & \mathrm{cov}(k,C) & \mathrm{var}(k) \end{bmatrix}^{-1} \tag{8.57}$$

Damit können die Vertrauensbereiche der Parameter bestimmt werden. Durch Inter- bzw. Extrapolation ist es ebenfalls möglich Vertrauensbereichswerte zu Lebensdauerquantilen für unterschiedliche Lastniveaus zu berechnen, so auch für das (wohl interessanteste) Feldlastniveau. Die Ergebnisse des Büroklammerversuchs inklusive Vertrauensbereich zeigt Abb. 8.30.

8.3.2.3 Planung beschleunigter Lebensdauertests
Für die Planung eines beschleunigten Lebensdauertests für die Bestimmung eines Lebensdauermodells sind die folgenden grundlegenden Fragestellungen zu beantworten:

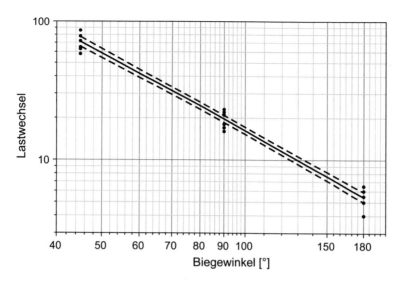

Abb. 8.30 Lebensdauermodell des Büroklammerversuchs mit Vertrauensbereich. (© IMA 2022. All Rights Reserved)

1. Wie viele Versuchsniveaus?
2. Welche Lage der Versuchsniveaus?
3. Wie viele Prüflinge pro Versuchsniveau?
4. Ist Zensierung zur Testzeitverkürzung sinnvoll?
5. Wie viele Prüflinge gesamt?

Anzahl der Versuchsniveaus

Die Frage nach der Anzahl an Versuchsniveaus in einem beschleunigten Test stellt sich bereits sehr lange. Nicht ohne Grund haben sich z. B. das Horizontenverfahren und das Perlenschnurverfahren als bekannte Vertreter fest etabliert. Während beim Horizontenverfahren ausschließlich auf definierten Versuchsniveaus getestet wird, variiert das Lastniveau beim Perlenschnurverfahren bei jedem Prüfling, s. Abb. 8.31. Letzteres bietet vor allem dann Vorteile, wenn der Ausfallmechanismus noch wenig verstanden und damit auch die maximal mögliche Beschleunigung unbekannt ist. In einem derartigen Szenario wäre die Definition eines einzigen oberen Lastniveaus schwierig, denn man möchte stets die maximale Aufwandsreduktion ohne den Ausfallmechanismus zu ändern. Bei Anwendung des Perlenschnurverfahrens kann man sich hingegen an das Maximum herantesten.

Aus statistischer Sicht besteht nur dann die Notwendigkeit mehr als zwei Lastniveaus zu wählen, wenn Zweifel an einem linearen Zusammenhang von Last und Lebensdauer besteht. Die bereits erwähnten, weit verbreiteten Modelle – Wöhler, Arrhenius und Inverse Power-Law–lassen sich in der doppellogarithmischen Darstellung als Gerade abbilden. Bei Verwendung dieser Modelle ist es deshalb nicht nötig ein drittes Lastniveau zu testen. Herzig untersucht in seiner Arbeit die Auswirkungen eines dritten Lastniveaus in Bezug

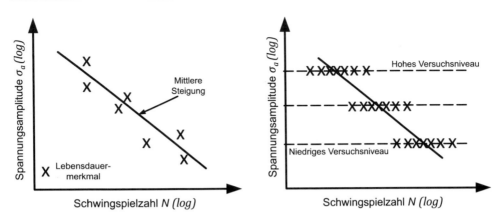

Abb. 8.31 Perlenschnur- (links) und Horizontentestverfahren (rechts) [20]. (© IMA 2022. All Rights Reserved)

auf den Zuverlässigkeitsnachweis [29]. Auch dabei wurde bestätigt, dass ein drittes Lastniveau keinen erheblichen Mehrwert bietet. In Testfällen mit sehr kostenintensiven Prüfzeiten (Verhältnis der Kosten für die Testzeit zu Prüflingskosten ca. 10.000) kann es vereinzelt Fälle geben, in denen die maximal nachweisbare Lebensdauer mit drei Lastniveaus um max. 12 % steigt. Als nachweisbare Lebensdauer wird diejenige Lebensdauer bezeichnet, die mit geforderter Zuverlässigkeit und Aussagewahrscheinlichkeit nachgewiesen werden kann.

Lage der Versuchsniveaus

Ein zentrales Grundprinzip in der Testplanung besagt, dass der Parameterraum so groß wie möglich gewählt werden soll, um möglichst einfach Effekte zu erkennen [2]. Dieses Grundprinzip wird auch für beschleunigte Zuverlässigkeitstests angewendet, d. h. es wird stets versucht die Versuchsniveaus so weit wie möglich auseinander zu legen. Das hohe Versuchsniveau wird deshalb immer so stark beschleunigt wie möglich. Die einzige Einschränkung dabei ist, dass sich der Ausfallmechanismus nicht ändern darf. Würde man das Grundprinzip der Testplanung auch beim unteren Lastniveau völlig kompromisslos anwenden, befände es sich auf Feldlastniveau. Damit wäre jedoch der beschleunigte Versuch hinfällig. Dennoch wird damit der Zielkonflikt verdeutlicht, den es für das untere Versuchsniveau zu lösen gilt. Aus rein statistischer Sicht wäre eine Lage sehr nah am Feldniveau vorteilhaft, sodass die Aussagekraft durch die Extrapolation nicht zu gering wird. Zu beachten ist grundsätzlich, dass ein größerer Extrapolationsbereich immer mit einem breiteren Vertrauensbereich einhergeht, wodurch wiederum die nachweisbare Lebensdauer auf Feldniveau abnimmt. Abb. 8.32 zeigt diesen Zusammenhang in relativer Beziehung. Das obere Lastniveau ist als maximal mögliche Last auf 1 normiert. Man erkennt deutlich, dass die nachweisbare Lebensdauer auf Feldlastniveau gegen 0 konvergiert, wenn sich hohes und tiefes Lastniveau annähern.

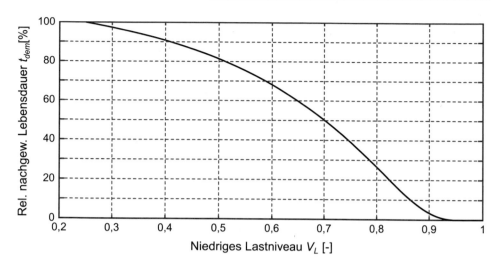

Abb. 8.32 Nachweisbare Lebensdauer für verschiedene Lagen des unteren Testniveaus. (© IMA 2022. All Rights Reserved)

Aus Aufwandsperspektive möchte man hingegen auch für das untere Lastniveau eine möglichst große Beschleunigung erzielen. Es muss somit stets problemindividuell ein passender Kompromiss gefunden werden. Anhand zweier Beispiele werden die Risiken bei der Definition der Versuchsniveaus beleuchtet.

Beispiel 1: Arrheniusmodell

In diesem Beispiel wurde ein Schaltkreis einem beschleunigten Lebensdauertest unterzogen. Die Testinformationen finden sich in Tab. 8.4. Die Originaldaten wurden [33] entnommen. Der Schaltkreis wurde unter erhöhter Temperaturbelastung getestet. Das Feldniveau beträgt 100 °C. Es wurden mehrere Lastniveaus zwischen 150 °C und 300 °C verwendet, wobei zu beachten ist, dass erst bei einer Belastung von 250 °C überhaupt Ausfälle beobachtet wurden. Da der Test in einer Klimakammer stattfand und es keine Möglichkeit gab einen Ausfall direkt zu detektieren, liegen intervallzensierte und rechtszensierte Daten vor.

Die Auswertung der Lebensdauerdaten ist in Abb. 8.33 dargestellt. Verwendet wurde das Arrheniusmodell in der logarithmischen Form:

$$\ln\left(t\right) = \frac{E_A}{k} \cdot \frac{1}{T} + \ln\left(A\right) \tag{8.58}$$

Die Aktivierungsenergie E_A ergibt zusammen mit der Boltzmannkonstante k die Steigung des Lebensdauermodells. Die Variable A ist die Konstante. Es fällt auf, dass nur sehr wenige Ausfälle in intervallzensierter Form vorliegen, was den Informationsgehalt zusätzlich schmälert. Die meisten Prüflinge, insbesondere auf den niedrigeren Lastniveaus, wurden als Durchläufer aus dem Test genommen. Was den Informations-

Tab. 8.4 Informationen zum beschleunigten Test des Schaltkreises

Stunden				
Unteres Niveau	Oberes Niveau	Status	Anzahl der Geräte	Temperatur [°C]
	1536	Rechtszensiert	50	150
	1536	Rechtszensiert	50	175
	96	Rechtszensiert	50	200
384	788	Ausgefallen	1	250
788	1536	Ausgefallen	3	250
1536	2304	Ausgefallen	5	250
	2304	Rechtszensiert	41	250
192	384	Ausgefallen	4	300
384	788	Ausgefallen	27	300
788	1536	Ausgefallen	16	300
	1536	Rechtszensiert	3	300

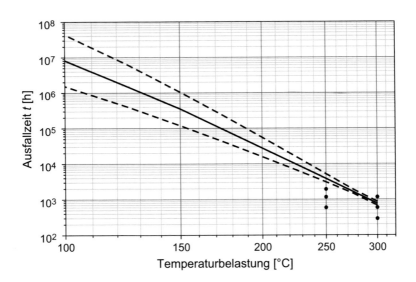

Abb. 8.33 Lebensdauermodell des Schaltkreises mit Vertrauensbereich. (© IMA 2022. All Rights Reserved)

gehalt der Ergebnisse angeht, muss jedoch beachtet werden, dass der Vertrauensbereich für das relevante Feldniveau aufgrund der großen Extrapolationsdistanz sehr breit ausfällt. Die Vertrauensbereichsgrenzen für die Feldlebensdauer liegen für einen 95 % Fisher-Vertrauensbereich bei:

$t_{0,975} = 1.532.555 \text{ h}$
$t_{0,025} = 43.895.777 \text{ h}$

Man erkennt deutlich, dass die Feldlebensdauerprognose einer erheblichen Unsicherheit unterliegt, die bei den Schlussfolgerungen im Rahmen der Ergebnisinterpretation unbedingt zu berücksichtigen ist. Die ermittelte Last-Lebensdauerbeziehung ist trotz Unsicherheit eine wichtige Informationsbasis und kann als Grundlage für die weitere Testplanung genutzt werden. Man sollte sich nur stets über die Unsicherheit bewusst sein, die mit der getesteten Stichprobe einhergeht. ◄

Beispiel 2: Inverse-Power-Law

Im zweiten Beispiel wurde eine Isolierung aus Polyurethan in einem beschleunigten Lebensdauerversuch getestet. Die Testdaten sind in Tab. 8.5 aufgeführt. Die elektrische Belastung wurde auf fünf Lastniveaus zwischen $E = 100,3$ kV/mm und $E = 361,4$ kV/mm getestet. Das Feldniveau lag in diesem Beispiel bei $E = 50$ kV/mm. Für dieses Beispiel wird das flexible Inverse-Power-Law in logarithmischer Form verwendet:

$$\ln(t) = -\ln(K) - n \cdot \ln(V) \tag{8.59}$$

Die Lebensdauer t ist dabei eine Funktion der elektrischen Spannung V und der Modellparameter K und n.

Bestimmt man für jedes Lastniveau die Weibullverteilung, siehe Abb. 8.34, ist auffällig, dass die charakteristische Lebensdauer auf dem höchsten Lastniveau extrem niedrig ausfällt. In diesem Fall konnte man feststellen, dass sich aufgrund der zu extremen Beschleunigung der Ausfallmechanismus auf dem höchsten Lastniveau geändert hatte.

Tab. 8.5 Informationen zum beschleunigten Test der Isolierung aus Polyurethan

	3	5	7	9	11
l_j	0,415 mm	0,685 mm	0,955 mm	1,225 mm	1,495 mm
V_j	150 kV	150 kV	150 kV	150 kV	150 kV
E_j	361,4 kV/mm	219,0 kV/mm	157,1 kV/mm	122,4 V/mm	100,3 kV/mm
t_j [min]	t_j [min]	t_j [min]	t_j [min]	t_j [min]	t_j [min]
0,1	15	49	188	606
0,33	16	99	297	1012
0,5	36	154,5	405	2520
0,5	50	180	744	2610
0,9	55	291	1218	3988
1	95	447	1340	4100
1,55	122	510	1715	5025
1,65	129	600	3382	6842
2,1	625	1656		
4	700	1721		

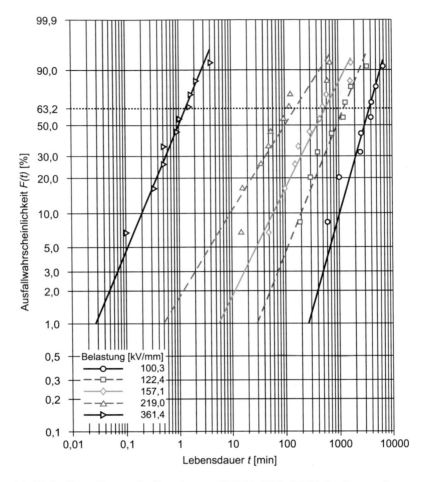

Abb. 8.34 Weibullverteilungen der Lastniveaus. (© IMA 2022. All Rights Reserved)

Werden dennoch alle Daten ausgewertet, führt das zu einer zu optimistischen Schätzung der Feldlebensdauer. In Abb. 8.35 wurden zwei Lebensdauermodelle ausgewertet. Einmal wurden alle Daten berücksichtigt und einmal wurden diejenigen des höchsten Lastniveaus aufgrund des wechselnden Ausfallmechanismus ausgeschlossen. Im direkten Vergleich erkennt man bereits in der grafischen Darstellung die Überschätzung der Feldlebensdauer. Quantitativ ergibt sich eine Überschätzung der Median-Feldlebensdauer um 147.000 min, was einer Überschätzung um den Faktor 7 entspricht. Dieses Beispiel verdeutlicht, dass eine Veränderung des Ausfallmechanismus durch Überbelastung vermieden werden muss. Wenn sich anhand einer Bauteilbegutachtung ein neuer Ausfallmechanismus belegen lässt, dürfen die zugeordneten Lebensdauerdaten nicht für die Datenauswertung verwendet werden. ◄

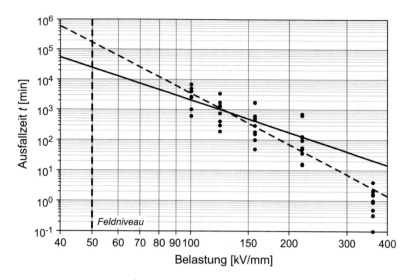

Abb. 8.35 Median-Lebensdauermodelle mit (gestrichelte Linie) und ohne Berücksichtigung der fehlerhaften Daten (durchgezogene Linie). (© IMA 2022. All Rights Reserved)

Aufteilung der Prüflinge auf die Versuchsniveaus

Die naheliegendste Aufteilung der Prüflinge wäre eine 50:50-Aufteilung zwischen hohem und tiefem Lastniveau. Diese hat jedoch aus statistischen Gesichtspunkten Nachteile. Auch hier geht es wieder um denselben Zielkonflikt. Möchte man den Extrapolationsfehler eingrenzen, sollten mehr Prüflinge auf dem tiefen Lastniveau getestet werden. Nelson gibt dazu einfache Rechenregeln vor [34]. Mit Hilfe des Extrapolationsfaktors, der die Lage der beiden Versuchsniveaus in Bezug zum Feldniveau setzt, s. Abb. 8.36, kann anschließend der Anteil der zu testenden Prüflinge für das tiefe Lastniveau p berechnet werden.

Der Extrapolationsfaktor berechnet sich zu:

$$\xi = \frac{x_1 - x_0}{x_1 - x_2}.$$ (8.60)

Der Anteil zu testender Prüflinge für das tiefe Lastniveau ergibt sich zu:

$$p = \frac{\xi}{2 \cdot \xi - 1}.$$ (8.61)

Nelson errechnet so ein varianzminimierendes Optimum hinsichtlich der Prüflingsaufteilung, d. h. es wird immer diejenige Aufteilung gewählt bei der die Varianz der Lebensdauer auf Feldniveau am geringsten ausfällt.

Da Nelson varianzbasiert optimiert und daher ausschließlich statistische Kriterien berücksichtigt, untersuchte Herzig in seiner Arbeit zusätzlich weitere Randbedingungen wie Testzeit und -kosten. Mit Hilfe der Erfolgswahrscheinlichkeit lassen sich auch hier

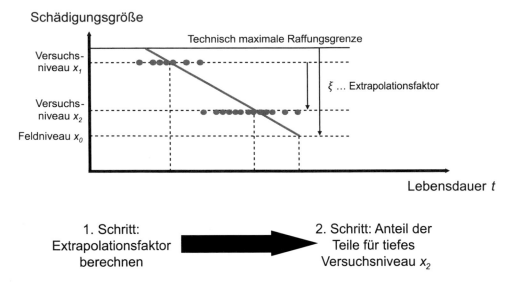

Abb. 8.36 Bestimmung des Extrapolationsfaktors nach Nelson. (© IMA 2022. All Rights Reserved)

unterschiedliche Kombinationen von Lasthöhe und Prüflingsverteilung miteinander vergleichen. Abb. 8.37 zeigt die nachweisbare Lebensdauer mit einer Erfolgswahrscheinlichkeit von 90 % für unterschiedliche Prüflingsanteile, die auf dem tiefen Lastniveau getestet werden. Zusätzlich wurden unterschiedlichen Lagen des tiefen Versuchsniveaus untersucht.

Die Ergebnisse bestätigen zunächst die Formeln von Nelson, die für jedes Lastniveau im Maximum der nachweisbaren Lebensdauer liegen. Die varianzbasierte optimale Prüflingsaufteilung nach Nelson verschiebt sich zu immer höheren Prüflingszahlen für das tiefe Lastniveau, je tiefer das Lastniveau liegt. Beachtenswert sind an den Ergebnissen von Herzig die ausgeprägten robusten Optima für jedes Lastniveau. Das heißt rückt man von den reinen statistischen Kriterien ab und betrachtet zusätzlichen den Testaufwand (Testkosten und -zeit), so kann man erheblich weniger Prüflinge auf dem tiefen Lastniveau, testen und muss nur ein unerhebliches Absinken der nachweisbaren Lebensdauer in Kauf nehmen. Denn je kleiner der Anteil der Prüflinge auf dem tiefen Lastniveau, desto größer der Anteil auf dem hohen Lastniveau. Auf dem hohen Lastniveau sind die Testzeiten aufgrund der maximalen Beschleunigung erheblich niedriger, was den Gesamtaufwand reduziert. Die Ergebnisse in Abb. 8.37 zeigen für alle Lastniveaus einen sehr flachen Verlauf der Kurven bis zu einem Prüflingsverhältnis von ca. 40 %. So kann je nach Lastniveau zwischen ca. 17,5 % und 50 % der Prüflinge auf dem hohen statt auf dem tiefen Lastniveau getestet werden.

Zensierung bei beschleunigten Tests
Die gewählten Lastniveaus von vorneherein mit einer Zensierungszeit (d. h. Abbruchzeit) zu versehen, ist aus Perspektive der Testplanung sinnvoll, denn die maximale Testzeit ist dadurch bereits bekannt. Zudem müssen potenzielle Langläufer nicht abgewartet werden.

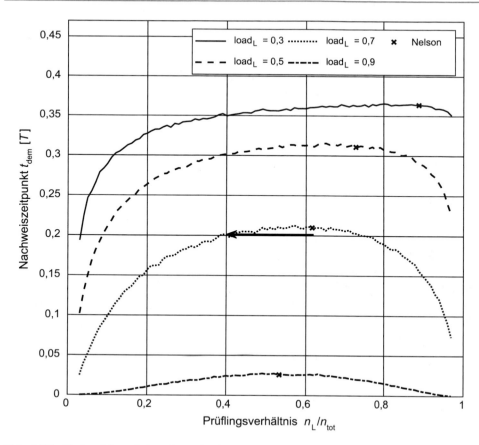

Abb. 8.37 Nachweisbare Lebensdauer für unterschiedliche Prüflingsverhältnisse und Lastniveauhöhen [29]. (© IMA 2022. All Rights Reserved)

Auch aus statistischer Sicht ergeben sich dadurch keine Nachteile [29]. Besondere Vorteile ergeben sich hingegen durch bewusste Einplanung von Zensierung nur in einigen wenigen Fällen. In einer Parameterstudie von Herzig ergab sich für lediglich ca. 5 % der Testfälle ein Anstieg der nachweisbaren Lebensdauer von 5 bis max. 10 %. Für die restlichen Fälle ergaben sich zwischen einem vollständigen und dem zensierten beschleunigten Test keine signifikanten Unterschiede hinsichtlich der nachweisbaren Lebensdauer.

Gesamtprüflingsanzahl für den beschleunigten Test

Die notwendige Gesamtstichprobenanzahl für einen beschleunigten Test lässt sich aufgrund der stochastisch verteilten Lebensdauer und der Unsicherheit der getesteten Stichprobe nicht durch eine einfache Gleichung wie beispielsweise die Prüflingsaufteilung nach Nelson ermitteln. Mit Hilfe der Erfolgswahrscheinlichkeit lässt sich jedoch numerisch approximativ die notwendige Anzahl an Prüflingen für einen Zuverlässigkeitsnachweistest ermitteln (vgl. auch Abschn. 8.3.1). Die notwendige Prüflingsanzahl ist stark abhängig von den jeweiligen Randbedingungen wie Zuverlässigkeitsziel, Auslegungssicherheit, Ausfallmechanismus usw. Pauschale Aussagen zur notwendigen Stichprobengröße sind daher kaum möglich. Grundsätzlich lässt sich jedoch sagen, dass die nachweisbare Lebensdauer mit einer optimalen Prüflingsaufteilung mit steigender Gesamtprüflingsanzahl ansteigt. Die Vorgehensweise für eine numerisch approximative Lösung ist in der Arbeit von Herzig zu finden [29].

8.3.2.4 HALT (Highly Accelerated Life Testing)

Seit etwa 1993 wird in der Literatur unter dem Akronym HALT eine weiterführende Methode zur beschleunigten Prüfung diskutiert [35]. HALT steht für *Highly Accelerated Life Testing* und bezeichnet eine von *G. K. Hobbs* [36] entwickelte Vorgehensweise zur Zuverlässigkeitssicherung von Erzeugnissen in der Entwicklungsphase. Die HALT-Methode ist jedoch eine rein qualitative Zuverlässigkeitsmethode, die ein gänzlich anderes Ziel verfolgt als die bereits vorgestellten quantitativen beschleunigten Zuverlässigkeitstests. Da letztere im Englischen oft als „ALT" (Accelerated Life Testing) abgekürzt werden, gibt es immer wieder Missverständnisse, weil die Methoden verwechselt werden.

Die HALT-Methode ist grundsätzlich für jedes Produkt anwendbar. Durch Tests mit schrittweiser Laststeigerung sollen relevante Ausfallmechanismen identifiziert werden, und zwar mit minimalen Kosten und in kürzest möglicher Zeit. Sie wird deshalb vor allem bei Produkten, deren Ausfallmechanismen noch gänzlich unbekannt sind, angewendet. HALT arbeitet mit Belastungsniveaus, die deutlich über diejenigen hinausgehen, denen das Produkt beim normalen Gebrauch ausgesetzt ist bzw. die spezifiziert sind. Der HALT-Prozess beginnt mit einer Analyse möglicher Belastungen, wie elektrischem (Betriebsspannung, -frequenz, Leistung), mechanischem (Vibration, Schock) oder thermischem Stress (extreme Temperaturen, schnelle Temperaturwechsel). Sie müssen für jedes Produkt individuell festgestellt werden. Dabei gibt es keine vorbestimmten Belastungsgrenzen. Es sollen möglichst viele versteckte Ausfallmechanismen provoziert werden. Ziel ist der Ausfall, nicht das Überstehen des Tests. Das Produkt sollte während des Versuchs in Betrieb sein und überwacht werden. In der Analyse ist dann zu entscheiden ob der identifizierte Ausfallmechanismus auch für den Feldbetrieb relevant ist oder nicht.

Die erste Testphase stellt den Beginn eines iterativen Prozesses dar, der aus den folgenden Schritten besteht:

- Test mit schrittweiser Laststeigerung,
- Analysieren der Testergebnisse (Suche der „Root Causes"); dabei ist es wesentlich, allen Ausfallursachen auf den Grund zu gehen, auch wenn die Ausfälle sich außerhalb der Spezifikationsgrenzen ereignet haben,
- Durchführen von Korrekturmaßnahmen (z. B. konstruktive Änderung, Material, Zulieferer, Montage),
- erneuter Test.

Im Rahmen von Versuchen mit Laststeigerung werden die Betriebsgrenzen (Funktions-grenzen) und Zerstörungsgrenzen (Ausfallgrenzen) ermittelt. Bei Überschreitung (Unterschreitung) der oberen (unteren) Betriebsgrenze arbeitet das Produkt fehlerhaft, geht aber bei Unterschreitung (Überschreitung) wieder in den Normalbetrieb über. Zur Ermittlung der Zerstörungsgrenzen (upper and lower destruct limit) tastet man sich schrittweise an die technologischen Grenzen (Fundamental Limits of Technology, FLT) heran. Außerhalb der Zerstörungsgrenzen wird das Gerät dauerhaft geschädigt und fällt irreversibel aus. Bei Kombination mehrerer Belastungen ergeben sich in der Regel nied-rigere Grenzniveaus. HALT beginnt mit den untersten modularen Einheiten und geht dann schrittweise zu höheren Komplexitätsstufen. Ergebnisse von HALT müssen zurückfließen in die

- konstruktive Auslegungen/Designs bei Nachfolgern,
- Fertigungsprozesse,
- Bestimmung von Stressprofilen.

HALT wird als höchst effektive Methode verstanden, mit der

- Design- und Fertigungsmängel erkannt,
- Auslegungsgrenzen ermittelt und erweitert,
- Erzeugniszuverlässigkeit erhöht,
- Entwicklungszeit verkürzt und
- die Auswirkungen von Modifikationen eingeschätzt
- werden soll(en).

Nachteil: Es ist nicht möglich, im Rahmen von HALT auf statistischer Basis Zuverlässig-keitswerte zu prognostizieren. Es handelt sich bei HALT um eine rein qualitative Test-methode, um Ausfallmechanismen zu erkennen und ggf. durch Maßnahmen abzustellen.

8.3.3 Degradation Test

Es kann vorkommen, dass innerhalb der zur Verfügung stehenden Prüfzeit, auch unter An-wendung von Beschleunigung, keine oder zu wenige Ausfälle der Bauteile beobachtet wer-den können. In diesem Fall ist es nicht möglich, durch herkömmliche Zuverlässigkeitstests Aussagen über das Ausfallverhalten des Bauteils zu machen. Viele Ausfallursachen lassen sich jedoch auf Degradationsvorgänge innerhalb des Bauteils zurückführen. Z. B. kann Verschleiß zu einer Schwachstelle werden, die einen Ausfall des Bauteils bewirkt. Ist der entstandene Verschleiß messbar, so können wichtige Informationen über den zeitlichen Ablauf der Abnutzung gewonnen werden.

Beim „Degradation Test" ist die an einem Bauteil auftretende „Verschlechterung des Funktionsverhaltens" maßgebend, s. Abb. 8.38.

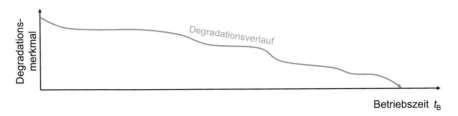

Abb. 8.38 Exemplarischer Degradationsverlauf. (© IMA 2022. All Rights Reserved)

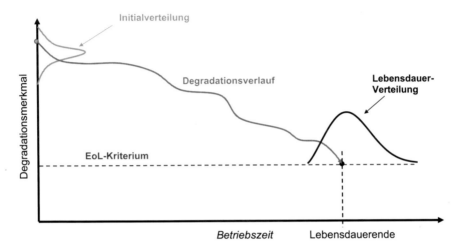

Abb. 8.39 Zusammenhang von Initial- und Lebensdauerverteilung mit dem Degradationsverlauf. (© IMA 2022. All Rights Reserved)

Man spricht in der Zuverlässigkeitstechnik von einem Degradationsverhalten bzw. dem Degradationsverlauf. Die Bestimmung des Ausfallverhaltens des Bauteils wird ohne das Auftreten von Ausfällen möglich, denn es wird über die Degradation ermittelt.

Ist die Beziehung zwischen Belastungszeit und Degradation durch Messung eben dieser bekannt, lässt sich das Lebensdauerende jedes geprüften Bauteils anhand dieser Korrelation ermitteln, s. Abb. 8.39.

Dabei wird eine bestimmte Grenze als Versagensart definiert – das sogenannte End-of-Life-(EoL-)Kriterium. Der Degradationsverlauf wird auf das EoL-Kriterium extrapoliert, um die Lebensdauerverteilung zu bestimmen. Durch die zwingend notwendige Definition eines EoL-Kriteriums spricht man in der Zuverlässigkeitstechnik auch von „Soft-Failures", denn das Bauteil ist zum Zeitpunkt, an dem es das EoL-Kriterium erreicht noch funktionsfähig. Dennoch wird es bei Erreichen des EoL-Kriteriums als ausgefallen betrachtet. Ohne ein EoL-Kriterium kann im Degradationstest keine Lebensdauerverteilung bestimmt werden, weshalb die Festlegung des Kriteriums obligatorisch ist. Zusätzlich bleibt stets eine Sicherheitsreserve, die vor einem „harten" bzw. spontanen Ausfall (auch „Hard-Failure") schützt. Die durch den Degradationspfad für die Initialverteilung ermittelten Lebensdauern der Bauteile können anschließend statistisch ausgewertet und beispielsweise im Weibull-netz dargestellt werden. Da sich im Degradationstest einige neue Begriffe ergeben, sind die wichtigsten nachfolgend definiert:

- Degradationsmerkmal: Ausfallcharakteristisches, messbares Schadensmerkmal des Produkts. Beispiel: Verschleiß bei Bremsbelägen.
- Initialverteilung: Verteilung der initialen Messung des Degradationsmerkmals. Durch die natürlich inhärente Streuung ergibt sich eine Verteilungsfunktion (z. B. Material- und Produktionsschwankungen).
- Degradationsverlauf: Beschreibt den Verlauf des Degradationsmerkmals über der Zeit. Es können sich je nach Ausfallmechanismus unterschiedliche charakteristische Degradationsverläufe einstellen.
- EoL-Kriterium: Festgelegter Grenzwert, bei dem das Produkt als ausgefallen gilt, sobald das Degradationsmerkmal diesen Wert unter- bzw. überschreitet.

Je nach Bauteil und Ausfallmechanismus ergibt sich ein unterschiedliches Degradations-verhalten. Manche Materialien besitzen eine so genannte Einlaufzeit, d. h. die Degradation ist anfangs höher als nach einer gewissen Zeit. Es gibt auch Mechanismen deren Degradation am Anfang geringer ist und danach ansteigt. In Abb. 8.40 sind beispielhafte Degradationsverhalten über der Betriebszeit dargestellt.

In vielen Anwendungsfällen ist es möglich, während der Testphase das Degradations-merkmal direkt zu messen. Man erhält somit innerhalb einer Versuchsreihe den zeitlichen Verlauf des voranschreitenden Schadens, beispielsweise die Abnutzung eines Reifen-profils über der Laufleistung. Es gibt aber auch Anwendungen, bei denen man das Degradationsmerkmal nicht oder zumindest nicht zerstörungsfrei messen kann. Oft helfen jedoch andere Größen, den Degradationsverlauf messbar zu machen. Beispielsweise die zeitliche Abnahme der Leistung oder Funktionsfähigkeit eines Bauteils. Je nach Anwendungsfall kann die Messung kontinuierlich oder nach festgelegten Zeitintervallen erfolgen.

Für einen Lebensdauertest bedeutet das einen weiteren Effizienzvorteil, denn der eigentliche Ausfall des Bauteils muss nicht komplett abgewartet werden. Stattdessen kann mit Hilfe des gemessenen Degradationsmerkmals die Ausfallverteilung durch

Abb. 8.40 Unterschiedliches Degradationsverhalten. (© IMA 2022. All Rights Reserved)

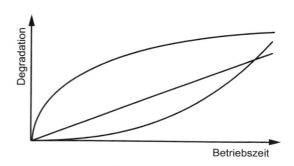

Extrapolation ermittelt werden. In Kombination mit einer Belastungsbeschleunigung ergibt sich der effizienteste Lebensdauertest überhaupt, mit dem man eine Aussage über die Ausfallverteilung machen kann. Der Degradationstest selbst basiert auf normalen Betriebsbedingungen, wie sie das Bauteil im operativen Betrieb erfährt. Ein beschleunigter Degradationstest ist also eine Kombination aus einer zeitraffenden Prüfung, die durch eine Erhöhung des Belastungsniveaus zustande kommt, und dem herkömmlichen Degradationstest. Die Abnutzungserscheinungen der Bauteile werden dabei zusätzlich erhöht. Der Zusammenhang zwischen Raffungsfaktor und Degradation muss für eine Bewertung des Ausfallverhaltens unter normalen Betriebsbedingungen bekannt sein oder im Versuch ermittelt werden. Es ist anzumerken, dass im Falle eines beschleunigten Degradationstest besonderer Wert auf die Zulässigkeit der Extrapolation zu legen ist, denn es muss sowohl für die Belastung als auch für die Degradation extrapoliert werden.

Der Planungsaufwand für einen Degradationstest steigt im Gegensatz zu herkömmlichen (beschleunigten) Tests an, denn es müssen zusätzlich Messzeitpunkte während des Versuchs definiert werden. Aus statistischer Sicht gilt, analog zum beschleunigten Test, lediglich darauf zu achten, dass man mindestens drei Messzeitpunkte benötigt, um von der Linearität abweichende Verläufe zu ermitteln.

Beispiel 1

An einer Fahrzeugkomponente wurde die Degradation zum Zeitpunkt $t_1 = 100.000$ km und zum Zeitpunkt $t_2 = 200.000$ km gemessen. Extrapoliert man nun die B_{10}-Lebensdauer mit einer Geraden auf das definierte EoL-Kriterium, ergibt sich eine Lebensdauer von $t_{EoL} = 300.000$ km, siehe Abb. 8.41 links. Eine weitere Messung könnte jedoch eine Abweichung von einem linearen Degradationsverlauf sichtbar machen. Mit dieser zusätzlichen Information ist man ggf. also in der Lage den Degradationsverlauf genauer zu approximieren, wenn er nicht linear ist. Aus praktischer Sicht sollte eine solche fehlerhafte Extrapolation unter allen Umständen vermieden werden, denn die resultierende Lebensdauer wird unter Umständen überschätzt, siehe Abb. 8.41 rechts.

Aus mess- und versuchstechnischer Sicht ergeben sich zusätzliche Herausforderungen bei der Versuchsplanung. Häufig muss das Bauteil für die Messung demontiert werden, was eine zusätzliche Unsicherheitsquelle mit sich bringt. Durch die Demontage und anschließende Wiedermontage können sich nämlich unerwartete Degradationsverläufe oder -sprünge einstellen, die nicht auf eine bestimmte Ursache zurückzuführen sind. Gerade Bauteile mit z. B. geschmierten Lagerstellen o. ä. sind davon besonders betroffen. Es stellt sich dann die Frage, wie man ggf. bei der erneuten Montage nachschmiert. Grundsätzlich gilt auch hier, dass die Randbedingungen des Tests definiert und dann immer konstant gehalten werden müssen. Auch das Messverfahren ist möglichst konstant anzuwenden, um nicht zusätzlich unerklärbare Varianz in das System einzubringen. ◄

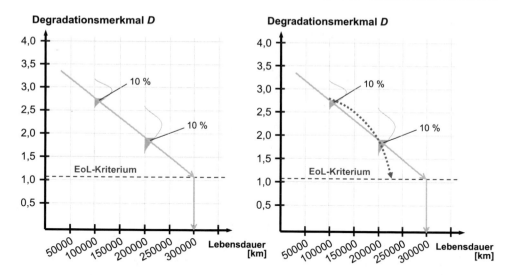

Abb. 8.41 Nachweisbare Lebensdauer bei linearem und quadratischen Degradationsverlauf. (© IMA 2022. All Rights Reserved)

Beispiel 2: Degradationstestdaten von Leuchtdioden

In einem Degradationsversuch wurden Infrarot-Leuchtdioden (IRLEDs) getestet. Bei IRLEDs handelt es sich um hochzuverlässige elektronische Bauteile, die in Kommunikationssystemen weit verbreitet sind. Die untersuchten Geräte sind IRLEDs, deren Wellenlänge 880 nm und deren Betriebsstrom 50 mA beträgt. Das Funktionsverhalten der Geräte über der Zeit wird durch das Variationsverhältnis der Lichtleistung gemessen. Ein Ausfall liegt vor, wenn das Verhältnis größer als 10 % ist, d. h. die Lichtleistung um mehr als 10 % abgenommen hat. Das Degradationsmerkmal ist in diesem Beispiel demnach die messbare Lichtleistung.

Zur Ermittlung der Zuverlässigkeit beim Betriebsstrom von 50 mA wurden 40 Einheiten getestet und in zwei Gruppen eingeteilt. Die eine Gruppe mit 25 Prüflingen wurde bei 170 mA getestet und eine weitere Gruppe mit den restlichen 15 Prüflingen bei 320 mA. Es handelt sich demnach um einen beschleunigten Degradationstest. Die gemessenen Lichtleistungen sind in Tab. 8.6 und 8.7 zusammengefasst.

Die Ergebnisse zeigt Abb. 8.42.

Man erkennt den deutlichen Unterschied des Degradationsmerkmals in Abhängigkeit des angelegten Stroms. Die LED verliert wesentlich schneller Lichtleistung bei höheren Strömen. Der Test wurde durch die Steigerung des angelegten Stroms also sichtlich beschleunigt. Außerdem ist ersichtlich, dass auf dem niedrigen Lastniveau nicht alle LEDs das EoL-Kriterium erreichen. Diese werden in der Weibullauswertung als Zensierung berücksichtigt. Die Weibullverteilung und das Lebensdauermodell zeigen Abb. 8.43 und 8.44.

Tab. 8.6 Gemessene Lichtleistungen der Infrarot-Leuchtdioden im beschleunigten Degradationstest bei einem Betriebsstrom von 170 mA

Einheit	24 h	48 h	96 h	155 h	368 h	768 h	1130 h	1536 h	1905 h	2263 h	2550 h
1	0,1	0,3	0,7	1,2	3	6,6	12,1	16	22,5	25,3	30
2	2	2,3	4,7	5,9	8,2	9,3	12,6	12,9	17,5	16,4	16,3
3	0,3	0,5	0,9	1,3	2,2	3,8	5,5	5,7	8,5	9,8	10,7
4	0,3	0,5	0,8	1,1	1,5	2,4	3,2	5,1	4,7	6,5	6
5	0,2	0,4	0,9	1,6	3,9	8,2	11,8	19,5	26,1	29,5	32
6	0,6	1	1,6	2,2	4,6	6,2	10,5	10,2	11,2	11,6	14,6
7	0,2	0,4	0,7	1,1	2,4	4,9	7,1	10,4	10,8	13.7	18
8	0,5	0,9	1,8	2,7	6,5	10,2	13,4	22,4	23	32,2	25
9	1,4	1,9	2,6	3,4	6,1	7,9	9,9	10,2	11,1	12,2	13,1
10	0,7	0,8	1,4	1,8	2,6	5,2	5,7	7,1	7,6	9	9,6
11	0,2	0,5	0,8	1,1	2,5	5,6	7	9,8	11,5	12,2	14,2
12	0,2	0,3	0,6	0,9	1,6	2,9	3,5	5,3	6,4	6,6	9,2
13	2,1	3,4	4,1	4,9	7,2	8,6	10,8	13,7	13,2	17	13,9
14	0,1	0,2	0,5	0,7	1,2	2,3	3	4,3	5,4	5,5	6,1
15	0,7	0,9	1,5	1,9	4	4,7	7,1	7,4	10,1	11	10,5
16	1,8	2,3	3,7	4,7	6,1	9,4	11,4	14,4	16,2	15,6	16,6
17	0,1	0,2	0,5	0,8	1,6	3,2	3,7	5,9	7,2	6,1	8,8
18	0,1	0,1	0,2	0,3	0,7	1,7	2,2	3	3,5	4,2	4,6
19	0,5	0,7	1,3	1,9	4,8	7,7	9,1	12,8	12,9	15,5	19,3
20	1,9	2,3	3,3	4,1	5,2	8,9	11,8	13,8	14,1	16,2	17,1
21	3,7	4,8	7,3	8,3	9	10,9	11,5	12,2	13,5	12,4	13,8
22	1,5	2,2	3	3,7	5,1	5,9	8,1	7,8	9,2	8,8	11,1
23	1,2	1,7	2	2,5	4,5	6,9	7,5	9,2	8,5	12,7	11,6
24	3,2	4,2	5,1	6,2	8,3	10,6	14,9	17,5	16,6	18,4	15,8
25	1	1,6	3,4	4,7	7,4	10,7	15,9	16,7	17,4	28,7	25,9

Für die Feldbelastung ergibt sich eine B_5-Lebensdauer von 541.266 h. Der Degradationstest wurde bis maximal 2550 h durchgeführt. Man erkennt also aus dem Vergleich der extrapolierten Feldlebensdauer und Versuchsdauer das erhebliche Einsparpotenzial, das mit Hilfe von Degradation erschlossen werden kann. ◄

8.4 Übungsaufgaben zur Zuverlässigkeitstestplanung

Aufgabe 8.1

Für ein Fahrzeuggetriebe wird im Lastenheft die Lebensdauer B_{10} = 250.000 km mit einer Aussagewahrscheinlichkeit von P_A = 95 % gefordert. Die Ausfallsteilheit soll, falls erforderlich, mit b = 1,5 abgeschätzt werden.

Tab. 8.7 Gemessene Lichtleistungen der Infrarot-Leuchtdioden im beschleunigten Degradationstest bei einem Betriebsstrom von 320 mA

Einheit	6 h	12 h	24 h	48 h	96 h	156 h	230 h	324 h	479 h	635 h
1	4,3	5,8	9,5	10,2	13,8	20,6	19,7	25,3	33,4	27,9
2	0,5	0,9	1,4	3,3	5	6,1	9,9	13,2	17	20,7
3	2,6	3,6	4,6	6,9	9,5	13	15,3	13,5	19	19,5
4	0,2	0,4	0,9	2,4	4,5	7,1	13,4	21,2	30,7	41,7
5	3,7	5,6	8	12,8	16	23,7	26,7	38,4	49,2	47,2
6	3,2	4,3	5,8	9,9	15,2	20,3	26,2	33,6	39,5	53,2
7	0,8	1,7	2,8	4,6	7,9	12,4	20,2	24,8	32,5	45,4
8	4,3	6,5	7,8	13	21,7	33	42,1	49,9	59,9	78,6
9	1,4	2,7	5	7,8	14,5	23,3	29	43,3	59,8	77,4
10	3,4	4,6	7,8	13	16,8	26,8	34,1	41,5	67	65,5
11	3,6	4,7	6,2	9,1	11,7	13,8	14,5	15,5	23,1	24
12	2,3	3,7	5,6	8,8	13,7	17,2	24,8	29,1	42,9	45,3
13	0,5	0,9	1,9	3,5	5,9	10	14,4	22	26	31,8
14	2,6	4,4	6	8,7	14,6	16,8	17,9	23,2	27	31,3
15	0,1	0,4	0,7	2	3,5	6,6	12,2	18,8	32,3	47

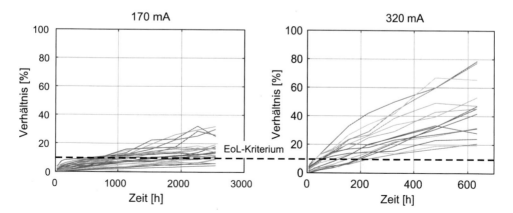

Abb. 8.42 Degradationsverläufe der LEDs für die beiden Lastniveaus 170 mA und 320 mA. (© IMA 2022. All Rights Reserved)

Ermitteln Sie die erforderliche Getriebeanzahl für Prüfung ohne Ausfall

a) auf Basis der Weibullverteilung und
b) auf Basis der Binominalverteilung (Success Run).

Die Prüfung ohne Ausfall soll unter folgenden Einschränkungen erfolgen:

c) Aus zeitlichen Gründen steht nur die Zeit für 150.000 Versuchskilometer je Getriebe zur Verfügung. Wie groß legen Sie jetzt die Anzahl der zu prüfenden Getriebe fest?
d) Aus Kostengründen stehen nur $n = 15$ Getriebe zu Versuchen zur Verfügung. Wie lange müssen diese ohne Ausfall laufen, um die geforderte Zuverlässigkeit nachzuweisen?

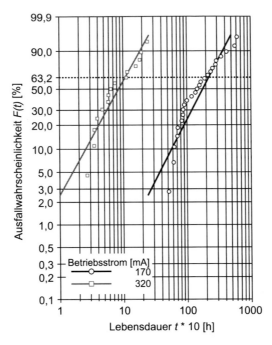

Abb. 8.43 Weibullverteilungen der LEDs für die beiden Lastniveaus 170 mA und 320 mA. (© IMA 2022. All Rights Reserved)

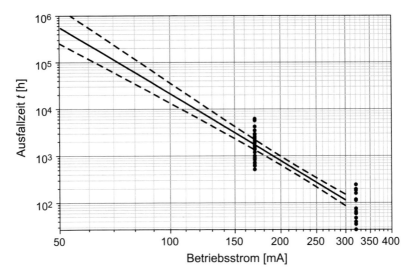

Abb. 8.44 Lebensdauermodell der LEDs mit Vertrauensbereich. (© IMA 2022. All Rights Reserved)

Die Lebensdauerversuche wurden mit der Stichprobenanzahl $n = 30$ durchgeführt. Drei Getriebe sind jedoch vor 250.000 km Laufleistung ausgefallen, d. h. $x = 3$. Die anderen $n - x$ Getriebe haben die geforderte B_{10}-Laufleistung ohne Ausfall überlebt.

e) Welche Zuverlässigkeit können Sie dem Getriebe mit unveränderter Aussagewahrscheinlichkeit P_A bescheinigen?

f) Mit welcher Aussagewahrscheinlichkeit können Sie die geforderte B_{10}-Lebensdauer nachweisen?

g) Wie viele Getriebe n^* müssten wegen der aufgetretenen Ausfälle zusätzlich bis zur B_{10}-Lebensdauer ohne Ausfall geprüft werden, um die geforderte Zuverlässigkeit mit der geforderten Aussagewahrscheinlichkeit nachzuweisen?

Im Folgenden sollen zusätzlich Vorkenntnisse aus einem Vorgängermodell berücksichtigt werden. Aus einem Vorgängermodell sei die Zuverlässigkeit von $R_0 = 90\,\%$ bekannt. Verwenden Sie zur Lösung der folgenden Teilaufgaben die Vorgehensweise nach *Beyer/Lauster* (sowohl das Nomogramm als auch die analytischen Beziehungen).

h) Wie viele Getriebe sind mit $L_v = 1$ ohne Ausfall zu testen?

i) Welche Prüfdauer t_p muss ohne Ausfall getestet werden, wenn 12 Getriebe zur Verfügung, stehen?

Aufgabe 8.2
Bei der Erprobung eines Geräts werden $n = 2$ Versuchsträger eingesetzt. Die Erprobung wird bis zur Zeit t durchgeführt, wobei $x = 1$ Gerät vor der Zeit t ausgefallen ist. Welche Zuverlässigkeit $R(t)$ können Sie dem Gerät in Abhängigkeit von der Aussagewahrscheinlichkeit P_A bestätigen? Stellen Sie diese Abhängigkeit qualitativ grafisch dar.

Aufgabe 8.3
Durch eine Erprobung soll die über eine Betriebsfestigkeitsberechnung ermittelte charakteristische Lebensdauer $T = 1{,}2 \cdot 10^6$ LW eines Zahnrads nachgewiesen werden. Der Formfaktor sei mit $b = 1{,}4$ bekannt, die ausfallfreie Zeit stehe mit $t_0 = 2 \cdot 10^5$ LW fest. Insgesamt stehen $n = 8$ Erprobungszahnräder zur Verfügung. Welche Prüfdauer t_p müssen die n Erprobungszahnräder geprüft werden, um die Charakteristische Lebensdauer mit einer Aussagewahrscheinlichkeit von $P_A = 90\,\%$ bestätigen zu können.

Aufgabe 8.4
Eine Fahrzeugbaugruppe soll laut Lastenheft die Lebensdauer $B_{10} = 250.000$ km bei einer Aussagewahrscheinlichkeit von $P_A = 95\,\%$ haben. Es wird eine zweiparametrige Weibullverteilung angenommen, die Ausfallsteilheit soll mit $b = 1{,}5$ abgeschätzt werden. Es stehen $n = 23$ Getriebe zur Erprobung zur Verfügung.

a) Ermitteln Sie die erforderliche Prüfdauer t_p für Prüfung ohne Ausfall.

b) Welche Prüfdauer t_p müssen die n Getriebe geprüft werden, wenn die rechnerisch ermittelte charakteristische Lebensdauer $T = 1{,}5 \cdot 10^6$ km als Vorwissen berücksichtigt werden soll. Verwenden Sie den Bayes-Ansatz von *Beyer/Lauster*.

Literatur

1. Dietrich E, Schulze A (1996) Statistische Verfahren zur Maschinen- und Prozessqualifikation. Carl Hanser, München
2. Siebertz K, van Bebber D, Hochkirchen T (2010) Statistische Versuchsplanung – Design of Experiments (DoE). Springer, Berlin/Heidelberg
3. Time (1938) Press: digest digested, Zeitungsartikel. https://content.time.com/time/subscriber/article/0,33009,882981,00.html. Zugegriffen am 26.05.2022
4. Beyer R, Lauster E (1990) Statistische Lebensdauerprüfpläne bei Berücksichtigung von Vorkenntnissen. QZ 35(2):93–98
5. Verband der Automobilindustrie (2000) VDA 3.2 Zuverlässigkeitssicherung bei Automobilherstellern und Lieferanten. VDA, Frankfurt
6. Krolo A (2004) Planung von Zuverlässigkeitstests mit weitreichender Berücksichtigung von Vorkenntnissen. Dissertation, Institut für Maschinenelemente, Universität Stuttgart
7. Held L, Sabanés Bové D (2014) Applied statistical inference: likelihood and bayes. Springer, Berlin/Heidelberg
8. Krolo A, Bertsche B (2003) An approach for the advanced planning of a reliability demonstration test based on a bayes procedure. Proc Ann Reliability & Maintainability Symp 2003:288–294
9. Herzig T (2021) Anforderungsgerechte Produktauslegung durch Planung effizienter beschleunigter Zuverlässigkeitstests. Dissertation, Institut für Maschinenelemente, Universität Stuttgart
10. Jaynes ET, Kempthorne O (1976) Confidence intervals vs bayesian intervals. D. Reidel Publishing Company, Dordrecht-Holland
11. Lee PM (2012) Bayesian statistics – an introduction, 4 Edition. Wiley, New Jersey
12. Neter J, Wasserman W, Kutner MH (1985) Applied linear statistical models: regression, analysis of variance, and experimental designs. R.D. Irwin, Homewood
13. Xie M, Singh K (2013) Confidence distribution, the frequentist distribution estimator of a parameter: a review Blackwell Publishing Ltd, 9600 Garsington Road, Oxford OX4 2DQ, UK
14. Kleyner B, Gasparini, Robinson, Bender (1997) Bayesian techniques to reduce sample size in automotive electronics attribute testing. Microelectron Reliab 37(6):879–883
15. Martz H F, Waller R A (1982) Bayesian reliability analysis. Wiley, New York
16. Gupta AK, Nadarajah S (2004) Handbook of beta distribution and its applications. CRC Press, Boca Raton
17. Grundler A, Göldenboth M, Stoffers F, Dazer, M, Bertsche, B (2021) Effiziente Zuverlässigkeitsabsicherung durch Berücksichtigung von Simulationsergebnissen am Beispiel einer Hochvolt-Batterie. 30. VDI-Fachtagung Technische Zuverlässigkeit 2021, 27.–28.04.2021, Nürtingen, VDI-Berichte 2377
18. Hitziger T (2007) Übertragbarkeit von Vorkenntnissen bei der Zuverlässigkeitstestplanung. Dissertation, Institut für Maschinenelemente. Universität Stuttgart

19. Dazer M, Stohrer M, Kemmler S, Bertsche B (2016) Planning of reliability life tests within the accuracy, time and cost triangle. Accelerated Stress Testing and Reliability (ASTR) conference, 28.09.–30.10.2016, Pensacola Beach

20. Dazer M (2019) Zuverlässigkeitstestplanung mit Berücksichtigung von Vorwissen aus stochastischen Lebensdauerberechnungen. Dissertation, Institut für Maschinenelemente, Universität Stuttgart

21. Grundler A, Dazer M, Bertsche B (2020) Reliability-test planning considering multiple failure mechnaisms and system levels. In: Annual reliability and maintainability symposium, RAMS 2020

22. Grundler A, Dazer M, Herzig T, Bertsche B (2021) Efficient system reliability demonstration tests using the probability of test success. In: Proceedings of the 31st European safety and reliability conference ESREL 2021, 19.–23.09.2021, Angers, Frankreich

23. Dazer M, Bräutigam D, Leopold T, Bertsche B (2018) Optimal planning of reliability life tests considering prior knowledge. In: Proc. RAMS 2018, 22.01.–25.01.2018, Reno, USA.

24. Dazer M, Grundler A, Herzig T, Bertsche B (2020) R-OPTIMA: optimal planning of reliability tests. In: Proceedings IRF2020: 7th international conference integrity-reliability-failure, pp 695–702

25. Dazer M, Grundler A, Herzig T, Engert D, Bertsche B (2021) Effect of interval censoring on the probability of test success in reliability demonstration: RAMS 2021 conference (Annual reliability and maintainablity symposium), 24.05.–27.05.2021, Orlando

26. Herzig T, Grundler, A, Dazer, M, Bertsche, B (2019) Cost- and time-effective planning of accelerated reliability demonstration tests – a new approach of comparing the expenditure of success run and end-of-life tests. In: Proc. RAMS 2019 conference (Annual reliability and maintainablity symposium), 28.01.–31.01.2019, Orlando

27. Göldenboth M, Grundler A, Bertsche B (2020) Reliability demonstration within the framework of event-based endurance testing considering prior knowledge: Proc. RAMS 2020 conference (Annual reliability and maintainablity symposium), 27.01.–30.01.2020, Palm Springs

28. Grundler A, Dazer M, Bertsche B (2020) Reliability-test planning considering multiple failure mechnaisms and system levels – an approach for identifying the optimal system-test level, type, and configuration with regard to individual cost and time constraints. In: Proc. RAMS 2020 conference (Annual reliability and maintainablity symposium), 27.01.–30.01.2020, Palm Springs

29. Herzig T, Dazer M, Grundler A, Bertsche B (2020) Evaluation of optimality criteria for efficient reliability demonstration testing. In: 30th European safety and reliability conference ESREL 2020. The 15th probabilistic safety assessment and management conference PSAM 15, 2020

30. Jakob F (2017) Nutzung von Vorkenntnissen und Raffungsmodellen für die Zuverlässigkeitsbestimmung. Dissertation, Institut für Maschinenelemente, Universität Stuttgart

31. Basquin OH (1910) The exponential law of endurance tests. Proc ASTM 11(1910):625

32. Modarres M, Amiri M, Jackson C (2015) Probabilistic physics of failure aproach to reliability. Wiley Global Headquarters, Hoboken

33. Meeker WQ, Escobar LA, Pascual FG (2021) Statistical methods for reliability data, 2. Aufl. Wiley, New York

34. Nelson W (1980) Accelerated life testing – step-stress models and data analysis. Trans Reliability R-29(2), June

35. AT&T Strategic Technology Group (1997) HALT, HASS and HASA as applied at AT&T. AT&T Wireless Services Strategic Technology Group. Atlanta, Georgia, USA

36. Hobbs Engineering Corporation, Westminster, Colorado. http://www.hobbsengr.com

37. Grundler, A.; Bollmann, M.; Obermayr, M.; Bertsche, B.: Berücksichtigung von Lebensdauerberechnungen als Vorkenntnis im Zuverlässigkeitsnachweis. 29. VDI-Fachtagung Technische Zuverlässigkeit 2019, 07.-08.05.2019, Nürtingen, VDI-Berichte 2345, ISBN 978-3-18-092345-1

Methodische Lebensdauerberechnung bei Maschinenelementen

9

Die methodische Lebensdauerberechnung bei Maschinenelementen stellt eine wesentliche Grundlage bei quantitativen Zuverlässigkeitsmethoden dar. Dabei sind die ermittelten Festigkeits- bzw. Lebensdauerwerte als Eingangsgrößen für die Zuverlässigkeitsverfahren anzusehen. In diesem Sinne ist Zuverlässigkeitstechnik eine Art erweiterter Festigkeitsrechnung. Auf Grund des Umfangs dieser Thematik kann im vorliegenden Kapitel nur ein Überblick über die Vorgehensweise und Aspekte der Lebensdauerberechnung mechanischer Komponenten gegeben werden. Eine detaillierte Beschreibung und Vertiefung der Zusammenhänge ist in der weiterführenden Fachliteratur [1–4] zu finden.

Ziel der Produktentwicklung im Sinne der Zuverlässigkeit ist es, Produkte mit hoher und definierter Lebensdauer zu entwickeln [5, 6]. Für eine Lebensdauervorhersage ist die Kenntnis aller Versagensursachen notwendig. Sie lassen sich in drei Kategorien einteilen:

1. *Ermüdungsausfälle, Alterungsausfälle, Verschleißausfälle* und *Ausfälle* bedingt durch *Umwelteinflüsse*, wie Korrosion etc., verursacht durch zeitabhängige Veränderungen der beteiligten Materialien, z. B. bei hochbelasteten Komponenten der Fahrzeugtechnik.
2. *Toleranzausfälle* führen zu unzulässigen Abweichungen, die eine einwandfreie Funktion verhindern, z. B. bei Werkzeugmaschinen, die gewünschte Fertigungsgenauigkeiten nicht mehr erzielen oder bei Dichtungen, die unzulässig hohe Leckage aufweisen.
3. *Ausfälle*, bedingt durch *Fehler*, die in der *Fertigung*, *Montage* oder bei der *Bedienung* von Maschinen gemacht werden.

Während sich das Ausfallverhalten der Kategorien 2. und 3. zurzeit nur statistisch beschreiben lässt, existieren für Kategorie 1 Verfahren für eine rechnerische Lebensdauervorhersage, s. Abb. 9.1. Im Sinne einer optimalen Konstruktion werden die an den kritischen Stellen eines Bauteils auftretenden Betriebsbeanspruchungen mit der ertragbaren

© Der/die Autor(en), exklusiv lizenziert an Springer-Verlag GmbH, DE, ein Teil von Springer Nature 2022, korrigierte Publikation 2023
B. Bertsche, M. Dazer, *Zuverlässigkeit im Fahrzeug- und Maschinenbau*, https://doi.org/10.1007/978-3-662-65024-0_9

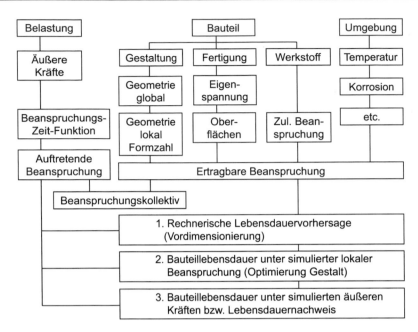

Abb. 9.1 Rechnerische Lebensdauerermittlung mit Schadensakkumulationshypothesen. (© IMA 2022. All Rights Reserved)

Beanspruchung aufeinander abgestimmt [3]. Die auftretenden Betriebsbeanspruchungen werden durch äußere Lasten bestimmt, während die ertragbare Beanspruchung durch Werkstoff, Gestalt, Fertigung und Umgebungseinflüsse beeinflusst werden.

Je nach Lastfall wird das Bauteil statisch oder dynamisch, d. h. zeit-, dauer- oder betriebsfest, ausgelegt. Sowohl für die statische, als auch zeitfeste und dauerfeste Auslegung stehen bewährte Verfahren der Festigkeitsberechnung zur Verfügung. Zur betriebsfesten Bemessung von Bauteilen gibt es eine ständig steigende Anzahl von Veröffentlichungen [7].

Die Lebensdauerberechnung ist aber wegen Unsicherheiten bei der Vorhersage der Betriebsbeanspruchung und der oft ungenauen linearen Schadensakkumulationshypothese großen Streubreiten unterworfen. Trotz dieser Unsicherheiten werden die immer detaillierteren Verfahren heute für die Vordimensionierung und in Verbindung mit Versuchen zur Optimierung und zum Lebensdauernachweis eingesetzt. Für eine letztendliche Freigabe der Serienprodukte sind auch heute noch Versuche zwingend notwendig.

9.1 Äußere Belastung, ertragbare Belastung und Zuverlässigkeit

Bei der statischen und dauerfesten Auslegung von Maschinenelementen verwendet der Konstrukteur nach den Methoden der Festigkeitslehre Nennwerte oder örtliche Beanspruchungsspitzen der auftretenden Belastung und entsprechende Werte der ertragbaren Belastbarkeit in Verbindung mit einem Sicherheitsfaktor, s. Abb. 9.2. Der Sicherheitsfaktor

Abb. 9.2 Auslegungsarten mechanischer Systeme. (© IMA 2022. All Rights Reserved)

- **Statische Auslegung**
  - Sicherheitsfaktor

- **Dynamisch dauerfeste Auslegung**
  - Sicherheitsfaktor

- **Dynamisch zeitfest oder betriebsfest**
  - Lebensdauer Wöhlerlinie

  - Lebensdauerlinie

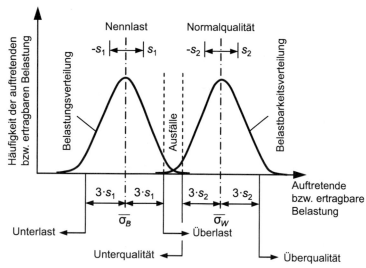

s: Standardabweichung

$\overline{\sigma}_B$, $\overline{\sigma}_W$: Mittelwerte der Verteilung der Belastung bzw. Belastbarkeit

Abb. 9.3 Zusammenhang zwischen auftretender und ertragbarer Belastung bzw. Beanspruchung. (© IMA 2022. All Rights Reserved)

wird so gewählt, dass möglichst alle Unsicherheiten im Berechnungsverfahren und bei den Lastannahmen sowie die Streuungen der Werkstoffkennwerte mit berücksichtigt werden [1]. Bei den Lastannahmen werden u. U. die Betriebsbedingungen durch einen Betriebsfaktor, z. B. den Dynamikfaktor K_A bei der Auslegung von Zahnrädern nach DIN 3990, erfasst. Diese Vorgehensweise hat sich bewährt.

9.1.1 Statische und dauerfeste Auslegung

Bei den meisten Produkten sind jedoch die Belastung und die Belastbarkeit Zufallsvariablen und demnach statistisch verteilt, s. Abb. 9.3. Am Beispiel der Beanspruchung eines Fahrzeuggetriebes wird dies deutlich. Die Belastung erfolgt durch das zeitlich veränderliche Torsionsmoment an der Getriebeeingangswelle. Sie hängt von dem verwendeten Motorkonzept, dem Motorkennfeld, der Fahrzeugmasse einschließlich Zuladung, dem Antriebskonzept, den Übersetzungen, dem Streckenprofil und insbesondere dem Fahrer ab [8]. Die Belastbarkeit des Bauteils hängt nicht nur von den verwendeten Werkstoffen, sondern auch von der Fertigungsqualität ab. Die Kenntnis der Verteilungen (Dichte f) von Belastung σ_B und Belastbarkeit σ_W und deren Überlappung ermöglicht Aussagen über die Ausfallwahrscheinlichkeit und Zuverlässigkeit von Maschinen und deren Elementen auf statistischer Basis, s. Abb. 9.3. Dieser Zusammenhang zwischen Belastung, Belastbarkeit und Ausfallwahrscheinlichkeit wird auch als Stress-Strength-Interference bezeichnet. Dabei ist es vorerst unwichtig, welcher Verteilung sie folgen.

Die Zuverlässigkeit R ist die Wahrscheinlichkeit dafür, dass die auftretende Belastung die ertragbare Belastung nicht überschreitet:

$$R = P\left(\sigma_W > \sigma_B\right). \tag{9.1}$$

Für eine Belastung σ_X werden alle Bauteile nicht versagen, für die gilt $\sigma_W > \sigma_X$. Die Anzahl der zuverlässigen Bauteile bzw. ihre Wahrscheinlichkeit lässt sich nach Abb. 9.4 mit dem Dichteintegral

$$\int_{\sigma_X}^{\infty} f_W\left(\sigma_W\right) \cdot d\sigma_W \tag{9.2}$$

beschreiben. Die Belastung $\sigma_B = \sigma_X$ tritt jedoch nur mit der relativen Wahrscheinlichkeit

$$f_B\left(\sigma_X\right) \cdot d\sigma_B \tag{9.3}$$

auf.

Die Zuverlässigkeit des Bauteils, d. h. die Wahrscheinlichkeit, dass die auftretende Belastung σ_X die ertragbare Belastung nicht überschreitet, erhält man nach dem Multiplikationssatz der Wahrscheinlichkeit, Abb. 9.4, als

$$f_B\left(\sigma_X\right) \cdot d\sigma_B \cdot \int_{\sigma_X}^{\infty} f_W\left(\sigma_W\right) \cdot d\sigma_W. \tag{9.4}$$

Werden nun alle möglichen auftretenden Belastungen berücksichtigt, so erhält man die Zuverlässigkeit aus Gl. (9.4) für alle Belastungen:

$$R = \int_{-\infty}^{\infty} f_B\left(\sigma\right) \cdot \left[\int_{\sigma}^{\infty} f_W\left(\sigma\right) \cdot d\sigma\right] \cdot d\sigma. \tag{9.5}$$

Dabei sind

- σ_W: die ertragbare Belastung,
- σ_B: die auftretende Belastung und
- B, W: die Indizes der Belastung bzw. Belastbarkeit.

Abb. 9.4 Ermittlung der Zuverlässigkeit aus auftretender Belastung und Belastbarkeit. (© IMA 2022. All Rights Reserved)

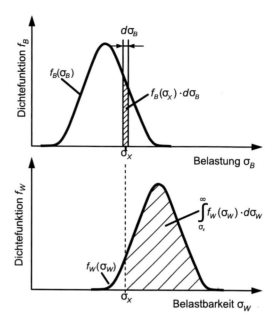

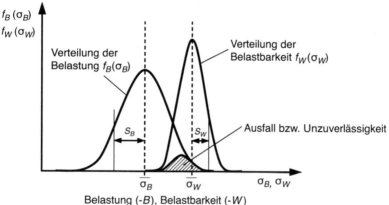

Abb. 9.5 Ausfallwahrscheinlichkeit bzw. Unzuverlässigkeit aus Belastung und Belastbarkeit. (© IMA 2022. All Rights Reserved)

Gl. (9.5) besagt, dass beim Vorliegen der Dichtefunktion der ertragbaren Belastung $f_W(\sigma_W)$ und der auftretenden Belastung $f_B(\sigma_B)$ die Zuverlässigkeit R des Bauteils berechnet werden kann. Im Allgemeinen sind Belastungen und Belastbarkeiten im positiven Zahlenraum definiert. Dies muss bei der Wahl der Integralgrenzen in der Berechnung entsprechend berücksichtigt werden. In Abb. 9.5 ist das Verhalten anschaulich dargestellt.

Ein Maß für den Abstand zwischen auftretender Belastung und ertragbarer Belastung ist die Zufallsvariable Y [9]:

$$Y = \sigma_W - \sigma_B \text{ mit } \overline{Y} = \overline{\sigma_W} - \overline{\sigma_B}. \tag{9.6}$$

- $P_R = P(Y \geq 0)$ ist dann die Wahrscheinlichkeit, dass $Y \geq 0$ ist, die Zuverlässigkeit,
- $P_F = P(Y < 0)$ die Wahrscheinlichkeit, dass $Y < 0$ ist, die Ausfallwahrscheinlichkeit.

Werden die Zufallsvariablen Belastung σ_B und ertragbare Belastung σ_W aufgrund ihrer zahlreichen zufälligen Einflussgrößen als normalverteilt angenommen, so lautet mit den Parametern Mittelwert und Standardabweichung, $\left(\overline{\sigma_B}, s_B\right), \left(\overline{\sigma_W}, s_W\right)$, die Dichtefunktion der normalverteilten Belastung:

$$f_B\left(\sigma_B\right) = \frac{1}{s_B \cdot \sqrt{2\pi}} \cdot \exp\left(-\frac{\left(\sigma_B - \overline{\sigma_B}\right)^2}{2 \cdot s_B^2}\right). \tag{9.7}$$

Die Dichtefunktion der Belastbarkeit ergibt sich analog. Die Zufallsvariable Y ist dann ebenfalls normalverteilt. Man transformiert

$$Z = \frac{Y - \overline{Y}}{s_Y} \text{ mit } s_Y = \sqrt{s_W^2 + s_B^2}. \tag{9.8}$$

Die normalverteilte Zuverlässigkeit R errechnet sich mit den Gl. (9.5), (9.7) und (9.8) zu:

$$R(z) = \frac{1}{\sqrt{2\pi}} \cdot \int_{-z_0}^{\infty} e^{-\frac{z^2}{2}} \cdot dz \text{ mit } z_0 = \frac{\overline{Y}}{s_y}. \tag{9.9}$$

Mit dem Sicherheitsabstand

$$S = \frac{\left(\overline{\sigma_W} - \overline{\sigma_B}\right)}{\sqrt{s_W^2 + s_B^2}} \tag{9.10}$$

berechnet sich die Zuverlässigkeit dann einfach durch

$$R = \phi\left(\frac{\left(\overline{\sigma_W} - \overline{\sigma_B}\right)}{\sqrt{s_W^2 + s_B^2}}\right), \tag{9.11}$$

wobei ϕ die Normalverteilungsfunktion ist [9–12]. Zur Berechnung können die Werte der standardisierten Normalverteilung (d. h. Mittelwert 0 und Standardabweichung 1) mit der *Fehlerfunktion erf(x)* z. B. mit Tabellenkalkulationsprogrammen berechnet oder aus Tabellen entnommen werden.

Zum Vergleich ergibt sich bei der üblichen Festigkeitsberechnung der Sicherheitsfaktor S_F als Quotient der Mittelwerte zu:

$$S_F = \frac{\overline{\sigma_W}}{\overline{\sigma_B}} \text{ z.B. } \frac{5000}{3500} = 1,4. \tag{9.12}$$

Welchen entscheidenden Einfluss die Streuung von Belastung und ertragbarer Belastung auf die Ausfallwahrscheinlichkeit hat, zeigt Abb. 9.6.

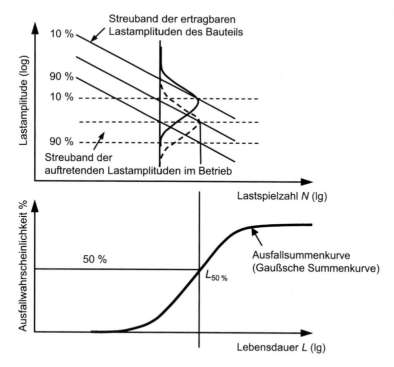

Abb. 9.6. Zunahme der Ausfallwahrscheinlichkeit mit zunehmender Lebensdauer [3]

An Stelle der Normalverteilung können auch andere Verteilungsfunktionen, wie z. B. die logarithmische Normalverteilung oder die Weibullverteilung, verwendet werden. Sie schätzen im Allgemeinen die Extremwerte der Verteilung besser ab [3], die von besonderem Interesse sind.

Beispiel

Eine Bauteilserie hat eine normalverteilte Belastungsfähigkeit mit einem Mittelwert von 5000 *N* und einer Standardabweichung von 400 *N*. Die Belastung ist ebenfalls normalverteilt mit dem Mittelwert von 3500 *N* und der Standardabweichung von 400 *N*. Wie groß ist die Zuverlässigkeit der Bauteile?

$$R = \phi \left(\frac{5000 - 3500}{\sqrt{400^2 + 400^2}} \right) = \phi(2,65) = 0,996. \tag{9.13}$$

Die bisherige Betrachtungsweise eignet sich nur für statisch beanspruchte oder dynamisch beanspruchte Maschinenelemente, sofern sie im Dauerfestigkeitsbereich liegen. ◀

9.1.2 Zeitfestigkeit und Betriebsfestigkeit

Für den Zeitfestigkeitsbereich kann angenommen werden, dass sich unter der Betriebsbeanspruchung das Streuband der ertragbaren Belastungs- bzw. Spannungsamplituden auf
das der auftretenden zubewegt. Die Ausfallwahrscheinlichkeit steigt mit zunehmender Lebensdauer aufgrund der zunehmenden Bauteilschädigung, s. Abb. 9.6. Es kann keine geschlossene Funktion nach Gl. (9.5) mehr angegeben werden. Kennt man für das betreffe-
fende Bauteil die Bauteilwöhlerlinie mit ihrem Lebensdauerexponent k, so erhält man aus
der Geradengleichung im doppellogarithmischen Diagramm Abb. 9.6

$$\frac{\sigma}{\sigma_D} = \left(\frac{N}{N_D}\right)^{-\frac{1}{k}}.$$
(9.14)

Setzt man nun Gl. (9.14) in Gl. (9.11) ein, so berechnet sich die Zuverlässigkeit durch
die stückweise für die einzelnen Lastwerte gültige Gleichung im Zeitfestigkeitsbereich [13]

$$R = \phi\left(\frac{\left[\left(\sigma_D \cdot N_D^{1/k}\right) \cdot N^{-1/k}\right] - \overline{\sigma_B}}{\sqrt{s_W^2 + s_B^2}}\right).$$
(9.15)

Für Bauteile, die bei Betriebstemperaturen oberhalb der Kristallerholungstemperatur des
verwendeten Werkstoffs eingesetzt werden, erhält man ein ähnliches Verhalten, das Krie-
chen. Bei der Zeitstandsfestigkeitsberechnung ist die Verschiebung der Bauteilwiderstands-
fähigkeit jedoch noch zusätzlich eine Funktion der Zeit t und der Temperatur T, Abb. 9.7.
Aus der Literatur sind entsprechende Ansätze wie das Exponentialmodell bekannt, um das
zeit- und temperaturabhängige Verhalten warmfester Werkstoffe zu beschreiben [14].

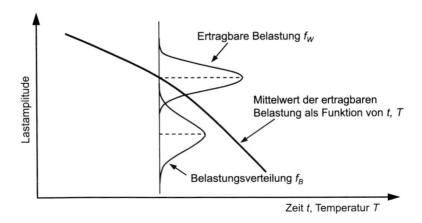

Abb. 9.7 Zeitstandsfestigkeit. (© IMA 2022. All Rights Reserved)

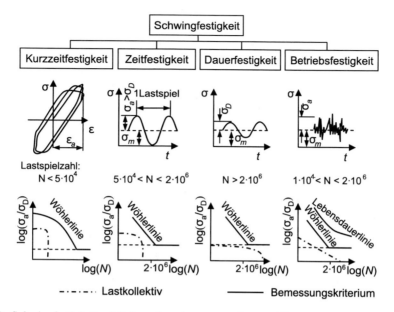

Abb. 9.8 Schwingfestigkeit mit Lebensdauerbemessungskurven [1]

Für den Fall der Betriebsfestigkeit können nach Abb. 9.8 die auftretenden Belastungen sowohl im Zeit- als auch im Dauerfestigkeitsbereich liegen.

Häufigkeit und Amplitude der auftretenden Belastung sind im Allgemeinen Zufallsgrößen. Die ertragbare Belastung streut ebenfalls und Aussagen über die Zuverlässigkeit betriebsbeanspruchter Maschinen lassen sich mit Hilfe von Schadensakkumulationshypothesen treffen. Die betriebsfeste Dimensionierung eines Bauteils erfolgt mit dem Ziel, den Ausfall des Bauteils für die vorgesehene Betriebsdauer mit der notwendigen Sicherheit zu verhindern. Hierzu muss zunächst die Bauteilbelastung für die vorgesehene Betriebsdauer beschrieben werden. Damit erhält man unter Berücksichtigung des dynamischen Systemverhaltens Belastungsverläufe, die durch eine geeignete Klassierung zu Belastungskollektiven zusammengefasst werden. Zur Beschreibung der Belastbarkeit dient die Bauteilwöhlerlinie. Sie ist durch den Werkstoff und die Geometrieparameter des Werkstücks wie Form, Größe und Oberfläche bestimmt. Der Vergleich zwischen Belastungskollektiv und Wöhlerlinie erfolgt dann mit Hilfe einer Schädigungshypothese, im Allgemeinen mit der linearen Schadensakkumulationshypothese von Palmgren und Miner.

Um Aussagen über die Zuverlässigkeit nach Gl. (9.11) zu machen, muss anstelle der Wöhlerlinie für ein mit einer Wahrscheinlichkeit eintretendes, vorliegendes, repräsentatives Lastkollektiv die Lebensdauerlinie ermittelt werden, Abb. 9.8, oder das Lastkollektiv auf ein äquivalentes einstufiges Ersatzkollektiv, das die gleiche Schädigung hervorruft, transformiert werden. Die Ermittlung eines repräsentativen Belastungskollektivs ist aber schwierig und zeitaufwendig. Daher ist die Verteilungsfunktion f_B in der Regel nicht bekannt. Die Belastung wird dann unter verschiedenen ungünstig hohen Beanspruchungen ermittelt. Die einzelnen Belastungsanteile werden entsprechend ihrer zu erwartenden

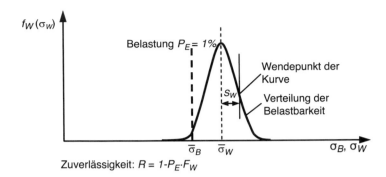

Abb. 9.9 Vereinfachter Zusammenhang zwischen Belastung und Belastbarkeit. (© IMA 2022. All Rights Reserved)

auftretenden Häufigkeit zusammengesetzt und das Kollektiv wird auf die gesamte Nutzungsdauer extrapoliert [8]. Für diese ungünstige Belastung wird meist die Eintrittswahrscheinlichkeit angesetzt. Die Zuverlässigkeit kann dann vereinfacht aus der Verteilung der ertragbaren Belastung berechnet werden, Abb. 9.9.

9.2 Belastung

Bei der Betrachtung der Betriebsbelastungen und -beanspruchungen der meisten Bauteile kann festgestellt werden, dass konstante Lastamplituden in der Technik sehr selten sind. Die Belastungen laufen in mehr oder weniger regelloser Form ab. So treten bei einem Pkw z. B. völlig regellose stochastische Beanspruchungsverläufe infolge der Straßenunebenheiten und des Fahrers, sowie an Schiffen und Bohrinseln infolge des Seegangs auf, Abb. 9.10.

Häufig sind rein stochastischen Vorgängen auch deterministische Vorgänge überlagert. Bei einem Flügel eines Transportflugzeugs findet z. B. eine Mittellaständerung statt, wenn das Flugzeug am Boden rollt, vom Boden abhebt oder landet. Dies ist ein deterministischer, genau vorhersehbarer Vorgang, der mit mehr oder weniger regellosen Vorgängen infolge der Böenbelastung in der Luft oder der Rollbewegung am Boden überlagert ist. Ähnlich sind die Vorgänge an einem Reversierwalzwerk. Die Beanspruchung der Scheibe der Gasturbine eines Transportflugzeugs ist dagegen weitgehend deterministisch, der Lastablauf aber trotzdem variabel. Die Ursache hierfür ist, dass die Drehzahl dem Piloten bei einem bestimmten Flug fast völlig deterministisch vorgegeben ist und die Beanspruchung der Scheibe in erster Linie vom Quadrat der Drehzahl abhängt. Um diese Last-Zeit-Schriebe für eine Lebensdauervorhersage verwenden zu können, müssen diese mit statistischen Verfahren ausgewertet werden.

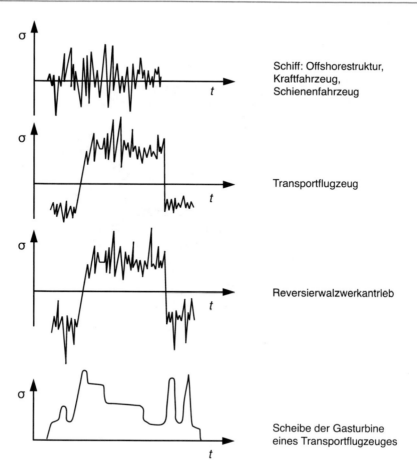

Schiff: Offshorestruktur,
Kraftfahrzeug,
Schienenfahrzeug

Transportflugzeug

Reversierwalzwerkantrieb

Scheibe der Gasturbine
eines Transportflugzeuges

Abb. 9.10 Stochastische und deterministische Lastabläufe [3]

9.2.1 Ermittlung der Betriebsbelastung

Zur Ermittlung der Betriebsbelastung wird ein Last-Zeit- oder Last-Weg-Schrieb der Beanspruchung am Bauteil benötigt. Diese Last-Zeit-Schriebe lassen sich über verschiedene Möglichkeiten, Messung oder Simulation, ermitteln, Abb. 9.11.

Zum Ersten können die Belastungs- und Beanspruchungsverläufe am Bauteil im wirklichen Betrieb direkt gemessen werden. Diese Betriebsmessung ist jedoch recht aufwändig und an bestimmten kritischen Stellen oft gar nicht möglich, z. B. Zahnfußspannungen in Getrieben. In Abb. 9.12 ist das Blockschaltbild für die Messung von Drehmomentverläufen an Fahrzeuggetrieben angegeben.

Beim mobilen Einsatz in Fahrzeugen wird der Drehmomentverlauf direkt, also online, mit Hilfe eines Mikroprozessors klassiert oder nur aufgezeichnet und zeitversetzt klassiert. Hohe Abtastraten und lange Messzyklen benötigen eine Onlineverarbeitung, da die

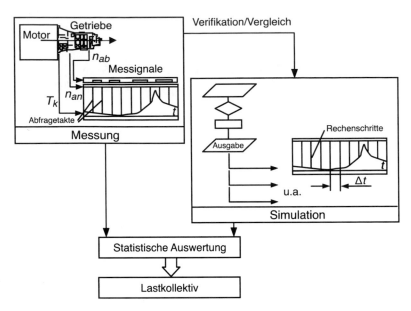

Abb. 9.11 Ermittlung der Beanspruchung durch Simulation und Messung am Fahrzeuggetriebe. (© IMA 2022. All Rights Reserved)

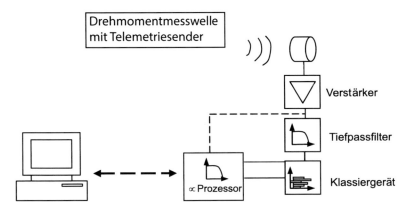

Abb. 9.12 Ermittlung von Drehmomenten an Getriebewellen durch Messung. (© IMA 2022. All Rights Reserved)

Zahl der zu speichernden Messwerte zu groß wird. Mit einfachen Algorithmen und schnellen Prozessoren ist heute auch für hochfrequente Belastungs-Zeit-Funktionen eine Online-klassierung möglich [12, 15].

Der Aufwand für die direkte Messung am Bauteil wird jedoch häufig dadurch reduziert, dass die Belastungsnennfunktion an einer Stelle im Kraft- oder Momentenfluss ermittelt und durch Berechnung auf die übrigen Komponenten übertragen wird. Für ein Fahrzeug bedeutet dies z. B., dass das Kupplungsmoment gemessen wird, aus dem gemessenen Moment die Momente an den Rädern und daraus die resultierenden lokalen Spannungen

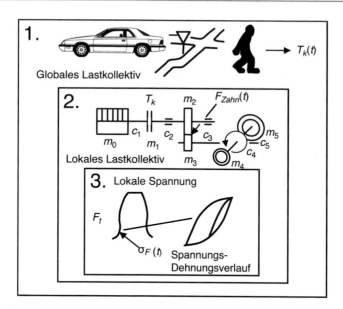

Abb. 9.13 Ermittlung der lokalen Betriebsbeanspruchung aus Belastungsnennfunktion [16]

ermittelt werden. Da jedoch die Verbindung zwischen Kupplung und Rädern und die Räder selbst keine starren Gebilde sind, sondern Massen, Steifigkeiten und Dämpfungen haben, lassen sich die an der Kupplung gemessenen Werte nur durch die Betrachtung des dynamischen Gesamtverhaltens des Systems auf die einzelnen Komponenten übertragen, s. Abb. 9.13.

Zur weiteren Analyse eignen sich Programme zur Simulation starrer oder elastischer Mehrkörpersysteme (MKS) (2.), Finite-Elemente- (FEM) oder Boundary-Elemente-Programme (BEM) (3.), s. Abb. 9.13.

Eine zweite Methode, um Belastungs- und Beanspruchungsverläufe zu ermitteln, bietet die Simulation, am Beispiel von Abb. 9.14 für Fahrzeugantriebsstränge dargestellt [17].

Auch Simulationen benötigen gemessene Daten, z. B. beim Kraftfahrzeug die Strecken-, die Fahrzeug- und die Fahrerdaten. Weiter wird ein Algorithmus benötigt, der es erlaubt, abhängig von den stationären Eingangsgrößen den dynamischen Verlauf der Belastung als zeit- oder wegabhängige Größe zu ermitteln. Die Simulation führt dann zum gleichen Ergebnis wie die Betriebsmessung, dem Belastungs- oder Beanspruchungsverlauf, sofern Randbedingungen und Algorithmus repräsentativ sind. Die Auswahl, ob die Nennbeanspruchung oder die örtliche Beanspruchung ermittelt wird, hängt von der Modellierungstiefe des verwendeten Modells ab. Unter Umständen können lokale Beanspruchungen wieder aus den Nennbeanspruchungen abgeleitet werden.

Eine dritte Methode umgeht die aufwendige Ermittlung der Last-Zeit-Funktion [18]. Die Lastannahmen erfolgen meist direkt in Form eines Lastkollektivs. Die Form des Kollektivs kann z. B. aufgrund eines Zufallsprozesses als normalverteilt angenommen werden [1, 3]. Sie kann in Regelwerken vorgegeben sein, wie z. B. für die Dimensionierung von Kranwerken, oder ist durch mehrere Langzeitmessungen bekannt, s. Abb. 9.15.

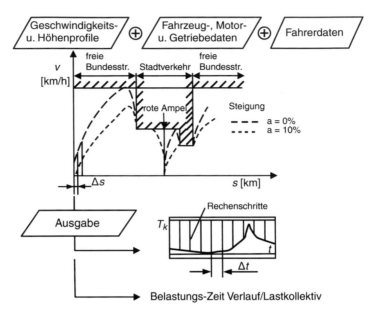

Abb. 9.14 Simulierte Fahrt eines Kraftfahrzeugs. (© IMA 2022. All Rights Reserved)

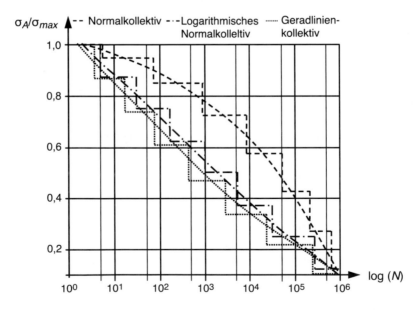

Abb. 9.15 Verschiedene normierte Standardkollektive mit 8 Stufen. (© IMA 2022. All Rights Reserved)

Als weitere Vereinfachung kann das Lastkollektiv in einem Betriebsfaktor zusammengefasst werden. Hierzu wird ein einstufiges äquivalentes Lastkollektiv mit der gleichen Schädigung ermittelt. Das Verhältnis äquivalente Last zu Nennlast $\sigma_{equ}/\sigma_{nenn}$ wird als Betriebsfaktor der Nennlast zugeschlagen.

9.2.2 Das Lastkollektiv

Die gemessenen oder simulierten Last-Zeit-Schriebe müssen für die Lebensdauerberechnung mit statistischen Zählverfahren ausgewertet werden [19]. Diesen Vorgang bezeichnet man als Klassierung. In DIN 45667 sind die einparametrigen Klassierverfahren ausführlich dargestellt [20]. Neben den einparametrigen gibt es noch zweiparametrige Verfahren, die sich für die Klassierung von Belastungs-Zeit-Funktionen durchgesetzt haben. Für Lebensdauerabschätzungen interessieren in erster Linie die Höhe der Belastung bzw. Beanspruchung und deren Häufigkeit. Die Frequenz der Belastungs-Zeit-Funktion und die Reihenfolge des Auftretens der Ereignisse werden dabei vernachlässigt. Ausnahmen gelten bei hohen Temperaturen, bei Korrosion und wenn die Belastungs-Zeit-Funktionen wieder aus Lastkollektiven für durchzuführende Versuche rekonstruiert werden müssen, s. Abb. 9.16. Diese Annahmen sind im Allgemeinen zulässig, müssen jedoch von Fall zu Fall genau untersucht werden [19].

Bei der Klassierung wird der Belastungszeitverlauf möglichst gut in einzelne Schwingspiele zerlegt, um eine Zuordnung zu Wöhlerversuchen herstellen zu können. Die Wöhlerversuche werden im Einstufenverfahren mit sinusförmiger Belastung durchgeführt.

Die Verdichtung des Belastungszeitverlaufs erfolgt durch die Einordnung des jeweiligen Schwingspiels in ein Klassenraster als Zählgröße. Die Genauigkeit bei der Erfassung der Belastungsamplitude wird durch die Feinheit des Klassenrasters bestimmt. Eine Einteilung der Klassen ist vom individuellen Anwendungsfall und den jeweiligen Daten abhängig und kann daher nicht exakt vorgegeben werden. Die Kollektivbildung liefert die Klassenbesetzung und die Summenbesetzung. Dabei gibt die Klassenbesetzung an, wie

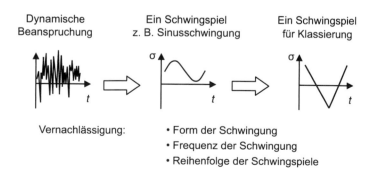

Abb. 9.16 Schwingungen bei Betriebsbeanspruchung und Vereinfachungen bei der Klassierung. (© IMA 2022. All Rights Reserved)

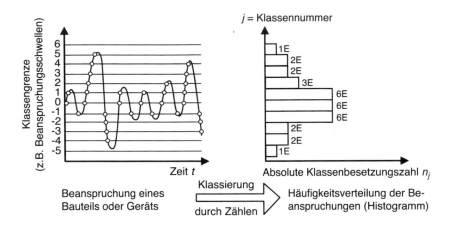

Abb. 9.17 Klassierung mit dem Klassengrenzenüberschreitungsverfahren KGÜZ. (© IMA 2022. All Rights Reserved)

viele erfasste Schwingspiele in den Grenzen der betreffenden Klasse liegen. Die Summenbesetzung gibt an, wie viele der Schwingspiele kleiner oder gleich der oberen Grenze der betrachteten Klasse sind. Die Kollektivform hat einen entscheidenden Einfluss auf die Bauteillebensdauer.

Beschrieben wird ein Lastkollektiv durch die Form in halblogarithmischer Darstellung, durch den Umfang H (Summenhäufigkeit) sowie Maximal- und Mittelwert der Belastung bzw. Beanspruchung (σ_o, σ_m), s. Abb. 9.17.

Im Folgenden werden die für die Lebensdauerermittlung geeigneten ein- und zweiparametrigen Verfahren vorgestellt. Einparametrige zählen nur Amplitude bzw. Klassengrenze. Zweiparametrige zählen dagegen Amplitude und Mittelwert oder Maximum und Minimum. Es gibt Verfahren, die Schwingspiele zählen und damit das Spannungs-Dehnungs-Verhalten im Sinne der Werkstoffmechanik erfassen und Verfahren, die eine zeit-, drehzahl- oder winkelabhängige Abtastung eines Signals, z. B. in der Antriebstechnik, durchführen, woraus die Beanspruchung an den einzelnen Bauteilen ermittelt werden kann.

9.2.2.1 Einparametrige Zählverfahren

Klassengrenzenüberschreitungsverfahren (KGÜZ)

Am Beispiel des Klassengrenzenüberschreitungsverfahrens (auch Klassengrenzenüberschreitungszählung, Klassendurchgangsverfahren, level crossing counting) soll die prinzipielle Vorgehensweise bei der Klassierung beschrieben werden, s. Abb. 9.17.

Beim Klassengrenzenüberschreitungsverfahren wird beim Überschreiten jeweils einer Klassengrenze eine Zählung ausgelöst. Die Klassenbreiten sind in Abhängigkeit von der Streuung der Messwerte festzulegen. In den positiven Klassen werden alle von der Bezugslinie weg ins Positive gerichteten Klassenübergänge gezählt, in den negativen Klassen alle von der Bezugslinie weg ins Negative gerichteten Klassenübergänge. Die Durchgänge durch die Bezugslinie (Nulllinie) sollen in der ersten positiven Klasse gezählt werden. In Abb. 9.17 ist dieser Klassierungsvorgang für eine stochastische Funktion dargestellt und zwar als Histogramm mit der Klassennummer j über der absoluten Klassenbesetzungszahl n_j und umgekehrt n_j über j. Die KGÜZ beschreibt die tatsächlichen Beanspruchungshöhen. Da die Amplituden der einzelnen Lastwechsel jedoch verloren gegangen sind, erfordert die Anwendung für eine Schädigungsrechnung die Reproduktion eines Ausschlaglastkollektivs aus dem Klassengrenzenüberschreitungskollektiv. Dazu wird vorausgesetzt, dass für jeden Punkt des Kollektivs die Überschreitungszahl gleich der Summenhäufigkeit der Ausschlagslast ist, die der Differenz zwischen oberem und unterem Kollektivast entspricht. Dies gilt genau genommen nur dann, wenn alle Schwingspiele durch eine Klasse gehen.

Die Erstellung des getreppten Ausschlaglastkollektivs erfordert das Einlegen von Blöcken in das Klassengrenzenüberschreitungskollektiv. Die Höhe eines Blocks entspricht der durchschnittlichen Differenz zwischen oberer und unterer Kollektivlast und stellt die zugehörige Ausschlagslast dar. Die Breite des Blocks beschreibt die entsprechende Lastspielzahl. Das Verfahren liefert die zur Schadensakkumulationsrechnung benötigten Ausschlagslasten nur nach einer Umformung.

Das Klassengrenzenüberschreitungsverfahren wurde in der Vergangenheit häufig bei Lebensdauerabschätzungen angewendet. Das Verfahren ist abhängig vom Beanspruchungsverlauf konservativer als andere Verfahren. Bei veränderlichen Mittellasten sind getrennte Kollektive zu erstellen. Da die Kollektive der KGÜZ sowohl die Extremwerte als auch deren Häufigkeit beschreiben, ist das KGÜZ besonders für den Lastkollektivvergleich geeignet [21].

Spannen- und Spannenpaarverfahren

Das Spannen- (Bereichszählung *BZ*, range counting) und Spannenpaarverfahren (Bereichspaarzählung *BPZ*, range pair counting) sind in der DIN 45667 [20] genormte sowie im Standard ASTM E 1049-85 [22] enthaltene Verfahren, s. Abb. 9.18.

Beide Verfahren erfordern zunächst die Erkennung der Maximal- und Minimalwerte des auszuwertenden Beanspruchungsverlaufs. Die Differenz zwischen zwei aufeinander folgenden Extremwerten wird als Spanne bezeichnet und wird beim Spannenverfahren als halbes Schwingspiel aufgefasst. Gezählt werden steigende oder fallende Spannen.

Dieses Verfahren reagiert empfindlich auf kleine Zwischenschwingungen, die zwar vom zugehörigen Schädigungsanteil her vernachlässigbar sind, jedoch große Spannen zerlegen, so dass wegen des exponentiellen Schädigungsgesetzes die berechnete Gesamtschädigung stark vermindert wird. Wenn möglich, sollten deshalb kleine Zwischenschwingungen während oder vor dem Klassiervorgang herausgefiltert werden. Das Verfahren ist für die Lebensdauerabschätzung nicht geeignet.

Das Spannenpaarverfahren ermittelt die Summenhäufigkeit von Spannenpaaren, die sich aus jeweils gleich großen ansteigenden und abfallenden Spannen zusammensetzen. Die Spannen können sich aus mehreren, auch zeitlich versetzt aufgetretenen Spannenab-

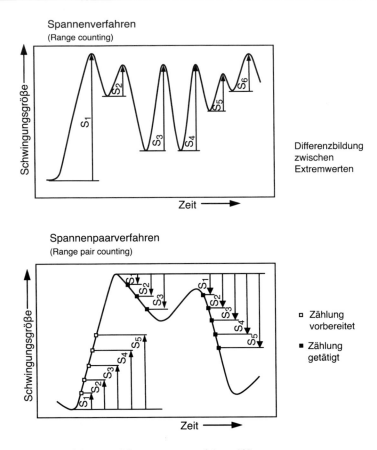

Abb. 9.18 Spannenverfahren und Spannenpaarverfahren [3]

schnitten zusammensetzen und brauchen mit dem gleich großen Gegenstück nicht auf einer Höhe zu liegen. Eine Kennzeichnung der Mittelspannung ist daher nicht möglich. Die Absolutwerte der Maxima und Minima gehen verloren. Die überlagerten Zwischenschwingungen werden jedoch zusätzlich zum Grundbelastungszyklus erfasst, ohne ihn zu zerteilen.

Da das Ergebnis des Spannenpaarverfahrens eine Summenhäufigkeitsverteilung ist, aus der erst nach Abschluss des Klassiervorgangs die Häufigkeiten der einzelnen Klassen ermittelt werden können, kann es nicht zur Online-Auswertung eingesetzt werden. Das Spannenpaarverfahren wird häufig für Lebensdauerabschätzungen verwendet. Bei der Auswertung sollte jedoch darauf geachtet werden, dass nur Bereiche mit gleicher Mittelspannung zusammengefügt werden.

Verweildauerzählung und Momentanwertzählung
Zu den Verfahren mit drehzahlabhängiger Abtastung gehören die in Abb. 9.19 und 9.20 für ein Fahrzeuggetriebe vorgestellte Verweildauerzählung (time at level counting) und die

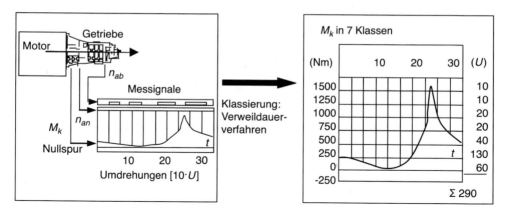

Abb. 9.19 Erfassung Getriebelastkollektiv (Drehmoment) mit Verweildauerzählung. (© IMA 2022. All Rights Reserved)

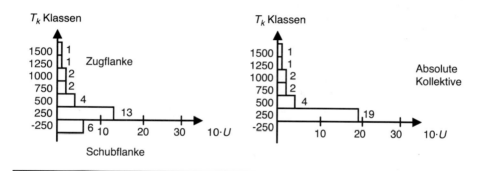

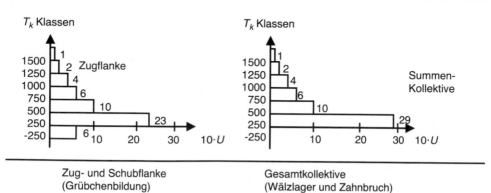

Abb. 9.20 Erstellung des Getriebelastkollektivs. (© IMA 2022. All Rights Reserved)

Momentanwertzählung (level distribution counting). Diese Zählverfahren, insbesondere die Momentanwertzählung, sind heutzutage Standardverfahren für die Zahnrad- und Lagerlebensdauerberechnung, da sich aus der Drehmoment-Zeit-Funktion die Einzelbeanspruchung am Zahn und die Lagerbeanspruchung ermitteln lassen. Beim Verweildauerzählverfahren wird die Summe der Zeiten ermittelt, die das Signal innerhalb der einzelnen Klassengrenzen verweilt.

Beim Momentanwertzählverfahren wird in gleichen Zeitabständen der Signalwert abgefragt und in die jeweilige Klasse gezählt. Die Häufigkeit der Zählung pro Klasse ist ein Maß für die Verweildauer in dieser Klasse.

Bei kleinen Abtastintervallen entspricht das Zählergebnis praktisch der Verweildauerzählung.

Bei der Beanspruchung am Beispiel Zahnräder ist zwischen der Beanspruchung an der Zug- und an der Schubflanke zu unterscheiden, wenn die Lebensdauer auf Grübchenbildung (Vorder- und Rückflanke getrennt) untersucht werden soll. Für die Ermittlung der Lebensdauer der Wälzlager und die Untersuchung auf Zahnbruch werden das Zugflanken- und Schubflankenkollektiv zu einem Gesamtkollektiv zusammengefasst, da sowohl im Zug- als auch im Schubbetrieb der gleiche Zahnfuß beansprucht wird.

9.2.2.2 Zweiparametrige Zählverfahren

Bei den einparametrigen Zählverfahren werden Amplitude bzw. Klassengrenzen allein gezählt, bei den zweiparametrigen dagegen Maximum-Minimum bzw. Amplitude-Mittelwert, s. Abb. 9.21.

Bereichs-Mittelwert-Zählung

Die Bereichs-Mittelwert-Zählung (engl. *range mean counting*), s. Abb. 9.21 Teilabschnitt a), ist eine Erweiterung des einparametrigen Spannenpaarverfahrens. Das Zählergebnis ist eine Häufigkeitsmatrix für Bereiche und Mittelwerte. Das Verfahren ist nicht mehr gebräuchlich, da die Übergangsmatrix des folgenden Verfahrens besser ist.

Von-Bis-Zählung in eine Übergangsmatrix

Die positiven und negativen Flanken einer Belastungs-Zeit-Funktion werden in ihrer Aufeinanderfolge in einer Matrix abgelegt, s. Abb. 9.21 Teilabschnitt b). Die Matrix wird auch als Von-Bis-Matrix, Übergangsmatrix, Korrelationsmatrix oder Markov-Matrix bezeichnet. Die ansteigenden Flanken befinden sich in der oberen Dreiecksmatrix, die fallenden in der unteren. Die Diagonale ist nicht besetzt. Die Übergangsmatrix enthält anschaulich die wesentlichen Inhalte der Belastungs-Zeit-Funktion (Extremwerte etc.). Ergebnisse von einparametrigen Zählfunktionen können leicht abgeleitet werden, s. Abb. 9.25. Die Tatsache, dass die Von-Bis-Zählung als sequentielles Zählverfahren nicht in der Lage ist, bei überlagerten Schwingungen eine langsamere Grundschwingung zu erkennen, hat sich für die Lebensdauerabschätzung als deutlicher Nachteil erwiesen [21].

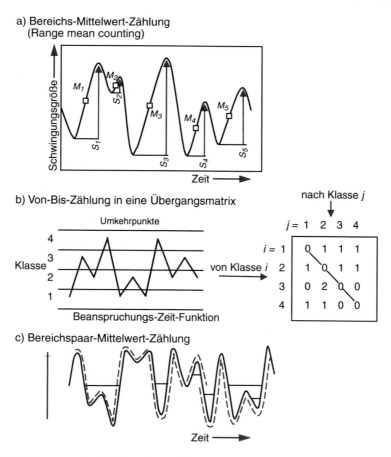

a) Bereichs-Mittelwert-Zählung
(Range mean counting)

b) Von-Bis-Zählung in eine Übergangsmatrix

c) Bereichspaar-Mittelwert-Zählung

Abb. 9.21 Zweiparametrige Zählverfahren. (© IMA 2022. All Rights Reserved)

Bereichspaar-Mittelwert-Zählung

Dieses Zählverfahren, s. Abb. 9.21 Teilabschnitt c), entspricht der Bereichspaarzählung (Spannenpaarverfahren), jedoch wird der Mittelwert mitregistriert und das Ergebnis in einer Matrix abgelegt. Das Ergebnis ist mit dem der Rainflow-Zählung identisch, bis auf das Residuum, das nur beim Rainflow-Verfahren ermittelt werden kann.

Zweiparametrige Momentanwertklassierung

Die zweiparametrige Momentanwertklassierung verbindet die Momentanwertklassierung von zwei Signalen. Die Werte werden in eine Matrix geschrieben. Dieses Verfahren ist Standard bei der Drehmoment-Drehzahlklassierung für die Ermittlung der Lagerlast- und Zahnradkollektive. Aus dem Wert der Drehzahl kann die Anzahl der Umdrehungen bzw. Überrollungen ermittelt werden [23].

Rainflow-Zählverfahren

Das Rainflow-Zählverfahren ist ein in Japan von Matsuishi und Endo [24] und in den USA entwickeltes Konzept zur Zerlegung eines beliebigen Beanspruchungsverlaufs in ganze Schwingspiele. Das Rainflow-Zählverfahren zählt geschlossene Hystereseschleifen der Beanspruchungs-Zeit-Funktion, die für die Schädigung metallischer Werkstoffe maßgebend sind. Nichtgeschlossene Hysteresekurven werden als Residuum abgelegt, s. Abb. 9.22.

Die zur Entwicklung des Rainflow-Zählverfahrens führende Aufgabenstellung war, das Spannungs-Dehnungs-Verhalten eines nicht einstufig elastisch-plastisch beanspruchten Werkstoffs in der Weise zu klassieren, dass die nach der neueren Anschauung im Zusammenhang mit der Ermüdungsschädigung (Zerrüttung) stehenden Merkmalsgrößen dieses Verhaltens bestimmt und einer Speicherung zugänglich gemacht werden können. Als solche Kenngrößen werden Merkmalsgrößen der im Falle von Einstufenversuchen automatisch geschlossenen Spannungs-Dehnungs-Hystereseschleifen und bei nicht einstufigen Belastungsabläufen der sich im Laufe der Last-Zeit-Funktionen jeweils vollständig schließenden Hystereseschleifen angesehen, s. Abb. 9.22.

Hierzu zählen z. B. die Gesamtdehnungsschwingbreite ε_{ges} und die plastische Dehnungsschwingbreite ε_{pl}, also Merkmalsgrößen, zu deren Bestimmung nur die Dehnungs-Zeit-Funktion bekannt sein muss. Natürlich können mit dem Rainflow-Zählverfahren alle Belastungsgrößen klassiert werden. Es gelten die folgenden Annahmen [25, 26]:

- Zyklisch stabiles Werkstoffverhalten, d. h. die zyklische Spannungs-Dehnungs-Kurve bleibt konstant, also keine Ver- oder Entfestigungen.

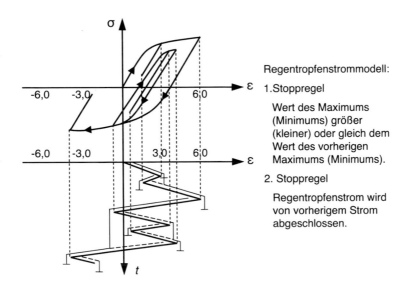

Abb. 9.22 Erfassung des Beanspruchungs-Zeit-Verhaltens durch das Rainflow-Zählverfahren. (© IMA 2022. All Rights Reserved)

- Gültigkeit der Masinghypothese, d. h. die Form der Hystereseschleifenäste entspricht der doppelten Erstbelastungskurve.
- Memory-Verhalten des Werkstoffs, vgl. Abb. 9.22, d. h. nach einer geschlossenen Hystereseschleife folgt der $(\sigma,\ \varepsilon)$-Pfad der vorher noch nicht vollständig geschlossenen Hystereseschleife.

Für eine Automatisierung der Auswertung gibt es zahlreiche Algorithmen, die sich nur leicht unterscheiden. Die zwei gebräuchlichsten sind die Push-Down-Liste [19] und die für eine EDV-gestützte Auswertung günstigere HCM (Hysteresis Counting-Method) [25].

9.2.2.3 Vergleich der verschiedenen Zählverfahren

Zum Vergleich der verschiedenen Zählverfahren sind in Abb. 9.23 und 9.24 Klassierergebnisse bei konstanter und veränderlicher Mittellast dargestellt.

Bei konstanter Mittelspannung werden die Schwingspiele vollständig erfasst, s. Abb. 9.23. Bei veränderlicher Mittellast weichen Rainflow- und Spannenpaarzählung nicht voneinander ab, s. Abb. 9.24. Die Klassengrenzenüberschreitungszählung hat bei kleinerem Kollektivumfang einen höheren Anteil großer Schwingspiele (schädigungsintensiver). Bei der Spannenzählung ist es genau umgekehrt.

Wird nicht unmittelbar an der kritisch beanspruchten Stelle der exakte Spannungs-Dehnungs-Verlauf erfasst, sondern der Mittelwert der Belastungsfunktion im Leistungsfluss davor oder danach, so sollte das Verweildauerverfahren oder die Momentanwertzählung eingesetzt werden. Dies ist beispielsweise in der Antriebstechnik der Fall, wobei dort ebenfalls die Klassengrenzenüberschreitungszählung verwendet wird.

Da rechnerische Lebensdauerabschätzungen mit großen Unsicherheiten behaftet sind, besteht auch der Wunsch, aus den Beanspruchungskollektiven stochastische Beanspruchungs-Zeit-Funktionen zu rekonstruieren, um mit servohydraulischen Anlagen einen experimentellen Lebensdauernachweis durchführen zu können. Die Rekonstruktion einer repräsentativen Beanspruchungs-Zeit-Funktion aus den Lastkollektiven allein ist jedoch nicht möglich. Die Übersicht in Abb. 9.25 zeigt welche einparametrigen Zählergebnisse aus zweiparametrigen ableitbar sind.

Zusammenfassend kann man sagen: das gewählte Zählverfahren beeinflusst das Ergebnis der Lebensdauerabschätzung. Für das Erfassen der lokalen Spannungs-Dehnungs-Hystereseverläufe ist nach dem heutigen Kenntnisstand das zweiparametrige Rainflowzählverfahren am besten geeignet. Die meisten Erfahrungen liegen jedoch zu den einparametrigen Zählverfahren wie Klassengrenzenüberschreitungszählung und Bereichspaarzählung vor.

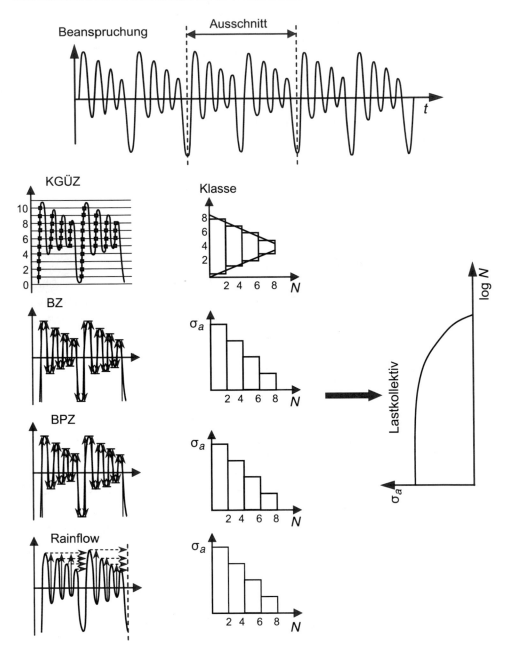

Abb. 9.23 Vergleich von Klassierverfahren bei Beanspruchungen mit konstanter mittlerer Beanspruchung. (© IMA 2022. All Rights Reserved)

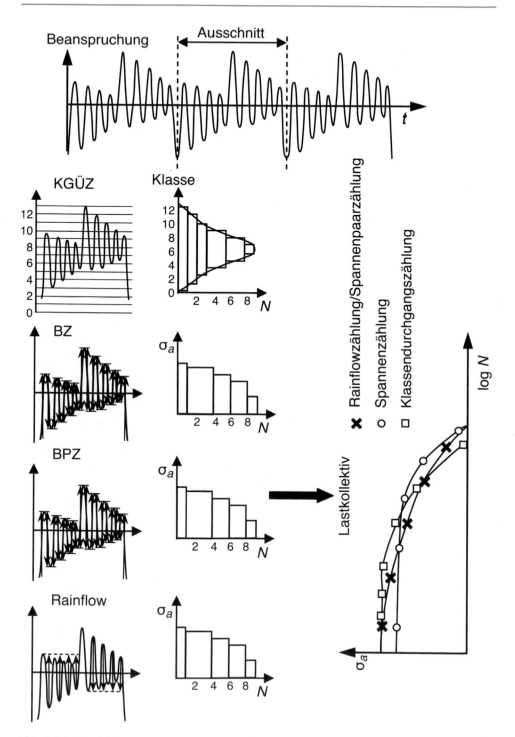

Abb. 9.24 Vergleich von Klassierverfahren bei veränderlicher mittlerer Beanspruchung. (© IMA 2022. All Rights Reserved)

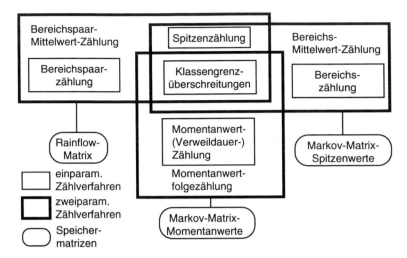

Abb. 9.25 Zusammenhang zwischen ein- und zweiparametrigen Zählverfahren. (© IMA 2022. All Rights Reserved)

9.3   Ertragbare Belastung, Wöhlerkurven

Für die Berechnung der Zeitfestigkeit und Betriebsfestigkeit wird als Werkstoffverhalten die Wöhlerkurve benötigt. Man unterscheidet zwischen der spannungskontrollierten und der dehnungskontrollierten Wöhlerkurve.

9.3.1   Spannungs- und dehnungskontrollierte Wöhlerkurven

Die spannungskontrollierte Wöhlerkurve beschreibt das Werkstoffverhalten als Zusammenhang zwischen der zulässigen Lastspielzahl N und einer bestimmten Spannungsamplitude bei konstanter Dehnung, Abb. 9.26.

Bei den Wöhlerkurven unterscheidet man in der doppellogarithmischen Darstellung zwischen drei Bereichen:

1. *Quasistatische Festigkeit*: bis ca. $N = 10^1 - 10^3$ Schwingspiele,
2. *Zeitfestigkeit*: Bereich der geneigten Geraden bis zur Ecklastspielzahl $N_D = 10^6 - 10^7$,
3. *Dauerfestigkeit*: Bereich der horizontalen Geraden für $N > N_D$, wo die Lastamplitude σ_D zulässig ist. Einige Werkstoffe, wie z. B. austenitische Stähle, besitzen jedoch keine ausgeprägte Dauerfestigkeit.

Im Bereich der Zeitfestigkeit lässt sich die Wöhlerkurve in doppellogarithmischer Darstellung durch die folgende Gleichung beschrieben:

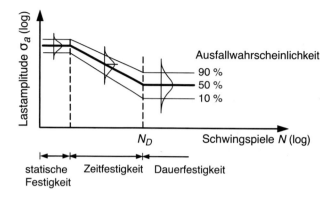

Abb. 9.26 Spannungskontrollierte Wöhlerkurve. (© IMA 2022. All Rights Reserved)

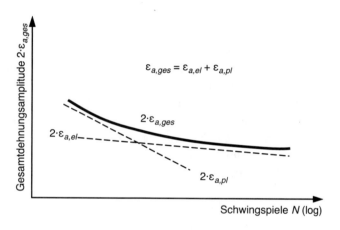

Abb. 9.27 Dehnungswöhlerlinie bei konstanter Spannung. (© IMA 2022. All Rights Reserved)

$$N = N_D \cdot \left(\frac{\sigma_a}{\sigma_D} \right)^{-k}. \tag{9.16}$$

Die dehnungskontrollierte Wöhlerlinie dagegen beschreibt das Werkstoffverhalten bei konstant gehaltener Spannung, s. Abb. 9.27.

Bei schwingender Beanspruchung mit großen Dehnungen entspricht die bei jedem Lastwechsel auftretende bleibende Dehnung näherungsweise der Gesamtdehnung. Da diese plastische Dehnung als schädigend angesehen wird, wird die Werkstoffschädigung ingesamt besser durch die Dehnungswöhlerlinie beschrieben.

Die Linien der elastischen und plastischen Dehnungsamplituden lassen sich beim doppellogarithmischen Maßstab z. B. durch die Manson-Coffin-Gleichungen darstellen:

$$\varepsilon_{a,el} = \left(k_{el} / E \right) \bullet N_A^b, \tag{9.17}$$

$$\varepsilon_{a,pl} = k_{pl} \bullet N_A^c. \tag{9.18}$$

k_{el} bzw. k_{pl} ist der Spannungs- bzw. Dehnungskoeffizient des Werkstoffs, b bzw. c ist der Spannungs- bzw. Dehnungsexponent. Die Dehnungswöhlerlinie wird meistens als Anriss-wöhlerlinie angegeben, d. h. die Schadensursache ist Anriss.

9.3.2   Ermittlung der Wöhlerlinien

Die Ermittlung der Wöhlerkurven (s. Abb. 9.28) für Betriebsfestigkeitsrechnungen soll möglichst am realen Bauteil erfolgen, wird aber meist aus Kosten- und Zeitgründen nur an speziellen Proben durchgeführt.

Die sich ergebenden Bruchlastwechselzahlen sind Zufallsgrößen, d. h. sie streuen um einen Mittelwert. Die Übertragung der im Einstufen-Zug-Druck-Wechselversuch gewonnenen Ergebnisse auf die wirklichen Bauteile bereitet heute noch Schwierigkeiten [27]. So ist die genaue Ermittlung der Kerbwirkung über den ganzen Lastspielbereich bis heute noch nicht möglich. Man ist daher auf Versuche angewiesen.

Für die Berechnung werden die Formzahl α_k bzw. die Kerbwirkungszahl β_k verwendet. Sie geben an, wievielmal höher die örtliche Spannung im Kerbgrund als die Nennspannung ist. Weiterhin beeinflusst die Mittelspannung die Lebensdauer, wobei eine Zugmittelspannung die Lebensdauer verkürzt und eine Druckmittelspannung die Lebensdauer erhöht. Wie stark sich eine Zugmittelspannung auswirkt, ist vom Werkstoff abhängig. Hochfeste Werkstoffe sind sehr empfindlich gegen Zugmittelspannungen, niedrigfeste Werkstoffe weniger. Gusswerkstoffe sind empfindlicher gegen Zugmittelspannungen als Knetwerkstoffe gleicher Zugfestigkeit, Schweißverbindungen verhalten sich im Allgemeinen wie Gusswerkstoffe.

Eigenspannungen können ebenfalls die Lebensdauer stark beeinflussen. Sie wirken wie Mittelspannungen gleicher Größe und gleichen Vorzeichens, sofern sie nicht im Betrieb, beispielsweise bei erhöhten Temperaturen, wieder abgebaut werden. Der Einfluss der Eigenspannungen auf die Lebensdauer ist quantitativ schwierig festzustellen. Zudem können die Eigenspannungen durch die Schwingbeanspruchung im Laufe der Lebensdauer wieder verschwinden. Ein weiterer Einflussparameter ist die Größe des Bauteils.

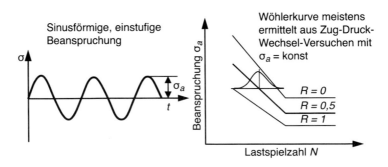

Abb. 9.28   Werkstoffkennwerte, Wöhlerlinie. (© IMA 2022. All Rights Reserved)

Der technologische Größeneinfluss, z. B. bei schlechter Verformung beim Schmieden, führt allgemein zu ungünstigeren Werkstoffeigenschaften und Werkstofffehlern. Der geometrische Größeneinfluss erfasst die ungleichmäßige Spannungsverteilung im Bauteil, der statistische Größeneinfluss die Anzahl der möglichen Fehler im Verhältnis zum Volumen des Bauteils. Die Beanspruchungsart ist ein weiterer Einflussparameter. Bei Biegebeanspruchung tritt z. B. die so genannte Stützwirkung auf. Dieser Einfluss wird durch eine Stützziffer berücksichtigt. Auch die Oberflächenrauigkeit spielt selbstverständlich eine Rolle. Bauteile mit glatten Oberflächen erreichen eine höhere Lebensdauer als solche mit rauen Oberflächen. Von Einfluss ist ferner die Umgebung mit Parametern wie Korrosion oder Temperatur.

Sollen diese Parameter mit ihren verschiedenartigen positiven und negativen Auswirkungen auf die Lebensdauer berücksichtigt werden, so ist es erforderlich, von allen anderen Schwierigkeiten abgesehen, auch noch ihre Wechselwirkung zu berücksichtigen. Deshalb ist es bis heute noch nicht gelungen, auch nur für den einfachen Fall der konstanten Spannungsamplituden, eine wissenschaftlich einwandfreie Methode der Lebensdauervorhersage zu entwickeln, die z. B. auf den metallkundlichen Eigenschaften des Werkstoffs beruht. Es bleibt also nur der Wöhlerversuch, möglichst am Originalbauteil.

In Fällen, in denen die benötigte Wöhlerlinie nicht verfügbar ist, bietet z. B. die FKM-Richtlinie „Rechnerischer Festigkeitsnachweis" [7] eine Hilfe. Einen weiteren Ansatz liefert Hück mit einer statistisch abgesicherten Formel, die aus vielen Wöhlerlinien entwickelt wurde [28]. Einflussparameter wie Werkstoffart, Formzahl, Beanspruchungsart, Grenzspannungsverhältnis, Oberflächenrauheit und Fertigungsverfahren werden hierbei berücksichtigt.

Bei all diesen Abschätzungen besteht jedoch immer die Gefahr, dass maßgebliche Einflussfaktoren nicht mitberücksichtigt werden. So zeigt das Beispiel in Abb. 9.29 den

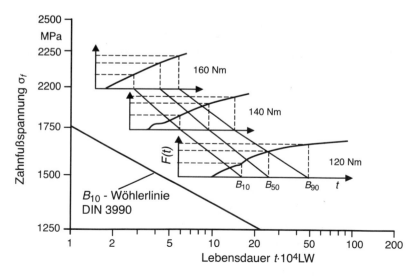

Abb. 9.29 Vergleich DIN-Wöhlerlinie und Bauteilwöhlerlinie für Zahnfußspannung. (© IMA 2022. All Rights Reserved)

Vergleich einer Bauteilwöhlerlinie eines geradverzahnten Stirnrads mit der Wöhlerlinie nach DIN 3990 für Zahnfußspannungen. Die Bauteilwöhlerlinie des Zahnrades wurde im Getriebe an einem elektrischen Verspannungsprüfstand ermittelt [29].

9.4   Lebensdauerberechnung

Bei der Lebensdauerberechnung vergleicht man die auftretende Belastung (Lastkollektiv) mit der ertragbaren Belastung. Es gibt prinzipiell drei unterschiedliche Konzepte:

- das Nennspannungskonzept,
- das örtliche Konzept oder Kerbgrundkonzept und
- das Bruchmechanikkonzept.

Das Bruchmechanikkonzept geht von einem angerissenen Bauteil aus und berechnet die restliche Lebensdauer des Rissfortschritts bis zum endgültigen Bruch [3]. Es soll hier wegen seiner geringen Bedeutung für die Anwendung bei Maschinenelementen nicht weiter betrachtet werden.

In Abschn. 9.4.1 bis Abschn. 9.4.2 wird die prinzipielle Vorgehensweise am Beispiel des Nennspannungskonzepts vorgestellt. In Abschn. 9.4.3 wird dabei auf die Unterschiede des Nennspannungskonzepts und des örtlichen Konzepts eingegangen.

9.4.1   Schadensakkumulation

Schwingende Beanspruchungen rufen im Werkstoff eine Wirkung hervor, die im Allgemeinen als „Schädigung" bezeichnet wird. Es wird angenommen, dass diese Schädigung der einzelnen Lastspiele akkumuliert wird und zu einer Werkstoffzerrüttung (Werkstoffermüdung) führt. Für eine exakte Berechnung müsste diese Schädigung quantitativ erfasst werden, was jedoch bis heute noch nicht gelungen ist.

Um dennoch aus den Ergebnissen von Wöhlerversuchen auf die Lebensdauer bei ungleichmäßigen Spannungszyklenfolgen schließen zu können, entwickelte Palmgren bereits um das Jahr 1920 den Grundgedanken der linearen Schadensakkumulation, zugeschnitten auf die Wälzlagerberechnung. Im Jahre 1945 veröffentlichte dann Miner den gleichen Gedanken in allgemeiner Form.

Dabei geht Miner davon aus, dass ein Bauteil während des Ermüdungsvorgangs Arbeit aufnimmt. Er betrachtet das Verhältnis von bereits aufgenommener zu maximal aufnehmbarer Arbeit als Maß für die vorhandene Schädigung. So wird das Verhältnis einer Spannungsspielzahl n zur Bruchspannungsspielzahl N, die im Einstufenversuch mit übereinstimmender Amplitude ermittelt wurde, bei Gleichheit zum Verhältnis von aufgenommener Arbeit w zur aufnehmbaren Arbeit W als Teilschädigung bezeichnet:

$$\frac{w}{W} = \frac{n}{N}.$$

(9.19)

Die Voraussetzung gleicher aufnehmbarer Brucharbeiten W bei allen auftretenden Spannungshöhen erlaubt nun die Addition der einzelnen Teilschädigungen von Spannungsspielen unterschiedlicher Größe:

$$\frac{n_1}{N_1} + \frac{n_2}{N_2} + \ldots + \frac{n_m}{N_m} = \frac{w_1}{W} + \frac{w_2}{W} + \ldots + \frac{w_m}{W}.$$ (9.20)

Die Grenzbedingung der Beanspruchbarkeit tritt bei Gleichheit von aufgenommener und aufnehmbarer Arbeit ein:

$$\frac{w_1 + w_2 + \ldots + w_m}{W} = 1.$$ (9.21)

Durch Einsetzen dieser Beziehung in Gl. (9.20) verschwinden die nicht quantifizierbaren Arbeitsgrößen und es entsteht eine für Dimensionierungsaufgaben verwendbare Bedingung:

$$\frac{n_1}{N_1} + \frac{n_2}{N_2} + \ldots + \frac{n_m}{N_m} \leq 1.$$ (9.22)

Die Anwendung dieser Grundgleichung der Schadensakkumulationshypothese erfordert die Kenntnis der Beanspruchungsspielzahlen N_i für die zugehörigen Spannungsbeträge σ_i. Diese können z. B. einer im doppellogarithmischen Koordinatensystem durch den Dauerfestigkeitspunkt (σ_D, N_D) und die Steigung k definierten Wöhlerlinie entnommen werden. Aus der Geradengleichung dieser Wöhlerlinie erhält man nach Gl. (9.16) die Lastspielzahl N:

$$N = N_D \cdot \left(\frac{\sigma_a}{\sigma_D} \right)^{-k}.$$ (9.23)

Nach Einsetzen von Gl. (9.23) in Gl. (9.22) beschreibt Gl. (9.24) die Schädigung mit der Schadenssumme S eines getreppten Kollektivs mit den m Spannungsstufen σ_i unter der Bedingung, dass die statisch zulässige Spannung σ_{max} zu keinem Zeitpunkt überschritten wird:

$$S = \sum_{i=1}^{m} \frac{n_i}{N_D} \cdot \left(\frac{\sigma_i}{\sigma_D} \right)^{k}, \sigma_D \leq \sigma_i \leq \sigma_{max}.$$ (9.24)

Die Anwendbarkeit dieser Gleichung wird von Miner durch die folgenden Bedingungen eingeschränkt:

- Sinusförmiger Beanspruchungsverlauf,
- keine Ver- oder Entfestigungserscheinungen im Werkstoff,

- ein Rissbeginn wird als einsetzender Schaden betrachtet,
- oberhalb der Dauerfestigkeit liegende Beanspruchungen.

Die Nichtbeachtung dieser Einschränkungen, insbesondere der letzten, führte in vielen Fällen zu Berechnungen, die auf der unsicheren Seite lagen, was zu einer Negativeinschätzung dieser Hypothese beitrug. In Abb. 9.30 ist die Palmgren-Miner-Hypothese grafisch dargestellt.

Eine Vielzahl verschiedener Forscher beschäftigte sich mit der Hypothese der Schadensakkumulation, so dass gegenwärtig mehrere Varianten existieren. Sie unterscheiden sich im Prinzip nur durch die zugrundegelegte fiktive erweiterte oder reale Wöhlerlinie, Abb. 9.31. Es handelt sich dabei um die Hypothesen von Haibach, Corten-Dolan [3] und Zenner-Liu [30, 31], die auch bei Belastungen im Dauerfestigkeitsbereich eine Schädigung annehmen.

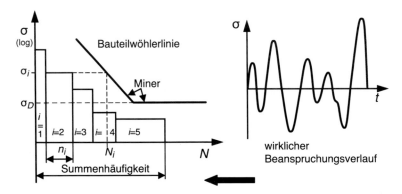

Abb. 9.30 Lineare Schadensakkumulationshypothese nach Palmgren Miner. (© IMA 2022. All Rights Reserved)

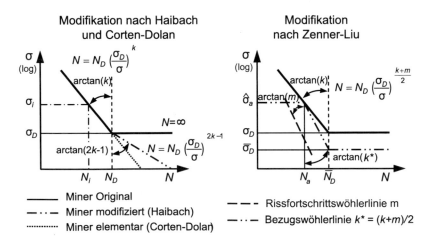

Abb. 9.31 Wichtigste Modifikationen der Miner-Regel. (© IMA 2022. All Rights Reserved)

Das Verfahren Miner elementar nach Corten-Dolan ist eine Anwendung der Palmgren-Miner-Regel auf eine Wöhlerlinie, die ohne die Berücksichtigung der Existenz einer Dauerfestigkeit bis zur Spannung $\sigma = 0$ gerade verlängert wird, so dass auch Schädigungsanteile von Spannungswechseln, die kleiner als die Dauerfestigkeit sind, berücksichtigt werden:

$$S = \sum\nolimits_{i=1}^{m} \frac{n_i}{N_D} \cdot \left(\frac{\sigma_i}{\sigma_D} \right)^k, 0 \leq \sigma_i \leq \sigma_{max}. \tag{9.25}$$

Diese Annahme einer nicht vorhandenen Dauerfestigkeit führt zu Ergebnissen, die auf der sicheren Seite liegen, insbesondere bei einem hohen Anteil von Belastungen unterhalb der Dauerfestigkeit. Bei niedriger werdendem Anteil von Lastwechseln, die kleiner als die Dauerfestigkeit sind, verringert sich der Unterschied zum Ergebnis bei Anwendung der Palmgren-Miner-Regel.

Das Verfahren Miner modifiziert von Haibach orientiert sich an der durch Experimentalergebnisse gestützten These einer bei fortschreitender Schädigung abnehmenden Dauerfestigkeit. Die dazu notwendige, allerdings mit großem Aufwand verbundene, schrittweise Berechnung des Schädigungszuwachses unter Berücksichtigung des gerade vorhandenen Schädigungsgrades (Modifikation Miner konsequent) vermeidet der Haibach-Ansatz durch die Definition einer unterhalb der Dauerfestigkeit fortgeführten fiktiven Zeitfestigkeitslinie. Die Berechnung der Schädigung eines Kollektivs erfolgt nun mit der Wöhlerliniensteigung k für Beanspruchungen, die größer als die Dauerfestigkeit sind und mit der Steigung $(2k - 1)$ der fiktiven Zeitfestigkeitslinie für Beanspruchungen, die kleiner als die Dauerfestigkeit sind:

$$S = \sum\nolimits_{i=1}^{m} \frac{n_i}{N_D} \cdot \left(\frac{\sigma_i}{\sigma_D} \right)^k + \sum\nolimits_{j=1}^{l} \frac{n_j}{N_D} \cdot \left(\frac{\sigma_j}{\sigma_D} \right)^{2k-1}, \tag{9.26}$$

$$\sigma_{max} \geq \sigma_i \geq \sigma_D; \sigma_D \geq \sigma_j \geq 0. \tag{9.27}$$

Die Modifikation Miner konsequent unterscheidet sich vom Verfahren Miner modifiziert darin, dass die Lebensdauerlinie asymptotisch auf die Dauerfestigkeit übergeht.

Ein weiterer Ansatz zur Verbesserung wurde von Zenner und Liu [30, 31] vorgeschlagen. Sie beschreiben die Bauteilwöhlerlinie als nicht geeignete Bezugsgröße der Lebensdauerberechnung. Da ein Schaden meist aus den zwei unterschiedlichen Phasen Rissbildung und Rissfortschritt besteht, betrachten sie die Rissfortschrittslinie mit der vom Werkstoff weitgehend unabhängigen Steigung $m = 3{,}6$. Die fiktive Bezugswöhlerlinie wird aus der Bauteilwöhlerlinie und der Rissfortschrittswöhlerlinie gebildet. Der Drehpunkt der Bezugswöhlerlinie liegt beim Kollektivhöchstwert $\hat{\sigma}_a$ und hat die Steigung:

$$k^* = \frac{k + m}{2}. \tag{9.28}$$

Die Dauerfestigkeit der Bezugswöhlerlinie ist die halbe Dauerfestigkeit der Bauteilwöhlerlinie:

$$\overline{\sigma_D} = \frac{\sigma_D}{2}. \tag{9.29}$$

Damit ergibt sich die Schädigung des Bauteils analog zu Gl. (9.24):

$$S = \sum_{i=1}^{l} \frac{n_i}{n_D} \cdot \left(\frac{\sigma_i}{\sigma_D} \right)^{\frac{k+m}{2}}, \tag{9.30}$$

$$\overline{\sigma_a} \geq \sigma_i \geq \frac{\sigma_D}{2}. \tag{9.31}$$

Die Bewertung dieses Verfahrens ist in der Literatur unterschiedlich. So findet sich bei Melzer [26] und Zenner [30] eine Verbesserung der Aussagefähigkeit, während bei anderen Literaturstellen [32, 33] eine Verschiebung zur unsicheren Seite erfolgt.

Liegen also Belastungs- bzw. Spannungskollektiv und Wöhlerlinie vor, so kann mit Hilfe einer Schadensakkumulationshypothese die Lebensdauer des Bauteils berechnet werden. In der Praxis hat sich jedoch gezeigt, dass beim Ausfall die Schädigung häufig nicht $S = 1$ beträgt. Daher kann mit einer anderen Schadensumme $S = konst.$ gerechnet werden, die sich aus experimentellen Betriebsfestigkeitsversuchen ergeben hat [34]. Dieses Verfahren wird als „Miner relativ" bezeichnet und hat sich in der Praxis durchgesetzt [32]. Die Überlebenswahrscheinlichkeit ergibt sich aus den Ausgangswahrscheinlichkeiten.

9.4.2 Zweiparametrige Schädigungsrechnung

Die in den vorangegangenen Abschnitten dargestellten Berechnungsgleichungen zur Schadensakkumulation berücksichtigen zur Bewertung der Einzelspannungsspiele nur deren Ausschlagspannung als wichtigste Einflussgröße. Die Berücksichtigung weiterer Parameter, wie z. B. von Mittelspannung oder Frequenz, ist grundsätzlich möglich, wenn eine entsprechende Kennzeichnung der Beanspruchung und die nötigen Werkstoffkennwerte vorliegen.

Da die Mittelspannung als zweiter Parameter nach der Ausschlagspannung im Allgemeinen den größten Einfluss auf die Dauerhaltbarkeit hat, erfolgt bei einer zweiparametrigen Schädigungsrechnung die zusätzliche Berücksichtigung der Mittelspannung, wobei in manchen Fällen die Kennzeichnung der Mittelspannung durch das Grenzspannungsverhältnis $R = \sigma_u/\sigma_o$ bevorzugt wird.

Beide Größen stehen z. B. durch eine Klassierung nach dem Rainflowverfahren zur Verfügung. Die Durchführung der Schädigungsrechnung erfordert für jede betrachtete Mittelspannung (jedes Grenzspannungsverhältnis) das Ausschlagspannungskollektiv und die Bauteilwöhlerlinie, Abb. 9.32.

Abb. 9.32 Zweiparametrige Schädigungsrechnung mit Berücksichtigung der Mittelspannung. (© IMA 2022. All Rights Reserved)

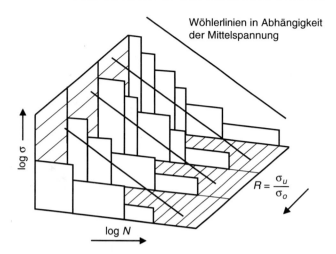

Die Gleichung zur Berechnung der relativen Schädigung beinhaltet in der inneren Summation die Erfassung der einzelnen ($i = 1 \dots p$) Ausschlagspannungsklassen, die bedingt durch die äußere Summation für jede der ($j = 1 \dots q$) berücksichtigten Mittelspannungsklassen (Grenzspannungsverhältnisklassen) durchgeführt wird, z. B. für die Modifikation Miner elementar:

$$S = \sum\nolimits_{j=1}^{q} \left(\sum\nolimits_{i=1}^{p} \frac{n_{ij}}{N_{Dj}} \cdot \left(\frac{\sigma_{ij}}{\sigma_{Dj}} \right)^{k_j} \right). \tag{9.32}$$

Alternativ besteht die Möglichkeit der Einbeziehung der Mittelspannung über das modifizierte Haigh-Schaubild. Das Schaubild beschreibt den Zusammenhang zwischen Mittelspannung und Amplitudenspannung bei gleichbleibender Grenzschwingspielzahl. Dazu wird die ertragbare Spannungsamplitude mit der Goodman-Geraden oder Gerber-Parabel ermittelt. Es wird z. B. bei der Rainflowzählung jedes Matrixelement durch eine transformierte Amplitude für die Mittelspannung 0 nach

$$\sigma_{a,trans} = f\left(\sigma_a, M, \sigma_m \right) \tag{9.33}$$

mit der Mittelspannungsempfindlichkeit

$$M = \frac{\sigma_a \left(R = -1 \right) - \sigma_a \left(R = 0 \right)}{\sigma_m \left(R = 0 \right)} = -1 \tag{9.34}$$

ersetzt, vgl. Abb. 9.33, und man erhält ein Amplitudenlastkollektiv [28].

Weitere Untersuchungen haben gezeigt, dass die Reihenfolge der auf ein Bauteil einwirkenden Beanspruchungsamplituden einen signifikanten Einfluss auf die Lebensdauer hat [3]. Eine größere Lebensdauer ist zu erwarten, wenn bei gleichem Lastkollektiv zuerst

Abb. 9.33 Haigh-Schaubild mit Goodman-Gerade und Gerber-Parabel. (© IMA 2022. All Rights Reserved)

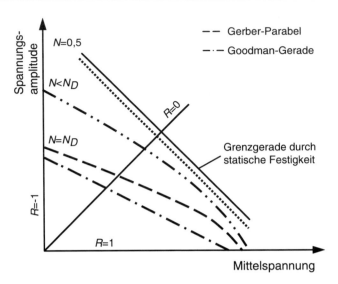

die Schwingspiele mit kleineren und dann mit größeren Amplituden auf das Bauteil wirken. Dies führt zu der Forderung, dass die für die Lebensdauerabschätzung zugrunde gelegten Versuchslasten möglichst die gleiche Durchmischung aufweisen wie die Lasten im Betrieb, da sonst größere Abweichungen auftreten. Grundsätzlich besteht die Tatsache, dass bei der rechnerischen Lebensdauervorhersage Unzuverlässigkeiten auftreten können. Neben der Betriebsbeanspruchung sind die Festigkeitswerte mit Unsicherheiten behaftet und eine rechnerische lineare Akkumulation der Bauteilschädigung ist nach den Erkenntnissen der Bruchmechanik nur bedingt richtig. Die betriebsfeste Bemessung eines Bauteils muss durch Experimente gestützt werden.

9.4.3   Nennspannungskonzept und örtliches Konzept

Üblicherweise wird die Lebensdauer von Bauteilen auf Grund von Nennspannungen abgeschätzt (Nennspannungskonzept). Diese Vorgehensweise, s. Abb. 9.34, wurde in den letzten Abschnitten dieses Kapitels gezeigt.

Ausgehend von einem Lastkollektiv, das über ein Zählverfahren wie die Rainflowmethode, unter Umständen mit Berücksichtigung von Mittelspannungseinflüssen ermittelt wird, wird die Lebensdauer über die relative lineare Schadensakkumulation nach Palmgren-Miner mit der Bauteilwöhlerlinie ermittelt.

Diese Vorgehensweise hat sich bewährt, weist jedoch viele Unzulänglichkeiten auf. Oft ist es besser, den aus der äußeren Last entstehenden örtlichen Spannungs-Dehnungs-Verlauf von höchstbelasteten Stellen, d. h. die lokale Beanspruchungs-Zeit-Funktion zu ermitteln (örtliches Konzept, Kerbgrundkonzept) [31–36]. Unter anderem wird dann nur eine einzige Werkstoffwöhlerlinie benötigt.

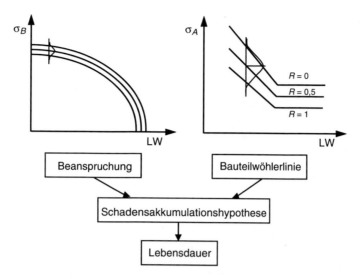

Abb. 9.34 Lebensdauerberechnung nach Nennspannungskonzept. (© IMA 2022. All Rights Reserved)

Beim örtlichen Konzept wird der lokale Belastungsablauf mit Hilfe der Rainflowmethode klassiert, s. Abb. 9.35. Der Zusammenhang zwischen der äußeren Belastung und den lokalen Dehnungen, der aufgrund von Wechselplastifizierungen nicht immer linear sein muss, erfolgt über Spannungsanalysen, z. B. durch Finite-Elemente Analysen.

Die zyklische Spannungs-Dehnungskurve, die sich aus den Spannungs-Dehnungs-Hysteresen ergibt, vgl. Abb. 9.22, stellt den Zusammenhang zwischen den auftretenden Dehnungen und Spannungen her. Ver- und Entfestigungen des Werkstoffs werden dabei nicht berücksichtigt. Eigenspannungen müssen gegebenenfalls mitberücksichtigt werden.

Ausgehend von diesen Parametern wird ein geeigneter Schädigungsparameter ausgewählt, üblicherweise nach Smith, Watson und Topper [36]:

$$P_{SWT} = \sqrt{\sigma_{max} \cdot E \cdot \varepsilon_{a,ges}}. \tag{9.35}$$

Andere Schädigungsparameter, die unter Umständen die Mittelspannungseinflüsse besser berücksichtigen, sind in [3, 35] beschrieben. Alternativ kann auch ein bauteilgebundenes Haigh-Diagramm zur Abschätzung des Mittelspannungseinflusses dienen.

Mit Hilfe einer Schadensakkumulationshypothese wird über die Dehnungswöhlerlinie des Werkstoffs an einer Normprobe der Schädigungsanteil berechnet.

Der Vorteil dieses Konzepts besteht nun darin, dass lokale Spannungen direkt mit den Werkstoffwerten verglichen werden. Allerdings bringt das örtliche Konzept aufgrund zahlreicher Einflussparameter auch mehr Unsicherheiten mit sich. In der Praxis findet sich oft eine Mischung aus Nennspannungskonzept und örtlichem Konzept, so dass z. B. die Bauteilwöhlerlinie benutzt wird, da sie auch Einflüsse der Fertigung und Oberflächen mitberücksichtigt, in Verbindung mit experimentellen Nachweisen [32].

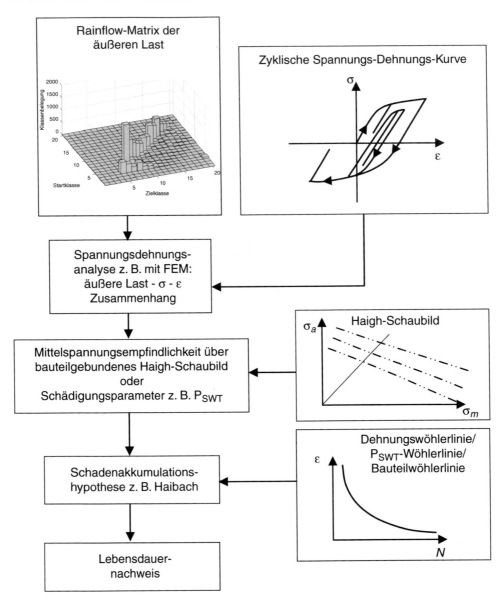

Abb. 9.35 Lebensdauerberechnung nach dem örtlichen Konzept bzw. Kerbgrundkonzept. (© IMA 2022. All Rights Reserved)

9.5   Zusammenfassung

Bei Kenntnis des Belastungskollektivs und der zulässigen Bauteilbeanspruchung in Form eines Wöhlerdiagramms lässt sich mit Hilfe einer Schadensakkumulationshypothese eine Lebensdauervorhersage für ein Maschinenelement treffen. Dabei ist zu beachten, dass

Abb. 9.36 Repräsentativität
von Versuchsvarianten.
(© IMA 2022. All Rights
Reserved)

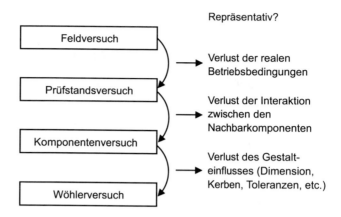

diese Vorhersage mit einer statistischen Unsicherheit behaftet ist, da sowohl das Belastungskollektiv als auch die Belastbarkeit in Form der Wöhlerlinie Zufallsgrößen sind und die bekannten Schadensakkumulationshypothesen nur empirisch ermittelt wurden und nicht auf werkstoffmechanischen Gesetzen aufbauen. Die praktische Lebensdauervorhersage erfordert deshalb ein ausgewogenes Verhältnis von Feldversuchen, Prüfstandsversuchen und Berechnung sowie eine sorgfältige Aus- und Bewertung der Daten, wenn sie ein wirkungsvolles Werkzeug für den Konstrukteur sein soll, Abb. 9.36.

Literatur

1. Buxbaum O (1992) Betriebsfestigkeit – Sichere und wirtschaftliche Bemessung schwingbruchgefährdeter Bauteile, 2. Aufl. Verlag Stahleisen, Düsseldorf. Düsseldorf
2. Gudehus H, Zenner H (1999) Leitfaden für eine Betriebsfestigkeitsrechnung, 4. Aufl. Verlag Stahleisen, Düsseldorf
3. Haibach E (2006) Betriebsfestigkeit – Verfahren und Daten zur Bauteilberechnung, 3. Aufl. Springer, Berlin
4. Zammert WU (1985) Betriebsfestigkeitsberechnung – Grundlagen, Verfahren und technische Anwendungen. Vieweg, Braunschweig
5. Brunner FJ (1985) Lebensdauervorhersage bei Materialermüdung. Automobilindustrie 2:157–162
6. Kapur KC, Lamberson LR (1977) Reliability in Engineering Design. Wiley, New York
7. Forschungskuratorium Maschinenbau (1994) FKM-Richtlinie Rechnerischer Festigkeitsnachweis für Maschinenbauteile. FKM-Forschungshefte 183-1 und 183-2
8. Best R, Klätschke H (1996) Belastungsanalyse manuell geschalteter Fahrzeuggetriebe – Voraussetzung zur beanspruchungsgerechten Dimensionierung. VDI-Berichte Nr 1230: Getriebe in Fahrzeugen, S 257–272
9. O'Connor PDT, Kleyner A (2012) Practical reliability engineering. Wiley, New York
10. Brunner F (1987) Angewandte Zuverlässigkeitstechnik bei der Fahrzeugentwicklung. ATZ, Nr 89, S 291–296, 399–404
11. Thum H (1996) Lebensdauer, Zuverlässigkeit und Sicherheit von Zahnradpassungen. VDI-Berichte Nr 1230, S 603–614

12. Westerholz A (1985) Die Erfassung der Bauteilschädigung bestriebsfester Systeme, ein Mikrorechner geführtes On-Line-Verfahren. Dissertation Ruhr-Universität Bochum, Institut für Konstruktionstechnik. Heft 85.2
13. Thum H (1995) Zur Bewertung der Zuverlässigkeit und Lebensdauer mechanischer Strukturen. VDI-Berichte Nr 1239, S 135–146
14. Peralta-Duran W (1985) Creep-rapture reliability analysis. Transactions of the ASME. J Vib Acoust Stress Reliab Des 107:339–346
15. Dörr C, Hirschmann KH, Lechner G (1996) Verbesserung der Beurteilung der Wiederverwendbarkeit hochwertiger, gebrauchter Teile mit einem Beschleunigungsmessverfahren. Arbeitsbericht zum DFG Forschungsvorhaben
16. Hanschmann D, Schelke E, Zamow J (1994) Rechnerisches mehraxiales Betriebsfestigkeitsvorhersage-Konzept für die Dimensionierung von KFZ-Komponenten in der frühen Konstruktionsphase. VDI-Berichte Nr. 1153, S 89–112
17. Schiberna P, Spörl T, Lechner G (1995) Triebstrangsimulation – FASIMA II, ein modulares Triebstrangsimulationsprogramm. VDI-Berichte Nr. 1175
18. Liu J (1995) Lastannahmen und Festigkeitsberechnung. VDI-Berichte 1227: Festigkeitsberechnung metallischer Bauteile, S 179–198
19. Westermann-Friedrich A, Zenner H (1988) Zählverfahren zur Bildung von Kollektiven aus Zeitfunktionen – Vergleich der verschiedenen Verfahren und Beispiele. Merkblatt des AK Lastkollektive Nr 0/14 der FVA (Forschungsvereinigung Antriebstechnik), Frankfurt
20. Deutsches Institut für Normung (1969) DIN 45667 Klassiervorgänge für regellose Schwingungen. Beuth, Berlin
21. Köhler M, Jenne S, Pötter K, Zenner H (2012) Zählverfahren und Lastannahme in der Betriebsfestigkeit. Springer, Berlin
22. American Society for Testing and Materials (2017) ASTM E1049-85 Standard Practices for Cycle Counting in Fatigue Analysis. ASTM International, West Conshohocken
23. Pinnekamp W (1987) Lastkollektiv und Betriebsfestigkeit von Zahnrädern. VDI-Berichte Nr 626, S 131–145
24. Endo T (1974) Damage evaluation of metals for random or varying loading. Proceedings of the 1974 symposium on mechanical behaviour of materials, society of material science Japan
25. Clormann UH, Seeger T (1986) Rainflow – HCM Ein Zählverfahren für Betriebsfestigkeitsnachweise auf werkstoffmechanischer Grundlage. Stahlbau 3:65–71
26. Melzer F (1995) Symbolisch-numerische Modellierung elastischer Mehrkörpersysteme mit Anwendung auf rechnerische Lebensdauervorhersagen. VDI-Fortschritts-Berichte Reihe 20 Nr 139
27. Schütz W (1982) Zur Lebensdauer in der Rissentstehungs- und Rissfortschrittsphase. Der Maschinenschaden 55(5):237–256
28. Hück M, Thrainer L, Schütz W (1981) Berechnung der Wöhlerlinien für Bauteile aus Stahl, Stahlguss und Grauguss. Bericht der ABF Nr ll, Mai
29. Brodbeck P, Dörr C, Lechner G (1995) Lebensdauerversuche an Zahnrädern – Einfluss unterschiedlicher Betriebsbedingungen. DVM-Berichte 121: Maschinenelemente und Lebensdauer, S 137–147
30. Liu J, Zenner H (1995) Berechnung von Beuteilwöhlerlinien unter Berücksichtigung der statistischen und spannungsmechanischen Stützziffer. Mat-wiss Werkstofftech 26:14–21
31. Zenner H (1994) Lebensdauervorhersage im Automobilbau. VDI-Berichte Nr 1153, S 29–42
32. Foth J, Jauch F (1995) Betriebsfestigkeit von torsionsbelasteten Wellen für Automatgetriebe. DVM-Berichte 121:161–173
33. Sonsino CM, Kaufmann H, Grubisic V (1995) Übertragbarkeit von Werkstoffkennwerten am Beispiel eines betriebsfest auszulegenden geschmiedeten Nutzfahrzeug-Achsschenkels. Konstruktion 47:222–232

34. Borenius G (1990) Zur rechnerischen Schädigungsakkumulation in der Erprobung von Kraft-fahrzeugteilen bei stochastischer Belastung mit variabler Mittellast. Dissertation Universität Stuttgart

35. Britten A (1994) Lebensdauerberechnung randschichtgehärteter Bauteile basierend auf der FE-Methode: Anwendung des örtlichen Konzepts auf ein Zweischichtmodell. VDI-Berichte Nr 1153, S 61–72

36. Smith KN, Watson P, Topper TH (1970) A stress-strain function for the fatigue of metals. J Mater JMLSA 5(4):767–778

Die Zuverlässigkeit, die Verfügbarkeit, die Instandhaltbarkeit und die Kosten einer Maschine oder Anlage hängen unmittelbar zusammen – sie beeinflussen die Systemqualität. Die Verfügbarkeit einer Anlage kann durch Erhöhen der Zuverlässigkeit ihrer Komponenten oder durch eine bessere Instandhaltbarkeit gesteigert werden. Damit steigen aber gleichzeitig die Kosten dieser Komponenten, da z. B. ein größerer Entwicklungsaufwand und bessere Werkstoffqualität nötig sind. Der Nutzen der gesteigerten Verfügbarkeit kann daher durch die erhöhten Aufwände wieder zunichte gemacht werden. Deswegen führt eine einseitige Betrachtung meist nicht zum gewünschten Ergebnis. Das Ziel ist im allgemeinen Fall die optimale Auslegung eines Systems. Dies beinhaltet ein bestmögliches Verhältnis von Verfügbarkeit zu eingesetzten Kosten und Berücksichtigung aller weiterer Randbedingungen.

Der Begriff der Lebenslaufkosten gewinnt immer weiter an Bedeutung. Durch die Betrachtung der Kosten, die während des gesamten geplanten Produktlebenszyklus – von der Entwicklung, über die Herstellung, die Nutzung bis zum Umgang nach Lebensende – eines technischen Systems entstehen, werden Investitionsentscheidungen maßgeblich beeinflusst. Für die Prognose der Lebenslaufkosten ist die Information über die Zuverlässigkeit und auch über die geplante Instandhaltungsaktivität notwendig.

Zur Analyse der Zuverlässigkeit und Verfügbarkeit eines Systems, das in einen Instandhaltungsprozess eingebunden ist, sind verschiedene Modellierungs- und Berechnungsmethoden bekannt. Diese unterscheiden sich in ihrer Komplexität teilweise erheblich. Viele der Methoden haben Einschränkungen dahingehend, welches Instandhaltungsgeschehen nachgebildet werden kann. Daher wird in der zweiten Hälfte dieses Kapitels eine Übersicht über mögliche Berechnungsmodelle gegeben und gezeigt, welche Kenngrößen eines Systems jeweils ermittelt werden können.

© Der/die Autor(en), exklusiv lizenziert an Springer-Verlag GmbH, DE, ein Teil von Springer Nature 2022
B. Bertsche, M. Dazer, *Zuverlässigkeit im Fahrzeug- und Maschinenbau*,
https://doi.org/10.1007/978-3-662-65024-0_10

10.1   Kenngrößen reparierbarer Systeme und der Zustandsbeschreibung

Ein technisches System ist, über seine gesamte Nutzungszeit betrachtet, selten komplett unterbrechungsfrei im Betrieb. Durch Ausfälle oder planmäßige Instandhaltungsarbeiten ergeben sich Stillstandszeiten. Fehlende Ersatzteile oder Wartezeiten auf Instandhaltungspersonal können zu verlängerten Stillstandszeiten führen, die nicht durch das technische System oder den technischen Prozess selbst bedingt sind. Da Instandhaltungs- und logistische Wartezeiten durch externe Parameter beeinflusst werden, zählen sie nicht zu den Systemeigenschaften. Das heißt, sie sind nicht durch konstruktive Maßnahmen beeinflussbar. Sie werden daher nicht als Teil der inhärenten Instandsetzungszeit berücksichtigt. Inhärente Merkmale eines Objekts sind über eine Anpassung des Objekts beeinflussbar [1]. So zum Beispiel die Dauer für die Durchführung einer Reparaturmaßnahme, die von der Ausgestaltung des Systems und dessen Aufwand zur Umsetzung der Reparatur abhängt. Operative Kenngrößen hingegen beschreiben Zusammenhänge, die noch weitere äußere Faktoren berücksichtigen. Für das Beispiel einer Reparaturmaßnahme wäre das neben der eigentlichen Reparatur beispielsweise die Dauer, bis das Ersatzteil vorhanden ist.

10.1.1   Instandhaltungskenngrößen

Die Zeitdauern der Tätigkeiten und der Wartezeiten für die Instandhaltungsmaßnahmen sind nicht deterministisch bestimmt, sondern können variieren. Sie werden daher als Zufallsvariable aufgefasst. Diese Zufallsvariablen werden durch die Instandhaltungskenngrößen charakterisiert.

Wie die Zuverlässigkeit ist auch die Instandhaltbarkeit als Wahrscheinlichkeit aufzufassen. Die Instandhaltbarkeit ist wie folgt definiert [2]:

▶ Die Instandhaltbarkeit beschreibt die Wahrscheinlichkeit dafür, dass die benötigte Zeitdauer für eine Reparatur bzw. für eine Wartung kleiner als ein vorgegebenes Intervall ist, wenn die Instandhaltung unter definierten materiellen und personellen Bedingungen erfolgt.

Die Zufallsvariable τ_M steht für die Dauer der Instandhaltungsmaßnahme, der Index M für Maintenance. Abb. 10.1 zeigt einen beispielhaften Zustandsverlauf (siehe Abschn. 10.1.3), bei dem dem betreffenden System im aktiven Betrieb der Wert 1 und im Fall eines Ausfalls oder einer Stilllegung der Wert 0 zugewiesen wird.

Die Instandhaltbarkeit als Zufallsvariable umfasst nicht nur die eigentliche Instandhaltungsarbeit, sondern den Gesamtzeitraum zwischen Ausfallerkennung (Stilllegung) der betrachteten Einheit und ihrer Wiederinbetriebnahme (inklusive Wartezeiten auf Instandhaltungspersonal, Wartezeiten zur Beschaffung von Ersatzteilen oder Werkzeug, Pausen, administrative Zeiten, etc.).

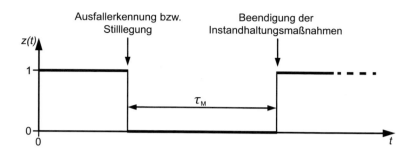

Abb. 10.1 Dauer der Instandhaltungsmaßnahme als Zufallsvariable. (© IMA 2022. All Rights Reserved)

In Analogie zum Ausfallprozess werden die Kenngrößen der Instandhaltung definiert. Die Verteilungsfunktion der Instandhaltungsdauer τ_M

$$G(t) = P(\tau_M \leq t) \tag{10.1}$$

wird als *Instandhaltbarkeit* $G(t)$ bezeichnet. Die entsprechende Dichtefunktion ist die *Instandhaltungsdichte* $g(t)$. Die *Instandhaltungsrate* $\mu(t)$ hat die Bedeutung

$$\mu(t) = P\big(IH \text{ beendet in } [t, t+dt] \,|\, IH \text{ während } [0, t]\big).$$

$$IH: \text{Instandhaltung}$$

Der *Erwartungswert* $E(\tau_M)$ der Instandhaltungsdauer τ_M ist definiert als

$$MTTM = E(\tau_M) = \int_0^\infty g(t)\,dt = \int_0^\infty \big(1 - G(t)\big)\,dt. \tag{10.2}$$

Die Abkürzung *MTTM* steht für *Mean Time To Maintenance*, was dem arithmetischen Mittelwert der Instandhaltungsdauer τ_M entspricht.

Die Instandhaltungsmaßnahmen werden in planmäßige (präventive) Instandhaltungsmaßnahmen und in außerplanmäßige (korrektive) Instandsetzungen unterschieden. Die Kenngrößen der planmäßigen Instandhaltung erhalten den Index *PM* (Preventive Maintenance) und die der außerplanmäßigen erhalten den Index *R* (Repair). Je nach Instandhaltungsmaßnahme wird folglich τ_{PM} für präventive Instandhaltungsmaßnahmen und τ_R für Instandsetzungen verwendet. Folglich wird die Instandhaltbarkeit unterschieden in *Wartbarkeit* $G_{PM}(t)$ und *Instandsetzbarkeit* $G_R(t)$ (Reparierbarkeit) [2].

Zur Charakterisierung der Wartungs- und Instandsetzungsdauer sind analog zu Gl. (10.2) die Begriffe

- *MTTPM* (*Mean Time To Preventive Maintenance*) für den arithmetischen Mittelwert der planmäßigen Instandhaltung und
- *MTTR* (*Mean Time To Repair*) für den arithmetischen Mittelwert der Reparaturdauer

gebräuchlich [2].

Tab. 10.1 Zusammenfassung der Überlebenskenngrößen und der Instandhaltungskenngrößen

Kenngröße	Zufallsvariable			
	Lebens-dauer	Instandhal-tungsdauer	planmäßige Instandhal-tungsdauer	Instandsetzungs-dauer
Symbol d. Zufallsvariable	τ_L	τ_M	τ_{PM}	τ_R
Verteilungsfunktion	$F(t)$	$G(t)$	$G_{PM}(t)$	$G_R(t)$
Überlebenswahrscheinl.	$R(t)$	–	–	–
Dichtefunktion	$f(t)$	$g(t)$	$g_{PM}(t)$	$g_R(t)$
Austrittsrisiko	$\lambda(t)$	$\mu(t)$	$\mu_{PM}(t)$	$\mu_R(t)$
Erwartungswert	$MTTF$	$MTTM$	$MTTPM$	$MTTR$

In Tab. 10.1 sind die beschriebenen Kenngrößen des Überlebens- bzw. Ausfallverhaltens sowie der Instandhaltung zusammengefasst. In der deutschsprachigen Literatur werden präventive Maßnahmen auch häufig zusammenfassend als Wartung bezeichnet, wobei die Wartung eine Instandhaltungsart darstellt und in Abschn. 10.2 behandelt wird.

Qualitativ dient die Instandhaltbarkeit als Maß für die Leichtigkeit, mit der Instandhaltungsarbeiten an einem System bzw. dessen Komponenten durchgeführt werden können. Aufgrund des direkten Einflusses auf die Verfügbarkeit einer Maschine und der starken Zunahme der Instandhaltungskosten wird der Instandhaltbarkeit eine immer größere Bedeutung zugemessen. Einige Faktoren der Instandhaltbarkeit werden bereits während der Entwicklungsphase eines Systems festgelegt. Die beim Betrieb erreichte Instandhaltbarkeit hängt aber in gleichem Maße von der Installation der Maschine bzw. der Anlage, sowie von der Organisation der Instandhaltung ab. Konstruktive Faktoren, die die Instandhaltbarkeit einer Komponente direkt beeinflussen, sind [3]:

- Einbau von Funktionstests (BITs),
- Modularisierung,
- Technische Ausführung einer Komponente (z. B. elektrische gegenüber mechanische),
- Ergonomische Faktoren,
- Beschriftung und Kodierung,
- Anzeigen und Indikatoren,
- Standardisierung,
- Austauschbarkeit/Kompatibilität.

Bereits in der Konstruktionsphase kann durch Beachtung dieser Aspekte der Zeitaufwand zur Entdeckung und Beseitigung einer Störung reduziert werden.

10.1.2 Verfügbarkeitskenngrößen

Die Einsatzdauer eines technischen Systems ist nach seinem ersten Ausfall in der Regel noch nicht beendet. Vielmehr wird durch die Maßnahmen der Instandhaltung das System wieder in seinen betriebsfähigen Zustand versetzt. Die Güte der Zuverlässigkeit und der Instandhaltbarkeit beeinflussen maßgeblich die Verfügbarkeit des Systems.

Die Definition der Verfügbarkeit lautet allgemein [2, 3]:

▶ Die *Verfügbarkeit* ist die Wahrscheinlichkeit dafür, dass sich ein System zum Zeitpunkt t oder während einer definierten Zeitspanne in einem funktionsfähigen Zustand befindet, wenn es vorschriftsmäßig betrieben und instandgehalten wurde.

Der aktive Betriebszustand sei im Zustandsdiagramm als $z = 1$ definiert (Näheres zum Zustandsdiagramm und Zustandsverlauf folgt im nächsten Abschnitt). Die *Verfügbarkeit A(t)*, bzw. genauer gesagt die Punktverfügbarkeit [2], ist unter dieser Voraussetzung definiert als

$$A(t) = \left(z(t) = 1 \,|\, \text{neuwertig zum Zeitpunkt}\, t = 0 \right) = E\left(z(t)\right), \qquad (10.3)$$

dem Erwartungswert des Zustandsindikators $z(t)$.

Die *durchschnittliche Verfügbarkeit* $A_{Av}(t)$ [2]

$$A_{Av}(t) = \frac{1}{t} \cdot E\left(\text{totale Betriebszeit in}\, [0,t]\,|\,\text{neuwertig zum Zeitpunkt}\, t = 0 \right) \qquad (10.4)$$

ist gleich dem zu erwartenden Prozentsatz der Zeit t, während dem das System bis zum Zeitpunkt t im Betriebszustand ist. Es gilt:

$$A_{Av}(t) = \frac{1}{t} \int_0^t A(x)\,\mathrm{d}x. \qquad (10.5)$$

Die durchschnittliche Verfügbarkeit lässt sich verallgemeinert darstellen als sogenannte Missions- oder Intervallverfügbarkeit [3]

$$A_{t_2-t_1} = \frac{1}{t_2 - t_1} \int_{t_1}^{t_2} A(t)\,\mathrm{d}t. \qquad (10.6)$$

Sie stellt die durchschnittliche Verfügbarkeit während eines Intervalls $[t_1, t_2]$ dar.

Für ein System, das:

- nach einem Ausfall repariert werden kann,
- nach einer Reparatur neuwertig ist,
- nur die Reparatur nach einem Ausfall als Instandhaltungsmaßnahme aufweist,
- direkt zum Zeitpunkt des Ausfalls zu reparieren begonnen wird,
- für die Dauer mindestens eines Zustands (intakt bzw. ausgefallen) einem stochastischen Einfluss unterworfen ist,

lässt sich für große Zeiten eine dann zeitpunktunabhängige Verfügbarkeit definieren. Diese wird als Dauerverfügbarkeit bezeichnet. Für die beschriebenen Randbedingungen konvergieren die Ausdrücke der (Punkt-)Verfügbarkeit und der durchschnittlichen Verfügbarkeit für große Zeiten t gegen konstante Werte, die unabhängig von den Anfangsbedingungen zum Zeitpunkt $t = 0$ sind. Diese Dauerverfügbarkeit A_D lässt sich im beschriebenen Fall über den $MTTF$ und $MTTR$ nach Gleichung Gl. (10.7) bestimmen.

$$A_D = \frac{MTTF}{MTTF + MTTR} \tag{10.7}$$

In Abb. 10.2 sind beispielhaft die Punktverfügbarkeit, die durchschnittliche Verfügbarkeit und Dauerverfügbarkeit einer Komponente, die ausschließlich korrektiv instandgehalten wird (Ausfall-Reparatur-Zyklus), dargestellt. Das Ausfallverhalten der Komponente ist durch eine Weibullverteilung mit $b = 3{,}5$ und $T = 1000$ h beschrieben. Die Verteilungsfunktion der Reparaturdauer ist eine Weibullverteilung mit $b = 3{,}5$ und $T = 10$ h. Die Parameter sind so gewählt, damit das Einschwingverhalten im Anfangsbereich und der Übergang in den konstanten Wert der Dauerverfügbarkeit deutlich erkennbar sind.

Allgemein lässt sich diese *Dauerverfügbarkeit* A_D definieren als

$$A_D = \lim_{t \to \infty} A(t) = \frac{MTBF}{MTBF + \bar{M}} = \frac{1}{1 + \dfrac{\bar{M}}{MTBF}} \tag{10.8}$$

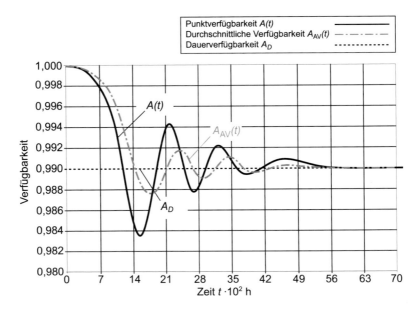

Abb. 10.2 Punktverfügbarkeit $A(t)$, durchschnittliche Verfügbarkeit $A_{Av}(t)$ und Dauerverfügbarkeit A_D für den Spezialfall eines freien Ausfall-Reparatur-Zyklus. (© IMA 2022. All Rights Reserved)

mit der mittleren Stillstandzeit $\bar{M}$. *MTBF* steht für *Mean Operating Time Between Failure*. Im Weiteren wird für ein einfacheres Verständnis mit dem *MTTF* statt der Verallgemeinerung mit *MTBF* gearbeitet.

Je nachdem, welche Zeitanteile in der mittleren Stillstandszeit berücksichtigt sind, werden die folgenden Arten der Dauerverfügbarkeit definiert.

Die *innere* (inhärente) (engl. *inherent*) *Dauerverfügbarkeit* $A_D^{(i)}$ ist definiert als [3, 4]

$$A_D^{(i)} = \frac{MTTF}{MTTF + MTTR} \text{ mit } \bar{M} = MTTR.$$ (10.9)

Sie berücksichtigt ausschließlich das Ausfallverhalten des Systems und außerplanmäßige Instandsetzungen. $A_D^{(i)}$ basiert auf der Verteilungsfunktion der Ausfallwahrscheinlichkeit $F(t)$ und der Instandsetzbarkeit $G_R(t)$. Sie kann daher als Bewertungskriterium für die konstruktive Güte eines Produkts betrachtet werden.

Die *technische Dauerverfügbarkeit* $A_D^{(t)}$ ist definiert als [4]

$$A_D^{(t)} = \frac{MTTF}{MTTF + MTTPM + MTTR}$$
$$\text{mit } \bar{M} = MTTM = MTTPM + MTTR.$$ (10.10)

Sie berücksichtigt das Ausfallverhalten des Systems, planmäßige Instandhaltungsmaßnahmen sowie Instandsetzungen.

Die *operative* (engl. *operational*) *Dauerverfügbarkeit* $A_D^{(o)}$ ist definiert als [4]

$$A_D^{(o)} = \frac{MTTF}{MTTF + MTTPM + MTTR + SDT + MDT}$$
$$\text{mit } \bar{M} = MTTPM + MTTR + SDT + MDT.$$ (10.11)

Die logistische Wartezeit *SDT* (engl. *Supply Delay Time*) beinhaltet im Wesentlichen das Warten auf die Produktion bzw. die Lieferung von Ersatzteilen. Aber auch administrative (verwaltungsbedingte) Durchlaufzeiten, Produktionszeiten, Beschaffungszeiten und Transportzeiten zählen zur logistischen Wartezeit. Zu einem großen Teil wird diese Wartezeit also durch die Bandbreite und Anzahl der bevorrateten Ersatzteile beeinflusst, die der Instandhaltungseinheit zur Verfügung stehen. Die logistische Wartezeit wird Null, wenn das Ersatzteil unmittelbar verfügbar ist.

Unter der Bezeichnung Instandhaltungswartezeit *MDT* (engl. *Maintenance Delay Time*) zusammengefasst, findet sich die Wartezeit auf Instandhaltungskapazitäten oder -einrichtungen. Hierin können auch Meldezeiten und Reisezeiten beinhaltet sein. Instandhaltungskapazitäten sind Personal, Test- oder Messgeräte, Werkzeuge, Handbücher oder andere technische Daten. Einrichtungen sind Reparaturwerkstätten, Prüfstände, Flugzeughangars, etc. Die Instandhaltungszeit wird durch die Anzahl der zur Verfügung stehenden Reparaturkanäle beeinflusst. Ein Reparaturkanal wird definiert als Gesamtheit aller Instandhaltungskapazitäten und -einrichtungen, die zur erfolgreichen Durchführung einer Reparatur benötigt werden. Ist ein Reparaturkanal unmittelbar verfügbar, wenn ein Ausfall stattfindet, dann ist die Instandhaltungswartezeit gleich Null.

Die operative Verfügbarkeit ist dann ein sinnvolles Bewertungskriterium, wenn die Anzahl der Ersatzteile und die Anzahl der Reparaturkanäle abgewägt werden soll. Sie berücksichtigt neben den konstruktiven Parametern, also der Zuverlässigkeit und Instandhaltbarkeit, auch die Güte der Instandhaltungsorganisation.

Die *praktische* (engl. *total*) *Dauerverfügbarkeit* $A_D^{(p)}$ beschreibt den allgemeinsten Fall der Dauerverfügbarkeit. Sie berücksichtigt sowohl das Ausfallverhalten des Systems, sämtliche Instandhaltungsmaßnahmen und administrative Stillstandszeiten, als auch logistische Verzögerungen. Zusätzlich werden fremdbedingte Nichtverfügbarkeitsgründe berücksichtigt, beispielsweise Streiks, oder Einflüsse durch höhere Gewalt. Diese Einflussgrößen sind vom Systembetreiber nicht beeinflussbar.

In Tab. 10.2 sind die verschiedenen Definitionen der Dauerverfügbarkeit in einer Übersicht zusammengefasst. Die Einflussgrößen, die bei der jeweiligen Dauerverfügbarkeit berücksichtigt werden, sind markiert. Weiterhin sind die den Einflussgrößen zugeordneten Mittelwerte bzw. Maßzahlen angegeben.

10.1.3   Der Zustandsverlauf

In einem System gibt es für den Zustand des Systems, wie auch für jede seiner Komponenten, einen Ereignisstrom über der Zeit. Dieser Ereignisstrom ergibt sich insbesondere durch die Betriebsbedingungen, durch das Ausfallverhalten der Komponenten sowie die Funktionsstruktur und durch die Instandhaltungsmaßnahmen. In Abb. 10.3 ist beispielhaft ein solcher Ereignisstrom dargestellt.

Die Zustände lassen sich durch einen sogenannten Zustandsindikator $z(t)$ darstellen. Dieser kann über der Zeit verschiedene Werte annehmen. Die Bedeutung der jeweiligen Werte ist individuell definierbar, wobei typischerweise positive Werte für Zustände der Betriebsfähigkeit und negative Werte für Zustände der Nichtbetriebsfähigkeit Anwendung finden. Werden dem Zustandsindikator für ein technisches System beispielsweise die Werte

Tab. 10.2 Übersicht verschiedener Definitionen von Dauerverfügbarkeit

	Konstruktions bedingt		Planmäßige Instandhaltung	Verfügbarkeit der Ersatzteile	Reparaturmannschaften	Instandhaltungseinrichtungen	Fremdeinflüsse
	Zuverlässigkeit	Instandsetzbarkeit					
$A_D^{(i)}$	●	●	–	–	–	–	–
$A_D^{(t)}$	●	●	●	–	–	–	–
$A_D^{(o)}$	●	●	●	●	●	●	–
$A_D^{(p)}$	●	●	●	●	●	●	●
Maßzahl	MTTF	MTTR	MTTPM	SDT	MDT		–

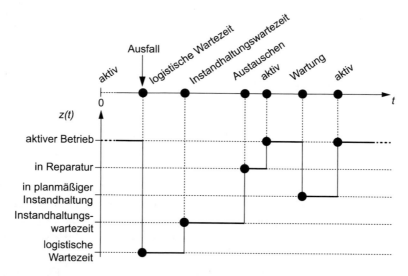

Abb. 10.3 Beispielhafter Ereignisverlauf über der Zeit und zugeordnete Zustände. (© IMA 2022. All Rights Reserved)

$$z(t) = \begin{cases} 1, \text{wenn in aktivem Betrieb} \\ 0, \text{wenn ausgefallen und in Reparatur} \\ -1, \text{wenn in Wartung} \\ -2, \text{wenn Instandhaltungswartezeit} \\ -3, \text{wenn Logistikwartezeit} \end{cases}$$

zugeordnet, dann beschreibt Abb. 10.3 einen möglichen zeitlichen Zustandsverlauf eines Systems: Zum Zeitpunkt $t = 0$ wird das System in Betrieb genommen und befindet sich im aktiven Betrieb. Es ist aktiv bis zum Ausfall einer seiner Komponenten. Durch den Ausfall wird eine Erneuerung der defekten Komponente erforderlich, d. h. die Komponente ist durch eine neue Komponente zu ersetzen. Da das benötigte Ersatzteil nicht zur Verfügung steht, muss bis zu dessen Eintreffen gewartet werden. Dieser Zeitraum wird als logistische Wartezeit bezeichnet. Ist nun das erforderliche Reparaturpersonal nicht verfügbar, muss noch auf dessen Verfügbarkeit gewartet werden, wobei die Rede von der Instandhaltungswartezeit ist. Erst, wenn alle erforderlichen Ressourcen vorhanden sind, erfolgt der eigentliche Reparaturvorgang. Nach Abschluss der Reparatur wird die Baugruppe wieder in Betrieb genommen. Zu einem im Rahmen der Instandhaltungsstrategie festgelegten Termin erfolgt eine Betriebsunterbrechung des Systems, um eine Wartung im Rahmen des Instandhaltungsplans durchzuführen. Da die Wartungsarbeiten organisatorisch vorbereitet werden, ergeben sich keine Wartezeiten auf fehlende Teile. Und so befindet sich das System während dieser Zeit im Zustand der planmäßigen Instandhaltung. Nach Beendigung der Wartungsarbeiten wird die Anlage wieder in Betrieb genommen. Der Zustandsverlauf über der Zeit lässt sich also bestimmten Tätigkeiten und Wartezeiten zuordnen:

Zustandsindikatoren können abhängig von deren Charakter weiter unterteilt werden. Die Einteilung kann dabei in operative, duale und inhärente Zustandsindikatoren erfolgen.

- Der operative Zustandsindikator $Z(t)$, häufig auch nur als Zustandsindikator bezeichnet, beschreibt alle relevanten Zustände über einzelne Werte zu einem Zeitpunkt t. Er dient vor allem dazu, den genauen Zustand und die Abfolge der unterschiedlichen Zustände darzustellen.
- Der duale Zustandsindikator $Z_X(t)$ gibt an, wann der dem Zustandsindikator zugeordnete Zustand X vorliegt (Wert: eins) und wann nicht (Wert: null). Durch die binäre Beschreibungsform kann eine unkomplizierte statistische Analyse für das Auftreten des Zustands erfolgen, wenn entsprechende Daten zur Auswertung zur Verfügung stehen.
- Der inhärente Zustandsindikator $X(t)$ gibt über die Werte eins und null an, ob sich die Komponente oder das System zu einem Zeitpunkt t grundsätzlich in einem „funktionsfähigen" Zustand befindet oder nicht. Dabei ist jedoch nicht ersichtlich, wodurch diese Zustände verursacht werden [5]. Der inhärente Zustandsindikator dient in der Regel zur Modellierung und Ermittlung der operativen Lebens- und Instandhaltungsdauern.

Für einen exemplarischen Fall liefert Abb. 10.4 die Gegenüberstellung der drei aufgeführten Zustandsindikatoren. Die Werte lassen sich dafür wie folgt zuordnen, wobei die Wertezuordnung des operative Zustandsindikators individuell festlegbar ist:

$$Z(t) = \begin{cases} 3, \text{wenn in erhöhter Laststufe} \\ 2, \text{wenn in normaler Laststufe} \\ 1, \text{wenn in reduzierter Laststufe} \\ 0, \text{wenn ausgefallen und in Reparatur} \\ -1, \text{wenn in planmäßiger Instandhaltung} \\ -2, \text{wenn in Inspektion} \\ -3, \text{wenn Instandhaltungswartezeit} \\ -4, \text{wenn Logistikwartezeit} \end{cases}$$

$$Z_X(t) = \begin{cases} 1, \text{wenn Zustand } X \text{ aktiv} \\ 0, \text{wenn Zustand } X \text{ nicht aktiv} \end{cases}$$

$$X(t) = \begin{cases} 1, \text{wenn } Z(t) > 0, \text{d. h. betriebsfähig} \\ 0, \text{wenn } Z(t) \leq 0, \text{d. h. nicht betriebsfähig} \end{cases}$$

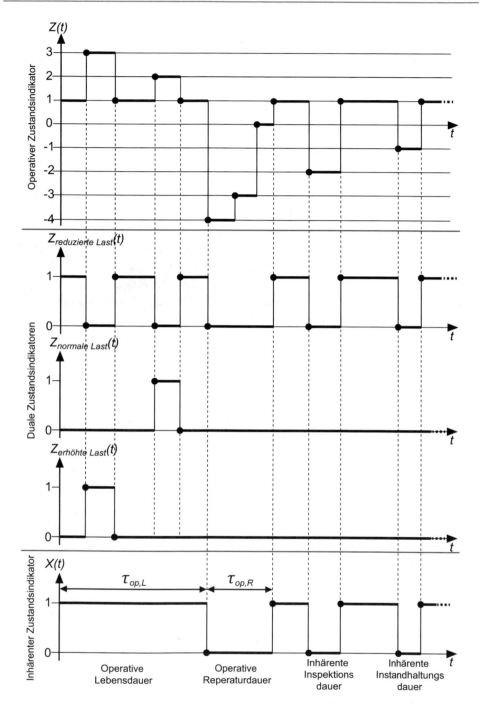

Abb. 10.4 Gegenüberstellung von operativem Zustandsindikator $Z(t)$, dualem Zustandsindikator $Z_X(t)$ und inhärentem Zustandsindikator $X(t)$. (© IMA 2022. All Rights Reserved)

10.2   Grundlagen der Instandhaltung

Die *Instandhaltung* beeinflusst – neben der Zuverlässigkeit – maßgeblich die Verfügbarkeit eines technischen Systems im Maschinenbau [6].

Sie ist wie folgt definiert [7, 8]:

▶ Die Instandhaltung bezeichnet Maßnahmen zur Feststellung und Beurteilung des Istzustandes sowie zur Bewahrung und Wiederherstellung des Sollzustandes von Anlagen, Geräten und Komponenten.

Im Rahmen der Instandhaltungsstrategie werden Inspektionsintervalle, Wartungsumfänge, Reparaturprioritäten und Instandsetzungskapazitäten in Form von Ersatzteilen und Reparaturpersonal festgelegt. Es wird zwischen unterschiedlichen Instandhaltungsmaßnahmen unterschieden, sowohl was deren Ziel, als auch was deren Zeitpunkt betrifft. Die nach Ziel geordneten Maßnahmen der Instandhaltung sind Wartung, Inspektion, Überholung und Instandsetzung (Reparatur). Zur Sicherstellung der Instandhaltung ist es notwendig, die benötigten Ersatzteile in der erforderlichen Menge und Güte zur rechten Zeit bereitzustellen, analog zu den Anforderungen der Materialwirtschaft [9]. Damit verbunden sind logistische Aspekte wie Transport und zweckmäßige Lagerung.

10.2.1   Instandhaltungsstrategien

Nach DIN 31051 [7] schließen Instandhaltungsmaßnahmen die Abstimmung der Instandhaltungsziele mit den Unternehmenszielen und die Festlegung auf eine entsprechende Instandhaltungsstrategie ein. Die optimale Instandhaltungsstrategie ist das Ergebnis eines Zielkonflikts zwischen erzielter Verfügbarkeit einer Anlage und aufzuwendenden Instandhaltungskosten. Dieser Zusammenhang wird auch im Rahmen der Lebenslaufkosten in Abschn. 10.3 aufgegriffen.

Die Instandhaltungsstrategie legt folgende Kenngrößen der Instandhaltung für das System und seine Komponenten fest:

• Art und Häufigkeit der Instandhaltungsmaßnahmen (z. B. Inspektionsintervalle und Wartungsumfänge),
• Strategie der Ersatzteillagerhaltung,
• Anzahl und Qualifikation der Reparaturmannschaften,
• Reparaturprioritäten,
• Instandhaltungsebenen.

Die Instandhaltungsstrategie bildet das Dach der Instandhaltung, wie es anschaulich in Abb. 10.5 dargestellt ist.

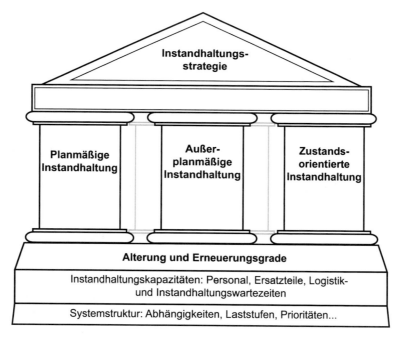

Abb. 10.5 Die drei Säulen der Instandhaltung. (© IMA 2022. All Rights Reserved)

Die Instandhaltungsmaßnahmen können nach den folgenden Strategien einge-setzt werden:

- Ausschließlich korrektive Instandhaltungsmaßnahmen,
- Instandhaltungsmaßnahmen bei planmäßigen Inspektionen,
- Ausschließlich planmäßige Instandhaltungsmaßnahmen,
- Kombination von planmäßigen und korrektiven Instandhaltungsmaßnahmen,
- Zustandsorientierte Instandhaltung.

Instandhaltungsvorgänge können, beispielsweise auf Basis der Systemstruktur, auf Glie-derungsebenen aufgeteilt werden. Die Instandhaltungsvorgänge einer Gliederungsebene lassen sich dabei als Instandhaltungsebene zusammenfassen. Ist nur eine Instandhaltungs-ebene vorhanden, gliedern sich korrektive Instandhaltungsmaßnahmen in folgende Ein-zelmaßnahmen:

- Feststellung der Störung bzw. des Ausfalls (Ausfallerkennung)*,
- Meldung an zuständiges Instandhaltungspersonal,
- Anmarsch des Instandhaltungspersonals zum Ort der Störung,
- Bereitstellung von Werkzeugen und Prüfgeräten,
- Lokalisierung der Störung auf Geräte- bzw. Komponentenebene (Ausfalllokalisierung)*,

- Ausbau des fehlerhaften Gerätes (Komponente)*,
- Bereitstellung der benötigten Ersatzteile,
- Auswechseln der fehlerhaften Teile (Ausfallbehebung)*,
- Justieren, Kalibrieren und Prüfen des reparierten Geräts (Komponente)*,
- Einbau des reparierten Geräts (Komponente) in die Anlage*,
- Funktionsprüfung der kompletten Anlage*.

Ebenso wie die präventiven Instandhaltungsmaßnahmen erfordern auch diese Einzelmaßnahmen einen bestimmten Aufwand an Zeit, Personal und Material. Die Summe der den Einzelmaßnahmen zugeordneten Zeitabschnitte ergibt die Ausfalldauer. Die inhärente Instandsetzungsdauer setzt sich zusammen aus den Zeitabschnitten, welche den mit * besonders gekennzeichneten Einzelmaßnahmen entsprechen.

Sind mehrere Instandhaltungsebenen vorhanden, wird das fehlerhafte Gerät (Komponente) durch ein anderes, voll funktionsfähiges ersetzt [8]. Das fehlerhafte Gerät wird einem Instandhaltungskreislauf zugeführt. Dadurch verringern sich zwar die Ausfalldauer und die Instandsetzungsdauer der betreffenden Anlage, jedoch nicht ohne weiteres der gesamte Instandsetzungsaufwand.

Entscheidungskriterien für die Einführung von Reparaturebenen können beispielsweise die Auswirkungen auf die Verfügbarkeit bzw. die Reparierbarkeit vor Ort sein [6].

10.2.2 Instandhaltungsmaßnahmen

Mit Blick auf das direkte Ziel der Maßnahmen werden die folgenden Instandhaltungsmaßnahmen Wartung, Inspektion, Instandsetzung (Reparatur) und Verbesserung unterschieden [10].

- Unter *Wartung* werden alle Maßnahmen zur Bewahrung des Sollzustandes zusammengefasst, z. B. Maßnahmen zur Verhinderung von Abnutzungserscheinungen oder der regelmäßige Austausch von Schmierstoffen.
- *Inspektionen* umfassen alle Maßnahmen zur Feststellung und Beurteilung des Istzustandes und das Einleiten von Gegenmaßnahmen, z. B. das Überprüfen auf Leckagestellen.
- *Instandsetzungen* werden auch als Reparaturen bezeichnet und umfassen alle Maßnahmen zur Wiederherstellung des Sollzustands.
- *Verbesserung* bezeichnet Maßnahmen zur Steigerung von Sicherheit, Zuverlässigkeit, Verfügbarkeit und Instandhaltbarkeit eines Produktes oder Systems.

Die Instandhaltungsmaßnahmen untergliedern sich bei Bezug auf den Zeitpunkt der Maßnahme in Maßnahmen zur planmäßigen Instandhaltung, zur außerplanmäßigen Instandhaltung und zur zustandsorientierten Instandhaltung. Im Folgenden werden diese Maßnahmen näher erläutert.

10.2.2.1 Planmäßige Instandhaltung

Die planmäßige Instandhaltung (engl. *preventive maintenance*) umfasst denjenigen Teil der Instandhaltungsmaßnahmen, der planmäßig d. h. zu vorher festgelegten Zeitpunkten oder periodisch nach einer bestimmten Anzahl von Betriebsstunden/Lastwechseln/..., durchgeführt wird. Planmäßige Instandhaltungsmaßnahmen dienen zur Feststellung und Beurteilung des Istzustandes sowie zur Bewahrung des Sollzustandes von Anlagen, Geräten und Komponenten [8].

Sie lassen sich damit in ihrer Weise der Einteilung nach dem Ziel der Maßnahme zuordnenden:

- *Wartung:* Maßnahmen zur Bewahrung des Sollzustandes, z. B. Reinigen, Ergänzen von Schmier- und Kühlmitteln, Justieren, Kalibrieren.
- *Inspektion:* Maßnahmen zur Feststellung und Beurteilung des Istzustandes, z. B. Überprüfung auf Verschleiß, Korrosion, Leckagestellen, gelockerte Verbindungen, periodisches oder kontinuierliches Messen und Auswerten.
- *Überholung:* Zerlegung soweit, dass bestimmte Bauteile, Baugruppen und Komponenten zugänglich sind und ggf. Austausch von Bauteilen, Baugruppen und Komponenten.

Planmäßige Instandhaltungsmaßnahmen werden ohne Rücksicht auf den Zustand des Gerätes durchgeführt. Als planmäßige Arbeiten werden solche Arbeiten betrachtet, die durchgeführt werden, ohne dass ein aktueller Störfall vorliegt. Der Zweck planmäßiger Instandhaltungsmaßnahmen besteht im Wesentlichen darin, Störungen und Ausfällen vorzubeugen, die durch Verschleiß, Alterung, Korrosion und Verschmutzung entstehen und sich daraus ergebende Folgeausfälle zu verhindern. Planmäßige Instandhaltung wird daher auch als vorbeugende (präventive) Instandhaltung bezeichnet. Dabei kann eine weitere Unterteilung auf die Bestimmung des Zeitpunkts zur Durchführung der Maßnahme vorgenommen werden. Abb. 10.6 zeigt hierzu drei Möglichkeiten. Im ersten Fall sind die Zeitpunkte der Maßnahmen fest vorgegeben und unabhängig von der übrigen Instandhaltungssituation. Bei Fall zwei erfolgt die planmäßige Instandhaltung immer in einem definierten (zeitlichen) Abstand zur vorherigen Maßnahme. Der dritte Fall wird auch als Komponentenaustausch bezeichnet und entspricht einem Austausch bei Erreichen eines Lebensdauerkriteriums, unabhängig der durchgeführten Maßnahmen zur Wartung oder anderweitiger Instandsetzung.

10.2.2.2 Zustandsorientierte Instandhaltung

Die zustandsorientierte Instandhaltung vermeidet feste Inspektions- und Überholungsintervalle und so den periodischen Austausch noch voll funktionsfähiger Bauteile und Baugruppen [8]. Weiterhin kann eine Reduzierung der Verfügbarkeit durch zu häufig durchgeführte planmäßige Maßnahmen vermieden werden. Durch kontinuierliche oder periodische Messungen bzw. Beobachtungen bestimmter Größen und deren Änderungen an Bauteilen, Baugruppen und Komponenten während des Betriebs kann z. B. der Fortschritt von Verschleiß bei laufendem Betrieb festgestellt werden. Diese Messungen bzw

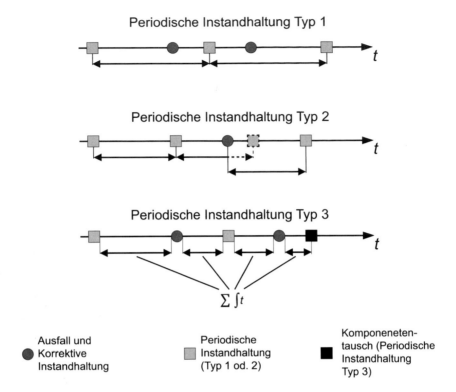

Abb. 10.6 Einteilung der Instandhaltungsmaßnahmen nach Zeitpunkt der Umsetzung. (© IMA 2022. All Rights Reserved)

Beobachtungen und die Auswertungen der Messergebnisse sind eine Sonderform des Inspizierens (engl. *condition monitoring*). Damit ist es möglich, den Instandhaltungsaufwand zu reduzieren, ohne die Zuverlässigkeit und die Sicherheit zu beeinträchtigen.

In [11] wird der Begriff einer zustandsorientierten Instandhaltung (engl. *on condition maintenance*) definiert. Ihre Zielsetzung besteht darin, Instandhaltungsmaßnahmen zeit-, qualitäts- und kostenoptimal zu planen und durchzuführen. Mit dieser Instandhaltungsstrategie wird eine intensive Überwachung wichtiger Bauteile und Geräte im laufenden Betrieb durchgeführt (z. B. durch automatische Messgeräte). Dadurch soll eine Vorhersage ermöglicht werden, wann ein Ausfall auftreten würde. Damit kann rechtzeitig eine Instandhaltungsmaßnahme, z. B. eine Erneuerung, stattfinden, bevor sich der Ausfall ereignet.

Die Anwendung von zustandsorientierter Instandhaltung ist möglich bei Systemen und Komponenten, bei denen die Betriebsbedingungen über der Zeit gemessen und überwacht werden können. Überwachungstechniken für die zustandsorientierte Instandhaltung sind unter anderem:

- die thermographische Überwachung,
- die zerstörungsfreie Werkstoffprüfung,
- die Ölanalyse und
- die Vibrationsanalyse.

Verschleißanzeiger an Fahrzeugbremsen messen die Größe des Belagverschleißes und erlauben so die Vorhersage der restlichen Einsatzdauer, bevor eine Erneuerung nötig ist. Abb. 10.7 zeigt die relative Häufigkeit der heute eingesetzten Verfahren zur Maschinenzustandsüberwachung. Lagerdiagnosen und die Untersuchung von Maschinenschwingungen zählen demnach zu den am häufigsten eingesetzten Verfahren.

Dieses Vorgehen bedingt einen hohen Aufwand seitens der Datenerfassung und Auswertung, sie senkt aber auch die Gesamtinstandhaltungskosten, ohne dass in irgendeiner Form die Sicherheit und Zuverlässigkeit des Gerätes beeinträchtigt wird. Diese Strategie wird mit Erfolg von einer Reihe von amerikanischen Fluggesellschaften angewendet [6].

10.2.2.3 Außerplanmäßige Instandhaltung

Außerplanmäßige (korrektive) Instandhaltungsmaßnahmen (engl. *corrective maintenance*) sind erforderlich bei Teil- und Totalausfällen von Anlagen, Geräten und Komponenten, sie dienen also zur Wiederherstellung des Sollzustandes [8]. Diese Maßnahmen werden mit dem Begriff *Instandsetzung* umschrieben. Oft wird auch von *Reparatur* anstelle von Instandsetzung gesprochen [2]. Auch planmäßige Instandhaltungsmaßnahmen, wie beispielsweise Inspektionen, können korrektive Maßnahmen nach sich ziehen.

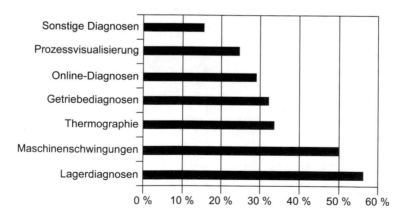

Abb. 10.7 Verfahren zur Maschinenzustandsüberwachung [12]. (© IMA 2022. All Rights Reserved)

10.2.3   Reparaturprioritäten

Die Vergabe von Reparaturprioritäten ist dann sinnvoll, wenn eine Systemkomponente eine höhere Bedeutung besitzt als andere. Die Bedeutung einer Komponente ist vom Systembetreiber zu definieren. Im betriebswirtschaftlichen Sinn hat diejenige Komponente die größte Bedeutung, bei deren Ausfall die höchsten Kosten anfallen. Dies kann am Beispiel einer Förderbandanlage verdeutlicht werden. Sie besteht aus einer Antriebseinheit (Komponente 1) und drei parallel arbeitenden Förderbändern (Komponenten 2–4), die von der Antriebseinheit angetrieben werden. Das entsprechende Zuverlässigkeitsblockdiagramm ist in Abb. 10.8 dargestellt.

Wenn die Antriebseinheit ausfällt, steht die ganze Anlage still. Ist hingegen nur ein Förderband ausgefallen, so laufen die beiden anderen Bänder weiter und bringen dem Betreiber der Anlage finanzielle Erlöse ein. In diesem Beispiel ist also offensichtlich die Antriebseinheit die Komponente mit der höchsten Reparaturpriorität, weil diese für die Rentabilität der Anlage am bedeutendsten ist.

10.2.4   Instandhaltungskapazitäten

Bei den stochastischen Prozessen, die gewöhnlich zur Berechnung der erreichten Verfügbarkeit eingesetzt werden (Erneuerungsprozess, Markov-Prozess, …), wird stets angenommen, dass sämtliche erforderliche Instandhaltungsarbeiten ohne Verzögerung durchgeführt werden [13–15]. In der Praxis ist dies selten der Fall, da für die Bemessung der Instandhaltungskapazitäten ein wirtschaftlicher Kompromiss gefunden werden muss zwischen den Aufwendungen für die Bereitstellung der Instandhaltungskapazität (Infrastruktur, Personal, Werkzeuge und Geräte, Austausch- und Ersatzteile) und Wartezeiten, die durch die Nichtverfügbarkeit erforderlicher Instandhaltungskapazitäten verursacht werden.

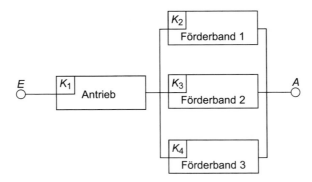

Abb. 10.8 Zuverlässigkeitsblockdiagramm einer Förderbandanlage. (© IMA 2022. All Rights Reserved)

Für die realitätsnahe Modellierung eines technischen Systems sind daher begrenzte Instandhaltungsressourcen zu berücksichtigen. Dies geschieht durch die Miteinbeziehung der Reparaturmannschaften, der Ersatzteilbevorratung und weiterer Instandhaltungsressourcen.

10.2.4.1 Reparaturmannschaften

Durch eine Instandhaltbarkeitsanalyse [6] sind die Art und Dauer der plan- und auch außerplanmäßigen Instandhaltungsarbeiten abschätzbar. Hieraus lassen sich die benötigte Personenzahl und auch die geforderte Qualifikation ableiten. Im Rahmen der Instandhaltungsstrategie werden für die Instandhaltungsarbeiten entsprechende Reparaturmannschaften gebildet. Ihre Anzahl ist im Allgemeinen beschränkt.

10.2.4.2 Grundlagen der Ersatzteillagerhaltung

Laut *Pfohl* [16] sind „Lagerbestände Puffer zwischen Input- und Output-Flüssen von Gütern". Aus der Sicht der Instandhaltung sind die Güter Ersatzteile, die für entsprechende Instandhaltungsmaßnahmen benötigt werden. Ein unnötig großes Lager ist aus betriebswirtschaftlicher Sicht negativ, weil dadurch zu hohe Kosten anfallen. Ziel ist es daher, ein für die Bedürfnisse der Instandhaltung optimales Bestandsmanagement zu betreiben. Im Folgenden sind einige Grundlagen der Lagerhaltung aufgeführt.

Nutzen der Lagerhaltung

Die Bevorratung von Ersatzteilen in Lagern bietet folgende Vorteile:

- Vermeidung von Wartezeiten: Durch die sofortige Verfügbarkeit eines Ersatzteils bei einem unvorhergesehenen Ausfall werden Wartezeiten vermieden.
- Größendegressionseffekte: Lagerbestände erlauben es sog. Größendegressionseffekte zu nutzen, z. B. Mengenrabatte.
- Lagerbestände als Schutz vor Prognoseunsicherheit.
- Lagerbestände zur langfristigen Sicherstellung der Ersatzteilverfügbarkeit.

Der Lagerbestandsverlauf

Im Folgenden werden die Grundbegriffe im Zusammenhang mit dem Lagerbestand erläutert. In Abb. 10.9 ist ein beispielhafter Verlauf des Lagerbestands $L(t)$ über der Zeit dargestellt.

Der Lagerbestand $L(t)$ beträgt zum Zeitpunkt $t = L(t) = 0$ L_{Nenn} Ersatzteile. Durch die Entnahme von Ersatzteilen bei Bedarf durch die Reparaturmannschaften nimmt der Lagerbestand stetig ab. Wird ein bestimmter Lagerbestand L_{Best} unterschritten, so wird eine gewisse Anzahl an Ersatzteilen nachbestellt. Der Zeitpunkt t_{Best}, bei dem die Bestellung ausgelöst wird, wird Bestellpunkt genannt. Die Anzahl der bestellten Ersatzteile ist die Bestellmenge N_{Best}, die Zeitdauer vom Bestellpunkt bis zum Zeitpunkt der Lieferung wird

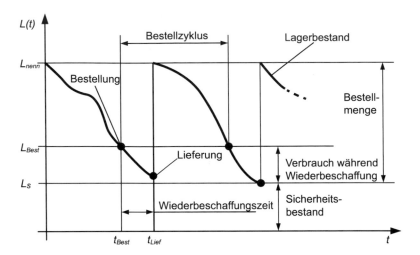

Abb. 10.9 Beispielhafter Verlauf des Lagerbestands mit Wiederbeschaffung. (© IMA 2022. All Rights Reserved)

als Wiederbeschaffungszeit bezeichnet. Bis zum Eintreffen der Bestellmenge wird die sog. Nachfrage an Ersatzteilen während der Wiederbeschaffungszeit prognostiziert. Der Bestellpunkt sollte so gewählt werden, dass bis zum Eintreffen der nachbestellten Ersatzteile der Sicherheitsbestand L_S nicht angetastet ist. Aufgrund von Unwägbarkeiten ist in jedem Lager ein Sicherheitsbestand vorgesehen [16].

Die Bestellmenge N_{Best} ergibt sich aus der Differenz zwischen Lagernennbestand L_{Nenn} und Sicherheitsbestand L_S zu $N_{Best} = L_{Nenn} - L_S$. Wurde die Bestellmenge richtig abgeschätzt, wird bei der Lieferung der Ersatzteile zum Zeitpunkt t_{Lief} wieder der Nennbestand L_{Nenn} erreicht.

10.3 Lebenslaufkosten

Zuverlässigkeit, Instandhaltbarkeit und Verfügbarkeit haben einen großen Einfluss auf die Kosten, die während der Produktnutzung entstehen. Zur Bewertung des Nutzens und der Rentabilität der Maßnahmen der Zuverlässigkeitstechnik ist die Betrachtung der Kostenaspekte somit unumgänglich. Daher wird das Konzept der Lebenslaufkosten näher betrachtet. Durch die Zuverlässigkeitstechnik unmittelbar beeinflussbare Kostenanteile dieser Lebenslaufkosten sind die Zuverlässigkeitskosten und die Instandhaltungskosten.

Die Zeitspanne von der ersten Idee, bzw. vom Auftrag über die Entwicklung, Fertigung und Nutzung bis zur Entsorgung, wird als Lebenslauf des Produkts oder als Produktlebensdauer bezeichnet. Während dieser Zeit fallen immer wieder Kosten an, die der Nutzer direkt (z. B. in Form von Betriebskosten) oder indirekt (z. B. die Herstellungskosten über den Einstandspreis) zu tragen hat. Die Summe dieser Kosten wird als Lebenslaufkosten (*engl. Life-cycle-costs*) bezeichnet. Sie beinhalten alle Kosten, die beim Produktnutzer aufgrund des Kaufs und während der Nutzung eines Produkts (Anlage, Maschine, Gerät) im Laufe der Produktlebensdauer anfallen.

Das vordergründige Kriterium für den Kunden ist oft nur der Kaufpreis. Damit wird unter Umständen aber ein erheblicher Anteil der Lebenslaufkosten außer Acht gelassen. Die Problematik der entstehenden Lebenslaufkosten wird in [17] mit Hilfe der Darstellung eines Kosteneisbergs verdeutlicht, wie auch in Abb. 10.10 dargestellt. Die Lebenslaufkosten *LCC* setzen sich aus Einstandskosten, einmaligen Kosten, Betriebskosten, Instandhaltungskosten und sonstigen Kosten zusammen.

Die Entstehung dieser Kosten ist vereinfacht in Abb. 10.11 dargestellt. Es sind die sich aufsummierenden Kosten über der Produktlebensdauer aufgetragen.

Die Kosten für Entwicklung und Konstruktion sind noch gering. Trotzdem werden hier die später stark ansteigenden Kosten für das Produkt und dessen Nutzung weitgehend festgelegt. Der Kaufpreis des Nutzers kann als dessen Investitionskosten aufgefasst werden. Die Investitionskosten des Nutzers sind hier als fester Betrag ohne Verzinsung angegeben. Beim Betrieb der Maschine entstehen während der Nutzungsphase Betriebs- und Instandhaltungskosten. Diese steigen bis zum Nutzungsende an und können ein Vielfaches der Investitionskosten ausmachen. Die Minimierung dieser beim Nutzer entstehenden Lebenslaufkosten sollte das Ziel einer kostenbewussten Entwicklung sein [17]. Oft ist dem Nutzer der Systeme nicht bekannt, wo die Hauptanteile an seinen Lebenslaufkosten liegen. Die Lebenslaufkosten hängen stark von den Kenngrößen Zuverlässigkeit und Instandhaltbarkeit ab.

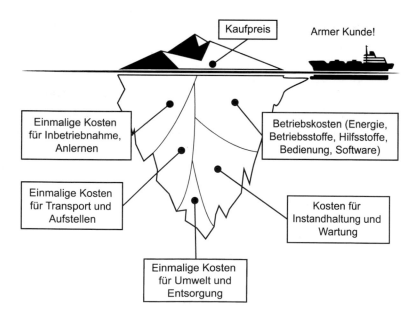

Abb. 10.10 Der Eisberg der Lebenslaufkosten aus der Sicht des Nutzers [17]. (© IMA 2022. All Rights Reserved)

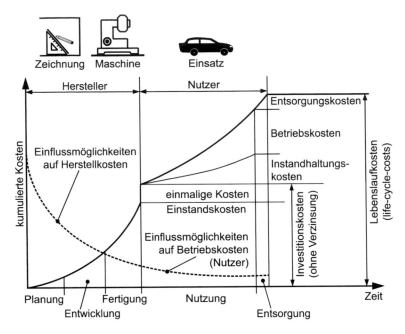

Abb. 10.11 Lebenslaufkosten während der Produktlebensdauer (ohne sonstige Kosten) [17]. (© IMA 2022. All Rights Reserved)

Zu den Ausfallkosten zählen die Kosten durch Produktionsausfälle bei Nichtverfügbarkeit einer Anlage. Bei sicherheitsrelevanten Anlagen können im Schadensfall auch Schadensersatzkosten anfallen.

Jede Produktart besitzt eine für sie typische Lebenslaufkostenstruktur, wie in Abb. 10.12 beispielhaft dargestellt ist. In dieser sind einige Anteile der Lebenslaufkosten enthalten. Bei einfachen Geräten, beispielsweise einem Schraubenschlüssel, entstehen nur Investitionskosten, d. h. es fallen weder Betriebs- noch Instandhaltungskosten an. Bei Fahrzeugen sind dagegen alle drei Kostenarten von Bedeutung. Für die Pumpe eines Wasserwerks sind jedoch die Energiekosten der dominierende Kostenanteil (ca. 96 %) [17].

Die Nichtverfügbarkeit eines Produkts kann seine *LCC* maßgeblich beeinflussen. Daher muss die Verfügbarkeit dahingehend optimiert werden, den niedrigsten resultierenden *LCC* zu erreichen. Die Beziehung zwischen Verfügbarkeit und den *LCC* ist in Abb. 10.13 in vereinfachter Form dargestellt. Hohe Zuverlässigkeit und schnelle Instandsetzbarkeit führen zu erhöhten Einstandskosten. Die Instandhaltungskosten steigen ebenfalls, je besser die Instandhaltungsorganisation ausgebildet wird. Höhere Investitionen in diese beiden Kostenarten resultieren in einer steigenden Verfügbarkeit. Gleichzeitig nehmen die Kosten, die durch Stillstandszeiten entstehen, mit steigender Verfügbarkeit ab.

Die Summe aus Einstands- und Instandhaltungskosten und den Stillstandskosten besitzt für eine bestimmte Verfügbarkeit A_{opt} ein Minimum. An dieser Stelle werden für die optimale Verfügbarkeit die niedrigsten Lebenszykluskosten erreicht.

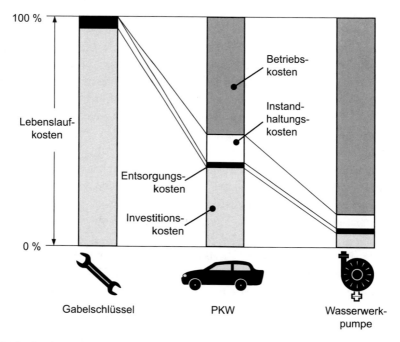

Abb. 10.12 Strukturierung von Lebenlaufkostenanteilen bei verschiedenen Produkten [17]. (© IMA 2022. All Rights Reserved)

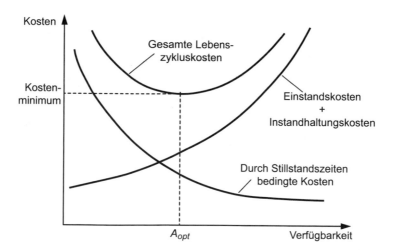

Abb. 10.13 Vereinfachter Zusammenhang zwischen Verfügbarkeit und Lebenszykluskosten. (© IMA 2022. All Rights Reserved)

10.4   Modelle zur Berechnung reparierbarer Systeme

Der erste Ausfall einer Maschine oder Anlage beendet in der Regel nicht seine Betriebsdauer. Vielmehr wird durch Instandhaltungsmaßnahmen – wie Wartung und Reparatur – die Funktionsfähigkeit über einen längeren Zeitraum erhalten. Ein technisches System, das in einen Instandhaltungsprozess eingebunden ist, wird als reparierbares System
bezeichnet. Werden solche technischen Systeme analysiert, liegen häufig sehr komplexe
Systembeschreibungen vor, die durch Modellierungsmethoden erfasst werden können.
Zuverlässigkeitsmodelle bzw. Modellierungsmethoden sind mathematische Formulierun-
gen der Zusammenhänge und Verknüpfungen des Zuverlässigkeitsverhaltens eines Systems mit dem seiner Bestandteile. Eine gängige Einteilung der quantitativen Modellierungsmethoden (vergleiche [5, 18]) in der Zuverlässigkeitstechnik kann anhand der
Möglichkeit zur Berücksichtigung eines statischen oder dynamischen Systemverhaltens
erfolgen.

Statische Modellierungsmethoden, wie die Boolesche Systemtheorie, das Zuverlässigkeitsblockdiagramm oder die Fehlerbaumanalyse, können die Zuverlässigkeit von Systemen beschreiben, die nur einen festen Zustand einnehmen oder deren Zustände auf einen
repräsentativen Zustand vereinfacht werden können. Sollen Aspekte wie z. B. die Reparierbarkeit von Systemen, dynamische Zustände oder lastabhängige Ausfallraten in der
Modellierung berücksichtigt werden, sind dynamische Modellierungsmethoden notwendig. Bekannte Vertreter dieser Kategorie sind die dynamischen Fehlerbäume, das dynamische Zuverlässigkeitsblockdiagramm, die Markov-Methode, die Bayes'schen Netzverfahren oder die Petrinetze.

Viele der Modellierungsmethoden zur Modellierung technischer Systeme haben Einschränkungen dahingehend, welches Instandhaltungsgeschehen nachgebildet werden
kann. Daher wird im letzten Teil dieses Abschnitts eine Übersicht über mögliche Berechnungsmodelle gegeben und gezeigt, welche Kenngrößen eines Systems jeweils mit ihnen
ermittelt werden können.

Mit der Markov-Methode kann die Verfügbarkeit von reparierbaren Systemen oder
Bauelementen ermittelt werden. Grundlegende Voraussetzung ist jedoch, dass sich Aus-
fall- und Reparaturverhalten durch Exponentialverteilungen beschreiben lassen, d. h. konstante Ausfall- bzw. Reparaturraten vorliegen.

Besteht ein System aus voneinander unabhängigen, reparierbaren, Systemelementen
kann das Boole-Markov-Modell zur Berechnung der Dauerverfügbarkeit des Systems angewendet werden.

Der gewöhnliche Erneuerungsprozess liefert eine Näherungslösung zur Berechnung
der benötigten Ersatzteile über der Zeit, um für eine Komponente oder ein System einen
Instandhaltungsprozess aufrechterhalten zu können. Instandhaltung bedeutet hier das Ersetzen durch eine neuwertige Komponente. Die Zeitdauer für die Erneuerung wird beim
gewöhnlichen Erneuerungsprozess jedoch vernachlässigt.

Wird die Reparaturdauer bzw. die Erneuerungszeit einer ausgefallenen Komponente nicht mehr vernachlässigt, treten alternierende Erneuerungsprozesse auf. Mit ihnen kann die Realität besser nachgebildet werden, da gewöhnlich sowohl die Entdeckung der defekten Komponente als auch deren Reparatur bzw. deren Erneuerung eine gewisse Zeit beansprucht. Mit alternierenden Erneuerungsprozessen ist die Verfügbarkeit berechenbar.

Bei Systemen, die durch Erneuerungsprozesse beschreibbar sind, sind hinsichtlich der auftretenden Verteilungen kaum Einschränkungen vorzunehmen. Jedoch sind mit diesen Prozessen nur einfach strukturierte Systeme zu erfassen und die Anzahl der Zustände ist auf zwei beschränkt – „in Betrieb" und „in Reparatur". Mit den Semi-Markov-Prozessen können mehr als zwei Zustände dargestellt werden.

Die Systemtransporttheorie liefert die allgemeinste Beschreibungsmöglichkeit eines technischen Systems. Sie erlaubt die Modellierung von komplexen Systemen mit beliebiger Struktur, beliebigen Verteilungsfunktionen zur Beschreibung des Ausfall- und Reparaturverhaltens der Komponenten und beliebigen Interaktionen der Komponenten im System. Eine Vielzahl von Instandhaltungsstrategien kann nachgebildet und die Ersatzteillogistik berücksichtigt werden.

Auch Petrinetze weisen vielseitige Beschreibungsmöglichkeiten für die Modellierung technischer Systeme auf. Bei Wahl einer entsprechenden Petrinetzklasse ist neben Modellierung beliebiger Systemstrukturen und der Anwendung verschiedenster Verteilungsfunktionen für zeitbehaftete Zusammenhänge die Modellierung nahezu beliebig komplexer Instandhaltungsstrategien und -prozesse möglich.

10.4.1 Periodisches Instandhaltungsmodell

Bei komplexen Systemen oder Komponenten kann die Zuverlässigkeit oft durch planmäßige Instandhaltung gesteigert werden. Durch die planmäßigen Instandhaltungsmaßnahmen können negative Einflüsse von Alterung und Verschleiß vermieden werden. Weiterhin kann die Einsatzdauer der instand gehaltenen Einheit deutlich erhöht werden.

10.4.1.1 Grundlagen

Das im Folgenden beschriebene Modell setzt voraus, dass die instand gehaltene Einheit nach jeder Instandhaltungsmaßnahme wieder als neuwertig angesehen werden kann, d. h. als Instandhaltungsmaßnahme ist eine Überholung bzw. Erneuerung vorgesehen. $R(t)$ ist die Zuverlässigkeit der Einheit ohne planmäßige Instandhaltung. Die Instandhaltungsmaßnahmen werden nach festgelegten Instandhaltungsintervallen T_{PM} (*PM*= *P*reventive *M*aintenance) unabhängig vom Zustand der Einheit durchgeführt.

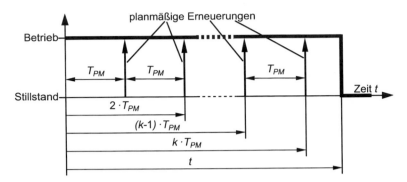

Abb. 10.14 Instandhaltungsplan in der zeitlichen Abfolge. (© IMA 2022. All Rights Reserved)

Um die Zuverlässigkeit $R_{PM}(t)$ des Elements mit planmäßiger Instandhaltung zu ermitteln, wird ein Instandhaltungsplan in der zeitlichen Abfolge, wie er beispielhaft in Abb. 10.14 dargestellt ist, betrachtet.

Folgende Annahmen liegen dem Instandhaltungsmodell zugrunde:

- Die Stillstandsdauer zur Erneuerung sei vernachlässigbar klein.
- Nach jeder Erneuerung sei die Betrachtungseinheit wieder neuwertig.
- Die Erneuerung wird periodisch, in konstanten Intervallen T_{PM}, durchgeführt.
- Das Ausfallverhalten vor und nach einer Wartung sei stochastisch unabhängig.

Da die Ereignisfolge als stochastisch unabhängig angesehen wird, ergibt sich die Zuverlässigkeitsfunktion einer gewarteten Einheit zu [19]

$$R_{PM}\left(t\right) = R\left(T_{PM}\right)^k \cdot R\left(t - k \cdot T_{PM}\right)$$
$$\text{für } k \cdot T_{PM} \leq t < \left(k+1\right) \cdot T_{PM} \text{ und } k = 0\left(1\right)\infty \tag{10.12}$$

Der Term $R(T_{PM})^k$ beschreibt die Wahrscheinlichkeit, k Erneuerungsperioden ohne Ausfall überlebt zu haben. $R(t - k \cdot T_{PM})$ ist die Überlebenswahrscheinlichkeit in der Betriebsperiode nach der letzten (k-ten) durchgeführten Instandhaltung.

Der Erwartungswert $MTTF_{PM}$ einer Komponente ergibt sich bei periodischer Erneuerung zu [3]

$$MTTF_{PM} = \int_0^\infty R_{PM}\left(t\right) \mathrm{d}t = \frac{\int_0^{T_{PM}} R\left(t\right)\mathrm{d}t}{1 - R\left(T_{PM}\right)}. \tag{10.13}$$

10.4.1.2 Periodische Erneuerung von Komponenten mit konstanter Ausfallrate

Entspricht das Ausfallverhalten eines Elements einer Exponentialverteilung, so beeinflusst die periodische Erneuerung das Ausfallverhalten des Elements nicht, da

$$R_{PM}\left(t\right) = e^{-k \cdot \lambda \cdot T_{PM}} \cdot e^{-\lambda \cdot \left(t - k \cdot T_{PM}\right)} = e^{-\lambda \cdot t} = R\left(t\right) \tag{10.14}$$

ist, d. h. das Ausfallverhalten eines Elements ohne und mit periodischer Erneuerung ist identisch. Bei konstanter Ausfallrate zeigen sich keinerlei Alterserscheinungen, daher ist dieses Ergebnis anschaulich nachvollziehbar.

10.4.1.3 Periodische Erneuerung von Komponenten mit zeitabhängiger Ausfallrate

Liegt eine zeitabhängige Ausfallrate vor, wird das Ausfallverhalten der Komponente von der Größe des Erneuerungsintervalls beeinflusst. Ist das Ausfallverhalten einer Komponente durch eine dreiparametrige Weibullverteilung gegeben, ergibt sich die Zuverlässigkeit $R_{PM}(t)$ durch die Beziehung

$$R_{PM}\left(t\right) = \exp\left[-\left(k\cdot\left(\frac{T_{PM}-t_0}{T-t_0}\right)^b + \left(\frac{t-k\cdot T_{PM}-t_0}{T-t_0}\right)^b\right)\right] \tag{10.15}$$

$$\text{für } k\cdot T_{PM} \le t < \left(k+1\right)\cdot T_{PM}.$$

Für eine Komponente mit dreiparametriger Weibullverteilung mit Formparameter $b = 2{,}0$, charakteristischer Lebensdauer $T = 2000$ h und ausfallfreier Zeit $t_0 = 500$ h ist in Abb. 10.15 der Verlauf der Zuverlässigkeitsfunktion für eine Komponente ohne und mit periodischer Erneuerung dargestellt. Das Instandhaltungsintervall wird hier mit $T_{PM} = 1000$ h vorgeschrieben.

In Abb. 10.15 ist eine Zuverlässigkeitsfunktion nach Gl. (10.15) dargestellt. Nach jeder Erneuerung ergeben sich Knicke im Verlauf der Überlebenswahrscheinlichkeit, was zu unstetigen Ausfalldichten und Ausfallraten führt. Die Erneuerung wird zu den Zeitpunkten T_{PM}, 2. T_{PM}, 3· T_{PM}, ... durchgeführt. Der Verlauf von $R_{PM}(t)$ liegt deutlich oberhalb vom

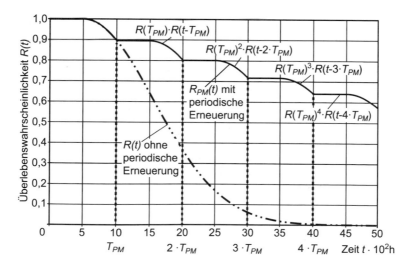

Abb. 10.15 Zuverlässigkeit mit und ohne periodische Erneuerung. (© IMA 2022. All Rights Reserved)

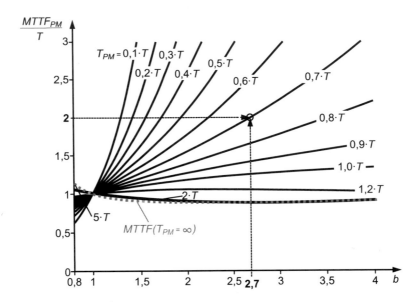

Abb. 10.16 $MTTF_{PM}$ einer Komponente in Abhängigkeit von Formparameter b und Instandhaltungsintervall T_{PM}. (© IMA 2022. All Rights Reserved)

Verlauf von $R(t)$, d. h. die Überlebenswahrscheinlichkeit mit periodischer Erneuerung ist größer als ohne diese Maßnahme.

In Abb. 10.16 ist der Effekt der periodischen Erneuerung im Vergleich zum Fall ohne Instandhaltung ($T_{PM} = \infty$) dargestellt. Dazu ist der Erwartungswert $MTTF_{PM}$ (normiert zur charakteristischen Lebensdauer T) einer Komponente als Funktion des Formparameters b mit dem Instandhaltungsintervall T_{PM} als Parameter abgebildet. Angenommen wurde hierbei eine ausfallfreie Zeit der Komponente von $t_0 = 0$.

Bei Formparametern $b > 1$ ist der Erwartungswert $MTTF_{PM}$ der planmäßigen Instandhaltung größer als der $MTTF$-Wert, der sich ohne Instandhaltung ergibt ($T_{PM} = \infty$). Bei gleichem Formparameter b steigt der $MTTF$ mit einer Reduzierung des Instandhaltungsintervalls T_{PM}. Für $b > 1$ gilt damit: Je größer b – und damit der Einfluss von Alterung und Verschleiß auf die Ausfallursache –, desto größer ist der positive Effekt, der durch eine periodische Erneuerung erzielt werden kann. Für Formparameter $b = 1$ ergibt sich, wie in Abschn. 10.4.1.2 gezeigt, dass Instandhaltungsmaßnahmen keinen Einfluss auf die Zuverlässigkeit und damit auf die mittlere Lebensdauer haben. Für Formparameter $b < 1$ ist ein negativer Effekt durch die periodische Erneuerung sichtbar. Sind für eine Komponente vor allem Frühausfälle dominierend, ergibt es folglich keinen Sinn, eine periodische Erneuerung durchzuführen.

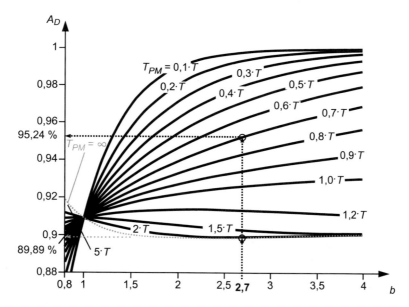

Abb. 10.17 Dauerverfügbarkeit einer Komponente mit periodischer Instandhaltung bei einer mittleren Reparaturdauer *MTTR* von 0,1 · *T*. (© IMA 2022. All Rights Reserved)

Beispiel

Für eine Komponente ist durch Lebensdauerversuche das Ausfallverhalten in Form einer Weibullverteilung mit den Parametern $b = 2{,}7$ und $T = 1000$ h ermittelt worden. Die mittlere Lebensdauer *MTTF* ergibt sich dabei zu 889,3 h. Gefordert ist jedoch eine mittlere Lebensdauer von 2000 h. Diese soll durch periodische Erneuerungen im Rahmen von Instandhaltungsmaßnahmen erreicht werden. Gesucht ist nun das Instandhaltungsintervall, mit dem die geforderte $MTTF_{PM}$ erreicht wird. Dieser ergibt sich aus Abb. 10.16 zu $T_{PM} = 0{,}7 \cdot T = 700$ h aus dem Schnittpunkt von gegebenem Formparameter b und gefordertem $MTTF_{PM}$.

In Abb. 10.17 ist die Dauerverfügbarkeit A_D nach Gl. (10.9) einer Komponente als Funktion des Formparameters b mit dem Instandhaltungsintervall T_{PM} als Parameter dargestellt. Hierbei wird angenommen, dass die planmäßigen Erneuerungen keine zusätzliche Stillstandszeit erfordern, sondern während Schichtpausen durchgeführt werden. Kommt es hingegen zu einem (ungeplanten) Ausfall, wird sofort die Reparatur der Komponente eingeleitet. Hierfür wird eine mittlere Reparaturdauer von $MTTR = 0{,}1 \cdot T$ angenommen. ◄

Beispiel

Für eine Komponente aus dem vorigen Beispiel ergab sich mit $MTTR = 0{,}1 \cdot T = 100$ h ursprünglich eine Dauerverfügbarkeit nach Gl. (10.9) von $A_D = 89{,}89$ %. Nach Einführung des Instandhaltungsprogramms lässt sich eine Dauerverfügbarkeit von $A_D = 95{,}24$ % erzielen. Dies bedeutet eine Steigerung der Dauerverfügbarkeit um 5,95 %. ◄

10.4.2   Markov-Modell

Mit dem Markov-Modell [2, 19, 20] können reparierbare Systeme behandelt werden. Ziel ist es, die Verfügbarkeit des Systems bzw. eines Bauelements zu ermitteln. Zur Vereinheitlichung der Modelle und zur Vereinfachung der Berechnung werden folgende Voraussetzungen vereinbart:

- die Betrachtungseinheit wechselt ständig zwischen Arbeits- und Reparaturzustand,
- nach jeder Instandsetzung ist die reparierte Einheit neuwertig,
- die Arbeitszeiten und die Reparaturzeiten jeder Betrachtungseinheit sind stetig und stochastisch unabhängig.

Die Markov-Methode basiert auf dem Markov-Prozess, einem stochastischen Prozess $X(t)$ mit endlich vielen Zuständen Z_0, Z_1, ..., Z_n, für den für jeden beliebigen Zeitpunkt t seine weitere Entwicklung nur vom gegenwärtigen Zustand und von der Zeit t abhängig ist. Das bedeutet, dass mit dem Markov-Modell nur Systeme behandelt werden können, deren Elemente konstante Ausfall- und Reparaturraten besitzen. Die Methode basiert auf einer Bilanzierung der möglichen Zustandsänderungen in Form von Gleichgewichtsbeziehungen. Mit diesen bildet sich ein System aus Zustandsdifferentialgleichungen, aus denen die Verfügbarkeit der Betrachtungseinheit als Funktion der Zeit ermittelbar ist.

10.4.2.1 Verfügbarkeit eines Einzelelements
Die Vorgehensweise der Markov-Methode wird zuerst an einem Einzelelement schrittweise gezeigt [21].

a) Zustandsdefinition
Jedes Element kann nur die zwei Zustände „funktionsfähig" oder „ausgefallen" annehmen:

- Zustand Z_0:   Das Element ist funktionsfähig und im Betriebszustand.
- Zustand Z_1:   Das Element ist ausgefallen und befindet sich im Reparaturzustand.

Die zugehörigen Zustandswahrscheinlichkeiten werden mit $P_0(t)$ und $P_1(t)$ bezeichnet.

b) Erstellung des Zustandsgraphen
Der Zustandsgraph stellt anschaulich die Zustandsänderung des Elements dar. Das Element geht mit einer gewissen Übergangswahrscheinlichkeit von einem Zustand in einen anderen Zustand über. Die Summe der Übergangswahrscheinlichkeiten der von einem Knoten (Zustand) ausgehenden Pfeile besitzt immer den Wert Eins. Zur Vereinfachung werden im Markov-Graph die Übergangsraten, d. h. die Ausfallrate λ und die Reparatur-

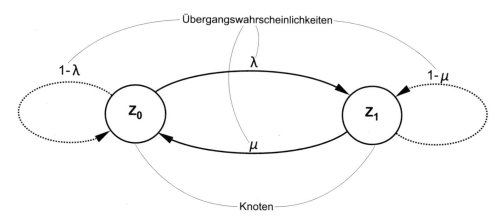

Abb. 10.18 Markov-Graph für ein Einzelelement. (© IMA 2022. All Rights Reserved)

rate μ, angegeben. Ein solcher Markov-Graph für ein Einzelelement ist in Abb. 10.18 dargestellt.

c) Aufstellung der Zustandsdifferenzialgleichungen

Zur Aufstellung der Zustandsdifferenzialgleichungen werden die Wahrscheinlichkeiten der möglichen Zustandsänderungen bilanziert. Die Änderung der Zustandswahrscheinlichkeit setzt sich additiv aus den Übergangswahrscheinlichkeiten zusammen. Diese Übergangswahrscheinlichkeiten ergeben sich durch Multiplikation der Zustandswahrscheinlichkeit mit den jeweiligen Übergangsraten. Alle vom Zustand ausgehenden Pfeile werden dabei negativ, alle zum Zustand zeigenden Pfeile werden positiv angesetzt. Dies führt im Falle eines Einzelelementes zu folgenden zwei Differenzialgleichungen:

$$\frac{dP_0(t)}{dt} = -\lambda \cdot P_0(t) + \mu \cdot P_1(t) \text{ und} \tag{10.16}$$

$$\frac{dP_1(t)}{dt} = -\mu \cdot P_1(t) + \lambda \cdot P_0(t). \tag{10.17}$$

d) Normierungs- und Anfangsbedingungen

Weil sich das Element jeweils in einem Zustand aufhalten muss, ist die Summe aller Zustandswahrscheinlichkeiten zu jedem Zeitpunkt eins. So erhält man die Normierungsbedingung

$$P_0(t) + P_1(t) = 1. \tag{10.18}$$

Die Anfangsbedingung gibt an, in welchem Zustand sich das Element zu der Zeit $t = 0$ befindet. Zu Beginn ist das betrachtete Element normalerweise neuwertig und betriebsfähig. Die Anfangsbedingungen lauten dann

$$P_0 (t = 0) = 1 \text{ und } P_1 (t = 0) = 0. \tag{10.19}$$

e) Auflösung der Zustandswahrscheinlichkeit

Aus den Differentialgleichungen (10.16) und (10.17), der Normierungsbedingung (10.18) und den Anfangsbedingungen (10.19) bildet sich

$$P_0 (t) = \frac{\mu}{\mu + \lambda} + \frac{\lambda}{\mu + \lambda} \cdot e^{-(\lambda + \mu) \cdot t}. \tag{10.20}$$

Die Zustandswahrscheinlichkeit $P_1(t)$ folgt über die Normierungsbedingung zu

$$P_1 (t) = 1 - P_0 (t). \tag{10.21}$$

f) Ermittlung der Verfügbarkeit

Die Verfügbarkeit $A(t)$, mit der sich das Element zum Zeitpunkt t im funktionsfähigen Betriebszustand befindet, ist gleich der Zustandswahrscheinlichkeit $P_0(t)$:

$$A(t) = P_0 (t). \tag{10.22}$$

Die Nichtverfügbarkeit $U(t)$ ergibt sich aus dem Komplement der Verfügbarkeit zu

$$U(t) = 1 - A(t) = P_1 (t). \tag{10.23}$$

Stationäre Lösung

Die Verfügbarkeit konvergiert für $t \to \infty$ gegen den Grenzwert der stationären Lösung. Diese sogenannte Dauerverfügbarkeit A_D wird meist durch den

- Mittelwert der Betriebsdauer $MTTF = 1/\lambda$ (engl. *Mean Time To Failure*) und den
- Mittelwert der Reparaturzeit $MTTR = 1/\mu$ (engl. *Mean Time To Repair*)

ausgedrückt und hat eine große praktische Bedeutung in der Instandhaltung:

$$A_D = \lim_{t \to \infty} A(t) = \frac{\mu}{\lambda + \mu} = \frac{MTTF}{MTTF + MTTR} = \frac{1}{1 + \dfrac{MTTR}{MTTF}}. \tag{10.24}$$

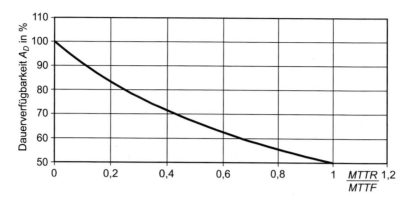

Abb. 10.19 Dauerverfügbarkeit A_D als Funktion des Quotienten $MTTR/MTTF$. (© IMA 2022. All Rights Reserved)

Tab. 10.3 Parameter zum Markov-Beispiel

Nr.	λ [1/h]	$MTTF$ [h]	μ [1/h]	$MTTR$ [h]	A_D [%]
K_1	0,001	1000	0,01	100	91
K_2	0,001	1000	0,002	500	66,7
K_3	0,001	1000	0,001	1000	50
K_4	0,001	1000	0	∞	0

Die Dauerverfügbarkeit ist nur vom Quotienten $MTTR/MTTF$ abhängig, was in Abb. 10.19 grafisch dargestellt ist. Je größer der Quotient wird, desto geringer wird die Dauerverfügbarkeit.

Beispiel

Als Beispiel zur Markov-Methode wird ein Element behandelt, dessen Ausfall- und Reparaturverhalten exponentialverteilt ist. Die Verfügbarkeit wird für verschiede Reparaturraten μ_i und eine konstante Ausfallrate λ dargestellt. In Tab. 10.3 sind die Parameter zusammengestellt. Die ermittelten Verfügbarkeiten $A(t)$ sind in Abb. 10.20 dargestellt.

Für große t konvergiert die Verfügbarkeit gegen die Dauerverfügbarkeit. Für $\mu = 0$, was wiederum eine unendlich lange Reparaturdauer ($MTTR \rightarrow \infty$) bedeutet, entspricht die Verfügbarkeit der Zuverlässigkeit. Die Dauerverfügbarkeit nimmt mit zunehmender Reparaturdauer ab. ◄

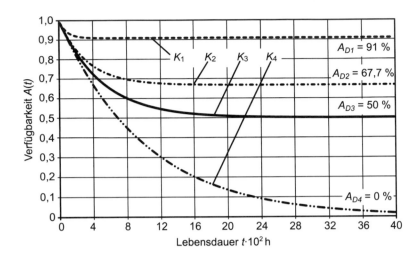

Abb. 10.20 Verfügbarkeit $A(t)$ für verschiedene Reparaturraten μ_i bei konstanter Ausfallrate λ. (© IMA 2022. All Rights Reserved)

Tab. 10.4 Zustandsbeschreibung für ein System mit zwei Elementen

Zustand	Beschreibung	Wahrscheinlichkeit
Z_0	Beide Elemente K_1 und K_2 sind intakt	$P_0(t)$
Z_1	K_1 defekt und K_2 intakt	$P_1(t)$
Z_2	K_1 intakt und K_2 defekt	$P_2(t)$
Z_3	Beide Elemente K_1 und K_2 sind defekt	$P_3(t)$

10.4.2.2 Markov-Modell mit mehreren Elementen

Wird ein aus mehreren Elementen bestehendes System analysiert, muss das Zusammenwirken aller Elemente berücksichtigt werden. Wenn n Elemente mitwirken, kann ein Markov-Modell 2^n Zustände für alle denkbaren Kombinationen von Ausfällen und Übergängen annehmen. Im einfachsten Fall besteht ein System aus zwei Elementen K_1 und K_2. Bei diesem System sind vier Zustände möglich, Tab. 10.4.

Abb. 10.21 zeigt den zugehörigen Markov-Zustandsgraphen, dessen Struktur alle denkbaren Vorgänge nachbildet. Die Raten λ_1, μ_1 beschreiben das Übergangsverhalten des Elements K_1, λ_2 und μ_2 das von K_2. Die Übergänge von Z_0 zu Z_3 und von Z_1 zu Z_2 werden nicht berücksichtigt, denn ein solcher Zustandswechsel würde bedeuten, dass beide Elemente gleichzeitig ihre Zustände ändern würden.

Das Differenzialgleichungssystem für die Zustandswahrscheinlichkeiten ergibt sich wiederum aus der Bilanzierung der Zustandsübergänge im Markov-Graph. Daraus bilden sich

Abb. 10.21 Markov-Zustandsgraph von zwei Elementen. (© IMA 2022. All Rights Reserved)

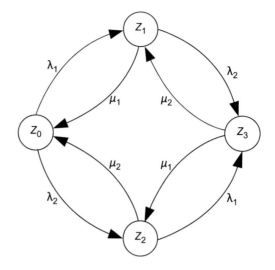

$$\frac{dP_0(t)}{dt} = -(\lambda_1 + \lambda_2) \cdot P_0(t) + \mu_1 \cdot P_1(t) + \mu_2 \cdot P_2(t),$$

$$\frac{dP_1(t)}{dt} = \lambda_1 \cdot P_0(t) - (\lambda_2 + \mu_1) \cdot P_1(t) + \mu_2 \cdot P_3(t),$$

$$\frac{dP_2(t)}{dt} = \lambda_2 \cdot P_0(t) - (\lambda_1 + \mu_2) \cdot P_2(t) + \mu_1 \cdot P_3(t) \text{ und}$$

$$\frac{dP_3(t)}{dt} = \lambda_2 \cdot P_1(t) + \lambda_1 \cdot P_2(t) - (\mu_1 + \mu_2) \cdot P_3(t).$$

$$(10.25)$$

Als Normierungsbedingung, wiederum aus der Summe der Zustandswahrscheinlichkeiten, folgt

$$P_0(t) + P_1(t) + P_2(t) + P_3(t) = 1. \tag{10.26}$$

Die Anfangsbedingungen lauten im vorliegenden Fall

$$P_0(t=0) = 1 \text{ und } P_i(t=0) = 0 \,\forall i = 1(1)3. \tag{10.27}$$

Das Differenzialgleichungssystem muss unter Berücksichtigung der Normierungs- und Anfangsbedingungen, z. B. mit Hilfe der Laplace Transformation, gelöst werden. Diese Auflösung ist allerdings recht aufwändig.

Nach längerer Rechnung folgt

$$P_0(t) = \frac{\lambda_1 \cdot \lambda_2 \cdot e^{-(\lambda_1 + \mu_1 + \lambda_2 + \mu_2) \cdot t} + \mu_1 \cdot \lambda_2 \cdot e^{-(\lambda_2 + \mu_2) \cdot t} + \mu_2 \cdot \lambda_1 \cdot e^{-(\lambda_1 + \mu_1) \cdot t} + \mu_2 \cdot \mu_1}{(\lambda_1 + \mu_1) \cdot (\lambda_2 + \mu_2)}, \tag{10.28}$$

$$P_1(t) = -\frac{\lambda_1 \cdot \left(\lambda_2 \cdot e^{-(\lambda_1+\mu_1+\lambda_2+\mu_2)\cdot t} - \lambda_2 \cdot e^{-(\lambda_2+\mu_2)\cdot t} + \mu_2 \cdot e^{-(\lambda_1+\mu_1)\cdot t} - \mu_2\right)}{(\lambda_1+\mu_1)\cdot(\lambda_2+\mu_2)}, \tag{10.29}$$

$$P_2(t) = \frac{\lambda_2 \cdot \left(-\lambda_1 \cdot e^{-(\lambda_1+\mu_1+\lambda_2+\mu_2)\cdot t} - \mu_1 \cdot e^{-(\lambda_2+\mu_2)\cdot t} + \lambda_1 \cdot e^{-(\lambda_1+\mu_1)\cdot t} + \mu_1\right)}{(\lambda_1+\mu_1)\cdot(\lambda_2+\mu_2)}, \tag{10.30}$$

$$P_3(t) = \frac{\lambda_1 \cdot \lambda_2 \cdot \left(e^{-(\lambda_1+\mu_1+\lambda_2+\mu_2)\cdot t} - e^{-(\lambda_1+\mu_1)\cdot t} - e^{-(\lambda_2+\mu_2)\cdot t} + 1\right)}{(\lambda_1+\mu_1)\cdot(\lambda_2+\mu_2)}. \tag{10.31}$$

Zur Ermittlung der Verfügbarkeit muss nun die Systemstruktur betrachtet werden. Da es sich um zwei Elemente handelt, können diese nur in Reihe oder parallel geschaltet sein. Für die Verfügbarkeiten gilt damit

$$\text{bei Serienschaltung } A(t) = P_0(t)\text{ und} \tag{10.32}$$

$$\text{bei Parallelschaltung } A(t) = P_0(t) + P_1(t) + P_2(t) = 1 - P_3(t). \tag{10.33}$$

Im stationären Zustand bleiben die Zustandswahrscheinlichkeiten konstant, d. h. die Zustandsänderungen werden Null

$$\lim_{t\to\infty} P_i(t) = p_i = \not\subset \text{ und damit } \lim_{t\to\infty} \frac{dP_i(t)}{dt} = 0 \forall i = 0(1)3. \tag{10.34}$$

Im stationären Fall wird also aus dem Differenzialgleichungssystem ein lineares algebraisches Gleichungssystem. Aus Gl. (10.28) bis (10.31) erhält man folgende stationären Lösungen:

$$\left.\begin{aligned} p_0 &= \frac{\mu_1 \cdot \mu_2}{(\lambda_1+\mu_1)\cdot(\lambda_2+\mu_2)}, \quad p_1 = \frac{\lambda_1 \cdot \mu_2}{(\lambda_1+\mu_1)\cdot(\lambda_2+\mu_2)}, \\ p_2 &= \frac{\lambda_2 \cdot \mu_1}{(\lambda_1+\mu_1)\cdot(\lambda_2+\mu_2)} \text{ und } p_3 = \frac{\lambda_1 \cdot \lambda_2}{(\lambda_1+\mu_1)\cdot(\lambda_2+\mu_2)}. \end{aligned}\right\} \tag{10.35}$$

Damit erhält man Beziehungen für die Dauerverfügbarkeiten bei Serien- und Parallelschaltung der beiden Elemente.
    Bei

$$\text{Serienschaltung ist } A_D = \frac{1}{\left(1+\dfrac{\lambda_1}{\mu_1}\right)\cdot\left(1+\dfrac{\lambda_2}{\mu_2}\right)} \text{ und bei} \tag{10.36}$$

$$\text{Parallelschaltung gilt } A_D = 1 - \frac{1}{\left(1+\dfrac{\mu_1}{\lambda_1}\right)\cdot\left(1+\dfrac{\mu_2}{\lambda_2}\right)}. \tag{10.37}$$

Beispiel

Das Ausfall- und Reparaturverhalten beider Systemkomponenten sei exponentialverteilt. Die Parameter sind in Tab. 10.5 zusammengestellt.

In Abb. 10.22 sind die Verfügbarkeiten Gl. (10.32) und (10.33) für die Serien- und Parallelschaltung der beiden Komponenten eingetragen. Auffällig ist dabei, wie schnell näherungsweise der stationäre Zustand der Dauerverfügbarkeit erreicht wird. ◀

10.4.3   Boole-Markov-Modell

Besteht ein System aus voneinander unabhängigen, reparierbaren Systemelementen, kann ein sogenanntes Boole-Markov-Modell gebildet werden [21], Abb. 10.23. Mit diesem ist es möglich die Dauerverfügbarkeit des Systems zu untersuchen. Das reparierbare System wird beim Boole-Markov-Modell als System mit reparierbaren Elementen angesehen. Die Dauerverfügbarkeit der einzelnen Systemelemente wird mit dem Markov-Modell ermittelt. Die Verknüpfung zwischen den Elementen erfolgt nach dem Booleschen Modell.

Tab. 10.5 Parameter der Ausfall- und Reparaturverteilungen

Nr.	Ausfallverhalten		Reparaturverhalten		Dauerverfügbarkeit
	λ [1/h]	$MTTF$ [h]	μ [1/h]	$MTTR$ [h]	A_{Di} [%]
K_1	0,001	1000	0,01	100	90,9
K_2	0,002	500	0,02	50	90,9

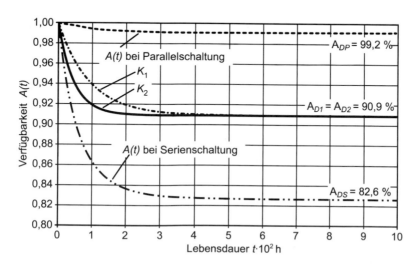

Abb. 10.22 Verfügbarkeit bei Serien- und Parallelschaltung zweier Komponenten inklusive der über die Gl. (10.36) und (10.37) berechneten Dauerverfügbarkeiten sind dort ebenfalls angegeben. (© IMA 2022. All Rights Reserved)

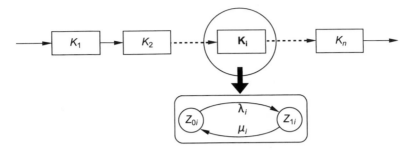

Abb. 10.23 Boole-Markov-Modell. (© IMA 2022. All Rights Reserved)

Klassische Untersuchungen zum Markov-Modell für reparierbare Systeme beschränken sich auf konstante Ausfall- und Reparaturraten für die zugehörigen Elemente. Für den Fall zeitabhängiger Ausfall- oder Reparaturraten ist die Auflösung nach den Zustandswahrscheinlichkeiten in Abhängigkeit von der Laufzeit nicht möglich. Daher wird beim Boole-Markov-Modell nur der stationäre Zustand, d. h. die Dauerverfügbarkeit, betrachtet. Für die Dauerverfügbarkeit A_{Di} der einzelnen Elemente gilt auch für zeitabhängige Übergangsraten:

$$A_D = \lim_{t \to \infty} A(t) = \frac{\mu_i}{\lambda_i + \mu_i} = \frac{MTTF_i}{MTTF_i + MTTR_i}. \tag{10.38}$$

Dabei berechnet sich der Mittelwert der Betriebsdauer $MTTF_i$ und der Mittelwert der Reparaturzeit $MTTR_i$ als Erwartungswert $E(t)$ der Ausfall- bzw. Reparaturverteilung. Die Systemdauerverfügbarkeit kann nun mit Hilfe des Booleschen Modells abgeschätzt werden:

$$\text{Seriensystem: } A_{DS} = \prod_{i=1}^{n} A_{Di} = \prod_{i=1}^{n} \frac{\mu_i}{\lambda_i + \mu_i} = \prod_{i=1}^{n} \frac{MTTF_i}{MTTF_i + MTTR_i}, \tag{10.39}$$

$$\text{Parallelsystem: } A_{DS} = 1 - \prod_{i=1}^{n} (1 - A_{Di}) = 1 - \prod_{i=1}^{n} \frac{\lambda_i}{\lambda_i + \mu_i}$$
$$= 1 - \prod_{i=1}^{n} \frac{MTTR_i}{MTTF_i + MTTR_i}. \tag{10.40}$$

Beispiel

Als Beispiel zur Systemverfügbarkeit wird ein System von drei in Reihe geschalteten Systemkomponenten jeweils mit über eine Weibullverteilung beschreibbarem Ausfallverhalten betrachtet. Das Reparaturverhalten der Komponenten werde jeweils durch eine Exponentialverteilung mit einem Reparaturmittelwert vom $MTTR = 100$ h beschrieben. In Tab. 10.6 sind die Erwartungswerte für das Ausfall- und Reparaturverhalten der Einzelkomponenten zusammengestellt und deren Dauerverfügbarkeiten sowie die Systemdauerverfügbarkeit berechnet. ◄

Tab. 10.6 Parameter der Systemkomponenten – Berechnung der Systemdauerverfügbarkeit

Nr.	Ausfallverhalten	Reparaturverhalten	Dauerverfügbarkeit
	$MTTF$ [h]	$MTTR$ [h]	A_{Di}
K_1	2658	100	0,9637
K_2	2901	100	0,9667
K_3	2354	100	0,9593
Systemdauerverfügbarkeit:	$$A_{DS} = \prod_{i=1}^{n} \frac{MTTF_i}{MTTF_i + MTTR_i} = \prod_{i=1}^{n} A_{Di} = 0,8937$$		

10.4.4   Gewöhnliche Erneuerungsprozesse

Die Erneuerungstheorie entstand aus der Untersuchung über „sich erneuernde Grundge-samtheiten", hat sich jedoch im Laufe der Zeit den Untersuchungen allgemeiner Ereig-nisse über die Summe unabhängiger, nicht negativer Zufallsvariablen in der Wahrschein-lichkeitstheorie zugewandt [22, 23]. Die frühen Arbeiten auf dem Gebiet der Erneuerungstheorie sind von *Lotka* [24] zusammengestellt.

Gewöhnliche Erneuerungsprozesse [2, 22, 23, 25–28] zählen auch zu der Klasse der stochastischen Punktprozesse und beschreiben das Grundmodell einer einzelnen Kompo-nente im Dauerbetrieb. Dabei wird angenommen, dass eine Komponente bei einem Aus-fall am Ende ihrer Lebensdauer sofort durch eine neue, statistisch identische Komponente ersetzt (erneuert) wird. Dies bedeutet, dass beim gewöhnlichen Erneuerungsprozess die Reparaturdauern gegenüber den Betriebsdauern vernachlässigt werden, d. h. es wird $MTTF \gg MTTR$ vorausgesetzt. Diese Vereinfachung bedeutet aber auch, dass die Verfüg-barkeit mit dem gewöhnlichen Erneuerungsprozess nicht berechenbar ist. Trotzdem soll auf den gewöhnlichen Erneuerungsprozess zuerst eingegangen werden.

10.4.4.1 Zeit bis zur n-ten Erneuerung

In Abb. 10.24 ist ein gewöhnlicher Erneuerungsprozess symbolisch dargestellt.

Die Punkte T_1, T_2, … werden als Erneuerungspunkte oder Regenerationspunkte be-zeichnet. Die Größe T_n beschreibt damit den Abstand des n-ten Erneuerungspunkts vom Nullpunkt und ist somit die Zeit bis zur n-ten Erneuerung. Erneuerungsprozesse erzeugen Folgen von Punkten, deren Erneuerungszeiten unabhängig voneinander sind – daher die Bezeichnung als Punktprozesse. Die Lebensdauern τ_n sind nicht negative, unabhängige Zufallsvariablen, die alle dieselbe Verteilungsfunktion $F(t)$ besitzen. Für den gewöhnli-chen Erneuerungsprozess gilt

$$T_n = \sum_{i=1}^{n} \tau_i, \ n = 1(1)\infty. \tag{10.41}$$

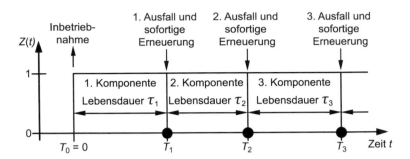

Abb. 10.24 Ablauf eines gewöhnlichen Erneuerungsprozesses. (© IMA 2022. All Rights Reserved)

Der Nullpunkt wird nicht als Erneuerungspunkt mitgezählt, für ihn gilt als Sonderfall $T_0 = 0$. Die Verteilungsfunktion für die n-te Erneuerung, also des Zeitpunkts T_n, ist durch die n-te Faltungspotenz von $F(t)$

$$F_n(t) = F^{*(n)}(t) \tag{10.42}$$

gegeben und entspricht der Verteilung der Summe von n Lebensdauern. Die n-te Faltungspotenz von $F(t)$ lässt sich rekursiv durch

$$F^{*(n)}(t) = \int_0^t F^{*(i-1)}(t-t') f(t') \, dt' \, \forall i = 2(1)n$$

$$\text{mit } F^{*(1)}(t) \equiv F(t) \text{ berechnen.} \tag{10.43}$$

10.4.4.2 Anzahl der Erneuerungen

Die Anzahl der Erneuerungspunkte $N(t)$ im Zeitraum $[0, t]$ ist eine diskrete Zufallsvariable, für sie gilt

$$N(t) = \begin{cases} 0 \text{ für } t < T_1 \\ n \text{ für } T_n \le t < T_{n+1} \end{cases} \tag{10.44}$$

Für die Wahrscheinlichkeit, dass genau n Erneuerungspunkte im Zeitintervall zwischen 0 und t liegen, gilt $W_n(t) = P(N(t) = n)$. Somit folgt

$$W_n(t) = F^{*(n)}(t) - F^{*(n+1)}(t). \tag{10.45}$$

Die Wahrscheinlichkeit für null Erneuerungen zwischen der Inbetriebnahme der ersten Komponente und dem Zeitpunkt t ist die Zuverlässigkeit

$$W_0(t) = 1 - F(t) = R(t). \tag{10.46}$$

10.4.4.3 Erneuerungsfunktion und Erneuerungsdichte

Die so genannte Erneuerungsfunktion $H(t)$ ist definiert als Erwartungswert der Anzahl von Erneuerungen im Zeitraum [0, t]. Aus Gl. (10.45) folgt

$$H(t) = E\big(N(t)\big) = \sum_{n=1}^{\infty} n W_n(t) = \sum_{n=1}^{\infty} n\Big[F^{*(n)}(t) - F^{*(n+1)}(t)\Big] = \sum_{n=1}^{\infty} F^{*(n)}(t) \text{ für } t \geq 0. \quad (10.47)$$

Die Erneuerungsfunktion dient als Grundlage für die Bestimmung des Ersatzteilbedarfs, da sie die Anzahl der erfolgten Erneuerungen bis zum Zeitpunkt t mit einer Wahrscheinlichkeit von 50 % angibt. Anders ausgedrückt: Soll der Erneuerungsprozess mit einer Wahrscheinlichkeit von 50 % aufrechterhalten werden, so müssen bis zum Zeitpunkt t insgesamt $H(t)$ Ersatzkomponenten bereitstehen.

Durch Ableitung der Erneuerungsfunktion ergibt sich die Erneuerungsdichte

$$h(t) = \frac{dH(t)}{dt} = \sum_{n=1}^{\infty} f^{*(n)}(t) \qquad (10.48)$$

als unendliche Summe der Faltungspotenzen der Ausfalldichten. Diese kann rekursiv durch

$$f_s(t) = f^{*(i)}(t) = \int_0^t f^{*(i-1)}(t-t')f(t')dt' \,\forall\, i = 2(1)n \text{ mit } f^{*(1)}(t) \equiv f(t) \quad (10.49)$$

berechnet werden. Der Ausdruck $h(t)dt$ ist die mittlere Wahrscheinlichkeit der Zahl von Ausfällen im Intervall [t, t + dt]. Die Erneuerungsdichte beschreibt also die mittlere Anzahl von Ausfällen pro Zeiteinheit. In Abb. 10.25 ist dieser Zusammenhang beispielhaft für eine normalverteilte Ausfalldichte mit μ = 36 h und σ = 6 h dargestellt.

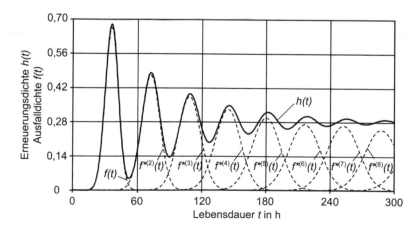

Abb. 10.25 Erneuerungsdichte als unendliche Summe der Faltungspotenzen der Ausfalldichte [19]. (© IMA 2022. All Rights Reserved)

10.4.4.4 Erneuerungsgleichungen

Die Laplace-Transformation der Erneuerungsdichte lässt sich geschlossen als geometrische Reihe darstellen [29]. Durch Anwendung des Faltungssatz der Laplace-Transformation auf Gl. (10.48) bildet sich

$$L\{h(t)\} = \tilde{h}(s) = \sum_{n=1}^{\infty} \tilde{f}^n(s) = \tilde{f}(s) \cdot \left(1 + \tilde{f}(s) + \tilde{f}^2(s) + \tilde{f}^3(s) + \ldots\right) = \frac{\tilde{f}(s)}{1 - \tilde{f}(s)}. \qquad (10.50)$$

Für die Erneuerungsfunktion resultiert unter Berücksichtigung des Integrationssatzes der Laplace-Transformation

$$L\{H(t)\} = \tilde{H}(s) = \sum_{n=1}^{\infty} \tilde{F}^n(s) = \frac{1}{s} \sum_{n=1}^{\infty} \tilde{f}^n(s) = \frac{\tilde{f}(s)}{s \cdot \left(1 - \tilde{f}(s)\right)}. \qquad (10.51)$$

Eine andere Interpretation ergibt sich, indem Gl. (10.50) bzw. Gl. (10.51) in

$$\tilde{h}(s) = \tilde{f}(s) + \tilde{h}(s)\tilde{f}(s) \text{ und} \qquad (10.52)$$

$$\tilde{H}(s) = \tilde{F}(s) + \tilde{H}(s)\tilde{f}(s) \qquad (10.53)$$

umgeschrieben wird. Aus der Rücktransformation von Gl. (10.52) bzw. Gl. (10.53) und unter Beachtung des Faltungssatzes der Laplace-Transformation bleibt

$$h(t) = f(t) + h * f(t) = f(t) + \int_0^t h(t - t') f(t') \mathrm{d}t' \text{ und} \qquad (10.54)$$

$$H(t) = F(t) + H * f(t) = F(t) + \int_0^t H(t - t') f(t') \mathrm{d}t'. \qquad (10.55)$$

Diese Beziehungen heißen Integralgleichungen der Erneuerungstheorie oder einfach Erneuerungsgleichungen. Sie sind oft Ausgangspunkt für Untersuchungen.

10.4.4.5 Abschätzung des Ersatzteilbedarfs

Für den gewöhnlichen Erneuerungsprozess sind nach [27] asymptotische Grenzwerte für $H(t)$ bekannt, die für große Werte der Zeit t Näherungen für $H(t)$ sowie für die Verteilung von $N(t)$ liefern. Dabei wird stets $E(\tau) = MTTF < \infty$ und $Var(\tau) < \infty$ vorausgesetzt.

Der Fundamentalsatz der Erneuerungstheorie ermöglicht weitere asymptotische Aussagen über den Erneuerungsprozess. Eine wichtige so erhältliche Implikation ist, dass die Gerade

$$\hat{H}(t) = \frac{t}{MTTF} + \frac{Var(\tau) + MTTF^2}{2 \cdot MTTF^2} - 1 = \frac{t}{MTTF} + \frac{Var(\tau) - MTTF^2}{2 \cdot MTTF^2} \qquad (10.56)$$

die Asymptote der Kurve $H(t)$ darstellt. $\hat{H}(t)$ liefert eine Näherungslösung zur Berechnung der benötigten Ersatzteile über der Zeit, um für eine Komponente oder ein System einen Erneuerungsprozess aufrechterhalten zu können.

10.4.4.6 Anmerkung zur Verfügbarkeit

Da beim gewöhnlichen Erneuerungsprozess angenommen wird, dass die Komponente bei einem Ausfall ohne zeitliche Verzögerung sofort durch eine neue Komponente ersetzt wird, folgt für die Verfügbarkeit des gewöhnlichen Erneuerungsprozesses

$$A(t) = 1 \forall t \geq 0. \tag{10.57}$$

10.4.4.7 Analyse des gewöhnlichen Erneuerungsprozesses

Die Erneuerungsgleichungen Gl. (10.54) und (10.55) sind lineare Volterrasche Integralgleichungen der 2. Art. In [14, 15] wird die Lösung durch die Anwendung numerischer Integrationsverfahren gezeigt.

10.4.5 Alternierende Erneuerungsprozesse

Wird die Reparaturdauer bzw. die Erneuerungszeit einer ausgefallenen Komponente nicht mehr vernachlässigt, treten alternierende Erneuerungsprozesse [2, 22–27, 30] auf. Mit ihnen kann man die Realität besser nachbilden, da gewöhnlich sowohl die Entdeckung der defekten Komponente als auch deren Reparatur bzw. deren Erneuerung eine gewisse Zeit beansprucht. Damit ist die Verfügbarkeit berechenbar.

1959 haben *Cane* [31] und *Page* [32] erstmals die Anwendungen alternierender Erneuerungsprozesse auf Probleme der animalischen Ethologie bzw. der Wartung elektronischer Rechenanlagen publiziert [22].

10.4.5.1 Ablauf des alternierenden Erneuerungsprozesses

Mit Hilfe des alternierenden Erneuerungsprozesses wird die in Abb. 10.26 dargestellte Situation modelliert.

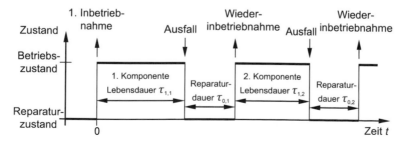

Abb. 10.26 Ablauf des alternierenden Erneuerungsprozesses. (© IMA 2022. All Rights Reserved)

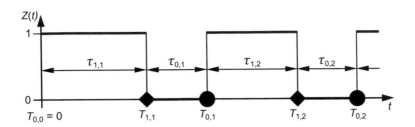

Abb. 10.27 Zeitverlauf des alternierenden Erneuerungsprozesses. (© IMA 2022. All Rights Reserved)

Die erste Komponente wird zum Zeitpunkt $t = 0$ in Betrieb genommen. Während ihrer ersten Lebensdauer $\tau_{1,1}$ befindet sich die Komponente im aktiven Betriebszustand. Am Ende ihrer Lebensdauer fällt die Komponente aus und befindet sich nun im ausgefallenen Zustand bzw. Reparaturzustand. Innerhalb der Reparaturdauer $\tau_{0,1}$ wird die defekte Komponente entweder repariert oder durch eine Ersatzkomponente erneuert. Nach erfolgter Reparatur bzw. Erneuerung wird die Komponente sofort wieder in Betrieb genommen. Nach Ablauf der zufälligen Lebensdauer $\tau_{1,2}$ wird sie in der zufälligen Zeit $\tau_{0,2}$ wieder vollständig repariert bzw. erneuert. Die Lebensdauern und die Reparaturdauern folgen also alternierend aufeinander. Die Zeitpunkte $T_{1,n}$, in denen jeweils eine Lebensdauer endet sowie die Zeitpunkte $T_{0,n}$, in denen jeweils eine Reparaturdauer endet, sind in Abb. 10.27 entlang der Zeitachse dargestellt.

Die Lebensdauern $\tau_{1,n}$ sind damit gegeben als

$$\tau_{1,n} = T_{1,n} - T_{0,n-1}, \; n = 1(1)\infty \tag{10.58}$$

mit dem Zeitpunkt der ersten Inbetriebnahme $T_{0,0} = 0$, der als Erneuerungspunkt nicht mitgezählt wird.

Für die Reparaturdauern gilt:

$$\tau_{0,n} = T_{0,n} - T_{1,n}, n = 1(1)\infty. \tag{10.59}$$

Die Folge der Zeitpunkte $T_{1,1}$, $T_{0,1}$, $T_{1,2}$, $T_{0,2}$, $T_{1,3}$, … heißt alternierender Erneuerungsprozess, wenn ihre in Gl. (10.58) und (10.59) gegebenen Differenzen unabhängige, nicht negative Zufallsvariablen sind. Darüber hinaus gilt die Bedingung, dass alle Lebensdauern $\tau_{1,n}$ und alle Reparaturdauern $\tau_{0,n}$ jeweils dieselbe Verteilung besitzen. Da angenommen wird, dass zum Zeitpunkt $t = 0$ eine neue Komponente in Betrieb genommen wird, ist die Verteilung der ersten Lebensdauer $\tau_{1,1}$ gleich der Verteilung der folgenden Lebensdauern $\tau_{1,n}$. Zur Unterscheidung nennt man einen alternierenden Erneuerungsprozess, der diese Bedingung nicht erfüllt, einen allgemein alternierenden Erneuerungsprozess [2, 28].

Das Verhalten der Lebensdauern $\tau_{1,n}$ ist durch $F(t)$, $f(t)$ und *MTTF* charakterisiert und das Verhalten der Reparaturdauern $\tau_{0,n}$ sei durch $G(t)$, $g(t)$ und *MTTR* gegeben. Beendet wird die Lebensdauer $\tau_{1,n}$ durch den Erneuerungspunkt $T_{1,n}$, der in diesem Zusammenhang im Folgenden auch Ausfallpunkt genannt wird. Der Erneuerungspunkt $T_{0,n}$, welcher die Reparaturdauer $\tau_{0,n}$ beendet, wird auch als Zeitpunkt der Inbetriebnahme bezeichnet.

10.4.5.2 Erneuerungsgleichungen

Durch Laplace-Transformation, geometrische Reihenentwicklung und Umformung im Laplace-Bereich und Laplace-Rücktransformation findet man die Erneuerungsgleichungen der eingebetteten Prozesse als Integralgleichungen analog zum gewöhnlichen Erneuerungsprozess. Für den eingebetteten 1-Erneuerungsprozess, der durch die Ausfallpunkte gebildet wird, ergibt sich die Erneuerungsgleichung für die Erneuerungsdichte zu

$$h_1(t) = f(t) + h_1 * \left(f * g(t)\right) = f(t) + \int_0^t h_1(t - t')\left(f * g(t')\right)\mathrm{d}t' \qquad (10.60)$$

und die Erneuerungsgleichung für die Erneuerungsfunktion zu

$$H_1(t) = F(t) + H_1 * \left(f * g(t)\right) = F(t) + \int_0^t H_1(t - t')\left(f * g(t')\right)\mathrm{d}t'. \qquad (10.61)$$

Zur Abschätzung des Ersatzteilbedarfs wird aus praktischer Sicht die Erneuerungsfunktion der Ausfälle $H_1(t)$ verwendet, damit für den nach dem Ausfall beginnenden Reparaturzustand die benötigte Ersatzkomponente bereits zur Verfügung steht.

Für den eingebetteten 0-Erneuerungsprozess ergibt sich die Erneuerungsgleichung für die Erneuerungsdichte zu

$$h_0(t) = f * g(t) + h_0 * \left(f * g(t)\right) = f * g(t) + \int_0^t h_0(t - t')\left(f * g(t')\right)\mathrm{d}t' \qquad (10.62)$$

und die Erneuerungsgleichung für die Erneuerungsfunktion zu

$$H_0(t) = F * g(t) + H_0 * \left(f * g(t)\right) = F * g(t) + \int_0^t H_0(t - t')\left(f * g(t')\right)\mathrm{d}t'. \qquad (10.63)$$

10.4.5.3 Abschätzung des Ersatzteilbedarfs

Für die beiden eingebetteten Erneuerungsprozesse können auch Erneuerungssätze angegeben werden. Sie liefern für große Werte der Zeit t Näherungen für $H_1(t)$ und $H_0(t)$. Dabei werden $MTTF < \infty$, $MTTR < \infty$, $Var(\tau_1) < \infty$ und $Var(\tau_0) < \infty$ vorausgesetzt.

Für den eingebetteten 1-Erneuerungsprozess wird angesetzt, dass die Gerade [15]

$$\hat{H}_1(t) = \frac{t}{MTTF + MTTR} + \frac{Var(\tau_1) + Var(\tau_0) + MTTR^2 - MTTF^2}{2 \cdot (MTTF + MTTR)^2} \qquad (10.64)$$

die Asymptote der Kurve $H_1(t)$ ist.

Für den eingebetteten 0-Erneuerungsprozess gilt, dass die Gerade [15]

$$\hat{H}_0\left(t\right) = \frac{t}{MTTF + MTTR} + \frac{Var\left(\tau_1\right) + Var\left(\tau_0\right) + \left(MTTF + MTTR\right)^2}{2 \cdot \left(MTTF + MTTR\right)^2} - 1 \quad (10.65)$$

die Asymptote der Kurve $H_0(t)$ ist. Somit liefern Gl. (10.64) und (10.65) für große t eine bessere Näherung der Erneuerungsfunktion $H_1(t)$ bzw. $H_0(t)$ als der elementare Erneuerungssatz. Gleichzeitig ermöglichen sie die Abschätzung des Ersatzteilbedarfs für große Zeiten t. Hierbei sollte die Näherung der Erneuerungsfunktion $H_1(t)$ verwendet werden, da zum Zeitpunkt des Ausfalls das Ersatzteil bereits verfügbar sein soll.

10.4.5.4 Punktverfügbarkeit

Die in der Praxis häufiger interessierende Leistungskenngröße eines technischen Systems ist die Punktverfügbarkeit. Sie ist nach Gl. (10.3) die Wahrscheinlichkeit dafür, dass die Komponente zum Zeitpunkt t in Betrieb ist. Die Punktverfügbarkeit kann auf Basis der alternierenden Erneuerungsprozesse auf unterschiedliche Weise ermittelt werden. Im Folgenden werden drei Methoden vorgestellt, wobei Methode I mit der Erneuerungsdichte $h_0(t)$, Methode II über die Verteilungsdichte des Zeitpunkts der ersten Wiederinbetriebnahme und Methode III über die Zählfunktionen $N_1(t)$ und $N_0(t)$ arbeitet. Insbesondere durch das Nutzen der Zählfunktionen ist Methode III einfach bildlich nachvollziehbar.

Methode I
Die Punktverfügbarkeit lässt sich erhalten als Spezialfall der Intervallzuverlässigkeit [14] für $x = 0$ als

$$A\left(t\right) = R\left(t\right) + R * h_0\left(t\right) = R\left(t\right) + \int_0^t R\left(t - t'\right) h_0\left(t'\right) \mathrm{d}t'. \quad (10.66)$$

Zur Berechnung der Punktverfügbarkeit in Gl. (10.66) wird vorausgesetzt, dass die Erneuerungsdichte $h_0(t)$ bekannt ist.

Methode II
Eine weitere Möglichkeit zur Berechnung der Punktverfügbarkeit $A(t)$ einer Komponente, ohne dass die Erneuerungsdichte $h_0(t)$ explizit bekannt sein muss, wird in [2, 28] vorgestellt. Es wird angenommen, dass die Komponente bei $t = 0$ im Arbeitszustand (1-Zustand) startet. Betrachtet werden nur die Zeitpunkte der Wiederinbetriebnahme der erneuerten Komponente bei $T_{0,n}$. Die erste Erneuerung nach Beendigung der ersten Reparaturdauer sei im Zeitpunkt t', Abb. 10.28.

Die Verteilungsdichte des Zeitpunkts der ersten Wiederinbetriebnahme $T_{0,1}$ ist gleich $f * g(t')$. Weiter ist unter der Bedingung, dass bei t' mit $t' \leq t$ die erste Wiederinbetriebnahme stattfindet, die Wahrscheinlichkeit des 1-Zustands bei t gleich $A(t - t')$.

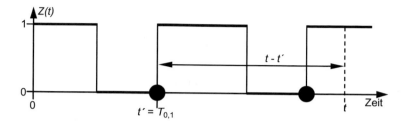

Abb. 10.28 Zustandsverlauf eines alternierenden Erneuerungsprozesses. (© IMA 2022. All Rights Reserved)

Das Integrieren über alle möglichen t' ergibt dann:

$$P\big(Z(t)=1\big|T_{0,1}=t'\leq t\big)=\int_0^t A(t'-t)\cdot\big(f*g(t')\big)\mathrm{d}t'. \tag{10.67}$$

Es muss noch der Fall berücksichtigt werden, dass die erste Wiederinbetriebnahme $T_{0,1}$ erst nach dem Zeitpunkt t stattfindet. Dann gilt für die Wahrscheinlichkeit des 1-Zustands bei t

$$P\big(Z(t)=1\big|T_{0,1}=t'>t\big)=1-F(t)=R(t). \tag{10.68}$$

Nach der Regel der totalen Wahrscheinlichkeit ergibt sich aus den Gl. (10.67) und (10.68), mit jeweils disjunktiven Bedingungen, für den Zeitpunkt $T_{0,1}$ unmittelbar die Rekursionsformel für die Punktverfügbarkeit

$$A(t)=R(t)+A*\big(f*g(t)\big)=R(t)+\int_0^t A(t-t')\cdot\big(f*g(t')\big)\mathrm{d}t'. \tag{10.69}$$

Methode III

Die Punktverfügbarkeit ist nach Gl. (10.3) als Erwartungswert des Zustandsindikators $Z(t)$ zum Zeitpunkt t definiert. Zur Berechnung des Zustandsindikators kann auf die Zählfunktionen $N_1(t)$ und $N_0(t)$ zurückgriffen werden.

Es bezeichnet $N_1(t)$ die Anzahl der im Intervall $[0, t]$ erfolgten Ausfälle und $N_0(t)$ die Anzahl der im Intervall $[0, t]$ erfolgten Reparaturen. Der Zustandsindikator $Z(t)$ zum Zeitpunkt t ist dann

$$Z(t)=1+N_0(t)-N_1(t), \tag{10.70}$$

wie man aus Abb. 10.29 erkennen kann.

Aus dieser Beschreibung des Zustandsindikators ergibt sich durch Erwartungswertbildung eine weitere Form der Punktverfügbarkeit. Unter der Berücksichtigung der Gesetzmäßigkeiten für Summen von Zufallsvariablen und der Tatsache, dass der Er-

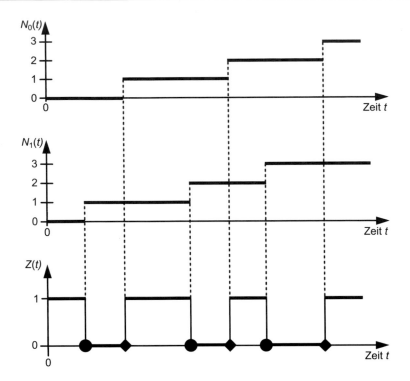

Abb. 10.29 Zusammenhang zwischen Zählfunktionen und Zustandsfunktion. (© IMA 2022. All Rights Reserved)

wartungswert einer Konstanten die Konstante selbst ist, erhält man für die Punktverfügbarkeit [25]

$$A(t) = E\big(Z(t)\big) = 1 + E\big(N_0(t)\big) - E\big(N_1(t)\big) = 1 + H_0(t) - H_1(t). \qquad (10.71)$$

Durch Laplace-Transformation lässt sich zeigen, dass Gl. (10.66), (10.69) und (10.71) äquivalente Ausdrücke zur Berechnung der Punktverfügbarkeit $A(t)$ darstellen [14].

10.4.5.5 Asymptotisches Verhalten

Für große Zeiten t konvergiert die Verfügbarkeit $A(t)$ gegen einen konstanten Wert, der unabhängig von den Anfangsbedingungen zu der Zeit $t = 0$ ist. Mit Hilfe des Fundamentalsatzes der Erneuerungstheorie folgt für die Dauerverfügbarkeit

$$A_D = \lim_{t \to \infty} A(t) = \frac{MTTF}{MTTF + MTTR}. \qquad (10.72)$$

Bezeichnet man die Zeitspanne zwischen zwei benachbarten Erneuerungspunkten als Erneuerungszyklus, so ist die Dauerverfügbarkeit gleich dem Erwartungswert der Arbeitszeit bezogen auf den Erwartungswert der Zykluslänge.

10.4.5.6 Analyse des alternierenden Erneuerungsprozesses

Die Erneuerungsgleichungen Gl. (10.60) bis (10.63) sind lineare Volterrasche Integralgleichungen der 2. Art. In [14, 15] wird die Lösung durch die Anwendung numerischer Integrationsverfahren gezeigt. Die Gl. (10.66), (10.69) und (10.71) zur Berechnung der Punktverfügbarkeit $A(t)$ lassen sich ebenfalls numerisch berechnen.

10.4.5.7 Beispiel

In Abb. 10.30 sind exemplarisch die Erneuerungsdichten, die Erneuerungsfunktionen, die Ausfall- und Reparaturdichten sowie die Verfügbarkeit für verschiedene Weibullausfallverteilungen bei identischer Weibullreparaturverteilung dargestellt. Die Reparaturverteilung ist mit $b = 3,5$ ähnlich einer Normalverteilung. Die unterschiedlichen Ausfallverteilungen wurden so gewählt, dass der *MTTF*-Wert konstant bleibt. Variiert wird der Formparameter b der Ausfallverteilung in 5 Stufen, was bei konstantem *MTTF*-Wert auch zu unterschiedlichen charakteristischen Lebensdauern T führt. Die Parameter der verwendeten Verteilungen sind in Tab. 10.7 zusammengestellt.

In Abb. 10.30 ist deutlich die Konvergenz gegen den stationären Wert der

Erneuerungsdichten $h_\infty = \dfrac{1}{MTTF + MTTR} = \dfrac{1}{1600} h^{-1} = 6,25 \cdot 10^{-4} h^{-1}$ zu erkennen. Die

Erneuerungsdichten nehmen in Abhängigkeit vom Formparameter dabei unterschiedlichste Formen an. Je größer der Formparameter b ist, desto mehr schwingt die Erneuerungsdichte um den stationären Wert h_∞.

Je kleiner dabei die Varianz der Ausfallverteilung ist, desto schneller erfolgt das Einschwingen der Erneuerungsdichte zum entsprechenden Grenzwert.

Die zugehörigen Erneuerungsfunktionen zeigen ein entsprechendes Verhalten. Dabei ist deren Konvergenz gegen die linearen Asymptoten nach Gl. (10.64) bzw. Gl. (10.65) deutlich zu erkennen, wobei die Steigungen der Erneuerungsfunktionen gegen $1/h_\infty$ konvergieren. Die Verschiebungen der Erneuerungsfunktionen in horizontaler Richtung sind mit den unterschiedlichen Varianzen zu erklären.

Die Verfügbarkeit nimmt in Abhängigkeit vom Formparameter ebenfalls unterschiedlichste Formen an. Je größer der Formparameter b gewählt wurde, desto mehr schwingt die Verfügbarkeit um die Dauerverfügbarkeit $A_D = MTTF/(MTTF + MTTR) = 10/16 = 62,5\,\%$.

10.4.6 Semi-Markov-Prozesse

Bei Systemen, die durch Erneuerungsprozesse beschreibbar sind, braucht man hinsichtlich der auftretenden Verteilungen kaum Einschränkungen zu machen. Jedoch sind mit diesen Prozessen nur einfach strukturierte Systeme zu erfassen. Mit den gewöhnlichen Markov-Prozessen dagegen können auch komplizierte Systeme adäquat beschrieben werden. Dafür muss man aber fordern, dass Exponentialverteilungen vorliegen. Bei den im Folgenden vorgestellten Semi-Markov-Prozessen (SMP) werden in gewisser Weise die günstigen Eigenschaften von Erneuerungs- und Markov-Prozessen vereint. *Lévy* [33] und

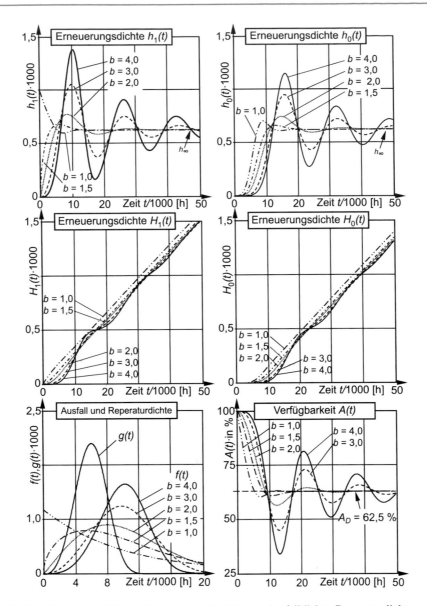

Abb. 10.30 Erneuerungsdichten, Erneuerungsfunktionen, Ausfalldichte, Reparaturdichte und Verfügbarkeit bei weibullverteiltem Ausfall- und Reparaturverhalten. (© IMA 2022. All Rights Reserved)

Smith [34] formulierten ursprünglich diese Prozesse 1954 (*Bernet* [35]). Eine Zusammenfassung der Anwendbarkeit von SMP sowie tiefere Einblicke in die Theorie der SMP mit Herleitungen und Beweisen findet sich z. B. bei *Cocozza-Thivent et al.* [36, 37] *Fahrmeir et al.* [38] und *Gaede* [20].

Tab. 10.7 Parameter der Ausfall- und Reparaturverteilungen

	Ausfallverteilung $F(t)$				Reparaturverteilung $G(t)$			
Nr.	b	$MTTF$ [h]	$T[h]$	$\sqrt{Var(\tau)}$ [h]	b	$MTTR$ [h]	$T[h]$	$\sqrt{Var(\tau)}$ [h]
1	1,0	1000	1000	1000	3,5	600	666,85	189,87
2	1,5	1000	1.107,73	678,97	3,5	600	666,85	189,87
3	2,0	1000	1.128,38	522,72	3,5	600	666,85	189,87
4	3,0	1000	1.119,85	363,44	3,5	600	666,85	189,87
5	4,0	1000	1.103,26	280,54	3,5	600	666,85	189,87

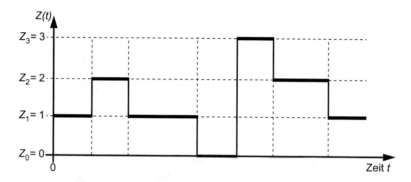

Abb. 10.31 Beispielhafter Verlauf des Zustandsindikators beim Semi-Markov- Prozess. (© IMA 2022. All Rights Reserved)

10.4.6.1 Ablauf eines Semi-Markov-Prozesses

Ein SMP ist ein stochastischer Prozess mit $m + 1$ Zuständen ($Z_0, \ldots, Z_m$), der folgende Eigenschaften aufweist: Wurde der Zustand Z_i zu einem bestimmten Zeitpunkt t eingenommen, so wird der nächste Zustand durch die Semi-Markov-Übergangswahrscheinlichkeit (SMÜ) $Q_j(t)$bestimmt. Diese erlaubt es, die letzte Eintrittszeit t' in die Berechnung miteinzubeziehen. Ein beispielhafter Verlauf der Zustandsindikatorfunktion $Z(t)$ beim Semi-Markov-Prozess ist in Abb. 10.31 dargestellt.

Die Verteilungsfunktionen der unbedingten Verweilzeiten in den Zuständen Z_i ergeben sich durch Addition:

$$Q_i(t) = \sum_{j=0}^{m} Q_{ij}(t). \tag{10.73}$$

Die Verweilzeit im Zustand Z_i mit Übergang in den Zustand Z_i ist eine positive Zufallsvariable mit der Verteilungsfunktion $F_{ij}(t)$. Mit den $F_{ij}(t)$ und der Angabe der Anfangsbedingung ist der Prozess vollständig bestimmt. Man spricht dann auch von einem Markov-Erneuerungsprozess (MEP) [20].

Im Gegensatz zu den Erneuerungsprozessen, erlaubt der Semi-Markov-Prozess die Modellierung von mehr als zwei Zuständen. Im Zusammenhang mit der Instandhaltung reparierbarer Systeme können daher neben den Zuständen „in Betrieb" und „ausgefallen bzw. in Reparatur" auch weitere Zustände wie „Stillstand wegen planmäßiger Instandhaltung" oder „Wartezeit auf Ersatzteile" nachgebildet werden.

10.4.6.2 Aufenthaltswahrscheinlichkeiten und Verfügbarkeit

In der Zuverlässigkeitstheorie interessiert meist die bedingte Wahrscheinlichkeit

$$P_{i,j}(t) = P\left(Z(t) = Z_j > | Z(0) = Z_i\right),$$ (10.74)

die der Aufenthaltswahrscheinlichkeit zur Zeit t im Zustand j entspricht, wenn der Prozess im Zustand i zum Zeitpunkt $t = 0$ gestartet wurde. Diese Aufenthaltswahrscheinlichkeit ist definiert durch ein System von Integralgleichungen, welche in der Literatur (z. B. [38]) oft auch als *Kolmogorov*-Gleichungen eines SMP bezeichnet werden:

$$P_{i,j}(t) = \delta_{\ddot{U}}\left(1 - Q_i(t)\right) + \sum_{k=0}^{m} \int_0^t q_{ik}(t') P_{k,j}(t - t') dt',$$ (10.75)

mit dem Kronecker Delta $\delta_{ij} = 0$ für $j \neq i$, $\delta_{ii} = 1$ und der SMÜ-Dichte

$$q_{ij}(t) = \frac{dQ_{ij}(t)}{dt}.$$ (10.76)

Für die Ermittlung der Verfügbarkeit ist es zweckmäßig, aus den Zuständen des Prozesses zwei komplementäre Teilmengen zu bilden: Γ_S ist die Menge aller Zustände, in der die Betrachtungseinheit funktionstüchtig und Γ_F die Menge aller Zustände, in der die Betrachtungseinheit ausgefallen ist. Für die Punktverfügbarkeit folgt damit

$$A(t) = \sum_{j \in \Gamma_S} P_{i,j}(t).$$ (10.77)

10.4.7   Systemtransporttheorie

Auf der Suche nach einer umfassenden Theorie zur Verfügbarkeitsanalyse wurde von *Dubi* die Systemtransporttheorie entwickelt [39–48]. Sie basiert auf einer Analogie zur Partikeltransporttheorie in Materie. Im Folgenden wird auf die Analogie eingegangen und das Grundkonzept dieser Theorie zur Beschreibung des Systemverhaltens vorgestellt.

10.4.7.1 Analogie zur physikalischen Partikeltransporttheorie

Dubi fand eine enge mathematische Analogie zwischen dem physikalischen Transport von Partikeln in einem Medium und dem Ausfall- und Reparaturverhalten eines Systems in der Zeit [39]. Diese Analogie besteht darin, dass sich ein Teilchen im dreidimensionalen Raum bewegt, dabei mit anderen Teilchen kollidiert und dann eine Zustandsänderung erfährt. Diese Analogie wurde auch von *Devooght* [49], *Labeau* [50, 51] und *Lewins* [52, 53] untersucht und veröffentlicht.

Ein Partikel (Neutron) bewegt sich innerhalb eines Mediums im Raum auf einer geraden Bahn, bis es auf einen Atomkern trifft. Der Ort der Kollision wird mit einem Vektor r

beschrieben. Die Richtung, in der das Neutron in die Kollision eintritt, beschreibt der Vektor Ω. Vor der Kollision hat das Partikel die Energie E. Dieses tritt im Punkt $P = (r, \Omega, E)$ des Zustandsraums in die Kollision ein. Bei der Kollision findet eine nukleare Reaktion statt, in der das Partikel absorbiert oder wieder abgestoßen wird. Im zweiten Fall verlässt das Teilchen die Kollision im selben Ort r, allerdings mit einer anderen Richtung Ω' und einer anderen Energie E'. Das Partikel verlässt also das Ereignis mit dem Zustandsraumvektor $P' = (r, \Omega', E')$. Nach der Kollision bewegt sich das Teilchen wieder auf einer geraden Bahn vom Punkt r bis zum Punkt r', an dem sich die nächste Kollision ereignet. Ergo tritt das Teilchen im Punkt $P' = (r', \Omega', E')$ des Zustandsraums in die nächste Kollision ein. Dieser Prozess setzt sich so lange fort, bis das Partikel absorbiert wird oder die Grenzen des Mediums verlässt. Der Prozess, der den Transport von einem Ereignis P zum nächsten Ereignis P' kontrolliert, wird mit der Neutronentransporttheorie beschrieben. Dieser Neutronentransportprozess in einem Medium ist in Abb. 10.32 schematisch dargestellt.

Der Prozess kann in zwei Teile separiert werden. Zum einen in die Kollision selbst und zum anderen in den Freiflug von einer zur nächsten Kollision. Die Kollision selbst wird beschrieben durch die Beziehung zwischen Energie und Richtung vor und nach der Kollision. Die Wahrscheinlichkeit dafür, dass ein Partikel, welches im Punkt r mit Richtung Ω und Energie E in eine Kollision eintritt, diese mit Richtung Ω' und Energie E' verlässt, wird durch den Collision-Kernel $C(r; \Omega, E \to \Omega', E')$ beschrieben. Der Kernel $T(\Omega', E'; r \to r')$ beschreibt den Freiflug (free flight) des Partikels, als Wahrscheinlichkeitsdichte, dass das Partikel, welches bei r eine Kollision mit Richtung Ω' und Energie E' verlässt, die nächste Kollison im Punkt r' haben wird. Das Produkt aus Collision- und Free-Flight-Kernel ist der Transport-Kernel:

$$K\left(P \to P'\right) = C\left(r; \Omega, \Omega \to \Omega', E'\right) T\left(\Omega', E'; r \to r'\right). \qquad (10.78)$$

Dieser ist die Wahrscheinlichkeitsdichte dafür, dass ein Partikel, welches im Punkt P eine Kollision erfuhr, seine nächste Kollision im Punkt P' erfahren wird. Darauf basierend wird nun die Kollisions- oder Ereignisdichte $\psi(P)$ eingeführt, welche für die Anzahl der Kolli-

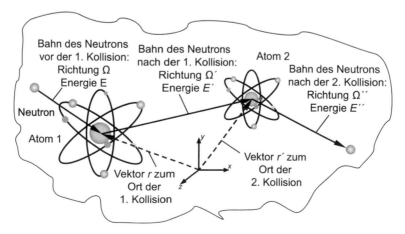

Abb. 10.32 Neutronentransportprozess in einem Medium. (© IMA 2022. All Rights Reserved)

sionen im Punkt P steht. Die Definition der Ereignisdichte ist durch die Boltzmannsche Transportgleichung [39, 44] gegeben. Diese lautet

$$\psi(P) = S(P) + \int_P \psi(P') K(r, \Omega, \Omega \to r', \Omega', E') dP',   (10.79)$$

wobei $S(P)$ der so genannte Source-Term ist, der die erste Kollision im Medium beschreibt. Die Bolzmann Transportgleichung beschreibt die Verhältnisse der hintereinander ablaufenden Ereignisse und ist die grundlegende und einzige Gleichung, die zur Analyse des Verhaltens der Partikel in einem Medium gelöst werden muss. Analytische Lösungen der Gleichung existieren nur für sehr wenige, einfache Fälle. Numerische Lösungen existieren für ein- und zweidimensionale Näherungen. Eine vollständige Lösung, in allen Dimensionen, ist nur mit Hilfe der Monte-Carlo-Simulation möglich.

10.4.7.2 Allgemeine Form der Systemtransportgleichung

Die Situation in der Zuverlässigkeitstheorie ist vergleichbar mit der oben beschriebenen Situation in der physikalischen Partikeltransporttheorie. Daher können die Methoden der Partikeltransporttheorie auf die Zuverlässigkeitstheorie übertragen werden [39, 44].

Es wird ein System aus n Komponenten betrachtet. Jeder Komponente wird ein Zustandsindikator b_i und eine zugehörige Eintrittszeit τ_i, $i = 1(1)n$ zugeordnet. Der Zustandsindikator kann so viele verschiedene Werte annehmen, wie die jeweilige Komponente Zustände annehmen kann. Beispielhaft könnte $b_i = \{0,1,2\}$ für die Zustände ausgefallen, funktionsfähig und in Reserve stehen. Die Anzahl der möglichen Zustände einer Komponente i wird mit m_i bezeichnet. Die Größe τ_i steht für den Zeitpunkt, in dem die i-te Komponente in den Zustand b_i eingetreten ist. Alle n Zustandsindikatoren werden zu einem Systemzustandsvektor B und Systemeintrittszeitenvektor τ zusammengefasst. Dargestellt durch:

$$B = (b_1, b_2, \dots, b_i, \dots, b_n) \text{ und }   (10.80)$$

$$\tau = (\tau_1, \tau_2, \dots, \tau_i, \dots, \tau_n).   (10.81)$$

Die beiden Vektoren werden nun mit der kontinuierlich fortlaufenden Systemzeit t zu dem sogenannten Zustandsraumvektor P kombiniert mit

$$P = (B, \tau, t).   (10.82)$$

Dieser Vektor sagt aus, dass sich das System zum Zeitpunkt t im Zustand B befindet, welcher zu den Zeiten τ_i erreicht wurde. Die Zusammenfassung aller möglichen Vektoren P liefert eine Menge $\{P\}$, welche als Zustandsraum des Systems bezeichnet wird. Das System wird nun von einem Zustandsvektor zum nächsten, in einem n-dimensionalen diskreten Zustandsraum, in Abhängigkeit von der kontinuierlichen Systemzeit t, wechseln.

Dieser Vorgang kann folgendermaßen dargestellt werden: Zum Zeitpunkt $t = t_0 = 0$ befindet sich das System in seinem Anfangszustand $B = B_0$. Zu einem bestimmten Zeitpunkt t_1 ereignet sich eine Zustandsänderung im System. Dieses Ereignis verursacht eine Änderung eines Zustandsindikators b_i einer Systemkomponente. Diese Änderung kann nun selbst sofortige

Zustandsänderungen in anderen Systemkomponenten hervorrufen. Diese Koppelungen müssen durch logische Verknüpfungen im Systemmodell definiert werden. Dem Zeitpunkt t_1 ist also ein eindeutiger Zustandsvektor B_1 zugeordnet. Das System bleibt daraufhin im Zustand B_1, bis sich zu einem anderen Zeitpunkt t_2 eine erneute Zustandsänderung ergibt. Dieser Transportprozess setzt sich bis zum Ende der Beobachtungszeit T_{max} immer weiter fort. In Abb. 10.33 ist dieser Transportprozess dargestellt. Es wechseln sich Zustandsänderungen und Freiflugphasen, in *Dubis* Terminologie als Collision und Free-Flight bezeichnet, ab. Bis zum Zeitpunkt T_{max} treten insgesamt p Zustandswechsel und $p + 2$ Freiflugphasen auf.

Diese Sequenz von aufeinander folgenden Wechseln von Zustandsänderungen und Freiflugphasen wird zu einer „History" (Zeitgeschichte) des Systems C_k zusammengefasst. Eine solche „History" beschreibt die Zufallsfolge von Zustandsänderungen mit den dazugehörigen Zustandsänderungszeitpunkten:

$$C_k = \left(c_1, c_2, \ldots, c_{p-1}, c_p\right) = \left(\left(B_1, t_1\right), \left(B_1, t_1\right), \ldots, \left(B_{p-1}, t_{p-1}\right), \left(B_p, t_p\right)\right). \quad (10.83)$$

Da sowohl der Zeitpunkt der Zustandsänderung als auch die Zustandsänderung selbst stochastische Größen sind, ist die Folge C_k keine exakte Lösung des Systemtransportproblems, sondern nur eine mögliche Sequenz.

Für die Ereignisdichte, als fundamentale Größe zur Berechnung der Verfügbarkeit, gibt *Dubi* eine zur Bolzmannschen Transportgleichung (Gl. (10.79)) äquivalente Form an [44]:

$$\Psi\left(B, \tau, t\right) = P\left(B_0\right)\delta\left(t\right)$$
$$+ \sum_{B'}\iint_{\tau\, t'}\Psi\left(B', \tau', t'\right) K\left(B', \tau', t' \to B, \tau, t\right) d\tau' dt'. \quad (10.84)$$

Diese Transportgleichung stellt die Basis für die Berechnung der Verfügbarkeit von Systemen in Abhängigkeit von der Zeit dar. Die Verfügbarkeit $A(t)$ liefert [44]

$$A\left(t\right) = \sum_{B\in\Gamma_S}\int_0^t \psi\left(B, \tau, t'\right) R_s\left(B, \tau, t'\right) dt'. \quad (10.85)$$

Der Ausdruck $R_S(B, \tau, t)$ wird dabei als die Systemzustandszuverlässigkeit bezeichnet und als fiktive Reihenschaltung der einzelnen Systemkomponenten in Abhängigkeit von B und τ gebildet. Eine allgemeine analytische Auswertung dieser Beziehung ist noch nicht bekannt und auch nur in Sonderfällen zu finden.

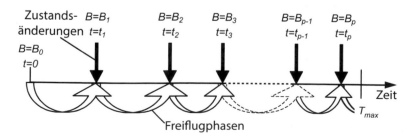

Abb. 10.33 Transport eines Systems im Zustandsraum. (© IMA 2022. All Rights Reserved)

10.4.7.3 Anwendbarkeit und Analyse der Systemtransporttheorie

Die Systemtransporttheorie erlaubt die Modellierung von komplexen Systemen mit beliebiger Struktur, beliebigen Verteilungsfunktionen zur Beschreibung des Ausfall- und Reparaturverhaltens der Komponenten und beliebigen Interaktionen der Komponenten im System [41, 42, 46]. Eine Vielzahl von Instandhaltungsstrategien kann nachgebildet und die Ersatzteillogistik kann berücksichtigt werden [54].

Die einzige anwendbare Methode zur Lösung der Systemtransportgleichungen ist die Monte-Carlo-Simulation [14, 40, 43, 44]. Mit dieser Methode wird mit dem modellierten System ein „Spiel gespielt", d. h. es werden in vielen Simulationsdurchläufen eine große Zahl von verschiedenen Ereignisströmen generiert. Ein Ereignisstrom beschreibt den Zustandsverlauf des Systems und seiner Komponenten über der Zeit. Auf Basis der Ereignisströme können dann Kenngrößen des Systems, beispielsweise die Verfügbarkeit oder benötigte Ersatzteile ermittelt werden.

10.4.8   Petrinetze

Petrinetze sind bipartite, gerichtete Graphen und gehen auf die Dissertation von Carl Adam Petri im Jahr 1962 zurück. Dieser entwickelte die nach ihm benannten Netze ausgehend von endlichen Automaten [55]. Dank ihrer allgemeingültigen, vielseitigen Anwendbarkeit und der Steigerungen in der IT-Hard- und Software sind die Petrinetze kontinuierlich weiterentwickelt worden. Heute gibt es eine Vielzahl unterschiedlicher Petrinetze und Petrinetzklassen, alle mit individuellen Besonderheiten. Im Folgenden beschränkt sich die Beschreibung auf einige generelle Aspekte von Erweiterten Stochastischen Petrinetzen (ESPN), welche zu den höheren Petrinetzen zählen. ESPN eignen sich zur Anwendung in der Modellierung reparierbarer Systeme unter anderem aufgrund ihrer vielseitigen Möglichkeiten zur Beschreibung von Abhängigkeiten und Wechselwirkungen und ihrer stochastischen Beschreibungsmöglichkeiten. Bei der Beschreibung einer Voralterung oder von Reparaturen mit einem Ergebnis welches nicht dem eines neuwertigen Teils entspricht und einigen weiteren Aspekten, ist die Umsetzung in ESPN nur aufwändig und ungenau, oder überhaupt nicht möglich. In solchen Fällen eignen sich unter Umständen Erweiterte Farbige Stochastische Petrinetze (ECSPN), welche eine Erweiterung der ESPN darstellen. Sowohl für weitere Details zu ESPN, als auch für ECSPN wird auf entsprechende Literatur verwiesen.

Abschn. 10.4.8.1 beschäftigt sich zunächst mit den Elementen von ESPN, bevor Abschn. 10.4.8.2 die Dynamik behandelt.

10.4.8.1 Elemente

In ihrem Grundaufbau bestehen Petrinetze aus Stellen, Transitionen und Kanten. Diese Elemente sind auch in Abb. 10.34 dargestellt.

Stellen repräsentieren einen Zustand und können durch Marken besetzt sein. Die Bedeutung der Marken ist sehr unterschiedlich. Eine Marke kann beispielsweise ein Objekt oder eine Gruppe von Objekten oder auch den Zustand eines Objekts repräsentieren.

Stelle	Zeitbehaftete Transition	Unmittelbare Transition

aktiv   1 ◯
 	
p_1
	Lebensdauer Wb
	       AgeMem
	    τ
	tr_1 Π = 5
	    w = 2
		Verknüpfung
		
		0
		tr_2

Normalkante	Lesekante	Verbotskante
	3	5

Abb. 10.34 Übersicht über die Grundelemente eines ESPN. (© IMA 2022. All Rights Reserved)

Transitionen sorgen für die Dynamik des Petrinetzes und lassen sich in unmittelbare und zeitbehaftete unterteilen. Unmittelbare oder zeitlose Transitionen führen ihren Schaltvorgang ohne Zeitverzug durch. Zeitbehaftete Transitionen hingegen weisen eine sogenannte Schaltverzögerung auf. Die Schaltverzögerung kann ein deterministischer Wert sein, oder als zufälliger Wert aus einer Wahrscheinlichkeitsverteilung entstammen.

Kanten stellen die Beziehung zwischen Stellen und Transitionen – also Zuständen und deren Zustandsübergängen – her. Dies zum einen, indem über die Kanten definiert wird, welche Stelle mit welcher Transition und welche Transition mit welcher Stelle in Verbindung steht (Kanten können nicht zwei Objekte gleichen Typs verbinden – also Stelle mit Stelle oder Transition mit Transition). Zum anderen definiert die Kante über das Kantengewicht, wie viele Marken in den Stellen in Beziehung zur Transition gesetzt werden. Das Kantengewicht ist eine natürliche Zahl größer/gleich eins. Dieses Kantengewicht wird in der grafischen Repräsentation neben die Kante geschrieben. Ist für eine Kante kein Gewicht angeschrieben, so liegt ein Kantengewicht von eins vor.

In Abb. 10.35 ist ein System mit zwei möglichen Zuständen und zwei möglichen Zustandsübergängen als Petrinetz dargestellt. Das System ist entweder funktionsfähig oder ausgefallen und in Reparatur. Von jedem der Zustände aus erfolgt nach einer zufällig aus einer Wahrscheinlichkeitsfunktion entspringenden Zeit ein plötzlicher Wechsel in den jeweils anderen Zustand. Die Marke in der Stelle „System intakt" beschreibt den Zustand der Komponente zum abgebildeten Zeitpunkt und gibt an, dass die Komponente funktionsfähig ist. Das so dargestellte System mit seinen möglichen Zuständen und Zustandsübergängen wird häufig auch als Ausfall-Reparatur-Zyklus bezeichnet.

10.4.8.2 Dynamik

Die Dynamik gliedert sich in die Schritte Besetzung, Aktivierung, Schaltvorgang und Deaktivierung. Diese Abfolge wiederholt sich während der Simulation eines Petrinetzes wieder und wieder.

Die Initialbesetzung erfolgt anhand der durch den Anwender angegeben Startbedingungen. Im Schritt Aktivierung werden alle Aktivierungsbedingungen der Transition überprüft.

Abb. 10.35 Ein System mit zwei Zuständen als ESPN. (© IMA 2022. All Rights Reserved)

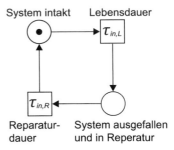

Dabei gilt entsprechend Gl. (10.86) für Normal- und Lesekanten muss die Eingangsstelle mindestens eine dem Kantengewicht entsprechende Anzahl an Marken aufweisen, bei Verbotskanten darf die dem Kantengewicht entsprechende Anzahl nicht erreicht sein. Eine nicht erfüllte Bedingung genügt dabei, dass die Aktivierung der Transition nicht erfolgt.

$$\forall p_j \in P :$$

$$\left(\begin{array}{l} E\left(p_j, tr_k\right) \le M\left(p_j, t\right) \middle| AT\left(p_j, tr_k\right) = \text{„Normalkante"} \\ E\left(p_j, tr_k\right) \le M\left(p_j, t\right) \middle| AT\left(p_j, tr_k\right) = \text{„Lesekante"} \\ E\left(p_j, tr_k\right) > M\left(p_j, t\right) \middle| AT\left(p_j, tr_k\right) = \text{„Verbotskante"} \end{array} \right) \tag{10.86}$$

Ist die Aktivierung erfolgt, beginnt bei zeitbehafteten Transitionen zunächst die Schaltverzögerungsdauer zu verstreichen. Während dieses Zeitraums muss die Aktivierungsbedingung erhalten bleiben. In dem Schritt des Schaltvorgangs erfolgt dann – vorausgesetzt die Aktivierungsbedingungen sind noch erfüllt – zunächst das Löschen der Marken in den Eingangsstellen in der Zahl der Kantengewichte, dann erfolgt das Schalten und danach werden in den Ausgangsstellen jeweils so viele Marken erzeugt, wie das Kantengewicht der Ausgangskanten ist.

Für den Fall, dass zwei Transitionen gleichzeitig schalten würden und dabei um Marken konkurrieren, besitzen Transitionen zwei Eigenschaften. Zum einen die Schaltpriorität und zum anderen das Schaltgewicht. Konkurrieren zwei Transitionen um die Marken, wird immer die höherer Schaltpriorität schalten. Verfügen beide Transitionen über die gleiche Schaltpriorität, erfolgt das Schalten wahrscheinlichkeitsverteilt. Die Wahrscheinlichkeit, dass eine Transition schaltet, bildet sich dabei aus dem Quotienten des eigenen Schaltgewichts durch die Summe aller konkurrierender Schaltgewichte.

Nachdem die neuen Marken erzeugt sind, schließt der Schritt Deaktivierung eine Iteration ab. Dabei wird die Transition wieder deaktiviert.

Ist eine zeitbehaftete Transition aktiviert, aber noch vor dem Schalten die Aktivierungsbedingung nicht mehr erfüllt, gibt es zwei mögliche Verfahrensweisen. Bei *Enabling Memory* wird bei erneuter Aktivierung eine neue Startzeit für Schaltung gezogen. Im Fall von *Age Memory* erfolgt die Fortsetzung der letzten Startzeit für Schaltung. Dabei ist der Begriff „Age" möglicherweise irreführend, denn er bezieht sich nicht bzw. nicht zwingend auf die Alterung einer Komponente [56, 57].

10.4.9   Monte-Carlo-Simulation

Die Monte-Carlo-Simulation basiert auf dem Prinzip der Zufallsstichprobe. Sie ist ein in den letzten Jahren immer mehr an Bedeutung gewinnendes Verfahren zur frequentistischen Annäherung an eine Lösung mittels Zufallsexperimenten [58, 59]. Die Methode löst (analytische) Probleme nicht direkt, sondern über eine Näherungslösung. Dafür nutzt sie den Zusammenhang zwischen wahrscheinlichkeitstheoretischer Kenngröße und analytischem Problem. Die Monte-Carlo-Simulation greift hierbei auf Stochastik zurück und basiert auf dem schwachen Gesetz der großen Zahlen. Über einen Prozess werden frequentistische Werte, sogenannte Zufallsvariablen τ_i, erzeugt, deren arithmetischer Mittelwert $\bar{\tau}$ für eine große Anzahl an Wiederholungen N entsprechend Gleichung Gl. (10.79) dem Erwartungswert $E(\tau)$ entgegenstrebt.

$$\lim_{N \to \infty} Pr\left(\left| \frac{1}{N} \sum_{i=1}^{N} \tau_i - E(\tau) \right| < \varepsilon \right) = 1. \tag{10.87}$$

Aus diesem Umstand bedingt sich eine langsame Konvergenz. Die Konvergenz ist allerdings unabhängig von der Anzahl der Variablen. Damit eignet sich die Monte-Carlo-Simulation insbesondere für die näherungsweise Lösung sehr komplexer Aufgaben – beispielsweise die Integration von Funktionen mit vielen Variablen [14].

Dennoch ist die Anzahl der Monte-Carlo-Replikationen M für die Genauigkeit der Monte-Carlo-Simulation von zentraler Bedeutung. Aus Performance-Gründen besteht das Bestreben möglichst wenige Replikationen durchzuführen. Die Replikationsanzahl soll jedoch hinreichend hoch sein, so dass eine akzeptable Approximationsgüte erreicht wird. Um dies abzusichern wird die statistische Güte berechnet. Sie entspricht einem Intervall – ähnlich dem Vertrauensbereich. Die Berechnung erfolgt über den zentralen Grenzwertsatz und entspricht einer Schätzung [60].

Um mit der Monte-Carlo-Simulation valide Ergebnisse zu erzielen, ist zudem die gleichmäßige Verteilung der Zufallswerte entsprechend der zugehörigen Verteilungsfunktionen von elementarer Bedeutung [44, 61].

Für deterministisch arbeitende Rechenmaschinen wie „Personal Computers" gibt es keine Zufälle und damit auch keine wirklich zufälligen Zufallszahlen. Es gibt dennoch verschiedene Wege um quasi zufällige Zahlen – sogenannte Pseudozufallszahlen – zu erzeugen. Dafür können neben linear rückgeführten Schieberegistern insbesondere Kongruenzgeneratoren zur Anwendung kommen.

Um das Prinzip der Monte-Carlo-Simulation zu veranschaulichen, soll als Beispiel (nach [62]) eine Figur S dienen, die in Abb. 10.36 exemplarisch dargestellt ist. Die Figur kann beliebig gewählt werden und muss innerhalb des durch die Abmessungen a und b gegebenen Rechtecks liegen.

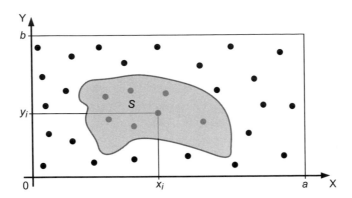

Abb. 10.36 Grundprinzip der Monte-Carlo-Simulation am Beispiel der Ermittlung eines Flächeninhalts. (© IMA 2022. All Rights Reserved)

In dem Rechteck *ab* werden durch das Erzeugen von Zufallszahlen ξ N gleichmäßig verteilte, zufällige Punkte (x_i, y_i) erzeugt. Punkte innerhalb der Figur S werden mit N' bezeichnet. Mit steigender Anzahl an zufälligen Punkten im Rechteck nähert sich der Flächeninhalt A dem der Figur S an, wenn für A:

$$A \approx \frac{N'}{N} \cdot a \cdot b \tag{10.88}$$

Je mehr der zufällig verteilten Punkte sich innerhalb des Rechtecks *ab* befinden, desto genauer wird die Berechnung. Der so dargestellte Zufallsprozess bietet die Möglichkeit, analytische Probleme durch Näherung zu lösen. Die Lösung basiert auf der Verbindung zwischen probabilistischen Parametern und analytischen Problemen.

Das Prinzip der Monte-Carlo-Simulation zur Anwendung auf Petrinetze wird im Folgenden anhand des in Abschn. 10.4.8.1 eingeführten Beispiels eines einfachen Ausfall-Reparatur-Zyklus für die Anwendung auf ein höheres Petrinetz erläutert und ist in Abb. 10.37 unterstützend grafisch dargestellt.

Die Grundlage bildet die Generierung der gleichmäßig verteilten Zufallszahlen ξ im Bereich [0,1] durch einen Pseudozufallszahlengenerator [63]. Über diese „gewürfelten" Zufallszahlen ξ werden über die Inverse der hinterlegten Verteilungsfunktion $F^{-1}(t)$ die Schaltverzögerungen der jeweiligen Transition ermittelt. Angewandt auf das Beispiel werden für jede Replikation der Simulation somit im Wechsel die Ausfall- bzw. Reparaturdauern der Komponente stochastisch bestimmt und deren Zeitpunkte in einer Ereignisliste aneinandergehängt (ereignisdiskret), bis die vorgegebene maximale Simulationszeit erreicht ist. Bezogen auf die Stelle „Komponente intakt" nimmt der Zustandsindikator $Z(t)$ abhängig von den aus den Verteilungsfunktionen zufällig gezogenen Zeitdauern über die gesamte Simulationszeit abwechselnd die Werte 1 („intakt") oder 0 („ausgefallen") an.

Für jede Replikation ergibt sich somit ein zufälliger Verlauf von $Z(t)$, der durch die Abtastung mit einem vorab definierten Intervall (zeitdiskret) statistisch ausgewertet wird. Dabei wird für jeden Abtastzeitpunkt (Abb. 10.37: schwarze Punkte) über alle Replikationen der arithmetische Mittelwert gebildet. Für die Auswertung der Stelle „Komponente intakt" gibt die mittlere Markenbesetzung damit die Verfügbarkeit $A(t)$ der Komponente wieder [14].

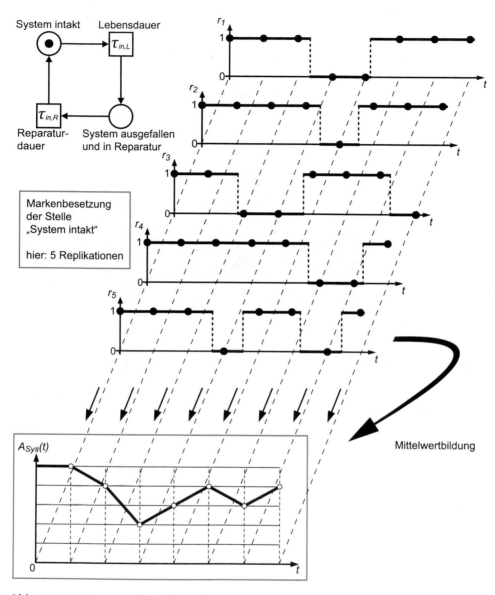

Abb. 10.37 Prinzip der Monte-Carlo-Simulation zur Anwendung auf ein Petrinetz. (© IMA 2022. All Rights Reserved)

10.4.10 Vergleich der Berechnungsmodelle

In Tab. 10.8 sind die Berechnungsmodelle in einer Übersicht zusammengestellt.

Für jedes Modell ist angegeben, welche Aspekte der Systembeschreibung bei der Modellierung berücksichtigt werden können. Es ist aufgeführt, welche Arten von Verteilungsfunktionen zur Beschreibung des Ausfall- und Reparaturverhalten verwendet werden kön-

Tab. 10.8 Vergleich der Modelle

Modell	Einzelkomponente	Komplexe Struktur	Planmäßige Instandhaltung	Reparaturen	Instandhaltungsstrategie	Zustände der Komponenten	Komplexität, Abhängigkeiten	Ausfallverhalten	Reparaturverhalten	Beschreibungsart	Lösungsmöglichkeit	Zuverlässigkeit $R(t)$	Verfügbarkeit $A(t)$	Dauerverfügbarkeit $A_D(t)$	Ersatzteilbedarf
Periodische Instandhaltung	•	–	•	–	–	2	–	beliebig	–	algebraisch	analytisch	•	–	•	•
Markov	•	•	–	•	–	n	–	expon.	expon.	DGL–System	analytisch	–	•	•	–
Boole-Markov	•	–	–	•	–	2	–	beliebig	beliebig	algebraisch	analytisch	–		•	–
Gewöhnlicher Erneuerungsprozess	•	–	–	•	–	2	–	beliebig	–	Integralgleichung	numerisch	–	–	–	•
Alternierender Erneuerungsprozess	•	–	–	•	–	2	–	beliebig	beliebig	Integralgleichung	numerisch	–	•	•	•
Semi-Markov -Prozess	•	•	–	•	–	n	–	beliebig	beliebig	Integralgleich.system	numerisch/ MC-Simulation	–	•	•	•
Systemtransporttheorie	•	•	•	•	•	n	•	beliebig	beliebig	Systemtransportgleichungen	MC-Simulation	•	•	•	•
ESPN	•	•	•	•	•	n	•	beliebig	beliebig	bipartite, gerichtete Graphen	MC-Simulation	•	•	•	•
ECSPN	•	•	•	•	•	n	•	beliebig	beliebig	bipartite, gerichtete Graphen	MC-Simulation	•	•	•	•
CSM	•	•	•	•	•	n	•	beliebig	beliebig	bipartite, gerichtete Graphen	MC-Simulation	•	•	•	•

nen. Jedes Modell besitzt eine charakteristische Art der beschreibenden Gleichungen. Für die Analyse der Modelle sind die jeweiligen Lösungsmöglichkeiten angegeben. Ferner ist dargestellt, welche Kenngrößen des Systems oder der Komponenten berechnet werden können.

10.5 Beispiel: Produktionsschritt mit Instandhaltung

Dieser Abschnitt behandelt einen beispielhaften Modellierungs-, Simulations- und Analysefall mittels Petrinetzen für einen Produktionsschritt, für den die benötigte Maschine ausfallen und wieder repariert werden kann. Die Betrachtung berücksichtigt dazu auch Kosten der Instandhaltung und Erlöse durch die produzierten Fertigteile. Dazu stellt Abschn. 10.5.1 zunächst ein Programm zur Modellierung, Simulation und Analyse technischer Systeme und Prozesse mittels Petrinetzen vor. Im zweiten Teil, Abschn. 10.5.2, folgt dann ein Beispiel unter Anwendung des Petrinetz-Tools und dem Einsatz von ECSPN.

10.5.1 REALIST-Programmpaket

Das Programmpaket REALIST (Reliability, Availability, Logistics and Inventory Simulation Tool) ermöglicht eine realitätsnahe Modellierung, Simulation und Analyse von modernen technischen Systemen und Prozessen mit Hilfe höherer Petrinetze. REALIST unterstützt den Anwender bei der vollständigen Analyse seines Systems oder Prozesses unter Einbeziehung aller Aspekte, die mit dessen Betrieb zusammenhängen. Die Darstellung des Systems oder Prozesses kann beispielsweise dazu genutzt werden, die Systemzuverlässigkeit abzuschätzen oder notwendige Instandhaltungsmaßnahmen und Ressourcen zu planen und zu optimieren. Auf diese Weise können eine erhöhte Verfügbarkeit und/oder Produktivität bei reduzierten Kosten erreicht werden.

Das REALIST-Programmpaket besteht aus den Programmteilen REALIST-Editor und REALIST-Simulation. Zusammen decken sie den gesamten Simulationsprozess von der Systemdefinition bis zur Analyse der Ergebnisse ab (siehe Abb. 10.38). Der REALIST-Editor ermöglicht die Erstellung eines grafischen Systemmodells mit High-Level-Petrinetzen (ESPN, ECSPN oder CSM (Verbundene Systemmodellierung)). In REALIST-Simulation kann die anschließende Systemanalyse durch eine optimierte Monte-Carlo-Simulation durchgeführt werden. Als Schnittstelle zwischen den Programmteilen dient ein Datenaustausch im .pnml-Dateiformat. Beide Programmteile verfügen über eine intuitive grafische Benutzeroberfläche für eine einfache und anwendungsorientierte Nutzung. Das Programmpaket REALIST ist sowohl in deutscher als auch in englischer Sprache verfügbar. Die folgenden Abschnitte geben einen kurzen Überblick über die beiden Teile des Programmpakets.

Die umfassenden Modellierungsmöglichkeiten mit REALIST erlauben die realitätsnahe Beschreibung des Systems nahezu ohne Einschränkungen. So kann nicht nur das

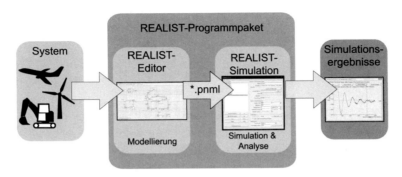

Abb. 10.38 Übersicht über den Aufbau des REALIST-Programmpakets. (© IMA 2022. All Rights Reserved)

System als Ganzes, sondern auch die Komponenten-, Wartungs-, Ressourcen- und Kostenebene betrachtet werden. Durch die optimierte Monte-Carlo-Simulation können betriebliche Leistungsindikatoren für Zuverlässigkeit, Verfügbarkeit, Instandhaltbarkeit und Kosten ermittelt und Anforderungen an Spezifikationen aufgezeigt werden. Instandhaltungsstrategien können in Bezug auf Kosten und Produktivität optimiert werden. Dies bildet die Grundlage für eine nachhaltige Erhöhung der Verfügbarkeit und Senkung der Kosten.

Aufgrund der ständig zunehmenden Komplexität von Systemen und der steigenden Anforderungen an Verfügbarkeit und Produktivität besteht ein Bedarf an einem optimalen Systemabbild. Mit solchen optimalen Systemabbildungen lassen sich Systeme und Prozesse analysieren, ihr Verhalten vorhersagen und notwendige Anforderungen aufzeigen. Die Analyseergebnisse bilden die Entscheidungsgrundlage für die Verbesserung interner und externer Prozesse und Änderungen in der Gestaltung der Systeme. Produktions- und Wartungsprozesse können geplant und optimiert werden.

REALIST ermöglicht die Modellierung mit erweiterten (ESPN) oder erweiterten farbigen (ECSPN) stochastischen Petrinetzen. ESPN sind eine Erweiterung der allgemeinen stochastischen Petrinetze mit erweiterten stochastischen und deterministischen Schaltverzögerungen und Lesekanten. ECSPN beinhalten zusätzlich Farben als beliebig komplexen Datentyp für Marken und Stellen. Die Integration der Zuverlässigkeitsstruktur eines Systems führt zu einem Conjoint System Model (CSM).

10.5.1.1 REALIST-Editor

Der REALIST-Editor bietet eine grafische Benutzeroberfläche (GUI) für die einfache Modellierung von Systemen und Prozessen jeder Komplexität. Auf der Modellierungsoberfläche können die Petrinetz-Elemente einfach und übersichtlich angeordnet werden (Abb. 10.39). Im oberen Bereich ist eine Menüleiste mit den Stellen, Transitionen und den unterschiedlichen Kanten platziert, um einen einfachen Zugriff auf die wichtigsten Funktio-

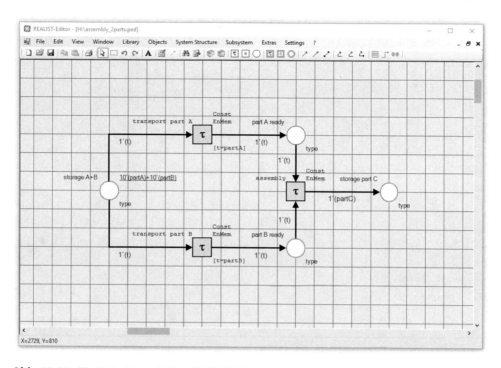

Abb. 10.39 Ein Beispielmodell im REALIST-Editor. (© IMA 2022. All Rights Reserved)

nen zu ermöglichen. Elemente können nach Belieben hinzugefügt und per Drag & Drop verschoben werden. Zwischen Stellen und Transitionen können Kanten gezeichnet werden, um sie zu verbinden, bestehende Verbindungen können entfernt oder neu angeordnet werden.

Jedes Petrinetz-Element verfügt über eine Reihe von funktionalen und visuellen Eigenschaften, die mit einem einfachen Doppelklick aufgerufen und geändert werden können. Ein Beispiel ist in Abb. 10.40 dargestellt. Allgemeine Eigenschaften wie ID-Nummer oder Name sind für alle Elemente vorhanden, während andere von der Art des Elements abhängen. So kann z. B. nur Kanten ein Kantenausdruck zugewiesen werden und nur Stellen haben Optionen bezüglich der anfänglichen Markierungen oder der zugewiesenen Farbe. Sowohl Transitionen als auch Stellen bieten eine Analyseoption. Diese Option steuert, ob das betreffende Netzelement in der folgenden Monte-Carlo-Simulation analysiert wird.

Bei der Erstellung eines farbigen Petrinetzes müssen Farben und die ihnen zugeordneten Variablen definiert werden. Dies kann im Dialog Deklarationen im REALIST-Editor erfolgen. Nach der Definition der ersten Farbe können normale, globale und Kostenvariablen hinzugefügt werden. Die beiden letztgenannten können – wie Stellen und Transitionen – analysiert werden, wenn dies im Deklarationsdialog definiert wird. Es wird empfohlen, Farben und Variablen zu definieren, bevor Petrinetz-Elemente wie Stellen, Transitionen und Kanten in der Modellierungsoberfläche hinzugefügt werden. Auf diese Weise wird die erste definierte Farbe oder Variable als Standard für später hinzugefügte Petrinetz-Elemente verwendet. Wenn das Modell vollständig modelliert ist, kann es als .pnml-Datei exportiert werden, um es in REALIST-Simulation zu verwenden.

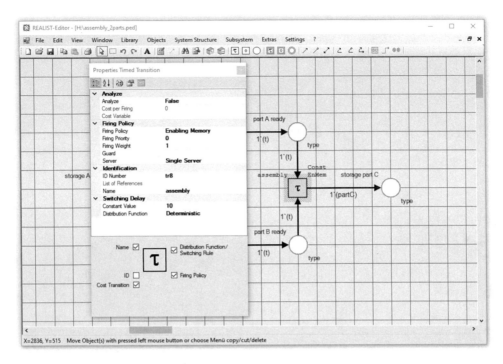

Abb. 10.40 Menü zum Einstellen von Objekteigenschaften im REALIST-Editor. (© IMA 2022. All Rights Reserved)

10.5.1.2 REALIST-Simulation

In REALIST-Simulation können Petrinetz-Simulationen verwaltet, konfiguriert, ausgeführt und analysiert werden. Als Grundlage dienen .pnml-Dateien der Petrinetz-Modelle. Die Erzeugung der .pnml-Dateien erfolgt im REALIST-Editor, welcher in Abschn. 10.5.1.1 behandelt wird. Die Benutzeroberfläche von REALIST-Simulation ist in Abb. 10.41 dargestellt.

Die Oberfläche teilt sich grundlegend in zwei Bereiche – im linken Bereich die Verwaltung der einzelnen Simulationen und im rechten Bereich die Verwaltung der Parameter der jeweiligen Simulation. Eine neue Simulation wird durch den Klick auf die entsprechende Schaltfläche auf der linken Seite des Fensters erstellt. Oben auf der rechten Seite kann ein aussagekräftiger Name und eine zusätzliche Beschreibung eingegeben werden. Es ist möglich, mehrere Simulationen nacheinander zu konfigurieren und auszuführen. Dazu werden im linken Verwaltungsbereich weitere Simulationen angelegt und in der Liste auf der linken Seite in der gewünschten Reihenfolge angeordnet. Über das Menü Datei ist es auch möglich, Projekte von einer oder mehreren Simulationen zu speichern oder zu laden.

Ist eine neue Simulation angelegt und wurde ein Name vergeben, muss als nächstes die entsprechende .pnml-Datei durch die Auswahl der Datei im entsprechenden Pfad geladen werden. Ist dies erfolgt, werden Informationen über das geladene Petrinetz-Modell im entsprechenden Bereich des Fensters angezeigt. Darunter können die numerischen Simulationsparameter eingestellt werden. Die geeigneten Werte hängen stark vom Anwendungsfall und dem Zielwert ab. Hier gibt es sechs besonders relevante Einstellungen:

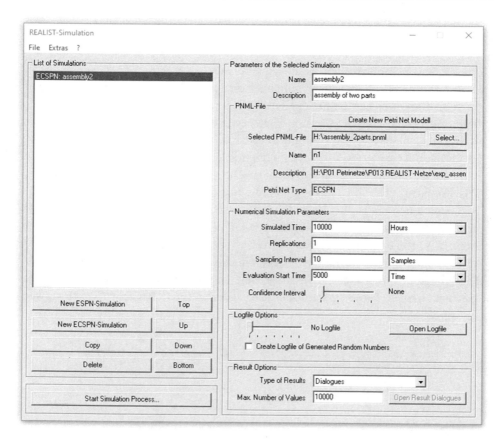

Abb. 10.41 Eine Beispielkonfiguration zur Durchführung einer Simulation in REALIST-Simulation. (© IMA 2022. All Rights Reserved)

- Die Simulationsdauer legt fest, bis zu welchem Zeitpunkt die Simulation durchgeführt werden soll. Eine höhere Zahl führt – bei gleichem Modell – zu einer längeren Berechnungsdauer, während eine niedrigere Zahl dazu führen kann, dass relevante Ereignisse außerhalb des Betrachtungsbereichs liegen. Im Dropdown-Menü auf der rechten Seite kann die Zeiteinheit für die Simulationsdauer je nach Anwendungsfall gewählt werden.
- Die Anzahl an Replikationen legt fest, wie oft die Simulation über die gewählte Dauer wiederholt wird. Sobald stochastische Effekte auftreten – was bei ESPN oder ECSPN meist der Fall ist – ist mehr als eine Replikation notwendig. Die genaue Anzahl hängt stark von der betrachteten Problemstellung ab und ist daher schwer allgemein zu definieren. Häufig eignen sich 1000–10.000 Replikationen, wobei deren Anzahl dann später eventuell erhöht oder verringert werden kann.
- Das Abtastintervall, auch Schrittweite genannt, legt den zeitlichen Abstand – entsprechend der im Dropdown-Menü bei der Simulationsdauer definierten Einheit – zwischen zwei Auswertungszeitpunkten der für die Analyse ausgewählten Petrinetz-Elemente und Variablen fest. Eine höhere Zahl verringert den Rechenaufwand der zeitdiskreten Auswertung, reduziert aber auch die Auflösung der Ergebnisse. Im un-

günstigsten Fall können relevante Effekte innerhalb eines Intervalls nicht erkannt werden. Daher wird eine klein genuge Zahl empfohlen, mit der mögliche Effekte sicher
erkannt werden können.

- Auswertung ab definiert einen zusätzlichen Auswertungsbeginn, durch den – in Ergän-
  zung zum gesamten Betrachtungszeitraum – eine zusätzliche Auswertung für den Zeitraum bis zum Erreichen der Simulationsdauer durchgeführt wird. Dies eignet sich insbesondere dann, wenn ein System vorliegt, bei dem zu Beginn ein Einschwingverhalten
  vorliegt und dieses in der Auswertung nicht berücksichtigt werden soll. Standardmäßig
  ist für diese Angabe die Hälfte der simulierten Zeit eingestellt. Der Wert kann in der
  definierten Zeiteinheit oder in Prozent angegeben werden.
- Das Konfidenzintervall ist eine Option, die nur für Simulationen mit mehr als einer
  Replikation relevant ist. Sie kann aktiviert werden, um ein Konfidenzintervall von einer, zwei oder drei Standardabweichungen um die analysierten Größen anzuwenden.
  Abb. 10.42 stellt einen beispielhaften Verlauf des Mittelwerts sowie der Grenzen des
  95 %-Konfidenzintervalls für ein System mit Einschwingverhalten dar.
- Die Protokoll-Optionen bestimmen, wie viele Daten über den Simulationsprozess ge-
  speichert werden. Diese Option kann unter anderem für Debugging-Zwecke verwendet werden.

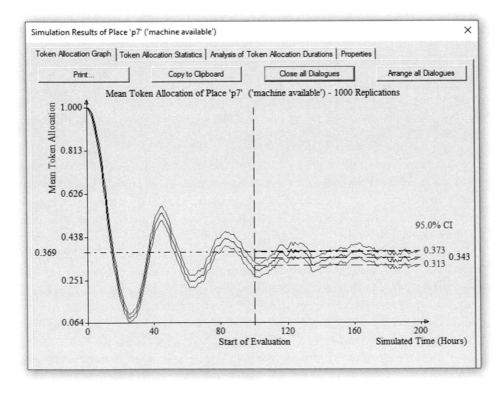

Abb. 10.42 Beispielhafter Ergebnisverlauf für die Auswertung der Markenbesetzung einer Stelle
über der Zeit in REALIST-Simulation. (© IMA 2022. All Rights Reserved)

10.5.2   Beispiel

Das folgende Anwendungsbeispiel beschreibt vereinfacht die Teileproduktion einer reparierbaren Maschine. Das aus zwei Teilen bestehende Modell ist in Abb. 10.43 dargestellt.

Der erste Teil modelliert den Teilefertigungsprozess in horizontaler Richtung von links nach rechts und besteht aus den Stellen *p1* und *p2* sowie der Transition *tr1*. Die Stelle *p1* verkörpert ein Endloslager mit Rohteilen und beinhaltet eine farbige Marke, die aufgrund der Lesekante durch einen Schaltvorgang der Transition *tr1* nicht gelöscht wird, sondern lediglich als Aktivierungsbedingung dient. Die Transition *tr1* stellt die Dauer für den Be-

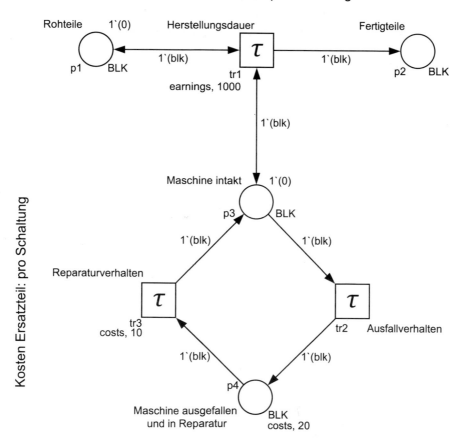

Abb. 10.43 Teileproduktion einer reparierbaren Maschine mit Einnahmen für jedes Fertigteil und Kosten für jedes Ersatzteil sowie den Zeitaufwand des Instandhaltungspersonals. (© IMA 2022. All Rights Reserved)

arbeitungsprozess der Rohteile zu Fertigteilen und somit den Herstellungsschritt dar. Zudem ist sie mit einem Kostenfaktor pro Schaltvorgang belegt und erzielt dadurch pro erzeugtem Fertigteil Einnahmen, wodurch die Kostenvariable „earnings" erhöht wird. Die Stelle $p2$ dient als Lager für die Fertigteile. Der zweite Teil besteht aus dem aus Abschn. 10.4.8.1 (Abb. 10.35) bekannten Ausfall-Reparatur-Zyklus und ist über die Stelle $p3$ mit dem ersten Teil wiederum über eine Lesekante an $tr1$ gekoppelt. Im Anfangszustand ist auch $p3$ mit einer farbigen Marke belegt, was ein intaktes System symbolisiert. In diesem Zustand werden somit beide Aktivierungsbedingungen für $tr1$ erfüllt, wodurch diese gemäß einer hinterlegten Normalverteilung nach einer zufällig gezogenen, einer hinterlegten Normalverteilung entspringenden, Fertigungsdauer schalten kann und pro Schaltvorgang eine Marke bzw. ein Fertigteil in der Stelle $p2$ erzeugt. Auch die Transition $tr2$, welche die Lebensdauer darstellt bzw. das Ausfallverhalten der Maschine abbildet, ist zum Initialisierungszeitpunkt aktiviert. Sie schaltet nach einer aus der eingestellten Weibullverteilung gezogenen Verzögerung und versetzt die Maschine in den Reparaturstatus, indem sie die Marke in $p3$ löscht und eine Marke in Stelle $p4$ erzeugt. Dadurch wird die Aktivierungsbedingung von $tr1$ nicht mehr erfüllt, wodurch der Teilebearbeitungsprozess gestoppt wird. In Stelle $p4$ werden Kosten durch die Markenbelegung über der Zeit in der Kostenvariable „costs" erfasst. Diese stellen die Personalkosten dar, die durch den Reparaturvorgang für die Mechaniker anfallen. Die Transition $tr3$ modelliert die Reparaturdauer und schaltet gemäß einer definierten Normalverteilung nach einer entsprechenden Verzögerung, wenn also die Reparatur abgeschlossen ist. Dadurch wird die Marke aus $p4$ gelöscht und das System durch die Belegung von Stelle $p3$ mit einer Marke wieder in den intakten Fertigungszustand gesetzt. Das reparierte System unterliegt keinem Alterungseinfluss und verhält sich nach der Reparatur wie ein neuwertiges. Zusätzlich zu den Personalkosten fallen für eine Reparatur, also pro Schaltvorgang von $tr3$, Material- bzw. Ersatzteilkosten an, die ebenfalls auf die Kostenvariable „costs" verbucht werden.

Wird das Modell über eine Monte-Carlo-Simulation untersucht, entstehen beispielhaft die nachfolgenden Verläufe, wie hier durch REALIST-Simulation. Dabei handelt es sich um die zeitliche Entwicklung der Anlagenverfügbarkeit, der Stückzahl produzierter Teile, den Instandhaltungskosten und dem Gewinn. Aus diesen lassen sich dann Rückschlüsse auf das Realsystem ableiten.

Zunächst stellt Abb. 10.44 den Verlauf der mittleren Markenbesetzung der Stelle $p2$ über der Zeit dar. Dieser wird als Anzahl produzierter Fertigteile interpretiert. Der Verlauf ist zunächst über ca. 1000 h relativ konstant, bevor die Anzahl produzierter Teile pro Zeit etwas zu variieren beginnt. Dies ist vermeintlich auf Ausfälle und Wiederinbetriebnahmen der Produktionsanlage zurückzuführen, was aber anhand der nachfolgenden Abbildungen noch überprüft werden kann.

Der Verlauf des mittleren Variablenwerts der globalen Variable „earnings" über der Zeit ist in Abb. 10.45 abgebildet. Er kann als Einnahmen durch die produzierten Teile betrachtet werden. Da die Einnahmen in der globalen Variable „earnings" im Modell linear zur Anzahl produzierter Teile angesetzt sind – jedes produzierte Teil erzeugt den gleichen

Gemittelte Markenbesetzung ‚p2' ‚Fertigteile'

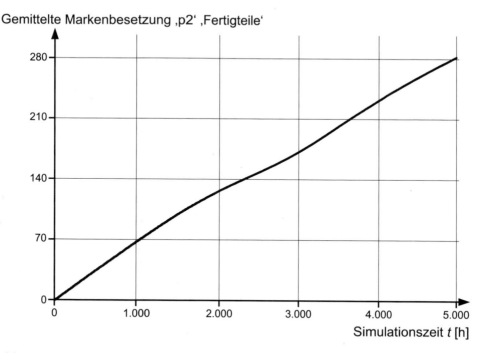

Abb. 10.44 Verlauf der mittleren Markenbesetzung der Stelle *p2*, die als Anzahl produzierter Fertigteile interpretiert wird, über der Zeit. (© IMA 2022. All Rights Reserved)

Betrag an Einnahmen – stellt der Graph den Verlauf aus Abb. 10.44, verstärkt durch den Faktor der Einnahmen je Fertigteil, dar.

In Abb. 10.46 ist die Auswertung der Stelle *p3*, „Maschine intakt" dargestellt. Der Verlauf entspricht damit der mittleren zu erwartenden Verfügbarkeit der Maschine zum jeweiligen Zeitpunkt. Nachdem die Verfügbarkeit in den ersten ca. 1000 h nahezu 100 % beträgt, sinkt sie bis zum Zeitpunkt 2400 h stark, auf minimal etwa 63 %, ab. Ist die erste Reparatur statistisch gesehen wahrscheinlich abgeschlossen und die wieder in Betrieb genommene Anlage noch wenig wahrscheinlich erneut ausgefallen, steigt die Wahrscheinlichkeit für eine verfügbare Maschine und damit die Verfügbarkeit der Maschine wieder. Dies ist im Folgezeitraum bis etwa zum Zeitpunkt 3500 h sichtbar. Der Wechsel zwischen wachsender und sinkender Verfügbarkeit geht im weiteren Zeitverlauf weiter, schwingt aber aus und nähert sich einer Dauerverfügbarkeit nach Gl. (10.7) an. Die Schwankungen in der Maschinenverfügbarkeit erklären, wie erwartet, die sich ändernde Steigung in den Verläufen der Abb. 10.44 und 10.45.

Der Verlauf des mittleren Variablenwerts der globalen Variable „costs" über der Zeit ist in Abb. 10.47 abgebildet. Er stellt die Kombination aus den stückbezogenen Kosten für die Ersatzteile und den zeitbezogenen Kosten für das Instandhaltungspersonal, welche zur Instandhaltung benötigt werden, dar. Gemäß der Erwartungen aus dem Verlauf der Ma-

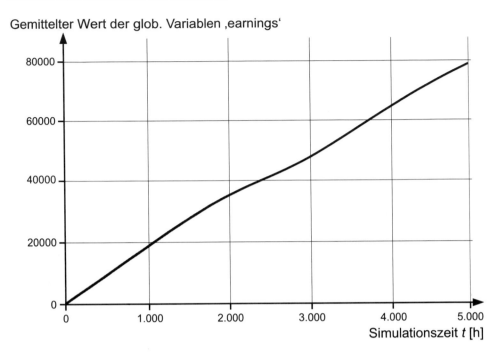

Abb. 10.45 Verlauf des mittleren Variablenwerts der globalen Variable „earnings", der als Einnahmen durch die produzierten Teile interpretiert wird, über der Zeit. (© IMA 2022. All Rights Reserved)

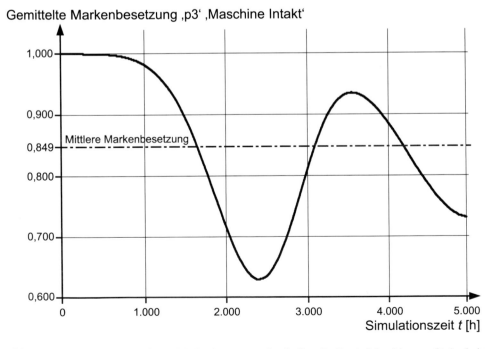

Abb. 10.46 Verlauf der mittleren Markenbesetzung der Stelle *p3*, die als Maschinenverfügbarkeit interpretiert wird, über der Zeit. (© IMA 2022. All Rights Reserved)

Gemittelter Wert der glob. Variablen ‚costs'

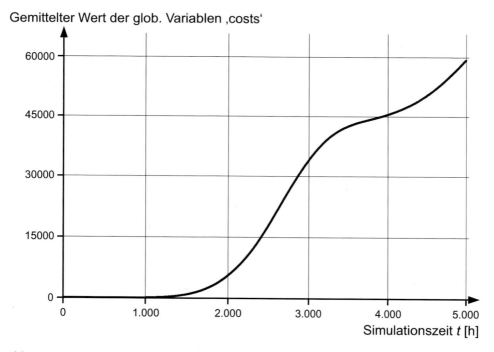

Abb. 10.47 Verlauf des mittleren Variablenwerts der globalen Variable „costs", der als Ausgaben für Ersatzteile und Instandhaltungspersonal interpretiert wird, über der Zeit. (© IMA 2022. All Rights Reserved)

schinenverfügbarkeit sind die Kosten in den ersten 1000 h sehr gering, bevor sie – je geringer die Verfügbarkeit der Maschine, desto mehr – ansteigen.

Der Gewinn bildet sich aus der Differenz der Einnahmen für die produzierten Fertigteile und den Kosten für die Instandhaltung der Maschine. Dieser Verlauf sowie die beiden Verläufe für Kosten und Einnahmen sind in Abb. 10.48 über der Zeit dargestellt. Für den betrachteten Zeitraum zeigt sich, dass ein Betrieb der Anlage bei Betrachtung der laufenden Kosten bis knapp 2000 h wirtschaftlich am sinnvollsten ist, jedoch über den gesamten Zeitraum ein positives Ergebnis erzielt werden kann.

Durch Hinzufügen zusätzlicher Elemente im REALIST-Modell könnten weitere Aspekte in das relativ simple Modell integriert werden. So zum Beispiel mehrere verschiedene Systemkomponenten für die Maschine mit definierbarer Systemstruktur und mit individuellem Ausfallverhalten, eine begrenzte Anzahl an Rohteilen (u. U. mit Bestellprozess), Ersatzteilbestand und -bestellprozess, Verfügbarkeit von Instandhaltungspersonal und vieles mehr.

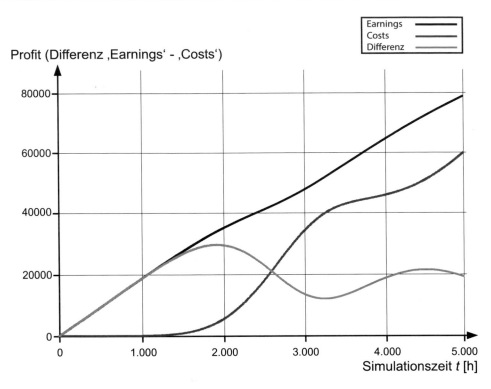

Abb. 10.48 Verläufe für Einnahmen, Kosten und Gewinn (die Differenz der mittleren Variablenwerte der globalen Variablen „earnings" und „costs" wird als Gewinn durch den Produktionsprozess interpretiert) über der Zeit. (© IMA 2022. All Rights Reserved)

10.6 Übungsaufgaben zu reparierbaren Systemen

Im Folgenden sind einige Kontrollfragen aufgeführt. Diese dienen zur Abprüfung und Vertiefung des behandelten Stoffes. Anschließend folgen einige Berechnungsaufgaben.

10.6.1 Kurzfragen

1. Wie ist der Begriff Instandhaltung definiert?
2. Was ist das Ziel der Instandhaltungsarbeit?
3. In welche drei Kategorien lassen sich die Instandhaltungsmaßnahmen unterteilen?
4. Was versteht man allgemein unter planmäßiger Instandhaltung?
5. Welche Maßnahmen können im Rahmen der planmäßigen Instandhaltung durchgeführt werden?
6. Beschreiben Sie den Begriff der zustandsorientierten Instandhaltung.

7. Welche Verfahren lassen sich zur Zustandsüberwachung einsetzen?

8. Was versteht man allgemein unter außerplanmäßiger Instandhaltung?

9. Wie werden die Maßnahmen der außerplanmäßigen Instandhaltung bezeichnet?

10. Welche Vorteile werden durch die Ersatzteillagerhaltung gewonnen?

11. Beschreiben Sie den Lagerbestandsverlauf während eines Bestellzyklus.

12. Wie sollte der Bestellpunkt in einem Ersatzteillager gewählt werden?

13. Was wird durch die Instandhaltungsstrategie festgelegt?

14. Aus welchen Bestandteilen setzen sich die Lebenslaufkosten zusammen?

15. In welcher Lebenslaufphase ist der Einfluss auf die Lebenslaufkosten am größten?

16. Warum entsteht für eine bestimmte Verfügbarkeit ein Minimum der Lebenslaufkosten?

17. Was ist unter der logistischen Wartezeit zu verstehen?

18. Was beinhaltet die Instandhaltungswartezeit?

19. Wann wird die Instandhaltungswartezeit zu Null?

20. Warum sind die logistische und die Instandhaltungswartezeit nicht durch konstruktive Maßnahmen beeinflussbar?

21. Wie ist die Instandhaltbarkeit definiert?

22. Welche Verteilungsfunktion wird häufig zur Beschreibung der Instandhaltbarkeit eingesetzt?

23. Was wird durch die Instandhaltbarkeit qualitativ beschrieben?

24. Durch welche konstruktiven Tätigkeiten kann die Instandhaltbarkeit verbessert werden?

25. Wie ist die Verfügbarkeit allgemein definiert?

26. Geben Sie die Dauerverfügbarkeit A_D eines Systems in Abhängigkeit von mittlerer Lebensdauer MTTF und mittlerer Stillstandszeit $\bar{M}$ an.

27. Welche Arten der Dauerverfügbarkeit kennen Sie?

28. Welche Art der Dauerverfügbarkeiten kann als Bewertungskriterium für die konstruktive Güte eines Produkts betrachtet werden? Begründen Sie!

29. Welche Zeitanteile werden bei der Berechnung der operativen Dauerverfügbarkeit $A_D^{(o)}$ in der mittleren Stillstandszeit $\bar{M}$ berücksichtigt? Welche dieser Zeitanteile können vom Hersteller und welche vom Betreiber beeinflusst werden?

30. Das Ausfallverhalten eines Elements wird durch eine Exponentialverteilung beschrieben. Zeigen Sie, warum durch periodische Erneuerungen die Zuverlässigkeit des Elements nicht verbessert werden kann.

31. Das Ausfallverhalten eines Elements wird durch eine Weibullverteilung beschrieben. Für welchen Bereich des Formparameters b kann durch periodische Erneuerungen die mittlere Lebensdauer $MTTF_{PM}$ vergrößert werden?

32. Das Ausfallverhalten eines Elements wird durch eine Weibullverteilung beschrieben. Die Reparaturdauer wird durch eine Exponentialverteilung angenähert. Kann zur Berechnung der Verfügbarkeit A(t) der Markov-Prozess eingesetzt werden? Begründen Sie!

33. Warum ergibt sich beim gewöhnlichen Erneuerungsprozess für eine Komponente immer eine Verfügbarkeit A(t) = 100 %?

34. Welchen zeitlichen Ablauf beschreibt der alternierende Erneuerungsprozess?
35. Warum wird die Näherung der Erneuerungsfunktion $H_1(t)$ zur Bestimmung des Ersatzteilbedarfs bevorzugt verwendet?
36. Welches ist die fundamentale Größe der Systemtransporttheorie zur Berechnung der Verfügbarkeit?
37. Nennen Sie die einzige anwendbare Methode zur Lösung der Systemtransportgleichungen.

10.6.2   Berechnungsaufgaben

Aufgabe 10.1
Eine Komponente hat einen *MTTF*-Wert von 5000 h. Wie groß darf der *MTTR*-Wert der Komponente höchstens sein, damit eine Dauerverfügbarkeit $A_D = 99\,\%$ gewährleistet ist?

Aufgabe 10.2
Ein System bestehe aus drei identischen Komponenten, die in Serie angeordnet sind. Der *MTTF*-Wert einer Komponente beträgt 1500 h. Das System besitzt eine Dauerverfügbarkeit von 90 %. Wie groß ist dann der *MTTR*-Wert einer Komponente?

Aufgabe 10.3
Ein System bestehe aus drei identischen Komponenten, die parallel angeordnet sind. Das System besitzt eine Dauerverfügbarkeit A_{DS} von 99,9 %. Wie groß ist dann die Dauerverfügbarkeit A_{Di} einer Komponente?

Aufgabe 10.4
Ein System bestehe aus drei identischen Komponenten, die parallel angeordnet sind. Der *MTTF*-Wert einer Komponente beträgt 1500 h. Das System besitzt eine Dauerverfügbarkeit von 99 %. Wie groß ist dann der *MTTR*-Wert einer Komponente?

Aufgabe 10.5
Ein System bestehe aus 3 Komponenten, die entsprechend dem unten dargestellten Zuverlässigkeitsblockdiagramm angeordnet sind. Das System soll eine Dauerverfügbarkeit A_{DS} von 95 % erreichen. Die Dauerverfügbarkeit A_{D2} und A_{D3} der Komponenten 2 und 3 beträgt jeweils 99 %. Die Komponente 1 besitzt eine mittlere Lebensdauer *MTTF* von 1000 h (Abb. 10.49).

a) Berechnen Sie die erforderliche Dauerverfügbarkeit A_{D1} der Komponente 1 damit die Systemdauerverfügbarkeit erreicht wird
b) Welcher *MTTR*-Wert muss für die Komponente 1 erreicht werden, damit sich die erforderliche Dauerverfügbarkeit A_{D1} aus a) ergibt?

Abb. 10.49 Bild zu
Aufgabe 10.5. (© IMA 2022.
All Rights Reserved)

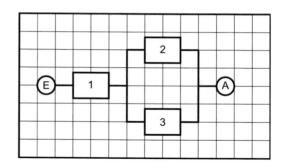

Aufgabe 10.6

Für ein Bauteil soll die Größe des Ersatzteillagers festgelegt werden. Die Lebensdauer τ_1 des Bauteils lässt sich durch eine Exponentialverteilung beschreiben mit der Ausfallrate $\lambda = 0{,}002$ 1/h. Die Reparaturdauer τ_0 wird ebenfalls durch eine Exponentialverteilung beschrieben mit der Reparaturrate $\mu = 0{,}1$ 1/h. Hinweis: $Var(\tau_1) = 1/\lambda^2$ und $Var(\tau_0) = 1/\mu^2$. Die Lagergröße wird mit A = (Anfangsbestand) bezeichnet.

a) Geben Sie mit Hilfe der Näherungsgleichung für $\widehat{H_1}(t)$ des alternierenden Erneuerungsprozesses eine allgemeingültige Gleichung für den Lagerbestand $L(t)$ an.

b) Bestimmen Sie die Lagergröße A, damit während einer Betriebsperiode von 8760 h die Ersatzteilversorgung garantiert ist, d. h. der Lagerbestand $L(t)$ nicht vorher schon zu Null wird.

Aufgabe 10.7

Für eine Einzelkomponente sind die Ausfallrate $\lambda = 0{,}03$ 1/h und Reparaturrate $\mu = 0{,}2$ 1/h bekannt. Die Einzelkomponente wird zum Zeitpunkt $t = 0$ h zum ersten Mal in Betrieb genommen.

a) Berechnen Sie die Dauerverfügbarkeit A_D der Einzelkomponente.

b) Welche Verfügbarkeit $A(t)$ besitzt die Einzelkomponente zum Zeitpunkt $t = 2{,}1$ h?

Aufgabe 10.8

Für eine Einzelkomponente sind die Ausfallrate $\lambda = 0{,}01$ 1/h und Reparaturrate $\mu = 0{,}1$ 1/h bekannt.

a) Berechnen Sie die Dauerverfügbarkeit A_D der Einzelkomponente.

b) Zu welchem Zeitpunkt t^* hat die Einzelkomponente eine Verfügbarkeit von $A(t^*) = 95\,\%$ erreicht?

Literatur

1. Deutsches Institut für Normung (2015) DIN EN ISO 9000 Qualitätsmanagementsysteme – Grundlagen und Begriffe. Beuth, Berlin
2. Birolini A (1991) Qualität und Zuverlässigkeit technischer Systeme. Springer, Berlin
3. Ebeling CE (1997) An introduction to reliability and maintainability engineering. McGraw-Hill
4. Verein deutscher Ingenieure (1986) VDI Richtlinie 4004, Blatt 4 Verfügbarkeitskenngrößen
5. Pozsgai P (2006) Realitätsnahe Modellierung und Analyse der operativen Zuverlässigkeitskennwerte technischer Systeme. Universität, Diss., Stuttgart
6. Bitter P et al (1986) Technische Zuverlässigkeit. Herausgegeben von der Messerschmitt-Bölkow-Blohm GmbH. Springer, München
7. Deutsches Institut für Normung (1985) DIN 31 051 Instandhaltung – Begriffe und Maßnahmen. Beuth, Berlin
8. Verein deutscher Ingenieure (1986) VDI-Richtlinie 4004, Blatt 3 Kenngrößen der Instandhaltbarkeit
9. Grochla E (1992) Grundlagen der Materialwirtschaft. Gabler, Wiesbaden
10. Müller F, Dazer M, Bertsche B (2020) Maintainability. In: Vajna S (Hrsg) Integrated design engineering. Interdisciplinary and holistic product development. Springer Nature Switzerland AG, Cham, S 333–340
11. Verein deutscher Ingenieure (1999) VDI-Richtlinie 2888 Zustandsorientierte Instandhaltung
12. Brumby L (2000) Marktstudie Fremdinstandhaltung 2000. Ergebnisse einer Expertenstudie des Forschungsinstituts für Rationalisierung (FIR) an der RWTH Aachen, Sonderdruck 5/2000, 1. Aufl
13. Bertsche B (1989) Zur Berechnung der System-Zuverlässigkeit von Maschinenbau-Produkten. Dissertation Universität Stuttgart, Institut für Maschinenelemente. Inst. Ber. 28
14. Fritz A (2001) Berechnung und Monte-Carlo Simulation der Zuverlässigkeit und Verfügbarkeit technischer Systeme. Dissertation, Universität Stuttgart
15. Pozsgai P (1999) Entwicklung und Vergleich numerischer Verfahren zur Berechnung der Verfügbarkeit technischer Produkte. Diplomarbeit, Fachhochschule Esslingen
16. Pfohl H-C (1990) Logistiksysteme. Springer, Berlin
17. Ehrlenspiel K, Kiewert A, Lindemann U (1998) Kostengünstig Entwickeln und Konstruieren. Springer, Berlin
18. Rieker T (2018) Modellierung der Zuverlässigkeit technischer Systeme mit stochastischen Netzverfahren, Universität Stuttgart, Institut für Maschinenelemente, Dissertation
19. Koslow BA, Uschakow IA (1979) Handbuch zur Berechnung der Zuverlässigkeit für Ingenieure. Carl Hanser, München/Wien
20. Gaede KW (1977) Zuverlässigkeit – Mathematische Modelle. Carl Hanser, München/Wien
21. Wu Z (1992) Vergleich und Entwicklung von Methoden zur Zuverlässigkeitsanalyse von Systemen. Dissertation, Universität Stuttgart
22. Cox DR (1962) Renewal theory. Wiley, New York
23. Cox DR (1965) Erneuerungstheorie. Oldenbourg, München
24. Lotka AJ (1939) A contribution to the theory of self-renewing aggregats, with special reference to industrial replacement. Ann Math Stat 18:1–35
25. Aven T, Jensen U (1999) Stochastic models in reliability. Springer, Berlin
26. Beichelt F (1995) Stochastik für Ingenieure. Teubner, Stuttgart
27. Beichelt F (1997) Stochastische Prozesse für Ingenieure. Teubner, Stuttgart
28. Verein deutscher Ingenieure (1984) VDI-Richtlinie 4008 Blatt 8 Erneuerungsprozesse. Beuth, Berlin
29. Birolini A (1985) On the use of stochastic processes in modeling reliability problems. Habilitationsschrift. ETH Zürich/Springer, Berlin

30. Zhao M (1994) Availability for repairable components and serial systems. IEEE Trans Reliab 43(2) June
31. Cane VR (1959) Behaviour sequences as semi-Markov chains. R Stat J 21:36–58
32. Page ES (1959) Theoretical considerations of routine maintenance. Comput J 2:199–204
33. Lévy P (1954) Processus semi-markoviens. Proc. Int. Congress Math. III, Amsterdam
34. Smith WL (1954) Regenerative stochastic processes. Proc Int Congr Math. Amsterdam
35. Bernet RE (1992) Modellierung reparierbarer Systeme durch Markoff- und Semi-regenerative Prozesse. Dissertation, ETH Zürich, Nr 9682
36. Cocozza-Thivent C (2000) Some models and mathematical results for reliability of systems of components, MMR 2000 (International conference on mathematical methods in reliability), Juli 2000, Bordeaux, Frankreich. In: Nukulin M, Limnios N (Hrsg) Recent advances in reliability theory. Birkhäuser, S 55–68
37. Cocozza-Thivent C, Roussignol M (1997) Semi-Markov processes for reliability studies. ESAIM: probability and statistics 1(May):207–223. http://www.emath.fr/ps
38. Fahrmeir L, Kaufmann H, Ost F (1981) Stochastische Prozesse. Carl Hanser, München/Wien
39. Dubi A (1986) Monte-Carlo calculations for nuclear reactor. In: Ronen Y (Hrsg) Handbook of nuclear reactor calculations. CRC Press, Boca Raton
40. Dubi A (1990) Stochastic modeling of realistic systems with the Monte-Carlo method. Tutorial notes for the annual R&M symposium, Malchi Science corp. contract
41. Dubi A (1994) Reliability & maintainability – an approach to system engineering, notes, Nuclear Engeering Department, Ben Gurion University of the Negev, Israel
42. Dubi A (1994) SPAR & AMIR – discussion & case studies – integrated problems involved in spare parts allocation and maintenance in realistic systems. Nuclear Engineering Department, Ben-Gurion University of the Negev, Beer-Sheva, Israel
43. Dubi A (1997) Analytic approach & Monte-Carlo method for realistic systems. IMACS seminar on Monte-Carlo methods, Bruxelles, April
44. Dubi A (1999) Monte-Carlo applications in system engineering. Wiley, New York
45. Dubi A, Gurvitz N (1995) A note on the analysis of systems with time dependent transition rates. Ann Nucl Energy 22(3/4):215–248
46. Dubi A, Gurvitz N (1996) Aging, availability and maintenance models in the system transport equations. Department of Nuclear Engineering, Ben Gurion University of the Negev, Beer-Sheva
47. Dubi A, Gandini A, Goldfeld A, Righini R, Simonot H (1991) Analysis of non-markov systems by a Monte-Carlo method. Ann Nucl Energy 18(3):125–130
48. Dubi A, Gurvitz N, Claasen SJ (1993) The concept of age in system analysis. S Afr J Ind Eng 7:12–23
49. Devooght J (1997) Dynamic reliability. Adv Nucl Sci Technol 25:215–279
50. Hendrickx I, Labeau P-E (2000) Partially unbiased estimators for unavailability calculations. Proceedings of ESREL 2000 conference, 15.–17. Mai, Balkema Publishers, Edinburgh/Rotterdam, S 1619–1624
51. Labeau P-E (1999) The transport framework for Monte-Carlo based reliability and availability estimations, workshop on variance reduction methods for weight-controlled Monte-Carlo simulation of complex dynamical systems. ESREL '99-conference, München, 13.–17. September
52. Lewins J D (1999) Classical perturbation theory for Monte-Carlo studies of system reliability, workshop on variance reduction methods for weight-controlled Monte-Carlo simulation of complex dynamical systems. ESREL '99-conference, 13.–17. September, München
53. Wu Y-F, Lewins JD (1991) System reliability perturbation studies by a Monte-Carlo method. Ann Nucl Energy 18(3):141–146
54. Jäger P (2001) Simulation technischer Systeme unter Berücksichtigung der Instandhaltungsstrategie, der Ersatzteillogistik und der Kosten. Studienarbeit, Institut für Maschinenelemente, Universität Stuttgart

55. Lunze J (2017) Ereignisdiskrete Systeme. Modellierung und Analyse dynamischer Systeme mit Automaten, Markovketten und Petrinetzen. de Gruyter, Berlin/Boston

56. Institut für Maschinenelemente Universität Stuttgart: Das REALIST-Programmpaket

57. Pozsgai P (2001) Konzeption eines umfassenden Systemmodells zur Verfügbarkeitsanalyse. Universität, Diplomarbeit, Stuttgart

58. Claudio M, Rocco S Zio E (2005) Bootstrap-based techniques for computing confidence intervals in Monte Carlo system reliability evaluation. In: Annual reliability and maintainability symposium. Proceedings, 24.–27. Januar 2005, Institute of Electrical and Electronics Engineers. Alexandria (VA), April 2005, S. 303–307

59. Meeker WQ, Escobar LA (1998) Statistical methods for reliability data. Wiley, New York/Chichester/Weinheim/Brisbane/Singapur/Toronto

60. Verein Deutscher Ingenieure (1999) Monte-Carlo-Simulation. VDI-Richtlinie 4008, Blatt 6. VDI, Düsseldorf

61. Nahrstedt H (2015) Die Monte-Carlo-Methode. Beispiele unter Excel VBA. Springer Vieweg, Wiesbaden

62. Sobol IM (1985) Die Monte-Carlo Methode. Verlag Harri Deutsch, Thun/Frankfurt am Main

63. Barbu A, Zhu S-C (2020) Monte Carlo methods, 1. Aufl. Springer Singapore; Imprint, Singapore

Zuverlässigkeitssicherungsprogramme 11

11.1 Einleitung

Die Entwicklung zuverlässiger Produkte erfolgt unter Randbedingungen, die sich zunehmend verschärfen (s. Abb. 1.4). Besonders die größere Komplexität der Produkte und die kürzeren Entwicklungszeiten fordern vom Produktentwickler den vermehrten und erweiterten Einsatz der Zuverlässigkeitstechniken. Die hohe Produktzuverlässigkeit kann deshalb nicht mehr allein auf dem klassischen Weg über ausgereifte Konstruktionsmethoden und -verfahren sichergestellt werden. Nur mit der Anwendung von Zuverlässigkeitsmethoden lassen sich die gestiegenen Anforderungen erfüllen (s. Abb. 1.7). Diese Aktivitäten müssen zudem den gesamten Produktlebenszyklus umfassen, um ganzheitlich zu optimieren. Das Ergebnis ist dann ein umfassendes Zuverlässigkeitssicherungsprogramm bzw. das Zuverlässigkeitsmanagement während des Produktlebens [1, 2]. Solche ganzheitlichen Ansätze sind zudem in der VDI-Richtlinie 4003 und der DIN 6300 standardisiert [3, 4]. Auch der Verband der deutschen Automobilindustrie (VDA) gibt im VDA Band Regularien für die Anwendung von Zuverlässigkeitsmethoden in bestimmten Phasen des Entwicklungsprozesses vor [5].

Zur Beherrschung der Zuverlässigkeit bestehen die Prozessschritte aus einer Abfolge von Tätigkeiten, die in der entsprechenden Phase eines Produktlebenszyklus angewendet werden können. Ein beispielhaftes Vorgehen ist in Abb. 11.1 dargestellt.

Die Integration von Rückkopplungsschleifen in den verschiedenen Prozessschritten erlaubt dabei an notwendiger Stelle eine ständige Verbesserung des Produkts.

Ein weiteres Beispiel der Praxis soll verdeutlichen, wie im Einzelnen die Umsetzung eines Zuverlässigkeitsprogramms aufgebaut werden kann. Neben der Beschreibung der Prozessschritte wird hierbei zusätzlich auf die Ablaufbedingungen verwiesen, vgl. Abb. 11.2. Diese Beispiele veranschaulichen die bereits angewandte Implementierung der Zuverlässigkeitsmethoden im Entwicklungsprozess. Zukünftig wird die Notwendigkeit

© Der/die Autor(en), exklusiv lizenziert an Springer-Verlag GmbH, DE, ein Teil von Springer Nature 2022, korrigierte Publikation 2023

B. Bertsche, M. Dazer, *Zuverlässigkeit im Fahrzeug- und Maschinenbau*, https://doi.org/10.1007/978-3-662-65024-0_11

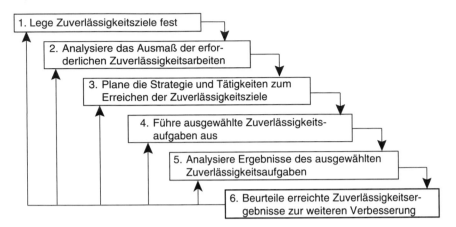

Abb. 11.1 Systematische Prozessschritte zur Beherrschung der Zuverlässigkeit nach DIN EN 60300-1 [4]

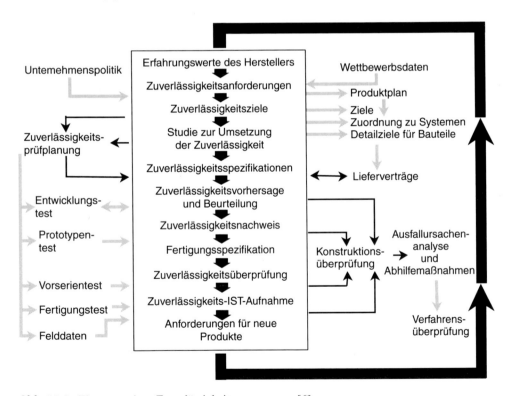

Abb. 11.2 Elemente eines Zuverlässigkeitsprogrammes [6]

der Zuverlässigkeitssicherung zunehmend an Bedeutung gewinnen und als Vorraussetzung für ein erfolgreiches Produkt gewertet.

Im Folgenden werden die grundsätzlichen Inhalte eines Zuverlässigkeitssicherungsprogramms dargestellt.

11.2 Zuverlässigkeitssicherungsprogramm

11.2.1 Produktdefinition

Jede Entwicklung beginnt mit der Planungsphase zur Vorgehensweise und zur Klärung der Aufgabe [7]. Entsprechend dem Motto „Wer kein Ziel hat, kann auch keins erreichen", bedeutet das für die Zuverlässigkeitsarbeit, zuerst die erwartete Zielzuverlässigkeit festzustellen, s. Abb. 11.3. Diese Zielgröße wird sich sinnvollerweise an den Kundenerwartungen orientieren oder aus Wettbewerbsplatzierungen ableiten. So können z. B. eine prozentuale Steigerung der bisher erreichten Zuverlässigkeit oder die geringste Ausfallquote eines Wettbewerbers als Maßstab festgelegt werden. Kann es zu sicherheitskritischen Ausfällen kommen, sind gesetzliche Vorgaben zu übernehmen und es muss eine enorme Sorgfaltspflicht bei der Zuverlässigkeitsabsicherung herrschen. Das Bundesministerium für Umwelt, Naturschutz und nukleare Sicherheit gibt beispielsweise ein einzuhaltendes Sicherheitskonzept beim Betrieb von Kernkraftwerken vor [8].

Die Zielzuverlässigkeit muss im nächsten Schritt auf die Systeme und Bauteile des Produkts verteilt werden. Üblicherweise erfolgt dies mit Hilfe der Booleschen Theorie. Sind Vertrauensbereiche gefordert, muss jedoch eine andere Methode wie die Monte-Carlo-Simulation oder die Momenten-Methode verwendet werden, siehe Abschn. 2.3.2.

Die ermittelten Zuverlässigkeitskennwerte sind in Anforderungslisten bzw. Lastenheften festzuschreiben. Eine Zuverlässigkeitsanforderung besteht dabei stets aus einer Mindestzuverlässigkeit R (bzw. einer maximalen zulässigen Ausfallwahrscheinlichkeit F) zu einer bestimmten Zeit t mit nachzuweisender Aussagewahrscheinlichkeit P_A. Gegebenenfalls kann der Zuverlässigkeitskennwert mehrere Ausfallarten eines Bauteils einschließen. Die genaue Wahl des Wertes richtet sich nach der gewünschten Genauigkeit und nach branchenspezifischen Gegebenheiten. Die Arbeiten von Kirschmann und Barthold geben Leitlinien für die Ableitung von quantitativen Werten für das Zuverlässigkeitsziel vor [9, 10]. Bei der Definition des Ziels ist auf die Vollständigkeit der Angaben zu achten. Zur vollständigen Zuverlässigkeitsangabe wird von der Definition des Begriffs Zuverlässigkeit

1. Ermittlung der Kundenerwartungen an die Gesamtzuverlässigkeit, Funktionalität, Life-Cycle-Costs, ...
2. Feststellung von Vergangenheitswerten und Wettbewerbsdaten (Marktposition, ...)
3. Festlegung eines Gesamtzuverlässigkeitsziels
4. Aufteilung der Gesamtzuverlässigkeit auf Systeme und Bauteile
5. Festlegung von Bauteil- und Systemzuverlässigkeiten im Lastenheft

Abb. 11.3 Zuverlässigkeitsaktivitäten während der Produktdefinition. (© IMA 2022. All Rights Reserved)

LASTENHEFT
für [Bauteil/System]
Kapitel Zuverlässigkeit

1. Funktions- und Umgebungsbedingungen
2. Definition der Ausfälle
    Ausfallarten und daraus resultierende Folgen für das Gesamtsystem
3. Zuverlässigkeitsanforderung
    max. zulässige Ausfallrate und/oder B_{10}-Wert usw.
4. Zuverlässigkeitsnachweis
    Prüfstandserprobung, Nachweisverfahren, Testbedingungen und
    Testdauer usw.

Abb. 11.4 Lastenheft Kapitel Zuverlässigkeit. (© IMA 2022. All Rights Reserved)

ausgegangen. So sind neben den oben genannten Kennwerten die maßgebenden Funktions- und Umgebungsbedingungen zu beschreiben, s. Abb. 11.4. Da diese Inhalte auch Gegenstand weiterer Lastenheftkapitel sind, genügt möglicherweise ein entsprechender Verweis.

Angaben zum durchzuführenden Zuverlässigkeitsnachweis schließen das Lastenheft ab. Dieser Nachweis soll an festgelegten Punkten im Produktlebenszyklus die erreichte Produktzuverlässigkeit nachvollziehbar dokumentieren. Das geschieht häufig mit einer experimentellen Überprüfung.

11.2.2 Produktgestaltung

Die Produktgestaltung ist die für den Produktentwickler wichtigste Phase. In ihr wird das Produkt konzipiert, entworfen und ausgearbeitet. Hier sind deshalb auch umfangreiche Zuverlässigkeitsaktivitäten durchzuführen. Es handelt sich dabei um spezielle Methoden zur Analyse und Optimierung der Zuverlässigkeit, s. Abb. 11.5 und die vorangegangenen Kapitel des Buches. Die Zuverlässigkeitsmethoden lassen sich in quantitative und qualitative Methoden einteilen. Die quantitativen Methoden liefern über Berechnungsverfahren direkte Wahrscheinlichkeitswerte für die zu erwartende Zuverlässigkeit. Sie basieren auf den Begriffen und Verfahren der Statistik und Wahrscheinlichkeitstheorie.

Die qualitativen Methoden dagegen ermitteln aufgrund des planmäßigen und systematischen Vorgehens die möglichen Fehler und Ausfälle sowie deren Wirkungen.

In den meisten Fällen wird mittels Schätzung oder Einstufung bewertet, um eine qualitative Rangfolge der Schwachstellen zu erhalten. Eine Übersicht der gängigsten Methoden zeigt Abb. 11.6.

Der bekannteste Vertreter der qualitativen Methoden ist die FMEA (Failure Mode and Effects Analysis). Diese Methode wird bereits in größerem Maße in der Praxis eingesetzt.

Bei den quantitativen Methoden ist zur Ermittlung der genauen Zuverlässigkeitswerte notwendig, das Ausfallverhalten der Systemelemente und ihre Verknüpfung zu

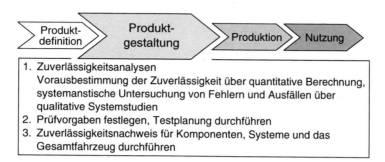

Abb. 11.5 Zuverlässigkeitsaktivitäten während der Produktgestaltung. (© IMA 2022. All Rights Reserved)

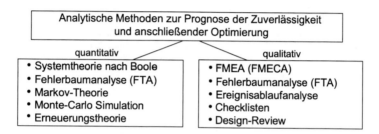

Abb. 11.6 Übersicht über qualitative bzw. quantitative Zuverlässigkeit. (© IMA 2022. All Rights Reserved)

kennen; die jeweilige Systemtheorie muss sich dabei für die entsprechende Situation eignen, s. Abb. 11.7.

Sowohl für die Elementverteilungen als auch für die Systemmodelle gibt es mathematische Beschreibungen. Diese mathematischen Modelle gelten als sehr umfassend und weit fortgeschritten. Die Modelle sind die Grundlage aller Ermittlungen der Systemzuverlässigkeiten. Es lässt sich feststellen, dass die mathematisch-theoretische Beschreibung sehr gut bekannt ist. Allerdings bedarf es bestimmter Erweiterungen und besonders der praxisnahen Umsetzung. Im Maschinenbau werden am häufigsten die Weibullverteilung und das Boolsche Modell eingesetzt [11].

Diese Analysen beschreiben umfassend das erwartete Zuverlässigkeitsverhalten, sowohl von den Bauteilen als auch vom ganzen System. Abb. 11.8 zeigt das beispielhaft für ein Omnibusgetriebe, s. a. Abb. 11.9. Die Analyseergebnisse können genutzt werden, um zuverlässigkeitsschwache Bauteile zu verbessern oder um zuverlässigkeitsunkritische Bauteile bezüglich der Kosten zu optimieren.

Neben den theoretischen Untersuchungen ist in der Phase der Produktgestaltung auch der im Lastenheft geforderte Zuverlässigkeitsnachweis zu erbringen. Dazu sind die genauen Prüfvorgaben festzulegen und die entsprechenden Untersuchungen durchzuführen. Der Zuverlässigkeitsnachweis sollte zumindest die kritischen Systeme und Komponenten umfassen.

$$R_{System} = f\left(R_{Systemelement1}, R_{Systemelement2}, \ldots\right)$$

Modellbildung System/ Systemtheorie	Ausfallverhalten Systemelemente/ Komponentenverteilungen
Boolesches Modell: $$R_S(t) = \sum_{j=1}^{m} \varphi_S^{(j)}(\mathbf{x}^{(j)}) \cdot \prod_{i=1}^{n} \left(R_i(t)\right)^{x_i^{(j)}} \cdot \left(1 - R_i(t)\right)^{1-x_i^{(j)}}$$	**Weibullverteilung:** $$R(t) = e^{-\left(\frac{t-t_0}{T-t_0}\right)^b}$$
Markov-Prozess: $$\frac{dP_i(t)}{dt} = -\sum_{j=1}^{n} \alpha_{ij} \cdot P_i(t) + \sum_{j=1}^{n} \alpha_{ij} \cdot P_j(t)$$	**Exponentialverteilung:** $$R(t) = e^{-\lambda \cdot t}$$
Monte-Carlo-Simulation: $$A(t) = \sum_{\mathbf{B} \in \Gamma_S} \int_0^t \psi(\mathbf{B}, \tau) \cdot R_S(\mathbf{B}, t - \tau) \cdot d\tau$$	**Normalverteilung:** $$R(t) = \frac{1}{\sigma \cdot \sqrt{2 \cdot \pi}} \cdot \int_t^{\infty} \exp\left(-\frac{(\tau - \mu)^2}{2 \cdot \sigma^2}\right) \cdot d\tau$$
Erneuerungstheorie: $$h(t) = f(t) + \int_0^t h(\tau) \cdot f(t - \tau) \cdot d\tau$$	**Lognormalverteilung:** $$R(t) = 1 - \frac{1}{\sigma \cdot \sqrt{2 \cdot \pi}} \cdot \int_0^t \frac{1}{(\tau - t_0)} \cdot \exp\left(-\frac{1}{2}\left[\frac{\ln(\tau - t_0) - \mu}{\sigma}\right]^2\right) \cdot d\tau$$
. . . .	. . . .

Abb. 11.7 Ermittlung quantitativer Systemzuverlässigkeit. (© IMA 2022. All Rights Reserved)

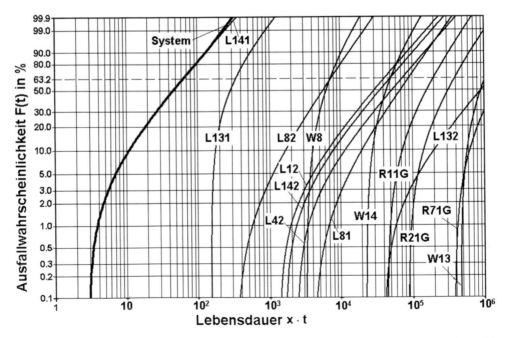

Abb. 11.8 Ausfallverhalten des Getriebes (Abb. 11.9) und der Systemelemente im Weibullnetz [1]

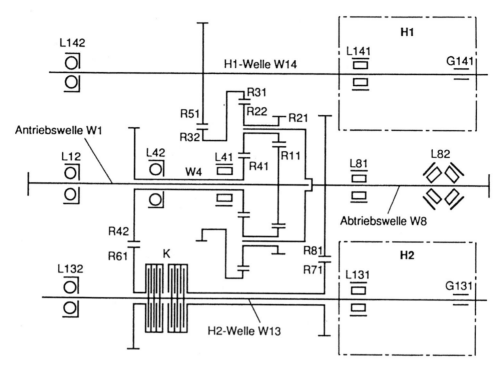

Abb. 11.9 Getriebeschema eines mechanischen Leistungsverzweigungsgetriebes mit hydraulisch gekoppelten Hydroeinheiten (H1, H2) zur stufenlosen Übersetzungsänderung. Antriebsmoment T_{max} = 900 Nm, Wandlung i_{gmax} = 14 (Werkbild Voith Turbo GmbH) [1]

11.2.3 Produktion und Nutzung

Die Produktlebensphasen Produktion und Nutzung betreffen den Konstrukteur nicht unmittelbar. Eine Zusammenstellung der Zuverlässigkeitsaktivitäten zeigt Abb. 11.10. Während der Produktion muss die Zuverlässigkeit der Verfahren sichergestellt und in entsprechenden Audits an Baugruppen und am Endprodukt überprüft werden. Für den Produktentwickler sind die während der Produktion auftretenden konstruktionsbedingten Fehler von besonderem Interesse. Sie müssen zur Überprüfung der vorangegangenen Zuverlässigkeitsarbeit führen.

Die während der Nutzungsphase auftretenden Ausfälle, die so genannten Felddaten, sind ebenfalls wichtig. Sie zeigen das tatsächliche Ausfallverhalten des Produkts. Mit ihrer Analyse sind die prognostizierten Zuverlässigkeiten zu vergleichen. Daraus lässt sich dann die Zuverlässigkeitsberechnung verbessern, und es lassen sich Zuverlässigkeitsvorgaben für das Nachfolgeprodukt ableiten.

In der Nutzungsphase erfolgt auch der endgültige Zuverlässigkeitsnachweis, da hier meist Ausfälle vermehrt festzustellen sind. Der Idealfall ist die vorgegebene Zielzuverlässigkeit.

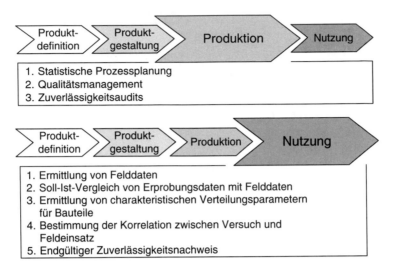

Abb. 11.10 Zuverlässigkeitsaktivitäten während der Produktion und Nutzung. (© IMA 2022. All Rights Reserved)

11.2.4 Allgemeine Aktivitäten

Weitere unterstützende Maßnahmen haben die am Lebenszyklus orientierten Aktivitäten zu begleiten. Die wichtigsten sind:

- Aufbau eines umfassenden Zuverlässigkeitsdatensystems als Grundlage für Prognoserechnungen und Rückmeldesysteme,
- Schulungen und Weiterbildung der Mitarbeiter zu Fragen der Zuverlässigkeit,
- Informationssystem für die Mitarbeiter und das Management über die Zuverlässigkeitsarbeit (Zeitschrift, Berichte, Zusammenfassungen, …),
- Fortentwicklung der Zuverlässigkeitsmethoden und Beratung bei der Anwendung,
- Einbindung der EDV, d. h. Einsatz und Verknüpfung von Analyseprogrammen, CAD/CAE und Produktlebenslaufsystemen.

Diese ergänzenden Maßnahmen sind losgelöst vom Produktentstehungsprozess. Erst ihre Beachtung und Verankerung sichert im gesamten Entwicklungsablauf die optimale Zuverlässigkeitsarbeit.

11.3 Zusammenfassung

Zuverlässigkeit und damit Verfügbarkeit gehören zu den wichtigsten Merkmalen einer Produkt- und Prozessqualität. Zuverlässigkeitsaktivitäten können bereits während der Produktinnovation und Produktgestaltung von besonderer Wirksamkeit sein. Hierzu stehen leistungsfähige Methoden zur Verfügung, die unmittelbar in der Praxis umgesetzt werden können. Es bedarf der gesamtheitlichen Prozessbetrachtung über alle Phasen im Produktlebenszyklus, um die hohen und sich verschärfenden Zuverlässigkeitsforderungen sicherzustellen. Daraus muss sich ein Zuverlässigkeitssicherungsprogramm ableiten, dessen wesentliche Elemente beschrieben wurden. Für den Produktentwickler ist hierbei besonders die Festlegung der Zielzuverlässigkeit, die genaue Lastenheftdefinition der Zuverlässigkeitskennwerte und -aktivitäten sowie der Einsatz vorhandener Zuverlässigkeitsanalysen während der Produktgestaltung wichtig. Hierbei sollte besonders der Einsatz und der Ausbau quantitativer Methoden vorangetrieben werden.

Literatur

1. Bertsche B, Marwitz H, Ihle H, Frank R (1998) Entwicklung zuverlässiger Produkte. Konstruktion 50; VDI Fachmedien GmbH and Co. KG, Duesseldorf, Deutschland; 41 ff.
2. Vajna S (2021) Integrated Design Engineering, 2. Aufl. Springer Fachmedien, Wiesbaden
3. Verein Deutscher Ingenieure (2007) VDI-Richtlinie 4003 – Zuverlässigkeitsmanagement. VDI-Verlage, Düsseldorf
4. Deutsches Institut für Normung (2004) DIN EN 60300 Teil 1 Zuverlässigkeitsmanagement. Deutsche Fassung EN 60300-1:2003. Beuth, Berlin
5. Verband der Automobilindustrie e. V (2016) Qualitätsmanagement in der Automobilindustrie. Zuverlässigkeitsabsicherung bei Automobilherstellern und Lieferanten, 4. Aufl. VDA-QMC, Frankfurt am Main
6. Allen AT (1985) Die Straße der Zuverlässigkeit: eine Übersicht zur Zuverlässigkeitstechnik im Zusammenhang mit Kraftfahrzeugen. Joint Research Committee, Zuverlässigkeitsgruppe
7. Pahl G, Beitz W (2003) Konstruktionslehre: Grundlagen erfolgreicher Produktentwicklung; Methoden und Anwendung. Springer, Heidelberg/Berlin
8. Bundesministerium für Umwelt, Naturschutz und nukleare Sicherheit (2009) Sicherheitskriterien für Kernkraftwerke. Revision D
9. Bartholdt M (2019) Kunden- und kostenorientierte Zuverlässigkeitszielermittlung. Dissertation, Universität Stuttgart
10. Kirschmann D (2012) Ermittlung erweiterter Zuverlässigkeitsziele in der Produktentwicklung. Dissertation, Universität Stuttgart
11. Lechner G (1994) Zuverlässigkeit und Lebensdauer von Systemen. Jahresband der Universität Stuttgart

Einführung in Prognotics and Health Management (PHM)

Die Anzahl an Sensoren zur Überwachung von Systemen und somit die Bereitstellung von Betriebsdaten hat in den letzten Jahren stark zugenommen. In den meisten Fällen werden die resultierenden Messwerte zur Steuerung oder zur Überprüfung des Systemverhaltens eingesetzt. Durch die zunehmende Anzahl an Daten bieten sich jedoch auch weitere Möglichkeiten, die Systeme zu analysieren. Die kontinuierlich während des Systembetriebs zur Verfügung stehenden Informationen können zur Abschätzung des Schädigungszustandes und somit zur Prognose der Lebensdauer verwendet werden. Die Ermittlung des Zustandes, Prognose der Lebensdauer und Optimierung des Systemverhaltens wird innerhalb des Fachbereiches Prognostics & Health Management (PHM) adressiert. Während die klassische Zuverlässigkeit das Ziel hat, die Lebensdauer bzw. Ausfallwahrscheinlichkeit der gesamten Population an Systemen anhand von Stichprobeninformationen abzuschätzen, fokussiert der Fachbereich PHM die Lebensdauerprognose eines einzelnen Systems während des Betriebs. Die Unsicherheit, die durch den Informationsmangel der Stichprobe und die anschließende Übertragung auf die Grundgesamtheit entsteht, wird also vermieden. Die Prognose der Restlebensdauer des individuellen Systems unterliegt somit nur noch den systemeigenen Störeinflüssen.

Durch die Kenntnis des aktuellen Zustandes lassen sich fatale Ausfälle von Systemen verhindern. Somit besteht das oberste Ziel eines PHM-Ansatzes nicht in der Vorhersage des Ausfalls einer Komponente, sondern eines Ereignisses bzw. Schädigungszustandes. Dies soll dazu dienen, die Verletzung von Menschen sowie die Schädigung am System selbst zu vermeiden. Des Weiteren wird die Kenntnis der spezifischen Lebensdauer zur Optimierung von Wartungsprozessen oder auch der Verfügbarkeit eines Systems genutzt. Zentrale Punkte des PHM sind somit die Zustandsschätzung und die Prognose zukünftiger Ereignisse.

© Der/die Autor(en), exklusiv lizenziert an Springer-Verlag GmbH, DE, ein Teil von Springer Nature 2022, korrigierte Publikation 2023
B. Bertsche, M. Dazer, *Zuverlässigkeit im Fahrzeug- und Maschinenbau*,
https://doi.org/10.1007/978-3-662-65024-0_12

12.1   Grundbegriffe des PHM

Im folgenden Kapitel wird auf die Grundbegriffe im Rahmen von PHM nach [2, 4] eingegangen.

12.1.1 Remaining Useful Life (RUL)

Die Remaining Useful Life (RUL) oder die nutzbare Restlebensdauer beschreibt die Zeit bis zum prognostizierten Ausfall einer Komponente unter den gegebenen Bedingungen. Dabei kann der Ausfall der Komponente durch Bruch bzw. Versagen, aber auch durch den Verlust einer Funktion definiert sein. PHM hat das Ziel, den Ausfall der Komponente zu verhindern und somit entweder die RUL durch Optimierung des Betriebes anzupassen oder die RUL nicht zu beeinflussen und stattdessen den Betreiber zu einer Wartung des Systems zu veranlassen.

12.1.2 Prognosezeitraum

Der Zeitbereich vom jetzigen Zeitpunkt bis zum prognostizierten Ausfall wird als Prognosezeitraum bezeichnet. Die Auflösung des Prognosezeitraumes ist dabei hauptsächlich von der Charakteristik des vorherzusagenden Ereignisses abhängig. Soll demnach eine Wartung geplant werden, sind Prognosezeiträume von wenigen Sekunden nicht sinnvoll. Wird dahingegen versucht, ein kritischer Systemzustand zu verhindern, kann ein Zeitbereich von wenigen Sekunden abhängig von der Dynamik des Systems sinnvoll sein.

12.1.3 End of Life (EOL)

Der Ausfall der Komponente wird durch ein EOL-Kriterium beschrieben. Im Allgemeinen wird darunter das Erreichen eines Schwellwertes verstanden, der das Lebensdauerende des Produkts bestimmt. Jedoch kann es im Fachbereich PHM das Ziel sein, eine gewisse Funktionalität aufrecht zu erhalten. Somit kann der Ausfall bzw. das EOL-Kriterium im Rahmen des PHM auch als nicht Nichterfüllung einer Funktionalität verstanden werden.

12.1.4 Health

Als Health ist der gegenwärtige Gesundheitszustand oder auch die momentane Schädigung der Komponente bezeichnet. Nach [1] werden unter Health alle Informationen bezüglich der Funktionsfähigkeit des Systems zusammengefasst. Somit beschreibt das Health Management die Regelung der Schädigung entsprechend des Ziels der PHM-Lösung.

12.2   Aufbau eines PHM-Systems

Es steht eine Vielzahl an unterschiedlichen PHM-Ansätzen in verschiedensten technischen Bereichen zur Verfügung. Im Folgenden wird auf zwei Herangehensweisen zur Unterteilung von PHM-Lösungen eingegangen.

12.2.1 Elemente eines PHM-Systems nach Göbel

Nach [2] bestehen die Elemente eines PHM-Systems aus den drei Hauptbestandteilen Vorverarbeitung, Zustandsschätzung und Vorhersage, siehe Abb. 12.1. Durch das System werden Sensorsignale aufgenommen, welche der PHM-Lösung zugeführt werden. Die Rohdaten der Sensoren werden in den wenigsten Fällen als Eingang einer Zustandsschätzung verwendet, da diese zuerst in eine Form gebracht werden müssen, um eine Auswertung durch die Zustandsüberwachung zu ermöglichen. In der Regel werden die Daten dabei von Ausreißern befreit, mehrere Sensordaten zusammengefasst, die Daten normalisiert und je nach Ziel reduziert und diskretisiert. Für die Reduktion und Diskretisierung der Sensorsignale spielen vor allem die zur Verfügung stehenden Rechenkapazitäten und die verwendeten Lösungsansätze eine Rolle. Die vorverarbeitenden Daten werden im nächsten Schritt über ein entsprechendes Modell in einen Gesundheitszustand der Komponente überführt. Dieser Zusammenhang kann dabei sowohl anhand von Daten angelernt oder durch physikalische Modelle beschrieben werden. Durch die Vorhersage wird der Zeitpunkt des Ausfalls oder des ausgewählten Ereignisses geschätzt. Die Schätzung erfolgt dabei auf Basis des bisherigen Betriebs des Systems.

Die Entscheidungsfindung beschreibt die Tätigkeiten bei Kenntnis der RUL. Diese orientiert sich hauptsächlich am Ziel der PHM-Lösung. Muss aufgrund der prognostizierten RUL eine Wartung geplant werden, kann diese Information an den Betreiber weitergegeben werden. Dadurch wird eine optimale Ausnutzung der Lebensdauer des Produktes ohne unvorhergesehenen Ausfall ermöglicht. Soll jedoch die RUL erhöht werden, erfolgt dies durch Eingriff in den Betrieb des Systems. Somit können beispielsweise besonders schädigende Betriebspunkte vermieden und so die RUL gesteigert werden. Die Optimierung der RUL erfolgt dabei entweder direkt durch den Betreiber oder durch einen entsprechenden Optimierungsalgorithmus.

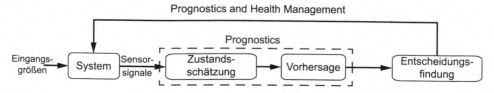

Abb. 12.1 Bestandteile eines PHM-Systems nach [2]. (© IMA 2022. All Rights Reserved)

12.2.2 Phasen und Bestandteile einer PHM-Lösung nach Henß

Nach [3] besteht ein PHM-Ansatz aus den 5 Teilbereichen des Systems: Daten, Diagnose, Prognose, Optimierung und das System selbst, siehe Abb. 12.2. Diese sind iterativ angeordnet, da sich Optimierungen des Systems hinsichtlich Verfügbarkeit oder anderen Größen auf das Systemverhalten auswirken können. Des Weiteren werden in Abhängigkeit des gewählten Prognosezeitraumes über die Nutzungszeit eines Systems eine Vielzahl an Prognosen der Lebensdauer auf Basis des Systems und der Diagnose getätigt.

12.2.2.1 System
Ziel des Schrittes System ist dessen Abbildung innerhalb eines physikalischen oder mathematischen Modells. Dabei steht die Größe Health im Fokus der Modellierung, da so der

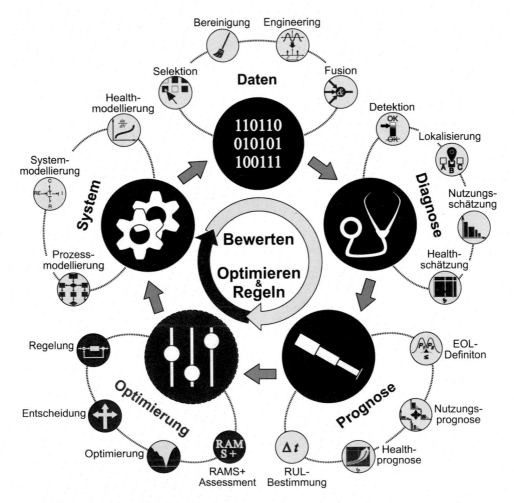

Abb. 12.2 Bestandteile eines PHM-Systems nach [3]. (© IMA 2022. All Rights Reserved)

momentane Schädigungszustand geschätzt wird. Somit ist für die Entwicklung eines Healthmodells die Kenntnis der auftretenden Schädigungsmechanismen des Systems notwendig. Physikalische Modelle wie beispielsweise das Paris-Law charakterisieren einen Schädigungsprozess durch die abgeleiteten Gesetzmäßigkeiten. Datenbasierte Modelle dagegen bilden auf Basis von Messdaten die Korrelation zwischen zur Verfügung stehenden Messgrößen und der Zielgröße, welche den Schädigungszustand widerspiegelt, ab.

Es besteht auch die Möglichkeit, ein Zustandsmodell abzuleiten, welches das ideale Verhalten des Systems darstellt. Dies ist jedoch nur sinnvoll, sofern die Abweichung vom Normalzustand durch entsprechende Sensoren erfasst wird. Somit werden Anomalien oder die kontinuierliche Veränderung vom idealen Zustand erfasst.

12.2.2.2 Daten

Durch den Schritt Daten werden nach [3] alle Tätigkeiten zusammengefasst, welche zur Verwendung der Sensordaten im Rahmen des Healthmodells notwendig sind. Dies ist durch mögliche Fehler der Sensoren wie Diskontinuitäten oder Ausreißer begründet, welche bei Nichtbeachtung zu schweren Fehlern führen können. Weiterhin beinhalten nicht alle Sensorwerte Informationen bezüglich der Schädigung und werden daher nicht betrachtet. Relevante Variablen hingegen können nach der Bereinigung von Fehlern weiter transformiert werden.

12.2.2.3 Diagnose

In der Diagnose wird der momentane Gesundheitszustand auf Basis der ausgewählten Eingangsgrößen ermittelt. Der Zustand wird dabei mittels eines ausgewählten Modells abgeschätzt. Dabei sind Unsicherheiten bei der Schätzung mitzuberücksichtigen. Die Zielgröße des Healthmodells muss dabei einen Zusammenhang mit dem Ausfall des Systems haben.

12.2.2.4 Prognose

Das Ziel der Prognose ist die Bestimmung der nutzbaren Restlebensdauer. Dafür werden ein EOL-Kriterium gewählt und die Eingangsparameter des Healthmodells vorhergesagt. Somit wird anhand des momentanen Schädigungswertes der Verlauf der Schädigung bis zum Erreichen des EOL-Kriteriums extrapoliert. Bei der Prognose sind die Unsicherheiten sowohl des Healthmodells als auch der Vorhersage selbst mitzuberücksichtigen. Im Allgemeinen gilt: je kürzer der Prognosezeitraum, desto kleiner werden die Unsicherheiten der Vorhersage. In Abschn. 12.3 wird auf die unterschiedlichen Vorhersagemethoden eingegangen.

12.2.2.5 Optimierung

Die Nutzung der prognostizierten nutzbaren Restlebensdauer geschieht im fünften Schritt, der Optimierung. Diese ist als Steigerung der Verfügbarkeit und Anpassung der Instandhaltungsstrategie möglich und wird mittels eines Eingriffs in das Betriebsverhaltens des Systems realisiert. Dabei können bestimmte Zusatzfunktionalitäten abgeschaltet oder der Betriebsbereich bzw. das Systemverhalten angepasst werden. Wird die Prognose nicht zur Änderung des Betriebsverhaltens genutzt, wird dieser Schritt übersprungen.

12.3   Vorhersagemethoden im PHM

Nach [2, 4, 5] kann grundsätzlich zwischen den vier nachstehenden Vorhersagemethoden unterschieden werden.

12.3.1 Zuverlässigkeitsbasierte Prognose

Diese Art der Prognose beschreibt die Vorhersage des Ausfallverhaltens auf Basis der gesamten Population. Das Ausfallverhalten wird dabei anhand von Versuchen einer Stichprobe ermittelt. Die Versuche stammen in der Regel aus der Entwicklungsphase eines Produktes im Bereich der Zuverlässigkeitstechnik mit dem Zweck, die gesamte Population abzusichern. Damit kann die Ausfallwahrscheinlichkeit für einen bestimmten Zeitpunkt ermittelt werden. Allerdings ist die zuverlässigkeitsbasierte Prognose daher unabhängig von der spezifischen Belastung und Belastbarkeit des Systems und eignet sich weiter nicht für die Vorhersage bezüglich spezifischer Belastungen und Belastbarkeiten im Produkteinsatz. Schlussfolgernd wird diese Vorhersagemethode im Rahmen dieses Buches nicht als Prognosemöglichkeit eines einzelnen Systems angesehen.

12.3.2 Belastungsbasierte Prognose

Im Rahmen einer belastungsbasierten Prognose wird die Belastbarkeit der Komponente durch ein Lebensdauermodell und die Belastung durch ein Lastkollektiv zur Vorhersage der Schädigung genutzt, siehe Abb. 12.3. Das Lebensdauermodell wird dabei auf Basis einer Stichprobe ermittelt. Die Belastung hingegen wird spezifisch für die jeweilige Komponente aufgezeichnet und für die Schätzung der momentanen Schädigung genutzt. Dabei ist auf den Vertrauensbereich des Lebensdauermodells zu achten. In der Betriebsfestigkeit wird dies als Überlebenswahrscheinlichkeit beschrieben. Nach [2] wird dabei die Lebensdauer einer mittleren Komponente vorhergesagt, was einer Überlebenswahrscheinlichkeit von 50 % entspricht. Da der reale Zustand der Komponente nicht direkt erfasst wird, kann

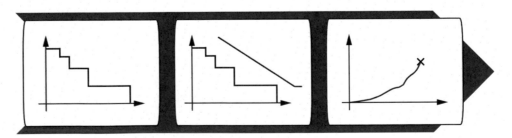

Abb. 12.3 Schematische Transformation eines Lastkollektives in eine Schädigung in Anlehnung an [6]. (© IMA 2022. All Rights Reserved)

es bei der Anwendung kleiner Überlebenswahrscheinlichkeiten zu unvorhergesehenen Ausfällen kommen [7].

Da in den meisten technischen Anwendungen mehrstufige Belastungen üblich sind, werden diese mittels Schadensakkumulation in einen Schädigungswert überführt, vgl. Kap. 9. Im Falle der Ermüdung wird somit die Belastungsamplitude und die Anzahl der Häufigkeiten der einzelnen Lastniveaus erfasst. Als Kriterium für den Ausfall wird häufig ein Schädigungswert von 1 genutzt. Da die Schadensakkumulation jedoch Einflüsse wie beispielsweise die Frequenz und Reihenfolge der Lastspiele nicht berücksichtigt, können auch Schädigungswerte kleiner 1 als Ausfallkriterium definiert werden, um konservativere Prognosen zu erhalten. Zur Prognose des Ausfallzeitpunktes wird das Lastkollektiv extrapoliert, bis das EOL-Kriterium erreicht wird.

12.3.3 Zustandsbasierte Prognose

Bei der zustandsbasierten Prognose wird sowohl die spezifische Belastung als auch ein Lebensdauer- bzw. Healthmodell verwendet, welches die jeweilige Komponente beschreibt. Das Lebensdauermodell wird dabei entweder auf Basis von Messdaten oder mittels physikalischer Gesetzmäßigkeiten entwickelt. Durch die Prognose der Eingangsgrößen des Healthmodells wird die nutzbare Restlebensdauer vorhergesagt. Dies basiert auf dem angenommenen zukünftigen Nutzungsverhaltens des Systems.

Zur Vorhersage der Ermüdung im Rahmen einer zustandsbasierten Prognose kann das sogenannte Paris-Law verwendet werden. Dieses beschreibt das Wachstum von Rissen im Material in Abhängigkeit von Materialparametern und der Spannungsintensität. Dabei muss die kritische Risslänge festgelegt und die Rissinitiierung abgeschätzt werden. Die Materialparameter werden zwar anhand von Versuchen angenähert, die Spannungsintensität ist jedoch zu berechnen. Für komplexe Geometrien lässt sich dieser Parameter meist nur mithilfe einer FEM-Simulation berechnen. Somit ist die Anwendbarkeit des Modells eingeschränkt. In [8] wird ein Modell entwickelt, welches die FEM-Simulation ersetzt. Somit lässt sich das Paris-Law zur Prognose der Restlebensdauer einsetzen.

[9] untersucht die Schädigung von Leistungsmodulen im Antriebsstrang. Dabei werden unterschiedliche Ansätze zur Lebensdauerprognose vorgestellt, welche von der belastungsbasierten bis zur zustandsbasierten Prognose reichen. Die einzelnen Schichten eines Leistungsmoduls besitzen unterschiedliche Ausdehnungskoeffizienten und werden daher durch Temperaturwechsel geschädigt. Dabei treten sowohl die Delamination als auch die Zerrüttung der Schichten auf. Diese Ausfallmechanismen führen zur Änderung des Temperaturverhaltens, welches zur Prognose der Restlebensdauer verwendet wird. Zur Detektion werden Leistungsbereiche eingestellt, welche eine definierte Verlustleistung besitzen. Die Temperaturabhängigkeit der elektrischen Spannung über den Halbleiter spielt die zentrale Rolle. Dabei wird der Halbleiter bis in das thermische Gleichgewicht aufgewärmt und anschließend die Last getrennt. Dies führt zur Abkühlung des Halbleiters. Dessen Temperatur lässt sich bei definiertem Strom bestimmen. Die thermi-

schen Kapazitäten und Widerstände werden daraus abgeleitet und zusammen mit einer vorherigen Bestimmung des Aufwärm- und Abkühlverhaltens verglichen. Dadurch werden die geschädigten Schichten sowie der Ausfallmechanismus identifiziert. Somit erfolgt eine zustandsbasierte Prognose auf Basis der Messung des thermischen Verhaltens.

12.3.4 Datenbasierte Prognose

Grundlage dieser Art der Prognose ist eine große Menge an Daten des Systems, welche Informationen bezüglich des zu vermeidenden Ausfalls enthalten. Das Healthmodell wird dabei anhand der Daten optimiert und validiert. Dabei ist darauf zu achten, dass die Messdaten einen möglichst großen Bereich des möglichen Betriebsverhaltens abdecken.

In [10] wird eine Ermittlung des Zustandes von Wälzlagern auf Basis eines datenbasierten Modells vorgestellt. Dabei wird ein AutoEncoder-Modell mit Daten aus Laboruntersuchungen trainiert und zur Detektion der verschiedenen Ausfälle der Wälzlager eingesetzt. Die Generalisierung des Modellansatzes ist von hoher Bedeutung bei der Entwicklung der modellbasierten Zustandsdiagnose. In der Regel stehen zum Training des Modells nur begrenzt Daten aus dem Betrieb des Systems oder aus Laboruntersuchungen zur Verfügung. Durch die Betrachtung der Generalisierung wird die Verwendbarkeit des Modells für die gesamte Population an Systemen untersucht. AutoEncoder sind eine spezielle Art von Neuronalen Netzen, welche eine geringere Anzahl an Neuronen im mittleren Layer aufweisen. Somit soll das Erlernen des funktionalen Zusammenhangs begünstigt werden. Als Grundlage der Untersuchung nach [10] sind Messdaten von insgesamt 12 Lagern mit 4 Ausfällen vorhanden. Dabei werden 4 intakte Lager zum Training des Modells verwendet. Der AutoEncoder bildet den Normalzustand des Systems ab und ermöglicht es somit, Abweichungen vom Normalzustand zu detektieren. Das Modell wird schrittweise für Segmente des Messdatenverlaufs angewandt.

12.4   PHM und Zuverlässigkeit

Wie aus den vorhergehenden Kapiteln ersichtlich wird, beschäftigt sich sowohl der Fachbereich PHM als auch der der Zuverlässigkeit mit der Bestimmung der Lebensdauer von Systemen. Die Zuverlässigkeit widmet sich der Vermeidung von Ausfällen durch den Einsatz von qualitativen und quantitativen Methoden im Entwicklungsprozess. Ziel ist es, eine Mindestzuverlässigkeit für die gesamte Population des Systems zu bestimmen und abzusichern. Die Vorhersage der Lebensdauer stellt auch das zentrale Ziel des Fachbereiches PHM dar. Diese erfolgt jedoch während des Betriebes eines spezifischen Systems und auf Basis von dessen Nutzungsdaten. Um dies zu ermöglichen, werden im Entwicklungsprozess Modelle zur Beschreibung der Lebensdauer auf Basis der zur Verfügung stehenden Daten gebildet.

In Abb. 12.4 sind die Tätigkeiten des PHM und der Zuverlässigkeit über den Produktlebenszyklus aufgetragen. Im Rahmen der Zuverlässigkeit steht als erster Schritt die
Planung der notwendigen Maßnahmen und Ziele bzw. Anforderung an die Zuverlässigkeit an. Durch qualitative und quantitative Methoden wird die Zuverlässigkeit im zweiten Schritt analysiert. Einer der wichtigsten Schritte ist die Absicherung der geforderten
Lebensdauer durch eine geeignete Testkonfiguration. Dabei ist vor allem auf die
Prüflingsanzahl und das Belastungsniveau zu achten. Erreichen die Produkte ihre ange-
forderte Zuverlässigkeit, können diese für den Kundeneinsatz freigegeben werden. Im
Kundeneinsatz sind eine Vielzahl unterschiedlicher Einsatzszenarien möglich, welche
sich auf die Zuverlässigkeit auswirken. So werden die auftretenden Ausfälle kundensei-
tig erfasst und weiter analysiert, um mögliche Schwachstellen zu identifizieren und
diese durch geeignete Maßnahmen zu beheben. Zudem können Nutzungsdaten der Kunden in die Entwicklung zurückgespielt werden, sodass eine kontinuierliche Verbesserung des Produktes stattfinden kann.

Dahingegen kommt ein PHM-System erst beim Kundeneinsatz zur Anwendung. Inwie-
fern die vorhergesagte RUL zur Optimierung des Betriebes eingesetzt wird, spielt bei der
Anwendung keine Rolle. Dabei werden bis zur Anwendung die Phasen der Anforderung,
Planung und Systementwicklung durchlaufen. Zur Festlegung von Anforderungen im
PHM ist eine grobe Systemtopologie notwendig. In diesem Schritt werden die zu überwa-
chenden Komponenten und die notwendige Genauigkeit der RUL-Prognose festgelegt.
Die Genauigkeit der Prognose orientiert sich hierbei an den möglichen Maßnahmen in der
Optimierung und an Kundenanforderungen. In der PHM-Planung werden die Wirkweise
sowie die Folgen der zu analysierenden Ausfallmechanismen und die Funktionsstruktur
des Produktes beschrieben. Darauf folgt die Entwicklung des PHM-Systems. Dies beinhaltet vor allem die Bildung und Validierung eines Modells zur Schätzung und Prognose

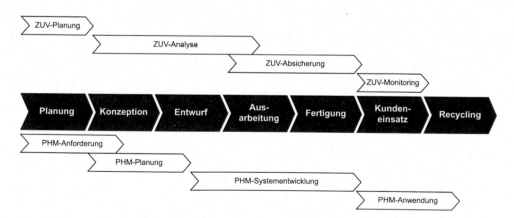

Abb. 12.4 Zuordnung von Tätigkeiten der Zuverlässigkeit und des PHM über den Lebenszyklus
eines Produktes nach [6]. (© IMA 2022. All Rights Reserved)

des Schädigungszustandes. Im letzten Schritt wird die entwickelte PHM-Lösung während des Betriebes im Feld angewandt.

Tätigkeiten im Rahmen der Zuverlässigkeit und PHM fokussieren sich beide auf die Identifikation relevanter Ausfallmechanismen, Ermittlung kritischer Belastungen, Charakterisierung der Wirkmechanismen der Ausfallarten und Bestimmung des Nutzungsverhaltens im Betrieb. Dabei werden die Identifikation der relevanten Ausfallmechanismen und Ermittlung der kritischen Belastungen sowohl im PHM als auch in der Zuverlässigkeit für die gesamte Population durchgeführt.

12.5   Anwendungsbeispiele

Im Rahmen dieses Kapitels wird näher auf Anwendungsbeispiele für PHM-Systeme eingegangen. Diese beinhalten hauptsächlich Elemente der Diagnose und Optimierung.

Als Beispiel für die Optimierung eines Systems im Rahmen des PHM wird die adaptive Betriebsstrategie in [11] näher erläutert. Diese hat das Ziel, die Lebensdauer von Getrieben durch die Anpassung des Antriebsmomentes zu steigern, siehe Abb. 12.5. Die Lebensdauer des Getriebes wird hierbei durch den Schadensmechanismus Grübchen bestimmt. Als EOL-Kriterium für einsatzgehärtete Zahnräder wird die Grenze von 4 % Grübchenfläche, bezogen auf die aktive Zahnflanke, genutzt. Zur Steigerung der Lebensdauer wird die Belastung in Form des Drehmoments angepasst, wodurch die Degradation der Grübchen verringert wird. Die Drehmomentenvariation unterscheidet sich dabei von bisherigen Ansätzen, da das Moment mit einer Drehschwingung überlagert wird. Bei bisherigen Ansätzen wird das gesamte Drehmoment reduziert, um eine Lebensdauersteigerung zu erreichen. Dies führt jedoch zur Reduktion der übertragenen Leistung durch das Getriebe, was beispielsweise im Falle von Windkraftgetrieben eine geringere Einspeisung und somit einen Verlust für den Betreiber bedeutet. Bei der adaptiven Betriebsstrategie wird das Drehmoment über eine Umdrehung so variiert, dass der Zahn mit der größten Schädigung

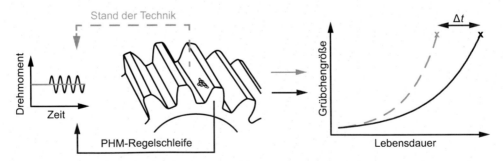

Abb. 12.5 Adaptive Betriebsstrategie zur Lebensdauerverlängerung von Zahnrädern nach [11]. (© IMA 2022. All Rights Reserved)

entlastet wird. Daraus resultiert eine größere Belastung der restlichen Zähne mit geringerer Schädigung. Durch die Entlastung des schwächsten Zahnes und stärkere Belastung der restlichen Zähne wird im Grunde eine gleichmäßige Schädigung am Zahnrad erzeugt. Dadurch wird das Optimum aus den spezifischen Belastbarkeiten der einzelnen Zähne ermittelt, um die maximale Lebensdauersteigerung zu bestimmen. Durch die Variation des Drehmoments jeder Umdrehung kommt es nicht zur Reduktion der Leistung.

Die einzelnen Schritte der Betriebsstrategie lassen sich in den PHM-Regelkreis einteilen. Dabei beschreibt die Erfassung des Schwingungsverhaltens den Schritt Daten, die Lokalisierung des schwächsten Zahnes die Diagnose und die Berechnung der nutzbaren Restlebensdauer die Prognose. Die Information über die Lebensdauer wird im Schritt der Optimierung zur Anpassung einer Schwingung auf das Antriebsmoment zur Lebensdauersteigerung genutzt. Das angepasste Drehmoment wirkt sich anschließend auf die einzelnen Zähne des Zahnrads aus, was dem Schritt System entspricht.

Um das Potenzial der Betriebsstrategie abzuschätzen, wurde in [11] eine simulative Bewertung des Optimierungspotenzials durchgeführt. Im Rahmen einer Parameterstudie wurden Einflussfaktoren, wie z. B. die Dauer der Betriebsstrategie und das Ausfallverhalten der Zähne, verändert und untersucht. In Abb. 12.6 ist der Einfluss der identifizierbaren Grübchengröße während des Betriebs auf den Median der Lebensdauersteigerung dargestellt. Dabei ist der Einfluss der messbaren Grübchengröße bzw. des Starts der Betriebsstrategie auf die Lebensdauersteigerung bei unterschiedlichen Amplituden A der Drehmomentenvariation zu erkennen. Es wird ersichtlich, dass die Betriebsstrategie im Median ein Optimum von ca. 12 % bei Variation des initial detektierten Grübchens besitzt. Dabei wird ein Bereich zwischen 0,2 bis 3,8 % für die messbare Grübchengröße betrachtet. Steigt die messbare Grübchengröße an, so muss auch die Amplitude zur Entlastung des schwächsten

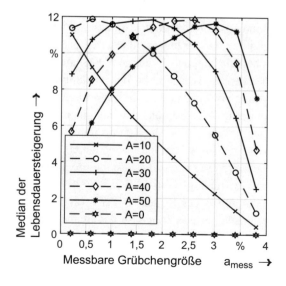

Abb. 12.6 Simulative Ermittlung der Lebensdauersteigerung nach [11]. (© IMA 2022. All Rights Reserved)

Zahnes zunehmen, um eine Lebensdauersteigerung zu ermöglichen. Somit steigt auch mit möglicher detektierbarer Grübchengröße die Amplitude zur Lastreduktion. Dies ist mit der zunehmenden Schädigung des Zahnes bei späterem Start der Betriebsstrategie begründet. Bei konstanter Amplitude der Lastanpassung hat jeder Verlauf der Lebensdauersteigerung ein Maximum bei unterschiedlichen Startpunkten der Betriebsstrategie. Aufgrund der lokalen Entlastung des schwächsten Zahnes bei gleichbleibender Leistung kommt es zur höheren Belastung der anderen Zähne am Umfang. Bei zu frühem Start der Betriebsstrategie kann es somit zu einem früheren Versagen eines in Folge der Betriebsstrategie stärker belasteten Zahnes kommen. Dahingegen wird das Lebensdauerpotenzial bei zu spätem Start der Betriebsstrategie nicht voll ausgeschöpft. Wird ein Grübchen im betrachteten System detektiert, ist mittels der Betriebsstrategie eine Optimierung des Betriebsverhaltens möglich. Daher wird durch das vorliegende Beispiel eine Optimierung im Rahmen des PHM verstanden.

In [6] wird eine Methode beschrieben, welche sich mit der Verknüpfung von Tätigkeiten der Zuverlässigkeit und des PHM auseinandersetzt. Dies ist in der vergleichbaren Zielsetzung der beiden Fachbereiche begründet. Als Beispiel wird hier ein virtueller Sensor zur Ermittlung der lokalen Belastung aufgegriffen. Virtuelle Sensoren werden im Rahmen von PHM für die Diagnose des Schädigungszustandes eines Systems und Beschreibung eines repräsentativen Nutzungsverhaltens eingesetzt. Der erste Schritt hat dabei zum Ziel, die relevanten Ausfallmechanismen zu priorisieren und Einflussfaktoren auf diesen festzulegen. Im zweiten Schritt werden die unbekannten Einflussfaktoren durch virtuelle Sensoren abgebildet. Virtuelle Sensoren beschreiben mathematische oder physikalische Modelle, welche durch verfügbare Messgrößen eine nicht-vorhandene Größe bestimmen. In Abb. 12.7 ist der Verlauf der lokalen Belastung auf Basis eines virtuellen Sensors dargestellt. Der virtuelle Sensor wurde hierbei zur Bestimmung der Komponententemperatur eines Turbinengehäuses an einem Verbrennungsmotor verwendet. Beim Stopp des Verbrennungsmotors wird der Signalverlauf bis zum erneuten Start unterbrochen, da das Signal durch das Steuergerät nicht weiter abgerufen wird. Dies ist beim Einsatz der Modelle zu berücksichtigen. In einigen Diagrammbereichen ist eine Diskontinuität im Verlauf zu erkennen. Dies hängt mit der Abkühlung der Komponente während des Motor-Stopps zusammen. Aufgrund der hohen notwendigen Speicherkapazität lassen sich die gesamten Belastungs-Zeit-Signale nicht auf einem Steuergerät sichern. Daher wird das Belastungssignal mittels eines Algorithmus transformiert, um die Datenmenge zu reduzieren. Da in [6] keine zusätzlichen Informationen bezüglich des Schädigungszustandes vorhanden sind, wird eine belastungsbasierte Prognose eingesetzt. Somit erfolgt die Transformation des Belastungsverlaufs in ein Lastkollektiv.

Auf Basis des Kollektivs der lokalen Belastung und eines Lebensdauermodells wird anschließend eine Diagnose des momentanen Schädigungszustandes getätigt. Nach [6] werden die Lastkollektive nicht nur zur Diagnose und anschließenden Prognose des Schädigungszustandes, sondern auch zur Beschreibung eines repräsentativen Nutzungsverhaltens genutzt. Somit ergeben sich repräsentative Lastkollektive, welche zur Entwicklung neuer Produktgenerationen herangezogen werden können.

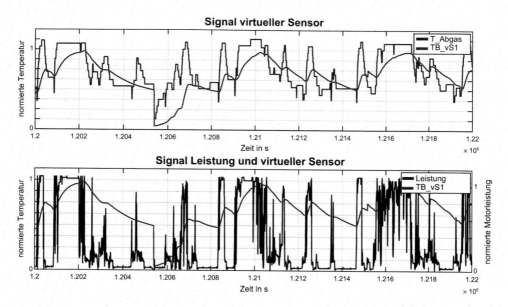

Abb. 12.7 Signalverlauf eines virtuellen Sensors zur Bestimmung der Bauteilbelastung nach [12]. (© IMA 2022. All Rights Reserved)

Literatur

1. Committee Standards IEEE (2017) IEEE 1856-2017 standard framework for prognostics and health management of electronic systems IEEE standard framework for prognostics and health management of electronic systems. IEEE
2. Goebel K, Daigle M, Abhinav S, Sankararaman S, Roychoudhury I, Celaya J (2017) Prognostics: the science of prediction
3. Henß M (2021) Dissertation: Methodik zur Konzeption, Analyse und Modellierung von Lösungen im Prognostics and Health Managment. Stuttgart
4. Coble, Baalis J (2010) Merging data sources to predict remaining useful life – an automated method to identify prognostic parameters. University of Tennessee
5. Rakowsky U, Bertsche B (2015) Introducing type 5 to prognostics and health management classification schemes. In: Safety and reliability of complex engineered systems. Taylor & Francis Group, London
6. Diesch M (2022) Methodik zur Verknüpfung von Zuverlässigkeit und PHM. Universität Stuttgart, Stuttgart
7. Haibach E (2006) Betriebsfestigkeit. Springer, Heidelberg
8. Sankararaman S, Ling Y, Mahadevan S (2011) Uncertainty quantification and model validation of fatigue crack growth. Eng Fract Mech. Elsevier
9. Koller O (2016) Zuverlässigkeit von Leistungsmodulen im elektrischen Antriebsstrang. Universität Stuttgart, Stuttgart
10. Henß M, Bertsche B (2019) AutoEncoder basierte automatisierte Zustandsdiagnose von Wälzlagern. Tagung Technische Zuverlässigkeit, Stuttgart

11. Gretzinger Y (2022) Steigerung der nutzbaren Restlebensdauer von Zahnrädern durch eine adaptive Betriebsstrategie. Universität Stuttgart, Stuttgart
12. Diesch M, Bubolz T, Dazer M, Lucan K, Bertsche B (2019) Application of virtual sensors for stress-related design and operation-specific lifetime prognosis. 14. Internationale MTZ-Fachtagung Großmotoren, 2019. Friedrichshafen, Deutschland

Erratum zu: Zuverlässigkeit im Fahrzeug- und Maschinenbau

Erratum zu:
B. Bertsche, M. Dazer, *Zuverlässigkeit im Fahrzeug- und Maschinenbau,*
https://doi.org/10.1007/978-3-662-65024-0

Leider haben sich trotz sorgfältiger Prüfung Fehler eingeschlichen, die uns erst nach Drucklegung aufgefallen sind. Die nachfolgenden sowie viele andere nachträgliche Korrekturen wurden jetzt ausgeführt.

Seite 99: Abb. 3.6 wurde ausgetauscht.

Seite 322: Die Abbildungslegende zu Abb. 8.17 wurde korrigiert zu: Abb. 8.17 Nicht gewichtete und gewichtete Zuverlässigkeitsverteilung. (© IMA 2022. All Rights Reserved)

Seite 333: Der Nenner der Formel 8.48 wurde korrigiert zu: Gesamtzahl der durchgeführten Tests

Die korrigierte Version des Buchs ist verfügbar unter:
https://doi.org/10.1007/978-3-662-65024-0

© Der/die Autor(en), exklusiv lizenziert an Springer-Verlag GmbH, DE, ein Teil von Springer Nature 2023
B. Bertsche, M. Dazer, *Zuverlässigkeit im Fahrzeug- und Maschinenbau,*
https://doi.org/10.1007/978-3-662-65024-0_13

Anhang

Tabelle A.1. 5 %-Vertrauensgrenze

Tab. A.1.1 Ausfallwahrscheinlichkeiten in % für die 5 %-Vertrauensgrenze bei einem Stichprobenumfang von n ($1 \leq n \leq 10$) und der Ranggröße i

	$n = 1$	2	3	4	5	6	7	8	9	10
$i = 1$	5,0000	2,5321	1,6952	1,2742	1,0206	0,8512	0,7301	0,6391	0,5683	0,5116
2		22,3607	13,5350	9,7611	7,6441	6,2850	5,3376	4,6389	4,1023	3,6771
3			36,8403	24,8604	18,9256	15,3161	12,8757	11,1113	9,7747	8,7264
4				47,2871	34,2592	27,1338	22,5321	19,2903	16,8750	15,0028
5					54,9281	41,8197	34,1261	28,9241	25,1367	22,2441
6						60,6962	47,9298	40,0311	34,4941	30,3537
7							65,1836	52,9321	45,0358	39,3376
8								68,7656	57,0864	49,3099
9									71,6871	60,5836
10										74,1134

© Der/die Herausgeber bzw. der/die Autor(en), exklusiv lizenziert an Springer-Verlag GmbH, DE, ein Teil von Springer Nature 2022, korrigierte Publikation 2023
B. Bertsche, M. Dazer, *Zuverlässigkeit im Fahrzeug- und Maschinenbau*,
https://doi.org/10.1007/978-3-662-65024-0

Tab. A.1.2 Ausfallwahrscheinlichkeiten in % für die 5 %-Vertrauensgrenze bei einem Stichproben-umfang von n (11 $\leq n \leq$ 20) und der Ranggröße i

	$n = 11$	12	13	14	15	16	17	18	19	20
$i = 1$	0,4652	0,4265	0,3938	0,3657	0,3414	0,3201	0,3013	0,2846	0,2696	0,2561
2	3,3319	3,0460	2,8053	2,5999	2,4226	2,2679	2,1318	2,0111	1,9033	1,8065
3	7,8820	7,1870	6,6050	6,1103	5,6847	5,3146	4,9898	4,7025	4,4465	4,2169
4	13,5075	12,2851	11,2666	10,4047	9,6658	9,0252	8,4645	7,9695	7,5294	7,1354
5	19,9576	18,1025	16,5659	15,2718	14,1664	13,2111	12,3771	11,6426	10,9906	10,4081
6	27,1250	24,5300	22,3955	20,6073	19,0865	17,7766	16,6363	15,6344	14,7469	13,9554
7	34,9811	31,5238	28,7049	26,3585	24,3727	22,6692	21,1908	19,8953	18,7504	17,7311
8	43,5626	39,0862	35,4799	32,5028	29,9986	27,8602	26,0114	24,3961	22,9721	21,7069
9	52,9913	47,2674	42,7381	39,0415	35,9566	33,3374	31,0829	29,1201	27,3946	25,8651
10	63,5641	56,1894	50,5350	45,9995	42,2556	39,1011	36,4009	34,0598	32,0087	30,1954
11	76,1596	66,1320	58,9902	53,4343	48,9248	45,1653	41,9705	39,2155	36,8115	34,6931
12		77,9078	68,3660	61,4610	56,0216	51,5604	47,8083	44,5955	41,8064	39,3585
13			79,4184	70,3266	63,6558	58,3428	53,9451	50,2172	47,0033	44,1966
14				80,7364	72,0604	65,6175	60,4358	56,1118	52,4203	49,2182
15					81,8964	73,6042	67,3807	62,3321	58,0880	54,4417
16						82,9251	74,9876	68,9738	64,0574	59,8972
17							83,8434	76,2339	70,4198	65,6336
18								84,6683	77,3626	71,7382
19									85,4131	78,3894
20										86,0891

Tab. A.1.3 Ausfallwahrscheinlichkeiten in % für die 5 %-Vertrauensgrenze bei einem Stichproben-umfang von n ($21 \leq n \leq 30$) und der Ranggröße i

	$n = 21$	22	23	24	25	26	27	28	29	30
$i = 1$	0,2440	0,2329	0,2228	0,2135	0,2050	0,1971	0,1898	0,1830	0,1767	0,1708
2	1,7191	1,6397	1,5674	1,5012	1,4403	1,3842	1,3323	1,2841	1,2394	1,1976
3	4,0100	3,8223	3,6515	3,4953	3,3520	3,2199	3,0978	2,9847	2,8796	2,7816
4	6,7806	6,4596	6,1676	5,9008	5,6563	5,4312	5,2233	5,0308	4,8520	4,6855
5	9,8843	9,4109	8,9809	8,5885	8,2291	7,8986	7,5936	7,3114	7,0494	6,8055
6	13,2448	12,6034	12,0215	11,4911	11,0056	10,5597	10,1485	9,7682	9,4155	9,0874
7	16,8176	15,9941	15,2480	14,5686	13,9475	13,3774	12,8522	12,3669	11,9169	11,4987
8	20,5750	19,5562	18,6344	17,7961	17,0304	16,3282	15,6819	15,0851	14,5322	14,0185
9	24,4994	23,2724	22,1636	21,1566	20,2378	19,3960	18,6220	17,9077	17,2465	16,6326
10	28,5801	27,1313	25,8243	24,6389	23,5586	22,5700	21,6617	20,8243	20,0496	19,3308
11	32,8109	31,1264	29,6093	28,2356	26,9853	25,8424	24,7934	23,8271	22,9340	22,1059
12	37,1901	35,2544	33,5148	31,9421	30,5130	29,2082	28,0120	26,9111	25,8944	24,9526
13	41,7199	39,5156	37,5394	35,7564	34,1389	32,6642	31,3139	30,0725	28,9271	27,8669
14	46,4064	43,9132	41,6845	39,6785	37,8622	36,2089	34,6972	33,3090	32,0296	30,8464
15	51,2611	48,4544	45,9544	43,7107	41,6838	39,8424	38,1613	36,6197	35,2005	33,8893
16	56,3024	53,1506	50,3565	47,8577	45,6067	43,5663	41,7069	40,0044	38,4392	36,9948
17	61,5592	58,0200	54,9025	52,1272	49,6359	47,3838	45,3360	43,4645	41,7464	40,1629
18	67,0789	63,0909	59,6101	56,5309	53,7791	51,3002	49,0522	47,0021	45,1235	43,3945
19	72,9448	68,4087	64,5067	61,0861	58,0480	55,3234	52,8608	50,6211	48,5730	46,6914
20	79,3275	74,0533	69,6362	65,8192	62,4595	59,4646	56,7698	54,3269	52,0988	50,0561
21	86,7054	80,1878	75,0751	70,7727	67,0392	63,7405	60,7902	58,1272	55,7064	53,4927
22		87,2695	80,9796	76,0199	71,8277	68,1758	64,9380	62,0330	59,4034	57,0066
23			87,7876	81,7108	76,8960	72,8098	69,2374	66,0598	63,2004	60,6053
24				88,2654	82,3879	77,7107	73,7261	70,2309	67,1127	64,2991
25					88,7072	83,0169	78,4700	74,5830	71,1628	68,1029
26						89,1170	83,6026	79,1795	75,3861	72,0385
27							89,4981	84,1493	79,8439	76,1402
28								89,8534	84,6608	80,4674
29									90,1855	85,1404
30										90,4966

Tabelle A.2. Medianwerte

Tab. A.2.1 Medianwerte in % bei einem Stichprobenumfang von n ($1 \leq n \leq 10$) und der Ranggröße i

	$n = 1$	2	3	4	5	6	7	8	9	10
$i = 1$	50,0000	29,2893	20,6299	15,9104	12,9449	10,9101	9,4276	8,2996	7,4125	6,6967
2		70,7107	50,0000	38,5728	31,3810	26,4450	22,8490	20,1131	17,9620	16,2263
3			79,3700	61,4272	50,0000	42,1407	36,4116	32,0519	28,6237	25,8575
4				84,0896	68,6190	57,8593	50,0000	44,0155	39,3085	35,5100
5					87,0550	73,5550	63,5884	55,9845	50,0000	45,1694
6						89,0899	77,1510	67,9481	60,6915	54,8306
7							90,5724	79,8869	71,3763	64,4900
8								91,7004	82,0380	74,1425
9									92,5875	83,7737
10										93,3033

Tab. A.2.2 Medianwerte in % bei einem Stichprobenumfang von n ($11 \leq n \leq 20$) und der Ranggröße i

	$n = 11$	12	13	14	15	16	17	18	19	20
$i = 1$	6,1069	5,6126	5,1922	4,8305	4,5158	4,2397	3,9953	3,7776	3,5824	3,4064
2	14,7963	13,5979	12,5791	11,7022	10,9396	10,2703	9,6782	9,1506	8,6775	8,2510
3	23,5785	21,6686	20,0449	18,6474	17,4321	16,3654	15,4218	14,5810	13,8271	13,1474
4	32,3804	29,7576	27,5276	25,6084	23,9393	22,4745	21,1785	20,0238	18,9885	18,0550
5	41,1890	37,8529	35,0163	32,5751	30,4520	28,5886	26,9400	25,4712	24,1543	22,9668
6	50,0000	45,9507	42,5077	39,5443	36,9671	34,7050	32,7038	30,9207	29,3220	27,8805
7	58,8110	54,0493	50,0000	46,5147	43,4833	40,8227	38,4687	36,3714	34,4909	32,7952
8	67,6195	62,1471	57,4923	53,4853	50,0000	46,9408	44,2342	41,8226	39,6603	37,7105
9	76,4215	70,2424	64,9837	60,4557	56,5167	53,0592	50,0000	47,2742	44,8301	42,6262
10	85,2037	78,3314	72,4724	67,4249	63,0330	59,1774	55,7658	52,7258	50,0000	47,5421
11	93,8931	86,4021	79,9551	74,3916	69,5480	65,2950	61,5313	58,1774	55,1699	52,4580
12		94,3874	87,4209	81,3526	76,0607	71,4114	67,2962	63,6286	60,3397	57,3738
13			94,8078	88,2978	82,5679	77,5255	73,0600	69,0793	65,5091	62,2895
14				95,1695	89,0604	83,6346	78,8215	74,5288	70,6780	67,2048
15					95,4842	89,7297	84,5782	79,9762	75,8457	72,1195
16						95,7603	90,3218	85,4190	81,0115	77,0332
17							96,0047	90,8494	86,1729	81,9450
18								96,2224	91,3225	86,8526
19									96,4176	91,7490
20										96,5936

Tab. A.2.3 Medianwerte in % bei einem Stichprobenumfang von n $(21 \leq n \leq 30)$ und der Ranggröße i

	$n = 21$	22	23	24	25	26	27	28	29	30
$i = 1$	3,2468	3,1016	2,9687	2,8468	2,7345	2,6307	2,5345	2,4451	2,3618	2,2840
2	7,8644	7,5124	7,1906	6,8952	6,6231	6,3717	6,1386	5,9221	5,7202	5,5317
3	12,5313	11,9704	11,4576	10,9868	10,5533	10,1526	9,7813	9,4361	9,1145	8,8141
4	17,2090	16,4386	15,7343	15,0879	14,4925	13,9422	13,4323	12,9583	12,5166	12,1041
5	21,8905	20,9107	20,0147	19,1924	18,4350	17,7351	17,0864	16,4834	15,9216	15,3968
6	26,5740	25,3844	24,2968	23,2986	22,3791	21,5294	20,7419	20,0100	19,3279	18,6909
7	31,2584	29,8592	28,5798	27,4056	26,3241	25,3246	24,3983	23,5373	22,7350	21,9857
8	35,9434	34,3345	32,8634	31,5132	30,2695	29,1203	28,0551	27,0651	26,1426	25,2809
9	40,6288	38,8102	37,1473	35,6211	34,2153	32,9163	31,7123	30,5932	29,5504	28,5764
10	45,3144	43,2860	41,4315	39,7292	38,1613	36,7125	35,3696	34,1215	32,9585	31,8721
11	50,0000	47,7620	45,7157	43,8375	42,1075	40,5089	39,0271	37,6500	36,3667	35,1679
12	54,6856	52,2380	50,0000	47,9458	46,0537	44,3053	42,6847	41,1785	39,7749	38,4639
13	59,3712	56,7140	54,2843	52,0542	50,0000	48,1018	46,3423	44,7071	43,1833	41,7599
14	64,0566	61,1898	58,5685	56,1625	53,9463	51,8982	50,0000	48,2357	46,5916	45,0559
15	68,7416	65,6655	62,8527	60,2708	57,8925	55,6947	53,6577	51,7643	50,0000	48,3520
16	73,4260	70,1408	67,1366	64,3789	61,8386	59,4911	57,3153	55,2929	53,4084	51,6480
17	78,1095	74,6156	71,4202	68,4868	65,7847	63,2875	60,9729	58,8215	56,8167	54,9441
18	82,7911	79,0894	75,7032	72,5944	69,7305	67,0837	64,6304	62,3500	60,2251	58,2401
19	87,4687	83,5614	79,9853	76,7014	73,6759	70,8797	68,2877	65,8785	63,6333	61,5361
20	92,1356	88,0296	84,2657	80,8076	77,6209	74,6754	71,9449	69,4068	67,0415	64,8320
21	96,7532	92,4876	88,5425	84,9121	81,5650	78,4706	75,6017	72,9349	70,4496	68,1279
22		96,8984	92,8094	89,0132	85,5075	82,2649	79,2581	76,4627	73,8574	71,4236
23			97,0313	93,1048	89,4467	86,0578	82,9136	79,9900	77,2650	74,7191
24				97,1532	93,3769	89,8474	86,5677	83,5166	80,6721	78,0143
25					97,2655	93,6283	90,2187	87,0417	84,0784	81,3091
26						97,3693	93,8614	90,5639	87,4834	84,6032
27							97,4655	94,0779	90,8855	87,8959
28								97,5549	94,2798	91,1859
29									97,6382	94,4683
30										97,7160

Tabelle A.3. 95 %-Vertrauensgrenze

Tab. A.3.1 Ausfallwahrscheinlichkeiten in % für die 95 %-Vertrauensgrenze bei einem Stichprobenumfang von n ($1 \leq n \leq 10$) und der Ranggröße i

	$n = 1$	2	3	4	5	6	7	8	9	10
$i = 1$	95,0000	77,6393	63,1597	52,7129	45,0720	39,3038	34,8164	31,2344	28,3129	25,8866
2		97,4679	86,4650	75,1395	65,7408	58,1803	52,0703	47,0679	42,9136	39,4163
3			98,3047	90,2389	81,0744	72,8662	65,8738	59,9689	54,9642	50,6901
4				98,7259	92,3560	84,6839	77,4679	71,0760	65,5058	60,6624
5					98,9794	93,7150	87,1244	80,7097	74,8633	69,6463
6						99,1488	94,6624	88,8887	83,1250	77,7559
7							99,2699	95,3611	90,2253	84,9972
8								99,3609	95,8977	91,2736
9									99,4317	96,3229
10										99,4884

Tab. A.3.2 Ausfallwahrscheinlichkeiten in % für die 95 %-Vertrauensgrenze bei einem Stichprobenumfang von n ($11 \leq n \leq 20$) und der Ranggröße i

	$n = 11$	12	13	14	15	16	17	18	19	20
$i = 1$	23,8404	22,0922	20,5817	19,2636	18,1036	17,0750	16,1566	15,3318	14,5868	13,9108
2	36,4359	33,8681	31,6339	29,6734	27,9396	26,3957	25,0125	23,7661	22,6375	21,6106
3	47,0087	43,8105	41,0099	38,5389	36,3442	34,3825	32,6193	31,0263	29,5802	28,2619
4	56,4374	52,7326	49,4650	46,5656	43,9785	41,6572	39,5641	37,6679	35,9425	34,3664
5	65,0188	60,9137	57,2620	54,0005	51,0752	48,4397	46,0550	43,8883	41,9120	40,1028
6	72,8750	68,4763	64,5201	60,9585	57,7444	54,8347	52,1918	49,7828	47,5797	45,5582
7	80,0424	75,4700	71,2951	67,4972	64,0435	60,8989	58,0295	55,4046	52,9967	50,7818
8	86,4925	81,8975	77,6045	73,6415	70,0013	66,6626	63,5991	60,7845	58,1935	55,8034
9	92,1180	87,7149	83,4341	79,3926	75,6273	72,1397	68,9171	65,9402	63,1885	60,6415
10	96,6681	92,8130	88,7334	84,7282	80,9135	77,3308	73,9886	70,8799	67,9913	65,3069
11	99,5348	96,9540	93,3950	89,5953	85,8336	82,2234	78,8092	75,6039	72,6054	69,8046
12		99,5735	97,1947	93,8897	90,3342	86,7889	83,3638	80,1047	77,0279	74,1349
13			99,6062	97,4001	94,3153	90,9748	87,6229	84,3656	81,2496	78,2931
14				99,6343	97,5774	94,6854	91,5355	88,3574	85,2530	82,2689
15					99,6586	97,7321	95,0102	92,0305	89,0093	86,0446
16						99,6799	97,8682	95,2975	92,4706	89,5919
17							99,6987	97,9889	95,5535	92,8646
18								99,7154	98,0967	95,7831
19									99,7304	98,1935
20										99,7439

Tab. A.3.3 Ausfallwahrscheinlichkeiten in % für die 95 %-Vertrauensgrenze bei einem Stichprobenumfang von n ($21 \leq n \leq 30$) und der Ranggröße i

	$n = 21$	22	23	24	25	26	27	28	29	30
$i = 1$	13,2946	12,7306	12,2123	11,7346	11,2928	10,8830	10,5019	10,1466	9,8145	9,5034
2	20,6725	19,8122	19,0204	18,2893	17,6121	16,9831	16,3975	15,8507	15,3392	14,8596
3	27,0552	25,9467	24,9249	23,9801	23,1040	22,2893	21,5300	20,8205	20,1561	19,5326
4	32,9211	31,5913	30,3637	29,2273	28,1723	27,1902	26,2739	25,4170	24,6139	23,8598
5	38,4408	36,9091	35,4932	34,1807	32,9608	31,8242	30,7627	29,7691	28,8372	27,9615
6	43,6976	41,9800	40,3899	38,9139	37,5405	36,2595	35,0620	33,9402	32,8873	31,8971
7	48,7389	46,8494	45,0975	43,4692	41,9520	40,5354	39,2098	37,9670	36,7995	35,7009
8	53,5936	51,5456	49,6435	47,8728	46,2209	44,6767	43,2302	41,8728	40,5966	39,3947
9	58,2801	56,0868	54,0456	52,1423	50,3642	48,6998	47,1391	45,6731	44,2936	42,9934
10	62,8099	60,4844	58,3155	56,2893	54,3933	52,6162	50,9478	49,3789	47,9012	46,5073
11	67,1891	64,7456	62,4607	60,3215	58,3162	56,4337	54,6640	52,9979	51,4270	49,9439
12	71,4200	68,8737	66,4853	64,2436	62,1378	60,1576	58,2931	56,5355	54,8765	53,3086
13	75,5005	72,8687	70,3906	68,0579	65,8611	63,7911	61,8387	59,9956	58,2536	56,6055
14	79,4250	76,7276	74,1757	71,7645	69,4871	67,3358	65,3028	63,3803	61,5608	59,8371
15	83,1824	80,4437	77,8364	75,3611	73,0147	70,7918	68,6861	66,6909	64,7996	63,0052
16	86,7552	84,0059	81,3656	78,8434	76,4414	74,1576	71,9880	69,9275	67,9704	66,1108
17	90,1156	87,3966	84,7520	82,2040	79,7622	77,4300	75,2066	73,0889	71,0728	69,1536
18	93,2193	90,5891	87,9785	85,4313	82,9696	80,6039	78,3383	76,1728	74,1056	72,1331
19	95,9901	93,5404	91,0191	88,5089	86,0525	83,6718	81,3780	79,1757	77,0660	75,0474
20	98,2809	96,1776	93,8324	91,4115	88,9944	86,6226	84,3181	82,0923	79,9504	77,8941
21	99,7560	98,3603	96,3485	94,0992	91,7709	89,4404	87,1478	84,9149	82,7535	80,6691
22		99,7671	98,4326	96,5047	94,3437	92,1014	89,8515	87,6331	85,4678	83,3674
23			99,7772	98,4988	96,6480	94,5688	92,4064	90,2318	88,0831	85,9815
24				99,7865	98,5597	96,7801	94,7767	92,6886	90,5845	88,5013
25					99,7950	98,6158	96,9022	94,9692	92,9506	90,9126
26						99,8029	98,6677	97,0153	95,1480	93,1944
27							99,8102	98,7159	97,1204	95,3145
28								99,8170	98,7606	97,2184
29									99,8233	98,8024
30										99,8292

Tab. A.4 Standardnormalverteilung

Die Tabelle enthält Werte der Standardnormalverteilung $\phi(x) = NV(\mu = 0, \sigma = 1)$ für $x \geq 0$. Für $x < 0$ beachte man $\phi(-x) = 1 - \phi(x)$

Transformation einer Normalverteilung: $x = \dfrac{t - \mu}{\sigma}$

Transformation einer LogNormalverteilung: $x = \dfrac{\ln(t - t_0) - \mu}{\sigma}$

x	+0,00	+0,01	+0,02	+0,03	+0,04	+0,05	+0,06	+0,07	+0,08	+0,09
0,0	0,5000	0,5040	0,5080	0,5120	0,5160	0,5199	0,5239	0,5279	0,5319	0,5359
0,1	0,5398	0,5438	0,5478	0,5517	0,5557	0,5596	0,5636	0,5675	0,5714	0,5753
0,2	0,5793	0,5832	0,5871	0,5910	0,5948	0,5987	0,6026	0,6064	0,6103	0,6141
0,3	0,6179	0,6217	0,6255	0,6293	0,6331	0,6368	0,6406	0,6443	0,6480	0,6517
0,4	0,6554	0,6591	0,6628	0,6664	0,6700	0,6736	0,6772	0,6808	0,6844	0,6879
0,5	0,6915	0,6950	0,6985	0,7019	0,7054	0,7088	0,7123	0,7157	0,7190	0,7224
0,6	0,7257	0,7291	0,7324	0,7357	0,7389	0,7422	0,7454	0,7486	0,7517	0,7549
0,7	0,7580	0,7611	0,7642	0,7673	0,7704	0,7734	0,7764	0,7794	0,7823	0,7852
0,8	0,7881	0,7910	0,7939	0,7967	0,7995	0,8023	0,8051	0,8078	0,8106	0,8133
0,9	0,8159	0,8186	0,8212	0,8238	0,8264	0,8289	0,8315	0,8340	0,8365	0,8389
1,0	0,8413	0,8438	0,8461	0,8485	0,8508	0,8531	0,8554	0,8577	0,8599	0,8621
1,1	0,8643	0,8665	0,8686	0,8708	0,8729	0,8749	0,8770	0,8790	0,8810	0,8830
1,2	0,8849	0,8869	0,8888	0,8907	0,8925	0,8944	0,8962	0,8980	0,8997	0,9015
1,3	0,9032	0,9049	0,9066	0,9082	0,9099	0,9115	0,9131	0,9147	0,9162	0,9177
1,4	0,9192	0,9207	0,9222	0,9236	0,9251	0,9265	0,9279	0,9292	0,9306	0,9319
1,5	0,9332	0,9345	0,9357	0,9370	0,9382	0,9394	0,9406	0,9418	0,9429	0,9441
1,6	0,9452	0,9463	0,9474	0,9484	0,9495	0,9505	0,9515	0,9525	0,9535	0,9545
1,7	0,9554	0,9564	0,9573	0,9582	0,9591	0,9599	0,9608	0,9616	0,9625	0,9633
1,8	0,9641	0,9649	0,9656	0,9664	0,9671	0,9678	0,9686	0,9693	0,9699	0,9706
1,9	0,9713	0,9719	0,9726	0,9732	0,9738	0,9744	0,9750	0,9756	0,9761	0,9767
2,0	0,9772	0,9778	0,9783	0,9788	0,9793	0,9798	0,9803	0,9808	0,9812	0,9817
2,1	0,9821	0,9826	0,9830	0,9834	0,9838	0,9842	0,9846	0,9850	0,9854	0,9857
2,2	0,9861	0,9864	0,9868	0,9871	0,9875	0,9878	0,9881	0,9884	0,9887	0,9890
2,3	0,9893	0,9896	0,9898	0,9901	0,9904	0,9906	0,9909	0,9911	0,9913	0,9916
2,4	0,9918	0,9920	0,9922	0,9925	0,9927	0,9929	0,9931	0,9932	0,9934	0,9936
2,5	0,9938	0,9940	0,9941	0,9943	0,9945	0,9946	0,9948	0,9949	0,9951	0,9952
2,6	0,9953	0,9955	0,9956	0,9957	0,9959	0,9960	0,9961	0,9962	0,9963	0,9964
2,7	0,9965	0,9966	0,9967	0,9968	0,9969	0,9970	0,9971	0,9972	0,9973	0,9974
2,8	0,9974	0,9975	0,9976	0,9977	0,9977	0,9978	0,9979	0,9979	0,9980	0,9981
2,9	0,9981	0,9982	0,9982	0,9983	0,9984	0,9984	0,9985	0,9985	0,9986	0,9986
3,0	0,9987	0,9987	0,9987	0,9988	0,9988	0,9989	0,9989	0,9989	0,9990	0,9990

Tab. A.5 Gammafunktion

Die Gammafunktion wurde von Euler als uneigentliches Parameterintegral (zweites Eulersches Integral) wie folgt definiert: Für alle reellen Zahlen $x > 0$ ist $\Gamma(x) = \int\limits_{0}^{\infty} e^{-t} \cdot t^{x-1} \cdot dt$

Es gelten folgende Funktionalgleichungen: $\Gamma(x = 1) = 1$, $\Gamma(x + 1) = x \cdot \Gamma(x)$, $\Gamma(x) = \dfrac{\Gamma(x+1)}{x}$, $\Gamma(x) = (x - 1) \cdot \Gamma(x - 1)$

x	$\Gamma(x)$
1,00	1
1,01	0,994325851
1,02	0,988844203
1,03	0,983549951
1,04	0,978438201
1,05	0,973504266
1,06	0,968743649
1,07	0,964152042
1,08	0,959725311
1,09	0,955459488
1,10	0,95135077
1,11	0,947395504
1,12	0,943590186
1,13	0,93993145
1,14	0,936416066
1,15	0,933040931
1,16	0,929803067
1,17	0,926699611
1,18	0,923727814
1,19	0,920885037
1,20	0,918168742
1,21	0,915576493
1,22	0,913105947
1,23	0,910754856
1,24	0,908521058
1,25	0,906402477
1,26	0,904397118
1,27	0,902503064
1,28	0,900718476
1,29	0,899041586
1,30	0,897470696
1,31	0,896004177
1,32	0,894640463
1,33	0,893378053
1,34	0,892215507

1,35	0,891151442
1,36	0,890184532
1,37	0,889313507
1,38	0,888537149
1,39	0,887854292
1,40	0,887263817
1,41	0,886764658
1,42	0,88635579
1,43	0,886036236
1,44	0,885805063
1,45	0,88566138
1,46	0,885604336
1,47	0,885633122
1,48	0,885746965
1,49	0,885945132
1,50	0,886226925
1,51	0,886591685
1,52	0,887038783
1,53	0,887567628
1,54	0,888177659
1,55	0,888868348
1,56	0,889639199
1,57	0,890489746
1,58	0,891419554
1,59	0,892428214
1,60	0,893515349
1,61	0,894680608
1,62	0,895923668
1,63	0,897244233
1,64	0,89864203
1,65	0,900116816
1,66	0,901668371
1,67	0,903296499
1,68	0,90500103
1,69	0,906781816
1,70	0,908638733
1,71	0,91057168
1,72	0,912580578
1,73	0,914665371
1,74	0,916826025
1,75	0,919062527
1,76	0,921374885
1,77	0,923763128
1,78	0,926227306
1,79	0,92876749

1,80	0,931383771
1,81	0,934076258
1,82	0,936845083
1,83	0,939690395
1,84	0,942612363
1,85	0,945611176
1,86	0,948687042
1,87	0,951840185
1,88	0,955070853
1,89	0,958379308
1,90	0,961765832
1,91	0,965230726
1,92	0,968774309
1,93	0,972396918
1,94	0,976098907
1,95	0,979880651
1,96	0,98374254
1,97	0,987684984
1,98	0,991708409
1,99	0,99581326
2,00	1

Beispiele:

a) $\Gamma(1,35) = 0,891151442$

b) $\Gamma(0,8) = \dfrac{\Gamma(1,8)}{0,8} = \dfrac{0,931383771}{0,8} = 1,16497971375$

c) $\Gamma(3,2) = 2,2 \cdot \Gamma(2,2) = 2,2 \cdot 1,2 \cdot \Gamma(1,2) = 2,2 \cdot 1,2 \cdot 0,918168742 = 2,42397$

Graphiken zur Bestimmung des Vertrauensbereichs nach dem V_q-Verfahren:

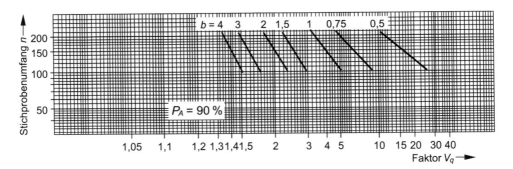

Abb. A1 Vertrauensbereich der t_1-Lebensdauerwerte ($q = 1$ %) für verschiedene b-Werte nach dem V_q-Verfahren [VDA 4.2]

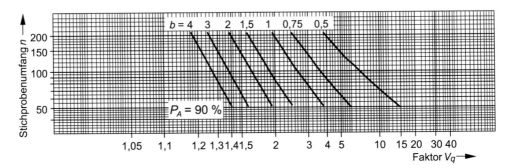

Abb. A2 Vertrauensbereich der t_3-Lebensdauerwerte ($q = 3$ %) für verschiedene b-Werte nach dem V_q-Verfahren [VDA 4.2]

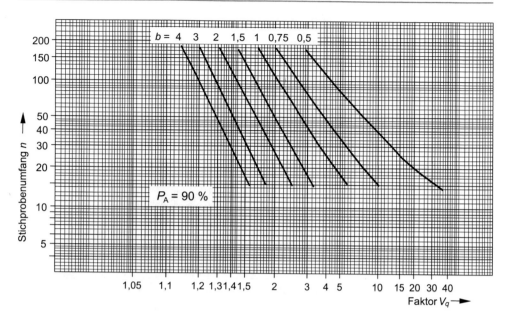

Abb. A3 Vertrauensbereich der t_5-Lebensdauerwerte ($q = 5$ %) für verschiedene b-Werte nach dem V_q-Verfahren [VDA 4.2]

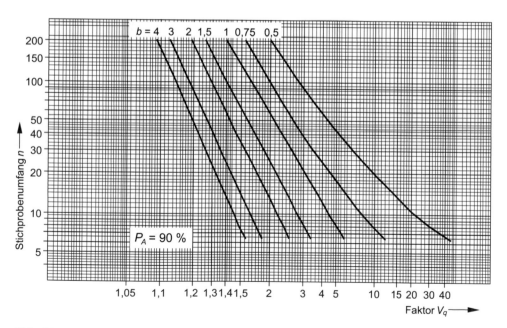

Abb. A4 Vertrauensbereich der t_{10}-Lebensdauerwerte ($q = 10$ %) für verschiedene b-Werte nach dem V_q-Verfahren [VDA 4.2]

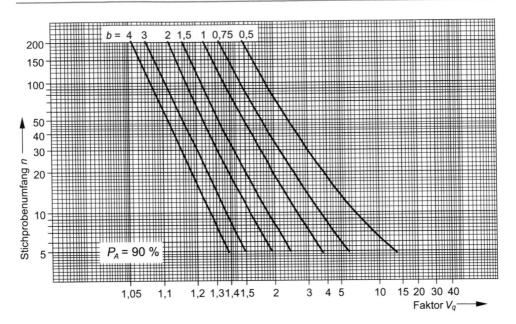

Abb. A5 Vertrauensbereich der t_{30}-Lebensdauerwerte ($q = 30\ \%$) für verschiedene b-Werte nach dem V_q-Verfahren [VDA 4.2]

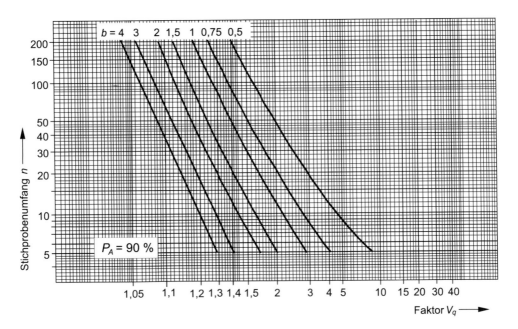

Abb. A6 Vertrauensbereich der t_{50}-Lebensdauerwerte ($q = 50\ \%$) für verschiedene b-Werte nach dem V_q-Verfahren [VDA 4.2]

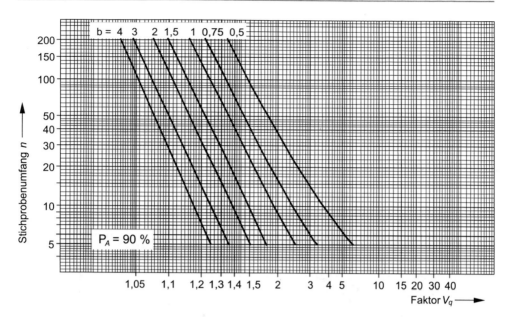

Abb. A7 Vertrauensbereich der t_{80}-Lebensdauerwerte ($q = 80\ \%$) für verschiedene b-Werte nach dem V_q-Verfahren [VDA 4.2]

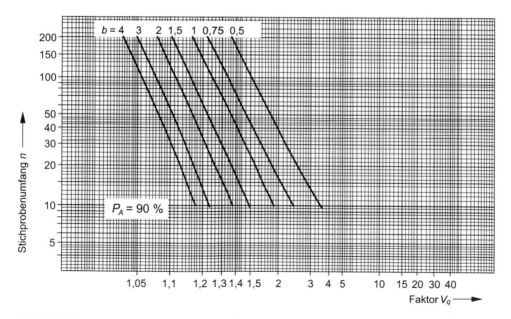

Abb. A8 Vertrauensbereich der t_{90}-Lebensdauerwerte ($q = 90\ \%$) für verschiedene b-Werte nach dem V_q-Verfahren [VDA 4.2]

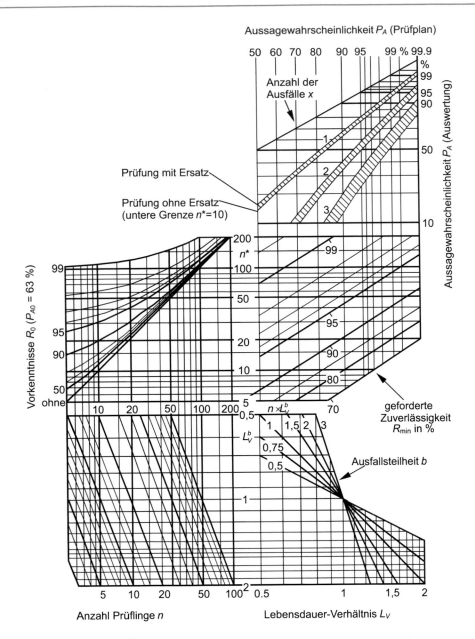

Abb. A9 Beyer-Lauster Nomogramm

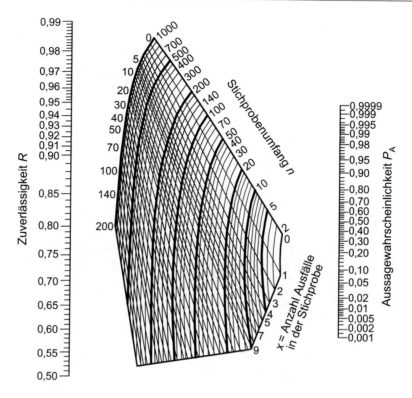

Abb. A10 Larson-Nomogramm

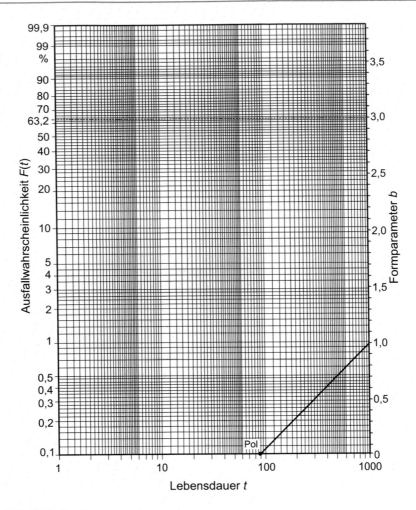

Abb. A11 Weibullnetz

Lösungen

Lösung 2.1

a) Klassierung

Als ersten Schritt der Auswertung empfiehlt es sich, die Ausfallzeiten der Größe nach zu ordnen:

$t_1 = 59.000$ LW,	$t_2 = 66.000$ LW,	$t_3 = 69.000$ LW,	$t_4 = 80.000$ LW,
$t_5 = 87.000$ LW,	$t_6 = 90.000$ LW,	$t_7 = 97.000$ LW,	$t_8 = 98.000$ LW,
$t_9 = 99.000$ LW,	$t_{10} = 100.000$ LW,	$t_{11} = 107.000$ LW,	$t_{12} = 109.000$ LW,
$t_{13} = 117.000$ LW,	$t_{14} = 118.000$ LW,	$t_{15} = 125.000$ LW,	$t_{16} = 126.000$ LW,
$t_{17} = 132.000$ LW,	$t_{18} = 158.000$ LW,	$t_{19} = 177.000$ LW,	$t_{20} = 186.000$ LW.

Anzahl der Klassen für die Klasseneinteilung nach der Näherungsgleichung (2.3): $n_K \approx \sqrt{n} = \sqrt{20} = 4,5$.
Gewählt: 5 Klassen wegen besserer Auflösung.
Berechnung der Klassenbreite:

$$\Delta_K = \frac{t_{20} - t_1}{n_K} = \frac{186.000\,\text{LW} - 59.000\,\text{LW}}{5} = 26.000\,\text{LW}.$$

Ausgehend von der kürzesten Ausfallzeit ergeben sich damit folgende Klassen:

Klasse 1:	59.000 LW	...	85.000 LW,
Klasse 2:	85.000 LW	...	111.000 LW,
Klasse 3:	111.000 LW	...	137.000 LW,
Klasse 4:	137.000 LW	...	163.000 LW,
Klasse 5:	163.000 LW	...	189.000 LW.

© Der/die Herausgeber bzw. der/die Autor(en), exklusiv lizenziert an Springer-Verlag GmbH, DE, ein Teil von Springer Nature 2022, korrigierte Publikation 2023
B. Bertsche, M. Dazer, *Zuverlässigkeit im Fahrzeug- und Maschinenbau*,
https://doi.org/10.1007/978-3-662-65024-0

b) Dichtefunktion

Anzahl der Ausfälle und die relativen Häufigkeiten nach Gl. (2.2) in den einzelnen Klassen:

Klasse 1:	4 Ausfälle;	$h_{rel,1}$	=	4/20	=	20 %,
Klasse 2:	8 Ausfälle;	$h_{rel,2}$	=	8/20	=	40 %,
Klasse 3:	5 Ausfälle;	$h_{rel,3}$	=	5/20	=	25 %,
Klasse 4:	1 Ausfall;	$h_{rel,4}$	=	1/20	=	5 %,
Klasse 5:	2 Ausfälle;	$h_{rel,5}$	=	2/20	=	10 %.

Histogramm der Ausfallhäufigkeiten und die empirische Dichtefunktion $f^*(t)$ s. Abb.

c) Ausfallwahrscheinlichkeit

Das Histogramm der Summenhäufigkeit und die empirische Ausfallwahrscheinlichkeit $F^*(t)$ ergeben sich nach Gl. (2.9) durch aufaddieren der Ausfallhäufigkeiten:

Klasse 1:	Summenhäufigkeit	H_1	=	$h_{rel,1}$	=	20 %	=	20 %,
Klasse 2:	Summenhäufigkeit	H_2	=	$H_1 + h_{rel,2}$	=	20 % + 40 %	=	60 %,
Klasse 3:	Summenhäufigkeit	H_3	=	$H_2 + h_{rel,3}$	=	60 % + 25 %	=	85 %,
Klasse 4:	Summenhäufigkeit	H_4	=	$H_3 + h_{rel,4}$	=	85 % + 5 %	=	90 %,
Klasse 5:	Summenhäufigkeit	H_5	=	$H_4 + h_{rel,5}$	=	90 % + 10 %	=	100 %.

Histogramm der Summenhäufigkeit und die empirische Ausfallwahrscheinlichkeit $F^*(t)$ s. Abb.

d) Überlebenswahrscheinlichkeit

Die Überlebenswahrscheinlichkeit ergibt sich am einfachsten mit Gl. (2.12) als Komplement zur Ausfallwahrscheinlichkeit:

Klasse 1:	Überlebenswahrscheinlichkeit	R_1^*	=	$100 \% - H_1$	=	100 % – 20 %	=	80 %,
Klasse 2:	Überlebenswahrscheinlichkeit	R_2^*	=	$100 \% - H_2$	=	100 % – 60 %	=	40 %,
Klasse 3:	Überlebenswahrscheinlichkeit	R_3^*	=	$100 \% - H_3$	=	100 % – 85 %	=	15 %,
Klasse 4:	Überlebenswahrscheinlichkeit	R_4^*	=	$100 \% - H_4$	=	100 % – 90 %	=	10 %,
Klasse 5:	Überlebenswahrscheinlichkeit	R_5^*	=	$100 \% - H_5$	=	100 % – 100 %	=	0 %.

Histogramm der Überlebenswahrscheinlichkeit und die empirische Überlebenswahrscheinlichkeit $R^*(t)$ s. Abb.

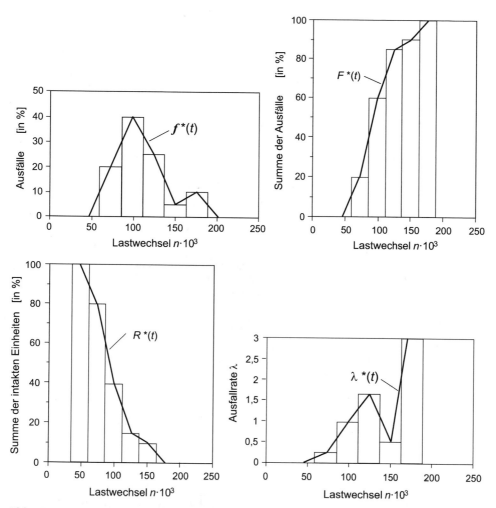

Abb. Lösung 2.1 bcde. (© IMA 2022. All Rights Reserved)

e) Ausfallrate

Zur Ermittlung der Ausfallrate können die bereits berechneten relativen Ausfallhäufigkeiten und die Überlebenswahrscheinlichkeiten verwendet werden. Die Ausfallrate ergibt sich nach Gl. (2.13) als Quotient dieser beiden Werte:

Klasse 1:	Ausfallrate	λ_1	=	$h_{rel,1}/R^*_1$	=	20 %/80 %	=	0,25,
Klasse 2:	Ausfallrate	λ_2	=	$h_{rel,2}/R^*_2$	=	40 %/40 %	=	1,00,
Klasse 3:	Ausfallrate	λ_3	=	$h_{rel,3}/R^*_3$	=	25 %/15 %	=	1,67,
Klasse 4:	Ausfallrate	λ_4	=	$h_{rel,4}/R^*_4$	=	5 %/10 %	=	0,50,
Klasse 5:	Ausfallrate	λ_5	=	$h_{rel,5}/R^*_5$	=	10 %/0 %	=	∞.

Histogramm der Überlebenswahrscheinlichkeit und die empirische Überlebenswahrscheinlichkeit $\lambda^*(t)$ s. Abb.

Lösung 2.2

a) Mittelwert, Median und Modalwert (Lagemaßzahlen)

Der empirische arithmetische Mittelwert beträgt nach Gl. (2.15):

$$t_m = \frac{t_1 + t_2 + \ldots + t_n}{n} = \frac{59 + 66 + \ldots + 186}{20} \cdot 10^3 \, \text{LW} = 110.000 \, \text{LW}.$$

Der Median kann am einfachsten mit der empirischen Ausfallwahrscheinlichkeit $F^*(t)$
aus der Lösung zu Aufgabe 2.1c ermittelt werden. Er ergibt sich dort als Schnittpunkt mit
der 50 %-Linie der Summenhäufigkeit. Für die Versuchswellen beträgt der Median damit

$$t_{median} \approx 95.000 \, \text{LW}.$$

Der Modalwert t_{modal} entspricht der Ausfallzeit beim Maximum der Dichtefunktion und
kann deshalb mit der Lösung zu Aufgabe 2.1a bestimmt werden. Der Modalwert beträgt für die Versuchswellen $t_{modal} = 98.000$ LW.

b) Varianz und Standardabweichung (Streuungsmaßzahlen)

Die empirische Varianz der Versuchsreihe berechnet sich mit Gl. (2.16) zu:

$$s^2 = \frac{1}{n-1} \sum_{i=1}^{n} (t_i - t_m)^2$$

$$= \frac{1}{19} \left[(59-110)^2 + (66-110)^2 + \cdots + (186-110)^2 \right] \cdot 10^6 \, \text{LW}^2 = 1.170.400.000 \, \text{LW}^2.$$

Die empirische Standardabweichung ergibt sich als Wurzel aus der Varianz:

$$s = \sqrt{s^2} = 34.200 \, \text{LW}$$

Lösung 2.3

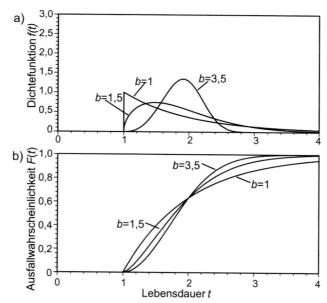

Abb. Lösung 2.3. (© IMA 2022. All Rights Reserved)

Lösung 2.4

Berechnung nach Umrechnungstabelle:

$$F(t) = \int_0^t f(\tau) \cdot d\tau \overset{a \leq t \leq b}{=} \int_a^t \frac{1}{b-a} \cdot d\tau = \frac{\tau}{b-a}\Big|_a^t = \frac{t}{b-a} - \frac{a}{b-a} = \frac{t-a}{b-a}$$

$$= F(t) = \begin{cases} 0 & \text{für } t < a \\ \dfrac{t-a}{b-a} & \text{für } a \leq t \leq b \\ 1 & \text{für } t > b \end{cases}$$

$$R(t) = 1 - F(t) \overset{a \leq t \leq b}{=} 1 - \frac{t-a}{b-a} = \frac{b-a+a-t}{b-a}$$

$$= \begin{cases} 1 & \text{für } t < a \\ \dfrac{b-t}{b-a} & \text{für } a \leq t \leq b \\ 0 & \text{für } t > b \end{cases}$$

$$\lambda(t) = \frac{f(t)}{R(t)} = \begin{cases} \dfrac{1}{b-t} & \text{für } a \le t \le b \\ 0 & \text{sonst} \end{cases} \left(\hat{=} \text{Hyperbel} \right)$$

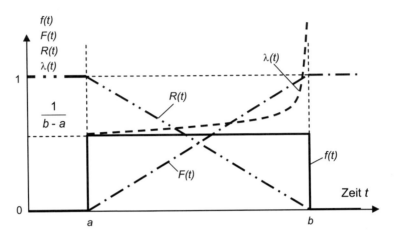

Abb. Lösung 2.4. (© IMA 2022. All Rights Reserved)

Lösung 2.5

Die Rayleightverteilung entspricht einer zweiparametrigen ($t_0 = 0$) Weibull-verteilung mit Formparameter $b = 2{,}0$ und einer charakteristischen Lebensdauer $T = \dfrac{1}{\lambda}$. Berechnung der Zuverlässigkeitskenngrößen nach Umrechnungstabelle:

$$F(t) = 1 - R(t) = 1 - \exp\left(-(\lambda \cdot t)^2\right) \quad t \ge 0$$

$$f(t) = \frac{dF(t)}{dt} \overset{\text{\tiny Kettenregel}}{=} \frac{d\left(-(\lambda \cdot t)^2\right)}{dt} \cdot \frac{dF(t)}{d\left(-(\lambda \cdot t)^2\right)} = -2 \cdot (\lambda \cdot t) \cdot \lambda \cdot \left(-\exp\left(-(\lambda \cdot t)^2\right)\right)$$

$$= 2 \cdot \lambda^2 \cdot t \cdot \left(\exp\left(-(\lambda \cdot t)^2\right)\right)$$

$$\lambda(t) = \frac{f(t)}{R(t)} = 2 \cdot \lambda^2 \cdot t \quad \left(\text{linear ansteigene Anfallrate}\right)$$

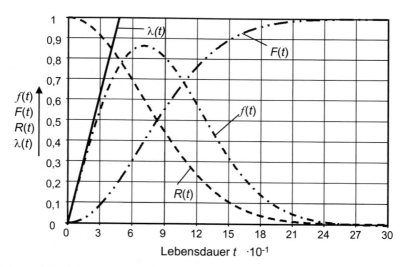

Abb. Lösung 2.5. (© IMA 2022. All Rights Reserved)

Lösung 2.6

a) Siehe Grafik: Normalverteilungsnetz

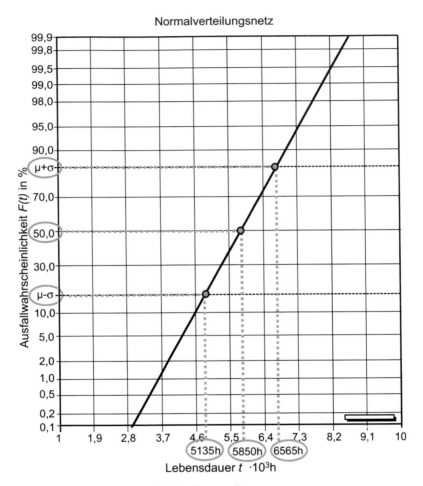

Abb. Lösung 2.6. (© IMA 2022. All Rights Reserved)

Vorgehensweise beim Einzeichnen in Normalverteilungnetz:

1) Einzeichnen μ: $t = 5850\text{h}$; $F = 50\,\%$
2) Einzeichnen $\mu + \sigma$: $t = 5850\text{h} + 715\text{h} = 6565\text{h}$; $F = 84\,\%$
3) Einzeichnen $\mu - \sigma$: $t = 5850\text{h} - 715\text{h} = 5135\text{h}$; $F = 16\,\%$
4) Gerade einzeichnen

b) Gesucht ist: $P(t > t_1) = 1 - P(t \leq t_1) = 1 - F(t_1) = R(t_1)$

Transformation: $x_1 = \dfrac{t_1 - \mu}{\sigma} = \dfrac{4500\text{h} - 5850\text{h}}{715\text{h}} = -1{,}8882$

Aus Tabelle Wert für $F(t_1)$:

$$F(t_1) = \phi(-1{,}8882) = 1 - \phi(1{,}8882) = 1 - 0{,}9699 = 0{,}0301 \approx 3\ \%$$
$$\underline{R(t_1) = 1 - F(t_1) = 0{,}9699 \,\hat{=}\, 96{,}99\ \%}$$

c) Gesucht ist: $P(t \le t_2) = F(t_2)$

Transformation: $x_2 = \dfrac{t_2 - \mu}{\sigma} = \dfrac{6200 - 5850}{715} = 0{,}4895$

$$\underline{F(t_2) = \phi(0{,}4895) = 0{,}6879 \approx 68{,}8\ \%}$$

d) $\mu + \sigma = 6565h = t_u \quad \mu - \sigma = 5135h = t_0$

Gesucht ist

$$P(t_u \le t \le t_0) = F(t_0) - F(t_u) = P(5135 \le t \le 6565) = F(6565) - F(5135)$$

Transformationen:

$$x_u = \frac{t_u - \mu}{\sigma} = \frac{5135 - 5850}{715} = -1 \text{ und } x_0 = \frac{t_0 - \mu}{\sigma} = \frac{6565 - 5850}{715}$$
$$= 1 x_u = \frac{t_u - \mu}{\sigma} = \frac{5135 - 5850}{715} = -1 \text{ und } x_0 = \frac{t_0 - \mu}{\sigma} = \frac{6565 - 5850}{715}$$
$$= 1 x_u = \frac{t_u - \mu}{\sigma} = \frac{5135 - 5850}{715} = -1 \text{ und } x_0 = \frac{t_0 - \mu}{\sigma} = \frac{6565 - 5850}{715}$$
$$= 1 x_u = \frac{t_u - \mu}{\sigma} = \frac{5135 - 5850}{715} = -1 \text{ und } x_0 = \frac{t_0 - \mu}{\sigma} = \frac{6565 - 5850}{715}$$
$$= 1 x_u = \frac{t_u - \mu}{\sigma} = \frac{5135 - 5850}{715} = -1 \text{ und } x_0 = \frac{t_0 - \mu}{\sigma} = \frac{6565 - 5850}{715}$$
$$= 1 x_u = \frac{t_u - \mu}{\sigma} = \frac{5135 - 5850}{715} = -1 \text{ und } x_0 = \frac{t_0 - \mu}{\sigma} = \frac{6565 - 5850}{715} = 1$$

$$\begin{aligned}
\underline{P(t_u \le t \le t_0)} &= \phi(x_0) - \phi(x_u) = \phi(x_0) - \left(1 - \phi(-x_u)\right) \\
&= \phi(1) - 1 + \phi(1) \\
&= 2 \cdot \phi(1) - 1 = 2 \cdot 0{,}8413 - 1 = 0{,}6826 \,\hat{=}\, \underline{68{,}26\ \%}
\end{aligned}$$

e) Bedingung: $P(t_3 < t) = 1 - F(t_3) \overset{!}{=} 0,9$; Benötige also x_3, dann folgt t_3 aus Rücktransformation!

Aus Tabelle: $\phi(x_3) = 0,1?$ Nicht in Tabelle!!
Aber mit Hilfe der Formel:

$$\phi(x_3) = 1 - \phi(-x_3) = 0,1 \Rightarrow \phi(-x_3) = 0,9 \Rightarrow -x_3 = 1,28 \Rightarrow x_3 = -1,28$$

Rücktransformation: $t_3 = x_3 \cdot \sigma + \mu = -1,28 \cdot 715h + 5850h = 4.934,8h$

Lösung 2.7

a) Beachte, dass für die LNV gilt:

$$t_{0,5} = exp(\mu) \quad \text{und} \quad t_{\mu \pm \sigma} = exp(\mu \pm \sigma).$$

Also:

$$t_{10,5} = exp(\mu) = exp(10,1) = 24.34h; \quad F = 50\%$$

$$t_{\mu+\sigma} = exp(\mu+\sigma) = exp(10,1+0,8) = 54176,4; \quad F = 84\%$$

$$t_{\mu-\sigma} = exp(\mu-\sigma) = exp(10,1-0,8) = 10938; \quad F = 16\%$$

Gerade einzeichnen (siehe Grafik Log-Normalnetz)

b) Gesucht ist: $P(t_1 < t) = 1 - P(t_1 \geq t) = 1 - F(t_1) = R(t_1)$

Transformation: $x_1 = \dfrac{ln(t_1) - \mu}{\sigma} = \dfrac{ln(10.000h) - 10,1}{0,8} = -1,112$

$$\phi(x_1) = 1 - \phi(-x_1) = 1 - \phi(1,112) = 1 - 0,8665 = 0,1335 \overset{\triangle}{=} 13,35\%,$$

damit $\underline{\underline{R(t_1) = 1 - F(t_1) = 86,55\%}}$

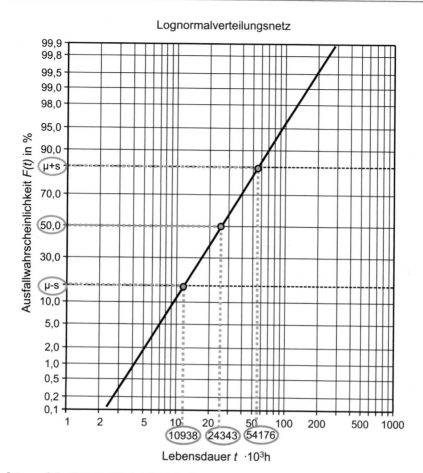

Abb. Lösung 2.7. (© IMA 2022. All Rights Reserved)

c) Gesucht ist: $P(t_2 \geq t) = F(t_2)$

Transformation: $x_2 = \dfrac{ln(t_2) - \mu}{\sigma} = \dfrac{ln(35000) - 10,1}{0,8} = 0,4538$

$\phi(x_2) = \phi(0,4538) = 0,6736 \triangleq 67,36\%$, damit $\underline{F(t_2) = 67,36\ \%}$

d) Gesucht ist:

$$\underline{P(t_1 \leq t \leq t_2)} = F(t_2) - F(t_1) = 0,6736 - 0,1335 = 0,5401 \triangleq \underline{54,01\ \%}$$

e) Bedingung: $P(t_3) = 1 - F(t_3) \overset{!}{=} 0,9 \Rightarrow F(t_3) = 0,1$.

Benötige also x_3, dann folgt t_3 aus Rücktransformation.

Aus Tabelle $\phi(x_3) = 0,1$?

Nicht in Tabelle, aber es gilt $\phi(x_3) = 1 - \phi(-x_3) = 0,1$

und damit $\phi(-x_3) \overset{!}{=} 0,9 \Rightarrow -x_3 = 1,28 \Rightarrow x_3 = -1,28$

Rücktransformation:

$$t_3 = exp(\mu + x_3 \cdot \sigma) = exp(10,1 - 1,28 \cdot 0,8) = \underline{8.742,92h}$$

Lösung 2.8

a) Gesucht ist:

$$\underline{P(t_1 \leq t)} = 1 - F(t_1) = R(t_1) = exp(-\lambda \cdot t_1) = exp\left(-\frac{200h}{500h}\right)$$

$$= 0,6703 \overset{\triangle}{=} \underline{67,03\ \%}$$

b) Gesucht ist:

$$\underline{P(t_2 \geq t)} = F(t_2) = 1 - exp(-\lambda \cdot t_2) = 1 - exp\left(-\frac{100}{500}\right) = 0,1813 \overset{\triangle}{=} \underline{18,13\ \%}$$

c) Gesucht ist:

$$\underline{P(t_3 \leq t \leq t_4)} = F(t_4) - F(t_3) = 1 - exp(-\lambda \cdot t_4) - 1 + exp(-\lambda \cdot t_3)$$

$$= -exp\left(-\frac{300}{500}\right) + exp\left(-\frac{200}{500}\right) = -0,5488 + 0,6703 = 0,1215 \overset{\triangle}{=} \underline{12,15\ \%}$$

d) Bedingung:

$$P(t_5 < t) = 1 - P(t_5 \geq t) = 1 - P(t_5 \geq t) = 1 - F(t_5)$$

$$= R(t_5) = exp(-\lambda \cdot t_5) \overset{!}{=} 0,9$$

$$\Rightarrow \underline{t_5} = -\frac{ln(0,9)}{\lambda} = -ln(0,9) \cdot 500h = \underline{52,68h}$$

Mit mindestens 90 %: alle Zeiten $t \leq t_4$

e) Bedingung: $P(50 \leq t) = R(50) = exp(-\lambda \cdot 50) \overset{!}{=} 0,9$

$$\Rightarrow \underline{\lambda} = -\frac{ln(0,9)}{50h} = \underline{+0,0021072\ \%}$$

Lösung 2.9

Hinweis: Zum Erwartungswert, die Umrechnung: $\int t \cdot f \rightarrow \int R$

$$E(t) = \int_0^\infty t \cdot f(t) \cdot dt = \int_0^\infty t \cdot \frac{dF(t)}{dt} \cdot dt \text{ mit } \frac{dF(t)}{dt} = -\frac{dR(t)}{dt}$$

$$\Rightarrow E(t) = \int_0^\infty t \cdot f(t) \cdot dt = -\int_0^\infty t \cdot \frac{dR(t)}{dt} \cdot dt$$

Verwende partielle Integration: $\int_a^b u' \cdot v \cdot dx = u \cdot v \big|_a^b - \int_a^b u \cdot v' \cdot dx$

damit bleibt $\underline{E(t) = \underbrace{\left[-t \cdot R(t) \right]_0^\infty}_{\rightarrow 0} + \int_0^\infty R(t) \cdot dt = \underline{\int_0^\infty R(t) \cdot dt}}$ q.e.d.

(Herleitung nur zur Vertiefung)

Erwartungswert (Mittelwert): $E(t) = \int_0^\infty t \cdot f(t) \cdot dt = \int_0^\infty R(t) \cdot dt$

Dreiparametrige Weilbull-Verteilung:

$$f(t) = \frac{b}{T - t_0} \cdot \left(\frac{t - t_0}{T - t_0} \right)^{b-1} \cdot exp \left[-\left(\frac{t - t_0}{T - t_0} \right)^b \right]$$

Einsetzen, also: $E(t) = \int_0^\infty \frac{t \cdot b}{T - t_0} \cdot \left(\frac{t - t_0}{T - t_0} \right)^{b-1} \cdot exp \left[-\left(\frac{t - t_0}{T - t_0} \right)^b \right] \cdot dt$

Substitution: $t' = \frac{t - t_0}{T - t_0}$ und $\frac{dt'}{dt} = \frac{1}{T - t_0}$

$$\Rightarrow t = t' \cdot (T - t_0) + t_0 \text{ und } dt = dt' \cdot (T - t_0)$$

Einsetzen: $E(t) = \int_0^\infty \frac{t' \cdot (T - t_0) \cdot b + t_0 \cdot b}{T - t_0} \cdot (t')^{b-1} \cdot exp\left(-(t')^b \right) \cdot (T - t_0) \cdot dt'$

Nochmals Substitution: $x = (t')^b$ und $\frac{dx}{dt'} = b \cdot (t')^{b-1}$

$$\Rightarrow t' = x^{1/b} \text{ und } dt' = \frac{dx}{b \cdot (t')^{b-1}}$$

Also: $E(t) = \int_0^\infty \left(x^{1/b} \cdot (T - t_0) \cdot b + t_0 \cdot b \right) \cdot (t')^{b-1} \cdot exp(-x) \cdot \frac{dx}{b(t')^{b-1}}$

Kürzen und es bleibt:

$$E(t) = \int\limits_0^\infty x^{1/b} \cdot (T - t_0) \cdot exp(-x) \cdot dx + \underbrace{\int\limits_0^\infty t_0 \cdot exp(-x) \cdot dx}_{t_0}$$

Vergleich mit der Gammafunktion $\Gamma(z) = \int\limits_0^\infty exp(-y) \cdot y^{z-1} \cdot dz$ (ist tabelliert)

Es gilt hier: $x = y$ und $\dfrac{1}{b} = z - 1 \;\Rightarrow z = \dfrac{1}{b} + 1$

Damit gilt für den Erwartungswert: $E(t) = (T - t_0) \cdot \Gamma\left(1 + \dfrac{1}{b}\right) + t_0$

Ähnlich: $VAR(t) = (T - t_0)^2 \cdot \left[\Gamma\left(1 + \dfrac{2}{b}\right) - \Gamma^2\left(1 + \dfrac{1}{b}\right)\right]$ heißt Varianz

a) $b = 1{,}0;\quad T = 1000h;\; t_0 = 0$

$$MTBF = E(t) = 1000h \cdot \Gamma\left(\underbrace{1 + \dfrac{1}{1}}_{2}\right) = 1000h \cdot 1 = \underline{1000h}$$

(Vergleiche Exponential-Vt: $E(t) = \dfrac{1}{\lambda} = T$)

b) $b = 0{,}8;\; T = 1000h;\; t_0 = 0$

$$E(t) = 1000h \cdot \Gamma\left(1 + \dfrac{1}{0{,}8}\right) = 1000h \cdot \Gamma(2{,}25) = 1000h \cdot 1{,}25 \cdot \Gamma(1{,}25)$$
$$= 1000h \cdot 1.25 \cdot 0{,}906402477 = \underline{1.133{,}00h}$$

c) $b = 4{,}2;\; T = 1000h;\; t_0 = 100h$

$$\underline{MTBF} = E(t) = (1000h - 100h) \cdot \Gamma\left(1 + \dfrac{1}{4{,}2}\right) + 100$$

$$= 900h \cdot \Gamma\left(\underbrace{1{,}238}_{1{,}24}\right) + 100 = 900h \cdot 0{,}908521 + 100 = \underline{917{,}67h}$$

d) $b = 0{,}75;\; T = 1.000h;\; t_0 = 200h$

$$\underline{MTBF} = E(t) = (1000h - 200h) \cdot \Gamma\left(1 + \dfrac{1}{0{,}75}\right) + 200$$

$$= 800h \cdot \Gamma(2{,}3\overline{3}) + 200h = 800h \cdot 1{,}3\overline{3} \cdot \Gamma(1{,}3\overline{3}) + 200h$$
$$= 800h \cdot 1{,}3\overline{3} \cdot 0{,}89337 + 200h = \underline{1150{,}54h}$$

Lösung 2.10

a) $B_{10} = \dfrac{B_y}{(1-f_{tB}) \cdot \sqrt[b]{\dfrac{ln(1-y)}{ln(1-0,1)}} + f_{tB}} \overset{y=50\%}{=} \dfrac{6000000}{(1-0,25) \cdot \sqrt[1,11]{\dfrac{ln(1-0,5)}{ln(1-0,1)}} + 0,25} = \underline{1.381.265,5\ LW}$

b) $t_0 = B_{10} \cdot f_{tB} = 1.381.265,5 \cdot 0,25 = \underline{345.316,4\ LW}$

$$\text{Aus } F(B_{50}) = 0,5$$

$$\Rightarrow \underline{T} = t_0 + \dfrac{B_{50} - t_0}{\sqrt[b]{-ln(1-0,5)}} = 345316,4 + \dfrac{6.000.000 - 345.316,4}{\sqrt[1,11]{-ln0,5}} = \underline{8.212.310\ LW}$$

c) $P(t_1 \leq t \leq t_2) = F(t_2) - F(t_1)$

d) $= 1 - exp\left(-\left(\dfrac{9.000.000 - 345.316,4}{8.212.310 - 345.316,4}\right)^{1,11}\right) - 1 + exp\left(-\left(\dfrac{2.000.000 - 345.316,4}{8.212.310 - 345.316,4}\right)^{1,11}\right)$

$= -0,3289 + 0,8376 = 0,508 \triangleq \underline{50,8\ \%}$

e) $P(t_3 > t) = R(t_3) \overset{!}{=} 0,99 = exp\left(-\left(\dfrac{t - t_0}{T - t_0}\right)^b\right)$

$\Rightarrow ln(0,99) = -\left(\dfrac{t_3 - t_0}{T - t_0}\right)^b \Rightarrow \sqrt[b]{-ln(0,99)} = \dfrac{t_3 - t_0}{T - t_0} \Rightarrow t_3 = (T - t_0) \cdot \sqrt[b]{-ln(0,99)} + t_0$

$= (8.212.310 - 345.316,4) \cdot \sqrt[1,11]{-ln(0,999)} + 345.316,4 = \underline{470.046,6\ LW}$

f) $P(5.000.000 > t) = R(5.000.000) \overset{!}{=} 0,5$

$$R(t) = exp\left(-\left(\dfrac{t - t_0}{T - t_0}\right)^b\right)$$

$$\Rightarrow ln(R(t)) = -\left(\dfrac{t - t_0}{T - t_0}\right)^b \Rightarrow ln(-ln(R(t))) = b \cdot ln\left(\dfrac{t - t_0}{T - t_0}\right)$$

$$\Rightarrow \underline{b} = \dfrac{ln(-ln(R(t)))}{ln\left(\dfrac{t - t_0}{T - t_0}\right)} = \dfrac{ln(-ln(0,5))}{ln\left(\dfrac{5.000.000 - 345.316,4}{8.212.310 - 345.316,4}\right)} = \underline{0,698}$$

Lösung 2.11

Bedingung Modalwert $\tilde{t} : \dfrac{df\left(\tilde{t}\right)}{dt} \overset{!}{=} 0$

$$\frac{df(t)}{dt} = \frac{d}{dt}\left(\frac{b}{T-t_0} \cdot \left(\frac{t-t_0}{T-t_0} \right)^{b-1} \cdot exp\left(-\left(\frac{t-t_0}{T-t_0} \right)^{b} \right) \right)$$

$$\overset{(a \cdot b)' = a' \cdot b + a \cdot b'}{=} \frac{b}{T-t_0} \cdot \left(\frac{d}{dt}\left(\frac{t-t_0}{T-t_0} \right)^{b-1} \cdot R(t) - \left(\frac{t-t_0}{T-t_0} \right)^{b-1} \cdot f(t) \right)$$

$$= \frac{b}{T-t_0} \cdot \left(\left(\frac{b-1}{T-t_0} \right) \cdot \left(\frac{t-t_0}{T-t_0} \right)^{b-2} \cdot R(t) - \left(\frac{t-t_0}{T-t_0} \right)^{b-1} \cdot f(t) \right)$$

$$= \frac{b \cdot (b-1)}{(T-t_0)^2} \cdot \left(\frac{t-t_0}{T-t_0} \right)^{b-2} \cdot exp\left(-\left(\frac{t-t_0}{T-t_0} \right)^{b} \right) - \frac{b^2}{(T-t_0)^2} \cdot \left(\frac{t-t_0}{T-t_0} \right)^{2b-2} \cdot exp\left(-\left(\frac{t-t_0}{T-t_0} \right) \right)$$

jetzt : $\dfrac{df\left(\tilde{t}\right)}{dt} \overset{!}{=} 0$ Substution : $\tilde{x} = \dfrac{\tilde{t}-t_0}{T-t_0}$

$$0 \overset{!}{=} e^{-x} \cdot \frac{b}{(T-t_0)^2} \cdot \left((b-1) \cdot \tilde{x}^{b-2} - b \cdot \tilde{x}^{2b-2} \right) \Rightarrow (b-1) \cdot \tilde{x}^{b-2} = b \cdot \tilde{x}^{2b-2}$$

Bedingung $\dfrac{b-1}{b} > 0 \Rightarrow b > 1$ $\left(\text{nur dann existiert ein Modalwert!!!}\right)$

$$ln\left(\frac{b-1}{b} \right) + (b-2) \cdot \widetilde{ln}\, x = (2b-2) \cdot \widetilde{ln}\, x$$

$$ln\left(\frac{b-1}{b} \right) = (2b-2-b+2) \cdot \widetilde{ln}\, x$$

$$\widetilde{ln}\, x = \frac{1}{b} \cdot ln\left(\frac{b-1}{b} \right)$$

$$\tilde{x} = \left(\frac{b-1}{b} \right)^{1/b}$$

$$\tilde{t} = (T-t_0) \cdot \left(\frac{b-1}{b} \right)^{1/b} + t_0 \quad (b > 1!)$$

Beispielrechnung für Weibullverteilung mit:

$$b = 1{,}8; \quad T = 1000h; \quad t_0 = 500h$$

$$\tilde{t} = \left(1000 - 500\right) \cdot \left(\frac{0{,}8}{1{,}8}\right)^{1/1{,}8} + 500 = \underline{818{,}64\,h}$$

Kontrolle rechnerisch:

Eine mögliche Bedingung: $f(800) < f(\tilde{t}) \wedge f(850) < f(\tilde{t})$

$$f(800) = \frac{1{,}8}{500} \cdot \left(\frac{300}{500}\right)^{0{,}8} \cdot exp\left(-\left(\frac{300}{500}\right)^{1{,}8}\right) = 0{,}0016057$$

$$f(850) = \frac{1{,}8}{500} \cdot \left(\frac{300}{500}\right)^{0{,}8} \cdot exp\left(-\left(\frac{350}{500}\right)^{1{,}8}\right) = 0{,}001599$$

$$f(818{,}64) = \frac{1{,}8}{500} \cdot \left(\frac{318{,}64}{500}\right)^{0{,}8} \cdot exp\left(-\left(\frac{318{,}64}{500}\right)^{1{,}8}\right) = 0{,}0016097$$

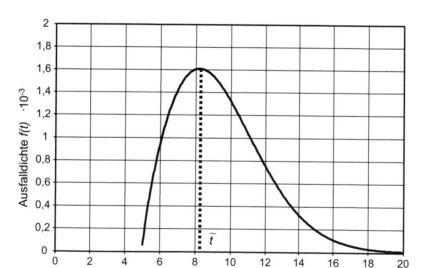

Abb. Lösung 2.11. (© IMA 2022. All Rights Reserved)

Lösung 2.12

Gegeben: t_1 , x_1 , t_2 , x_2

Bedingungen: $x_1 = 1 - exp\left(-\left(\dfrac{t_1}{T}\right)^b\right) \wedge x_2 = 1 - exp\left(-\left(\dfrac{t_2}{T}\right)^b\right)$

Umformen:

$$ln\left(1 - x_i\right) = -\left(\frac{t_i}{T}\right)^b \quad \Rightarrow \quad ln\left(-ln\left(ln\left(1 - x_i\right)\right)\right) = b \cdot ln\left(\frac{t_i}{T}\right)$$

Über b gleichsetzen $\Rightarrow b = \dfrac{ln\left(-ln\left(1 - x_1\right)\right)}{ln\left(t_1\right) - ln\left(t_2\right)} \overset{!}{=} \dfrac{ln\left(-ln\left(1 - x_2\right)\right)}{ln\left(t_2\right) - ln\left(T\right)}$ $(*)$

Substitution : $\Lambda_i = ln\left(-ln\left(1 - x_i\right)\right)$

$$\frac{ln\left(t_1\right) - ln\left(T\right)}{\Lambda_1} = \frac{ln\left(t_2\right) - ln\left(T\right)}{\Lambda_2}$$

$$ln\left(T\right) \cdot \left(\frac{1}{\Lambda_2} - \frac{1}{\Lambda_2}\right) = \frac{ln\left(t_2\right)}{\Lambda_2} - \frac{ln\left(t_1\right)}{\Lambda_1}$$

$$\Rightarrow T = exp\left(\frac{\dfrac{ln\left(t_2\right)}{\Lambda_2} - \dfrac{ln\left(t_1\right)}{\Lambda_1} \cdot \Lambda_2 \cdot \Lambda_1}{\Lambda_1 - \Lambda_2}\right)$$

$$= exp\left(\frac{\left(\Lambda_1 \cdot ln\left(t_2\right) - \Lambda_2 \cdot ln\left(t_1\right)\right) \cdot \Lambda_1 \cdot \Lambda_2}{\dfrac{\Lambda_1 \cdot \Lambda_2}{\Lambda_1 - \Lambda_2}}\right)$$

$$\Rightarrow T = exp\left(\frac{ln\left(-ln\left(1 - x_1\right)\right) \cdot ln\left(t_2\right) - ln\left(-\left(ln\left(1 - x_2\right)\right)\right) \cdot ln\left(t_1\right)}{ln\left(-ln\left(1 - x_1\right)\right) - ln\left(-\left(1 - x_2\right)\right)}\right)$$

$ln(T)$ und in $(*)$

$$b = \frac{ln\left(-ln\left(1 - x_1\right)\right)}{ln\left(t_1\right) - \dfrac{ln\left(-ln\left(1 - x_1\right)\right) \cdot ln\left(t_2\right) - ln\left(1 - x_2\right)}{ln\left(-ln\left(1 - x_1\right)\right) - ln\left(-\left(1 - x_2\right)\right)}}$$

Lösung 2.13

a) $R_S = R_3 \cdot R_E$

$$R_E = 1 - (1 - R_1) \cdot (1 - R_2)$$

$$\Rightarrow \underline{R_S = R_3 \cdot (1 - (1 - R_1) \cdot (1 - R_2))}$$

b) $R_{p1} = 1 - (1 - R_1) \cdot (1 - R_2)$

$$R_{p2} = 1 - (1 - R_3) \cdot (1 - R_4)$$

$$\Rightarrow R_S = R_{p1} \cdot R_{p2}$$

$$\Rightarrow \underline{R_S = (1 - (1 - R_1) \cdot (1 - R_2)) \cdot (1 - (1 - R_3) \cdot (1 - R_4))}$$

c) $R_S = 1 - (1 - R_E) \cdot (1 - R_3)$
$R_E = R_1 \cdot R_2$

$$\Rightarrow \underline{R_S = 1 - (1 - R_1 \cdot R_2) \cdot (1 - R_3)}$$

d) $R_E = 1 - (1 - R_2) \cdot (1 - R_3) \cdot (1 - R_4)$

$$\underline{R_S = R_1 \cdot R_E \cdot R_5 = R_1 \cdot R_5 \cdot (1 - (1 - R_2) \cdot (1 - R_3) \cdot (1 - R_4))}$$

e) $R_S = 1 - (1 - R_{E1}) \cdot (1 - R_{E3})$
$R_{E1} = R_1 \cdot R_2$

$$R_{E3} = R_{E2} \cdot R_5$$

$$R_{E2} = 1 - (1 - R_3) \cdot (1 - R_4)$$

Einsetzen:

$$\underline{R_S = 1 - (1 - R_1 \cdot R_2) \cdot (1 - R_5 \cdot (1 - (1 - R_3) \cdot (1 - R_4)))}$$

Lösung 2.14

Für die Reihenschaltung ist bekannt (n = Anzahl der Komponenten)

$$R_S(t) = \prod_{i=1}^{n} R_i(t) \quad F_i(t) = 1 - R_i(t) \quad \text{und} \quad F_S(t) = 1 \ R_S(t)$$

$$\Rightarrow 1 - F_S(t) = \prod_{i=1}^{n} (1 - F_i(t)) \Rightarrow \underline{F_S(t) = 1 - \prod_{i=1}^{n} (1 - F_i(t))}$$

Dichte $f_s(t)$ = ?

$$f_S(t) = \frac{dF_S(t)}{dt} = \frac{d(1 - R_S(t))}{dt} = -\frac{dR_S(t)}{dt} = \frac{d}{dt}\left(\prod_{i=1}^{n} R_i(t) \right)$$

→*Schlecht zu differenzieren*

→*logarithmieren dann wird aus produkt eine Summe:*

$$log(a \cdot b) = log\,a + log\,b$$

$$\Rightarrow ln(R_s(t)) = \sum_{i=1}^{n} ln(R_i(t))$$

$$\Rightarrow \frac{d}{dt}(ln(R_s(t))) = \sum_{i=1}^{n} \frac{d}{dt}(ln(R_i(t)))$$

Verwende logarithmische Ableitung:

$$Allg.gilt\left(f = \rightleftharpoons Funktion\right): \frac{d}{dt}(ln(f(t))) = \frac{df(t)}{dt} \cdot \frac{1}{f(t)}$$

$$\Rightarrow \frac{dR_s(t)}{dt} \cdot \frac{1}{R_s(t)} = \sum_{i=1}^{n} \frac{dR_i(t)}{dt} \cdot \frac{1}{R_i(t)}$$

$$\Rightarrow -f_s(t) = R_s(t) \cdot \sum_{i=1}^{n} \underbrace{-f_i(t) \cdot \frac{1}{R_i(t)}}_{=\lambda_i(t)}$$

Systemausfalldichte bei Reihenschaltung:

$$f_s(t) = R_s(t) \cdot \sum_{i=1}^{n} \lambda_i(t)$$

Systemausfallrate bei Reihenschaltung:

$$\lambda_s(t) = \frac{f_s(t)}{R_s(t)} = \sum_{i=1}^{n} \lambda_i(t)$$

(= Summe der Ausfallraten der Systemkomponenten)

Lösung 2.15

1. Systemstruktur sukzessive zusammenfassen:

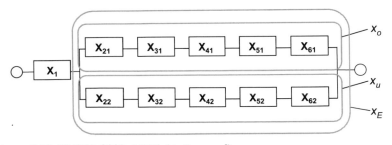

Abb. Lösung 2.15. (© IMA 2022. All Rights Reserved)

$$R_o = R_{21} \cdot R_{31} \cdot R_{41} \cdot R_{51} \cdot R_{61} = \prod_{i=2}^{6} R_{i1};$$

$$R_u = R_{22} \cdot R_{32} \cdot R_{42} \cdot R_{52} \cdot R_{62} = \prod_{i=2}^{6} R_{i2}$$

$$R_E = 1 - (1 - R_o) \cdot (1 - R_u) = 1 - \left(1 - \prod_{i=2}^{6} R_{i1}\right) \cdot \left(1 - \prod_{i=2}^{6} R_{i2}\right) = R_S = R_1 \cdot R_E$$

$$\underline{= R_1 - R_1 \cdot (1 - R_{21} \cdot R_{31} \cdot R_{41} \cdot R_{51} \cdot R_{51} \cdot R_{61}) \cdot (1 - R_{22} \cdot R_{32} \cdot R_{42} \cdot R_{52} \cdot R_{62})}$$

2. Alle Komponenten Exponentialverteilung, Verwende Potenzgesetz:

$$R_i = exp - (\lambda_i \cdot t) \quad \prod R_i = \prod exp - (\lambda_i \cdot t) = exp - (\textstyle\sum \lambda_i \cdot t)$$

$$R_S = exp(-\lambda_1 \cdot t) - exp(-\lambda_1 \cdot t) \cdot \left(1 - exp\left(-\underbrace{(\lambda_{21} + \lambda_{31} + \lambda_{41} + \lambda_{51} + \lambda_{61})}_{\lambda^*} \cdot t\right)\right)$$

$$\cdot \left(1 - exp\left(-\underbrace{(\lambda_{22} + \lambda_{32} + \lambda_{42} + \lambda_{52} + \lambda_{62})}_{\lambda^*} \cdot t\right)\right)$$

$$\lambda^* = (7 + 5 + 0{,}2 + 1{,}5 + 0{,}3) \cdot 10^{-3} \cdot \frac{1}{a} = 14 \cdot 10^{-3} \frac{1}{a}$$

$$R_S = exp(-\lambda_1 \cdot t) - exp(-\lambda_1 \cdot t) \cdot (1 - exp(-\lambda^* \cdot t)) \cdot (1 - exp(-\lambda^* \cdot t))$$

$$\underline{= exp(-\lambda_1 \cdot t) \cdot \left(1 - (1 - exp(-\lambda^* \cdot t))^2\right)}$$

$$\underline{R_S(10a)} = exp(-4 \cdot 10^{-3} \cdot 10a) \cdot \left(1 - (1 - exp(-14 \cdot 10^{-3} \cdot 10a))^2\right)$$

$$= 0{,}944 \triangleq \underline{94{,}4\ \%}$$

$$F_S(10a) = 1 - R(10a) = 0{,}0556 \triangleq 5{,}56\ \%$$

von 100 sind 5 ABS-Systeme ausgefallen.

c) $R_S = exp(-\lambda_1 \cdot t) - exp(-\lambda_1 \cdot t) \cdot (1 - exp(-\lambda^* \cdot t))^2$

$$= exp(-\lambda_1 \cdot t) - exp(-\lambda_1 \cdot t) \cdot (1 - 2 \cdot exp(-\lambda^* \cdot t) + exp(-\lambda^* \cdot 2 \cdot t))$$

$$= exp(-\lambda_1 \cdot t) - exp(-\lambda_1 \cdot t) + 2 \cdot exp(-(\lambda^* + \lambda_1) \cdot t)$$

$$\quad - exp(-(2 \cdot \lambda^* + \lambda_1) \cdot t)$$

$$= exp(-\lambda_1 \cdot t) - exp(-\lambda_1 \cdot t) \cdot (1 - 2 \cdot exp(-\lambda^* \cdot t) + exp(-\lambda^* \cdot 2 \cdot t))$$

$$= exp(-\lambda_1 \cdot t) - exp(-\lambda_1 \cdot t) + 2 \cdot exp\left(-\left(\lambda^* + \lambda_1\right) \cdot t\right)$$
$$\qquad - exp\left(-\left(2 \cdot \lambda^* + \lambda_1\right) \cdot t\right)$$
$$\qquad = exp(-\lambda_1 \cdot t) - exp(-\lambda_1 \cdot t) \cdot \left(1 - 2 \cdot exp\left(-\lambda^* \cdot t\right) + exp\left(-\lambda^* \cdot 2 \cdot t\right)\right)$$

$$= exp(-\lambda_1 \cdot t) - exp(-\lambda_1 \cdot t) + 2 \cdot exp\left(-\left(\lambda^* + \lambda_1\right) \cdot t\right)$$
$$\qquad - exp\left(-\left(2 \cdot \lambda^* + \lambda_1\right) \cdot t\right)$$
$$\qquad = exp(-\lambda_1 \cdot t) - exp(-\lambda_1 \cdot t) \cdot \left(1 - 2 \cdot exp\left(-\lambda^* \cdot t\right) + exp\left(-\lambda^* \cdot 2 \cdot t\right)\right)$$

$$= exp(-\lambda_1 \cdot t) - exp(-\lambda_1 \cdot t) + 2 \cdot exp\left(-\left(\lambda^* + \lambda_1\right) \cdot t\right)$$
$$\qquad - exp\left(-\left(2 \cdot \lambda^* + \lambda_1\right) \cdot t\right)$$
$$\qquad = exp(-\lambda_1 \cdot t) - exp(-\lambda_1 \cdot t) \cdot \left(1 - 2 \cdot exp\left(-\lambda^* \cdot t\right) + exp\left(-\lambda^* \cdot 2 \cdot t\right)\right)$$

$$= exp(-\lambda_1 \cdot t) - exp(-\lambda_1 \cdot t) + 2 \cdot exp\left(-\left(\lambda^* + \lambda_1\right) \cdot t\right)$$
$$\qquad - exp\left(-\left(2 \cdot \lambda^* + \lambda_1\right) \cdot t\right)$$
$$= exp(-\lambda_1 \cdot t) - exp(-\lambda_1 \cdot t) \cdot \left(1 - 2 \cdot exp\left(-\lambda^* \cdot t\right) + exp\left(-\lambda^* \cdot 2 \cdot t\right)\right)$$

$$= exp(-\lambda_1 \cdot t) - exp(-\lambda_1 \cdot t) + 2 \cdot exp\left(-\left(\lambda^* + \lambda_1\right) \cdot t\right)$$
$$\qquad - exp\left(-\left(2 \cdot \lambda^* + \lambda_1\right) \cdot t\right)$$

$$MTBF = \int_0^\infty R_S(t) \cdot dt = \int_0^\infty \left(2 \cdot exp\left(-\left(\lambda^* + \lambda_1\right) \cdot t - exp\left(-\left(2 \cdot \lambda^* + \lambda_1\right) \cdot t\right)\right)\right) dt$$

$$= -\left[\frac{-2}{\lambda_1 + \lambda^*} + \frac{1}{2 \cdot \lambda^* + \lambda_1}\right] = \frac{2}{\lambda_1 + \lambda^*} - \frac{1}{2 \cdot \lambda^* + \lambda_1}$$

$$= \frac{2 \cdot a}{18 \cdot 10^{-3}} - \frac{1 \cdot a}{(28 + 4) \cdot 10^{-3}} = \underline{79{,}86 a}$$

d) Iterative Berechnung → Newton Verfahren:

$$x_{i+1} = x_i - \frac{f(x_i)}{f'(x_i)} \quad hier: \quad x \overset{\triangle}{=} B_{10}$$

$$Bed: F_S\left(B_{10}\right) \;= 0,1$$
$$= 1 - 2\cdot exp\left(-\left(\lambda^* + \lambda_1\right)\cdot B_{10}\right)$$
$$+ exp\left(-\left(2\cdot\lambda^* + \lambda_1\right)\cdot B_{10}\right)$$

$$\Rightarrow f\left(B_{10}\right)\overset{!}{=}0 \;= 0,9 - 2\cdot exp\left(-\left(-\lambda^* + \lambda_1\right)\cdot B_{10}\right)$$
$$+ exp\left(-\left(2\cdot\lambda^* + \lambda_1\right)\cdot B_{10}\right)$$

$$f\left(B_{10}\right) = 2\cdot\left(\lambda^* + \lambda_1\right)\cdot exp\left(-\left(\lambda^* + \lambda_1\right)\cdot B_{10}\right) - \left(2\cdot\lambda^* + \lambda_1\right)\cdot exp\left(-\left(2\cdot\lambda^* + \lambda_1\cdot B_{10}\right)\right)$$

$$also: B_{10}^{i+1} = B_{10}^i - \frac{0,9 - 2\cdot exp\left(-\left(\lambda^* + \lambda_1\right)\cdot B_{10}^i\right) + exp\left(-\left(2\cdot\lambda^* + \lambda_1\right)\cdot B_{10}^i\right)}{2\cdot\left(\lambda^* + \lambda_1\right)\cdot exp\left(-\left(\lambda^* + \lambda_1\right)\cdot B_{10}^i\right) - \left(2\cdot\lambda^* + \lambda_1\right)\cdot exp\left(-\left(2\cdot\lambda^* + \lambda_1\right)\cdot B_{10}^i\right)}$$

Startwert: $R(10a) = 94,4\,\% \rightarrow F(10a) = 5,56\,\% < 10\,\%$
$\rightarrow$ Wähle $B_{10}^0 = 12a$

e) Für die Überlebenswahrscheinlichkeit den Zeitpunkt t zu überleben, unter Berücksichtigung, dass der Zeitpunkt t_1 überlebt wurde (Vorwissen) gilt allgemein (bedingte Wahrscheinlichkeit):

$$P\left(t > 10a \mid t > t_1\right) = \frac{P\left(t > 10a\right)}{P\left(t > t_1\right)} = \frac{R_S\left(10a\right)}{R_S\left(t_1\right)}$$
$$= R_S\left(10a \mid R_S\left(t_1\right)\right),$$

sowohl für Komponente als auch System, hier

$$R_S\left(10a\right) = 0,944$$
$$R_S\left(t_1 = 5a\right) = 2\cdot exp\left(-18\cdot10^{-3}\cdot5\right) - exp\left(-32\cdot10^{-3}\cdot5\right) = 0,97572$$

$$R_S\left(10a \mid R_S\left(5a\right)\right) = \frac{0,944}{0,975} = 0,9682 \;\hat{=}\; 96,82\,\%$$

Lösung 2.16

a) Erst die Systemgleichung:

$$R_{E1} = 1 - (1 - R_2) \cdot (1 - R_3) = 1 - (1 - R_3 - R_2 + R_3 \cdot R_2) = R_2 + R_3 - R_3 \cdot R_2$$
$$R_{E2} = R_{E1} \cdot R_4 = R_2 \cdot R_4 + R_3 \cdot R_4 - R_2 \cdot R_3 \cdot R_4$$
$$R_S = 1 - (1 - R_1) \cdot (1 - R_{E2}) = R_1 + R_{E2} - R_1 \cdot R_{E2}$$
$$= R_1 + R_2 \cdot R_4 + R_3 \cdot R_4 - R_2 \cdot R_3 \cdot R_4 - R_1 \cdot R_2 \cdot R_4 - R_1 \cdot R_3 \cdot R_4 + R_1 \cdot R_2 \cdot R_3 \cdot R_4$$

Verteilungen einsetzen, potenzgesetz anwenden:

$$R_S = exp(-\lambda_1 \cdot t) + exp(-(\lambda_2 + \lambda_4) \cdot t) + exp(-(\lambda_3 + \lambda_4) \cdot t)$$
$$-exp(-(\lambda_2 + \lambda_3 + \lambda_4) \cdot t) - exp(-(\lambda_1 + \lambda_2 + \lambda_4) \cdot t)$$
$$-exp(-(\lambda_1 + \lambda_3 + \lambda_4) \cdot t) + exp(-(\lambda_1 + \lambda_2 + \lambda_3 + \lambda_4) \cdot t)$$

Zusammenfassen, $\lambda_2 = \lambda_3$ verwenden und Ersatzausfallraten einführen:

$$R_S = exp(-\lambda_1 \cdot t) + 2 \cdot exp\left(-\underbrace{(\lambda_2 + \lambda_4)}_{\lambda_b} \cdot t\right) - exp\left(-\underbrace{(\lambda_2 + \lambda_3 + \lambda_4)}_{\lambda_c} \cdot t\right)$$

$$-2 \cdot exp\left(-\underbrace{(\lambda_1 + \lambda_2 + \lambda_4)}_{\lambda_d} \cdot t\right) + exp\left(-\underbrace{(\lambda_1 + \lambda_2 + \lambda_3 + \lambda_4)}_{\lambda_e} \cdot t\right)$$

$$\lambda_a = \lambda_1 = 2,2 \cdot 10^{-3} h^{-1},$$
$$\lambda_b = (4 + 3,6) \cdot 10^{-3} h^{-1} = 7,6 \cdot 10^{-3} h^{-1},$$
$$\lambda_c = (4 + 4 + 3,6) \cdot 10^{-3} h^{-1} = 11,6 \cdot 10^{-3} h^{-1},$$
$$\lambda_d = (2,2 + 4 + 3,6) \cdot 10^{-3} h^{-1} = 9,8 \cdot 10^{-3} h^{-1},$$
$$\lambda_e = (2,2 + 8 + 3,6) \cdot 10^{-3} h^{-1} = 13,8 \cdot 10^{-3} h^{-1}.$$

Damit

$$R_S(t) = exp(-\lambda_a \cdot t) - 2 \cdot exp(-\lambda_b \cdot t) - exp(-\lambda_c \cdot t) - 2 \cdot exp(-\lambda_d \cdot t) + exp(-\lambda_e \cdot t)$$

Gesucht ist:

$$\underline{P(t > 100h) = R_S(t = 100h)}$$
$$= exp(-0,22 \cdot 1) + 2 \cdot exp(-0,76 \cdot 1) - exp(-1,16) - exp(-0,98) + exp(-1,38)$$
$$= 0,9253 \triangleq \underline{92,53\,\%}$$

b) $F_S(100\,h) = 1 - R_S(100\,h) = 0{,}0746;$

$$n_f = N \cdot F_s(t) = 250 \cdot 0{,}0746 = 18{,}66 \Rightarrow 18\ Systeme$$

c) $\mathrm{MTBF}_S = \int_0^\infty R_S(t)\,dt$

$$= \int_0^\infty \left(exp(-\lambda_a \cdot t) + 2 \cdot exp(-\lambda_b \cdot t) - exp(-\lambda_c \cdot t) - 2 \cdot exp(-\lambda_d \cdot t) + exp(-\lambda_d \cdot t) \right) dt$$

$$= \left[\begin{array}{l} -\dfrac{1}{\lambda_a} \cdot exp(-\lambda_a \cdot t) - \dfrac{2}{\lambda_b} \cdot exp(-\lambda_b \cdot t) + \dfrac{1}{\lambda_c} \cdot exp(-\lambda_c \cdot t) \\[2mm] +\dfrac{2}{\lambda_d} \cdot exp(-\lambda_d \cdot t) - \dfrac{1}{\lambda_e} exp(-\lambda_d \cdot t) \end{array} \right]_0^\infty$$

$$= 0 - \left[-\frac{1}{\lambda_a} - \frac{2}{\lambda_b} + \frac{1}{\lambda_c} + \frac{2}{\lambda_d} - \frac{1}{\lambda_e} \right] = \underline{\frac{1}{\lambda_a} + \frac{2}{\lambda_b} - \frac{1}{\lambda_c} - \frac{2}{\lambda_d} + \frac{1}{\lambda_e}}$$

$$= \int_0^\infty \left(exp(-\lambda_a \cdot t) + 2 \cdot exp(-\lambda_b \cdot t) - exp(-\lambda_c \cdot t) - 2 \cdot exp(-\lambda_d \cdot t) + exp(-\lambda_d \cdot t) \right) dt$$

$$= \left[\begin{array}{l} -\dfrac{1}{\lambda_a} \cdot exp(-\lambda_a \cdot t) - \dfrac{2}{\lambda_b} \cdot exp(-\lambda_b \cdot t) + \dfrac{1}{\lambda_c} \cdot exp(-\lambda_c \cdot t) \\[2mm] +\dfrac{2}{\lambda_d} \cdot exp(-\lambda_d \cdot t) - \dfrac{1}{\lambda_e} exp(-\lambda_d \cdot t) \end{array} \right]_0^\infty$$

$$= 0 - \left[-\frac{1}{\lambda_a} - \frac{2}{\lambda_b} + -\frac{1}{\lambda_c} + -\frac{2}{\lambda_d} - \frac{1}{\lambda_e} \right] = \underline{\frac{1}{\lambda_a} + \frac{2}{\lambda_b} - \frac{1}{\lambda_c} - \frac{2}{\lambda_d} + \frac{1}{\lambda_e}}$$

$$= \int_0^\infty \left(exp(-\lambda_a \cdot t) + 2 \cdot exp(-\lambda_b \cdot t) - exp(-\lambda_c \cdot t) - 2 \right.$$
$$\left. \cdot exp(-\lambda_d \cdot t) + exp(-\lambda_d \cdot t) \right) dt$$

$$= \left[\begin{array}{l} -\dfrac{1}{\lambda_a} \cdot exp(-\lambda_a \cdot t) - \dfrac{2}{\lambda_b} \cdot exp(-\lambda_b \cdot t) + \dfrac{1}{\lambda_c} \cdot exp(-\lambda_c \cdot t) \\[2mm] +\dfrac{2}{\lambda_d} \cdot exp(-\lambda_d \cdot t) - \dfrac{1}{\lambda_e} exp(-\lambda_d \cdot t) \end{array} \right]_0^\infty$$

$$= 0 - \left[-\frac{1}{\lambda_a} - \frac{2}{\lambda_b} + \frac{1}{\lambda_c} + \frac{2}{\lambda_d} - \frac{1}{\lambda_e} \right] = \underline{\frac{1}{\lambda_a} + \frac{2}{\lambda_b} - \frac{1}{\lambda_c} - \frac{2}{\lambda_d} + \frac{1}{\lambda_e}}$$

$$= \int_0^\infty \left(exp(-\lambda_a \cdot t) + 2 \cdot exp(-\lambda_b \cdot t) - exp(-\lambda_c \cdot t) - 2 \cdot exp(-\lambda_d \cdot t) + exp(-\lambda_d \cdot t) \right) dt$$

$$= \left[-\frac{1}{\lambda_a} \cdot exp\left(-\lambda_a \cdot t\right) - \frac{2}{\lambda_b} \cdot exp\left(-\lambda_b \cdot t\right) + \frac{1}{\lambda_c} \cdot exp\left(-\lambda_c \cdot t\right) \right.$$

$$\left. + \frac{2}{\lambda_d} \cdot exp\left(-\lambda_d \cdot t\right) - \frac{1}{\lambda_e} exp\left(-\lambda_d \cdot t\right) \right]_0^\infty$$

$$= 0 - \left[-\frac{1}{\lambda_a} - \frac{2}{\lambda_b} + \frac{1}{\lambda_c} + \frac{2}{\lambda_d} - \frac{1}{\lambda_e} \right] = \underline{\frac{1}{\lambda_a} - \frac{2}{\lambda_b} + \frac{1}{\lambda_c} + \frac{2}{\lambda_d} - \frac{1}{\lambda_e}}$$

$$MTBF = 10^3 \cdot \left[\frac{1}{2,2} + \frac{2}{7,6} - \frac{1}{11,6} - \frac{2}{9,8} + \frac{1}{13,8} \right] h = 499,8h \approx \underline{500h}$$

d) *Bedingung:* $F_S\left(B_{10}\right) \overset{!}{=} 0,1 \Rightarrow f\left(B_{10}\right) = F_S\left(B_{10}\right) - 0,1$

$$F_S\left(t\right) = 1 - R_S\left(t\right)$$

$$= 1 - exp\left(-\lambda_a \cdot t\right) - 2 \cdot exp\left(-\lambda_b \cdot t\right) + exp\left(-\lambda_c \cdot t\right) + 2 \cdot exp\left(-\lambda_d \cdot t\right) - exp\left(-\lambda_e \cdot t\right)$$

$$f_S\left(t\right) = \frac{dF_S\left(t\right)}{dt} \overset{\triangle}{=} f'\left(B_{10}\right)$$

$$= 0 + \lambda_a \cdot exp\left(-\lambda_a \cdot t\right) + 2 \cdot \lambda_b \cdot exp\left(-\lambda_b \cdot t\right) - \lambda_c \cdot exp\left(-\lambda_c \cdot t\right)$$
$$- 2 \cdot \lambda_d \cdot exp\left(-\lambda_d \cdot t\right) + \lambda_e \cdot exp\left(-\lambda_e \cdot t\right)$$

Iterativ$\rightarrow$ Newton: Verfahren:

$$B_{10}^{i+1} = B_{10}^i - \frac{f\left(B_{10}^i\right)}{f'\left(B_{10}^i\right)}$$

$$= B_{10}^i - \frac{0,9 - e^{\left(-\lambda_a \cdot B_{10}^i\right)} - 2 \cdot e^{\left(-\lambda_b \cdot B_{10}^i\right)} + e^{\left(-\lambda_c \cdot B_{10}^i\right)} + 2 \cdot e^{\left(-\lambda_d \cdot B_{10}^i\right)} - e^{\left(-\lambda_e \cdot B_{10}^i\right)}}{\lambda_a \cdot e^{\left(-\lambda_a \cdot B_{10}^i\right)} + 2 \cdot \lambda_b \cdot e^{\left(-\lambda_c \cdot B_{10}^i\right)} - 2 \cdot \lambda_d \cdot e^{\left(-\lambda_d \cdot B_{10}^i\right)} + \lambda_e \cdot e^{\left(-\lambda_e \cdot B_{10}^i\right)}}$$

Startwert: $R\left(100h\right) = 0,92 \Rightarrow F\left(100h\right) = 8\% \Rightarrow$ *Startwert* $\underline{B_{10}^0 = 105h}$

Lösung 2.17

Serie: $R_S\left(t\right) = \prod_{i=1}^n R_i\left(t\right) \overset{!}{=} \left[R_i\left(t\right)\right]^n$ $(*)$

Einsetzen und nach T auflösen.

$$R_S\left(B_{10s}\right) = 1 - F\left(B_{10s}\right) = 1 - 0,1 = 0,9$$

$$System: 0,9 = \left[exp\left(-\left(\frac{B_{10S} - t_0}{T - t_0} \right)^b \right) \right]^n \quad (= R_S(t))$$

$$\sqrt[n]{0,9} = exp\left(-\left(\frac{B_{10S} - t_0}{T - t_0} \right)^b \right)$$

$$-ln\left(\sqrt[n]{0,9} \right) = +\left(\frac{B_{10S} - t_0}{T - t_0} \right)^b$$

$$\sqrt[b]{-ln\left(\sqrt[n]{0,9} \right)} = \frac{(B_{10S} - t_0)/B_{10}}{(T - t_0)/B_{10}} \; jetzt \; mit \; f_{tB} = \frac{t_0}{B_{10}} = 0,85$$

$$\sqrt[b]{-ln\left(\sqrt[n]{0,9} \right)} = \frac{\dfrac{B_{10S}}{B_{10}} - f_{tB}}{\dfrac{T}{B_{10}} - f_{tB}}$$

$$\frac{T}{B_{10}} - f_{tB} = \frac{\dfrac{B_{10S}}{B_{10}} - f_{tB}}{\sqrt[b]{-ln\left(\sqrt[n]{0,9} \right)}}$$

$$T = B_{10} \cdot \left(\frac{\dfrac{B_{10S}}{B_{10}} - f_{tB}}{\sqrt[b]{-ln\left(\sqrt[n]{0,9} \right)}} + f_{tB} \right) \quad (**)$$

Jetzt noch $B_{10} = ?$ (Zahnrad)

$$Aus \; (*): R_S(B_{10S}) = R_i(B_{10S})^n$$

$$\Rightarrow R_i(B_{10S}) = \sqrt[n]{R_S(B_{10S})} = \sqrt[n]{0,9} = 0,98836$$

$$\Rightarrow x = 1 - R_i(B_{10S}) = 0,0116385) = F_i(B_{10S})$$

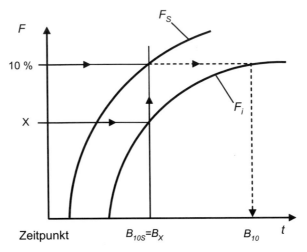

Abb. Lösung 2.17. (© IMA 2022. All Rights Reserved)

Zahnrad:

$$B_{10} = \frac{B_x \left(\underset{=}{!} B_{10S} !\right)}{(1-f_{tB}) \cdot \sqrt[b]{\frac{ln(1-x)}{ln(0,9)}} + f_{tB}} = \frac{100000}{0,15 \cdot \sqrt[1,8]{\frac{ln(0,98836)}{ln(0,9)}} + 0,85} = 11824,6\,LW$$

in (**)

$$T = 111824,6 \cdot \left(\frac{\dfrac{100000}{111824,6} - 0,85}{\sqrt[1,8]{-ln\left(\sqrt[9]{0,9}\right)}} + 0,85\right)$$

$$\Rightarrow \underline{T = 153613,09\ LW}$$

$$\underline{t_0 = f_{tB} \cdot B_{10} = 95050,91\ LW}$$

Lösung 4.1

$$y = \left(x_1 \wedge x_2\right) \vee \left(x_3 \wedge \overline{x_4}\right)$$

$$\rightarrow R_S = 1 - \left(1 - R_1 R_2\right) \cdot \left(1 - R_3 \underbrace{1 - R_4}_{F_4}\right)$$

Negieren und Anwenden von de Morgan:

$$\overline{y} = \overline{\left(x_1 \wedge x_2 \right) \vee \left(x_3 \wedge \overline{x}_4 \right)}$$

$$\overline{y} = \overline{\left(x_1 \wedge x_2 \right)} \wedge \overline{\left(x_3 \wedge \overline{x}_4 \right)}$$

$$\overline{y} = \left(\overline{x}_1 \vee \overline{x}_2 \right) \wedge \left(\overline{x}_3 \vee \overline{x}_4 \right)$$

Fehlerbaum:

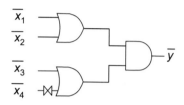

Abb. Lösung 4.1. (© IMA 2022. All Rights Reserved)

Lösung 4.2

a)

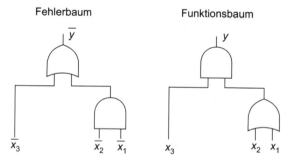

Abb. Lösung 4.2a. (© IMA 2022. All Rights Reserved)

$$\overline{y} = \overline{x}_3 \vee \left(\overline{x}_1 \wedge \overline{x}_2 \right)$$

$$F_S = 1 - \left(1 - F_3 \right) \cdot \left(1 - F_1 \cdot F_2 \right)$$

$$F_S = 1 - R_3 \cdot \left(1 - \left(1 - R_1 \right) \cdot \left(1 - R_2 \right) \right)$$

b)

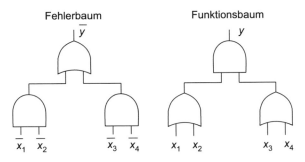

Abb. Lösung 4.2b. (© IMA 2022. All Rights Reserved)

$$\overline{y} = \left(\overline{x}_1 \wedge \overline{x}_2 \right) \vee \left(\overline{x}_3 \wedge \overline{x}_4 \right)$$

$$F_S = 1 - \left(1 - F_1 \cdot F_2 \right) \cdot \left(1 - F_3 \cdot F_4 \right)$$

$$F_S = 1 - \left(1 - \left(1 - R_1 \right) \cdot \left(1 - R_2 \right) \right) \cdot \left(1 - \left(1 - R_3 \right) \cdot \left(1 - R_4 \right) \right)$$

c)

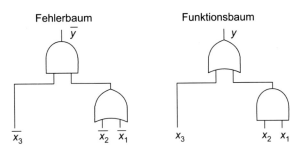

Abb. Lösung 4.2c. (© IMA 2022. All Rights Reserved)

$$\overline{y} = \overline{x}_3 \wedge \left(\overline{x}_1 \vee \overline{x}_2 \right)$$

$$F_S = F_3 \cdot \left(1 - \left(1 - F_1 \right) \cdot \left(1 - F_2 \right) \right)$$

$$F_S = \left(1 - R_3 \right) \cdot \left(1 - R_1 \cdot R_2 \right)$$

d)

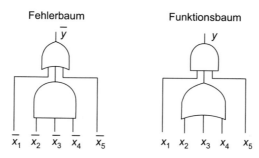

Abb. Lösung 4.2b. (© IMA 2022. All Rights Reserved)

$$\overline{y} = \overline{x}_1 \vee \left(\overline{x}_2 \wedge \overline{x}_3 \wedge \overline{x}_4 \right) \vee \overline{x}_5$$

$$F_S = 1 - \left(1 - F_1 \right) \cdot \left(1 - F_2 \cdot F_3 \cdot F_4 \right) \cdot \left(1 - F_5 \right)$$

$$F_S = 1 - R_1 \cdot \left(1 - \left(1 - R_2 \right) \cdot \left(1 - R_3 \right) \cdot \left(1 - R_4 \right) \right) R_5$$

e)

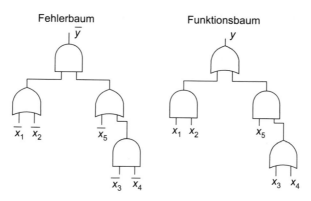

Abb. Lösung 4.2c. (© IMA 2022. All Rights Reserved)

$$\overline{y} = \left(\overline{x}_1 \vee \overline{x}_2 \right) \wedge \left(\overline{x}_5 \vee \left(\overline{x}_3 \vee \overline{x}_4 \right) \right)$$

$$F_S = F_a \cdot F_b \text{ und } \quad F_a = 1 - \left(1 - F_1 \right) \cdot \left(1 - F_2 \right)$$

$$F_b = 1 - \left(1 - F_5 \right) \cdot \left(1 - F_3 \cdot F_4 \right)$$

$$F_S = \left(1 - \left(1 - F_1 \right) \cdot \left(1 - F_2 \right) \right) \cdot \left(1 - \left(1 - F_5 \right) \cdot \left(1 - F_3 \cdot F_4 \right) \right)$$

$$F_S = \left(1 - R_1 \cdot R_2 \right) \cdot \left(1 - R_5 \cdot \left(1 - \left(1 - R_3 \right) \cdot \left(1 - R_4 \right) \right) \right)$$

Lösung 4.3

a) Fehlerbaum aus Prinzipskizze und Beschreibung:

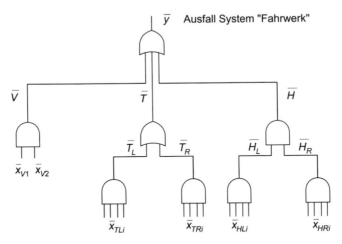

Abb. Lösung 4.3a. (© IMA 2022. All Rights Reserved)

b) **Geben Sie die Boolesche Systemfunktion für den Ausfall des Systems Fahrwerk an.**

$$\text{ausa)} \quad \bar{y} = \bar{V} \vee \bar{T} \vee \bar{H}$$

$$\text{mit} \quad \bar{V} = \bar{x}_{V1} \wedge \bar{x}_{V2}$$

$$\text{und} \quad \bar{T} = \bar{T}_L \vee \bar{T}_R$$

$$\text{mit } \bar{T}_L = \bigwedge_{i=1}^{4} \bar{x}_{TLi}, \bar{T}_R = \bigwedge_{i=1}^{4} \bar{x}_{TRi} \text{ und } \bar{H} = \bar{H}_L \wedge \bar{H}_R$$

$$\text{mit } \bar{H}_L = \bigwedge_{i=1}^{4} \bar{x}_{HLi} \text{ und } \bar{H}_R = \bigwedge_{i=1}^{4} \bar{x}_{HRi}$$

Einsetzen ergibt:

$$\bar{y} = \left(\bar{x}_{V1} \wedge \bar{x}_{V2} \right) \vee \left(\left(\bigwedge_{i=1}^{4} \bar{x}_{TLi} \right) \vee \left(\bigwedge_{i=1}^{4} \bar{x}_{TRi} \right) \right) \vee \left(\left(\bigwedge_{i=1}^{4} \bar{x}_{HLi} \right) \wedge \left(\bigwedge_{i=1}^{4} \bar{x}_{HRi} \right) \right).$$

c) Ermitteln sie die Systemgleichung für die Ausfallwahrscheinlichkeit F_S.

Aus Zusatzaufschrieb:

$$F_S = 1 - \left(1 - F_V \right) \cdot \left(1 - F_T \right) \cdot \left(1 - F_H \right)$$

mit $F_V = F_{V1} \cdot F_{V2}, F_T = 1 - \left(1 - \prod_{i=1}^{4} F_{TLi}\right) \cdot \left(1 - \prod_{i=1}^{4} F_{TRi}\right)$ und $F_H = \prod_{i=1}^{4} F_{HLi} \cdot \prod_{i=1}^{4} F_{HRi}$

d) Geben sie die Boolesche Systemfunktion für die Zuverlässigkeit des Fahrwerks an.

Linke und rechte Seite der Systemfunktion aus b) negieren

$$\overline{y} = \overline{\overline{V} \vee \overline{T} \vee \overline{H}}$$

De Morgan anwenden: $y = V \wedge T \wedge H$ mit $V = x_{V1} \vee x_{V2}$

und $T = T_L \wedge T_R, T_L = \bigvee_{i=1}^{4} x_{TLi}$ und $T_R = \bigvee_{i=1}^{4} x_{TRi}$

und $H = H_L \vee H_R, H_L = \bigvee_{i=1}^{4} x_{HLi}$ und $H_R = \bigvee_{i=1}^{4} x_{HRi}$

$$\Rightarrow y = \left(x_{V1} \vee x_{V2}\right) \wedge \left(\left(\bigvee_{i=1}^{4} x_{TLi}\right) \wedge \left(\bigvee_{i=1}^{4} x_{TRi}\right)\right) \wedge \left(\left(\bigvee_{i=1}^{4} x_{HLi}\right) \vee \left(\bigvee_{i=1}^{4} x_{HRi}\right)\right).$$

e) Ermitteln sie die Systemgleichung für die Zuverlässigkeit R_S.

$R_S = R_V \cdot R_T \cdot R_H$ (aus Folie, oder $R = 1 - F$)
mit

$$R_V = 1 - \left(1 - R_{V1}\right) \cdot \left(1 - R_{V2}\right),$$

$$R_T = \left(1 - \prod_{i=1}^{4}\left(1 - R_{TLi}\right)\right) \cdot \left(1 - \prod_{i=1}^{4}\left(1 - R_{TRi}\right)\right) \text{und}$$

$$R_H = 1 - \left(1 - \left(1 - \prod_{i=1}^{4}\left(1 - R_{HLi}\right)\right)\right) \cdot \left(1 - \left(1 - \prod_{i=1}^{4}\left(1 - R_{HRi}\right)\right)\right).$$

f) Stellen sie das dazugehörige Blockschaltbild dar

(aus Boolescher Systemfunktion für Funktionsfähigkeit des Fahrwerks).

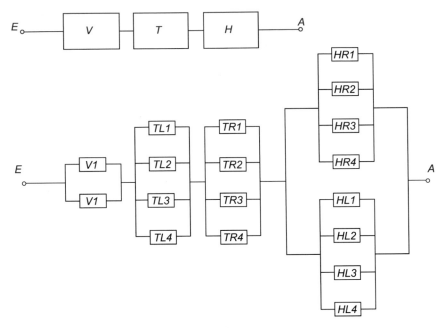

Abb. Lösung 4.3f. (© IMA 2022. All Rights Reserved)

Lösung 4.4

x_2 ständig funktionsfähig	x_2 ständig ausgefallen
$R_I(t)$	$R_{II}(t)$

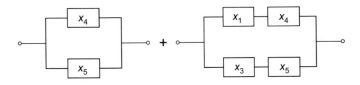

Abb. Lösung 4.4. (© IMA 2022. All Rights Reserved)

$$R = R_2 \cdot R_I + (1 - R_2) \cdot R_{II}$$

$$\text{mit} \quad R_I = 1 - (1 - R_4) \cdot (1 - R_5)$$
$$R_{II} = 1 - (1 - R_1 \cdot R_4) \cdot (1 - R_3 \cdot R_5)$$

$$R = R_2 \left(1 - (1 - R_4) \cdot (1 - R_5)\right) + (1 - R_2) \cdot \left(1 - (1 - R_1 \cdot R_4) \cdot (1 - R_3 \cdot R_5)\right).$$

Lösung 4.5

a) Ermitteln Sie die Systemfunktion für den Ausfall des Steuergeräts.

$$\overline{y} = \overline{x}_1 \vee \overline{x}_2 \vee \overline{x}_{34} \vee \overline{x}_5 \vee \overline{x}_{69} \vee \overline{x}_{10}$$

$$\overline{x}_{34} = \overline{x}_3 \vee \overline{x}_4$$

$$\overline{x}_{69} = \overline{x}_{68} \vee \overline{x}_9$$

$$\overline{x}_{68} = \overline{x}_6 \vee \overline{x}_7 \vee \overline{x}_8$$

$$\overline{y} = \overline{x}_1 \vee \overline{x}_2 \vee \left(\overline{x}_3 \wedge \overline{x}_4\right) \vee \overline{x}_5 \vee \left(\left(\overline{x}_6 \vee \overline{x}_7 \vee \overline{x}_8\right) \wedge \overline{x}_9\right) \vee \overline{x}_{10}$$

b) Berechnen Sie die Ausfallwahrscheinlichkeit des Systems.

$$F_S = 1 - \left(1 - F_1\right) \cdot \left(1 - F_2\right) \cdot \left(1 - F_{34}\right) \cdot \left(1 - F_5\right) \cdot \left(1 - F_{69}\right) \cdot \left(1 - F_{10}\right)$$

$$F_{34} = F_3 \cdot F_4$$

$$F_{69} = F_{68} \cdot F_9$$

$$F_{68} = 1 - \left(1 - F_6\right) \cdot \left(1 - F_7\right) \cdot \left(1 - F_8\right)$$

$$F_S = 1 - \left(1 - F_1\right) \cdot \left(1 - F_2\right) \cdot \left(1 - F_3 F_4\right) \cdot \left(1 - F_5\right) \cdot \left(1 - \left(1 - \left(1 - F_6\right)\right.\right.$$
$$\left.\left. \cdot \left(1 - F_7\right) \cdot \left(1 - F_8\right)\right) \cdot F_9\right) \cdot \left(1 - F_{10}\right)$$

c) Geben Sie die Systemfunktion für die Funktionsfähigkeit des Steuergeräts an.

Negieren und Anwenden von De Morgan

$$\overline{\overline{y} = \overline{x}_1 \vee \overline{x}_2 \vee \overline{x}_{34} \vee \overline{x}_5 \vee \overline{x}_{69} \vee \overline{x}_{10}}$$

$$y = x_1 \wedge x_2 \wedge x_{34} \wedge x_5 \wedge x_{69} \wedge x_{10}$$

$$x_{34} = x_3 \vee x_4$$

$$x_{69} = x_{68} \vee x_9$$

$$x_{68} = x_6 \wedge x_7 \wedge x_8$$

$$y = x_1 \wedge x_2 \wedge \left(x_3 \vee x_4\right) \wedge x_5 \wedge \left(\left(x_6 \wedge x_7 \wedge x_8\right) \vee x_9\right) \wedge x_{10}$$

d) Stellen Sie das Blockschaltbild dar.

Aus Systemfunktion für Funktionsfähigkeit→ Blockschaltbild

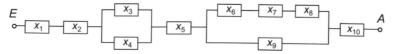

Abb. Lösung 4.5. (© IMA 2022. All Rights Reserved)

Lösung 6.1

a) Mittelwert: $\bar{t} = \dfrac{1}{n}\sum_{i=1}^{n} t_i$ hier: n = 8

$$\underline{\bar{t}} = \frac{1}{8}\cdot\left(69+29+24+52{,}5+128+60+12{,}8+98\right)\cdot 10^3 = \underline{59.162{,}5\,km}$$

Standardabweichung: $s = \sqrt{\dfrac{1}{n-1}\sum_{i=1}^{n}\left(t_i - \bar{t}\right)^2}$

$$s = \sqrt{\frac{1}{8-1}\cdot\left[\left(69-59{,}162\right)^2 + \left(29-59{,}162\right)^2 + \cdots + \left(98-59{,}162\right)^2\right]\cdot 10^6}$$

Spannweite:
$$\frac{s = 39068{,}65\,km}{r = t_{max} - t_{min}}$$

$$\underline{r} = \left(128 - 12{,}8\right)\cdot 10^3 = \underline{115.200\,km}$$

b) Ranggrößen heißt: $t_i \le t_{i+1}$ ° ° ° $i = 1(1)n - 1$

  also: der Größe nach ordnen

Tab. Auswertung

Rangzahl i	Ranggrößet_i[km]	Ausfallwahrscheinlichkeit $F_i = \dfrac{i-0{,}3}{n+0{,}4}$	Ausfallwahrscheinlichkeit (nach Tabelle)
1	12.800	0,083 = 8,3 %	8,3 %
2	24.000	0,202 = 20,2 %	20,1 %
3	29.000	0,321 = 32,1 %	32,0 %
4	52.000	0,440 = 44,0 %	44,0 %
5	60.000	0,559 = 55,9 %	55,9 %
6	69.000	0,678 = 67,8 %	67,9 %
7	98.000	0,797 = 79,7 %	79,9 %
8	128.000	0,916 = 91,6 %	91,7 %

Ausfallwahrscheinlichkeiten:

- Berechnen $F_i = \dfrac{i-0{,}3}{n+0{,}4}$ (Median)

- Tabelle $F_i = f(i,n,P)$

c) Einzeichnen in Weibullnetz (siehe Netz)

Gerade einzeichnen → zweiparametrig

$$\underline{b = 1,43} \ ; \ \underline{T = 66.000 \, km}$$

d) Ablesen:

$$\underline{B_{10}} = F^{-1}(0,1) = \underline{14.000 \, km};$$

$$\underline{t_{50}} = F^{-1}(0,5) = \underline{52.000 \, km}.$$

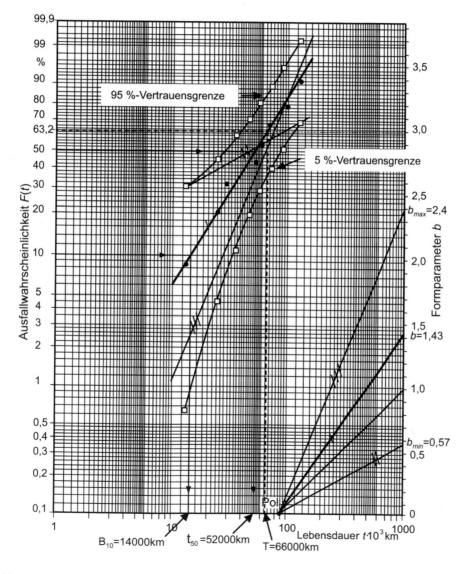

Abb. Lösung 6.1c. (© IMA 2022. All Rights Reserved)

e) Gesucht ist $R(t_1 = 70.000) = 1 - F(t_1)$

$$F(t_1 = 70.000) \approx 66\% \quad \rightarrow \quad \underline{R(t_1) = 34\%}$$

f) Aus Tabelle Werte für 5 % und 95 % – Vertrauensgrenze ablesen und von der Geraden abtragen, somit erhält man einen geradenbezogenen Vertrauensbereich.

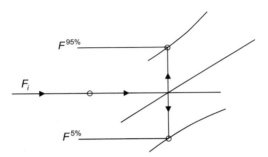

Abb. Lösung 6.1f. (© IMA 2022. All Rights Reserved)

g) *Formparameter b:*

Rechnerisch: (Gl. 6.16)

$$b_{5\%} = \frac{b_{median}}{1+\sqrt{\dfrac{1,4}{n}}} = \frac{1,43}{1+\sqrt{\dfrac{1,4}{8}}} = \underline{1,008}$$

$$\underline{b_{95\%}} = b_{median} \cdot \left(1+\sqrt{\frac{1,4}{n}}\right) = 1,43 \cdot \left(1+\sqrt{\frac{1,4}{8}}\right) = \underline{2,028}$$

Grafisch:

$$b_{min} \approx 0,57; b_{max} \approx 2,4$$

Charakteristische Lebensdauer T:
Rechnerisch: (Gl. 6.14)

$$\underline{T_{5\%}} = T \cdot \left(1 - \frac{1}{9n} + 1,645 \cdot \sqrt{\frac{1}{9n}}\right)^{-\frac{3}{b}} = 66.000 \cdot \left(1 - \frac{1}{9\cdot8} + 1,645 \cdot \sqrt{\frac{1}{9\cdot8}}\right)^{-\frac{3}{1,43}} = \underline{46.640,3\,km}$$

$$\underline{T_{95\%}} = T \cdot \left(1 - \frac{1}{9n} - 1,645 \cdot \sqrt{\frac{1}{9n}}\right)^{-\frac{3}{b}} = 66.000 \cdot \left(1 - \frac{1}{72} - 1,645 \cdot \sqrt{\frac{1}{72}}\right)^{-\frac{3}{1,43}} = \underline{107.578,5\,km}$$

Grafisch:

$$T_{5\%} \approx 37.000\,km; T_{95\%} \approx 110.000\,km$$

Lösung 6.2

a) $n = 10$: Daten sind schon der Größe nach sortiert

→ Ranggrößen F_i nach Tabelle A.2, Median

Tab. Auswertung

Rangzahl i	Ranggröße t_i	F_i (Median) in %
1	470	6,7
2	550	16,2
3	600	25,9
4	800	35,5
5	1080	45,2
6	1150	54,8
7	1450	64,5
8	1800	74,1
9	2520	83,8
10	3030	93,3

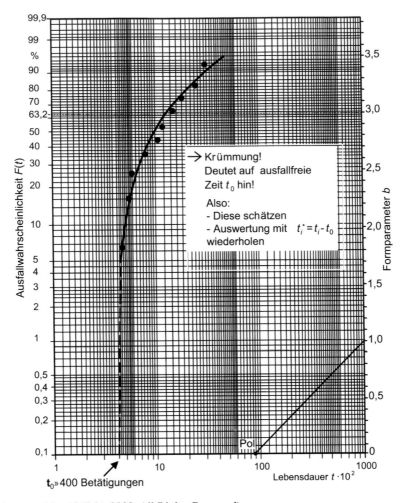

Abb. Lösung 6.2a. (© IMA 2022. All Rights Reserved)

Einzeichnen → Punkteverlauf deutet auf ausfallfreie Zeit hin
→ t_0 schätzen: $t_0 \approx 400$ Betätigungen
Auswertung wiederholen mit $t_i = t_i - t_0$

Tab. Auswertung mit t_0

I	$t_i - t_0$	F_i in %
1	70	6,7
2	150	16,2
3	200	25,9
4	400	35,5
5	680	45,2

I	$t_i - t_0$	F_i in %
6	750	54,8
7	1050	64,5
8	1400	74,1
9	2120	83,8
10	2630	93,3

In neues Weibullnetz eintragen → Annäherung durch Gerade jetzt besser → Bestätigung für ausfallfreie Zeit
Parameter ablesen:

$$b = 0,95, \ t_0 = 400$$

$$T - t_0 = 930 \rightarrow \underline{T = 930 + 400 = 1330} \text{ Betätigungen}$$

b) Ablesen:

$$B_{10} - t_0 = 90 \rightarrow \underline{B_{10} = 90 + t_0 = 490} \ Bet.;$$

$$t_{50} - t_0 = 640 \rightarrow \underline{t_{50} = 640 + 400 = 1040} \ Bet.$$

c) Einzeichnen: siehe Weibullnetz

Tab. Auswertung

Rangzahl i	$t_i - t_0$	$F_i^{5\,\%}$	$F_i(Median)$	$F_i^{95\,\%}$
1	70	0,5116	6,7	25,8866
2	150	3,6771	16,2	39,4163
3	200	8,7264	25,9	50,6901
4	400	15,0028	35,5	60,6624
5	680	22,2441	45,2	69,9493
6	750	30,3537	54,8	77,7559
7	1050	39,3376	64,5	84,9972
8	1400	49,3099	74,1	91,2736
9	2120	60,5836	83,8	96,3229
10	2630	74,1134	93,3	99,4884

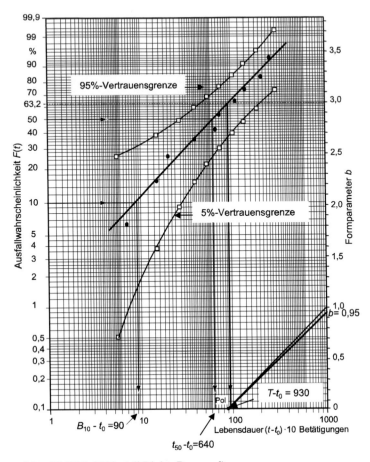

Abb. Lösung 6.2c. (© IMA 2022. A ll Rights Reserved)

Lösung 6.3

Sortieren und Ausfallwahrscheinlichkeiten zuordnen.

Tab. Auswertung

i	$t_i[\cdot 10^3 LW]$	$F_i = \dfrac{i-0,3}{n+0,4}$
1	166	6,7 %
2	198	16,3 %
3	208	26,0 %
4	222	35,6 %
5	242	45,2 %

i	$t_i[\cdot 10^3 LW]$	$F_i = \dfrac{i-0,3}{n+0,4}$
6	264	54,8 %
7	380	64,4 %
8	382	74,0 %
9	434	83,7 %
10	435	93,3 %

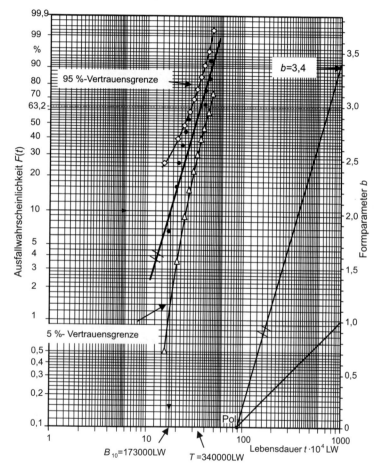

Abb. Lösung 6.3. (© IMA 2022. All Rights Reserved)

Einzeichnen: Punktefolge liegt weder auf Geraden noch zeigt sie typischen Verlauf bei ausfallfreier Zeit, sieht eher nach Mischverteilung aus.

Trotzdem: Auswertung als zweiparametrige Weibull-Verteilung $\rightarrow t_0 = 0$

Ablesen der Parameter: $b = 3,4$; $T = 340.000\,LW$

Vertrauensgrenze einzeichnen.

Lösung 6.4

Stichprobenumfang: $n = 8$

    Anzahl der Ausfälle: $r = 5$

    Hier gilt: $n \neq r \rightarrow$ unvollständig oder zensiert

    Zeitlich parallel und Abbruch nach 5-tem Ausfall $\rightarrow$ Zensierung Typ II

Tab. Auswertung

Rangzahl i	Ranggröße $t_i[h]$	Median F_i	5 % $F_i^{5\%}$	95 % $F_i^{95\%}$
1	102	8,3 %	0,6 %	31,2 %
2	135	22,1 %	4,6 %	47,0 %
3	167	32,0 %	11,1 %	60,0 %
4	192	44,0 %	19,2 %	71,1 %
5	214	56,0 %	29,0 %	80,7 %

Anmerkung: Aus Tabellen mit $n = 8$ bis $i = 5$ abgelesen!

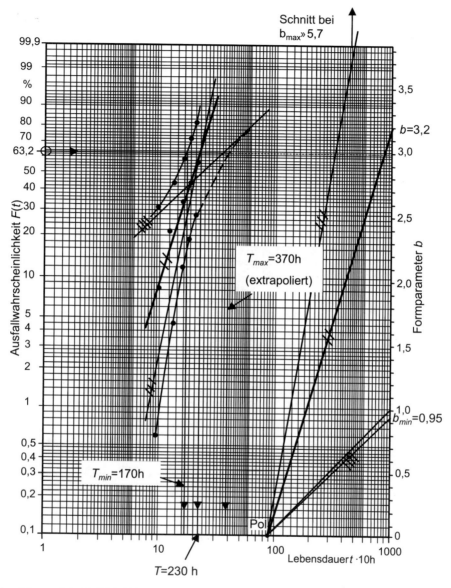

Abb. Lösung 6.4. (© IMA 2022. All Rights Reserved)

Einzeichnen, b und T ablesen (für T extrapoliert!) $\rightarrow b = 3{,}2$; $T = 230h$
Vertrauensbereich einzeichnen, Vertrauensgrenzen extrapolieren
$\rightarrow$ ablesen: $b_{min} = 0{,}95$; $b_{max} = 5{,}7$; $T_{min} = 170\ h$; $T_{max} = 370h$

Lösung 6.5

a) Daten schon geordnet → Ranggrößen

  $n = 1075 \triangleq$ Stichprobenumfang

  $n_f = r = 10 \triangleq$ Anzahl der Ausfälle

  Prüflosgröße:

$$k = \frac{n-r}{r+1} + 1 = \frac{1075-10}{10+1} + 1 = 97{,}8 \approx 98$$

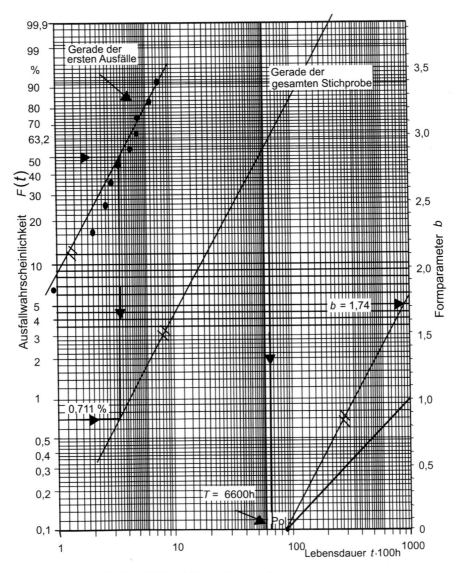

Abb. Lösung 6.5a1. (© IMA 2022. All Rights Reserved)

Es liegen also ca. 97 nicht ausgefallene Schlepper zwischen den einzelnen Ausfällen:

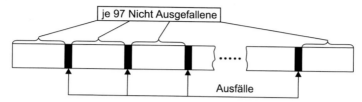

Abb. Lösung 6.5a2. (© IMA 2022. All Rights Reserved)

Kontrolle: $97 \cdot 11 + 10 = 1077 \approx 1075$ ✓

Gerade der ersten Ausfälle einzeichnen; F_i nach Tabelle mit $n = 10$.

Gerade verschieben: 50 %-Wert der Geraden der ersten Ausfälle wird neue Ausfallwahrscheinlichkeit $F\left(t_{50}\right) = \dfrac{1-0,3}{k+0,4} = \dfrac{0,7}{98,4} = 0,711\,\%$ zugeordnet. Steigung b bleibt unverändert, also Gerade verschieben → Gerade der gesamten Stichprobe.

Parameter ablesen: $b = 1,74$; $T = 6600h$

c) hypothetische Rangzahlen:

$$j_i = j_{i-1} + N_i \qquad j_0 = 0$$

$$N_i = \frac{n+1-j_{i-1}}{1+n-Davorliegende} \qquad F\left(t_i\right) = \frac{j_i - 0,3}{n+0,4}$$

Bei Sudden-Death können „Davorliegende" berechnet werden, da „Dazwischenliegende" konstant:

hier

$$N_i = \frac{n+1-j_{i-1}}{1+n-\left(i\cdot k+(i-1)\right)} \quad \forall i = 1(1)r$$

Anmerkung: bei Versuchsauswertung gilt:

$$N_i = \frac{n+1-j_{i-1}}{1+n-(i-1)\cdot(k+1)}$$

Tab. Hypothetische Rangzahlen

i	t_i	Davorliegende	N_i	j_i	$F_i\,[\%]$
1	99	97	1,099	1,099	0,075
2	200	195	1,22	2,32	0,189
3	260	293	1,37	3,69	0,315
4	300	391	1,56	5,25	0,461
5	340	489	1,82	7,07	0,630
6	430	587	2,18	9,25	0,833
7	499	685	2,72	11,97	1,086

i	t_i	Davorliegende	N_i	j_i	F_i [%]
8	512	783	3,62	15,59	1,423
9	654	881	5,41	21,00	1,926
10	760	979	10,76	31,76	2,930

$$r = 10 \quad ; \quad n = 1075$$

Einzeichnen: $b = 1,77$; $T = 6800h$
Vergleich mit grafischer Methode:

- Beide Methoden stimmen gut überein!
- Unterschiede *nur* aus zeichnerischer Ungenauigkeit!

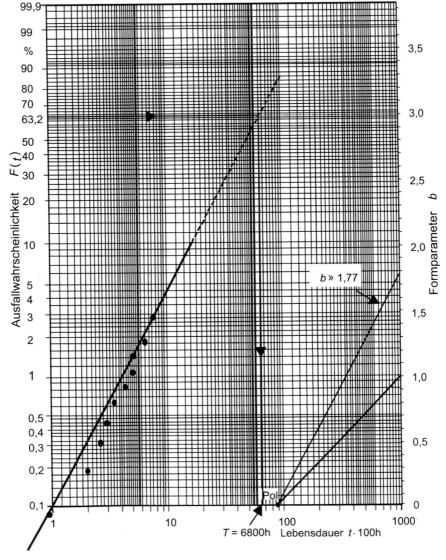

Abb. Lösung 6.5b. (© IMA 2022. All Rights Reserved)

Lösung 6.6

a) $n_f = 8$ (f steht für „Failure")

$n_s = 12$ (s steht für „Survivor")

$n = 20 \; \hat{=}$ Stichprobenumfang

Auswertung unter der Berücksichtigung der nicht ausgefallenen Teile

$\Rightarrow$ hypothetische Rangzahlen!

$$j_0 = 0 \quad j_i = j_{i-1} + N_i \quad \forall i = 1(1)n_f$$

$$N_i = \frac{n+1-j_{i-1}}{1+\left(n-Davorliegende\right)} \quad F_i = \frac{j_i - 0,3}{n+0,4}$$

$\rightarrow$ Tabelle

Tab. Hypothetische Rangzahlen

i	Zeiten in 10^3 km	Nicht ausgefallen	Ausgefallen	Davor-liegende	N_i	j_i	$F_i [\%]$
	5	X					
	6	X					
1	7		X	2	1,10	1,10	3,92
	19	X					
2	24		X	4	1,17	2,28	9,68
3	29		X	5	1,17	3,45	15,42
	32	X					
	39	X					
	40	X					
4	53		X	9	1,46	4,91	22,59
5	60		X	10	1,46	6,37	29,76
	65	X					
6	69		X	12	1,62	8,00	37,73
	70	X					
	76	X					
	85	X					
7	100		X	16	2,60	10,60	50,48
8	148		X	17	2,60	13,20	63,23
	157	X					
	160	X					
		$n_s = 12$	$n_f = 8$				
			$n = n_s + n_f = 20$				

$\rightarrow$ Einzeichnen, ablesen: $b = 1,15$; $T = 150 \cdot 10^3 km$

b) Vertrauensbereich $\rightarrow$ Interpolation in Tabelle, V_q-Verfahren
   1) Interpolation mit Tabellen 5 % und 95 % mit <u>n = 20</u>.
   Vorgehensweise:

- Bilde ganzzahlige Rangzahl m_i, so dass $m_i < j_i < m_{i+1}$
- Berechne Inkrement $\Delta j_i = j_i - m_i$
- Aus Tabelle ablesen:

$$F^{5\%}\left(m_i\right); F^{5\%}\left(m_{i+1}\right); F^{95\%}\left(m_i\right); F^{95\%}\left(m_{i+1}\right);$$

- Interpolation

$$F^{5\%}\left(j_i\right) = \left(F^{5\%}\left(m_{i+1}\right) - F^{5\%}\left(m_i\right)\right) \cdot \Delta j_i + F^{5\%}\left(m_i\right) F^{95\%}\left(j_i\right)$$
$$= \left(F^{95\%}\left(m_{i+1}\right) - F^{95\%}\left(m_i\right)\right) \cdot \Delta j_i + F^{95\%}\left(m_i\right)$$

- Einzeichnen

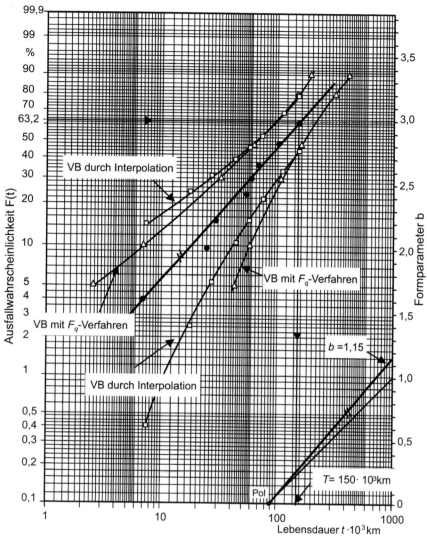

Abb. Lösung 6.6. (© IMA 2022. All Rights Reserved)

Tab. Interpolation

i	j_i	m_i	Δj_i	$F^{5\,\%}(m_i)$	$F^{5\,\%}(m_{i+1})$	$F^{5\,\%}(j_i)$	$F^{95\,\%}(m_i)$	$F^{95\,\%}(m_{i+1})$	$F^{95\,\%}(j_i)$
1	1,10	1	0,1	0,256	1,807	0,41	13,911	21,611	14,67
2	2,27	2	0,27	1,807	4,217	2,45	21,611	28,262	23,41
3	3,44	3	0,44	4,217	7,135	5,48	28,262	34,366	30,98
4	4,90	4	0,9	7,135	10,408	10,07	34,366	40,103	39,53
5	6,36	6	0,36	13,956	17,731	15,37	45,558	50,781	47,52
6	7,99	7	0,99	17,731	21,707	21,66	50,781	55,804	55,75
7	10,59	10	0,59	30,196	34,692	32,86	65,308	69,804	67,96
8	13,13	13	0,13	44,196	49,219	45,15	78,293	82,269	79,06

(Aufwendige Rechnerei)

Anmerkung: $F^{5\,\%}$ und $F^{95\,\%}$ einzeichnen

2) V_q-Verfahren

$n = 20 \rightarrow$ ab t_5 zeichenbar ($b = 1,15$)

Tab. V_q-Verfahren

q	$t_q \cdot 10^3 km$	V_q	$t_{qo} = t_q \cdot V_q$	$t_{qu} = t_q/V_q$
5	10,8	4	43,2	2,7
10	20,5	2,9	59,5	7,1
30	59	1,8	106,2	32,8
50	106	1,6	169,6	66,3
80*	215	1,5	322,5	143,3
90*	290	1,49	432,1	194,6

*extrapoliert

Anmerkung: t_{qo} und t_{qu} einzeichnen

(besser)

Parameter-Vertrauensgrenzen: einzeichnen, ablesen

Lösung 6.7

Stichprobenumfang: $n = 178$

Anzahl der Ausfälle: $r = 7$

$\rightarrow$ Anzahl der nicht ausgefallenen $n_s = n - r = 171$

Aufteilung der nicht ausgefallenen ergibt sich durch Laufleistungsverteilung.

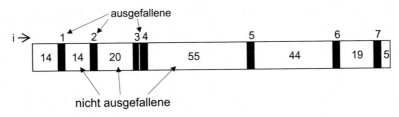

Abb. Lösung 6.7a. (© IMA 2022. All Rights Reserved)

Tab. Ausfallwahrscheinlichkeit über Laufleistungsverteilung

i	t_i	Auftretenswahrscheinlichkeit $L(t_i)$	Einzelhäufigkeit $\Delta L_i = L(t_i) - L(t_{i-1})$	Anzahl der „Dazwischenliegenden" $n_s(t_i) = \Delta L \cdot n_s$
1	18.290	8 %	8 %	14
2	35.200	16 %	8 %	14
3	51.450	28 %	12 %	20
4	51.450	28 %	0 %	0
5	89.780	60 %	32 %	55
6	130.580	86 %	26 %	44
7	160.770	97 %	11 %	19
	>160.770		3 %	5
				$\sum 171$

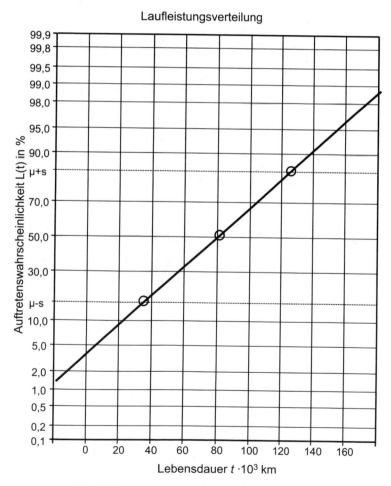

Abb. Lösung 6.7b. (© IMA 2022. All Rights Reserved)

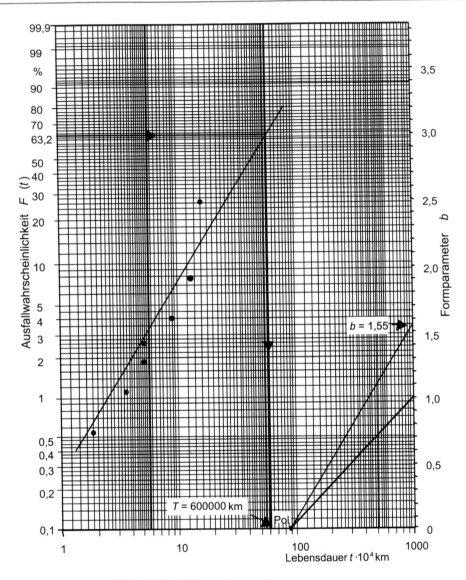

Abb. Lösung 6.7c. (© IMA 2022. All Rights Reserved)

Tab. Ausfallwahrscheinlichkeit über hypothetische Rangzahlen

i	t_i	$n_s(t_i)$	Davorliegende	N_i	j_i	F_i [%]
1	18.290	14	14	1,08	1,08	0,6
2	35.200	14	29	1,20	2,28	1,11
3	51.450	20	50	1,37	3,65	1,87
4	51.450	0	51	1,37	5,02	2,65
5	89.780	55	107	2,41	7,44	4,00
6	130.580	44	154	6,86	14,30	7,85
7	160.770	19	174	32,93	47,23	26,3

Anmerkung: t_i und F_i im Weibull-Netz einzeichnen
Ablesen: $b = 1{,}55$; $T = 600.000 km$

Lösung 6.8

Unzensiert = Vollständig $\rightarrow n = r = 4$

a) Regression + Weibull $\rightarrow$ Gl. (6.64, 6.65)

$$\bar{x} = \frac{1}{n}\sum_{i=1}^{n}\ln\left(t_i\right)$$

$$\bar{y} = \frac{1}{n}\sum_{i=1}^{n}\ln\left(-\ln\left(1-F_i\right)\right)$$

Ergebnis: $b = 2{,}63$; $T = 83{,}84\ h$

b) $K_{Wei} = 0{,}98958$

c) $\ln(L) = -18{,}380$

Lösung 6.9

a) 2 Parameter $\rightarrow$ erste beide Momente ausreichend

empirische Stichprobenmomente:

$$\bar{t} = \frac{1}{n}\sum_{i=1}^{n}t_i \quad (1) \quad s^2 = \frac{1}{n-1}\sum_{i=1}^{n}\left(t_i - \bar{t}\right)^2 \quad (2)$$

theoretische Momente:
Aus Vergleich mit Weibullverteilung mit:

$$b = 1 \quad \text{und} \quad \lambda = \frac{1}{T - t_0} \quad \rightarrow \quad T = \frac{1}{\lambda} + t_0$$

$$E(t) = \underbrace{\left(T - t_0\right)}_{\frac{1}{\lambda}} \cdot \underbrace{\Gamma\left(1 + \frac{1}{b}\right)}_{\underbrace{=2}_{=1}} + t_0$$

Anmerkung: $\Gamma(n) = (n-1)!$

$$\underline{E(t) = \frac{1}{\lambda} + t_0}$$

$$Var(t) = \underbrace{(T - t_0)^2}_{= \frac{1}{\lambda^2}} \cdot \left[\underbrace{\Gamma\left(1 + \frac{2}{b}\right)}_{=3} - \underbrace{\Gamma^2\left(1 + \frac{1}{b}\right)}_{=1} \right] = \frac{1}{\lambda^2}$$

$$\underbrace{\qquad\qquad\qquad}_{=2}$$

Momentenmethode:

$$\overline{t} = E(t) = \frac{1}{\lambda} + t_0 ; s^2 = Var(t) = \frac{1}{\lambda^2} \quad \Rightarrow \quad \underline{\lambda = \frac{1}{s}}$$

$$\overline{t} = \frac{1}{\lambda} + t_0 = s + t_0 \quad \rightarrow \quad \underline{t_0 = \overline{t} - s}$$

b) Maximum Likelihood

$$L(t_i, \lambda, t_0) = \prod_{i=1}^{n} f(t_i, \lambda, t_0) = \prod_{i=1}^{n} \left(\lambda \cdot e^{-\lambda(t_i - t_0)} \right)$$

logarithmieren:

$$\ln(L) = \sum_{i=1}^{n} \ln\left(\lambda \cdot e^{-\lambda(t_i - t_0)} \right)$$

Ableiten:

$$\frac{\partial \ln(L)}{\partial \lambda} = 0 \qquad \frac{\partial \ln(L)}{\partial t_0} = 0$$

Allgemein durch logarithmische Differentiation:

$$\frac{\partial \ln(L)}{\partial \Psi_i} = \sum \frac{1}{f(t_i, \vec{\Psi})} \cdot \frac{\partial f(t_i, \vec{\Psi})}{\partial \Psi_i}$$

$$\frac{\partial f}{\partial \lambda} = e^{-\lambda(t_i - t_0)} + \lambda \cdot \left(-(t_i - t_0) \right) \cdot e^{-\lambda(t_i - t_0)}$$

$$= \left(1 - \lambda \cdot (t_i - t_0) \right) \cdot e^{-\lambda(t_i - t_0)}$$

$$\frac{\partial \ln(L)}{\partial \lambda} = 0 = \sum_{i=1}^{n} \frac{1}{\lambda \cdot e^{-\lambda(t_i - t_0)}} \cdot \left(1 - \lambda \cdot (t_i - t_0) \right) \cdot e^{-\lambda(t_i - t_0)}$$

$$\rightarrow \quad 0 = \sum_{i=1}^{n} \frac{\left(1 - \lambda \cdot (t_i - t_0) \right)}{\lambda} = \frac{n}{\lambda} - \sum_{i=1}^{n} (t_i - t_0)$$

$$\rightarrow \quad = \frac{n}{\lambda} - \underbrace{\sum_{i=1}^{n} t_i}_{=n\cdot\bar{t}} + \underbrace{\sum_{i=1}^{n} t_0}_{=n\cdot t_0}$$

$$\rightarrow 0 = \frac{n}{\lambda} - n\cdot\bar{t} + n\cdot t_0$$

$$\lambda \cdot \left(n\cdot\bar{t} - n\cdot t_0\right) = n$$

$$\rightarrow \quad \lambda = \frac{n}{n\cdot\bar{t} - n\cdot t_0} = \frac{1}{\bar{t} - t_0}$$

$$\frac{\partial f\left(t_i, b, t_0\right)}{\partial t_0} = \lambda^2 \cdot e^{-\lambda\left(t_i - t_0\right)}$$

$$\frac{\partial ln\left(L\right)}{\partial t_0} = \sum_{i=1}^{n} \frac{1}{\lambda \cdot e^{-\lambda\left(t_i - t_0\right)}} \cdot \lambda^2 \cdot e^{-\lambda\left(t_i - t_0\right)} = 0$$

$$0 = \sum_{i=1}^{n} \lambda = n\cdot\lambda \quad \text{Widerspruch} \Rightarrow \text{Schätze } t_0 = t_1$$

c) Regression:

$$f\left(t\right) = \lambda \cdot \exp\left(-\lambda\cdot\left(t - t_0\right)\right)$$
$$\Rightarrow F\left(t\right) = 1 - e^{-\lambda\left(t - t_0\right)} \Rightarrow 1 - F\left(t\right) = e^{-\lambda\left(t - t_0\right)}$$

Transformation:

$$\underbrace{\ln\left(1 - F\left(t\right)\right)}_{y\left(x\left(t\right)\right)} = -\lambda\cdot\left(t - t_0\right) = \underbrace{-\lambda}_{m\left(\lambda\right)} \cdot \underbrace{t}_{m\left(t\right)=t} + \underbrace{\lambda\cdot t_0}_{c\left(\lambda, t_0\right)}$$

Transformierte Ausfallwahrscheinlichkeiten:

$$y_i = \ln\left(1 - \frac{i - 0{,}3}{n + 0{,}4}\right)$$

Aus Umdruck:

$$m = \frac{\sum_{i=1}^{n}\left(x_i - \bar{x}\right)\cdot\left(y_i - \bar{y}\right)}{\sum_{i=1}^{n} x_i^2 - n\cdot\bar{x}}$$
$$c = \bar{y} - m\cdot\bar{x}$$

hier:

$$x_i = t_i \quad \bar{x} = \bar{t}$$

$$y_i = ln\left(1 - \frac{i-0,3}{n+0,4}\right) \quad \bar{y} = \frac{1}{n}\sum_{i=1}^{n} y_i$$

$$\rightarrow \quad \underline{\lambda = -m} \quad \underline{t_0 = \frac{c}{\lambda}}$$

Lösung 8.1

a) $B_{10} = 250000\ km$

Ausfallwahrscheinlichkeit $F(t = B_{10}) = 10\ \%$
    $\rightarrow$ geforderte Zuverlässigkeit $R(t = B_{10}) = 90\ \%$
Aussagewahrscheinlichkeit $P_A = 95\ \%$
Suche in Tabelle für die 95 %-Vertrauensgrenze jene Spalte, deren Wert für $i = 1$ gerade
unter 10 % liegt $\Rightarrow$ $\underline{n}$
hier (Auszug):

Tab. Auszug 95 %-Vertrauensgrenze

	$n = 27$	$n = 28$	$n = 29$	$n = 30$
$i = 1$	10,502	10,147	9,814	9,503
$i = 2$	16,397	15,851	15,340	14,859

  Also: $\underline{n = 29}$

b) $R(t) = \left(1 - P_A\right)^{\frac{1}{n}}$

$$ln\left(R(t)\right) = \frac{1}{n} ln\left(1 - P_A\right)$$

$$\underline{n = \frac{ln\left(1 - P_A\right)}{ln\left(R(t)\right)} = \frac{ln\left(1 - 0,95\right)}{ln\left(0,9\right)} = 28,43 = 29}$$

(Ergebnis stimmt mit a) sehr gut überein!)

c) $t_{p\,max} = 150000\ km$ und $t_{soll} = 250000\ km$

$$\left(\frac{t_p}{t}\right)^b = L_v^b = \left(\frac{150000}{250000}\right)^{1,5} = 0,46$$

jetzt:

$$R(t) = \left(1 - P_A\right)^{\frac{1}{L_v^b \cdot n}}$$

$$\ln\left(R(t)\right) = \frac{1}{L_v^b \cdot n} \cdot \ln\left(1 - P_A\right)$$

$$n = \frac{1}{L_v^b} \cdot \frac{\ln\left(1 - P_A\right)}{\ln\left(R(t)\right)} = \frac{1}{0,46} \cdot \frac{\ln\left(1 - P_A\right)}{\ln\left(R(t)\right)} = \frac{28,43}{0,46} = 61,17$$

$$\underline{n_{erf} = 62\, Getriebe\ !}$$

d) $n = 15$; $t_p = ?$ $t_p = L_v \cdot t_{soll}$

$$R(t) = \left(1 - P_A\right)^{\frac{1}{L_v^b \cdot n}}$$

$$\rightarrow L_v^b = \frac{1}{n} \cdot \frac{\ln\left(1 - P_A\right)}{\ln\left(R(t)\right)} = \left(\frac{t_p}{t_{soll}}\right)^b$$

$$\rightarrow t_p = t_{soll} \cdot \sqrt[b]{\frac{1}{n} \cdot \frac{\ln\left(1 - P_A\right)}{\ln\left(R(t)\right)}} = 250000 \cdot {}^{1,5}\sqrt{\frac{1}{15} \cdot \frac{\ln\left(1 - 0,95\right)}{\ln\left(0,9\right)}} \quad \underline{t_p = 382909,3\,km}$$

e) Larson-Nomogramm: $P_A = 0,95; n = 30; x = 3 \rightarrow \underline{R = 76\,\%}$

f) Larson-Nomogramm: $R = 0,9; n = 30; x = 3 \rightarrow \underline{P_A = 31\,\%}$!

g) Larson-Nomogramm: $P_A = 0,95; R = 0,9; x = 3 \rightarrow \underline{n_{notw} = 80} \rightarrow \underline{n^* = n_{notw} - n = 80 - 30 = \underline{50}}$

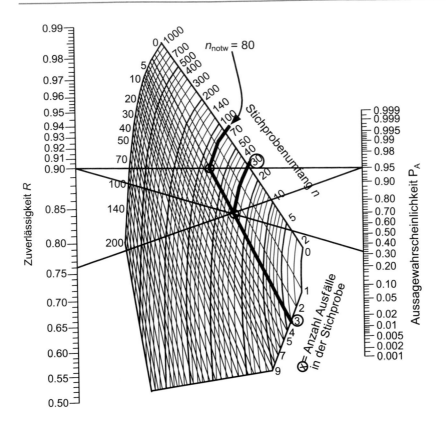

Abb. Lösung 8.1e–g. (© IMA 2022. All Rights Reserved)

h) Nach Beyer/Lauster mit Vorkenntnissen $R_0 = 0,9$ (mit Aussagewahrscheinlichkeit 63,2 %) gilt:

$$n = \frac{1}{L_v^b} \cdot \left[\frac{ln(1-P_A)}{ln(R)} - \frac{1}{ln\left(\frac{1}{R_0}\right)} \right] \circ (*)$$

$$= \frac{1}{1^{1,5}} \left[\frac{ln(1-0,95)}{ln(0,9)} - \frac{1}{ln\left(\frac{1}{0,9}\right)} \right] = 28,43 - 9,49 = 18,93 \approx \underline{19}$$

i) Gleichung (*) aus Teil h umgestellt nach $t_p = L_v \cdot t$:

$$t_{\underline{p}} = t \cdot \left(\frac{1}{n} \cdot \left[\frac{ln\left(1-P_A\right)}{ln\left(R\right)} - \frac{1}{ln\left(\frac{1}{R_0}\right)} \right] \right)^{\frac{1}{b}}$$

$$= 250000\,km \cdot \left(\frac{1}{12} \cdot \left[\frac{ln\left(1-0,95\right)}{ln\left(0,9\right)} \right] - \frac{1}{ln\left(\frac{1}{0,9}\right)} \right)^{\frac{1}{1,5}}$$

$$= 338.781,43\ km \approx \underline{340.000\,km}$$

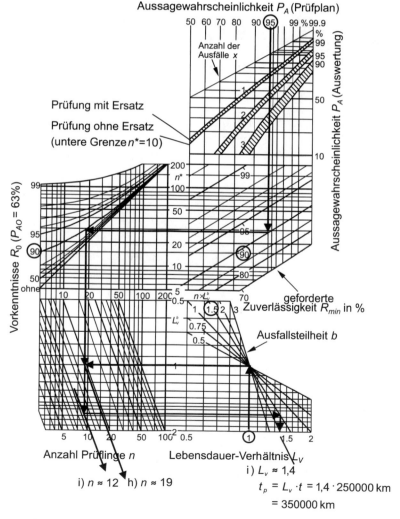

Abb. Lösung 8.1h–i. (© IMA 2022. All Rights Reserved)

Lösung 8.2

$$n = 2 \quad ; \quad x = 1$$

Ausfälle während des Tests → Verallgemeinerter Binomialansatz

$$
\begin{aligned}
P_A &= 1 - R^n - n \cdot (1 - R) \cdot R^{n-1} \,\text{für}\, x = 1 \\
P_A &= 1 - R^2 - 2 \cdot (1 - R) \cdot R \\
&= 1 - R^2 - 2 \cdot R + 2 \cdot R^2 \\
&= 1 - 2 \cdot R + R^2 \\
&= (1 - R)^2
\end{aligned}
$$

$$\sqrt{P_A} = \pm(1 - R) \Rightarrow R_1 = \sqrt{P_A} + 1$$

Widerspruch $\notin [0,1]$

$$\Rightarrow R_2 = R = 1 - \sqrt{P_A}$$

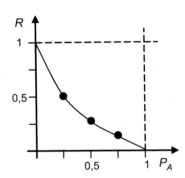

Abb. Lösung 8.2. (© IMA 2022. All Rights Reserved)

Lösung 8.3

$$F(T) = 63,2\,\% \rightarrow R(T) = 36,8\,\%$$

$$L_V = \sqrt[b]{\frac{1}{n} \cdot \frac{\ln(1 - P_A)}{\ln(R(T))}} = \frac{t_p - t_0}{T - t_0} \leftarrow wegen\, t_0$$

$$\rightarrow t_p = (T - t_0) \sqrt[b]{\frac{1}{n} \cdot \frac{\ln(1 - P_A)}{\ln(R(T))}} + t_0 = (12 - 2) \cdot 10^5 \cdot \sqrt[1,4]{\frac{1}{8} \cdot \frac{\ln(0,1)}{\ln(0,368)}} + 2 \cdot 10^5 = \underline{610.925\, LW}$$

Lösung 8.4

Vorgabe $B_{10} = 250.000\ km \quad \rightarrow \quad R(B_{10}) = 90\ \%$

a) $t_p = B_{10} \cdot \sqrt[b]{\dfrac{1}{n} \cdot \dfrac{\ln(1-P_A)}{\ln(R(B_{10}))}} = 250000 \cdot \sqrt[1,5]{\dfrac{1}{23} \cdot \dfrac{\ln(0,05)}{\ln(0,9)}} \rightarrow t_p = 287.964\,\text{km}$

b) Vorkenntnis: $T = 1,5 \cdot 10^6\ km$

Beyer/Lauster: Vorkenntnis $R_0(B_{10})$ nötig!

$$\underline{R_0\left(B_{10}\right) = e^{-\left(\frac{B_{10}}{T}\right)^b} = e^{-\left(\frac{250}{1500}\right)^{1,5}} = 0,9342} \triangleq 93,4\ \%$$

$$\underline{t_p = B_{10} \cdot \sqrt[b]{\dfrac{1}{n} \cdot \left[\dfrac{\ln(1-P_A)}{\ln(R(B_{10}))} - \dfrac{1}{\ln\left(\dfrac{1}{R_0}\right)}\right]}}$$

$$= 250000 \cdot \sqrt[1,5]{\dfrac{1}{23} \cdot \left[\dfrac{\ln(0,05)}{\ln(0,9)} - \dfrac{1}{\ln\left(\dfrac{1}{0,9342}\right)}\right]} \underline{= 177.339,66\,km}$$

Lösung 10.1

$$A_{Di} = \frac{MTTF}{MTTF + MTTR} = \frac{1}{1 + \dfrac{MTTR}{MTTF}} \Rightarrow MTTR = \left(\frac{1}{A_D} - 1\right) \cdot MTTF = \left(\frac{1}{0,99} - 1\right) \cdot 5000h$$

$$\underline{= 50,51h}$$

Lösung 10.2

Dauerverfügbarkeit einer Einzelkomponente:

$$A_{Di} = \frac{MTTF}{MTTF + MTTR} = \frac{1}{1 + \dfrac{MTTR}{MTTF}}$$

Für drei **identische** Komponenten gilt:

$$A_{DS} = A_{Di}^{3} = \left(\cfrac{1}{1 + \cfrac{MTTR}{MTTF}} \right)^{3} \Rightarrow MTTR = \left(\frac{1}{\sqrt[3]{A_{DS}}} - 1 \right) \cdot MTTF = \left(\frac{1}{\sqrt[3]{0,9}} - 1 \right) \cdot 1500 h = \underline{\underline{53,62 \, h}}$$

Lösung 10.3

$$A_{DS} = 1 - \left(1 - A_{Di} \right)^{3}$$

$$A_{DS} = 1 - \left(1 - A_{Di} \right)^{3} \Rightarrow A_{Di} = 1 - \sqrt[3]{1 - A_{DS}} = 1 - \sqrt[3]{1 - 0,999} = \underline{\underline{90 \, \%}}$$

Lösung 10.4

$$A_{DS} = 1 - \left(1 - A_{Di} \right)^{3}$$

Für eine Einzelkomponente gilt:

$$1 - A_{Di} = 1 - \frac{MTTF}{MTTF + MTTR} = \frac{MTTR}{MTTF + MTTR} = \cfrac{1}{\cfrac{MTTF}{MTTR} + 1}$$

$\Rightarrow$ Für drei **identische** Komponenten gilt:

$$A_{DS} = 1 - \left(\cfrac{1}{\cfrac{MTTF}{MTTR} + 1} \right)^{3} \Rightarrow MTTR = \cfrac{MTTF}{\cfrac{1}{\sqrt[3]{1 - A_{DS}}} - 1} = \cfrac{1500 \, h}{\cfrac{1}{\sqrt[3]{1 - 0,99}} - 1} = \underline{\underline{411,91 h}}$$

Lösung 10.5

a) $A_{DS} = A_{D1} \cdot \left(1 - \left(1 - A_{D2} \right) \cdot \left(1 - A_{D3} \right) \right); \quad A_{D2} = A_{D3}$

$$\Rightarrow A_{D1} = \frac{A_{DS}}{1 - \left(1 - A_{D2} \right)^{2}} = \underline{\underline{95,96 \, \%}}$$

b) $MTTR = \left(\dfrac{1}{A_{D1}} - 1 \right) \cdot MTTF = \underline{42,1\,h}$

Lösung 10.6

a) $L(t)$ = Lagerbestand zu der Zeit t

A = Anfangsbestand

$$L(t) = A - \hat{H}_1(t)$$

$$L(t) = A - \left(\frac{t}{MTTF + MTTR} + \frac{Var(\tau_1) + Var(\tau_0) + MTTR^2 - MTTF^2}{2 \cdot (MTTF + MTTR)^2} \right)$$

b) A auflösen:

$$A = L(t) + \left(\frac{t}{MTTF + MTTR} + \frac{Var(\tau_1) + Var(\tau_0) + MTTR^2 - MTTF^2}{2 \cdot (MTTF + MTTR)^2} \right)$$

mit $Var(\tau_1) = \dfrac{1}{\left(0,002\,\dfrac{1}{h} \right)^2} = 250\,000\,h^2 ; MTTF = \dfrac{1}{\lambda} = 500\,h$

$$Var(\tau_0) = \frac{1}{\left(0,1\,\dfrac{1}{h} \right)^2} = 100\,h^2 ; MTTR = \frac{1}{\mu} = 10\,h$$

$$L(8760\,h) = 0$$

$A = 17,18\,\text{Teile} \Rightarrow \underline{18\,\text{Teile}}$

Lösung 10.7

a) $MTTF = \dfrac{1}{\lambda} = 33,3\,h$

$$MTTR = \frac{1}{\mu} = 5\,h$$

$$\Rightarrow A_D = \frac{MTTF}{MTTF + MTTR} = \underline{86,96\,\%}$$

b) $A(t) = \dfrac{\mu}{\mu + \lambda} + \dfrac{\lambda}{\mu + \lambda} \cdot e^{-(\lambda + \mu) \cdot t}$

$$A(2{,}1h) = \underline{95\,\%}$$

Lösung 10.8

a) $MTTF = \dfrac{1}{\lambda} = 100\,h; \ \ MTTR = \dfrac{1}{\mu} = 100\,h$

$$A_D = \frac{MTTF}{MTTF + MTTR} = \underline{90{,}91\,\%}$$

b) $A(t) = \dfrac{\mu}{\mu + \lambda} + \dfrac{\lambda}{\mu + \lambda} \cdot e^{-(\mu + \lambda) \cdot t}$

$$\Rightarrow t = \frac{ln\left(\dfrac{(\mu + \lambda) \cdot A(t)}{\lambda} - \dfrac{\mu}{\lambda} \right)}{-(\mu + \lambda)}$$

$$A(t^*) = 95\,\% \ \Rightarrow \ t^* = \underline{7{,}26\,h}$$

Stichwortverzeichnis

© Der/die Herausgeber bzw. der/die Autor(en), exklusiv lizenziert an Springer-Verlag GmbH, DE, ein Teil von Springer Nature 2022
B. Bertsche, M. Dazer, *Zuverlässigkeit im Fahrzeug- und Maschinenbau*, https://doi.org/10.1007/978-3-662-65024-0

Printed in the United States
by Baker & Taylor Publisher Services